三位一体实战精讲系列丛书

ARM 嵌入式项目开发三位一体实战精讲

刘波文　黎胜容　编著

北京航空航天大学出版社

内容简介

全书以 ARM 9/11 系列为写作平台，通过大量实例，深入浅出介绍了 ARM 嵌入式项目开发的方法与技巧。全书分为五篇，共 17 章。第一篇包括第 1 和第 2 章，是基础知识部分，简要介绍了 ARM 内核特点、体系结构、指令系统以及硬件开发平台，引导读者技术入门。第二篇至第五篇，共 15 章，为应用实例，通过 15 个实例，详细阐述了 ARM 在工业控制、数字消费电子、网络通信以及医疗汽车电子领域的开发原理、流程思路和心得技巧。书中实例全部来自于工程实践，代表性和指导性强。读者通过学习这些实例，然后举一反三，设计水平将得到快速提高。

本书结构清晰，实例典型，技术先进，工程应用性强。不但详细介绍了 ARM 嵌入式的硬件设计和软件编程，而且提供了完善的设计思路与方案，总结了开发心得和注意事项，并对实例的程序代码做了详细注释；方便读者理解精髓，学懂学透。

本书配有光盘一张，包含全书所有实例的硬件原理图、程序代码以及开发过程的语音视频讲解，方便读者进一步巩固与提高。本书适合计算机、自动化、电子等相关专业的大学生，以及从事 ARM 开发的科研人员使用。

图书在版编目(CIP)数据

ARM 嵌入式项目开发三位一体实战精讲 / 刘波文，黎胜容编著. --北京 ：北京航空航天大学出版社，2011.10

ISBN 978-7-5124-0520-2

Ⅰ. ①A… Ⅱ. ①刘… ②黎 Ⅲ. ①微处理器，ARM—系统设计 Ⅳ. ①TP332

中国版本图书馆 CIP 数据核字(2011)第 139346

ARM 嵌入式项目开发三位一体实战精讲

刘波文　黎胜容　编著

责任编辑　苗长江

*

北京航空航天大学出版社出版发行

北京市海淀区学院路 37 号(邮编 100191)　http://www.buaapress.com.cn

发行部电话：(010)82317024　传真：(010)82328026

读者信箱：emsbook@gmail.com　邮购电话：(010)82316936

北京时代华都印刷有限公司印装　各地书店经销

*

开本：787×1 092　1/16　印张：40　字数：1 024 千字

2011 年 10 月第 1 版　2011 年 10 月第 1 次印刷　印数：5 000 册

ISBN 978-7-5124-0520-2　定价：79.00 元(含光盘 1 张)

前　言

ARM是目前最热门的嵌入式处理平台，由于具有体积小、低功耗、低成本、高性能、支持16位/32位双指令集和合作伙伴众多的优点，广泛应用于工业控制、数字消费电子、网络通信以及医疗汽车电子领域。ARM产品系列较多，早期的有ARM 7，最新的有ARM Cortex－M3，但是应用较为广泛、通用性较强的是ARM 9/11系列。虽然目前市场上同类的ARM书很多，但要么主要介绍编程语言和开发工具，要么从技术角度讲解一些实例，工程应用及针对性不强；同时仅仅停留于书面文字介绍上，图书周边的服务十分空白，读者从中获取的价值受限。为了弥补这种不足，本书重点围绕应用和实用的主题展开介绍，提供给读者三位一体的服务：实例＋视频＋开发板，使读者的学习效果最大化。

本书内容安排

全书共包括5篇17章，主要内容安排如下：

第一篇（第1～2章）为基础知识，简要介绍了ARM的内核特点、体系结构、指令系统，以及ARM硬件开发平台，读者通过学习将对ARM特点有一入门性的了解，为后续的实例学习打好基础。其中本书的ARM硬件开发平台选择的是ARM9处理器S3C2440和ARM11处理器S3C6410，比较具有代表性，本书后面的开发案例也大多针对它们进行展开。

第二篇至第五篇（第3～17章）为项目实例，重点通过15个实例，详细深入地阐述了ARM的项目开发应用，具体包括3个工业控制实例、5个数字消费电子实例、4个网络与通信实例以及3个汽车与医疗电子案例。这些项目实例典型，类型丰富，覆盖面广，全部来自于实践并且调试通过，代表性和指导性强，是作者多年开发经验的总结。

本书主要特色

与同类型书相比，本书主要具有下面的特色：

① 强调实用和应用2大主题：实例典型丰富，技术流行先进，不但详细介绍了ARM的硬件设计和软件编程，而且提供了完善的设计思路与方案，总结了开发心得和注意事项，对实例的程序代码做了详细注释，帮助读者掌握开发精要，学懂学透。

② 注重三位一体：实例＋视频＋开发板。除了实例讲解注重细节外，光盘中还提供全书实例的开发思路、方法和过程的语音视频讲解，手把手指导读者温习巩固所学知识。

此外，提供赠送图书配套开发板活动。为促进读者更好地学习ARM，作者还设计制作了配套开发板，有需要的读者通过邮件方式（powenliu@yeah. net）进行问题验证后即可得到，物超所值。

本书适合高校计算机、自动化、电子等相关专业的大学生，以及从事ARM开发的科研人员使用，是读者学习ARM项目实践的最为理想的参考指南。

全书主要由刘波文、黎胜容编写，另外参加编写的人还有：黎双玉、邱大伟、赵汶、陈超、黄云林、孙智俊、郑贞平、张小红、曹成、陈平、喻德、马龙梅、涂志涛、刘红霞、刘铁军、何文斌、邓力、王乐等，在此一并表示感谢！

由于时间仓促，再加之作者的水平有限，书中难免存在一些不足之处，欢迎广大读者批评和指正。

作者

2011年8月

目 录

第一篇 ARM 开发基础

第二篇 工业控制开发

第三篇 数字消费开发

第四篇 网络通信开发

第五篇 医疗与汽车电子

第一篇　ARM 开发基础

第1章

ARM 嵌入式微处理器概述

ARM 公司是微处理器行业的一家知名企业，专门从事基于 RISC 技术芯片设计开发。作为知识产权供应商，ARM 公司不直接从事芯片生产，而是靠转让设计许可，由合作公司生产各具特色的芯片。世界各大半导体生产商从 ARM 公司购买其设计的 ARM 微处理器内核，根据各自不同的应用领域，加入适当的外围电路，从而形成自己的 ARM 微处理器芯片进入市场。

目前，采用 ARM 技术知识产权(IP)核的微处理器已遍及工业控制、消费类电子产品、通信系统、网络系统和无线系统等各类产品市场，基于 ARM 技术的微处理器应用约占据了 32 位 RISC 微处理器的大部分市场份额，ARM 技术正在逐步渗入到我们生活的各个方面。

作为本书第 1 章，将首先对 ARM 嵌入式微处理器的产品特点和分类做简要叙述。

1.1 ARM 微处理器特点与分类

ARM 微处理器采用 RISC 架构，一般具有如下特点：

- 体积小、低功耗、低成本、高性能；
- 支持 Thumb(16 位)/ARM(32 位)双指令集，能很好地兼容 8 位/16 位器件；
- 大量使用寄存器，指令执行速度更快；
- 大多数数据操作都在寄存器中完成；
- 寻址方式灵活简单，执行效率高；
- 指令长度固定。

除了上述的特点之外，ARM 体系结构还采用了下面一些特别的技术，在保证高性能的前提下尽量缩小芯片的面积，并降低功耗：

- 所有的指令都可根据前面的执行结果决定是否被执行，从而提高指令的执行效率；
- 可用加载/存储指令批量传输数据，以提高数据的传输效率；
- 可在一条数据处理指令中同时完成逻辑处理和移位处理；
- 在循环处理中使用地址的自动增减来提高运行效率。

ARM 公司设计了许多处理器内核，根据使用内核的不同划分为 ARM7、ARM9、ARM9E、ARM10E 及 ARM11 等多个系列。后缀数字 7、9、10 和 11 表示不同的内核设计，数字的升序说明性能和复杂度的提高。本书重点针对 ARM9、ARM9E、ARM11 系列进行讲解。

ARM9 系列微处理器属于通用系列的主流嵌入式处理器，主要应用于无线网络设备、仪器仪表、安全系统、机顶盒、高端打印机、数字照相机和数字摄像机等。

ARM11 系列微处理器是 ARM 公司近年推出的新一代 RISC 处理器，它是 ARM 新指令架构——ARMv6 的第一代设计实现。ARMv6 架构是根据下一代的消费类电子、无线设备、网络应用和汽车电子产品等需求而制定的。ARM11 的媒体处理能力和低功耗特点，特别适用于无线和消费类电子产品；其高数据吞吐量和高性能的结合非常适合网络处理应用；另外，实时性能和浮点处理等方面，ARM11 可以满足汽车电子应用的需求。可以预言，基于 ARMv6 体系结构的 ARM11 系列处理器将在上述领域发挥巨大的作用。

1.1.1 ARM9 处理器

ARM9 处理器系列的核心产品是 ARM9TDMI 处理器，该处理器系列整合了 16 位的 Thumb 指令集。ARM9 Thumb 系列包括 ARM920T 和 ARM922T 高速缓存的处理器宏单元：

- 用于运行 Symbian OS、Palm OS、Linux 和 Windows CE 的应用程序的双 16K 高速缓存；
- 用于运行 Symbian OS、Palm OS、Linux 和 Windows CE 应用程序的双 8K 高速缓存。

ARM9 系列微处理器在高性能和低功耗特性方面提供最佳的性能。具有以下特点：

- 5 级整数流水线，指令执行效率更高；
- 工作频率一般为 200 MHz 左右，提供 1.1 MIPS/MHz 的哈佛结构；
- 支持 32 位 ARM 指令集和 16 位 Thumb 指令集；
- 支持 32 位的高速 AMBA 总线接口；
- 全性能的 MMU，支持 Windows CE、Linux、Palm OS 等多种主流嵌入式操作系统；
- MPU 支持实时操作系统；
- 支持数据 Cache 和指令 Cache，具有更高的指令和数据处理能力。

ARM9 系列微处理器主要包含 ARM920T、ARM922T 和 ARM940T 3 种类型，以适用于不同的应用场合。各型处理器的性能特征如表 1-1 所列。

表 1-1 ARM9 处理器系列性能特征

处理器类型	Cache 大小（指令/数据）	紧密耦合存储器（TCM）	存储器管理	AHB 总线接口	Thumb	DSP	Jazelle
ARM9TDMI	无	—	无	有	有	无	无
ARM920T	16KB/16KB	无	MMU	有	有	无	无
ARM922T	8KB/8KB	无	MMU	有	有	无	无
ARM940T	4KB/4KB	无	MMU	有	有	无	无

1.1.2 ARM9E 处理器

ARM9E 系列处理器为综合型的处理器，能够为微控制器、DSP 和 Java 应用程序提供单

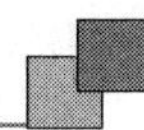

处理器解决方案，极大地减少了芯片的面积和系统的复杂程度。

ARM9E系列的CPU处理器内核主要包括ARM926EJ-S、ARM946E-S、ARM966E-S、ARM968E-S、ARM996HS等。ARM9E系列产品是DSP处理能力增强的32位RISC处理器，适用于需要综合DSP和微控制器功能的应用场合。其包括信号处理扩展以增强16位固定点性能，方式是使用单循环32×16乘法累积(MAC)单元，并实现了16位的Thumb指令集。此外，ARM926EJ-S处理器还采用了ARM Jazelle技术，从而能够在硬件中直接执行Java字节码。

ARM9E系列微处理器的主要特点如下：

- 支持DSP指令集，适合于需要高速数字信号处理的场合；
- 5级整数流水线，最高主频可达300 MHz，指令执行效率更高；
- 支持32位ARM指令集和16位Thumb指令集；
- 支持32位的高速AMBA总线接口；
- 支持VFP9浮点处理协处理器；
- 全性能的MMU，支持Windows CE、Linux和Palm OS等多种主流嵌入式操作系统；
- MPU支持实时操作系统；
- 支持数据Cache和指令Cache，具有更高的指令和数据处理能力；
- 主频最高可达300 MIPS。

ARM9E系列微处理器提供了增强的DSP处理能力，很适合于那些需要同时使用DSP和微控制器的应用场合。ARM9E系列主要用于下一代无线设备、成像设备、工业控制、存储设备、数字消费品和网络场合。各型ARM9E处理器系列的性能特征如表1-2所列。

表1-2 ARM9E处理器系列性能特征

处理器类型	Cache大小(指令/数据)	紧密耦合存储器(TCM)	存储器管理	AHB总线接口	Thumb	DSP	Jazelle
ARM926EJ-S	4KB～128KB/4KB～128KB	有	MMU	双AHB	有	有	有
ARM946EJ-S	4KB～1MB/4KB～1MB	有	MMU	AHB	有	有	有
ARM966E-S	无	有	无	AHB	有	有	有
ARM968E-S	无	有	无	AHB	有	有	无

1.1.3 ARM11处理器

ARM11处理器是ARM公司近年推出的新一代RISC处理器。该系列主要有ARM1136J、ARM1156T2和ARM1176JZ 3个内核型号，分别针对不同的应用领域。ARM1136J-S最初发布于2003年，是针对高性能而设计的。ARM1136J-S是第一个执行ARMv6架构指令的处理器，它集成了一条具有独立Load/Store和算术流水线的8级流水线，ARMv6指令包含了针对多媒体处理的单指令流多数据流(SIMD)扩展，并显著改善了视频处理能力。

ARM11系列处理器的主要特点如下：

- 由 8 级流水线组成。比以前的 ARM 内核提高了至少 40％的吞吐量。8 级流水线可以使 8 条指令同时被执行。
- 跳转预测及管理。ARM11 处理器提供两种技术来对跳转作出预测——动态预测和静态预测，动态预测和静态预测的组合使 ARM11 处理器能达到 85％的预测正确性。
- 增强的存储器访问。在 ARM11 处理器中，指令和数据可以更长时间的被保存在 Cache 中。一方面是由于物理地址 Cache 的实现，使上下文切换避免了反复重载 Cache，另一方面是由于 ARM11 的 Cache 还有很多其他新颖的技术特点。
- 流水线的并行机制。尽管 ARM11 是单指令发射处理器，但是在流水线的后半部分允许了极大程度的并行性。一旦指令被解码，将根据操作类型发射到不同的执行单元中。ARM11 的数据通路中包含多个处理单元，允许 ALU 操作、乘法操作和存储器访问操作同时进行。
- 64 位的数据通道。内核和 Cache 及协处理器之间的数据通路都是 64 位的，使得处理器可以每个周期读入两条指令或存放两个连续的数据，可以大大提高数据访问和处理的速度。
- 浮点运算。ARM11 处理器将浮点运算当成一个可供用户选择的设计，增加了快速浮点运算和向量浮点运算。
- 增加了多媒体处理指令单元扩展，单指令流多数据流(SIMD)。

各型 ARM11 处理器系列的性能特征如表 1－3 所列。

表 1－3　ARM11 处理器系列性能特征

处理器类型	Cache 大小（指令/数据）	紧密耦合存储器(TCM)	存储器管理	AHB 总线接口	DSP	Jazelle	SIMD	浮点运算
ARM1136J-S	4KB～64KB/4KB～64KB	有	MMU	4 个 64 位 AHB	有	有	有	无
ARM1136JF-S	4KB～64KB/4KB～64KB	有	MMU	4 个 64 位 AHB	有	有	有	有
ARM1156T2-S	可配置	—	—	—	有	无	有	无
ARM1156T2F-S	可配置	—	—	—	有	无	有	有

ARM11 处理器瞄准的是下一代高端的移动无线、消费类电子、网络和汽车电子应用。而且 ARM11 内核的很多特性使它还能充分适用于高端嵌入式实时系统，比如未来的网络和家庭娱乐产品。

1.2　ARM 微处理器体系结构

到目前为止，ARM 架构处理器共定义了下面 7 种不同的版本：V1 版～V7 版。

1. V1 版架构

V1 版具有基本的数据处理指令(无乘法)；字节、半字和字的 Load/Store 指令；转移指令，包括子程序调用及链接指令；软件中断指令；寻址空间 64 MB(2^{26}字节)。

2. V2 版架构

在 V1 版上进行了扩充，例如 ARM2 和 ARM3 架构，并增加了以下功能：乘法和乘加指

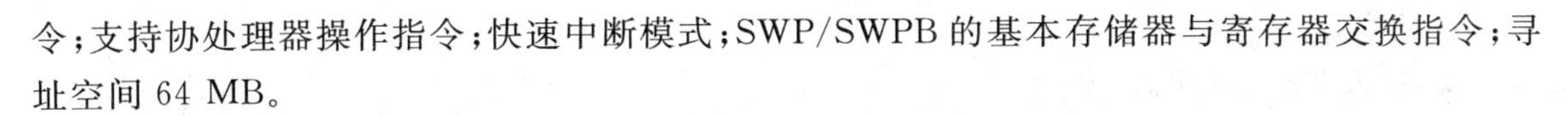

令；支持协处理器操作指令；快速中断模式；SWP/SWPB的基本存储器与寄存器交换指令；寻址空间64 MB。

3. V3版架构

V3版架构对ARM体系结构作了较大的改动，把寻址空间增至32位，增加了当前程序状态寄存器CPSR和存储程序状态寄存器SPSR，以便增强对异常情况的处理。增加了中止和未定义两种处理模式。ARM6就是采用该版架构。

4. V4版架构

V4版在V3版架构上作了进一步扩充，使ARM使用更加灵活。ARM7、ARM8、ARM9都采用该版结构。增加功能有：符号化和半符号化半字及符号化字节的存取指令；增加了16位的Thumb指令集；完善了软件中断SWI指令的功能；处理器系统模式引进特权方式时使用用户寄存器操作；把一些未使用的指令空间捕获为未定义指令。

5. V5版架构

ARM10和XScale都采用该版架构。新增指令有：带有连接和交换的转移BLX指令；计数前导零CLZ指令；BBK中断指令；增加了数字信号处理指令；为协处理器增加了更多可选择的指令。

6. V6版架构

V6版在低功耗的同时，还强化了图形处理性能，追加了有效进行多媒体处理的SIMD功能。它于2002年推出，ARM11采用该架构，具体新增加了以下功能：Thumb——35%代码压缩；DSP扩充——高性能定点DSP功能；Jazelle——Java性能优化，可提高8倍；Media扩充——音/视频性能优化，可提高4倍。另外还支持多微处理器内核。

7. V7版架构

立足于V6版架构的设计理念，ARM公司进一步扩展了它的CPU设计，形成了V7版架构。ARMv7内核架构主要有三种款式：ARMv7-A，ARMv7-R，ARMv7-M，形成了Cortex系列。例如Cortex-M3是按ARMv7-M款式设计的，该型主要是针对单片机的应用市场而量身定制的。

本节简单介绍了ARM体系结构中的一些基本概念，更多的相关的知识读者可以参考其他更为详细的资料。

1.2.1　ARM微处理器的工作状态

从编程的角度看，ARM微处理器的工作状态一般有两种，并可在两种状态之间切换：

- ARM状态，此时处理器执行32位的字对齐的ARM指令；
- Thumb状态，此时处理器执行16位的、半字对齐的Thumb指令。

当ARM微处理器执行32位的ARM指令集时，工作在ARM状态；当ARM微处理器执行16位的Thumb指令集时，工作在Thumb状态。在程序的执行过程中，微处理器可以随时在两种工作状态之间切换，并且处理器工作状态的转变并不影响处理器的工作模式和相应寄存器中的内容：

● 进入 Thumb 状态

当操作数寄存器的状态位(位 0)为 1 时，执行 BX 指令进入 Thumb 状态。如果处理器在 Thumb 状态进入异常，则当异常处理(IRQ、FIQ、Undef、Abort 和 SWI)返回时，自动转换到 Thumb 状态。

● 进入 ARM 状态

当操作数寄存器的状态位(位 0)为 0 时，执行 BX 指令进入 ARM 状态。处理器进行异常处理(IRQ、FIQ、Reset、Undefined、Abort 和 SWI)。在此情况下，把 PC 放入异常模式链接寄存器中，并从异常向量地址开始执行，也可以进入 ARM 状态。

1.2.2 ARM 处理器的运行模式

ARM 微处理器支持 7 种运行模式，分别如表 1-4 所列。

表 1-4 ARM 处理器 7 种运行模式

处理器运行模式	描 述
用户模式(User,usr)	正常的程序执行状态
快速中断模式(FIQ,fiq)	用于高速数据传输或通道处理
外部中断模式(IRQ,irq)	用于通用的中断处理
管理模式(Supervisor,svc)	操作系统使用的保护模式，系统复位后的缺省模式
数据访问终止模式(Abort,abt)	可用于虚拟存储及存储保护
未定义的指令中止模式(Undefined,und)	支持硬件协处理器指令的软件仿真
系统模式(System,sys)	运行具有特权的操作系统任务

ARM 微处理器的运行模式可以通过软件改变，也可以通过外部中断或异常处理改变。

大多数的应用程序运行在用户模式下，当处理器运行在用户模式下时，某些被保护的系统资源是不能被访问的。除用户模式以外，其余的所有 6 种模式称为非用户模式或特权模式(Privileged Modes)；其中除去用户模式和系统模式以外的 5 种又称为异常模式(Exception Modes)，常用于处理中断或异常，以及需要访问受保护的系统资源等情况。

ARM 处理器启动时的模式状态转换如图 1-1 所示。

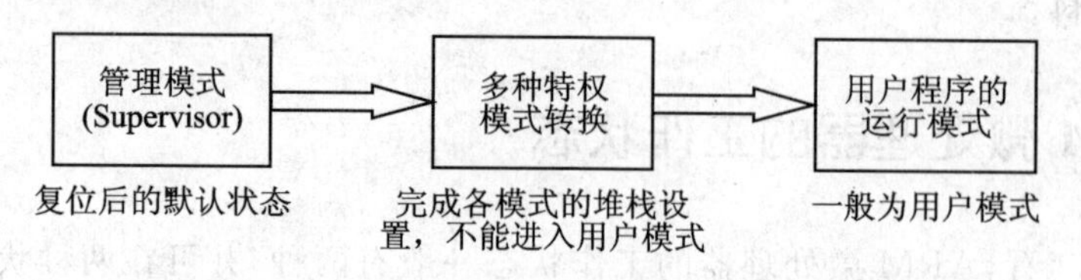

图 1-1 ARM 处理器启动时的模式转换图

1.2.3 ARM 体系结构的存储器格式

ARM 体系结构将存储器看作是从 0 地址开始的字节的线性组合。从 0 字节到 3 字节放置第一个存储的字数据，从第 4 个字节到第 7 个字节放置第二个存储的字数据，依次排列。作为 32 位的微处理器，ARM 体系结构所支持的最大寻址空间为 4 GB(2^{32}字节)。

ARM 体系结构可以用两种方法存储字数据，称为大端(big-endian)格式和小端(little-endian)格式，具体说明如下。

1. 大端格式

字数据的高字节存储在低地址中，而字数据的低字节则存放在高地址中。对于地址为 A 的字单元，其大端格式存储数据字示意图如图 1-2 所示。

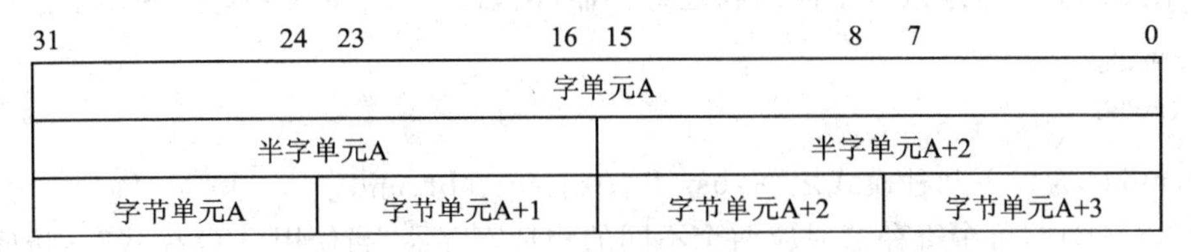

图 1-2　大端格式存储数据字

2. 小端格式

与大端存储格式相反，在小端存储格式中，低地址中存放的是字数据的低字节，高地址存放的是字数据的高字节。对于地址为 A 的字单元，其小端格式存储数据字示意图如图 1-3 所示。

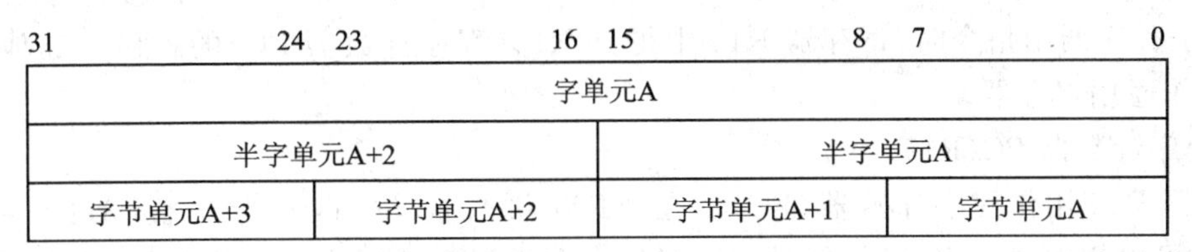

图 1-3　小端格式存储数据字

1.2.4　ARM 的寄存器组织

ARM 微处理器共有 37 个 32 位寄存器，其中 31 个为通用寄存器，6 个为状态寄存器，但是这些寄存器不能被同时访问。ARM 处理器又有 7 种不同的处理器运行模式，具体哪些寄存器是可编程访问的，取决于微处理器的工作状态及具体的运行模式，在每一种处理器模式下均有一组相应的寄存器与之对应。但在任何时候，通用寄存器 R0～R14、程序计数器 PC、1 个或 2 个状态寄存器都是可访问的。在所有的寄存器中，有些是在 7 种处理器运行模式下共用的同一个物理寄存器，而有些寄存器则在不同的处理器运行模式下有不同的物理寄存器。

1. ARM 状态下的寄存器组织

(1) 通用寄存器

通用寄存器包括 R0～R15，可以分为 3 类：

- 未分组寄存器 R0～R7；
- 分组寄存器 R8～R14；

● 程序计数器 PC(R15)。

① 未分组寄存器 R0～R7

在所有的运行模式下，未分组寄存器都指向同一个物理寄存器，它们未被系统用作特殊的用途。因此，在中断或异常处理进行运行模式转换时，由于不同的处理器运行模式均使用相同的物理寄存器，可能会造成寄存器中数据的破坏，这一点在进行程序设计时应引起注意。

② 分组寄存器 R8～R14

对于分组寄存器，它们每一次所访问的物理寄存器与处理器当前的运行模式有关。

一般采用以下记号来区分不同的物理寄存器，例如：

```
R13_<mode>
R14_<mode>
```

其中，mode 为以下几种模式之一：usr、fiq、irq、svc、abt、und。

对于 R8～R12，每个寄存器对应两个不同的物理寄存器，当使用 FIQ 模式时，访问寄存器 R8_fiq～R12_fiq；当使用除 FIQ 模式以外的其他模式时，访问寄存器 R8_usr～R12_usr。

对于 R13、R14，每个寄存器对应 6 个不同的物理寄存器，其中一个是用户模式与系统模式共用，另外 5 个物理寄存器对应于其他 5 种不同的运行模式。

寄存器 R13 在 ARM 指令中习惯用作堆栈指针，用户也可使用其他的寄存器作为堆栈指针。而在 Thumb 指令集中，某些指令强制性的要求使用 R13 作为堆栈指针。

寄存器 R14 也称做子程序链接寄存器(Subroutine Link Register)或链接寄存器 LR。当执行 BL 子程序调用指令时，寄存器 R14 中得到 R15(程序计数器 PC)的备份。其他情况时，R14 常用作通用寄存器。

③ 程序计数器 PC(R15)

寄存器 R15 用作程序计数器(PC)。在 ARM 状态下，位[1:0]为 0，位[31:2]用于保存 PC。虽然可以用作通用寄存器，但是有一些指令在使用 R15 时会有一些限制，若不注意，执行的结果将是不可预料的。

(2) 寄存器 R16

寄存器 R16 用作 CPSR(Current Program Status Register，当前程序状态寄存器)，CPSR 可在任何运行模式下被访问，它包括条件标志位、中断禁止位、当前处理器模式标志位，以及其他一些相关的控制和状态位。

每一种运行模式下又都有一个专用的物理状态寄存器，称为 SPSR (Saved Program Status Register，备份的程序状态寄存器)。当异常发生时，SPSR 用于保存 CPSR 的当前值，从异常退出时则可由 SPSR 来恢复 CPSR。

由于用户模式和系统模式不属于异常模式，它们没有 SPSR，当在这两种模式下访问 SPSR 时，结果是未知的。

ARM 状态下的寄存器组织的对应关系示意图如图 1-4 所示。

2. Thumb 状态下的寄存器组织

Thumb 状态下的寄存器集是 ARM 状态下寄存器集的一个子集，程序可以直接访问 8 个通用寄存器(R7～R0)、程序计数器(PC)、堆栈指针(SP)、链接寄存器(LR)和 CPSR。同时，在每一种特权模式下都有一组 SP、LR 和 SPSR。

System&User	FIQ	Supervisor	Abort	IRQ	Undefined
R0	R0	R0	R0	R0	R0
R1	R1	R1	R1	R1	R1
R2	R2	R2	R2	R2	R2
R3	R3	R3	R3	R3	R3
R4	R4	R4	R4	R4	R4
R5	R5	R5	R5	R5	R5
R6	R6	R6	R6	R6	R6
R7	R7	R7	R7	R7	R7
R8	◣R8-fiq	R8	R8	R8	R8
R9	◣R9-fiq	R9	R9	R9	R9
R10	◣R10-fiq	R10	R10	R10	R10
R11	◣R11-fiq	R11	R11	R11	R11
R12	◣R12-fiq	R12	R12	R12	R12
R13	◣R13-fiq	◣R13-svc	◣R13-abt	◣R13-irq	◣R13-und
R14	◣R14-fiq	◣R14-svc	◣R14-abt	◣R14-irq	◣R14-und
R15(PC)	R15(PC)	R15(PC)	R15(PC)	R15(PC)	R15(PC)
CPSR	CPSR	CPSR	CPSR	CPSR	CPSR
	SPSR-fiq	SPSR-svc	SPSR-abt	SPSR-irq	SPSR-und

图 1－4　ARM 状态寄存器组织

(1) Thumb 状态下的寄存器组织与 ARM 状态下的寄存器组织的对应关系

- Thumb 状态下和 ARM 状态下的 R0～R7 是相同的；
- Thumb 状态下和 ARM 状态下的 CPSR 和所有的 SPSR 是相同的；
- Thumb 状态下的 SP 对应于 ARM 状态下的 R13；
- Thumb 状态下的 LR 对应于 ARM 状态下的 R14；
- Thumb 状态下的程序计数器对应于 ARM 状态下的 R15。

Thumb 状态下的寄存器组织与 ARM 状态下的寄存器组织的对应关系示意图如图 1－5 所示。

(2) 访问 Thumb 状态下的高位寄存器

在 Thumb 状态下，高位寄存器 R8～R15 并不是标准寄存器集的一部分，但可使用汇编语言程序有限制地访问这些寄存器，将其用作快速的暂存器。

使用带特殊变量的 MOV 指令同，数据可以在低位寄存器和高位寄存器之间进行传送，高位寄存器的值可以使用 CMP 和 ADD 指令进行比较或加上低位寄存器中的值。

(3) 程序状态寄存器

ARM 体系结构包含 1 个当前程序状态寄存器(CPSR)和 5 个备份的程序状态寄存器(SPSR)。

备份的程序状态寄存器用来进行异常处理，其功能包括：

- 保存 ALU 中的当前操作信息；
- 控制允许和禁止中断；
- 设置处理器的运行模式。

程序状态寄存器的格式如图 1－6 所示。

① 条件码标志位

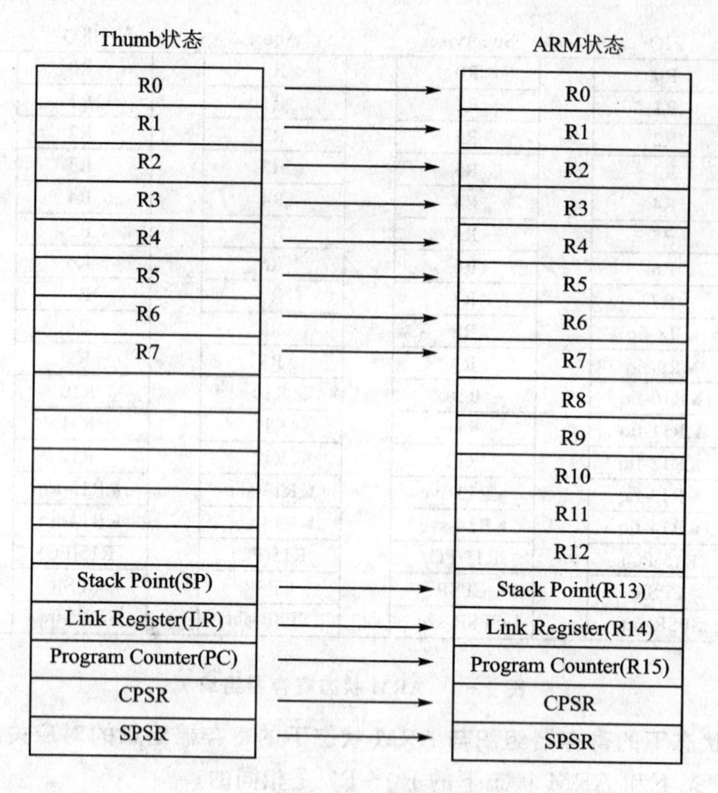

图 1-5　Thumb 状态的寄存器组织

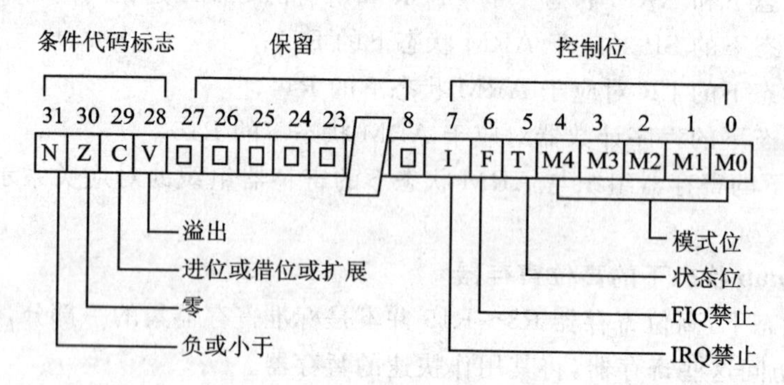

图 1-6　程序状态寄存器的格式

N、Z、C、V 均为条件码标志位。它们的内容可被算术或逻辑运算的结果所改变，并且可以决定某条指令是否被执行。

在 ARM 状态下，绝大多数的指令都是有条件执行的。在 Thumb 状态下，仅有分支指令是有条件执行的。条件码标志各位的具体含义如表 1-5 所列。

表 1-5　条件码标志位含义

标志位	标志位含义
N	当用两个补码表示的带符号数进行运算时，N=1 表示运算的结果为负数；N=0 表示运算的结果为正数或零
Z	Z=1 表示运算的结果为零；Z=0 表示运算的结果为非零

续表 1-5

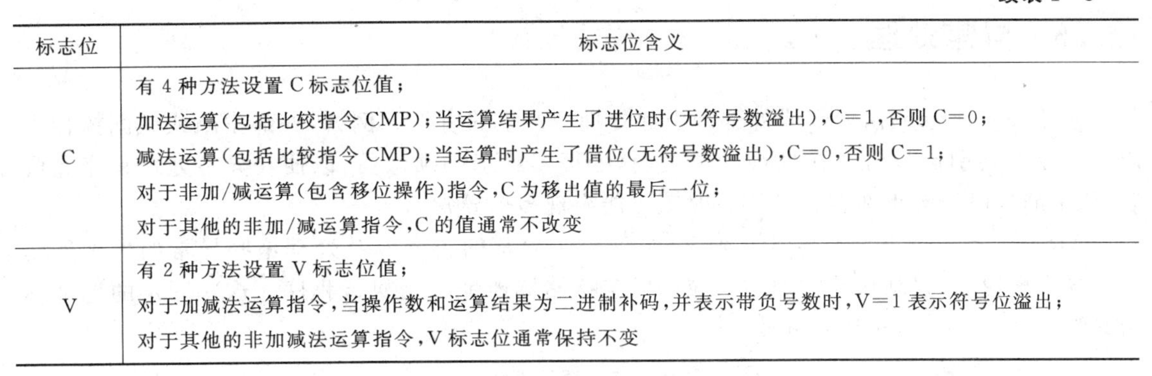

标志位	标志位含义
C	有 4 种方法设置 C 标志位值； 加法运算（包括比较指令 CMP）；当运算结果产生了进位时（无符号数溢出），C=1，否则 C=0； 减法运算（包括比较指令 CMP）；当运算时产生了借位（无符号数溢出），C=0，否则 C=1； 对于非加/减运算（包含移位操作）指令，C 为移出值的最后一位； 对于其他的非加/减运算指令，C 的值通常不改变
V	有 2 种方法设置 V 标志位值； 对于加减法运算指令，当操作数和运算结果为二进制补码，并表示带负号数时，V=1 表示符号位溢出； 对于其他的非加减法运算指令，V 标志位通常保持不变

② 控制位

CPSR 的低 8 位（包括 I、F、T 和 M[4:0]）称为控制位，当发生异常时这些位可以被改变。如果处理器运行特权模式，这些位也可以由程序修改。

● 中断禁止位 I、F

I=1 时，禁止 IRQ 中断；

F=1 时，禁止 FIQ 中断。

● T 标志位

该位反映处理器的运行状态。对于 ARM 及以上版本的 T 系列处理器，若该位为 1 时，程序运行于 Thumb 状态，否则，程序运行于 ARM 状态。

对于 ARMv5 及以上版本的非 T 系列处理器，若该位为 1 时，执行下一条指令以引起未定义的指令异常；当该位为 0 时，表示运行于 ARM 状态。

● 运行模式位

M[4:0]：M0、M1、M2、M3、M4 是模式位。这 5 位主要决定了处理器的运行模式。具体定义如表 1-6 所列。

表 1-6　运行模式位定义表

运行模式位 M[4:0]	处理器运行模式	运行模式位 M[4:0]	处理器运行模式
0b10000	用户模式	0b10111	中止模式
0b10001	FIQ 模式	0b11011	未定义模式
0b10010	IRQ 模式	0b11111	系统模式
0b10011	管理模式		

由表 1-6 可知，并不是所有的运行模式位的组合都是有效的，其他的组合结果可能会导致处理器进入一个不可恢复的状态。

③ 保留位

CPSR 中的其余位为保留位，当改变 CPSR 中的条件码标志位或者控制位时，保留位不要改变，在程序中也不要使用保留位来存储数据。保留位将用于 ARM 版本的扩展。

1.2.5 异常处理

异常(Exception)由内部或外部源引起处理器产生的事件。例如,外部中断或试图执行未定义指令都会引起异常。在处理异常之前,处理器状态必须保留,以便在异常处理程序完成后,原来的程序能够重新执行。同一时刻可能出现多个异常。

ARM 支持 7 种类型的异常。表 1-7 列出了异常的类型以及处理这些异常的处理器模式。异常出现后,强制从异常类型对应的固定存储器地址开始执行程序。这些固定的地址称为异常向量(Exception Vectors)。

表 1-7 异常类型

异常类型	模 式	正常地址	高端向量地址
复位	管理	0x00000000	0xFFFF0000
未定义指令	未定义	0x00000004	0xFFFF0004
软件中断(SWI)	管理	0x00000008	0xFFFF0008
预取中止(取指令存储器中止)	中止	0x0000000C	0xFFFF000C
数据中止(数据访问存储器中止)	中止	0x00000010	0xFFFF0010
IRQ(中断)	IRQ	0x00000018	0xFFFF0018
FIQ(快速中断)	FIQ	0x0000001C	0xFFFF001C

1.3 ARM 处理器的指令系统概述

ARM 指令系统包括 ARM 32 位和 Thumb 16 位两类指令系统,下面分别进行介绍。

1.3.1 ARM 32 位指令系统

本节将对 ARM 指令的分类、条件域进行介绍。

1. ARM 指令的分类

ARM 微处理器的指令集是加载/存储型的,也就是说,指令集仅能处理寄存器中的数据,而且处理结果都要放回寄存器中,对系统存储器的访问则需要通过专门的加载/存储指令来完成。

(1) ARM 的定点指令集

ARM 的定点指令集可以分为跳转指令、数据处理指令、寄存器访问指令、加载/存储指令、协处理器指令、异常产生指令及伪指令 7 大类,具体的指令及功能如表 1-8 所列(表中指令为基本 ARM 指令,不包括派生的 ARM 指令)。

(2) ARM 浮点指令集

ARM 处理器本身不支持浮点运算。所有的浮点运算都在一个特殊的浮点模拟器中运行,速度较慢,经常需要进行数千个时钟周期才能完成浮点函数的计算,所以在一般情况下均使用定点格式来代替浮点格式。表 1-9 列出了 ARM 浮点指令及功能描述。

表1-8　ARM定点指令及功能描述

助记符	指令功能描述
ADC	带进位加法指令
ADD	加法指令
AND	逻辑与指令
B	跳转指令
BIC	位清零指令
BL	带返回的跳转指令
BLX	带返回和状态切换的跳转指令
BX	带状态切换的跳转指令
CDP	协处理器数据操作指令
CMN	比较反值指令
CMP	比较指令
EOR	异或指令
LDC	存储器到协处理器的数据传输指令
LDM	加载多个寄存器指令
LDR	存储器到寄存器的数据传输指令
MCR	从ARM寄存器到协处理器寄存器的数据传输指令
MLA	乘加运算指令
MOV	数据传送指令
MRC	从协处理器寄存器到ARM寄存器的数据传输指令
MRS	传送CPSR或SPSR的内容到通用寄存器指令
MSR	传送通用寄存器到CPSR或SPSR的指令
MUL	32位乘法指令
MLA	32位乘加指令
MVN	数据取反传送指令
ORR	逻辑或指令
RSB	逆向减法指令
RSC	带借位的逆向减法指令
SBC	带借位减法指令
STC	协处理器寄存器写入存储器指令
STM	批量内存字写入指令
STR	寄存器到存储器的数据传输指令
SUB	减法指令
SWI	软件中断指令
SWP	交换指令
TEQ	相等测试指令
TST	位测试指令

表1-9　ARM浮点指令及功能描述

助记符	指令功能描述
ABS	绝对值
ACS	反余弦
ADF	加法
ASN	反正弦
ATN	反正切
CMF	比较浮点值
CNF	比较取负的浮点值
COS	余弦
DVF	除法
EXP	指数
FDV	快速除法
FIX	转换浮点值成整数
FLT	转换整数成浮点值
FML	快速乘法
FRD	快速反向除法
LDF	装载浮点值
LFM	装载多个浮点值
LGN	自然对数
LOG	常用对数
MNF	传送取负的值
MUF	乘法
MVF	传送值/浮点寄存器到一个浮点寄存器
NRM	规格化
POL	极化角
POW	幂
RDF	反向除法
RFC	读FP控制寄存器
RFS	读FP状态寄存器
RMF	余数
RND	舍入成整值
RPW	反向幂
RSF	反向减法
SFM	存储多个浮点值
SIN	正弦
SOT	平方根
STF	存储浮点值
SUF	减法
TAN	正切
URD	非规格化舍入
WFC	写FP控制寄存器
WFS	写FP状态寄存器

2. ARM 指令的条件域

当处理器工作在 ARM 状态时，几乎所有的指令均根据 CPSR 中条件码的状态和指令的条件域有条件的执行。当指令的执行条件满足时指令被执行，否则指令被忽略。

每一条 ARM 指令包含 4 位的条件码，位于指令的最高 4 位[31:28]。条件码共有 16 种，每种条件码可用两个字符表示，这两个字符可以添加在指令助记符的后面和指令同时使用。例如，跳转指令 B 可以加上后缀 EQ 变为 BEQ，表示“相等则跳转”，即当 CPSR 中的 Z 标志位置位时发生跳转。

在 16 种条件标志码中，有 15 种可以使用，如表 1－10 所列。第 16 种(1111)为系统保留，暂时不能使用。

表 1－10　指令的条件码

条件码	助记符后缀	标　志	含　义
0000	EQ	Z 置位	相等
0001	NE	Z 清零	不相等
0010	CS	C 置位	无符号数大于或等于
0011	CC	C 清零	无符号数小于
0100	MI	N 置位	负数
0101	PL	N 清零	正数或零
0110	VS	V 置位	溢出
0111	VC	V 清零	未溢出
1000	HI	C 置位 Z 清零	无符号数大于
1001	LS	C 清零 Z 置位	无符号数小于或等于
1010	GE	N 等于 V	带符号数大于或等于
1011	LT	N 不等于 V	带符号数小于
1100	GT	Z 清零且(N 等于 V)	带符号数大于
1101	LE	Z 置位或(N 不等于 V)	带符号数小于或等于
1110	AL	忽略	无条件执行

3. ARM 处理器指令的寻址方式

ARM 处理器的寻址方式是根据指令中给出的地址码字段来实现寻找真实操作数地址的方式，ARM 处理器有 9 种基本寻址方式。

(1) 寄存器寻址

操作数的值在寄存器中，指令中的地址码字段指出的是寄存器编号，指令执行时直接取出寄存器值操作。

指令举例如下：

```
MOV R1,R2                    ;R2 -> R1
SUB R0,R1,R2                 ;R1 - R2 -> R0
```

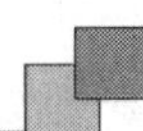

(2) 立即寻址

立即寻址指令中的操作码字段后面的地址码部分就是操作数本身，也就是说，数据就包含在指令当中，取出指令也就取出了可以立即使用的操作数(立即数)。

指令举例如下：

```
SUBS R0,R0,#1 ;R0-1 -> R0
MOV R0,#0xff00 ;0xff00 -> R0
```

注意：立即数要以"#"为前缀，表示十六进制数值时以"0x"表示。

(3) 寄存器偏移寻址

寄存器偏移寻址是ARM指令集特有的寻址方式，当第2个操作数是寄存器偏移方式时，第2个寄存器操作数在与第1个操作数结合之前，选择进行移位操作。

指令举例如下：

```
MOV R0,R2,LSL #3       ;R2的值左移3位，结果放入R0，即R0 = R2 * 8
ANDS R1,R1,R2,LSL R3   ;R2的值左移R3位，然后和R1进行与操作，结果放入R1
```

(4) 寄存器间接寻址

寄存器间接寻址指令中的地址码给出的是一个通用寄存器编号，所需要的操作数保存在寄存器指定地址的存储单元中，即寄存器为操作数的地址指针。

指令举例如下：

```
LDR R1,[R2]        ;将R2中的数值作为地址，取出此地址中的数据保存在R1中
SWP R1,R1,[R2]     ;将R2中的数值作为地址，取出此地址中的数值与R1中的值交换
```

(5) 基址寻址

基址寻址是将基址寄存器的内容与指令中给出的偏移量相加，形成操作数的有效地址。基址寻址用于访问基址附近的存储单元，常用于查表、数组操作、功能部件寄存器访问等。

指令举例如下：

```
LDR R2,[R3,#0x0F] ;将R3中的数值加0x0F作为地址，取出此地址的数值保存在R2中
STR R1,[R0,#-2] ;将R0中的数值减2作为地址，把R1中的内容保存到此地址位置
```

(6) 多寄存器寻址

多寄存器寻址就是一次可以传送几个寄存器值，允许一条指令传送16个寄存器的任何子集或所有寄存器。

多寄存器寻址指令举例如下：

```
LDMIA R1!,{R2-R7,R12} ;将R1单元中的数据读出到R2～R7,R12,R1自动加1
STMIA R0!,{R3-R6,R10};将R3～R6,R10中的数据保存到R0指向的地址,R0自动加1
```

使用多寄存器寻址指令时，寄存器子集的顺序时由小到大的顺序排列，连续的寄存器可用"-"连接，否则，用","分隔书写。

(7) 堆栈寻址

堆栈是按照特定顺序进行存取的存储区，操作顺序分为"后进先出"和"先进后出"，堆栈寻址是隐含的，它使用一个专门的寄存器(堆栈指针)指向一块存储区域(堆栈)，指针所指向的存储单元就是堆栈的栈顶。

存储器堆栈可分为两种：

- 向上生长：向高地址方向生长，称为递增堆栈；
- 向下生长：向低地址方向生长，称为递减堆栈。

堆栈寻址指令举例如下：

```
STMFD SP!,{R1 - R7,LR} ;将 R1～R7,LR 入栈。满递减堆栈
LDMFD SP!,{R1 - R7,LR} ;数据出栈,放入 R1～R7,LR 寄存器。满递减堆栈
```

(8) 块拷贝寻址

多寄存器传送指令用于一块数据从存储器的某一位置复制到另一位置。

```
STMIA R0!,{R1 - R7}      ;将 R1～R7 的数据保存到存储器中,存储器指针在保存第一
                         ;个值之后增加,增长方向为向上增长
```

(9) 相对寻址

相对寻址是基址寻址的一种变通，由程序计数器 PC 提供基准地址，指令中的地址码字段作为偏移量，两者相加后得到的地址即为操作数的有效地址。

指令举例如下：

```
BL ROUTE1          ;调用到 ROUTE1 子程序
BEQ LOOP1          ;条件跳转到 LOOP1
...
LOOP1:MOV R2,#2
```

4. 跳转与中断指令

(1) 分支(跳转)指令

分支指令，即跳转指令，它用于实现程序流程的跳转。在 ARM 程序中有两种方法可以实现程序流程的跳转：

- 使用专门的跳转指令；
- 直接向程序计数器 PC 写入跳转地址值。

通过向程序计数器 PC 写入跳转地址值，在跳转之前结合使用以下指令可以保存将来的返回地址值，从而实现在 4 GB 连续的线性地址空间的子程序调用。

```
MOV    LR,PC
```

ARM 指令集中的跳转指令可以完成从当前指令向前或向后的 32 MB 的地址空间的跳转，包括如表 1-11 所列的 4 条跳转指令。

表 1-11 跳转指令

指 令	功 能
B	跳转指令
BL	带返回的跳转指令
BLX	带返回和状态切换的跳转指令
BX	带状态切换的跳转指令

① B 指令

B 指令的格式为：

B{条件}目标地址

B 指令是最简单的跳转指令。一旦遇到一个 B 指令，ARM 处理器将立即跳转到给定的目标地址，并从那里继续执行。

```
B        Label          ;程序无条件跳转到标号 Label 处执行
CMP      R1,#0          ;当 CPSR 寄存器中的 Z 条件码置位时,程序跳转到 Label 处行
BEQ    Label
```

注意:存储在跳转指令中的实际值是相对当前 PC 值的一个偏移量,而不是一个绝对地址,它的值由汇编器来计算(参考寻址方式中的相对寻址)。它是 24 位有符号数,左移两位后有符号扩展为 32 位,表示有效偏移为 26 位(前后 32 MB 的地址空间)。

② BL 指令

BL 是另一个跳转指令,但在跳转之前会在寄存器 R14 中保存 PC 的当前内容,因此,可以通过将 R14 的内容重新加载到 PC 中,从而返回到跳转指令之后的那个指令处执行。该指令是实现子程序调用的一个基本且十分常用的手段,如:

BL   Label   ;当程序无条件跳转到标号 Label 处执行时,同时将当前的 PC 值保存到 R14 中

③ BLX 指令

BLX 指令从 ARM 指令集跳转到指令中所指定的目标地址,并将处理器的工作状态由 ARM 状态切换到 Thumb 状态,该指令同时将 PC 的当前内容保存到寄存器 R14 中。因此,当子程序使用 Thumb 指令集,而调用者使用 ARM 指令集时,可以通过 BLX 指令实现子程序的调用和处理器工作状态的切换。同时,子程序的返回可以通过将寄存器 R14 值复制到 PC 中来完成。

④ BX 指令

BX 指令的格式为:

BX{条件} 目标地址

BX 指令跳转到指令中所指定的目标地址,目标地址处的指令既可以是 ARM 指令,也可以是 Thumb 指令。

通常用"#"前缀表示立即值,用"&"表示十六进制值,用"%"表示二进制值,用{花括号}表示指令中可选的设置字段或位。

(2) 中断(异常)指令

ARM 微处理器所支持的异常指令有如下两条:

SWI   软件中断指令。

BKPT   断点中断指令。

① SWI 指令

SWI 指令的格式为:

SWI{条件} 24 位的立即数

SWI 指令用于产生软件中断,以便用户程序能调用操作系统的系统例程。操作系统在 SWI 的异常处理程序中提供相应的系统服务,指令中 24 位立即数指定用户程序调用系统例程的类型,相关参数通过通用寄存器传递,当指令中 24 位立即数被忽略时,用户程序调用系统例程的类型由通用寄存器 R0 的内容决定,同时,参数通过其他通用寄存器传递。

指令举例:

```
SWI    0x02               ;该指令调用操作系统编号位 02 的系统例程
```

② BKPT 指令

BKPT 指令的格式为：

BKPT　16 位的立即数

BKPT 指令产生软件断点中断，可用于程序的调试。

5. 数据处理指令

数据处理指令可分为数据传送指令、算术逻辑运算指令和比较指令等，如表 1-12 所列。数据传送指令用于在寄存器和存储器之间进行数据的双向传输。算术逻辑运算指令完成常用的算术与逻辑的运算，该类指令不但将运算结果保存在目的寄存器中，同时更新 CPSR 中的相应条件标志位。比较指令不保存运算结果，只更新 CPSR 中相应的条件标志位。

表 1-12　数据处理指令

指　令	功　能	指　令	功　能
MOV	数据传送指令	SUB	减法指令
MVN	数据取反传送指令	SBC	带借位减法指令
CMP	比较指令	RSB	逆向减法指令
CMN	反值比较指令	RSC	带借位的逆向减法指令
TST	位测试指令	AND	逻辑与指令
TEQ	相等测试指令	ORR	逻辑或指令
ADD	加法指令	EOR	逻辑异或指令
ADC	带进位加法指令	BIC	位清除指令

(1) MOV 指令

MOV 指令的格式为：

MOV{条件}{S}　目的寄存器，源操作数

MOV 指令可完成从另一个寄存器、被移位的寄存器或将一个立即数加载到目的寄存器。其中，S 选项决定指令的操作是否影响 CPSR 中条件标志位的值，当没有 S 选项时指令不更新 CPSR 中条件标志位的值。

指令举例：

```
MOV    R1,R0              ;将寄存器 R0 的值传送到寄存器 R1
MOV    PC,R14             ;将寄存器 R14 的值传送到 PC,常用于子程序返回
MOV    R1,R0,LSL＃3       ;将寄存器 R0 的值左移 3 位后传送到 R1
```

(2) MVN 指令

MVN 指令的格式为：

MVN{条件}{S}　目的寄存器，源操作数

MVN 指令可完成从另一个寄存器、被移位的寄存器或将一个立即数加载到目的寄存器。与 MOV 指令的不同之处在于：MVN 指令在传送之前按位被取反了，即把一个被取反的值传送到目的寄存器中。其中，S 决定指令的操作是否影响 CPSR 中条件标志位的值，当没有 S 时指令不更新 CPSR 中条件标志位的值。

指令举例：

```
MVN    R0,#0          ;将立即数0取反传送到寄存器R0中,完成后R0 = -1
```

移位操作MOV/MVN在ARM指令集中不作为单独的指令使用,它在指令格式中是一个字段,在汇编语言中表示为指令中的选项。

如果数据处理指令的第二个操作数或单一数据传送指令中的变址是寄存器,则可以对它进行各种移位操作。如果数据处理指令的第二个操作数是立即数,在指令中用8位立即数和4位循环移位来表示它,所以对大于255的立即数,汇编器尝试通过在指令中设置循环移位数量来表示它,如果不能表示则生成一个错误。

在逻辑类指令中,逻辑运算指令由指令中S位的设置或清除来确定是否影响进位标志,而比较指令的S位总是需要被设置。另外,在单一数据传送指令中指定移位的数量只能用立即数而不能用寄存器。

(3) CMP 指令

CMP指令的格式为:

CMP{条件}操作数1,操作数2

CMP指令用于把一个寄存器的内容和另一个寄存器的内容或立即数进行比较,同时更新CPSR中条件标志位的值。该指令进行一次减法运算,但不存储结果,只更改条件标志位。标志位表示的是操作数1与操作数2的关系(大、小、相等)。例如,当操作数1大于操作数2时,此后的含有GT后缀的指令均可以执行。

指令举例:

```
CMP    R1,R0      ;将寄存器R1的值与寄存器R0的值相减,并根据结果设置CPSR的标志位
CMP    R1,#100    ;将寄存器R1的值与立即数100相减,并根据结果设置CPSR的标志位
```

(4) CMN 指令

CMN指令的格式为:

CMN{条件}　操作数1,操作数2

CMN指令用于把一个寄存器的内容和另一个寄存器的内容或立即数取反后进行比较,同时更新CPSR中条件标志位的值。该指令实际完成操作数1和操作数2相加,并根据结果更改条件标志位。

指令举例:

```
CMN    R1,R0      ;将寄存器R1的值与寄存器R0的值比较,并根据结果设置CPSR的标志位
CMN    R1,#100    ;将寄存器R1的值与立即数100比较,并根据结果设置CPSR的标志位
```

(5) TST 指令

TST指令的格式为:

TST{条件}　操作数1,操作数2

TST指令用于把一个寄存器的内容和另一个寄存器的内容或立即数进行按位的与运算,并根据运算结果更新CPSR中条件标志位的值。操作数1是要测试的数据,而操作数2是一个位掩码。该指令一般用来检测是否设置了特定的位。

指令举例:

```
TST    R1,#%1         ;用于测试在寄存器R1中是否设置了最低位(%表示二进制数)
TST    R1,#0xffe      ;将寄存器R1的值与立即数0xffe按位与,并根据结果设置CPSR的标志位
```

(6) TEQ 指令

TEQ 指令的格式为：

TEQ{条件}　操作数 1,操作数 2

TEQ 指令用于把一个寄存器的内容和另一个寄存器的内容或立即数进行按位的异或运算,并根据运算结果更新 CPSR 中条件标志位的值。该指令通常用于比较操作数 1 和操作数 2 是否相等。

指令举例：

```
TEQ     R1,R2       ;将寄存器 R1 的值与寄存器 R2 的值按位异或,并根据结果设置 CPSR 的标志位
```

注意:不要使用包含 P 后缀的测试指令,如 TEQP、TSTP、CMPP、CMNP 等。

(7) ADD 指令

ADD 指令的格式为：

ADD{条件}{S}　目的寄存器,操作数 1,操作数 2

ADD 指令用于把两个操作数相加,并将结果存放到目的寄存器中。操作数 1 是一个寄存器,而操作数 2 可以是一个寄存器、被移位的寄存器或一个立即数。

指令举例：

```
ADD     R0,R1,R2            ;R0 = R1 + R2
ADD     R0,R1,#256          ;R0 = R1 + 256
ADD     R0,R2,R3,LSL#1      ;R0 = R2 + (R3 << 1)
```

(8) ADC 指令

ADC 指令的格式为：

ADC{条件}{S}　目的寄存器,操作数 1,操作数 2

ADC 指令用于把两个操作数相加,再加上 CPSR 中的 C 条件标志位的值,并将结果存放到目的寄存器中。它使用一个进位标志位,这样就可以做比 32 位大的数的加法,注意不要忘记设置 S 后缀来更改进位标志。操作数 1 是一个寄存器,操作数 2 可以是一个寄存器、被移位的寄存器或一个立即数。

以下指令序列完成两个 128 位数的加法,第一个数由高到低存放在寄存器 R7～R4 中,第二个数由高到低存放在寄存器 R11～R8 中,运算结果由高到低存放在寄存器 R3～R0 中。

```
ADDS    R0,R4,R8        ;加低端的字
ADCS    R1,R5,R9        ;加第 2 个字,带进位
ADCS    R2,R6,R10       ;加第 3 个字,带进位
ADC     R3,R7,R11       ;加第 4 个字,带进位
```

(9) SUB 指令

SUB 指令的格式为：

SUB{条件}{S}　目的寄存器,操作数 1,操作数 2

SUB 指令用于把操作数 1 减去操作数 2,并将结果存放到目的寄存器中。操作数 1 是一个寄存器,操作数 2 可以是一个寄存器、被移位的寄存器或一个立即数。该指令可用于有符号数或无符号数的减法运算。指令举例：

```
SUB     R0,R1,R2        ;R0 = R1 - R2
```

```
SUB     R0,R1,#256          ;0 = R1 - 256
SUB     R0,R2,R3,LSL#1      ;R0 = R2 - (R3 << 1)
```

(10) SBC 指令

SBC 指令的格式为：

```
SBC{条件}{S}  目的寄存器,操作数 1,操作数 2
```

SBC 指令用于把操作数 1 减去操作数 2,再减去 CPSR 中的 C 条件标志位的反码,并将结果存放到目的寄存器中。操作数 1 是一个寄存器,操作数 2 可以是一个寄存器、被移位的寄存器或一个立即数。该指令使用进位标志来表示借位,这样就可以做大于 32 位的减法,注意不要忘记设置 S 后缀来更改进位标志。该指令可用于有符号数或无符号数的减法运算。

指令举例：

```
SUBS     R0,R1,R2          ;R0 = R1 - R2 - !C,并根据结果设置 CPSR 的进位标志位
```

(11) RSB 指令

RSB 指令的格式为：

RSB{条件}{S}　目的寄存器,操作数 1,操作数 2

RSB 指令称为逆向减法指令,用于把操作数 2 减去操作数 1,并将结果存放到目的寄存器中。操作数 1 是一个寄存器,操作数 2 可以是一个寄存器、被移位的寄存器或一个立即数。该指令可用于有符号数或无符号数的减法运算。

指令举例：

```
RSB     R0,R1,R2                ;R0 = R2 - R1
RSB     R0,R1,#256              ;R0 = 256 - R1
RSB     R0,R2,R3,LSL#1          ;R0 = (R3 << 1) - R2
```

(12) RSC 指令

RSC 指令的格式为：

RSC{条件}{S}　目的寄存器,操作数 1,操作数 2

RSC 指令用于把操作数 2 减去操作数 1,再减去 CPSR 中的 C 条件标志位的反码,并将结果存放到目的寄存器中。操作数 1 是一个寄存器,操作数 2 可以是一个寄存器、被移位的寄存器或一个立即数。该指令使用进位标志来表示借位,这样就可以做大于 32 位的减法,注意不要忘记设置 S 后缀来更改进位标志。该指令可用于有符号数或无符号数的减法运算。

指令举例：

```
RSC     R0,R1,R2             ;R0 = R2 - R1 - !C
```

(13) AND 指令

AND 指令的格式为：

AND{条件}{S}　目的寄存器,操作数 1,操作数 2

AND 指令用于在两个操作数上进行逻辑与运算,并把结果放置到目的寄存器中。操作数 1 是一个寄存器,操作数 2 可以是一个寄存器、被移位的寄存器或一个立即数。该指令常用于屏蔽操作数 1 的某些位。

指令举例：

```
AND     R0,R0,#3                    ;该指令保持 R0 的 0、1 位,其余位清零
```

(14) ORR 指令

ORR 指令的格式为:

ORR{条件}{S}　目的寄存器,操作数 1,操作数 2

ORR 指令用于在两个操作数上进行逻辑或运算,并把结果放置到目的寄存器中。操作数 1 是一个寄存器,操作数 2 可以是一个寄存器、被移位的寄存器或一个立即数。该指令常用于设置操作数 1 的某些位。

指令举例:

```
ORR     R0,R0,#3                    ;该指令设置 R0 的 0、1 位,其余位保持不变
```

(15) EOR 指令

EOR 指令的格式为:

EOR{条件}{S}　目的寄存器,操作数 1,操作数 2

EOR 指令用于在两个操作数上进行逻辑异或运算,并把结果放置到目的寄存器中。操作数 1 是一个寄存器,操作数 2 可以是一个寄存器、被移位的寄存器或一个立即数。该指令常用于反转操作数 1 的某些位。

指令举例:

```
EOR     R0,R0,#3                    ;该指令反转 R0 的 0、1 位,其余位保持不变
```

(16) BIC 指令

BIC 指令的格式为:

BIC{条件}{S}　目的寄存器,操作数 1,操作数 2

BIC 指令用于清除操作数 1 的某些位,并把结果放置到目的寄存器中。操作数 1 是一个寄存器,操作数 2 可以是一个寄存器、被移位的寄存器或一个立即数。操作数 2 为 32 位的掩码,如果在掩码中设置了某一位,则清除这一位。未设置的掩码位保持不变。

指令举例:

```
BIC     R0,R0,#%1011        ;该指令清除 R0 中的位 0、1 和 3,其余位保持不变
```

注意:需要注意更改 PC、R14 内容的指令(如 BIC 和 ORR)。例如,ORRS PC, R14, #1 <<28 将不能工作。一般情况下,不要将带 S 标志设置的任何指令写到 PC 上。

(17) 乘法指令与乘加指令

ARM 微处理器支持的乘法指令与乘加指令共有 6 条,可分为运算结果为 32 位和运算结果为 64 位两类。与前面的数据处理指令不同,指令中的所有操作数、目的寄存器必须为通用寄存器,不能对操作数使用立即数或被移位的寄存器。同时,目的寄存器和操作数 1 必须是不同的寄存器。乘法指令与乘加指令共有以下 6 条,如表 1-13 所列。

表 1-13　乘法指令与乘加指令

指　令	描　述
MUL	32 位乘法指令
MLA	32 位乘加指令
SMULL	64 位有符号数乘法指令
SMLAL	64 位有符号数乘加指令
UMULL	64 位无符号数乘法指令
UMLAL	64 位无符号数乘加指令

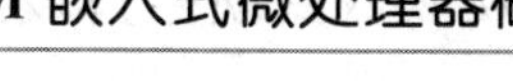

① MUL 指令

MUL 指令的格式为：

MUL{条件}{S}　　目的寄存器,操作数 1,操作数 2

MUL 指令完成将操作数 1 与操作数 2 的乘法运算,并把结果放置到目的寄存器中,同时可以根据运算结果设置 CPSR 中相应的条件标志位。其中,操作数 1 和操作数 2 均为 32 位的有符号数或无符号数。

指令举例：

```
MUL     R0,R1,R2        ;R0 = R1 × R2
MULS    R0,R1,R2        ;R0 = R1 × R2,同时设置 CPSR 中的相关条件标志位
```

② MLA 指令

MLA 指令的格式为：

MLA{条件}{S}　　目的寄存器,操作数 1,操作数 2,操作数 3

MLA 指令完成将操作数 1 与操作数 2 的乘法运算,再将乘积加上操作数 3,并把结果放置到目的寄存器中,同时可以根据运算结果设置 CPSR 中相应的条件标志位。其中,操作数 1 和操作数 2 均为 32 位的有符号数或无符号数。

指令举例：

```
MLA     R0,R1,R2,R3        ;R0 = R1 × R2 + R3
MLAS    R0,R1,R2,R3        ;R0 = R1 × R2 + R3,同时设置 CPSR 中的相关条件标志位
```

③ SMULL 指令

SMULL 指令的格式为：

SMULL{条件}{S}　　目的寄存器 Low,目的寄存器低 High,操作数 1,操作数 2

SMULL 指令完成将操作数 1 与操作数 2 的乘法运算,并把结果的低 32 位放置到目的寄存器 Low 中,结果的高 32 位放置到目的寄存器 High 中,同时可以根据运算结果设置 CPSR 中相应的条件标志位。其中,操作数 1 和操作数 2 均为 32 位的有符号数。

指令举例：

```
SMULL    R0,R1,R2,R3            ;R0 =(R2 × R3)的低 32 位
                                ;R1 = (R2 × R3)的高 32 位
```

④ SMLAL 指令

SMLAL 指令的格式为：

SMLAL{条件}{S}　　目的寄存器 Low,目的寄存器低 High,操作数 1,操作数 2

SMLAL 指令完成将操作数 1 与操作数 2 的乘法运算,并把结果的低 32 位同目的寄存器 Low 中的值相加后又放置到目的寄存器 Low 中,结果的高 32 位同目的寄存器 High 中的值相加后又放置到目的寄存器 High 中,同时可以根据运算结果设置 CPSR 中相应的条件标志位。其中,操作数 1 和操作数 2 均为 32 位的有符号数。

对于目的寄存器 Low,在指令执行前存放 64 位加数的低 32 位,指令执行后存放结果的低 32 位。

对于目的寄存器 High,在指令执行前存放 64 位加数的高 32 位,指令执行后存放结果的高 32 位。

指令举例：

```
SMLAL    R0,R1,R2,R3           ;R0 = (R2 × R3)的低 32 位 + R0
                               ;R1 = (R2 × R3)的高 32 位 + R1
```

⑤ UMULL 指令

UMULL 指令的格式为：

UMULL{条件}{S}　　目的寄存器低 Low,目的寄存器高 High,操作数 1,操作数 2

UMULL 指令完成将操作数 1 与操作数 2 的乘法运算,并把结果的低 32 位放置到目的寄存器 Low 中,结果的高 32 位放置到目的寄存器 High 中,同时可以根据运算结果设置 CPSR 中相应的条件标志位。其中,操作数 1 和操作数 2 均为 32 位的无符号数。

指令举例：

```
UMULL    R0,R1,R2,R3      ;R0 = (R2 × R3)的低 32 位,R1 = (R2 × R3)的高 32 位
```

⑥ UMLAL 指令

UMLAL 指令的格式为：

UMLAL{条件}{S}　　目的寄存器低 Low,目的寄存器高 High,操作数 1,操作数 2

UMLAL 指令完成将操作数 1 与操作数 2 的乘法运算,并把结果的低 32 位同目的寄存器 Low 中的值相加后又放置到目的寄存器 Low 中,结果的高 32 位同目的寄存器 High 中的值相加后又放置到目的寄存器 High 中,同时可以根据运算结果设置 CPSR 中相应的条件标志位。其中,操作数 1 和操作数 2 均为 32 位的无符号数。

对于目的寄存器 Low,在指令执行前存放 64 位加数的低 32 位,指令执行后存放结果的低 32 位。

对于目的寄存器 High,在指令执行前存放 64 位加数的高 32 位,指令执行后存放结果的高 32 位。

指令举例：

```
UMLAL    R0,R1,R2,R3           ;R0 = (R2 × R3)的低 32 位 + R0
                               ;R1 = (R2 × R3)的高 32 位 + R1
```

(18) 移位指令(操作)

ARM 微处理器内嵌的桶型移位器(Barrel Shifter)支持数据的各种移位操作。移位操作在 ARM 指令集中不作为单独的指令使用,它只能作为指令格式中是一个字段,在汇编语言中表示为指令中的选项。例如,数据处理指令的第二个操作数为寄存器时,就可以加入移位操作选项对它进行各种移位操作。移位操作包括如下 6 种类型,ASL 和 LSL 是等价的,可以自由互换,如表 1-14 所列。

表 1-14　移位操作指令

指　令	描　述
LSL	逻辑左移
ASL	算术左移
LSR	逻辑右移
ASR	算术右移
ROR	循环右移
RRX	带扩展的循环右移

① LSL(或 ASL)

LSL(或 ASL)的格式为:通用寄存器,LSL(或 ASL)操作数

LSL(或 ASL)可完成对通用寄存器中的内容进行逻辑(或算术)的左移操作,此时按操作

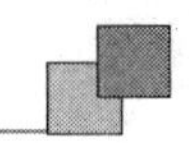

数所指定的数量向左移位，低位用零来填充。其中，操作数可以是通用寄存器，也可以是立即数(0～31)。

指令举例：

```
MOV    R0, R1, LSL＃2          ;将 R1 中的内容左移两位后传送到 R0 中
```

② LSR

LSR 格式为：通用寄存器，LSR 操作数

LSR 可完成对通用寄存器中的内容进行右移的操作，此时按操作数所指定的数量向右移位，左端用零来填充。其中，操作数可以是通用寄存器，也可以是立即数(0～31)。

指令举例：

```
MOV    R0, R1, LSR＃2          ;将 R1 中的内容右移两位后传送到 R0 中，左端用零来填充
```

③ ASR

ASR 格式为：通用寄存器，ASR 操作数

ASR 可完成对通用寄存器中的内容进行右移的操作，此时按操作数所指定的数量向右移位，左端用第 31 位的值来填充。其中，操作数可以是通用寄存器，也可以是立即数(0～31)。

指令举例：

```
MOV  R0, R1, ASR＃2      ;将 R1 中的内容右移两位后传送到 R0 中，左端用第 31 位的值来填充
```

④ ROR

ROR 格式为：通用寄存器，ROR 操作数

ROR 可完成对通用寄存器中的内容进行循环右移的操作，此时按操作数所指定的数量向右循环移位，左端用右端移出的位来填充。其中，操作数可以是通用寄存器，也可以是立即数(0～31)。显然，当进行 32 位的循环右移操作时，通用寄存器中的值不改变。

指令举例：

```
MOV    R0, R1, ROR＃2          ;将 R1 中的内容循环右移两位后传送到 R0 中
```

⑤ RRX

RRX 格式为：通用寄存器，RRX 操作数

RRX 可完成对通用寄存器中的内容进行带扩展的循环右移的操作，按操作数所指定的数量向右循环移位，左端用进位标志位 C 来填充。其中，操作数可以是通用寄存器，也可以是立即数(0～31)。

指令举例：

```
MOV    R0, R1, RRX＃2          ;将 R1 中的内容进行带扩展的循环右移两位后传送到 R0 中
```

6. 寄存器访问指令

ARM 微处理器支持程序状态寄存器访问指令，用于在程序状态寄存器和通用寄存器之间传送数据。程序状态寄存器访问指令包括以下几条：

- MRS　　程序状态寄存器到通用寄存器的数据传送指令；
- MSR　　通用寄存器到程序状态寄存器的数据传送指令；

- SWP　　存储器和寄存器之间交换数据。

(1) MRS 指令

MRS 指令的格式为：

MRS{条件}　　通用寄存器，程序状态寄存器(CPSR 或 SPSR)

MRS 指令用于将程序状态寄存器的内容传送到通用寄存器中。该指令一般用于以下几种情况中：

① 当需要改变程序状态寄存器的内容时，可用 MRS 将程序状态寄存器的内容读入通用寄存器，修改后再写回程序状态寄存器。

② 当在异常处理或进程切换时，需要保存程序状态寄存器的值，可先用该指令读出程序状态寄存器的值，然后保存。

指令举例：

```
MRS    R0,CPSR              ;传送 CPSR 的内容到 R0
MRS    R0,SPSR              ;传送 SPSR 的内容到 R0
```

(2) MSR 指令

MSR 指令的格式为：

MSR{条件}　　程序状态寄存器(CPSR 或 SPSR)_<域>，操作数

MSR 指令用于将操作数的内容传送到程序状态寄存器的特定域中。其中，操作数可以为通用寄存器或立即数，<域>用于设置程序状态寄存器中需要操作的位。32 位的程序状态寄存器可分为以下 4 个域：

位[31:24]为条件标志位域，用 f 表示。

位[23:16]为状态位域，用 s 表示。

位[15:8]为扩展位域，用 x 表示。

位[7:0]为控制位域，用 c 表示。

该指令通常用于恢复或改变程序状态寄存器的内容，在使用时，一般要在 MSR 指令中指明将要操作的域。

指令举例：

```
MSR    CPSR,R0              ;传送 R0 的内容到 CPSR
MSR    SPSR,R0              ;传送 R0 的内容到 SPSR
MSR    CPSR_c,R0            ;传送 R0 的内容到 SPSR,但仅仅修改 CPSR 中的控制位域
```

(3) 数据交换指令

ARM 微处理器所支持的数据交换指令可以在存储器和寄存器之间交换数据。数据交换指令有如下两条：

- SWP　　字数据交换指令；
- SWPB　　字节数据交换指令。

① SWP 指令

SWP 指令的格式为：

SWP{条件}　目的寄存器，源寄存器 1，[源寄存器 2]

SWP 指令用于将源寄存器 2 所指向的存储器中的字数据传送到目的寄存器中，同时将源

寄存器1中的字数据传送到源寄存器2所指向的存储器中。显然,当源寄存器1和目的寄存器为同一个寄存器时,指令交换该寄存器和存储器的内容。

指令举例:

```
SWP     R0,R1,[R2]          ;将R2所指向的存储器中的字数据传送到R0,同时将R1中的字数据传
                            ;送到R2所指向的存储单元
SWP     R0,R0,[R1]          ;完成将R1所指向的存储器中的字数据与R0中的字数据交换
```

② SWPB指令

SWPB指令的格式为:

SWP{条件}B　目的寄存器,源寄存器1,[源寄存器2]

SWPB指令用于将源寄存器2所指向的存储器中的字节数据传送到目的寄存器中,并将目的寄存器的高24清零,同时将源寄存器1中的字节数据传送到源寄存器2所指向的存储器中。显然,当源寄存器1和目的寄存器为同一个寄存器时,指令交换该寄存器和存储器的内容。

指令举例:

```
SWPB    R0,R1,[R2]      ;将R2所指向的存储器中的字节数据传送到R0,R0的高24
                        ;位清零,同时将R1中的低8位数据传送到R2所指向的存储单元
SWPB    R0,R0,[R1]      ;该指令完成将R1所指向的存储器中的字节数据与R0中的
                        ;低8位数据交换
```

7. 加载/存储指令

ARM微处理器支持加载/存储指令用于在寄存器和存储器之间传送数据,加载指令用于将存储器中的数据传送到寄存器,而存储指令则完成相反的操作。常用的加载/存储指令如表1-15所列。

表1-15　常用的加载/存储指令

指　令	描　述	指　令	描　述
LDR	字数据加载指令	STR	字数据存储指令
LDRB	字节数据加载指令	STRB	字节数据存储指令
LDRH	半字数据加载指令	STRH	半字数据存储指令

(1) LDR指令

LDR指令的格式为:

LDR{条件}　目的寄存器,<存储器地址>

LDR指令用于从存储器中将一个32位的字数据传送到目的寄存器中。该指令通常用于从存储器中读取32位的字数据到通用寄存器,然后对数据进行处理。当程序计数器PC作为目的寄存器时,指令从存储器中读取的字数据被当作目的地址,从而可以实现程序流程的跳转。该指令在程序设计中比较常用,且寻址方式灵活多样。

指令举例:

```
LDR     R0,[R1]                 ;将存储器地址为R1的字数据读入寄存器R0
```

```
LDR     R0,[R1,R2]               ;将存储器地址为 R1 + R2 的字数据读入寄存器 R0
LDR     R0,[R1,#8]               ;将存储器地址为 R1 + 8 的字数据读入寄存器 R0
LDR     R0,[R1,R2]!              ;将存储器地址为 R1 + R2 的字数据读入寄存器 R0,并
                                 ;将新地址 R1 + R2 写入 R1
LDR     R0,[R1,#8]!              ;将存储器地址为 R1 + 8 的字数据读入寄存器 R0,并将
                                 ;新地址 R1 + 8 写入 R1
LDR     R0,[R1],R2               ;将存储器地址为 R1 的字数据读入寄存器 R0,并将
                                 ;新地址 R1 + R2 写入 R1
LDR     R0,[R1,R2,LSL#2]!        ;将存储器地址为 R1 + R2 × 4 的字数据读入寄存器 R0,
                                 ;并将新地址 R1 + R2 × 4 写入 R1
LDR     R0,[R1],R2,LSL#2         ;将存储器地址为 R1 的字数据读入寄存器 R0,并将
                                 ;新地址 R1 + R2 × 4 写入 R1
```

(2) LDRB 指令

LDRB 指令的格式为：

LDR{条件}B　目的寄存器,<存储器地址>

LDRB 指令用于从存储器中将一个 8 位的字节数据传送到目的寄存器中,同时将寄存器的高 24 位清零。该指令通常用于从存储器中读取 8 位的字节数据到通用寄存器,然后对数据进行处理。当程序计数器 PC 作为目的寄存器时,指令从存储器中读取的字数据被当作目的地址,从而可以实现程序流程的跳转。

指令举例：

```
LDRB    R0,[R1]          ;将存储器地址为 R1 的字节数据读入寄存器 R0,并将 R0 的高 24 位清零
LDRB    R0,[R1,#8]       ;将存储器地址为 R1 + 8 的字节数据读入寄存器 R0,并将 R0 的高 24 位
                         ;清零
```

(3) LDRH 指令

LDRH 指令的格式为：

LDR{条件}H　目的寄存器,<存储器地址>

LDRH 指令用于从存储器中将一个 16 位的半字数据传送到目的寄存器中,同时将寄存器的高 16 位清零。该指令通常用于从存储器中读取 16 位的半字数据到通用寄存器,然后对数据进行处理。当程序计数器 PC 作为目的寄存器时,指令从存储器中读取的字数据被当作目的地址,从而可以实现程序流程的跳转。

指令举例：

```
LDRH R0,[R1]          ;将存储器地址为 R1 的半字数据读入寄存器 R0,并将 R0 的高 16 位清零
LDRH R0,[R1,#8]       ;将存储器地址为 R1 + 8 的半字数据读入寄存器 R0,并将 R0 的高 16 位清零
LDRH R0,[R1,R2]       ;将存储器地址为 R1 + R2 的半字数据读入寄存器 R0,并将 R0 的高 16 位清零
```

(4) STR 指令

STR 指令的格式为：

STR{条件}　源寄存器,<存储器地址>

STR 指令用于从源寄存器中将一个 32 位的字数据传送到存储器中。

指令举例：

```
STR     R0,[R1],#8          ;将 R0 中的字数据写入以 R1 为地址的存储器中,并将新地址
                            ;R1 + 8 写入 R1
STR     R0,[R1,#8]          ;将 R0 中的字数据写入以 R1 + 8 为地址的存储器中
```

(5) STRB 指令

STRB 指令的格式为：

STR{条件}B　源寄存器,<存储器地址>

STRB 指令用于从源寄存器中将一个 8 位的字节数据传送到存储器中。该字节数据为源寄存器中的低 8 位。

指令举例：

```
STRB     R0,[R1]          ;将寄存器 R0 中的字节数据写入以 R1 为地址的存储器中
STRB     R0,[R1,#8]       ;将寄存器 R0 中的字节数据写入以 R1 + 8 为地址的存储器中
```

(6) STRH 指令

STRH 指令的格式为：

STR{条件}H　源寄存器,<存储器地址>

STRH 指令用于从源寄存器中将一个 16 位的半字数据传送到存储器中。该半字数据为源寄存器中的低 16 位。

指令举例：

```
STRH     R0,[R1]          ;将寄存器 R0 中的半字数据写入以 R1 为地址的存储器中
STRH     R0,[R1,#8]       ;将寄存器 R0 中的半字数据写入以 R1 + 8 为地址的存储器中
```

(7) 批量数据加载/存储指令

ARM 微处理器所支持的批量数据加载/存储指令可以一次在一片连续的存储器单元和多个寄存器之间传送数据。批量数据加载指令用于将一片连续的存储器中的数据传送到多个寄存器,而批量数据存储指令则完成相反的操作。常用的批量数据加载/存储指令如下：

- LDM　　批量数据加载指令；
- STM　　批量数据存储指令。

LDM(或 STM)指令的格式为：

LDM(或 STM){条件}{类型}　基址寄存器{!},寄存器列表{∧}

LDM(或 STM)指令用于从由基址寄存器所指示的一片连续存储器到寄存器列表所指示的多个寄存器之间传送数据,该指令的常见用途是将多个寄存器的内容入栈或出栈。其中,{类型}为以下几种情况：

- IA　每次传送后地址加 1；
- IB　每次传送前地址加 1；
- DA　每次传送后地址减 1；
- DB　每次传送前地址减 1；
- FD　满递减堆栈；
- ED　空递减堆栈；
- FA　满递增堆栈；

- EA　空递增堆栈。

{!}为可选后缀，若选用该后缀，则当数据传送完毕之后，将最后的地址写入基址寄存器，否则基址寄存器的内容不改变。

基址寄存器不允许为 R15，而寄存器列表可以为 R0～R15 的任意组合。

{∧}为可选后缀，当指令为 LDM 且寄存器列表中包含 R15，选用该后缀表示：除了正常的数据传送之外，还将 SPSR 复制到 CPSR。同时，该后缀还表示传入或传出的是用户模式下的寄存器，而不是当前模式下的寄存器。

指令举例：

```
STMFD   R13!,{R0,R4 - R12,LR}          ;将寄存器列表中的寄存器(R0,R4 到 R12,LR)存入堆栈
LDMFD   R13!,{R0,R4 - R12,PC}          ;将堆栈内容恢复到寄存器(R0,R4 到 R12,LR)
```

注意：〈1〉在 LDR/STR 中，不要使用 PC 作为寄存器偏移量，且不要写回到它。在使用后会变址 LDR/STR 中，Rm(变址)和 Rn(基址)不能是同一个寄存器。类似的，对于涉及写回的任何指令，Rm 和 Rn 均为不同的寄存器。

〈2〉LDM/STM 在用户模式下不使用 S 位，这意味着不要使用'∧'后缀，例如：LDMFD R13!，{PC}∧。

8. 协处理器指令

ARM 微处理器可支持多达 16 个协处理器，用于各种协处理操作，在程序执行的过程中，每个协处理器只执行针对自身的协处理指令，而忽略 ARM 处理器和其他协处理器的指令。ARM 的协处理器指令主要用于 ARM 处理器初始化 ARM 协处理器的数据处理操作，在 ARM 处理器的寄存器和协处理器的寄存器之间传送数据，以及在 ARM 协处理器的寄存器和存储器之间传送数据。ARM 协处理器指令包括以下 5 条，如表 1-16 所列。

表 1-16　ARM 协处理器指令

指　令	功能描述
CDP	协处理器数操作指令
LDC	协处理器数据加载指令
STC	协处理器数据存储指令
MCR	ARM 处理器寄存器到协处理器寄存器的数据传送指令
MRC	协处理器寄存器到 ARM 处理器寄存器的数据传送指令

(1) CDP 指令

CDP 指令的格式为：

CDP{条件}　协处理器编码，协处理器操作码 1，目的寄存器，源寄存器 1，源寄存器 2，协处理器操作码 2

CDP 指令用于 ARM 处理器通知 ARM 协处理器执行特定的操作，若协处理器不能成功完成特定的操作，则产生未定义指令异常。其中，协处理器操作码 1 和协处理器操作码 2 为协处理器将要执行的操作，目的寄存器和源寄存器均为协处理器的寄存器，指令不涉及 ARM 处理器的寄存器和存储器。

指令举例：

```
CDP    P3,2,C12,C10,C3,4                ;该指令完成协处理器 P3 的初始化
```

(2) LDC 指令

LDC 指令的格式为：

LDC{条件}{L}　协处理器编码,目的寄存器,[源寄存器]

LDC 指令用于将源寄存器所指向的存储器中的字数据传送到目的寄存器中,若协处理器不能成功完成传送操作,则产生未定义指令异常。其中,{L}选项表示指令为长读取操作,如用于双精度数据的传输。

指令举例：

```
LDC    P3,C4,[R0]         ;将 ARM 处理器的寄存器 R0 所指向的存储器中的字数据传送到
                          ;协处理器 P3 的寄存器 C4 中
```

(3) STC 指令

STC 指令的格式为：

STC{条件}{L}　协处理器编码,源寄存器,[目的寄存器]

STC 指令用于将源寄存器中的字数据传送到目的寄存器所指向的存储器中,若协处理器不能成功完成传送操作,则产生未定义指令异常。其中,{L}选项表示指令为长读取操作,如用于双精度数据的传输。

指令举例：

```
STC    P3,C4,[R0]         ;将协处理器 P3 的寄存器 C4 中的字数据传送到 ARM 处理
                          ;器的寄存器 R0 所指向的存储器中
```

(4) MCR 指令

MCR 指令的格式为：

MCR{条件}　协处理器编码,协处理器操作码 1,源寄存器,目的寄存器 1,目的寄存器 2,协处理器操作码 2

MCR 指令用于将 ARM 处理器寄存器中的数据传送到协处理器寄存器中,若协处理器不能成功完成操作,则产生未定义指令异常。其中,协处理器操作码 1 和协处理器操作码 2 为协处理器将要执行的操作,源寄存器为 ARM 处理器的寄存器,目的寄存器 1 和目的寄存器 2 均为协处理器的寄存器。

指令举例：

```
MCR    P3,3,R0,C4,C5,6        ;将 ARM 处理器寄存器 R0 中的数据传送到协处理器
                              ;P3 的寄存器 C4 和 C5 中
```

(5) MRC 指令

MRC 指令的格式为：

MRC{条件}　协处理器编码,协处理器操作码 1,目的寄存器,源寄存器 1,源寄存器 2,协处理器操作码 2

MRC 指令用于将协处理器寄存器中的数据传送到 ARM 处理器寄存器中,若协处理器不能成功完成操作,则产生未定义指令异常。其中,协处理器操作码 1 和协处理器操作码 2 为协

处理器将要执行的操作，目的寄存器为 ARM 处理器的寄存器，源寄存器 1 和源寄存器 2 均为协处理器的寄存器。

指令举例：

```
MRC P3,3,R0,C4,C5,6        ;将协处理器 P3 的寄存器中的数据传送到 ARM 处理器寄存器中
```

9. 伪指令

ARM 主要提供了 6 条伪指令，如表 1-17 所列。实际上它们并不是处理器能理解的指令，但可以转换成处理器能理解的某种“东西”，它们的存在将使得程序变得更加简单。

表 1-17　ARM 伪指令

指　令	功能描述	指　令	功能描述
ADR	相对偏移地址加载到寄存器	EQUx	初始化数据存储
ADRL	类似 ADR，加载长地址	OPT	设置汇编器选项
ALIGN	对齐指针	NOP	产生无操作代码
DCx	初始化数据存储		

(1) ADR 装载地址(load Address)

ADR 指令的格式为：ADR{后缀} <寄存器>，<标号>

它把参照的地址装载到给定寄存器中，例如：

```
00008FE4                    OPT      1%
00008FE4 E28F0004     ADR     R0, text                          ;装载地址
00008FE8 EF000002     SWI      "OS_Write0"
00008FEC E1A0F00E     MOV     PC, R14
00008FF0                    .text
00008FF0                    EQUS      "Hello!" + CHR$13 + CHR$10 + CHR$0
00008FFC                    ALIGN
```

下列代码有完全相同的效果：

```
00008FE4                 OPT      1%
00008FE4 E28F0004     ADD     R0, R15, #4                      ;等同效果
00008FE8 EF000002     SWI      "OS_Write0"
00008FEC E1A0F00E        MOV      PC, R14
00008FF0                 .text
00008FF0                 EQUS     "Hello!" + CHR$13 + CHR$10 + CHR$0
00008FFC                 ALIGN
```

实际上，它们的反汇编将显示：

```
*MemoryI 8FE4 +18
00008FE4 :   E28F0004 : .... : ADR      R0,&00008FF0
00008FE8 :   EF000002 : .... : SWI       "OS_Write0"
00008FEC :   E1A0F00E : .... : MOV      PC,R14
00008FF0 :   6C6C6548 : .... : STCVSTL CP5,C6,[R12],# -&120 ; =288
```

```
00008FF4 :   0A0D216F : .... : BEQ      &003515B8
00008FF8 :   00000000 : .... : DCD      &00000000
```

ADR是一个很有用的指令,在其使用时用户不需要关心相对R15的偏移量,也不需要在一块代码上计算偏移量。

(2) ADRL装载长地址(load Address Long)

ADRL指令的格式为:ADRL{后缀} <寄存器>, <标号>

基本的汇编器不支持它,但一些扩展的汇编器支持它。

ADRL指令使用ADR和ADD,或ADR和SUB的一个组合,从而生成一个更广大的可以到达的地址范围。

另外,在一些汇编器中可使用3个指令的ADRX来定位更大的地址。

(3) ALIGN对齐指针(ALIGN pointers)

ALIGN指令的格式为:ALIGN Nwm

ALIGN指令设置P%(如果需要还有O%),从而在一个字边界上对齐。通常要求它跟随着一个字符串或一个或多个字节的数据,并且应在更远的代码被汇编之前使用它。它能处理对齐问题,例如:

```
00008FF4                    OPT      1%
00008FF4 E28F0004       ADR      R0, text
00008FF8 EF000002       SWI      "OS_Write0"
00008FFC EA000004       B   .    carryon                        ;跳转
00009000                    .text
00009000                    EQUS     "unaligned text!!!" + CHR$0    ;对齐
00009012                    .carryon
00009014 E1A0F00E        MOV      PC, R14
```

(4) DCx初始化数据存储

DCx指令的格式为:　DCx <值>

其中,'x'表示一个可能的范围。它们是:

DCB　预备一个字节(8位值)

DCW　预备一个半字(16位值)

DCD　预备一个字(32位值)

DCS　按给出的字符串的要求预备直到255个的字符

例如:

```
  .start_counter
DCB     1                                        ;预备一个字节
  .pointer
DCD     0                                        ;预备一个字
  .error_block
DCD     17
DCS     "Uh-oh! It all went wrong!" + CHR$0      ;预备直到255个的字符
ALIGN
```

(5) EQUx 初始化数据存储

EQUx 指令的格式为：　EQUx ＜值＞

在 EQUx 指令中，小'x'表示一个可能的范围。它们是：

EQUB　预备一个字节(8 位值)

EQUW　预备一个半字(16 位值)

EQUD　预备一个字(32 位值)

EQUS　按给出的字符串的要求预备直到 255 个的字符

此时，除了名称不同之外与 DCx(上面的)指令完全相同。另外，可以使用'='作为 EQUB 的简写。

(6) OPT 设置汇编器选项(set assembler Options)

OPT 指令的格式为：OPT ＜值＞

它设置各种汇编器选项。

(7) NOP(No Operation)

NOP 指令的格式为：NOP ＜值＞

NOP 产生所需的 ARM 无操作码不需要有条件的执行，同时 ALU 状态标志不受其影响。一般 NOP 指令用于软件延时、去干扰等。

10. ARM 浮点指令集

ARM 可以与最多 16 个协处理器相接口(interface)，其使用虚拟的协处理器来处理内部控制功能，而可获得的第一个协处理器即为浮点处理器。浮点处理器芯片处理 IEEE 标准的浮点运算，定义了一个标准的 ARM 浮点指令集，所以编码可以跨越所有 RISC 操作系统机器。一般情况下，均使用定点格式来代替浮点格式，所以此时对浮点指令只作简单的介绍。

浮点协处理器数据操作指令的格式是：

双目操作{条件}＜精度＞{舍入}　＜目的浮点寄存器＞，＜源浮点寄存器＞，＜源浮点寄存器＞

双目操作{条件}＜精度＞{舍入}　＜目的浮点寄存器＞，＜源浮点寄存器＞，#＜值＞

单目操作{条件}＜精度＞{舍入}　＜目的浮点寄存器＞，＜源浮点寄存器＞

单目操作{条件}＜精度＞{舍入}　＜目的浮点寄存器＞，#＜值＞

//　＜值＞常量应当是 0、1、2、3、4、5、10 或 0.5

ARM 浮点指令可分为双目操作指令和单目操作指令，如表 1-18 所列。

表 1-18　ARM 浮点指令

双目操作指令	描　述	单目操作指令	描　述
ADF	加法	ABS	绝对值
DVF	除法	ACS	反余弦
FDV	快速除法(只定义用单精度工作)	ASN	反正弦
FML	快速乘法(只定义用单精度工作)	ATN	反正切
FRD	快速反向除法(只定义用单精度工作)	COS	余弦

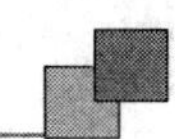

续表 1-18

双目操作指令	描　述	单目操作指令	描　述
MUF	乘法	EXP	指数
POL	极化角	LOG	常用对数
POW	幂	LGN	自然对数
RDF	反向除法	MVF	传送
RMF	余数	MNF	传送取负的值
RPW	反向幂	NRM	规格化
RSF	反向减法	RND	舍入到整数值
SUF	减法	SIN	正弦
		SQT	平方根
		TAN	正切
		URD	非规格化舍入

(1) 部分浮点指令

① LDF 装载浮点值

LDF 指令的格式为:LDF{条件}＜精度＞　＜fp 寄存器＞，＜地址＞

该指令用于装载浮点值。地址可以是下列形式:

[Rn]

[Rn]，#offset

[Rn，#offset]

[Rn，#offset]!

该调用类似于定点的 LDR。汇编器可允许使用如下格式:

LDFS F0,[浮点值]

② STF 存储浮点值

STF 指令的格式为:STF{条件}＜精度＞　＜fp 寄存器＞，＜地址＞

该指令用于装载浮点值,地址形式同 LDF。它的调用类似于定点的 STR。

STFED F0,[浮点值]

③ FLT、FLX

FLT/FLX 指令的格式为:FLT{条件}＜精度＞{舍入}　＜fp 寄存器＞，＜寄存器＞

FLT{条件}＜精度＞{舍入}　＜fp 寄存器＞，#＜值＞

此语句从一个 ARM 寄存器或一个绝对值转换整数成浮点数。

FIX{条件}{舍入}　＜寄存器＞，＜fp 寄存器＞

此语句转换浮点数成整数。

④ WFS、RFS

WFS/RFS 指令的格式为:WFS{条件}　＜寄存器＞

此语句用指定 ARM 寄存器的内容写浮点状态寄存器。

RFS{条件}　＜寄存器＞

此语句读浮点状态寄存器到指定的 ARM 寄存器中。

⑤ WFC、RFC

WFC/RFC 指令的格式为：WFC{条件}　<寄存器>

此语句用指定 ARM 寄存器的内容写浮点控制寄存器。

RFC{条件}　<寄存器>

此语句读浮点控制寄存器到指定的 ARM 寄存器中。

⑥ CMF、CNF

CMF/CNF 指令的格式为：

CMF{条件}<精度>{舍入}　<fp 寄存器 1>，<fp 寄存器 2>

此语句把 FP 寄存器 2 与 FP 寄存器 1 进行比较。变体 CMFE 例外。

CNF{条件}<精度>{舍入}　<fp 寄存器 1>，<fp 寄存器 2>

此语句把 FP 寄存器 2 与 FP 寄存器 1 取负数部分的值进行比较。变体 CNFE 例外。

(2) 浮点运算规范

① IVO(Invalid Operation，无效操作)

当进行操作的一个操作数是无效时设置 IVO。无效操作如表 1-19 所列。

表 1-19　无效操作

序　号	无效操作
1	在一个捕获(trapping)的 NaN(not-a-number：非数)上进行任何操作
2	无穷大幅值(magnitude)相减，例如(+∞) +(-∞)
3	乘法 0 * ∞
4	除法∞/∞或 x/0
5	x REM y 这里 x =∞或 y = 0(REM 是浮点除法操作的余数)
6	任何小于 0 的数的平方根
7	ACS、ASN、SIN、COS、TAN、LOG、LGN、POW 或 RPW 有无效/错误的参数

② DVZ(Division By Zero，除零)

如果除数是零而被除数是一个有限的、非零的数，则设置 DVZ 标志。如果禁用了陷阱，则返回一个正确的有符号的无穷。同时，还为 LOG(0)和 LGN(0)设置该标志。

③ OFL(OverFLow，上溢)

结果幅值超出目的格式最大的数时设置 OFL 标志，舍入的结果是指数范围无限大的(unbounded)。因为在结果被舍入之后检测上溢，在一些操作之后是否发生上溢则依赖于舍入模式。如果禁用了陷阱，要么返回一个有正确符号的无穷，要么返回这个格式的最大的有限数，这依赖于舍入模式和使用的浮点系统。

④ UFL(Underflow，下溢)

两个有关联的事件将产生下溢：

- 极小值(tininess)，微小的非零结果在幅值上小于该格式的最小规格化数；
- 准确性损失，反规格化导致的准确性损失可能大于单独舍入导致的准确性损失。

依赖于 UFL 陷阱启用位的值，以不同的方式设置 UFL 标志。如果启用了陷阱，则不管是否有准确性损失，在检测到极小值时即设置 UFL 标志。如果禁用了陷阱，则在检测到极小

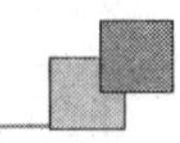

值和准确性损失二者时设置 UFL 标志(在这种情况下还设置 INX 标志);否则返回一个有正确符号的零。因为在结果被舍入之后检测下溢,在一些操作之后是否发生下溢依赖于舍入模式。

⑤ INX(IneXact,不精确)

如果操作的舍入的结果是不精确的,或者在禁用 OFL 陷阱时发生上溢,或者在禁用 UFL 陷阱时发生了下溢,则设置 INX 标志。OFL 或 UFL 陷阱优先于 INX。在计算 SIN 或 COS 时也设置 INX 标志,但 SIN(0)和 COS(1)例外。

精度:

- S—单精度;
- D—双精度;
- E—双扩展精度;
- P—压缩(packed)十进制数;
- EP —扩展压缩十进制数。

舍入模式:

—最近(不需要字符);

- P—正无穷;
- M—负无穷;
- Z—零。

(3) 浮点模块 FP

如果不存在实际的硬件,这些浮点指令被截获并由浮点模拟器模块(FPEmulator)来执行。程序不需要知道是否存在 FP 协处理器,唯一不同的是执行速度。

标准 RISC 操作系统的基本汇编器不支持任何真实的浮点指令。它可以转换整数到的实现定义的"浮点"并用它们进行(最普通的定点)基本数学运算,但不能与浮点协处理器交互并以"固有的"方式来实现。

ARM 的 IEEE FP 系统有 8 个高精度 FP 寄存器(F0 到 F7)。寄存器的格式是无关紧要的,因为不能直接访问这些寄存器,寄存器只在它被传送到内存或 ARM 寄存器时是"可见的"。在内存中,一个 FP 寄存器占用 3 个字,但因为 FP 系统把它重新装载到自己的寄存器中,这 3 个字的格式是无关紧要的。FP 单元可以软件实现比如 FPEmulato 模块,硬件实现如 FP 芯片(和支持代码)或二者的组合。在一些实现中对用单精度工作的指令提供了更好的性能,特别是完全基于软件的那些实现。

FPSR(浮点状态寄存器),它类似于 ARM 的 PSR,持有应用程序可能需要的状态信息。可获得的每个标志都有一个"陷阱",这允许应用程序来启用或禁用与给定错误关联的陷阱。FPSR 还允许得知在 FP 系统得不同实现之间的区别。还有一个 FPCR(浮点控制寄存器),它持有应用程序不应该访问的信息,如开启和关闭 FP 单元的标志。

FPSR 包含 FP 系统所需的状态。总是提供 IEEE 标志,但只在一次 FP 比较操作之后才可获得结果标志。FPSR 的低字节是例外标志字节,如表 1-20 所列。

表 1-20 FPSR 状态标识

位	6	4	3	2	1	0
FPSR	保留	INX	UFL	OFL	DVZ	IVO

当引发一个例外条件时，把在位 0 到 4 中的适当的累计(cumulative)例外标志设置为 1。如果设置了相关的陷阱位，则按操作系统指定的方式把一个例外递送给用户程序(注意，在下溢的情况下，陷阱启用位的状态决定在什么条件下设置下溢标志)。此时，只能用 WFS 指令清除这些标志。

当 FPSR 中的 AC 位被清除且在比较之后，ARM 标志 N、Z、C、V 表示：

N＝小于

Z＝等于

C＝大于等于

V＝未对阶

当 FPSR 中的 AC 位被设置，且在比较之后，这些标志表示：

N＝小于

Z＝等于

C＝大于等于或未对阶

V＝未对阶

在使用 OBJASM 的 APCS 代码时要存储一个浮点值，可以使用宏指令(directive) DCF。对单精度添加“S”，对双精度添加“D”。

注意：浮点指令不应用在 SVC 模式下。

1.3.2 ARM 16 位 Thumb 指令系统

为兼容数据总线宽度为 16 位的应用系统，ARM 体系结构除了支持执行效率很高的 32 位 ARM 指令集以外，同时支持 16 位的 Thumb 指令集。Thumb 指令集是 ARM 指令集的一个子集，其允许指令编码为 16 位的长度。与等价的 32 位代码相比较，Thumb 指令集在保留 32 代码优势的同时，与 32 位 ARM 指令集相比代码尺寸更小，更适合嵌入式应用，大大节省了系统的存储空间。同时又因为 Thumb 是对 32 位结构的 CPU 操作，所以它比纯 16 位的指令集效率更高。与其他 32 位下的 16 位指令集相比，它还可以切换到 32 位 ARM 指令集并全速执行。

所有的 Thumb 指令都有对应的 ARM 指令，而且 Thumb 的编程模型也对应于 ARM 的编程模型，在应用程序的编写过程中，只要遵循一定调用的规则，Thumb 子程序和 ARM 子程序就可以互相调用。当处理器在执行 ARM 程序段时，称 ARM 处理器处于 ARM 工作状态，当处理器在执行 Thumb 程序段时，称 ARM 处理器处于 Thumb 工作状态。

1. Thumb 指令特点概括

与 ARM 指令集相比较，Thumb 指令集中的数据处理指令的操作数仍然是 32 位，指令地址也为 32 位，但 Thumb 指令集为实现 16 位的指令长度，而且 Thumb 指令大多数是无条件

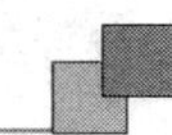

执行的。由于Thumb指令的长度为16位，只用ARM指令一半的位数来实现同样的功能，所以要实现特定的程序功能，所需的Thumb指令的条数较ARM指令多。

(1) Thumb与ARM指令的区别

在编写Thumb指令时，先要使用伪指令CODE16声明，而且在ARM指令中要使用BX指令跳转到Thumb指令，以切换处理器状态。编写ARM指令时，则可使用伪指令CODE32声明。

Thumb指令与ARM指令的具体区别一般有如下几点：

① 跳转指令

程序相对转移，特别是条件跳转与ARM代码下的跳转相比，Thumb代码在范围上有更多的限制，转向子程序是无条件的转移。

② 数据处理指令

数据处理指令是对通用寄存器进行操作，在大多数情况下，操作的结果须放入其中一个操作数寄存器中，而不是第三个寄存器中。

Thumb数据处理操作比ARM状态的更少，访问寄存器R8～R15受到一定限制。除MOV和ADD指令访问器R8～R15外，其他数据处理指令总是更新CPSR中的ALU状态标志。访问寄存器R8～R15的Thumb数据处理指令不能更新CPSR中的ALU状态标志。

③ 单寄存器加载和存储指令、批量寄存器加载和存储指令

在Thumb状态下，单寄存器加载和存储指令只能访问寄存器R0～R7。批量寄存器加载和存储指令LDM和STM指令可以将任何范围为R0～R7的寄存器子集加载或存储。

PUSH和POP指令使用堆栈指令R13作为基址实现满递减堆栈。除R0～R7外，PUSH指令还可以存储链接寄存器R14，并且POP指令可以加载程序指针PC。

提示：

- Thumb指令集没有协处理器指令、信号量指令以及访问CPSR或SPSR的指令；
- 没有乘加指令及64位乘法指令等，且指令的第二操作数受到限制；
- 除了跳转指令B有条件执行功能外，其他指令均为无条件执行；
- 大多数Thumb数据处理指令采用2地址格式。

可以看出，ARM指令集和Thumb指令集各有其优点，若对系统的性能有较高要求，应使用32位的存储系统和ARM指令集，若对系统的成本及功耗有较高要求，则应使用16位的存储系统和Thumb指令集。若两者结合使用，充分发挥其各自的优点，将会取得更好的效果。

(2) Thumb－2指令集

2003年底，ARM公司发布新的ARM Thumb-2内核技术。图1－7显示了Thumb-2代码长度和性能的优越性。

图1－7说明了使用Thumb-2内核技术的系统较之纯32位编码的系统，减少使用了26%的内存，降低了系统功耗；而相较于使用16位编码的系统，Thumb-2内核技术可通过减缓时钟速度，降低功耗，可提高25%的性能。

新的Thumb-2内核技术以先进的ARM Thumb代码压缩技术为基础，延续了超高的代码压缩性能并可与现有的ARM技术方案完全兼容，同时提高了压缩代码的性能和功耗利用率。Thumb-2是一种新的混合型指令集，兼有16位及32位指令，能更好地平衡代码密度和性能，令新的嵌入式设备、手机设备具有更长的待机时间，同时可运行功能丰富的应用软件。

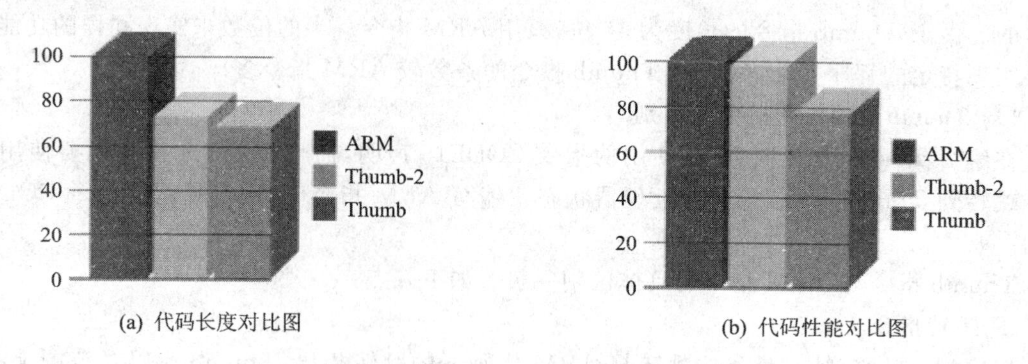

图 1-7　不同内核技术代码的长度和性能对比

新的 Thumb-2 指令集结构包含了新的指令种类，能优化面向网络基础设施应用的结构，尤其是那些需要采用存取大量片上 SRAM、DRAM 和非易失性存储器的 ARM 内核。Thumb-2 内核技术还为嵌入式软件应用产品提供了最佳的代码密度，能更合理有效地使用存储器。尤其对于靠近处理器内核的高速存储器至关重要，对它的高效利用，即使只节省一小部分内存，也将大大提高系统的性能，大幅降低功耗。除了目标市场，ARM Thumb-2 新结构能用于多样化功能齐全的家电应用、汽车电子及海量存储领域。

2. Thumb 跳转指令及软中断指令

(1) B

跳转指令，即跳转到指定的地址执行程序。这是 Thumb 指令集中的唯一的有条件执行指令。指令格式如下：

B {cond} label

指令举例：

```
B WAITB
BEQ LOOP1
```

若使用 cond，则 label 必须在当前指令的－252～＋256 字节范围内；若指令是无条件的，则跳转指令 label 必须在当前指令的±2 KB 范围内。

(2) BL

带链接的跳转指令。指令先将下一条指令的地址复制到 R14(即 LR)链接寄存器中，然后跳转到指定地址运行程序。指令格式如下：

BL label

指令举例：

```
BL DELAYI
```

机器跳转指令 BL 限制在当前指令的±4 MB 的范围内。必要时，ARM 链接器插入代码以允许更长的转移。

(3) BX

带状态切换的跳转指令。跳转到 Rm 指定的地址执行程序。若 Rm 的位[0]为 0，则 Rm 的位[1]也必须为 0，跳转时自动将 CPSR 中的标志 T 复位，即把目标地址的代码解释为 ARM 代码。指令格式如下：

BX Rm

指令举例：

```
ADR R0,ArmFun
BX R0                          ;跳转到 R0 指定的地址,并根据 R0 的最低位来切换处理器状态
```

(4) SWI

软中断指令。SWI 指令用于产生软中断,从而实现在用户模式变换到管理模式。CPSR 保存到管理模式的 SPSR 中,执行转移到 SWI 向量。在其他模式下也可使用 SWI 指令,处理器同样切换到管理模式。

指令格式如下：

```
SWI immed_8                    ;其中 immed_8 8 位立即数,值为 0～255 之间的整数
```

指令举例：

```
SWI 1                          ;软中断,中断立即数为 0
SWI 0x55                       ;软中断,中断立即数为 0x55
```

使用 SWI 指令时,通常使用以下两种方法进行传递参数,SWI 异常中断处理程序可以提供相关的服务：

① 指令中 8 位的立即数指定了用户请求的服务类型,参数通过用寄存器传递。

```
MOV R0,#34                     ;设置子功能号为 34
SWI 18                         ;调用 18 号软中断
```

② 指令中的 8 位立即数被忽略,用户请求的服务类型由寄存器 R0 的值决定,参数通过其他的通用寄存器传递。

```
MOV R0,#18                     ;调用 18 号软中断
MOV R1,#34                     ;设置子功能号为 34
SWI 0
```

上面这两种方法均是用户软件协定。SWI 异常中断处理程序要通过读取引起软中断的 SWI 指令,以取得 8 位立即数。

3. Thumb 数据处理指令

大多数 Thumb 处理指令采用 2 地址格式,数据处理操作次数少,访问寄存器 R8～R15 受到一定限制。

(1) 数据传送指令

① MOV

数据传送指令。将 8 位立即数或寄存器传送到目标寄存器(Rd)。指令格式如下：

```
MOV Rd,#expr
MOV Rd,Rm
    ;其中 Rd 目标寄存器,MOV Rd,#expr 时,必须在 R0～R7 之间
    ;exper 8 位立即数,即 0～255
    ;Rm 源寄存器,为 R0～R15
    ;条件码标志
```

```
    ;MOV Rd,#expr 指令会更新 N 和 Z 标志,对标志 C 和 V 无影响
    ;而 MOV,Rd,Rm 指令,若 Rd 或 Rm 是高寄存器(R8～R15),则标志不受影响
    ;若 Rd 或 Rm 都是低寄存器(R0～R7),则会更新 N 和 Z,且清除标志 C 和 V
```

指令举例:

```
MOV R1,#0x10            ;R1 = 0x10
MOV R0,R8               ;R0 = R8
MOV PC,LR               ;PC = LR,子程序返回
```

② MVN

数据取反传送指令。将寄存器 Rm 按位取反后传送到目标寄存器(Rd)。指令格式如下:

```
MVN Rd,Rm
    ;其中 Rd 目标寄存器,必须在 R0～R7 之间
    ;Rm 源寄存器,必须在 R0～R7 之间
    ;条件码标志:指令会更新 N 和 Z 标志,对标志 C 和 V 无影响
```

指令举例:

```
MVN R1,R2                    ;将 R2 取反结果存到 R1
```

③ NEG

数据取负指令。将寄存器 Rm 乘以－1 后传送到目标寄存器(Rd)。指令格式如下:

```
NEG Rd,Rm
    ;其中 Rd 目标寄存器,必须在 R0～R7 之间
    ;Rm 源寄存器,必须在 R0～R7 之间
    ;条件码标志:指令会更新 N、Z、C、V 和标志
```

指令举例:

```
NEG R1,R0                    ;R1 = - R0
```

(2) 算术逻辑运算指令

① ADD

加法运算指令。将两个数据相加,结果保存到 Rd 寄存器中。

低寄存器的 ADD 指令的指令格式如下:

```
ADD Rd,Rn,Rm
ADD Rd,Rn,#expr3
ADD Rd,#expr8
    ;其中 Rd 目标寄存器,必须在 R0～R7 之间
    ;Rn 第一个操作数寄存器,必须在 R0～R7 之间
    ;Rm 第二个操作数寄存器,必须在 R0～R7 之间
    ;expr3 3 位立即数,即 0～7
    ;expr8 8 位立即数,即 0～255
    ;条件码标志:指令会更新 N、Z、C 和 V 标志
```

高或低寄存器的 ADD 指令的指令格式如下:

ADD Rd,Rm

　　;其中Rd目标寄存器,也是第一个操数寄存器

　　;Rm第二个操作数寄存器

　　;条件码标志:若Rd或Rm都是低寄存器(R0～R7),指令会更新N、Z、C和V标志。其他情况不影响条件码标志

PC或SP相对偏移的ADD指令指令格式如下:

ADD Rd,Rp,#expr

　　;其中Rd目标寄存器,必须在R0～R7之间

　　;Rp、PC或SP,第一个操作数寄存器

　　;expr立即数,在0～1020范围内

　　;条件码标志:不影响条件码标志

SP操作的ADD指令的指令格式如下:

ADD SP,#expr

ADD SP,SP,#expr

　　;其中SP目标寄存器,也是第一个操作数寄存器

　　;expr立即数,在－508～＋508之间的4的整数倍的数

　　;条件码标志:不影响条件码标志

ADD指令举例如下:

```
ADD R1,R1,R0            ;R1 = R1 + R0
ADD R1,R1,#7            ;R1 = R1 + 7
ADD R3,#200             ;R3 = R3 + 200
ADD R3,R8               ;R3 = R3 + R8
ADD R1,SP,#1000         ;R1 = SP + 1000
ADD SP,SP,# - 500       ;SP = SP - 500
```

② SUB

减法运算指令。将两个数相减,结果保存到Rd寄存器中。

低寄存器的SUB指令的指令格式如下:

SUB Rd,Rn,Rm

SUB Rd,Rn,#expr3

SUB Rd,#expr8

　　;其中Rd目标寄存器,必须在R0～R7之间

　　;Rn第一个操作数寄存器,必须在R0～R7之间

　　;Rm第一个操作数寄存器,必须在R0～R7之间

　　;expr3 3位立即数,即0～7

　　;expr8 8位立即数,即0～255

　　;条件码标志:指令会更新N、Z、C和V标志

SP操作的SUB指令的指令格式如下:

SUB SP,#expr

SUB SP,SP,#expr

;其中 SP 目标寄存器,也是第一个操作数据寄存器

;expr 立即数,在－508～＋508 之间的 4 的整数倍的数

;条件码标志:不影响条件码标志

指令举例:

```
SUB R0,R2,R1,          ;R0 = R2 - R1
SUB R2,R1,#1           ;R2 = R1 - 1
SUB R6,#250            ;R6 = R6 - 250
SUB SP,#380            ;SP = SP - 380
```

③ ADC

带进位加法指令。将 Rm 的值与 Rd 的值相加,再加上 CPSR 中的 C 条件标志位,结果保存到 Rd 寄存器中。指令格式如下:

ADC Rd,Rm

;其中 Rd 目标寄存器,也是第一个操作数寄存器,必须在 R0～R7 之间

;Rm 第二个操作数寄存器,必须在 R0～R7 之间

;条件码标志:指令会更新 N、Z、C 和 V 标志

指令举例:

```
ADD R0,R0,R2,
ADC R1,R1,R3            ;使用 ADC 实现 64 位加法,(R1,R0) + (R3,R2)
```

④ SBC

带进位减法指令。用寄存器 Rd 减去 Rm,再减去 CPSR 中的 C 条件标志的非(即若 C 标志清零,则结果减 1),结果保存到 Rd 寄存器中。指令格式如下:

SBC Rd,Rm

;其中 Rd 目标寄存器,也是第一个操作数寄存器,必须在 R0～R7 之间

;Rm 第二个操作数寄存器,必须在 R0～R7 之间

;条件码标志:指令会更新 N 和 Z 标志

指令举例:

```
SUB R0,R0,R2
SUB R1,R1,R3            ;使用 SBC 实现 64 位减法,(R1,R0) = (R1,R0) - (R3,R2)
```

⑤ MUL

乘法运算指令。用寄存器 Rd 乘以 Rm,结果保存到 Rd 寄存器中。指令格式如下:

MUL Rd,Rm

;其中 Rd 目标寄存器,也是第一个操作数寄存器,必须在 R0～R7 之间

;Rm 第二操作数寄存器,必须在 R0～R7 之间

;条件码标志:指令会更新 N 和 Z 标志

指令举例:

```
MUL R2,R0,R1          ;R2 = R0 × R1
```

⑥ AND

逻辑与操作指令。将寄存器 Rd 的值与寄存器 Rm 值按位作逻辑与操作,结果保存到 Rd

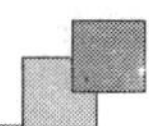

寄存器中。指令格式如下：

AND Rd,Rm

;其中Rd目标寄存器,也是第一个操作数寄存器,必须在R0～R7之间

;Rm第二个操作数寄存器,必须在R0～R7之间

;条件码标志:指令会更新N和Z标志

指令举例：

```
MOV R1,#0x0F
AND R0,R1 ;R0 = R0 & R1
```

⑦ ORR

逻辑或操作指令。将寄存器Rd与寄存器Rn的值按位作逻辑或操作,结果保存到Rd寄存器中。指令格式如下：

ORR Rd,Rm

;其中Rd目标寄存器,也是第一个操作数寄存器,必须在R0～R7之间

;Rm第二个操作数寄存器,必须在R0～R7之间

;条件码标志:指令会更新N、Z、C和V标志

指令举例：

```
MOV R1,#0x03
ORR R0,R1 ;R0 = R0|R1
```

⑧ EOR

逻辑异或操作指令。寄存器Rd的值与寄存器Rn的值按位作逻辑异或操作,结果保存到Rd寄存器中,指令格式如下：

EOR Rd,Rm

;其中Rd目标寄存器,也是第一个操作数寄存器,必须在R0～R7之间

;Rm第二个操作数寄存器,必须在R0～R7之间

;条件码标志:指令会更新N和Z标志

指令举例：

```
MOV R2,#0Xf0
EOR R3,R2,                ;R3 = R3^R2
```

⑨ BIC

位清除指令。将寄存器Rd的值与寄存器Rm的值反码按位作逻辑与操作。结果保存到Rd寄存器中,指令格式如下：

BIC Rd,Rm

;其中Rd目标寄存器,也是第一个操作数寄存器,必须在R0～R7之间

;Rm第二个操作数寄存器,必须在R0～R7之间

;条件码标志:指令会更新N和Z标志

指令举例：

```
MOV R1,#0x80
```

```
BIC R3,R1                  ;将 R1 的最高位清零,其他位不变
```

(3) 移位指令

① ASR

算术右移指令。数据算术右移,将符号位复制到空位,移位结果保存到 Rd 寄存器中,指令格式如下:

```
ASR Rd,Rs
ASR Rd,Rm,#expr
```

;其中 Rd 目标寄存器,也是第一个操作数寄存器,必须在 R0～R7 之间

;Rs 寄存器控制移位中包含移位量的寄存器,必须在 R0～R7 之间

;Rm 立即数移位的源寄存器,必须在 R0～R7 之间

;expr 立即数移位量,值为 1～32

;条件码标志:指令会更新 N、Z 和 C 标志(若移位量为零,则不影响 C 标志)

指令举例:

```
ASR R1,R2,
ASR R3,R1,#2
```

若移位量为 32,则 Rd 清零,最后移出的位保留在标志 C 中;移位量大于 32,则 Rd 和标志 C 均被清零;移位量为 0,则不影响 C 标志。

② LSL

逻辑左移指令。数据逻辑左移,空位清零,移位结果保存到 Rd 寄存器中,指令格式如下:

LSL Rd,Rs

LSL Rd,Rm,#expr

;其中 Rd 目标寄存器,也是第一个操作数寄存器,须在 R0～R7 之间

;Rs 寄存器控制移位中包含位量的寄存器,须在 R0～R7 之间

;Rm 立即数移位的源寄存器,须在 R0～R7 之间

;expr 立即数移位量,值为 1～31

;条件码标志:指令会更新 N、Z 和 C 标志(若移位量为零,则不影响 C 标志)

指令举例:

```
LSL R6,R7
LSL R1,R6,#2
```

若移位量为 32,则 Rd 清零,最后移出的位保留在标志 C 中;若移位量大于 32,则 Rd 和标志 C 均被清零;若移位量为 0,则不影响 C 标志。

③ LSR

逻辑右移指令。数据逻辑右移,空位清零,移位结果保存到 Rd 寄存器中。指令格式如下:

LSR Rd,Rs

LSR Rd,Rm,#expr

;其中 Rd 目标寄存器,也是第一个操作数寄存器,必须在 R0～R7 之间

;Rs 寄存器控制移位中包含移位量的寄存器,必须在 R0～R7 之间

;Rm 立即数移位的源寄存器,必须在 R0～R7 之间

;expr 立即数移位量,值为 1～32

;条件码标志:指令会更新 N、Z 和 C 标志(若移位量为零,则不影响 C 标志)

指令举例:

```
LSR R3,R0
LSR R5,R2,#2
```

若移位量为 32,则 Rd 清零,最后移出的位保留在标志 C 中;若移位量大于 32,则 Rd 和标志 C 均被清零;若移位量为 0,则不影响 C 标志。

④ ROR

循环右移指令。数据循环右移,寄存器右边移出的位循环移回到左边,移位结果保存到 Rd 中,指令格式如下:

ROR Rd,Rs

;其中 Rd 目标寄存器。也是第一个操作数寄存器,必须在 R0～R7 之间

;Rs 寄存器控制移位中包含移位量的寄存器,必须在 R0～R7 之间

;条件码标志:指令会更新 N、Z、C 标志(若移位量为零,则不影响 C 标志)

指令举例:

```
ROR R2,R3
```

(4) 比较指令

① CMP

比较指令。指令使用寄存器 Rn 的值减去第二个操作数的值,根据操作的结果更新 CPSR 中的相应条件标志位。指令格式如下:

CMP Rn,Rm

CMP Rn,#expr

;其中 Rn 第一个操作数寄存器。对于 CMP,Rn#expr 指令,Rn 在 R0～R7 之间

;对于 CMP,Rn 指令,Rn 在 R0～R15 之间

;Rm 第二个操作数寄存器。Rm 在 R0～R15 之间

;expr 立即数,值为 0～255

;条件码标志:指令会更新 N、Z、C 和 V 标志

指令举例:

```
CMP R1,#10          ;R1 与 10 比较,设置相关标志位
CMP R1,R2           ;R1 与 R2 比较,设置相关标志位
```

② CMN

负数比较指令。指令使用寄存器 Rn 的值加上寄存器 Rm 的值,根据操作的结果更新 CPSR 中的相应条件标志位。指令格式如下:

CMN Rn,Rm

;其中 Rn 第一个操作数寄存器,必须在 R0～R7 之间

;Rm 第二个操作数寄存器,必须在 R0～R7 之间

;条件码标志:指令会更新 N、Z、C 和 V 标志

指令举例:

```
CMM R0,R2          ;R0 与 R2 进行比较
```

③ TST

位测试指令。指令将寄存器 Rn 的值与寄存器 Rm 的值按位作逻辑与操作。根据操作的结果更新 CPSR 相应条件标志位。指令格式如下:

TST Rn,Rm

;其中 Rn 第一个操作数寄存器,必须在 R0～R7 之间

;Rm 第二个操作数寄存器,必须在 R0～R7 之间

;条件码标志:指令会更新 N、Z、C 和 V 标志

指令举例:

```
MOV R0,#x01
TST R1,R0,         ;判断 R1 的最低位是否为 0
```

4. Thumb 加载、存储指令

Thumb 指令集 LDM 和 SRM 指令可将任何范围为 R0～R7 寄存器子集加载或存储。批量寄存器加载和存储指令只有 LDMIA、STMIA 指令,即每次传送先加载/存储数据,然后地址加 4。对堆栈处理只能使用 PUSH 指令及 POP 指令。

(1) LDR 和 STR

① 立即数偏移的 LDR 和 STR 指令。存储器的地址以一个寄存器的立即数偏移指明。指令格式如下:

LDR Rd,[Rn,#immed_5×4]　;加载指定地址上的数据(字),放入 Rd 中

STR Rd,[Rn,#immed_5×4]　;存储数据(字)到指定地址的存储单元,要存储数据在 Rd 中

LDRH Rd,[Rn,#immed_5×4]　;加载半字数据,放入 Rd 中,即 Rd 低 16 位有效,高 16 位清零

STRH Rd,[Rn,#immed_5×4]　;存储半字数据,要存储的数据在 Rd,最低 16 位有效

LDRB Rd,[Rn,#immed_5×4]　;加载字节数据,放入 Rd 中,即 Rd 最低字节有效,高 24 位清零

STRB Rd,[Rn,#immed_5×4]

;存储字节数据,要存储的数据在 Rd,最低字节有效

;其中 Rd 加载或存储的寄存器,必须为 R0～R7

;Rn 基址寄存器,必须为 R0～R7

;immed_5×N 偏移量。它是一个无符立即数表达式,其取值为(0～3)×N

;立即数偏移的半字和字节加载是无符号的。数据加载到 Rd 的最低有效

;半字或字节,Rd 的其余位补 0

;地址对准字传送时,必须保证传送地址为 32 位对准。半字传送时,

;必须保证传送地址为16位对准

指令举例：

```
LDR R0,[R1,#0x4]
STR R3,[R4]
LDRH R5,[R0,#0x02]
STRH R1,[R0,#0x08]
LDRB R3,[R6,#20]
STRB R1,[R0,#31]
```

② 寄存器偏移的LDR和STR指令。存储器的地址用一个寄存器的基于寄存器偏移来指明。指令格式如下：

```
LDR Rd,[Rn,Rm]          ;加载一个字数据
STR Rd,[Rn,Rm]          ;存储一个字数据
LDRH Rd,[Rn,Rm]         ;加载一个无符半字数据
STRH Rd,[Rn,Rm]         ;存储一个无符半字数据
LDRB Rd,[Rn,Rm]         ;加载一个无符字节数据
STRB Rd,[Rn,Rm]         ;存储一个无符字节数据
LDRSH Rd,[Rn,Rm]        ;加载一个有符半字数据
STRSB Rd,[Rn,Rm]        ;存储一个有符半字数据
    ;其中Rd加载或存储的寄存器,必须为R0~R7
    ;Rn基址寄存器,必须为R0~R7
    ;Rm内含偏移量的寄存器,必须为R0~R7
    ;寄存器偏移的半字和字节加载可以是有符号或无符号的,数据加
    ;载到Rd的其余位复制符号位
    ;地址对准—字传送时,必须保证传送地址为32位对准。半字传
    ;送时必须保证传送地址为16位对准
```

指令举例：

```
LDR R3,[R1,R0]
STR R1,[R0,R2]
LDRH R6,[R0,R1]
STRH R0,[R4,R5]
LDRB R2,[R5,R1]
STRB R1,[R3,R2]
LDRSH R7,[R6,R3]
LDRSB R5,[R7,R2]
```

③ PC或SP相对偏移的LDR和STR指令。用PC或SP寄存器中的值的立即数偏移来指明存储器的地址。指令格式如下：

```
LDR Rd,[PC,#immed_8×4]
LDR Rd,label
LDR Rd,[SP,#immed_8×4]
```

```
STR Rd,[SP,#immed_8×4]
    ;其中 Rd 加载或存储的寄存器。必须为 R0～R7
    ;immed_8×4 偏移量。它是一个无符立即数表达式,其取值为(0～255)×4
    ;label 程序相对偏移表达式。label 必须在当前指令之后 1 KB 范围内
    ;地址对准地址必须是 4 的整数倍
```

指令举例:

```
LDR R0,[PC,#0x08]          ;读取 PC+0x08 地址上的字数据,保存到 R0 中
LDR R7,LOCALDAT            ;读取 LOCALDAT 地址上的字数据,保存到 R7 中
LDR R3,[SP,#1020]          ;读取 SP+1020 地址上的字数据,保存到 R3 中
STR R2,[SP]                ;存储 R2 寄存器的数据到 SP 指向的存储单元(偏移量为 0)
```

(2) LDMIA 和 STMIA

批量加载/存储指令可以实现在一组寄存器和一块连续的内存单元之间传输数据。Thumb 指令集批量加载/存储指令为 LDMIA 和 STMIA,LDMIA 为加载多个寄存器,STMIA 为存储多个寄存器,允许一条指令传送 8 个低寄存器的任何子集。指令格式如下:

```
LDMIA Rn!,reglist
STMIA Rn!,reglist
;其中 Rn 加载/存储的起始地址寄存器。Rn 必须为 R0～R7
;Reglist 加载/存储的寄存器列表。寄存器必须为 R0～R7
;LDMIA/STMIA 的主要用途是数据复制,参数传送等,进行数据传送时,
每次传送后地址加 4。
;若 Rn 在寄存器列表中,对于 LDMIA 指令,Rn 的最终值是加载的值,
而不是增加后的地址。
;对于 STMIA 指令,在 Rn 是寄存器列表中的最低数字的寄存器,则 Rn
;存储的值为 Rn 在初值,其他情况不可预知。
```

指令举例:

```
LDMIA R0,{R2-R7}       ;加载 R0 指向的地址上的多字数据,保存到 R2～R7 中,R0 的值更新
STMIA R1!,{R2-R7}      ;将 R2～R7 的数据存储到 R1 指向的地址上,R1 值更新
```

(3) PUSH 和 POP

寄存器入栈及出栈指令。实现低寄存器和可选的 LR 寄存器入栈寄存器和可选的 PC 寄存器出栈操作,堆栈地址由 SP 寄存设置,且堆栈是满递减堆栈。指令格式如下:

```
PUSH {reglist[,LR]}
POP {reglist[,PC]}
    ;其中 reglist 入栈/出栈低寄存器列表,即 R0～R7
    ;LR 入栈时的可选寄存器
    ;PC 出栈时的可选寄存器
```

指令举例:

```
PUSH {R0-R7,LR}            ;将低寄存器 R0～R7 全部入栈,LR 也入栈
POP {R0-R7,PC}             ;将堆栈中的数据弹出到低寄存器 R0～R7 及 PC 中
```

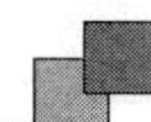

5. Thumb 伪指令

(1) ADR

小范围的地址读取伪指令。ADR 指令将基于 PC 相对偏移的地址值读取到寄存器中。ADR 伪指令格式如下：

ADR register,expr

;其中 register 为加载的目标寄存器

;expr 地址表达式。偏移量必须是正数并小于 1 KB。Expr 必须局部定义，

;不能被导入。

指令举例：

```
ADR R0,TxtTab
…
TxtTab
DCB"ARM7TDMI",0
```

(2) LDR

大范围的地址读取伪指令。LDR 伪指令用于加载 32 位的立即数或一个地址值到指定寄存器。在汇编编译源程序时，LDR 伪指令被编译器替换成一条合适的指令。若加载的常数未超出 MOV 范围，则使用 MOV 或 MVN 指令代替 LDR 伪指令，否则汇编器将常量放入文字池，并使用一条程序相对偏移的 LDR 指令从文字池读出常量。

LDR 伪指令格式如下：

LDR register,=expr/label_expr

;其中 register 为加载的目标寄存器

;expr 32 位立即数

;label_expr 基于 PC 的地址表达式或外部表达式

指令举例：

```
LDR R0, = 0x12345678          ;加载 32 位立即数 0x12345678
LDR R0, = DATA_BUF + 60       ;加载 DATA_BUF 地址 + 60
```

LADR 与 Thumb 指令的 LDR 相比，伪指令的 LDR 的参数有"="号。

(3) NOP

空操作伪指令。NOP 伪指令在汇编时将会将会被代替成 ARM 中的空操作，例如 MOV R8,R8 指令等。NOP 伪指令格式如下：

NOP

NOP 可用于延时操作

1.4 三星 ARM 处理器概述

三星 16/32 位 ARM 处理器是目前在国内应用非常广泛的一种性价比很高的 ARM 处理器，本节主要简要介绍 S3C2440A 及 S3C6410 处理器的结构特点。

1.4.1 S3C2440A 芯片介绍

三星公司推出的这款 16/32 位 RISC 处理器 S3C2440A，是面向高端手持设备或其他一般应用而设计的芯片。采用 ARM920T 内核，低功耗，具有高速的处理计算能力。整体设计融合了 MMU、AMBA BUS 和 Harvard（哈佛）结构。S3C2440A 主要特性如下：

- 1.2 V 内核供电，1.8 V/2.5 V/3.3 V 存储器供电，3.3 V 外部 I/O 供电具备 16 KB 的 I-Cache 和 16KB 的 DCache/MMU 微处理器；
- 外部存储控制器（SDRAM 控制和片选逻辑）；
- LCD 控制器（最大支持 4K 色 STN 和 256K 色 TFT）提供 1 通道 LCD 专用 DMA；
- 4 通道 DMA 并有外部请求引脚；
- 3 通道 UART（IrDA1.0，64 字节 Tx FIFO，和 64 字节 Rx FIFO）；
- 2 通道 SPI；
- 1 通道 IIC-BUS 接口（多主支持）；
- 1 通道 IIS-BUS 音频编解码器接口；
- AC'97 解码器接口；
- 兼容 SD 主接口协议 1.0 版和 MMC 卡协议 2.11 兼容版；
- 2 端口 USB 主机/1 端口 USB 设备（1.1 版）；
- 4 通道 PWM 定时器和 1 通道内部定时器/看门狗定时器；
- 8 通道 10 位 ADC 和触摸屏接口；
- 具有日历功能的 RTC；
- 相机接口（最大 4096×4096 像素的投入支持，2048×2048 像素的投入，支持缩放）；
- 130 个通用 I/O 口和 24 通道外部中断源；
- 具有普通、慢速、空闲和掉电模式；
- 具有 PLL 片上时钟发生器。

本节将简单介绍 S3C2440A 主要结构特点，S3C2440A 结构框图如图 1-8 所示。

1. 系统管理器

- 支持大/小端模式；
- 支持快速总线模式和同步总线模式；
- 寻址空间：每 bank 128 MB（总共 1 GB）；
- 支持可编程的每 bank 8/16/32 位数据总线带宽；
- 从 bank0 到 bank6 都采用固定的 bank 起始寻址；
- bank7 具有可编程的 bank 的起始地址和大小；
- 8 个存储器 bank，其中 6 个适用于 ROM、SRAM 和其他，另外两个适用于 ROM/SRAM 和同步 DRAM；
- 所有的存储器 bank 都具有可编程的操作周期；
- 支持外部等待信号延长总线周期；
- 支持掉电时的 SDRAM 自刷新模式；

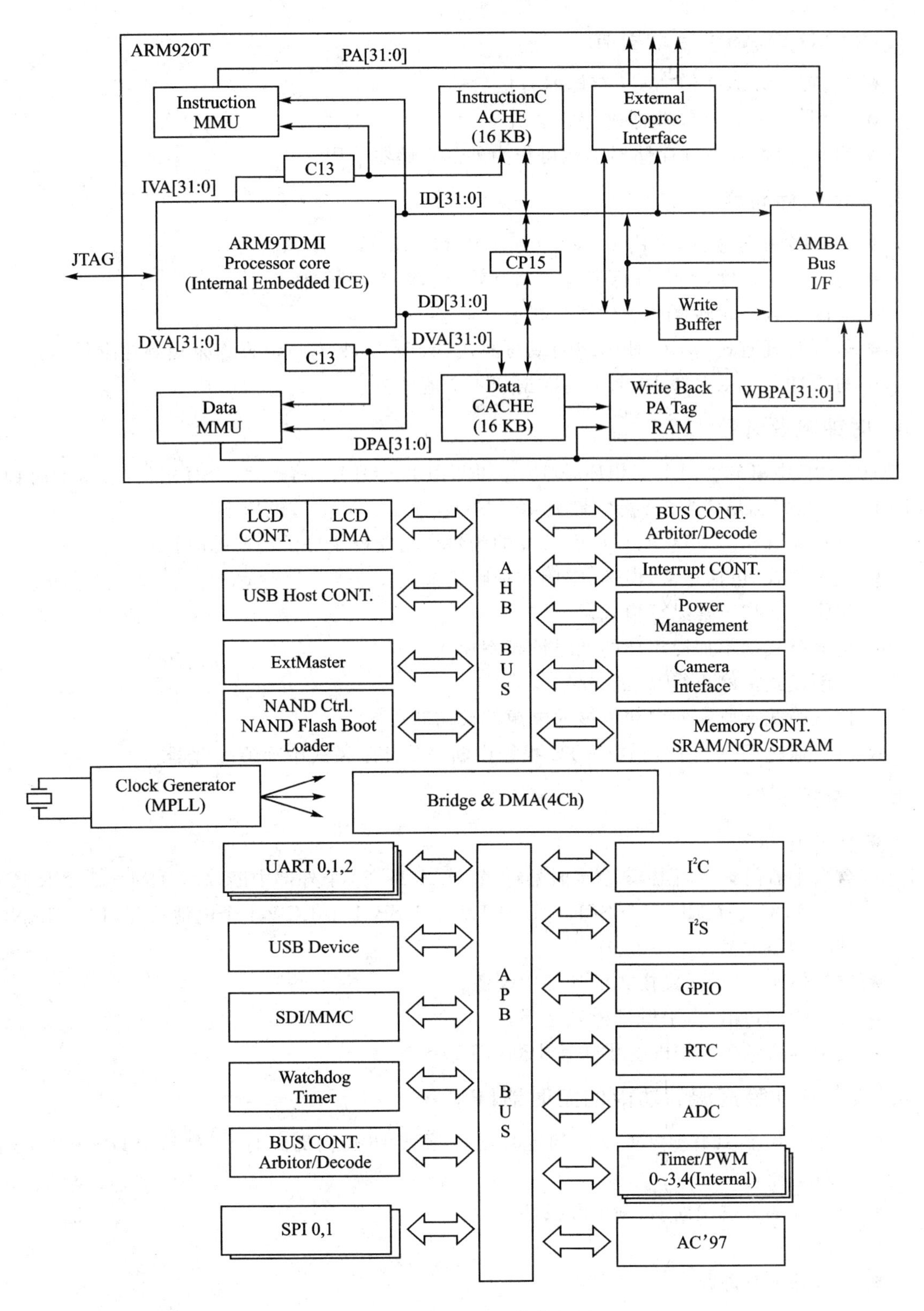

图 1-8　S3C2440A 结构框图

● 支持各种型号的 ROM 引导（NOR/NAND FLASH、EEPROM 或其他）。

2. NAND FLASH 启动引导

- 支持从 NAND FLASH 存储器直接启动；
- 采用 4 KB 内部缓冲器进行启动引导；
- 启动之后 NAND 存储器仍然可作为外部存储器使用。

3. Cache 存储器

- 64 项全相连模式，采用 I-Cache(16 KB)和 D-Cache(16 KB)；
- 每行 8 字长度，其中每行带有一个有效位和两个 dirty 位；
- 伪随机数或轮转循环替代法；
- 采用写直通式(write-through)或写回式(write-back)Cache 操作来更新主存储器；
- 写缓冲器可以保存 16 个字的数据和 4 个地址。

4. 时钟电源管理

S3C2440 中集成了两个锁相环：MPLL 和 UPLL。UPLL 将产生 USB 主机/设备的时钟，MPLL 产生处理器所需要的时钟，最大 400 MHz(在 1.3 V 内核电压下)。

- 通过设置相应寄存器，可以有选择的为每个功能模块提供需要的时钟；
- 电源模式，包括正常、慢速、空闲和休眠模式；
  正常模式指正常运行模式；
  慢速模式指不加锁相环的低时钟频率模式；
  空闲模式指停止 CPU 的时钟；
  休眠模式指所有外设和内核的电源都被切断；
- 可以通过 EINT[15:0]或 RTC 报警中断来从休眠模式中唤醒处理器。

5. 中断控制器

- 60 个中断源；
  含 1 个看门狗定时器，5 个定时器，9 个 UARTs，24 个外部中断，4 个 DMA，2 个 RTC，2 个 ADC，1 个 IIC，2 个 SPI，1 个 SDI，2 个 USB，1 个 LCD，1 个电池故障，1 个 NAND 和 2 个摄像头)1 个 AC'97；
- 支持电平/边沿触发模式的外部中断源；
- 可编程的边沿/电平触发模式选择；
- 支持为紧急中断请求提供快速中断(FIQ)服务。

6. 具有脉冲带宽调制功能的定时器(PMW)

- 4 通道 16 位具有 PWM 功能的定时器，1 通道 16 位内部定时器，可基于 DMA 或中断进行工作；
- 可编程的占空比周期，频率和极性；
- 能产生死区；
- 支持外部时钟源。

7. RTC(实时时钟)

- 全面的时钟特性：秒、分、时、日期、星期、月和年；

- 32.768 kHz工作频率；
- 具有报警中断；
- 具有节拍(TICK)中断。

8. 通用I/O端口

- 24个外部中断端口；
- 130个复用功能输入/输出端口。

9. DMA控制器

- 4通道的DMA控制器；
- 支持存储器到存储器，I/O到存储器，存储器到I/O和I/O到I/O的传输；
- 采用突发传输模式加快传输速率。

10. LCD控制器STN LCD显示特性

- 支持3种类型的STN LCD显示屏：4位双扫描，4位单扫描，8位单扫描显示类型；
- 支持单色模式、4级、16级灰度STN LCD、256色和4096色STN LCD；
- 支持多种不同尺寸的液晶屏；
- LCD实际尺寸的典型值是：640×480，320×240，160×160及其他；
- 最大帧缓冲大小是4 MB；
- 256色模式下支持的最大虚拟屏是：4096×1024，2048×2048，1024×4096等。

11. TFT彩色显示屏

- 支持彩色TFT的1，2，4或8 bbp(像素每位)调色显示；
- 支持16 bbp无调色真彩显示；
- 在24 bbp模式下支持最大16M色TFT；
- 支持多种不同尺寸的液晶屏；
- 典型实屏尺寸：640×480，320×240，160×160等；
- 最大帧缓冲器大小是4 MB；
- 64K色彩模式下最大的虚拟屏尺寸为2048×1024。

12. UART

- 3通道UART，可以基于DMA模式或中断模式工作；
- 支持5位、6位、7位或者8位串行数据发送/接收；
- 支持外部时钟作为UART的运行时钟(UEXTCLK)；
- 可编程的波特率；
- 支持IrDA 1.0；
- 具有测试用的回还模式；
- 每个通道都具有内部64字节的发送FIFO和64字节的接收FIFO。

13. A/D转换和触摸屏接口

- 8通道多路复用ADC；
- 最大500 kSps/10位精度；

- 内置场效应管可直接连接触摸屏。

14. 看门狗定时器

- 16 位看门狗定时器；
- 在定时器溢出时产生中断请求或系统复位。

15. IIC 总线接口(I^2C)

- 1 通道多主 IIC 总线；
- 可进行串行、8 位、双向数据传输，标准模式下数据传输速度可达 100 kbps，快速模式下可达到 400 kbps。

16. IIS 总线接口(I^2S)

- 1 通道音频 IIS 总线接口，可基于 DMA 方式工作；
- 串行，每通道 8/16 位数据传输；
- 发送和接收具备 128 字节(64 字节加 64 字节)FIFO；
- 支持 IIS 格式和 MSB-justified 数据格式。

17. AC'97 音频接口

- 支持 16 位取样；
- 1 路立体声 PCM(脉冲编码调制)输入、1 路立体声 PCM 输出、1 路 MIC 输入。

18. USB 主设备

- 2 个 USB HOST 接口；
- 遵从 OHCI Rev1.0 标准；
- 兼容 USB 1.1 标准。

19. USB 从设备

- 1 个 USB 从设备接口；
- 具备 5 个端点；
- 兼容 USB ver1.1 标准。

20. SD 主机接口

- 基于普通、DMA 或中断传输模式(字节、半字、字)；
- 支持 DMA 突发式访问模式(只是字传输)；
- 兼容 SD 存储卡协议 1.0 版；
- 兼容 SDIO 卡协议 1.0 版；
- 64 字节发送和接收 FIFO；
- 兼容 MMC 多媒体卡协议 2.11 版。

21. SPI 接口

- 兼容 2 通道 SPI 协议 2.11 版；
- 发送和接收具有 2×8 位的移位寄存器；
- 基于 DMA 或中断模式工作。

22. 摄像头接口

- 支持 ITU-R BT 601/656 8 位模式；
- 可以 DZI(数字变焦)；
- 可编程极性的视频同步信号；
- 最大支持 4096×4096 像素输入(2048×2048 像素输入缩放)；
- 摄像头输出格式(RGB 16/24 位和 YCbCr4：2：0/4：2：2 格式)。

23. 工作电压

- 内核：1.2 V,最高 300 MHz；
- 1.3 V,最高 400 MHz；
- 存储器：1.8 V/2.5 V/3.0 V/3.3 V；
- IO 口：3.3 V。

24. 操作频率

- Fclk 最高达到 400 MHz；
- Hclk 最高达到 136 MHz；
- Pclk 最高达到 68 MHz。

25. 封装

- 289 个引脚,FBGA 封装

1.4.2　S3C6410 芯片介绍

S3C6410 是一个 16/32 位 RISC 微处理器,该处理器旨在为移动行业及一般领域的应用提供一种具有成本效益、功耗低、性能高的解决方案。它为 2.5G 和 3G 通信服务提供优化的硬件性能。S3C6410 采用 64/32 位内部总线架构,由 AXI、AHB 和 APB 总线组成。它还包括许多强大的硬件加速器,并轻松支持像视频处理,音频处理,二维图形,显示操作和缩放的任务。内部集成的一个多格式编解码器支持 MPEG4/H.263/H.264 编解码以及 VC1 格式的解码,同时这个硬件编解码器支持实时视频会议和 NTSC、PAL 模式的 TV 输出。具有一个三维图形硬件加速器(简称 3D 引擎),可以加速 OpenGL ES1.1&2.0。S3C6410 结构框图如图 1－9 所示。

本节简单介绍介绍 S3C6410 的性能和结构特点。

S3C6410 处理器特性主要如下：

- 基于 CPU 子系统的 ARM1176JZF-S 具有 Java 加速引擎,16 KB/16 KB I/D 缓存和 16 KB/16 KB I/D TCM；
- 在 1.1 V 时达 533 MHz,1.2 V 时达 677 MHz；
- 一个 8 位 ITU 601/656 相机接口,支持 4M 像素(缩放)或 16M 像素(未缩放)；
- 多标准编解码器提供 30 帧每秒的 MPEG-4/H.263/H.264 编解码及 30 帧每秒的 VC1 视频解码；
- 具有 BITBLIT 和旋转的 2D 图形加速；

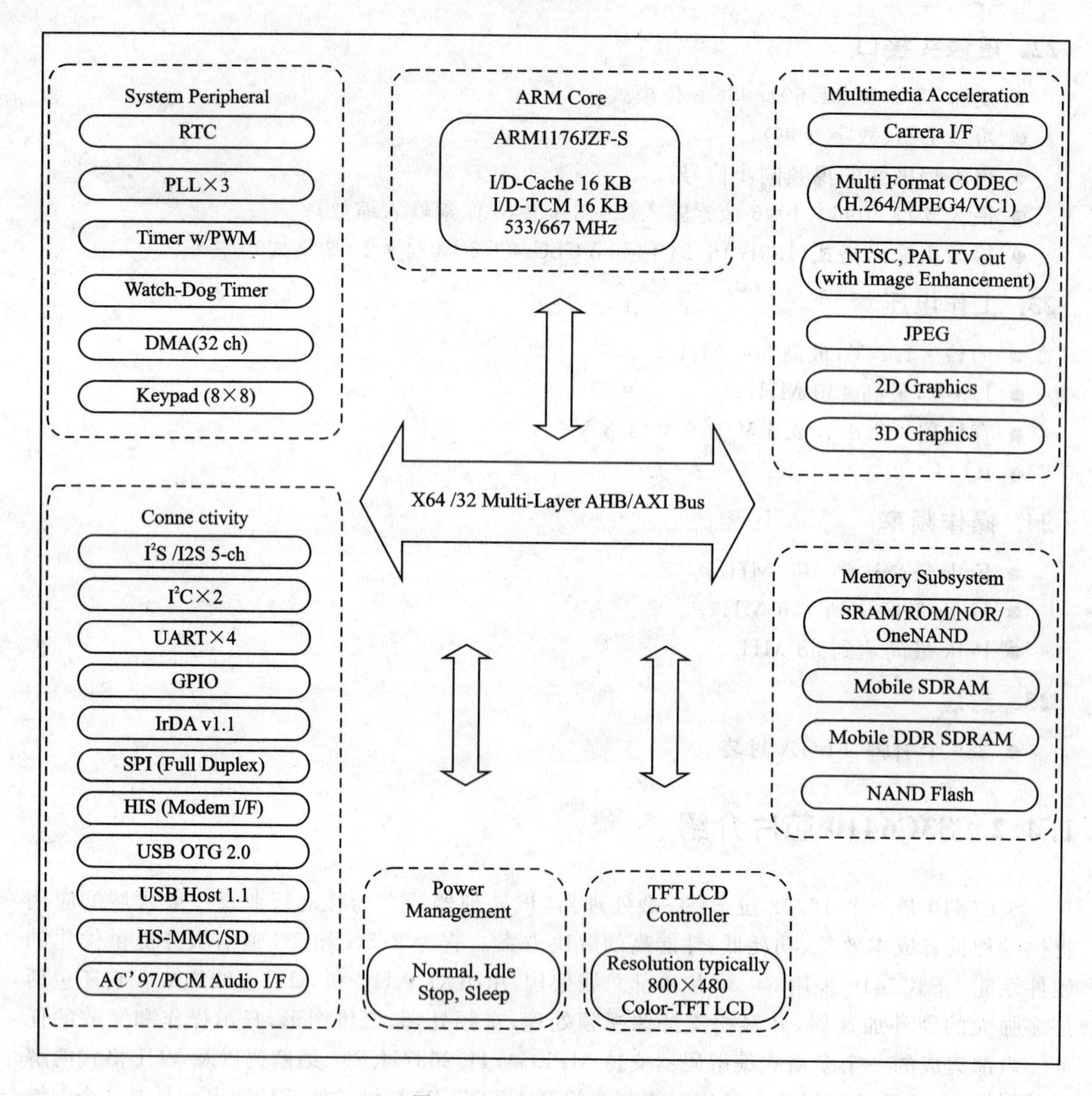

图 1-9　S3C6410 结构框图

- 3D 图形加速在 133 MHz 时可达 4M 的三角形运算能力(单位:三角形每秒,即三角形产生率);
- AC'97 音频编解码器接口和 PCM 串行音频接口;
- 支持 1,2,4 或 8 像素/位调色彩色显示及 16 像素/位无调色真彩显示;
- IIS 和 IIC 接口支持;
- 专用的 IrDA 接口支持 MIR、FIR 及 SIR;
- 灵活配置的 GPIO 端口;
- USB 2.0 OTG 端口支持高速传输(480 Mbps,片上收发器);
- USB 1.1 端口主设备支持全速传输(12 Mbps,片上收发器);
- SD/MMC/SDIO/CE-ATA 兼容卡主控制器;
- 实时时钟,锁相环,具有 PWM 的定时器和看门狗定时器;

- 32 通道 DMA 控制器；
- 支持 8×8 键盘矩阵；
- 先进电源的管理适用于手机应用；
- 存储器子系统

支持 8 位或 16 位数据总线的 SRAM/ROM/NOR Flash 接口；
支持 16 位数据总线的混合式 OneNAND 闪存接口；
支持 8 位数据总线的 NANDFlash 接口；
支持 32 位数据总线的 SDRAM 接口；
支持 32 位数据总线的移动 SDRAM 接口；
支持 32 位数据总线的移动 DDR 接口。

1. ARM1176JZF-S 处理器

ARM1176JZF-S 处理器的特性包括：

- 具有超高速先进的微处理器总线架构(AMBA)、先进的可扩展接口(AXI)，两个接口支持优先级多处理机的实现；
- 8 级流水线；
- 具有返回堆栈的分支预测；
- 低中断延时配置；
- 协处理器 CP14 和 CP15；
- 指令和数据存储器管理单元，通过统一的主 TLB 使用 MicroTLB 结构管理；
- 指令和数据高速缓存，包括一个具有缺失命中的非阻塞高速缓存；
- 虚拟索引和物理地址缓存；
- 2 个 64 位的高速缓存接口；
- 矢量浮点型(VFP)协处理器支持；
- 外部协处理器的支持；
- 跟踪支持。

2. 存储器子系统

S3C6410 处理器支持以下存储子系统功能：

- 高带宽存储器矩阵子系统；
- 2 个独立的外部存储器接口；
- 增加同时访问能力带宽的矩阵架构。

3. 多媒体加速器

多媒体加速器特性包括如下：

(1) 照相机接口

- 支持 ITU-R 601/ITU-R 656 格式 8 位输入；
- 支持逐行扫描和隔行扫描输入方式；
- YCBCr 4:2:2 格式，相机输入分辨率高达 4096×4096；
- 分辨率缩放硬件支持的输入分辨率可达 2048×2048；

- 编解码器/图像输出生产预览(RGB 16/18/24 位格式和 YCbCr 4:2:0/4:2:2 格式);
- 图像窗口和数码放大功能;
- 测试模型生成;
- 图像镜像和旋转支持 Y 轴镜像和 X 轴镜像,90°、180°和 270°的旋转;
- H/W 色彩空间转化;
- 支持 LCD 控制器直通道;
- 支持图像效果。

(2) 多格式编解码器

- 多格式编解码:

MPEG-4 II 简单协议规范编码/解码;
H.264/AVC 基线编码/解码;
H.263 协议规范 3 编码/解码;
VC1 解码;
另可支持其他多种标准。

- 编码工具:

[-16,+16] 1/2 和 1/4 像素块移动估计运算应用全搜索法;
可变块大小(16×16,16×8,8×16 and 8×8);
无限制的移动矢量;
MPEG-4 交流/直流预测器;
H.264/AVC 的帧内预测;
H.264 和 H.263 P3 使用环路去块滤波器;
错误恢复工具;
MPEG-4 重新同步,标记与数据分割;
码率控制。

- 解码工具:

支持所有标准功能。

- 前、后旋转/镜像

8 个镜像和旋转模式

(3) JPEG 图片编解码器

- 压缩和解压缩达到极速扩展图形阵列 1600×1200 大小;
- 编码格式:YCbCr 4:2:2/RGB565;
- 解码格式:YCbCr 4:4:4/ 4:2:2 / 4:2:0 或灰色。

4. 2D 图形加速器

- 线/点绘图,BitBlt 和彩色扩展/文本绘制。

5. 3D 图形加速器

主要特性如下:

- 在 133 MHz 时可达 4M 的三角形产生率;
- 在 133 MHz 时可达 75.8M 像素每秒的填充率;

- 128 位(32 位×4)浮点的顶点着色器;
- 系统总线接口;

主机接口:32 位 AHB (AMBA 2.0);

存储器接口:2 个 64 位 AXI (AMBA 3.0)通道。

6. 图像旋转器

- 图像格式,支持 YCbCr 4∶2∶2,YCbCr 4∶2∶0,RGB565 和 RGB888;
- 旋转度,支持 90°,180°,270°,垂直翻转和水平翻转;
- 图像尺寸,支持 2048×2048。

7. 显示控制

(1) TFT LCD 接口

- 支持 1,2,4 或 8 像素/位调色彩色显示及 16 像素/位无调色真彩显示;
- 支持典型的屏幕尺寸:640× 480,320× 240,800× 480;
- 最大 16M 的虚拟屏幕尺寸;
- 支持 5 个窗口层作为 PIP 或 OSD;
- 可编程 OSC 窗口定位;
- 16 级 Alpha 混合。

(2) 视频后处理器

- 视频输入格式转换;
- 视频/图形缩放(向上/向下或放大/缩小);
- YCbCr 与 RGB 之间的色彩空间(也称为色域)互转换;
- 专用的本地接口用于显示;
- 专用分频器用于电视编码器。

(3) 图像增强的电视(NTSC / PAL 制式)视频编码器

- 支持兼容 NTSC-M ,J/PAL-B,D,G,H,I,M,Nc 制式的视频格式;
- 内置 MIE(移动图像增强器)引擎;
- 黑色和白色电平延伸;
- 蓝色电平延伸和肤色校正(Flesh-Tone Correction);
- 动态水平峰值与亮度瞬态改善(LTI);
- 黑与白噪声降低;
- 全屏和宽屏视频输出。

8. 音频接口

(1) AC'97 音频控制器

- 采样率可变(48 kHz 及以下);
- 单芯片主控;
- 1 通道立体声输入/1 通道立体声输出/1 通道麦克风输入;
- 16 位立体声(2 声道)音频。

(2) PCM 串行音频接口

- 主模式双向串行音频接口;

- 接受外部输入时钟产生精确的音频时序；
- 基于 DMA 的操作(可选的)。

(3) I^2S 总线接口

- 2 声道的 I^2S 总线 x2 和 5.1 声道 I^2S 总线 x1 的音频编解码器接口；
- 基于 DMA 的操作(可选的)；
- 串行,每通道 8/16/24 位的数据传输；
- 支持 I^2S,最高位对齐和最低位对齐的数据格式；
- 可在主或从模式下工作；
- 支持多种位时钟频率和编解码器时钟频率(16、24、32、48 帧每秒的位时钟频率和 256、384、512、768 帧每秒的编解码器时钟频率)；
- 支持 8 kHz～192 kHz 的采样频率。

9. USB 接口

(1) USB OTG 2.0 高速

- 符合 USB 2.0 规范 OTG 补充协议 1.0a 版本；
- 支持高速(480 Mbps),全速(12 Mbps,仅用于设备)和低速(1.5 Mbps,仅用于主机)；
- 配置为 USB1.1 全速/低速两用 OTG 设备时,仅可作为主机或设备控制器。

(2) USB 主机

- 2 个端口的 USB 主机设备；
- 符合 OHCI 1.0 版本；
- 符合 USB 规范 1.1 版本；
- 支持全速高达 12 Mbps。

10. IrDA 接口

- 专用的 IrDA 接口,符合 IrDA V1.1 规格(速率支持 1.152 Mbps 及 4 Mbps)；
- 支持 FIR(4 Mbps)；
- 内置 64 字节的缓冲区用于收发。

11. 串行通信接口

(1) UART 串口

- 4 通道 UART 可基于 DMA 或中断操作；
- 支持 5 位,6 位,7 位,或 8 位串行数据收发；
- 支持外部时钟用于 UART；
- 可编程的波特率配置；
- 支持 IrDA 1.0 规格 SIR(115.2 kbps)模式；
- 环回模式测试；
- 每通道内置 64 字节的缓冲区用于收发。

(2) I^2C 总线接口

- 2 通道多主设备 I^2C 总线；
- 标准模式下串行 8 位单向和双向数据传输速度达 100 kbps；

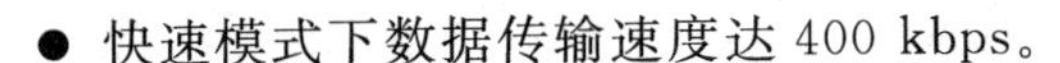

- 快速模式下数据传输速度达 400 kbps。

(3) SPI 接口

- 2 通道串行外设接口(SPI);
- 64 字节的缓冲区用来收发;
- 可配置基于 DMA 或中断的操作;
- 支持主模式收发(全双工)50 Mbps,从模式接收 50 Mbps,从模式发送 20 Mbps。

(4) 移动行业处理器接口(MIPI)规范的高速同步接口(HSI)

- 一个单向的高速串行接口;
- 支持发送和接收;
- 128 字节(32 位×32)发送缓冲区;
- 256 字节(32 位×64)接收缓冲区;
- 发送速率等于 PCLK 时钟速率,接收速率达到 100 Mbps。

12. 调制解调器和主机接口

(1) 并行调制解调器芯片接口

- 异步直接式 SRAM 接口风格的界面;
- 16 位并行总线数据传输;
- 片上 8 KB 的双端口 SRAM 缓冲区;
- 中断请求用于数据交换;
- 可编程中断端口地址;
- 支持从 1.8 V～3.3 V 的 I/O 电压范围;
- 调制解调器 AP 启动程序提供了一个双端口存储器作为调制解调器的引导区。

(2) 主机接口

- 异步间接式 SRAM 接口风格的界面(i80 接口);
- 16 位协议寄存器;
- 片上读写 FIFO(每次 288 字)支持间接突发式传送;
- 支持调制解调器引导并使能主机控制 AP 启动。

13. GPIO 端口

- 187 个灵活配置的 GPIO 端口。

14. 输入设备

(1) 便携式键盘接口

- 支持 8×8 键盘矩阵;
- 提供消抖动功能(内部去抖滤波器)。

(2) A/D 转换和触摸屏接口

- 8 通道复用 ADC;
- 最大 1 MSps 的采样率及 10/12 位分辨率。

15. 存储设备—SD/MMC 卡主机控制器

- 兼容多媒体卡(MMC)协议 4.0 版;

- 兼容 SD 存储卡协议 2.0 版；
- 兼容 SDIO 存储卡协议 1.0 版；
- 128 字的缓冲区用于发送和接收；
- 可配置成基于 DMA 或中断操作；
- 3 通道 SD/MMC 主控制器；
- 支持 CE-ATA 接口。

16. 系统外设

(1) DMA 控制器

- 4 个通用的嵌入式 DMA；
- 每个 DMA 支持 8 个通道，共计能支持 32 个通道；
- 支持存储器到存储器，外设到存储器，存储器到外设，和外设到外设；
- 脉冲传输模式以提高传输速率。

(2) 向量中断控制器

- 支持 64 个向量 IRQ 中断；
- 固定硬件中断优先级；
- 可编程中断优先级；
- 固定硬件中断优先级屏蔽；
- IRQ 和 FIQ 产生；
- 原始中断状态；
- 中断请求状态；
- 特权模式支持限制进入；
- 支持 ARMv6 处理器的向量中断控制器（VIC）接口，实现更快的中断服务。

(3) TrustZone 保护控制器

- 在 TrustZone 设计的加密系统中提供了一个软件接口给保护位；
- 保护位可使能 24 个存储编程为区加密与非加密；
- AMBA 、APB 接口。

(4) 具有 PWM（脉宽调制）的定时器

- 5 通道 32 位定时器，2 个 PWM 输出；
- 可编程占空比、频率、极性；
- 产生死区；
- 支持外部时钟源。

(5) 16 位看门狗定时器

- 定时溢出时产生中断请求或系统复位。

(6) RTC（实时时钟）

- 完整的时钟特性：毫秒、秒、分、时、天、星期、月、年；
- 32.768 kHz 工作频率；
- 报警中断；
- 时间节拍中断。

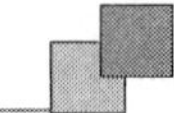

17. 安全子系统

- AES 加解密加速器，支持 ECB，CBC，CTR 模式；
- 对称加密算法 DES/3DES 加速器，支持 ECB，CBC 模式；
- 安全散列算法 SHA-1 哈希引擎；
- 随机数字发生器；
- 2 个 32 字的发送/接收缓冲区用于输入输出数据流；
- DMA 接口用于加密 DMA1。

18. 系统管理

- 支持小端格式存储。

19. 系统工作频率

- 最高工作频率 1.1 V 时 533 MHz，1.2 V 时 667 MHz；
- 系统工作时钟产生器：

3 个片上 PLL 及 APLL，MPLL，EPLL；
APLL 的产生一个独立的 ARM 工作时钟；
MPLL 生成系统参考时钟；
EPLL 产生用于 IP 外设的时钟。

20. 封装

- 424 引脚 FBGA(13 mm×13 mm)封装。

第 2 章

ARM 硬件开发平台

FL2440 和 OK6410 评估板是由飞凌嵌入式技术有限公司新推出的 ARM 硬件开发平台。它们是分别基于三星公司 ARM9 处理器 S3C2440A 和 ARM11 处理器 S3C6410 而设计的全功能评估板。该系列评估板采用核心板与主板组合的模式，丰富的硬件接口和软件资源完美融合。可广泛应用于医疗电子设备、移动无线应用、网络远程监控、汽车导航系统、工业通讯网关、工业现场控制等领域。本章主要对该系列评估板的性能、结构和外设等作简要介绍。

2.1 ARM9 处理器硬件开发平台

FL2440 评估板是一款基于 ARM9 处理器的嵌入式开发平台。它基于三星公司的 S3C2440A 硬件平台，内部带有全性能的 MMU（内存处理单元），具有丰富的硬件接口，能够支持大量的实验例程，支持 Linux、WinCE、μCOS－II 等多种操作系统，适用于设计移动手持设备类产品、消费电子和工业控制设备的开发。

2.1.1 ARM9 处理器 S3C2440A 硬件平台的基本结构

FL2440 评估板采用核心板与主板组合设计，性能稳定可靠，具有高性能、低功耗、接口丰富和体积小等优良特性。FL2440 评估板实物图如图 2－1 所示。

1. FL2440 评估板接口

FL2440 评估板接口说明如表 2－1 所列。

表 2－1 评估板接口说明

名 称	说 明	名 称	说 明
PHONE	音频输出接口(PHONE)	CON5	4 路 AD
MIC	音频输入接口(MIC)	POWER	电源插孔
CON4	LCD/触摸屏接口	J9	GPIO 扩展口

续表 2－1

名　称	说　明	名　称	说　明
JP1	摄像头模块接口	CON1 CON2	核心板接口
CN2	20 针扩展口，标准的 JTAG 接口		

图 2－1　FL2440 评估板实物图

2. 评估板按键配置

FL2440 评估板共配置有 4 个按键，功能如表 2－2 所列。

3. LED 指示灯

评估板 LED 指示灯功能说明如表 2－3 所列。

表 2－2　按键配置表

名　称	说　明
S1(RESET)	复位按键(黑色)
S2，S3，S4，S5	4 个用户按键(红色)

表 2－3　LED 指示灯功能说明

名　称	说　明
LED0，LED1，LED2，LED3	I/O 口指示灯
LED5	5 V 电源指示灯
LED9	核板 3.3 V 电源指示灯(在核心板上)

2.1.2 ARM9 处理器 S3C2440A 硬件开发平台的 I/O 接口

FL2440 评估板带有丰富的 I/O 接口，能很好地帮助设计者在应用开发之前进行原型评估。

本小节将对评估板上的这些 I/O 接口作简要介绍(更为详细的相关参数和列表请参见光盘中的评估板手册)。

1. I²S 音频输入输出接口

本评估板把 IIS 接口与 Philips 的 UDA1341TS 音频数字信号编解码器芯片相连接，组成 Microphone 音频输入通道和 Speaker 音频输出通道。该芯片可把立体声模拟信号转化为数字信号，同样也能把数字信号转换成模拟信号，并可用 PGA(可编程增益控制)，AGC(自动增益控制)对模拟信号进行处理。

2. 串口

FL2440 评估板支持 3 个 RS232 串口，其中包括两个兼容 RS-232 电平的串口 UART0(三线制)和 UART1(三线制)以及一个兼容 TTL 电平的串口 UART2。

3. I²C 电路

I²C 接口的 AT24C02 存储器连接到 FL2440 评估板的 I²C 接口上。

4. USB 接口

提供了 4 个 USB Host 接口，1 个 USB Device 接口。

5. 摄像头接口

板上扩展了一个 CMOS 摄像头模块(OV9650)接口，支持 130 万、300 万像素摄像头，用户也可以自行扩展。

6. 网络接口

一个 100M 网口，采用 DM9000 芯片，带链接和传输指示灯。

7. SD 卡接口

FL2440 评估板具有 SD 卡接口，支持 SD 卡读/写操作，最大支持 2 GB 容量。

8. LCD 和触摸屏接口

评估板上集成了 4 线电阻式触摸屏及触摸屏接口的相关电路，标准配置为 256K 色 320×240/3.5 英寸 TFT 液晶屏。

9. AD 转换电路

提供了 8 通道 10 位模数转换接口(其中有 4 个通道用于触摸屏)，其微分线性误差(Differential Linearity Error)可达±1.0 LSB，积分线性误差(Integral Linearity Error)可达±2.0 LSB，FL2440 评估板引出其中一路接 1 个可调电阻，可做 AD 模数转换测试。

10. 红外接收电路

评估板支持红外接收，其红外接收器连接到通用I/O引脚上。

11. 温度传感器

温度传感器DS18B20连接到评估板上，方便做温度传感检测的实验。

12. 调试及下载接口

配置了1个20芯Multi-ICE标准JTAG接口，支持SDT2.51，ADS1.2等调试；

2.2　ARM11处理器硬件开发平台

OK6410评估板基于三星公司最新的ARM11处理器S3C6410，拥有强大的内部资源和视频处理能力，可稳定运行在667 MHz主频以上，支持Mobile DDR和多种NAND Flash。OK6410评估板上集成了多种高端接口，如复合视频信号、摄像头、USB、SD卡、液晶屏、以太网，并配备温度传感器和红外接收头等。这些接口可作为应用参考，帮助用户实现高端产品级设计。

2.2.1　ARM11处理器S3C6410硬件平台的基本结构

OK6410评估板配套的软件目前支持WinCE 6.0、LINUX 2.6.28、Android 2.1以及μC/OS-II等系统，提供标准板级支持包(BSP)并开放源码，其中包含了所有接口的驱动程序，客户可以直接加载使用。另外，该板可连接飞凌公司与之相配套使用的串口扩展板、WiFi模块、摄像头模块等。

基于ARM11处理器S3C6410硬件平台的OK6410评估板实物图如图2-2所示。

1. 评估板上资源配置

OK6410评估板分为6层线路设计的核心板和4层线路设计的底层板，主要资源配置包括如下：

- S3C6410处理器，主频533 MHz/667 MHz；
- 128 MB Mobile DDR内存；
- 1 GB NAND Flash(MLC)；
- 12 MHz、48 MHz、27 MHz、32.768 kHz时钟源；
- 一个复位按键，采用专用复位芯片；
- 采用8位拨码开关设置系统启动方式；
- RTC电路。

其他外设资源配置见下节I/O接口说明。

2. OK6410评估板启动模式介绍

S3C6410处理器支持NAND FLASH、NOR FLASH和SD卡等多种启动方式，通过系统上电时配置引脚的不同状态来确定相应的启动方式。OK6410评估板通过配置拨码开关SW2

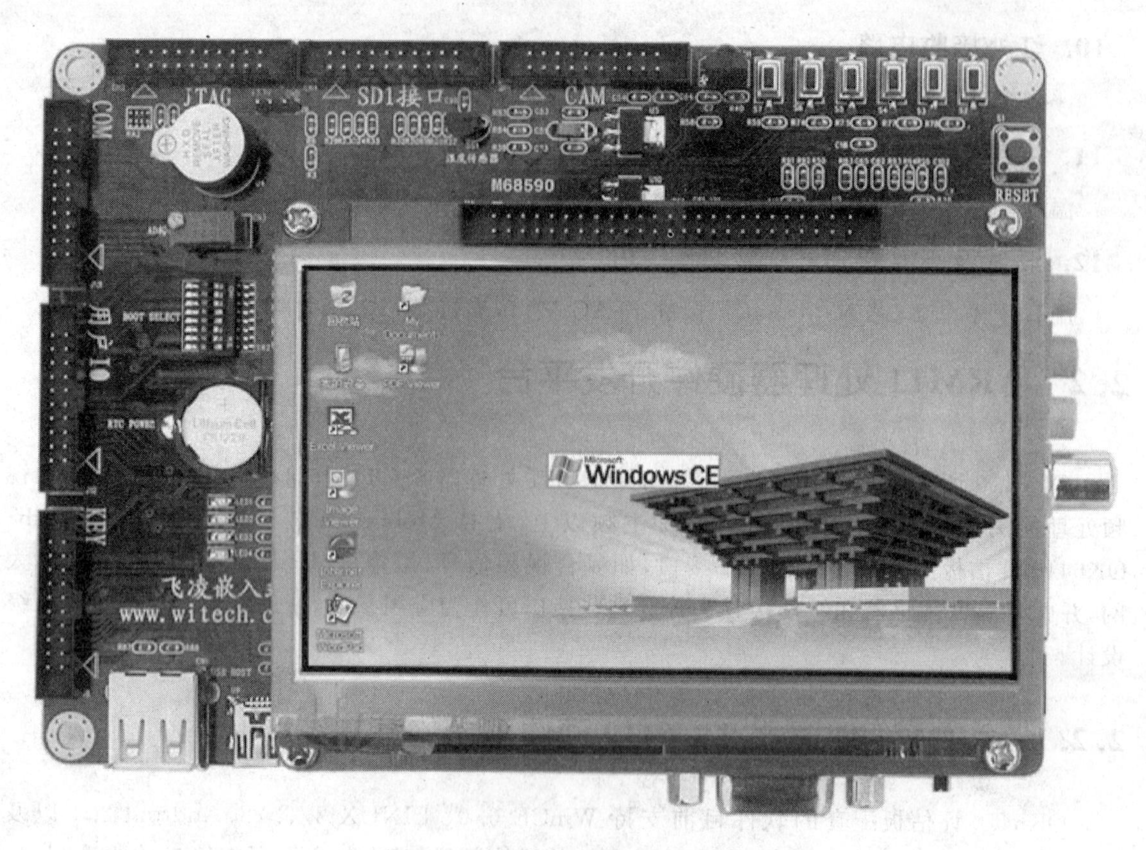

图 2-2　OK6410 评估板实物图

选择启动方式，如表 2-4 所列。

表 2-4　OK6410 评估板启动模式配置

引脚号	Pin8	Pin7	Pin6	Pin5	Pin4	Pin3	Pin2	Pin1
功能定义	SELNAND	OM4	OM3	OM2	OM1	GPN15	GPN14	GPN13
NandFlash 启动	1	0	0	1	1	*	*	*
SD 卡启动	*	1	1	1	1	0	0	0

注意：'1'表示高电平，'0'表示低电平，'*'高或低电平。

GPN13～GPN15：这 3 个引脚对应 XEINT13～XEINT15 是 IROM 启动方式设备选择引脚。当使用 IROM 启动方式时，S3C6410 处理器首先运行片内 ROM 固化程序，读取 XEINT13～XEINT15，3 个端口引脚状态，再根据本配置的不同状态，从而选择不同的设备启动。

OM1-OM4 信号：S3C6410 处理器启动方式配置引脚。

SELNAND 信号：用来选择系统 FLASH 存储器类型，当选择 NAND FLASH 时必须为高电平'1'，选择 ONENAND 存储器时为低电平'0'。OK6410 评估板使用 NAND FLASH 存储器，所以上拉为高电平。

2.2.2　ARM11 处理器 S3C6410 硬件开发平台的 I/O 接口

本小节将对 OK6410 评估板上所扩展和配置的外设 I/O 接口作简要介绍(更为详细的相关参数和列表请参见光盘中的评估板手册)。

1. UART 串行接口

OK6410 评估板设计有 4 路串口,包括 1 个五线 RS-232 电平串口(DB9 母座)和 3 个三线 TTL 电平串口(20pin 2.0 mm 间距插头座)。为了满足其他特殊需求的用户,这款产品额外开发了专门配套的串口接线板。其中 UART0 默认为调试串口,可以直接与 PC 机相连,从而查看系统调试信息。

2. USB Host 接口

USB HOST 接口,支持 USB1.1 协议,采用卧插式 A 型 USB 接口;可连接 U 盘、USB 移动硬盘、USB 鼠标、USB 键盘等设备。

3. USB OTG 接口

USB OTG 接口支持 2.0 协议,采用 Mini USB A/B 型号接口(U9),最高运行速度可达 480 Mbps。系统开发时,还可以使用 USB OTG 接口进行程序下载。

4. JTAG 接口

OK6410 评估板的 JTAG 接口使用 10×2 插针接口(CN2)。

5. SD 卡座

评估板配置了一个 SD 卡座(CON2),使用四线 SD 卡接口,支持 SD 卡规格 2.0 协议和 SDIO 规格 1.0 协议。评估版可以支持 8 GB SD 存储卡作为 SD Memory。此卡端口也可以作为系统启动设备,方便用户批量生产和软件升级。

6. WiFi 接口

评估板可连接 WiFi 模块,该接口与 SDCARD1 卡座使用同一路信号。通过连接配套的 WiFi 模块,来实现 WiFi 上网等功能;除此之外,用户也可以使用该接口扩展 SD 卡座,实现双 SD 卡的功能。

7. LCD 液晶屏和触摸屏接口

评估板可支持 3.5、4.3、5.6、7、8、10 英寸等 TFT 液晶屏。

8. TV 输出接口

评估板配置了一个 TV 视频输出,采用 2 引脚标准规格的 TV 输出接口。

9. 音频接口

评估板的音频功能使用 AC'97 I^2S 总线。外接 WM9714 音频芯片,实现集成音频输出、线路输入和麦克风输入功能。音频输出和 MIC 输入以及 LINE IN 均采用标准的音频插座。

10. 以太网接口

板上配置了一个 DM9000AE 芯片的 100M 以太网接口。以太网接口可用来连接 PC 机下载 WINCE 镜像;在 Linux 的系统开发时,可以用来挂载 NFS 网络文件系统。使用时,需通过交叉网线直接连接 PC 机,也可以使用直连网线连接交换机或路由器。

11. CMOS 摄像头接口

板上引出了摄像头接口,采用 10×20 插针方式,可直接使用飞凌配套的摄像头模块。该接口除了摄像头处理信号外,还增加了 I^2C 信号,用来配置摄像头相关参数;另外增加了一个 GPIO 信号(GPP14),主要应用于摄像头的上电控制,协助系统实现电源管理。

12. 温度传感器与红外接收头

评估板采用 DS18B20 高精度温度传感器,配置了 HS0038B 一体化红外接收器。

13. 用户 I/O 扩展接口

用户 I/O 扩展接口采用 10×2 插针,包含有 8 路 AD 输入,1 路 DA 输出 ,1 路 SPI 总线,1 路 GND,其余为普通 I/O 接口,以方便用户自行扩展应用。

第二篇　工业控制开发

第 3 章

步进电机驱动设计实例

在工业控制领域中，通常要控制机械部件的平移和转动，这些机械部件的驱动多半采用交流电机、直流电机和步进电机。在这 3 种电机中，步进电机最适合做数字控制设计，因此它在数控机床等设备中得到了广泛的应用。

本章将介绍 ARM9 微处理器 S3C2440A 在工控领域中的一种应用，即由 ARM9 微处理器控制的步进电机驱动系统。

3.1 步进电机概述

步进电机是数字控制电机，它将脉冲信号转变为角位移或线位移，即给电机加一个脉冲信号，步进电机就转动一个步距角度。在非超载的情况下，电机的转速、停止的位置只取决于脉冲信号的频率和脉冲数，而不受负载变化的影响。

虽然步进电机已被广泛地应用，但步进电机并不能像普通的交直流电机一样在常规电源下驱动。它必须由双环形脉冲信号、功率驱动电路等组成控制系统方可使用。

步进电机的主要特点有：

- 主要通过输入脉冲信号来进行控制；
- 电机的总转动角度由输入脉冲数决定；
- 电机的转速由脉冲信号频率决定。

3.1.1 步进电机的种类

按照励磁方式分类，步进电机一般可分为反应式步进电机、永磁式步进电机和混合式步进电机 3 种。

- 反应式步进电机一般为三相，可实现大转矩输出，步进角一般为 1.5°，但噪声和振动都很大；
- 永磁式步进电机一般为两相，转矩和体积较小，步进角一般为 7.5°或 15°；
- 混合式步进电机则综合了永磁式步进电机与反应式步进电机的优点，它可以分为两相和五相。两相步进角度一般为 1.8° 而五相步进角度一般为 0.72°。

3.1.2 步进电机的工作原理

步进电机工作原理相似，其中反应式步进电机结构相对简单。现以三相反应式步进电机为例说明其工作原理。

三相反应式步进电机由定子、转子和定子绕组 3 个部分组成，其结构剖面图如图 3-1 所示。

定子铁心由硅钢片叠成，定子上有 6 个磁极，其夹角是 60°，每个磁极上各有 5 个均匀分布的矩形小齿。

转子也是由叠片铁心构成，转子上没有绕组，而是由 40 个矩形小齿均匀分布在圆周上，相邻两齿之间的夹角 θ_b 为 9°，且定子和转子上小齿的齿距和齿宽均相同。这样分布在定子和转子上面的小齿数目分别是 30 和 40，其比值是一分数，这就产生了齿错位的情况，这种原理称之为错齿原理，错齿是促使步进电机旋转的根本原因。

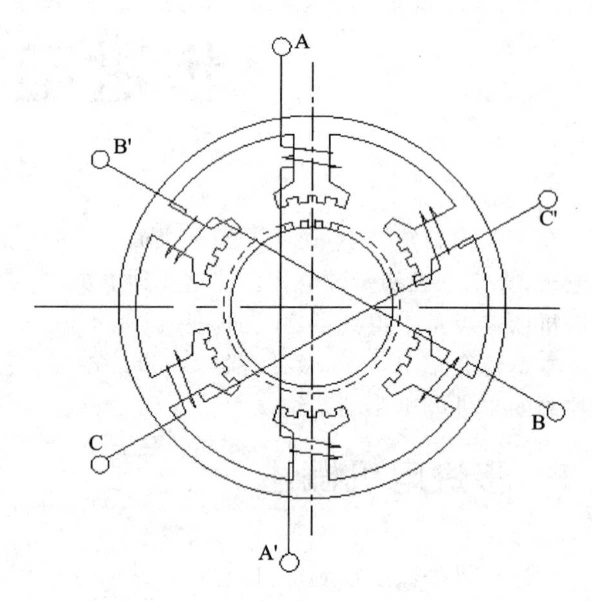

图 3-1　三相反应式步进电机结构剖面图

电机共有 3 套定子绕组，绕在径向相对的两个磁极上的一套绕组为一相，若以 A 相磁极小齿和转子的小齿对齐（如图 3-2所示），那么 B 相和 C 相磁极的齿就会分别和转子齿相错正负三分之一的齿距，即 3°。

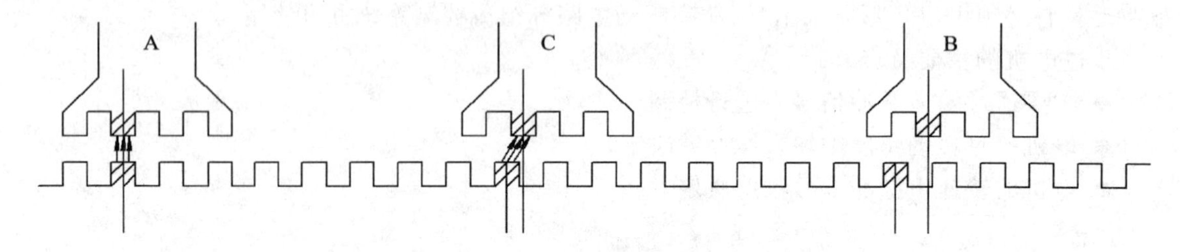

图 3-2　错齿原理示意图

例如，当 A 相绕组通电，而 B、C 相都不通电时，由于磁通具有力图走磁阻最小路径的特点，所以转子齿与 A 相定子齿对齐。若以此作为初始状态，设与 A 相磁极中心磁极的转子齿为 0 号齿，由于 B 相磁极与 A 相磁极相差 120°，且 120°/9°=13.333 不为整数，所以，此时 13 号转子齿不能与 B 相定子齿对齐，只是靠近 B 相磁极的中心线，与中心线相差 3°。此时突然切换成 B 相通电，而 A、C 相都不通电，则 B 相磁极迫使 13 号小齿与之对齐，整个转子就转动 3°。此时称电机走了一步。

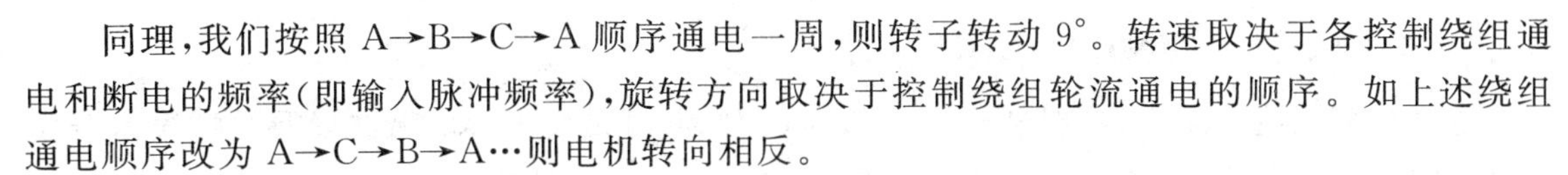

同理，我们按照 A→B→C→A 顺序通电一周，则转子转动 9°。转速取决于各控制绕组通电和断电的频率（即输入脉冲频率），旋转方向取决于控制绕组轮流通电的顺序。如上述绕组通电顺序改为 A→C→B→A…则电机转向相反。

这种按 A→B→C→A…方式运行的称为三相单三拍，“三相”指步进电机具有三相定子绕组，“单”是指每次只有一相绕组通电，“三拍”是指三次换接为一个循环。

此外，三相步进电机还可以以三相双三拍和三相六拍方式运行。三相双三拍就是按 AB→BC→CA→AB……方式供电。与单三拍运行时一样，每一循环也是换接 3 次，共有 3 种通电状态，不同的是每次换接都同时有两相绕组通电。三相六拍的供电方式是 A→AB→B→BC→C→CA→A…每一循环换接 6 次，共有 6 种通电状态，有时只有一相绕组通电，有时有两相绕组通电。

3.1.3 步进电机的主要技术指标

选择步进电机需要根据实际需求和技术指标综合考虑，步进电机只有在满足额定的工作条件下，才可以正常工作。

1. 工作电压

即步进电机工作时所要求的工作电压，一般不能够超过最大工作电压范围。

2. 绕组电流

只有绕组通过电流时，才能够建立磁场。不同的步进电机，其额定绕组工作电流以及要求也不一样。步进电机工作时，应使其工作在额定电流之下。

注意：*和反应式步进电动机不同，永磁式步进电动机和混合式步进电动机的绕组电流要求正反向流动。*

3. 转动力矩

转动力矩是指在额定条件下，步进电机的轴上所能产生的转矩，单位通常为牛顿米（N·m）。

当步进电机转动时，电机各相绕组的电感将形成一个反向电动势；频率越高，反向电动势越大。在它的作用下，随着频率（或速度）的增大电机的相电流逐渐减小，从而导致转动力矩下降。

4. 保持转矩

步进电机在通电状态下，电机不作旋转运动时，电机转轴的锁定力矩，即定子锁住转子的力矩。此力矩是衡量电机体积的标准，与驱动电压及驱动电源等无关。通常步进电机在低速时的力矩接近保持转矩。由于步进电机的输出力矩随速度的增大而不断衰减，输出功率也随速度的增大而变化，所以保持转矩就成为了衡量步进电机最重要的参数之一。比如，当人们说 2N·m（牛顿米）的步进电机，在没有特殊说明的情况下是指保持转矩为 2N·m 的步进电机。

5. 定位转矩(DETENT TORQUE)

电机在不通电状态下,电机转子自身的锁定力矩(由磁场齿形的谐波以及机械误差造成的),由于反应式步进电机的转子不是永磁材料,所以它没有定位转矩。

6. 步距角

它表示控制系统每发一个步进脉冲信号,电机所转动的角度。反应式步进电机的步距角可由如下公式求得:

$$\theta_b = 360°/Z_r$$

$$N = k \cdot M$$

公式中:

θ_b为步距角;

N 为运行拍数;

Z_r 为转子齿数;

M 为控制绕组相数;

k 为状态系数,如三相单三拍或双三拍时 k=1,三相六拍时 k=2。

这个步距角可以称之为“电机固有步距角”,它不一定是电机实际工作时的真正步距角,真正的步距角和驱动器有关。

7. 空载启动频率

即步进电机在空载情况下能够正常启动的脉冲频率,如果脉冲频率高于该值,电机不能正常启动,可能发生丢步或堵转。在有负载的情况下,启动频率应更低。如果要使电机达到高速转动,脉冲频率应该有加速过程,即启动频率较低,然后按一定加速度升到所希望的高频(电机转速从低速升到高速)。

8. 空载运行频率

电机在某种驱动形式,电压及额定电流下,电机不带负载的最高转速频率。

9. 精度

一般步进电机的精度为步距角的3%～5%,且不累积。应用细分技术可以提高步进电机的运转精度。

步进电机的细分技术实质上是一种电子阻尼技术(请参考有关文献),其主要目的是减弱或消除步进电机的低频振动,提高电机的运转精度只是细分技术的一个附带功能。比如对于步进角为1.8°的两相混合式步进电机,如果细分驱动器的细分数设置为4,那么电机的运转分辨率为每个脉冲0.45°,电机的精度能否达到或接近0.45°,还取决于细分驱动器的细分电流控制精度等其他因素。不同厂家的细分驱动器精度可能差别很大;细分数越大精度越难控制。

10. 外表温度

步进电机温度过高首先会使电机的磁性材料退磁,从而导致力矩下降乃至于失步,因此电机外表允许的最高温度取决于不同电机磁性材料的退磁点。一般来讲,磁性材料的退磁点都在130℃以上,有的甚至高达200℃以上,所以步进电机外表温度在80℃～90℃完全正常。

11. 励磁方式

励磁方式中有1相(单向)励磁、2相(双向)励磁和1—2相(单—双向)3种励磁方式。

12. 步进电机动态指标

(1) 步距角精度

步进电机每转过一个步距角的实际值与理论值的误差。

(2) 失步

电机运转时运转的步数,不等于理论上的步数。称之为失步。

(3) 失调角

转子齿轴线偏移定子齿轴线的角度,电机运转必存在失调角,由失调角产生的误差,采用细分驱动是不能解决的。

(4) 运行矩频特性

电机在某种测试条件下测得运行中输出力矩与频率关系的曲线称为运行矩频特性,这是电机诸多动态曲线中最重要的,也是电机选择的根本依据,如图3-3所示。

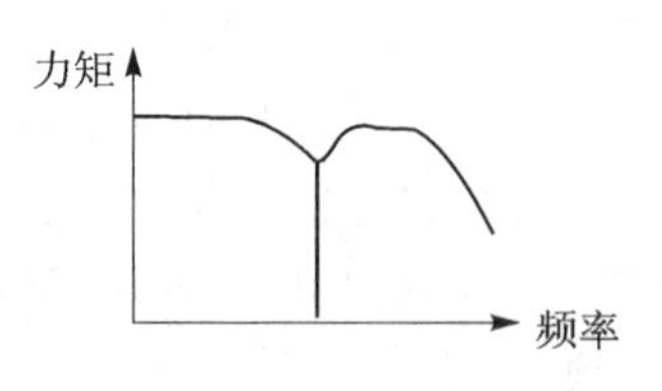

图3-3　运行矩频特性

3.1.4　步进电机的控制系统

步进电动机不能直接接到工频交流或直流电源上工作,而必须使用专用的步进电动机驱动器,整个步进电机的控制系统由脉冲发生控制单元、功率驱动单元、保护单元等组成,如图3-4所示。

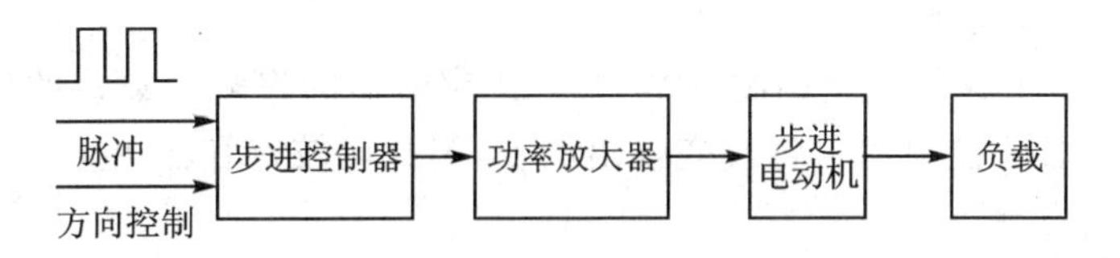

图3-4　步进电机控制系统组成

1. 脉冲信号产生及控制单元

脉冲信号的产生与控制实际是由CPU产生,一般脉冲信号的占空比为0.3～0.4左右,电机转速越高,占空比则越大

2. 步进控制器

步进控制器是把输入的脉冲转换成环型脉冲,以控制步进电动机,并能进行正反转旋转方向控制。实际应用中,脉冲信号产生及控制单元和步进控制器都是由CPU代替来处理的。

3. 功率放大器

功率放大器将环型脉冲放大,以驱动步进电动机转动,是驱动系统最为重要的部分。不同的场合需要采取不同的的驱动方式,到目前为止,驱动方式一般有以下几种:单电压功率驱动、双电压功率驱动、高低压功率驱动、斩波恒流功率驱动、升频升压功率驱动和集成功率驱动芯片。

集成功率驱动芯片多用于小功率驱动，目前已有多种用于小功率步进电动机的集成功率驱动接口芯片（如 ST 公司的 L298 及东芝公司的 TA8435H 等）可供选用。

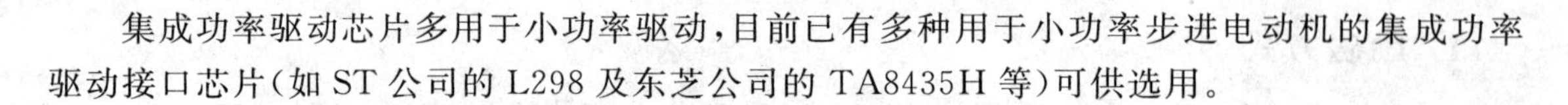

3.2 S3C2440A 处理器的定时器功能

S3C2440A 处理器有 5 个 16 位定时器，定时器 0～3 具有脉宽调制（PWM）功能，定时器 4 仅是一个无输出引脚的内部功能定时器，所有定时器都是递减计数。

定时器 0 具有死区生成器，可应用于大电流设备；定时器 0～1 共用一个 8 位的预分频器；定时器 2～4 则共用另外一个 8 位预分频器。每个定时器都有一个时钟分频器，可以进行1/2、1/4、1/8、1/16、TCLK（外部时钟）五分频。

每个定时器都从时钟分频器接收时钟信号，时钟分频器从相应的 8 位预分频器接收时钟信号。可编程 8 位预分频器根据存储在 TCFG0 和 TCFG1 寄存器中的数据对 PCLK 进行分频。

当时钟被使能后，定时器计数缓冲存储器（TCNTBn）把计数初值下载到递减计数器中。定时器比较缓冲寄存器（TCMPBn）把其初始值下载到比较寄存器中，并将该值和递减计数器的值进行比较。这种基于 TCNTBn 和 TCMPBn 的双缓冲特性使定时器在频率和占空比变化时产生稳定的输出。

每个定时器都有一个专用的由定时器时钟驱动的 16 位递减计数器。当递减计数器的计数值达到 0 时，就会产生定时器中断请求来通知 CPU 定时器操作完成。当定时器递减计数器达到 0 时相应的 TCNTBn 的值会自动重载到递减计数器中以继续下次操作。但是，如在定时器运行时清除定时器控制计存器（TCON）的定时器使能位，则当定时器停止时，TCNTBn 的值不会被重载到递减计数器中。

TCMPBn 的值用于脉冲宽度调制（PWM）。当定时器的递减计数器的值和比较寄存器的值匹配的时候，定时器的控制逻辑将改变输出电平，因此比较寄存器决定了 PWM 输出的开关时间。

S3C2440A 定时器的主要特性如下。

- 5 个 16 位定时器；
- 2 个 8 位预分频器及 2 个 4 位分频器；
- 占空比可编程的 PWM 波形输出；
- 自动重载模式或单触发脉冲模式；
- 死区生成器。

S3C2440A 处理器的定时器功能框图如图 3－5 所示。

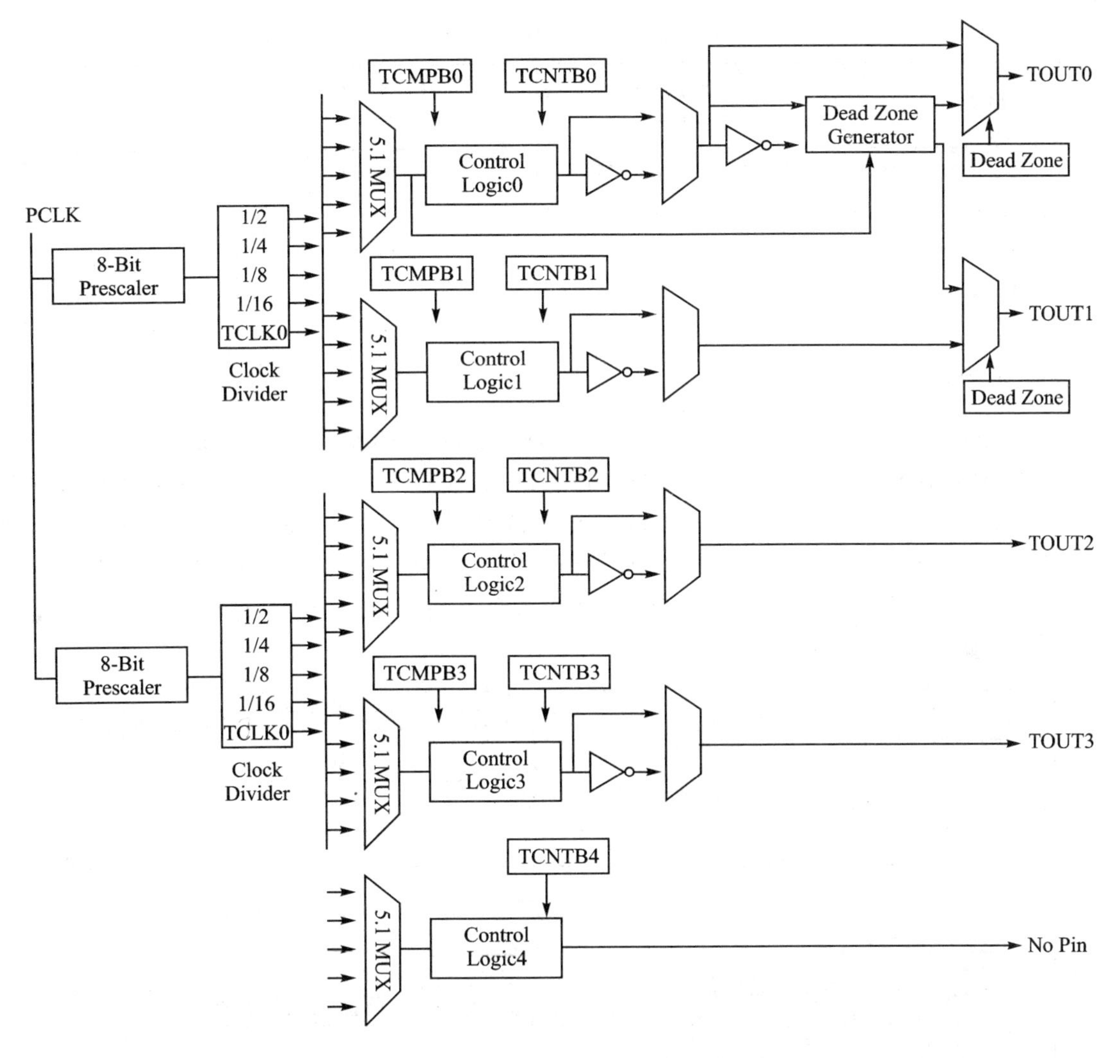

图 3－5　定时器的功能方框图

3.2.1　PWM 定时器功能模块

要熟练运用定时器输出脉冲宽度调制(PWM)波形，需要了解定时器各功能块如何配置和使用的相关细节，现简要介绍如下。

1. 预分频器与分频器

通过配置 8 位预分频器和 4 位分频器都可以输出多种频率，4 位分频器设定输出的频率值如表 3－1 所列。

表 3-1　4 位分频器配置频率表

4 位分频器设定	最小分辨率 (预分频=0)	最大分辨率 (预分频=255)	最大间隔 (TCNTBn=65 535)
1/2(PCLK=50 MHz)	0.040 0 μs(25.000 0 MHz)	10.240 0 μs(97.656 2 kHz)	0.671 0 s
1/4(PCLK=50 MHz)	0.080 0 μs (12.500 0 MHz)	20.480 0 μs(48.828 1 kHz)	1.342 1 s
1/8(PCLK=50 MHz)	0.160 0 μs (6.250 0 MHz)	40.960 1 μs(24.414 0 kHz)	2.684 3 s
1/16(PCLK=50 MHz)	0.320 0 μs (3.125 0 MHz)	81.918 8 μs(12.207 0 kHz)	5.368 6 s

2. 基本定时器的操作

每个定时器都包括有 TCNTBn(n=0…4)寄存器、TCNTn(n=0…3)寄存器、TCMPBn(n=0…3)寄存器和 TCMPn(n=0…3)寄存器(其中寄存器 TCNTn 和 TCMPn 都是内部寄存器,TCNTn 寄存器值可通过 TCNTOn(n=0…4)计数观察寄存器来读取)。当计数器值到达 0 时,TCNTBn 寄存器值和 TCMPBn 寄存器值被依次加载入 TCNTn 寄存器、TCMPn 寄存器;当 TCNTn 寄存器值到达 0 时,在中断使能情况下将会产生一个中断请求。基本定时器的操作示意图如图 3-6 所示。

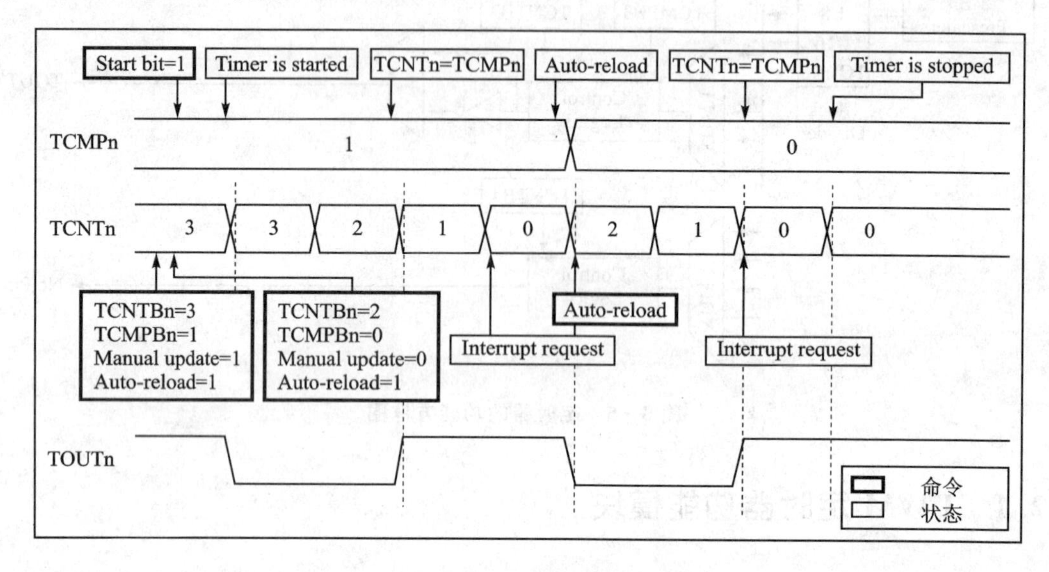

图 3-6　基本定时器的操作示意图

3. 自动重载与双缓冲

S3C2440A 处理器的 PWM 定时器具有双缓冲功能,能在不停止当前定时器操作的情况下,自动重载下一次需操作的参数。所以即使定时器设置了新赋值,当前定时器的操作仍然能够不受影响地完成。

定时器的值可以被写入定时器计数缓冲寄存器(TCNTBn),当前的计数器值可以从定时器计数观察寄存器(TCNTOn)读出,读出的 TCNTBn 寄存器值并不是当前的计数值,而是下次将重载的计数值。

TCNTn 寄存器值等于 0 的时候,自动重载操作把 TCNTBn 寄存器值装入 TCNTn 寄存

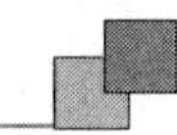

器,仅当自动重载功能被使能且 TCNTn 寄存器值等于 0 的时候才会自动重载。如果 TCNTn 寄存器值等于 0,自动重载控制位为 0,则定时器停止运行。

双缓冲功能示意如图 3-7 所示。

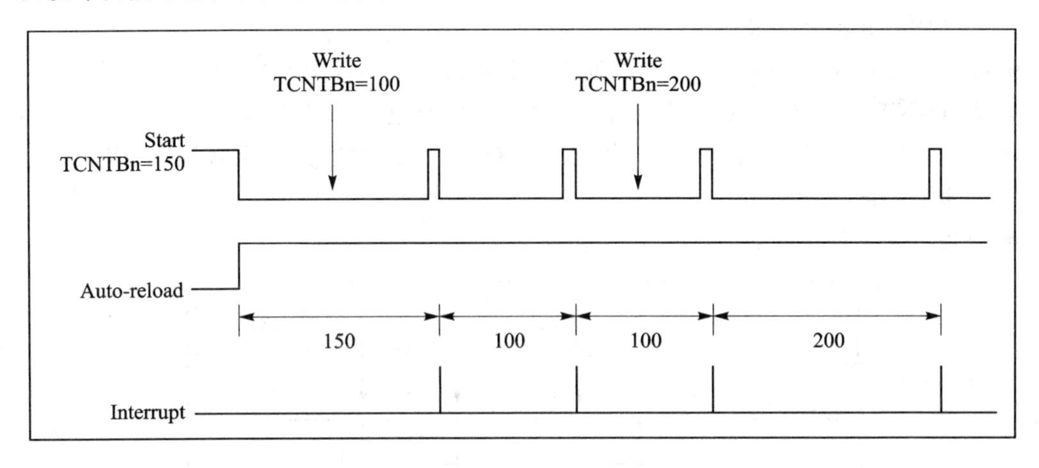

图 3-7　双缓冲功能示意图

4. 应用手动更新位和逆转位来初始化定时器

当递减计数器值达到 0 时会发生定时器自动重载操作,所以 TCNTn 寄存器的初始值必须由用户预定义好,在这种情况下就需要通过手动更新位重载初始值。以下几个步骤给出如何启动定时器:

- 向 TCNTBn 寄存器及 TCMPBn 寄存器写入初始值;
- 置位相应定时器的手动更新位。不管是否使用逆转功能(也称为反相功能),推荐设置逆转位开/关;
- 置位相应定时器的启动位来启动定时器及清除手动更新位。

如果定时器被强制停止,TCNTn 寄存器保持原来的值而不从 TCNTBn 寄存器重载值。如果要设置一个新的值必须执行手动更新操作。

注意:只要 TOUT 的逆转位改变,不管定时器是否处于运行状态,TOUT 都会相应的改变,因此通常同时配置手动更新和逆转位。

5. 定时器操作步骤

定时器的操作步骤大致分为如下过程(过程示例如图 3-8 所示):

- 使能自动重载功能,设置 TCNTBn 寄存器值为 160(50+110),TCMPBn 寄存器值为 110;配置手动更新位及逆转位(开/关)。置手动更新位将使 TCNTBn 和 TCMPBn 寄存器值加载到 TCNTn 和 TCMPn 寄存器中。再设置下一次操作的 TCNTBn 和 TCMPBn 寄存器值分别等于 80(40+40)和 40;
- 设置起始位,将手动更新位设为 0,将逆转位设为关闭,使能自动重载功能,则在定时器分辨率内的一段延迟后定时器开始递减计数;
- 当 TCNTn 和 TCMPn 寄存器值相等时,TOUT 输出电平由低变高;
- 当 TCNTn 的值等于 0 的时候产生中断并且 TCNTBn 的值装入暂存器中,在下一个时钟到来时将暂存器中的值重载到 TCNTn;

- 在中断服务程序中，将 TCNTBn 和 TCMPBn 分别设置为 80(20＋60)和 60；
- 当 TCNTn 和 TCMPn 的值相等时，TOUT 输出电平由低变高；
- 当 TCNTn 等于 0 的时候，把 TCNTBn 和 TCMPBn 的值分别自动装入 TCNTn 和 TCMPn，并触发中断；
- 在中断服务子程序中，禁止自动重载和中断请求来停止定时器运行；
- 当 TCNTn 和 TCMPn 的值相等时，TOUT 输出电平由低变高；
- 尽管 TCNTn 等于 0，但是定时器停止运行，也不再发生自动重载操作，因此定时器自动重载功能被禁止；
- 不再产生新的中断。

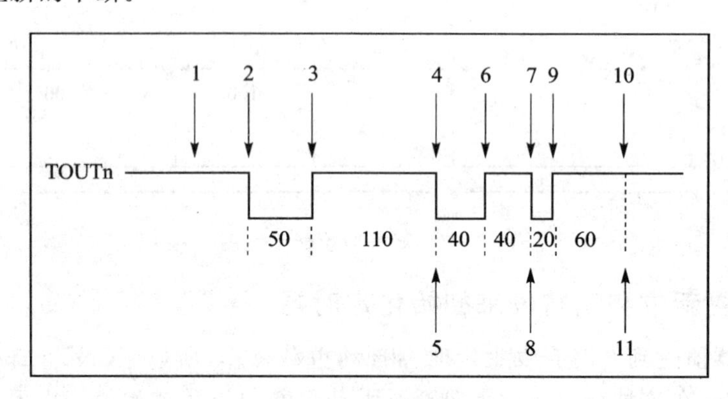

图 3－8　定时器操作示例

6. 脉冲宽度调制(PWM)

通过使用 TCMPBn 寄存器可以实现 PWM 功能，PWM 波形的频率由 TCNTBn 寄存器值决定，图 3－9 是一个应用 TCMPBn 寄存器产生 PWM 波形的示例。

当需要较高的 PWM 占空比值时，通过减少 TCMPBn 寄存器值来实现；当需要较低的 PWM 占空比值时，通过增加 TCMPBn 寄存器值来实现。如果逆转功能被使能的话，递增/递减功能可以逆转。

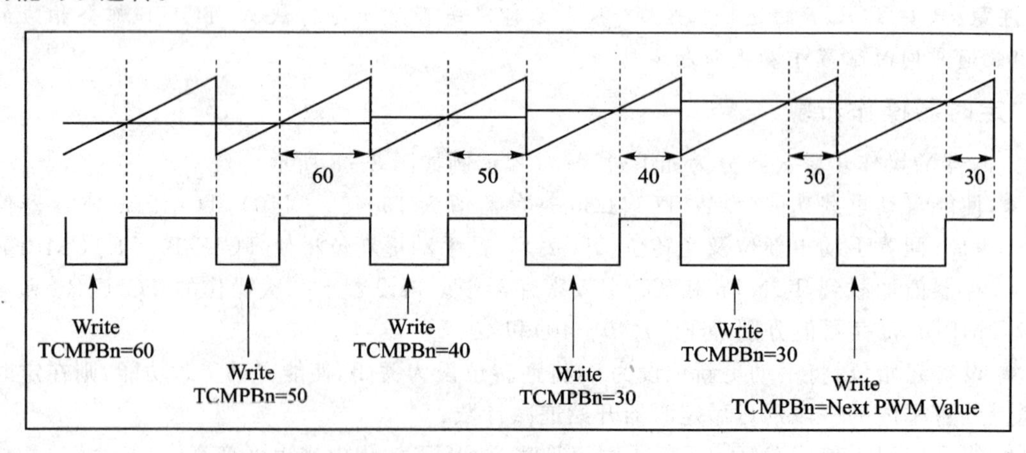

图 3－9　应用 TCMPBn 寄存器产生 PWM 示例

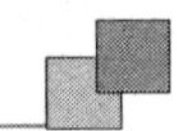

7. 输出电平控制

如下步骤将简单介绍如何将 TOUT 维持在高/低电平(假设逆转位已经关闭):

- 关闭自动重载位,当 TCNTn 寄存器值到达 0 后,TOUT 输出高电平且定时器停止;
- 通过将定时器开启/停止位置 0 可以停止定时器。如果 TCNTn 寄存器值小于 TCMPn 寄存器值,输出高电平;如果 TCNTn 寄存器值大于 TCMPn 寄存器值,输出低电平;
- 可通过配置 TCON 寄存器中的逆转位将 TOUT 电平直接反转。

图 3-10 为逆转位开/关状态时输出电平示例图。

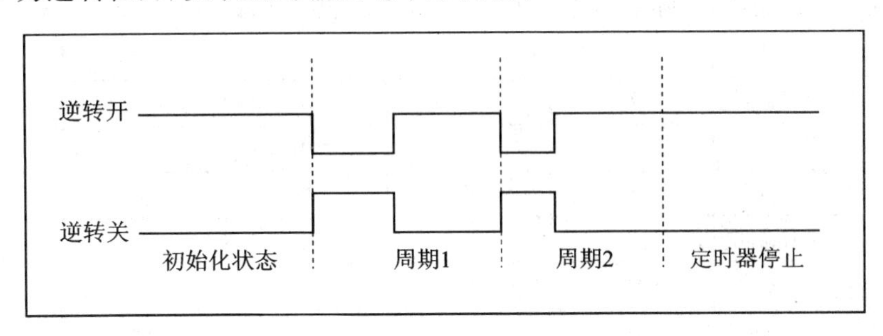

图 3-10　逆转位开/关状态输出示意图

8. 死区生成器

死区主要应用于大功率器件的 PWM 控制。这种功能可以在一对互相开闭切换的设备中插入一定的时间间隙,这个时间间隙禁止两个设备同时切换到开启的状态,即使是很短的时间。

现举例说明死区功能使能后的波形输出情况(如图 3-11 所示):

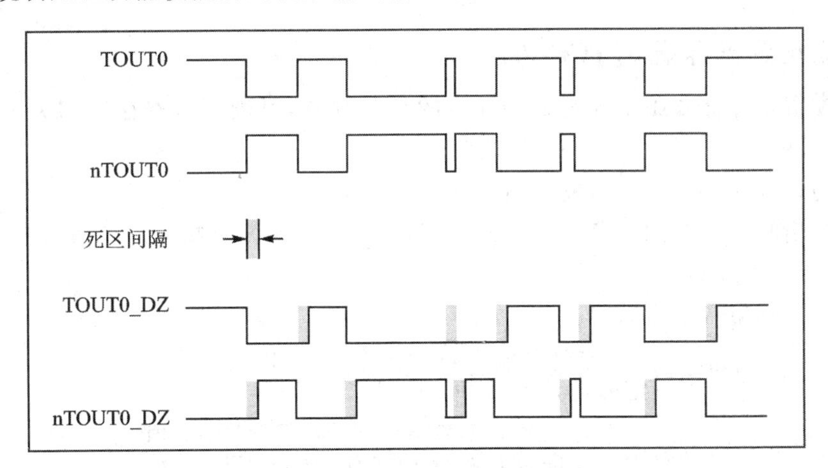

图 3-11　死区应用举例示意图

TOUT0 是 PWM 波形输出,nTOUT0 是 TOUT0 波形的反转;当死区功能使能后,TOUT0 与 nTOUT0 的输出波形分别变为图中 TOUT0_DZ 与 nTOUT0_DZ 所示波形,且 nTOUT0_DZ 波形会输出至 TOUT1 引脚。在这种死区间隔中,TOUT0_DZ、nTOUT0_DZ 永远无法同时打开两个设备。

9. DMA 请求模式

PWM 定时器可以在特定的时间内产生 DMA 请求，定时器将 DMA 请求信号 nDMA_REQ 保持为低电平直至接收到 ACK 信号。当定时器接收到 ACK 信号后，它将请求信号置为无效。要设置相应的定时器产生 DMA 请求，需要通过配置 TCFG1 寄存器中对应的 DMA 请求位，当某个定时器配置了 DMA 模式后，该定时器即无法产生中断请求。

DMA 模式配置与 DMA/中断操作如表 3-2 所列。

表 3-2 DMA 模式配置与 DMA/中断操作

DMA 模式	DMA 请求	定时器 0 中断	定时器 1 中断	定时器 2 中断	定时器 3 中断	定时器 4 中断
0000	无选择	开	开	开	开	开
0001	定时器 0	关	开	开	开	开
0010	定时器 1	开	关	开	开	开
0011	定时器 2	开	开	关	开	开
0100	定时器 3	开	开	开	关	开
0101	定时器 4	开	开	开	开	关
0110	无选择	开	开	开	开	开

3.2.2 PWM 定时器控制寄存器

PWM 定时器相关控制寄存器包括定时配置寄存器 0～1，定时器控制寄存器，及 TCNTBn(n=0…4)/TCMPBn(n=0…3)、TCNTO3、TCNTO4 寄存器等。本小节主要对这些寄存器的用法进行介绍。

1. 定时器配置寄存器 0(TCFG0)

定时器配置寄存器 0 用于配置 2 个 8 位的预分频器，可读/写，寄存器相关位功能定义如表 3-3 所列。

寄存器的地址：0x51000000，复位值：0x00000000。

定时器输出时钟频率：TCLK=PCLK/[(预分频值+1)×分频器分频值]，其中：

预分频值=0～255；

分频器的分频值=2,4,8,16；

$$\text{PWM 输出时钟频率}=\frac{\text{定时器输入时钟频率(TCLK)}}{\text{定时器计数缓冲寄存器(TCNTBn)值}}$$

$$\text{PWM 输出信号的占空比}=\frac{\text{定时器比较缓冲寄存器(TCMPBn)值}}{\text{定时器计数缓冲寄存器(TCNTBn)值}}$$

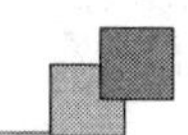

表 3-3　定时器配置寄存器 0 位功能定义

TCFG0	位	功能描述	初始化状态
保留	[31:24]	—	00000000
死区长度	[23:16]	这 8 位决定死区的长度,死区长度的一个单元时间与定时器 0 相等。	00000000
预分频器 1	[15:8]	这 8 位决定定时器 2,3,4 的预分频值	00000000
预分频器 0	[7:0]	这 8 位决定定时器 0,1 的预分频值	00000000

2. 定时器配置寄存器 1(TCFG1)

定时器配置寄存器 1 用于多路开关控制及配置 DMA 模式选择,可读/写,寄存器相关位功能定义如表 3-4 所列。

寄存器的地址:0x51000004,复位值:0x00000000。

表 3-4　定时器配置寄存器 1 位功能定义

TCFG1	位	功能描述	初始化状态
保留	[31:24]	—	00000000
DMA 模式	[23:20]	选择 DMA 请求通道。 0000=无 DMA 通道(全部为中断);0001=定时器 0 0010=定时器 1;　　0011=定时器 2 0100=定时器 3;　　0101=定时器 4 0110=保留	0000
多路开关 4	[19:16]	PWM 定时器 4 多路输入选择。 0000 = 1/2 ;0001 = 1/4 ;0010 = 1/8 0011 = 1/16; 01xx = 外部时钟 1	0000
多路开关 3	[15:12]	PWM 定时器 3 多路输入选择。 0000 = 1/2 ;0001 = 1/4 ;0010 = 1/8 0011 = 1/16; 01xx = 外部时钟 1	0000
多路开关 2	[11:8]	PWM 定时器 2 多路输入选择。 0000 = 1/2 ;0001 = 1/4 ;0010 = 1/8 0011 = 1/16; 01xx = 外部时钟 1	0000
多路开关 1	[7:4]	PWM 定时器 1 多路输入选择。 0000 = 1/2 ;0001 = 1/4 ;0010 = 1/8 0011 = 1/16; 01xx = 外部时钟 0	0000
多路开关 0	[3:0]	PWM 定时器 0 多路输入选择。 0000 = 1/2 ;0001 = 1/4 ;0010 = 1/8 0011 = 1/16; 01xx = 外部时钟 0	0000

3. 定时器控制寄存器(TCON)

定时器控制寄存器用于控制定时器相关状态,可读/写,寄存器相关位功能定义如表 3-5 所列。

寄存器的地址:0x51000008,复位值:0x00000000。

表 3-5　定时器控制寄存器位功能定义

TCON	位	功能描述	初始化状态
保留	[31:23]	—	—
定时器 4 自动重载开/关	[22]	决定定时器 4 自动重载开/关。 0=单触发;1=自动重载模式	0
定时器 4 手动更新	[21]	决定定时器 4 手动更新。 0=无操作;1=更新 TCNTB4	0
定时器 4 开启/停止	[20]	决定定时器 4 启动与停止。 0=停止;1=启动定时器 4	0
定时器 3 自动重载开/关	[19]	决定定时器 3 自动重载开/关。 0=单触发;1=自动重载模式	0
定时器 3 输出反相	[18]	决定定时器 3 反相功能开/关。 0=反相功能关闭;1=TOUT3 反相	0
定时器 3 手动更新	[17]	决定定时器 3 手动更新。 0=无操作;1=更新 TCNTB3 和 TCMPB3	0
定时器 3 开启/停止	[16]	决定定时器 3 启动与停止。 0=停止;1=启动定时器 3	0
定时器 2 自动重载开/关	[15]	决定定时器 2 自动重载开/关。 0=单触发;1=自动重载模式	0
定时器 2 输出反相	[14]	决定定时器 2 反相功能开/关。 0=反相功能关闭;1=TOUT2 反相	0
定时器 2 手动更新	[13]	决定定时器 2 手动更新。 0=无操作;1=更新 TCNTB2 和 TCMPB2	0
定时器 2 开启/停止	[12]	决定定时器 2 启动与停止。 0=停止;1=启动定时器 2	0
定时器 1 自动重载开/关	[11]	决定定时器 1 自动重载开/关。 0=单触发;1=自动重载模式	0
定时器 1 输出反相	[10]	决定定时器 1 反相功能开/关。 0=反相功能关闭;1=TOUT1 反相	0
定时器 1 手动更新	[9]	决定定时器 1 手动更新。 0=无操作;1=更新 TCNTB1 和 TCMPB1	0
定时器 1 开启/停止	[8]	决定定时器 1 启动与停止。 0=停止;1=启动定时器 1	0
保留	[7:5]	—	—
死区功能使能	[4]	决定死区功能开/关。 0=禁止;1=使能	0

续表 3-5

TCON	位	功能描述	初始化状态
定时器0自动重载开/关	[3]	决定定时器0自动重载开/关。 0=单触发;1=自动重载模式	0
定时器0输出反相	[2]	决定定时器0反相功能开/关。 0=反相功能关闭;1=TOUT0反相	0
定时器0手动更新	[1]	决定定时器2手动更新。 0=无操作;1=更新TCNTB0和TCMPB0	0
定时器0开启/停止	[0]	决定定时器0启动与停止。 0=停止;1=启动定时器0	0

注意:定时器0~4的手动更新位在下一次写操作时被清除。

4. 定时器0计数缓冲寄存器与比较缓冲寄存器(TCNTB0/TCMPB0)

TCNTB0定时器0计数缓冲寄存器用于设置递减缓冲寄存器的值,可读/写。寄存器相关位功能定义如表3-6所列。

寄存器的地址:0x5100000C,复位值:0x00000000。

TCMPB0定时器0比较缓冲寄存器用于设置比较缓冲寄存器的值,可读/写。寄存器相关位功能定义如表3-7所列。

寄存器的地址:0x51000010,复位值:0x00000000。

表3-6 定时器0计数缓冲寄存器位功能定义

寄存器	位	功能描述	初始化状态
TCNTB0	[15:0]	设置定时器0的计数缓冲器值	0x00000000

表3-7 定时器0比较缓冲寄存器位功能定义

寄存器	位	功能描述	初始化状态
TCMPB0	[15:0]	设置定时器0的比较缓冲器值	0x00000000

5. 定时器0计数观察寄存器(TCNTO0)

定时器0计数观察寄存器是个只读寄存器。寄存器相关位功能定义如表3-8所列。

寄存器的地址:0x51000014,复位值:0x00000000。

表3-8 定时器0计数观察寄存器位功能定义

寄存器	位	功能描述	初始化状态
TCNTO0	[15:0]	设置定时器0计数观察值	0x00000000

6. 定时器1计数缓冲寄存器与比较缓冲寄存器(TCNTB1/TCMPB1)

TCNTB1定时器1计数缓冲寄存器用于设置递减缓冲寄存器的值,可读/写。寄存器相关位功能定义如表 3－9 所列。

寄存器的地址：0x51000018，复位值：0x00000000。

TCMPB1 定时器 1 比较缓冲寄存器用于设置比较缓冲寄存器的值，可读/写。寄存器相关位功能定义如表 3－10 所列。

寄存器的地址：0x5100001C，复位值：0x00000000。

表 3－9　定时器 1 计数缓冲寄存器位功能定义

寄存器	位	功能描述	初始化状态
TCNTB1	[15:0]	设置定时器 1 的计数缓冲器值	0x00000000

表 3－10　定时器 1 比较缓冲寄存器位功能定义

寄存器	位	功能描述	初始化状态
TCMPB1	[15:0]	设置定时器 1 的比较缓冲器值	0x00000000

7. 定时器 1 计数观察寄存器(TCNTO1)

定时器 1 计数观察寄存器是个只读寄存器。寄存器相关位功能定义如表 3－11 所列。

寄存器的地址：0x51000020，复位值：0x00000000。

表 3－11　定时器 1 计数观察寄存器位功能定义

寄存器	位	功能描述	初始化状态
TCNTO1	[15:0]	设置定时器 1 计数观察值	0x00000000

8. 定时器 2 计数缓冲寄存器与比较缓冲寄存器(TCNTB2/TCMPB2)

TCNTB2 定时器 2 计数缓冲寄存器用于设置递减缓冲寄存器的值，可读/写。寄存器相关位功能定义如表 3－12 所列。

寄存器的地址：0x51000024，复位值：0x00000000。

TCMPB2 定时器 2 比较缓冲寄存器用于设置比较缓冲寄存器的值，可读/写。寄存器相关位功能定义如表 3－13 所列。

寄存器的地址：0x51000028，复位值：0x00000000。

表 3－12　定时器 2 计数缓冲寄存器位功能定义

寄存器	位	功能描述	初始化状态
TCNTB2	[15:0]	设置定时器 2 的计数缓冲器值	0x00000000

表 3－13　定时器 2 比较缓冲寄存器位功能定义

寄存器	位	功能描述	初始化状态
TCMPB2	[15:0]	设置定时器 2 的比较缓冲器值	0x00000000

9. 定时器2计数观察寄存器(TCNTO2)

定时器2计数观察寄存器是个只读寄存器。寄存器相关位功能定义如表3-14所列。

寄存器的地址:0x5100002C,复位值:0x00000000。

表3-14 定时器2计数观察寄存器位功能定义

寄存器	位	功能描述	初始化状态
TCNTO2	[15:0]	设置定时器2计数观察值	0x00000000

10. 定时器3计数缓冲寄存器与比较缓冲寄存器(TCNTB3/TCMPB3)

TCNTB3定时器3计数缓冲寄存器用于设置递减缓冲寄存器的值,可读/写。寄存器相关位功能定义如表3-15所列。

寄存器的地址:0x51000030,复位值:0x00000000。

TCMPB3定时器3比较缓冲寄存器用于设置比较缓冲寄存器的值,可读/写。寄存器相关位功能定义如表3-16所列。

寄存器的地址:0x51000034,复位值:0x00000000。

表3-15 定时器3计数缓冲寄存器位功能定义

寄存器	位	功能描述	初始化状态
TCNTB3	[15:0]	设置定时器3的计数缓冲器值	0x00000000

表3-16 定时器3比较缓冲寄存器位功能定义

寄存器	位	功能描述	初始化状态
TCMPB3	[15:0]	设置定时器3的比较缓冲器值	0x00000000

11. 定时器3计数观察寄存器(TCNTO3)

定时器3计数观察寄存器是个只读寄存器。寄存器相关位功能定义如表3-17所列。

寄存器的地址:0x51000038,复位值:0x00000000。

表3-17 定时器3计数观察寄存器位功能定义

寄存器	位	功能描述	初始化状态
TCNTO3	[15:0]	设置定时器3计数观察值	0x00000000

12. 定时器4计数缓冲寄存器(TCNTB4)

TCNTB4定时器4计数缓冲寄存器用于设置递减缓冲寄存器的值,可读/写。寄存器相关位功能定义如表3-18所列。

寄存器的地址:0x5100003C,复位值:0x00000000。

表 3-18 定时器 4 计数缓冲寄存器位功能定义

寄存器	位	功能描述	初始化状态
TCNTB4	[15:0]	设置定时器 4 的计数缓冲器值	0x00000000

13. 定时器 4 计数观察寄存器(TCNTO4)

定时器 4 计数观察寄存器是个只读寄存器。寄存器相关位功能定义如表 3-19 所列。寄存器的地址:0x51000040,复位值:0x00000000。

表 3-19 定时器 4 计数观察寄存器位功能定义

寄存器	位	功能描述	初始化状态
TCNTO4	[15:0]	设置定时器 4 计数观察值	0x00000000

3.3 硬件电路设计

TA8435H/HQ 是一种 PWM 脉宽调制斩波式正弦波微步双极步进电机驱动器。借助内置的硬件电路,只使用一个时钟输入可实现正弦微步操作。本实例主要应用 S3C2440A 处理器的 PWM 定时器与外围芯片 TA8435H 设计组成步进电机驱动器。

3.3.1 TA8435H 芯片概述

TA8435H 是东芝公司生产的单片正弦细分二相步进电机驱动专用芯片,TA8435H 可以驱动二相步进电机,且电路简单,工作可靠。该芯片还具有以下特点:

- 工作电压范围宽(10 V~40 V);
- 输出电流可达 1.5 A(平均值)和 2.5 A(峰值);
- 具有 2 相 、1-2 相、W1-2 相和 2W1-2 相激励模式可选;
- 采用脉宽调制式斩波驱动方式;
- 具有正/反转控制功能;
- 带有复位和使能引脚;
- 可选择使用单时钟输入或双时钟输入。

TA8435 主要由 1 个解码器、2 个桥式驱动电路、2 个输出电流控制电路、2 个最大电流限制电路、1 个斩波器等功能模块组成,内部结构如图 3-12 所示。

3.3.2 TA8435H 芯片的引脚功能

TA8435H 采用 HZIP25-P 的封装形式,其引脚排列图如图 3-13 所示。各引脚功能如表3-20 所列。

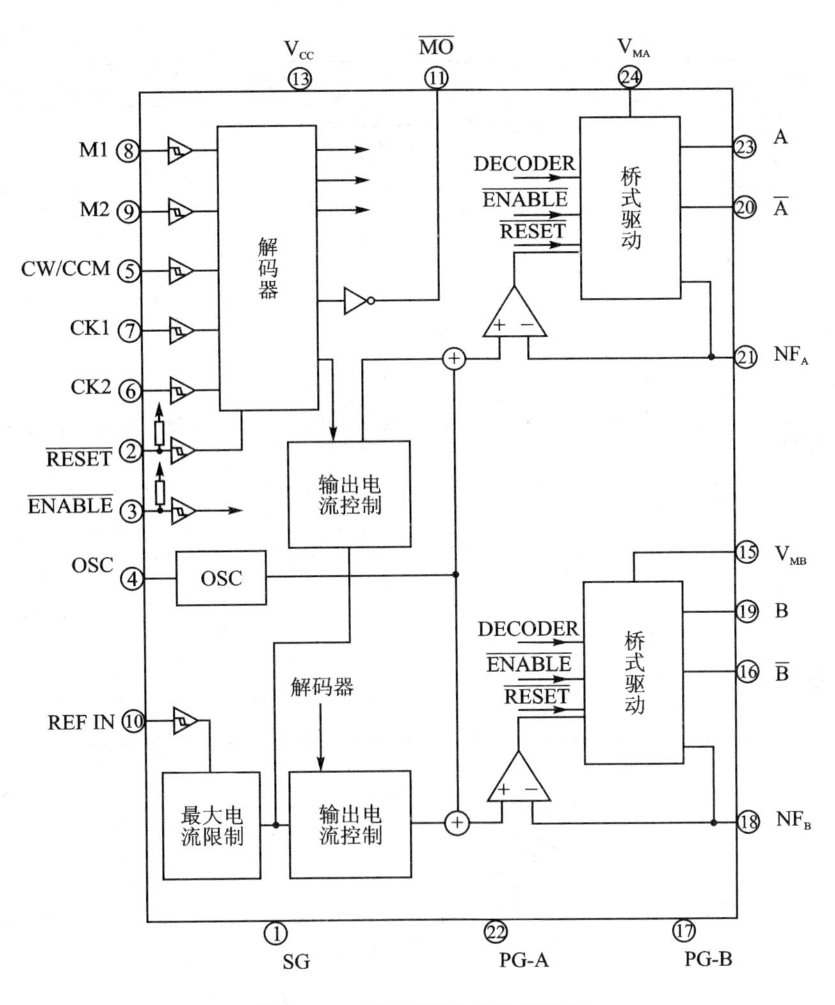

图 3-12　TA8435H 芯片结构图

表 3-20　TA8435H 芯片引脚功能定义

引脚号	引脚名称	功能描述
1	S-GND	信号地
2	$\overline{RESET}$	复位端，低电平有效。该端有效时，电路复位到起始状态，此时在任何激励方式下，输出各相都置于它们的原点
3	$\overline{ENABLE}$	使能端，低电平有效；当该端为高电平时电路处于维持状态，此时各相输出被强制关闭
4	OSC	斩波频率(15 kHz～80 kHz)是由该脚外接电容的典型值决定
5	CW/CCW	正、反转控制引脚
6	CK2	时钟输入引脚，可选择单时钟输入或双时钟输入，最大时钟输入频率为 5 kHz
7	CK1	
8	M1	激励模式控制，即细分方式的选择。对应激励模式说明见表 3-22 所列
9	M2	
10	REF IN	V_{NF}输入控制，接高电平时为 0.8 V，接低电平是为 0.5 V

续表 3－20

引脚号	引脚名称	功能描述
11	$\overline{MO}$	输出监视，用于监视输出电流峰值位置
12	NC	空脚
13	Vcc	逻辑电路电源引脚，一般为 5 V
14	NC	空脚
15	V_{MB}	B 相负载电源端
16	$\overline{B}$	B 相输出引脚
17	PG-B	B 相负载地
18	NF_B	B 相电流检测端，由该引脚外接电阻和 REF IN 引脚控制的输出电流 $I_{NF}=V_{NF}/R_{NF}$
19	B	B 相输出引脚。
20	$\overline{A}$	A 相输出引脚
21	NF_A	A 相电流检测端，由该引脚外接电阻和 REF IN 引脚控制的输出电流 $I_{NF}=V_{NF}/R_{NF}$
22	PG-A	A 相负载地
23	A	A 相输出引脚
24	V_{MA}	A 相负载电源端
25	NC	空脚

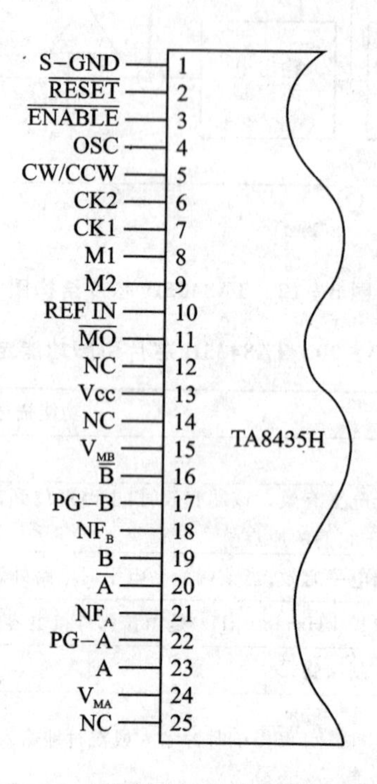

图 3－13　TA8435H 芯片引脚排列图

3.3.3　TA8435H 芯片的工作模式介绍

TA8435H 芯片有正转和反转两种工作模式（如表 3－21），同时可通过设置 M1，M2 输入引脚的高低电平来选择激励模式，即细分模式选择（如表 3－22）。

表 3－21　正反转工作模式切换

输入引脚与状态					工作模式
CK1	CK2	CW/CCW	$\overline{\text{RESET}}$	$\overline{\text{ENABLE}}$	
↑	H	L	H	L	正转
⊓	L	L	H	L	禁止
H	↑	L	H	L	反转
L	⊓	L	H	L	禁止
↑	H	H	H	L	反转
⊓	L	H	H	L	禁止
H	↑	H	H	L	正转
L	⊓	H	H	L	禁止
X	X	X	L	L	复位
X	X	X	X	H	高阻态

当 M1M2 为 00 表示步进电机工作在整步方式，即无细分；10 为半步方式，即细分数为 2，01 为 1/4 细分方式，即细分数为 4；11 为 1/8 细分方式，即细分数为 8。

表 3－22　激励模式配置

输入引脚与状态		激励模式	输入引脚与状态		激励模式
M1	M2		M1	M2	
L	L	2 相	L	H	W1－2 相
H	L	1－2 相	H	H	2W1－2 相

3.3.4　电路原理图及说明

本实例的硬件电路主要由两个部分组成：

- 由光耦 TLP521－4 和 TLP521－2 芯片组成的电平隔离电路，将 S3C2440A 处理器的控制信号与步进电机控制器进行电平转换与隔离；
- 由 S3C2440A 处理器、TA8435H 步进电机驱动芯片以及步进电机组成的步进电机控制电路。这也是本实例的硬件核心电路。

电平隔离电路如图 3－14 所示，S3C2440A 处理器 GPIO 端口、PWM 输出引脚通过光电耦合器 TLP521 实现电平转换和隔离。

TA8435H 步进电机驱动芯片引脚 4 外接电容的容值决定芯片内部驱动级的斩波频率，

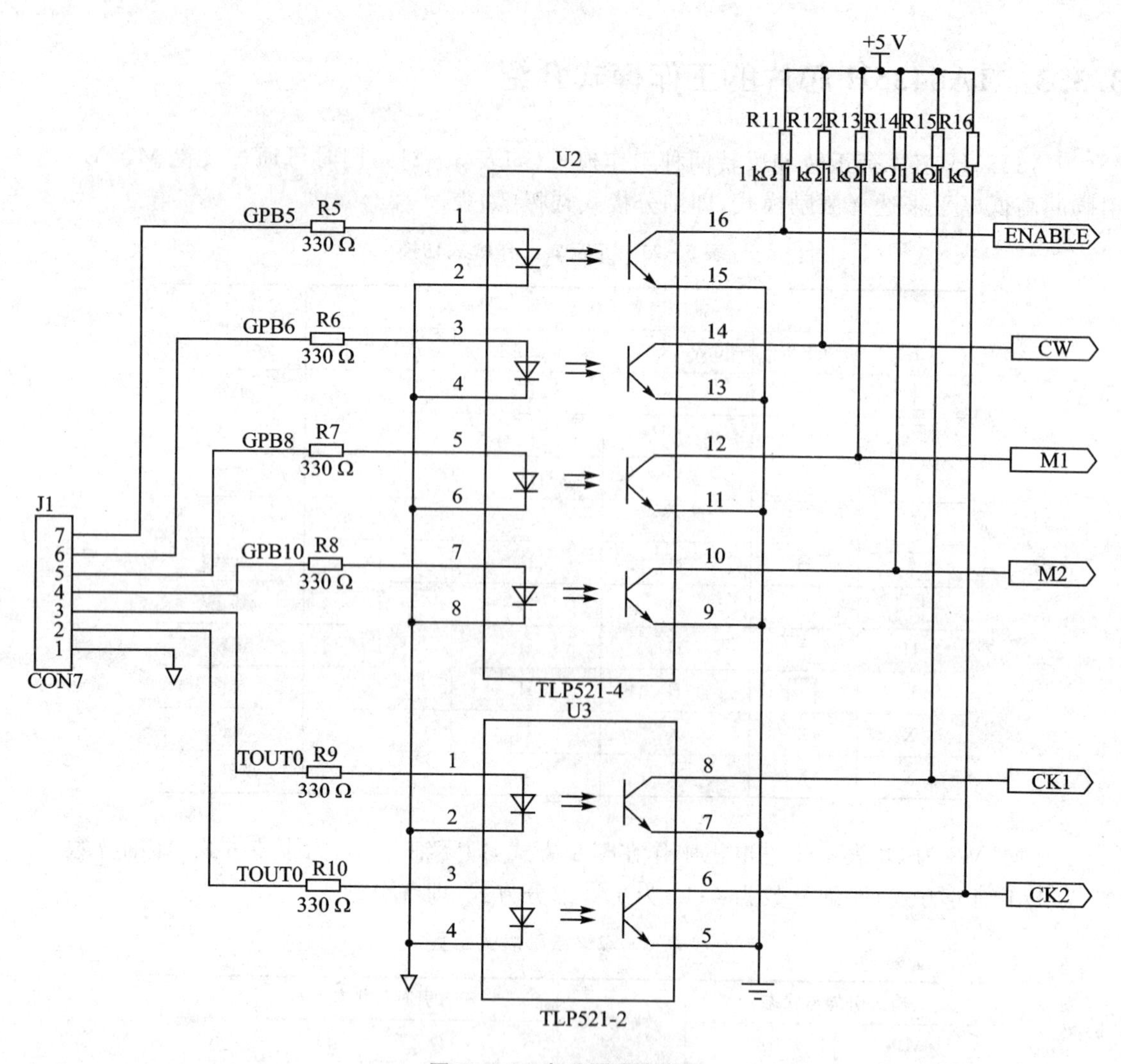

图 3-14 电平隔离电路

计算公式为 $f_{osc}=1/(5.15\times C_{osc})$，式中 C_{osc} 单位为 μF，f_{osc} 的单位为 kHz。本实例使用的电容容量是 0.01 μF。

TA8435H 有两个脉冲输入引脚 CK1、CK2，可以用来选择输入两路脉冲。当其中一个引脚输入脉冲时，另一个引脚必须保持高电平。本实例设计中，控制脉冲实际只使用其中一路，另外一路不使用即被接入高电平。

TA8435H 输出的驱动电流由 V_{NF} 和 NF_A、NF_B 引脚上所连的检测电阻 R_{NF} 决定，公式为 $I_{NF}=V_{NF}/R_{NF}$；而 V_{NF} 的大小由 REF IN 引脚电平决定，即高电平时 $V_{NF}=0.8$ V，低电平时 $V_{NF}=0.5$ V。本实例中电机所需驱动电流为 1.0 A，因此设定 REF IN 引脚为高电平，$R_{NF}=0.8$ Ω。硬件电路详细原理图如图 3-15 所示。

步进电机接口电路如图 3-16 所示，该接口需要使用快恢复二极管(见上图 D1～D4)用来泄放绕组电流，D1～D4 二极管型号为 IN5822。

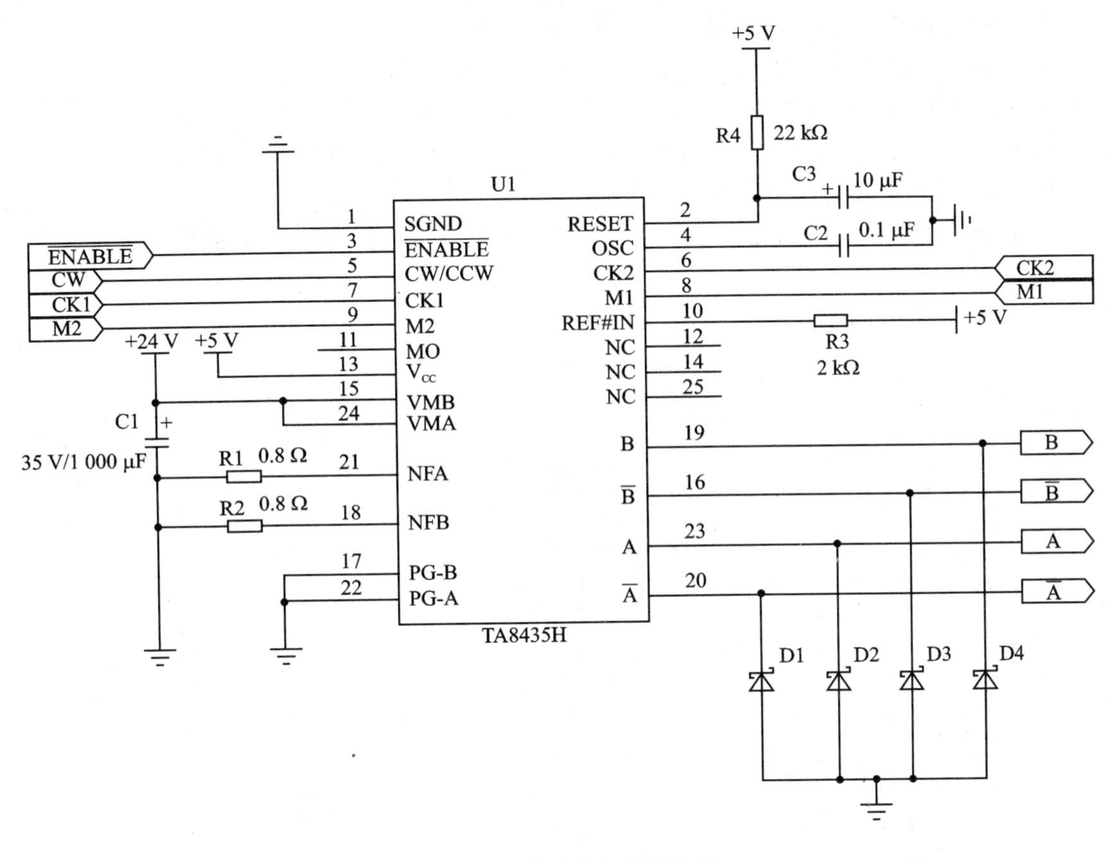

图 3-15　步进电机控制电路

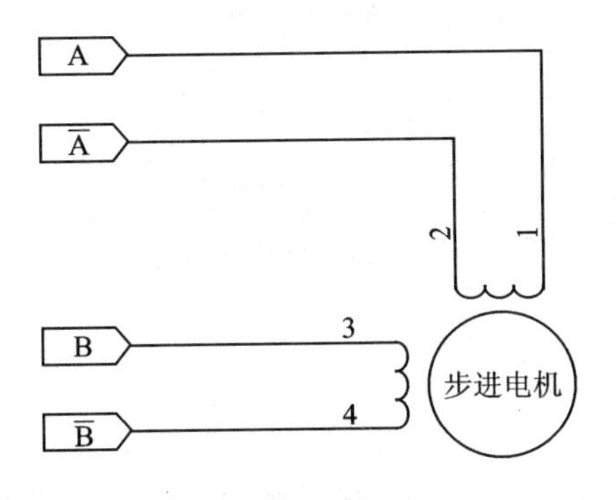

图 3-16　步进电机接口

3.4　软件设计

本实例软件设计的重点是如何设置 PWM 定时器，PWM 定时器的设置主要步骤如下：

- 分别设置定时器 0 的预分频器值和时钟分频值，以供定时器 0 的比较缓存寄存器和计数缓存寄存器用；
- 设置比较缓存寄存器 TCMPB0 和计数缓存寄存器 TCNTB0 的初始值（即定时器输出时钟频率）；

- 关闭定时器 0 的死区生成器(设置 TCON 的第 4 位);
- 开启定时器 0 的自动重载(设置 TCON 的第 3 位);
- 关闭定时器 0 的反相位(设置 TCON 的第 2 位);
- 开启定时器 0 的手动更新 TCNTB0&TCMPB0 功能(设置 TCON 的第 1 位);
- 启动定时器 0(设置 TCON 的第 0 位);
- 清除定时器 0 的手动更新 TCNTB0&TCMPB0 功能(设置 TCON 的第 1 位)。

3.4.1 软件流程图设计

本实例设计的软件流程图如图 3-17 所示。

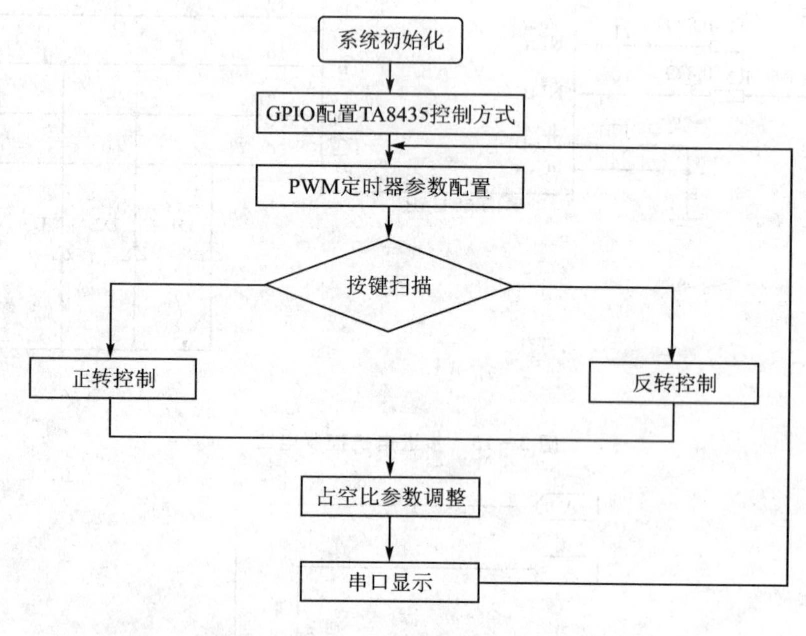

图 3-17 程序流程图

3.4.2 程序代码及注释

本实例的程序代码及注释见下文,限于篇幅,部分代码省略介绍。详细代码请读者见光盘。

① MOTOR_TEST.C

```
/**********************************************************************
 * 文件名:   motor_test.c
 * 功能描述: 初始化 PWM 定时器 0,按键及参数配置,步进电机运行模式控制等
**********************************************************************/
void motor_test(void)
{
timer0_init();
```

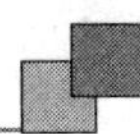

```
/ * GPB1,5,6,8,10 设置为输出,GPB0 为 TOUT0 功能 * /
/ * GPB5 = ENABLE,GPB6 = CW/CCW,GPB8 = M1,GPB10 = M2,TOUT0 = CK1,GPB1 = CK2 * /
rGPBCON = 1dd7f6;
/ * 初始化 GPB1,GPB5,GPB6,GPB8,GPB10 为高电平. * /
rGPBDAT = ((1<<1)|(1<<5)|(1<<6)|(1<<8)|(1<<10));
/ * 端口内部上拉电阻使能 * /
rGPBUP = 0x00;
rGPBCON | = 0x01; //GPB0 配置成输出 TOUT0
HighLever = 1;
// 默认状态
rTCNTB0 = 792;
HighRateOrigin = 2;
LowRateOrigin = 2;
HighRate = HighRateOrigin;
LowRate = LowRateOrigin;
// 自动加载开,反相开,手动更新位开,启动定时器 0
rTCON | = (1<<11)|(1<<10)|(1<<9)|(1<<8);
rTCON &= ~((1<<10)|(1<<9)); // 反相位关,手动更新位关
rINTMSK &= ~BIT_TIMER0; // 定时器 0 中断使能
void Motor_CW( void )
{
    …
    //CK1 时钟 ->GPB0_TOUT0
    rGPBDAT = ~(1<<1);//CK2 高电平 ->GPB1 低
    rGPBDAT = (1<<6);//CW_CCW 低电平 ->GPB6 高
    rGPBDAT = (1<<5);//Enable 低电平 ->GPB5 高
    …
    }
//马达反转
void Motor_CCW( void )
{
    …
    //CK1 时钟 ->GPB0_TOUT0
    rGPBDAT = ~(1<<1);//CK2 高电平 ->GPB1 低
    rGPBDAT = ~(1<<6);//CW_CCW 高电平 ->GPB6 低
    rGPBDAT = (1<<5)//Enable 低电平 ->GPB5 高
    …
    }
//细分模式选择
//2 相驱动
void Driver_Mode1( void )
{
    …
    rGPBDAT = (1<<8)  //M1 ->L,对应 GPB8 ->高
    rGPBDAT = (1<<10) //M2 ->L,对应 GPB10 ->高
```

```
    …
    }
//1-2 相驱动
void Driver_Mode2( void )
{
    …
    rGPBDAT = ~(1<<8)  //M1->H,对应 GPB8->低
    rGPBDAT = (1<<10)  //M2->L,对应 GPB10->高
    …
    }
//W1-2 相驱动
void Driver_Mode3( void )
{
    …
   rGPBDAT = (1<<8)      //M1->L,对应 GPB8->高
rGPBDAT = ~(1<<10)  //M2->H,对应 GPB10->低
    …
    }
//2W1-2 相驱动
void Driver_Mode4( void )
{
    …
  rGPBDAT = ~(1<<8)      //M1->H,对应 GPB8->低
rGPBDAT = ~(1<<10)    //M2->H,对就 GPB10->低
    …
    }
while(1)
{
pwm_menu();
angle_menu();
Motor_CW();
Driver_Mode2();
switch(Key_pressed1)
{
case '1':
rTCNTB0 = 792;
HighRateOrigin = 2;
LowRateOrigin = 2;
HighRate = HighRateOrigin;
LowRate = LowRateOrigin;
break;
case '2':
rTCNTB0 = 792;
HighRateOrigin = 1;
LowRateOrigin = 3;
```

```
HighRate = HighRateOrigin;
LowRate = LowRateOrigin;
break;
case'3':
rTCNTB0 = 396;
HighRateOrigin = 2;
LowRateOrigin = 2;
HighRate = HighRateOrigin;
LowRate = LowRateOrigin;
break;
case'4':
rTCNTB0 = 396;
HighRateOrigin = 1;
LowRateOrigin = 3;
HighRate = HighRateOrigin;
LowRate = LowRateOrigin;
break;
case'5':
rTCNTB0 = 198;
HighRateOrigin = 2;
LowRateOrigin = 2;
HighRate = HighRateOrigin;
LowRate = LowRateOrigin;
break;
case'6':
rTCNTB0 = 198;
HighRateOrigin = 1;
LowRateOrigin = 3;
HighRate = HighRateOrigin;
LowRate = LowRateOrigin;
break;
case'7':
rTCNTB0 = 99;
HighRateOrigin = 2;
LowRateOrigin = 2;
HighRate = HighRateOrigin;
LowRate = LowRateOrigin;
break;
case'8':
rTCNTB0 = 99;
HighRateOrigin = 1;
LowRateOrigin = 3;
HighRate = HighRateOrigin;
LowRate = LowRateOrigin;
break;
```

```
default:
break;
    }
  }
}
```

② TIMER0_INT.C

```
/*****************************************************************
 * 文件名:timer0_int.c
 * 功能描述:定时器 0 中断处理,以及输出 PWM 脉宽调制信号。
 *****************************************************************/
void __irq timer0_int(void)
{
if(HighLever && TurnAngle)                //产生高电平 - - >反相后驱动 TA8435
{
if(HighRate > 1)
{
rGPBDAT = rGPBDAT | 1 << 0;
HighRate - - ;
}
else
{
rGPBDAT = rGPBDAT | 1 << 0;
HighRate = HighRateOrigin;
HighLever = 0;
}
}
else if(! HighLever && TurnAngle)         //产生低电平 - >反相后驱动 TA8435
{
if(LowRate > 1 )
{
rGPBDAT = rGPBDAT & ~(1 << 0);
LowRate - - ;
}
else
{
rGPBDAT = rGPBDAT & ~(1 << 0);
LowRate = LowRateOrigin;
HighLever = 1;
TurnAngle - - ;
}
}
ClearPending(BIT_TIMER0);
}
```

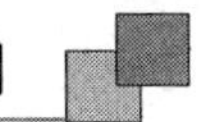

3.5　实例总结

本章主要介绍步进电机的驱动原理和控制方法。首先介绍了 ARM9 处理器 S3C2440A 芯片的 PWM 功能定时器的使用、PWM 控制方式及工作原理。然后，基于这些理论，设计了步进电机驱动器作为实例。针对步进电机驱动设计与应用，在低速工作时，可以选用 1/4 细分或 1/8 细分模式，以提高步距角精度；在高速工作时，细分模式有可能达不到要求的速度，这时可以选用整步或半步方式，以提高步进电机运行的稳定性，减小步进电机的振动和噪声。

读者学习时候，重点需要掌握如下两点：

① 熟悉 S3C2440A 芯片的定时器 PWM 输出原理；

② 如何改变定时器参数，以产生其他频率和占空比的 PWM 输出控制步进电机。

第4章

三轴加速度传感器的应用

三轴加速度传感器具有低成本、小尺寸、低功耗、高性能的特点。最初应用于工业、军事、汽车制造、仪器仪表等领域的 MEMS(微机电系统),现在已经开始大规模进入消费类电子产品市场,覆盖从游戏机到手机,从笔记本电脑到数字家电等行业领域。本实例主要介绍 MEMS 加速度传感器基于 ARM9 嵌入式处理器 S3C2440A 的应用设计。

4.1 三轴加速度传感器原理及应用

MEMS(微机电系统)就是在一个硅基板上集成了机械和电子元器件的微小机构。通过对电子部分使用半导体工艺和对机械部分使用微机械工艺将其直接蚀刻到一片晶圆中或者增加新的结构层,并在封装芯片中集成数字信号处理电路及数据通信接口等来制作完整的 MEMS 产品。

目前用 MEMS 做成的传感器系列主要包括压力、加速度、速度、力矩传感器等。典型的 ADI 公司 ADXL345 系列 MEMS 三轴加速度传感器基本架构见图 4-1 所示。

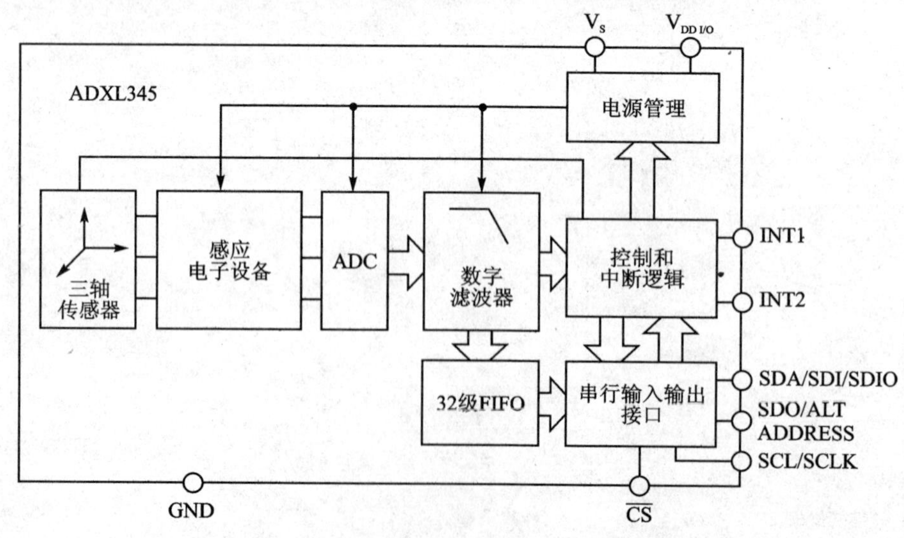

图 4-1 典型的三轴加速度传感器基本架构

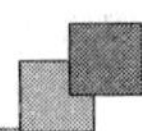

4.1.1　三轴加速度传感器原理

MEMS 半导体技术把微型机械结构与电子电路集成在同一颗芯片上，因此 MEMS 三轴加速度传感器必然由一个单纯的机械性 MEMS 传感器和一枚 ASIC 接口芯片组成。从功能上讲 MEMS 三轴加速度传感器主要包括三轴加速度传感器、电子感应器件和控制器 3 个主要部件。其中三轴加速度传感器会接受外界的传递的物理性输入，其主要感应方式是对一些微小的物理量的变化进行测量，如电阻值、电容值、应力、形变、位移等；通过电子感测器件转换为电子信号，如通过电压信号来表示这些变化量，再最终转换为可用的信息等；控制器则接受来自控制器的电子信号指令，及将信息通过通信接口发送出去。

目前的加速度传感器有多种实现方式，主要可分为压电式、电容式及热感应式 3 种，这 3 种技术各有其优缺点。

4.1.2　三轴加速度传感器应用领域

三轴加速度传感器一般针对多功能应用，其响应速度快、功耗小、工作电压低并具有待机模式，可广泛用于方位、抖晃、撞击、双击、下落、倾斜、运动、定位、抖动和震动检测，三轴加速度传感器应用范围如下。

- 电子罗盘仪应用；
- 静止方向检测（横向/纵向、上/下、左/右、前/后位置识别）；
- 笔记本、电子书阅读器和便携式电脑跌落和自由落体检测；
- 实时方向检测（虚拟现实和游戏机三维用户位置反馈）；
- 实时活动分析（步程计步进计数、用于电脑硬盘的自由坠落检测、推测航向法）；
- 便携式手持产品的动作检测（用于手机、PDA、GPS、游戏机的自动睡眠和自动唤醒）；
- 冲击和振动检测（机电一体化补偿、装运和保修使用记录）；
- 用户界面（通过方向更改实现菜单滚动）；
- 嵌入式医疗监护仪器应用（如监护老人、小孩是否意外跌落状态）；
- 汽车领域（典型的应用如汽车安全气囊、ABS 防抱死刹车系统、电子稳定程序、电控悬挂系统）。

4.2　三轴加速度传感器 MMA7455L 功能

本实例设计采用 Freescale 公司的 MMA7455L 三轴加速度传感器。MMA7455 是一款数字输出，低功耗的电容式硅微加速度传感器，加速度范围±2g/±4g/±8g，支持 SPI 和 I^2C 接口，方便与外围控制器通讯。

MMA7455L 三轴加速度传感器由 2 部分组成：G -单元和信号调理 ASIC 电路。其功能框图如图 4 - 2 所示。G -单元是机械结构，它是用半导体技术、由多晶硅半导体材料制成，并且是密封的。信号调理 ASIC 电路由图 4 - 2 中的放大、数模转换、温度补偿、控制逻辑、振荡器、时钟发生器、以及自检等电路组成，完成 G－单元测量的电容值到电压输出的转换。

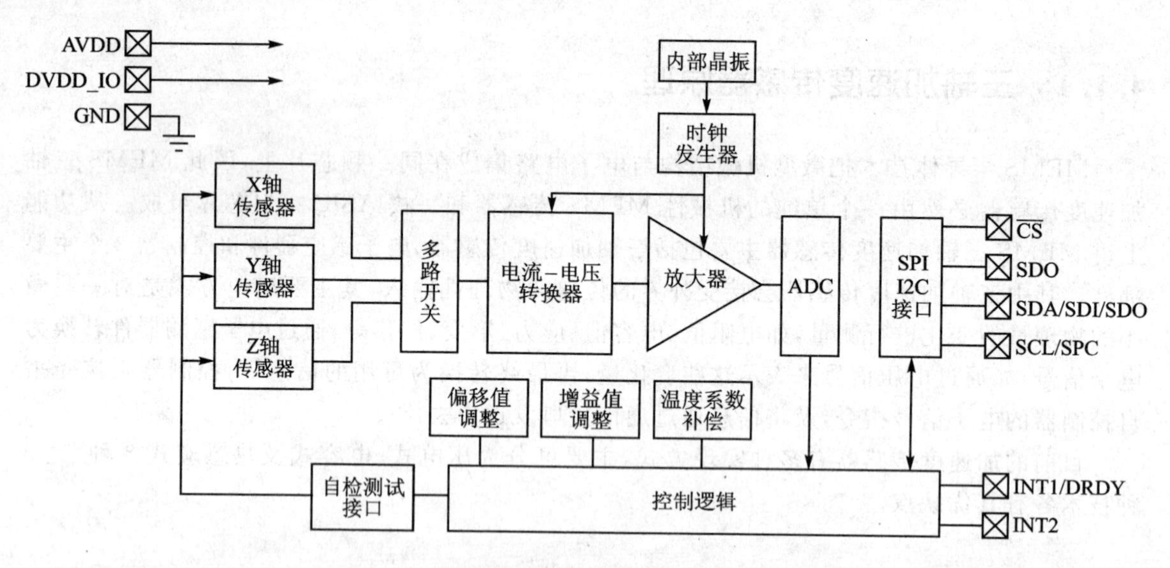

图 4-2　三轴加速度传感器 MMA7455L 功能框图

G-单元的等效电路如图 4-3 所示，它相当于在 2 个固定的电容极板中间放置 1 个可移动的极板。当有加速度作用于系统时，中间极板偏离静止位置。用中间极板偏离静止位置的距离测量加速度，中间极板与其中一个固定极板的距离增加，同时与另一个固定极板的距离减少，且距离变化值相等。

距离的变化使得 2 个极板间的电容改变，电容值的计算公式是：

$$C = Ae/D$$

其中 A 是极板的面积，D 是极板间的距离，e 是电介质常数。

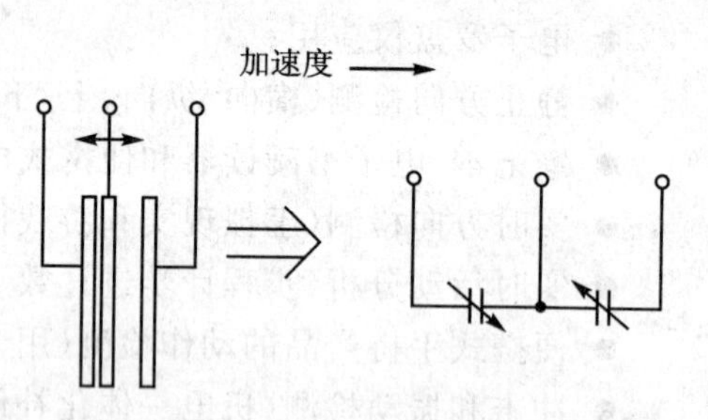

图 4-3　G单元等效电路

信号调理 ASIC 电路将 G-单元测量的 2 个电容值转换成加速度值，并使加速度与输出电压成正比。当测量完毕后在 INT1/INT2 引脚输出高电平，用户可以通过 I^2C 或 SPI 接口读取 MMA7455L 内部寄存器的值，判断运动的方向。自检单元用于保证 G-单元和加速计芯片中的电路工作正常，输出电压成比例。

4.2.1　MMA7455L 的引脚功能描述

三轴加速度传感器 MMA7455L 封装为 DFN14，其引脚排列如表 4-1 所列。

表 4-1　三轴加速度传感器 MMA7455L 引脚排列

引脚号	引脚名称	I/O	功能描述
1	DVDD_IO	I	数字部分电源
2	GND	I	电源地
3	N/C	I	未连接，浮空或连接到地
4	IADDR0	I	I^2C 地址 0 位

续表 4-1

引脚号	引脚名称	I/O	功能描述
5	GND	I	电源地
6	AVDD	I	模拟部分电源
7	$\overline{CS}$	I	0：SPI 接口使能； 1：I^2C 接口使能
8	INT1/DRDY	O	中断1，数据就绪
9	INT2	O	中断2
10	N/C	I	未连接，浮空或连接到地
11	N/C	I	未连接，浮空或连接到地
12	SDO	O	SPI 串行接口数据输出
13	SDA/SDI/SDO	I/O	I^2C 接口的 SDA 引脚，SPI 接口的 SDI 引脚，3 线接口的 SDO 引脚
14	SCL/SPC	I	I^2C 接口的 SCL 时钟引脚，SPI 接口的 CLK 串行时钟引脚

4.2.2　MMA7455L 的工作模式及相关寄存器功能配置

MMA7455L 加速度传感器的自检功能、G-选择功能以及 4 个工作模式的配置都是通过模式控制寄存器（$16）配置的，其寄存器位功能定义详见表 4-2 所列，本节也就 4 种工作模式的主要寄存器设置做简单介绍。

1. 自检功能

MMA7455L 加速度传感器提供了自检功能，可在任意时间内用来校验加速度计的机械和电气部件完整性。该功能可用于硬盘驱动器保护系统，确保产品的生命周期。

自检功能的操作是通过访问模式控制寄存器（$16）的位"self-test"，产生静电，强制每个轴产生偏转。Z 轴调整可偏转 1g。自检程序确保加速度计的机械（G-单元）和电子部件功能正常运行。

2. G-选择功能

G-选择（g-Select）功能即加速度测量灵敏度选择功能，用于使能 3 个轴加速度测量范围的选择。也是通过模式控制寄存器（$16）位 GLVL[1:0]（寄存器位 GLVL 值定义详见表 4-3 所列）控制 2g，4g，8g 的加速度测量灵敏度。

表 4-2　模式控制寄存器（$16）位功能定义

D7	D6	D5	D4	D3	D2	D1	D0	位
—	DRPD	SPI3W	STON	GLVL[1]	GLVL[0]	MODE[1]	MODE[0]	功能
0	0	0	0	0	0	0	0	默认值

3. 待机模式的寄存器配置

三轴加速度传感器 MMA7455L 有 4 种工作模式，其工作模式由模式控制寄存器（$16）

位 MODE[1:0]控制，如表 4-4 所列。

表 4-3　寄存器位 GLVL[1:0]值定义

GLVL[1:0]	加速度 g 范围	灵敏度
00	8g	16 LSB/g
01	2g	64 LSB/g
10	4g	32 LSB/g
11	—	—

表 4-4　MMA7455L 的工作模式

MODE[1:0]	工作模式
00	待机模式
01	测量模式
10	级别检测模式
11	脉冲检测模式

MMA7455L 加速度传感器为适应电池供电产品的应用提供了待机模式，当进入待机模式时，传感器的关闭输出，相关电流消耗部件都被关闭，其工作电流显著下降，可通过 I^2C/SPI 接口读/写寄存器，但不能够执行新的测量。

4. 测量模式的寄存器配置

当进入测量模式时，所有的 3 个轴连续测量被使能，可以读取 XYZ 测量值。脉冲和阀值中断则在该模式下无效。2g,4g,8g 加速度选择用 8 位数据表示，或 8g 加速度选择用 10 位数据表示。

测量模式下，当采样率是 125 Hz 时，选择 62.5 Hz 滤波器；当采样率是 250 Hz 时，选择 125 Hz 滤波器。

当所有 3 个轴的测量完成后，一个逻辑高电平输出至 DRDY 引脚，指示"测量数据就绪"，DRDY 引脚一直保持高电平直到 3 个输出值寄存器当中任意一个被读出，DRDY 状态可通过状态寄存器($09)位 DRDY 监控。如果前一个数据被读取之前下一个测量数据被写入，则状态寄存器的位 DOVR 被设置。默认状态下，所有的 3 个轴都被使能，也可将 X、Y 或 Z 轴禁止。

注：状态寄存器位 DOVR 仅用于测量模式，其他 3 种模式不可用。

5. 级别检测模式的寄存器配置

在级别检测模式时，用户仅可用级别中断访问 XYZ 测量数据。级别检测机制没有关联定时器，一旦达到了设定的加速度级别，中断引脚将变为高电平，并保持高电平直到中断引脚被清除(详见分配、清除、检测中断介绍)。

默认状态下，所有的 3 个轴都被使能，且检测范围为 8g，也可将 X、Y 或 Z 轴禁止。

(1) 控制寄存器 1($18)设置检测 XYZ 轴

该寄存器容许用户定义检测多少个轴。默认状态下所有的 3 个轴都被使能，也可通过写'1'来禁止。控制寄存器 1($18)位功能定义如表 4-5 所列，控制寄存器 1($18)配置检测 XYZ 轴相关位功能描述如表 4-6 所列。

表 4-5　控制寄存器($18)位功能定义

D7	D6	D5	D4	D3	D2	D1	D0	位
DFBW	THOPT	ZDA	YDA	XDA	INTREG[1]	INTREG[0]	INTPIN	功能
0	0	0	0	0	0	0	0	默认值

表 4-6　控制寄存器 1($ 18)配置检测 XYZ 轴相关位功能描述

寄存器 $ 18	位	功能描述	默认值
ZDA	5	写'1'来禁止 Z 轴,默认值'0'使能 Z 轴	0
YDA	4	写'1'来禁止 Y 轴,默认值'0'使能 Y 轴	0
XDA	3	写'1'来禁止 X 轴,默认值'0'使能 X 轴	0

(2) 控制寄存器 2($ 19)设置运动检测(逻辑或条件)或自由落体检测(逻辑与条件)

控制寄存器 2($ 19)位"LDPL"可用于配置运动检测的逻辑与条件及自由落体检测的逻辑与条件。控制寄存器 2($ 19)位功能定义如表 4-7 所列,位"LDPL"相关设置功能描述如表 4-8 所列。

表 4-7　控制寄存器 2($ 19)位功能定义

D7	D6	D5	D4	D3	D2	D1	D0	位
—	—	—	—	—	DRVO	PDPL	LDPL	功能
0	0	0	0	0	0	0	0	默认值

表 4-8　位"LDPL"相关设置功能描述

寄存器 $ 19	位	功能描述	默认值
LDPL	0	0:级别检测极性为正极性,检测条件是所有 3 轴逻辑或 X 或 Y 或 Z>阈值 |X|或|Y|或|Z|>阈值 1:级别检测极性为负极性,检测条件是所有 3 轴逻辑与 X 与 Y 与 Z<阈值 |X|与|Y|与|Z|<阈值	0

(3) 控制寄存器 1($ 18)设置阀值为整数或绝对值

控制寄存器 1($ 18)的位"THOPT"用于设置阀值是绝对值,或是基于正负阀值,控制寄存器 1($ 18)的位"THOPT"功能描述如表 4-9 所列。

表 4-9　控制寄存器 1($ 18)的位"THOPT"设置功能描述

寄存器 $ 18	位	功能描述	默认值
THOPT	6	0:阀值的绝对值,即无符号数值; 1:阀值的正负值 ,即有符号数值	0

(4) 级别检测阀限值设置

级别检测阀限值寄存器($ 1A)位功能定义如表 4-10 所列。

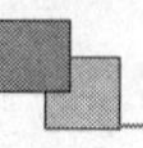

表 4-10　级别检测阀限值设置($1A)位功能定义

D7	D6	D5	D4	D3	D2	D1	D0	位
LDTH[7]	LDTH[6]	LDTH[5]	LDTH[4]	LDTH[3]	LDTH[2]	LDTH[1]	LDTH[0]	功能
0	0	0	0	0	0	0	0	默认值

LDTH[7:0]:级别检测阀值的数值,如控制寄存器 1($18)的位 THOPT=0,它是无符号 7 位数值,且 LDTH[7]须为 0;如 THOPT=1,它是有符号的 8 位数值。

6. 脉冲检测模式的寄存器配置

在脉冲检测模式下,包括测量、级别检测、脉冲检测模式所有的功能都可以激活。2 个中断引脚可用于级别检测和脉冲检测。可以检测单脉冲或双脉冲,也可以检测自由落体。

默认状态下,所有的 3 个轴都被使能,且检测范围为 8g,也可将 X、Y 或 Z 轴禁止。

(1) 控制寄存器 1($18)脉冲检测模式禁止 XYZ 轴

脉冲检测模式下,设置控制寄存器 1($18)禁止 XYZ 轴。通过向 ZDA、YDA、XDA 位写“1”来禁止,与级别检测模式下配置相同(见上表 4-6)。

(2) 控制寄存器 2($19)设置运动检测(逻辑或条件)或自由落体检测(逻辑与条件)

控制寄存器 2($19)位“PDPL”可用于配置运动检测的逻辑或条件及自由落体检测的逻辑与条件。“PDPL”位相关配置功能描述如表 4-11 所列。

表 4-11　位“PDPL”设置功能描述

寄存器$19	位	功能描述	默认值
PDPL	1	0:级别检测极性为正极性,检测条件是所有 3 轴逻辑或 X 或 Y 或 Z>阀值 |X|或|Y|或|Z|>阀值 1:级别检测极性为负极性,检测条件是所有 3 轴逻辑与 X 与 Y 与 Z<阀值 |X|与|Y|与|Z|<阀值	0

7. 分配,清除,检测中断相关寄存器配置

本小节主要介绍分配,清除,检测中断相关寄存器功能设置。

(1) 分配中断引脚

中断引脚的分配由控制寄存器 1($18)位 INTREG[1:0]设置,位 INTREG[1:0]与中断引脚组合有 3 种状态,其组合状态功能描述如表 4-12 所列。

表 4-12　组合状态功能描述

INTREG[1:0]	寄存器位“INT1”	寄存器位“INT2”
00	级别检测	脉冲检测
01	脉冲检测	级别检测
10	单脉冲检测	单脉冲或双脉冲检测

位 INTREG[1:0]相关设定值含义如下。

- 00:INT1 检测级别,INT2 检测脉冲;
- 01:INT1 检测脉冲,INT2 检测级别;
- 10:INT1、INT2 检测单脉冲,或当延时时间>0 时,INT2 仅检测双脉冲。

(2) 清除中断引脚

清除中断引脚由中断锁存复位寄存器($17)设置,其寄存器位功能定义如表 4-13 所列,相关位功能描述如表 4-14 所列。

表 4-13　中断锁存复位寄存器($17)位功能定义

D7	D6	D5	D4	D3	D2	D1	D0	位
—	—	—	—	—	—	CLR_INT2	CLR_INT1	功能
0	0	0	0	0	0	0	0	默认值

表 4-14　中断锁存复位寄存器($17)相关位设置功能描述

寄存器$17	位	功能描述	默认值
CLR_INT2	1	1:清除 INT2; 0:不清除 INT2	0
CLR_INT1	0	1:清除 INT1; 0:不清除 INT1	0

(3) 检测中断

检测中断状态通过检测源寄存器($0A)监控,它是个只读寄存器。检测源寄存器($0A)位功能定义如表 4-15 所列,相关位功能描述如表 4-16 所列。

表 4-15　检测源寄存器($0A)位功能定义

D7	D6	D5	D4	D3	D2	D1	D0	位
LDX	LDY	LDZ	PDX	PDY	PDZ	INT2	INT1	功能

表 4-16　检测源寄存器($0A)相关位功能描述

寄存器$17	位	功能描述	默认值
LDX	7	1:在 X 轴检测到级别检测事件; 0:在 X 轴未检测到级别检测事件	0
LDY	6	1:在 Y 轴检测到级别检测事件; 0:在 Y 轴未检测到级别检测事件	0
LDZ	5	1:在 Z 轴检测到级别检测事件; 0:在 Z 轴未检测到级别检测事件	0
PDX	4	1:在 X 轴检测到第一个脉冲; 0:在 X 轴未检测到第一个脉冲	0
PDY	3	1:在 Y 轴检测到第一个脉冲; 0:在 Y 轴未检测到第一个脉冲	0
PDZ	2	1:在 Z 轴检测到第一个脉冲; 0:在 Z 轴未检测到第一个脉冲	0

续表 4-16

寄存器＄17	位	功能描述	默认值
INT2	1	1:检测到控制寄存器 1(＄18)位 INTREG[1:0]中断分配; 0:未检测到控制寄存器 1(＄18)位 INTREG[1:0]中断分配	0
INT1	0	1:检测到控制寄存器 1(＄18)位 INTREG[1:0]中断分配; 0:未检测到控制寄存器 1(＄18)位 INTREG[1:0]中断分配	0

MMA7455L 三轴加速度传感器相关寄存器由地址＄00～＄1F 分配，限于篇幅部分省略介绍，请读者参考 MMA7455L 相关文献。

4.2.3 数字通信接口

三轴加速度传感器 MMA7455L 支持 I^2C 接口和 SPI 接口，用户直接通过 I^2C 或 SPI 接口与 MMA7455L 通信，读取 MMA7455L 内部寄存器的值(即测量的结果)。$\overline{CS}$用于选择通信接口模式，当$\overline{CS}$为低电平时，选择 SPI 接口，当$\overline{CS}$为高电平时，则选择 I^2C 接口。

1. I^2C 接口及时序

当设备地址为＄1D 时，三轴加速度传感器 MMA7455L 仅工作于从设备模式(仅支持从设备模式)，并支持多字节读/写操作，设备协议不支持高速模式、"10 位寻址"及开始字节。

(1) 单字节读

8 位(1 字节)命令在 SCL 下降沿开始传输，经过 8 个时钟周期后发送命令，注意一旦数据被接收，返回的数据将按最高有效位在前的格式发送。I^2C 接口单字节读操作时序图如图 4-4 所示。

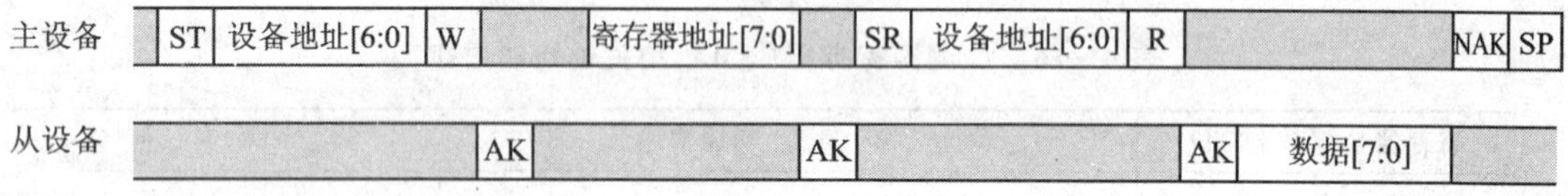

主设备 ST 设备地址[6:0] W 寄存器地址[7:0] SR 设备地址[6:0] R NAK SP

从设备 AK AK AK 数据[7:0]

注:图中字符含义如下，后续其他图中类似字符含义同。

(1)ST 表示启动条件(start condition);

(2)SP 表示停止条件(stop condition);

(3)AK 表示应答(acknowledge);

(4)NAK 表示无应答(not acknowledge)。

图 4-4 I^2C 接口单字节读操作时序图

(2) 单字节写

I^2C 接口单字节写操作时序图如图 4-5 所示。

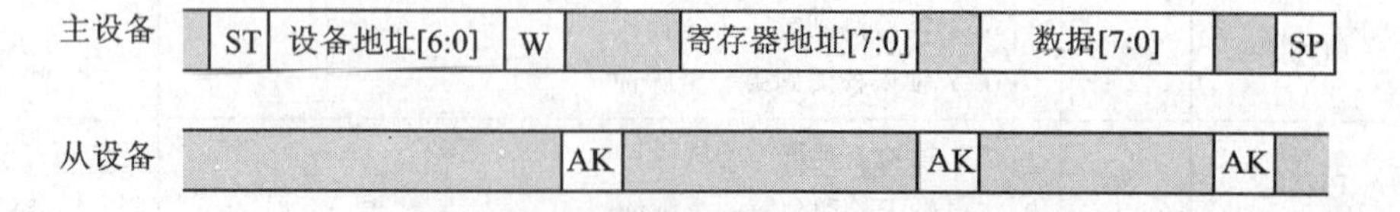

图 4-5 I^2C 接口单字节写操作时序图

(3) 多字节读

I^2C 接口多字节读操作时序图如图 4-6 所示。

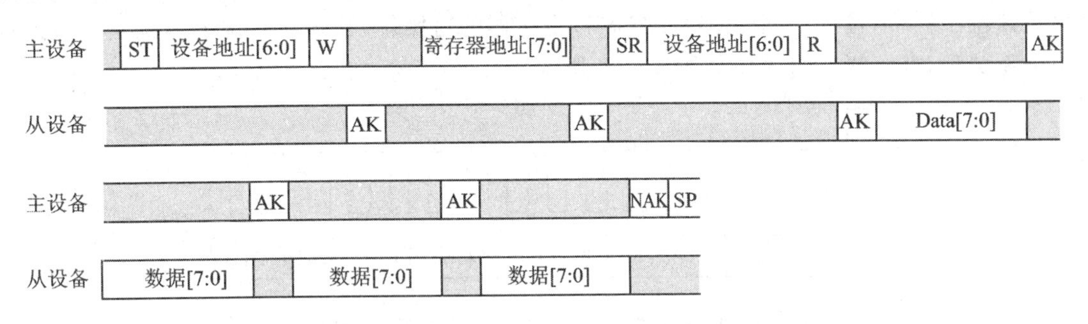

图 4-6　I^2C 接口多字节读操作时序图

(4) 多字节写

I^2C 接口多字节写操作时序图如图 4-7 所示。

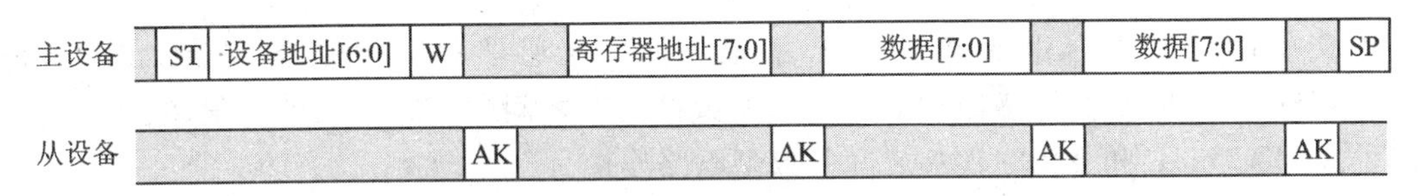

图 4-7　I^2C 接口多字节写操作时序图

2. SPI 接口及时序

SPI 接口由 2 条控制线和 2 条数据线组成：$\overline{CS}$，SPC，SDI，SDO。SDI、SDO 分别是 SPI 接口的串行数据输入输出，在 SPI 时钟的驱动，并在 SPI 时钟上升沿捕获。

在多字节读/写操作的情况下，读/写寄存器命令在 16 个时钟脉冲(或 8 的倍数)内完成。

(1) 单字节读

SPI 接口读操作由 1 位读/写、6 位地址及 1 个无关位组成。SPI 接口四线制和三线制单字节读操作时序图分别如图 4-8 和 4-9 所示。

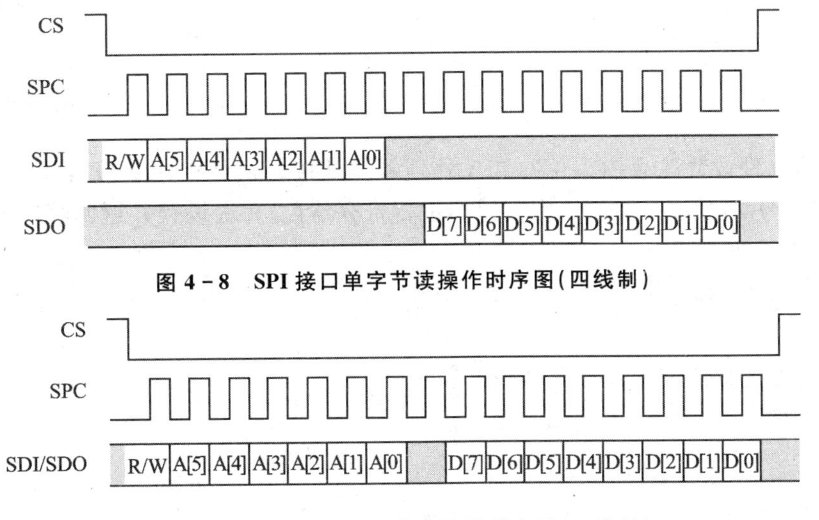

图 4-8　SPI 接口单字节读操作时序图(四线制)

图 4-9　SPI 接口单字节读操作时序图(三线制)

(2) 单字节写

为了执行写 8 位寄存器操作，需要一个由 8 位组成的命令写入到 MMA7745L，写命令用最高有效位(写＝0，读＝1)指示 MMA7745L 寄存器的写操作，紧跟在后面的分别是 6 位地址及 1 个无关位，其写操作时序图如图 4－10 所示。

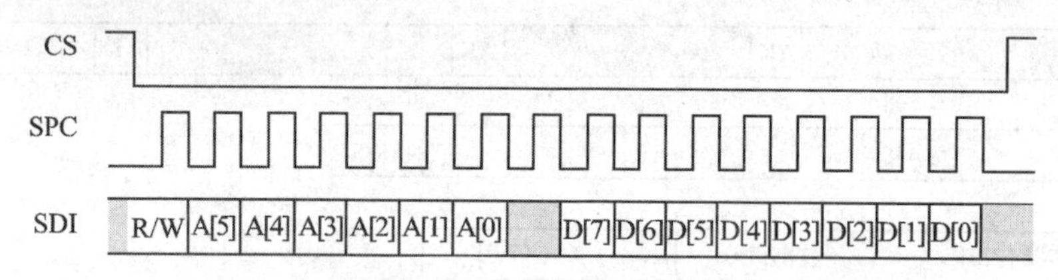

图 4－10　SPI 接口单字节写操作时序图(三线制)

4.3　硬件电路设计

本文中的测试平台由 MMA7455L 三轴加速度传感器和微控制器 S3C2440A 组成。MMA7455L 三轴加速度传感器和 S3C2440A 微控制器之间的电路连接非常简单。图 4－11 给出了 MMA7455L 和 S3C2440A 之间的典型电路连接。

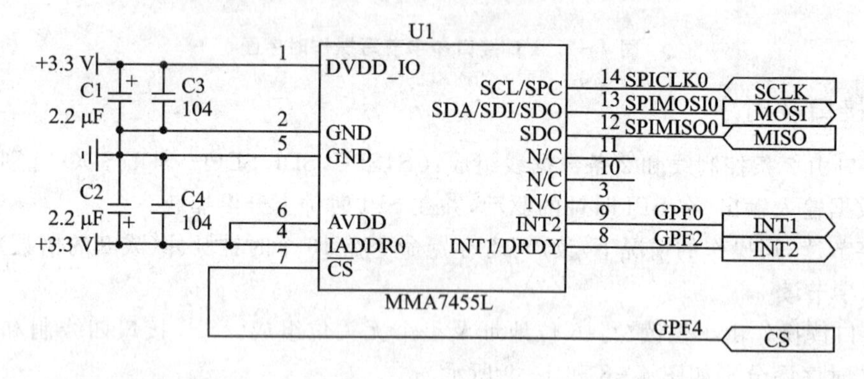

图 4－11　硬件电路原理图

4.4　软件设计

本实例的软件设计主要由 S3C2440A 处理器 SPI 接口初始化，GPIO 等端口配置，及通过 SPI 接口对 MMA7455L 三轴加速度传感器进行寄存器读/写等设置并返回数据等部分组成。

4.4.1　程序流程图

本实例的主要程序流程图如图 4－12 所示。

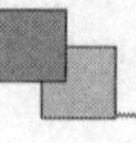

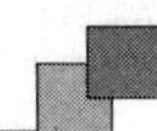

4.4.2 程序代码及注释

本实例的程序代码主要由 Main.c 和相关头文件组成，主程序代码及程序注释详见下文。

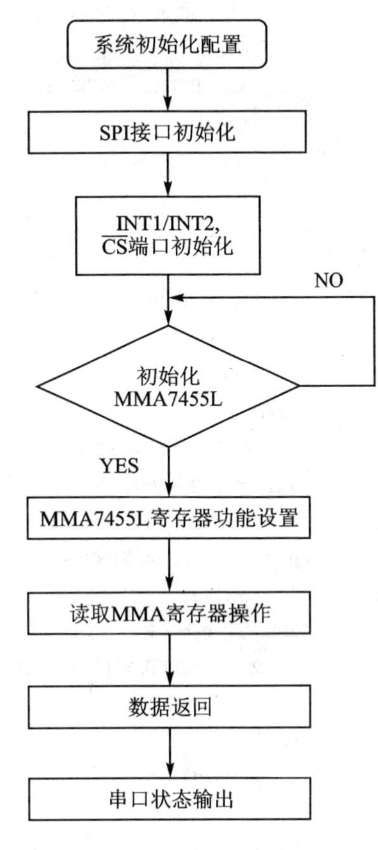

图 4-12　程序流程图

```
/***************************************
 文件名:Main.c
 功能描述:主程序
***************************************/
void SPI_Init(void);
void WriteByte_MMA7455L(U8 addr,U8 dat);
U8 ReadByte_MMA7455L(U8 addr);
//CPU 时钟
static void cal_cpu_bus_clk(void)
{
    U32 val;
    U8 m, p, s;
    val = rMPLLCON;      //MPLLCON 上电初始值为 0x00096030
    m = (val>>12)&0xff;      //结果为 0x96 = 150
    p = (val>>4)&0x3f;      //结果为 0x03 = 3
    s = val&3;                   //结果为 0
    //(m+8)*FIN*2 不要超出 32 位数!
    FCLK = ((m+8)*(FIN/100)*2)/((p+2)*(1<<s))*
100;//"1<<s"表示令 1 左移 s 位
    val = rCLKDIVN;
    m = (val>>1)&3;
    p = val&1;
    val = rCAMDIVN;
    s = val>>8;
    switch (m) {
    case 0:
        HCLK = FCLK;
        break;
    case 1:
        HCLK = FCLK>>1;
        break;
    case 2:
        if(s&2)
            HCLK = FCLK>>3;
        else
            HCLK = FCLK>>2;
        break;
    case 3:
        if(s&1)
```

```
            HCLK = FCLK/6;
        else
            HCLK = FCLK/3;
        break;
    }
    if(p)
        PCLK = HCLK>>1;
    else
        PCLK = HCLK;
    if(s&0x10)
        cpu_freq = HCLK;
    else
        cpu_freq = FCLK;
    val = rUPLLCON;
    m = (val>>12)&0xff;
    p = (val>>4)&0x3f;
    s = val&3;
    UPLL = ((m + 8) * FIN)/((p + 2) * (1<<s));
    UCLK = (rCLKDIVN&8)? (UPLL>>1):UPLL;
}
//主程序
void Main(void)
{
    U8 key,sta;
    int i;
    U32 mpll_val = 0;
    i = 2 ;
    switch ( i ) {
    case 0:     //200 MHz
        key = 12;
        mpll_val = (92<<12)|(4<<4)|(1);
        break;
    case 1:     //300 MHz
        key = 13;
        mpll_val = (67<<12)|(1<<4)|(1);
        break;
    case 2:     //400 MHz
        key = 14;
        mpll_val = (92<<12)|(1<<4)|(1);
        break;
    case 3:     //440 MHz
        key = 14;
        mpll_val = (102<<12)|(1<<4)|(1);
        break;
    default:
```

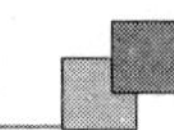

```
        key = 14;
        mpll_val = (92<<12)|(1<<4)|(1);
        break;
    }
    //rMPLLCON 赋值 0x5c011
    ChangeMPllValue((mpll_val>>12)&0xff, (mpll_val>>4)&0x3f, mpll_val&3);
    ChangeClockDivider(key, 12);            //key = 14
    cal_cpu_bus_clk();
    Port_Init();                            //IO 端口初始化
    SPI_Init();                             //SPI 初始化
    MMA7455L_INIT();                        //MMA7455L 初始化
    Uart_Init();                            //串口初始化
    Uart_Select(0);
    Delay(5); //延时 10 ms 让 IIC 和 SPI 准备就绪
    Uart_Printf("CLKCON = %x!",rCLKCON);
    Uart_Printf("开始发送数据! \n\n");
    //对 MMA7455L 的 0x16 寄存器写配置数据 0x05
    WriteByte_MMA7455L(0x16,0x05);
    //读回 0x16 寄存器的配置值,判断 SPI 通信是否成功.
    sta = ReadByte_MMA7455L(0x16);
    Uart_Printf("sta = 0x%x",sta);
    while(1)
    {

    }
}
//MMA7455L 寄存器配置写操作
void WriteByte_MMA7455L(U8 addr,U8 dat)
{
    int n;
    //片选 CS 置低,使能 MMA7455 为 SPI 模式
    rGPFDAT &= 0xef;
    Delay(1);
    Uart_Printf("SPI 状态寄存器的数据为 0x%x! \n",rSPSTA0);
    while(! (rSPSTA0&0x01 == 0x01)) ;
    //高位置 1 写操作
    rSPTDAT0 = 0x80|((addr & 0x3f)<<1);
    Uart_Printf("SPI 状态寄存器的数据为 0x%x! \n",rSPSTA0);
    Uart_Printf("写操作地址发送成功! \n");
    for(n = 0;n<20;n++);
    Uart_Printf("SPI 状态寄存器的数据为 0x%x! \n",rSPSTA0);
    while(! (rSPSTA0&0x01 == 0x01)) ;
    rSPTDAT0 = dat;  //写数据
    Uart_Printf("SPI 状态寄存器的数据为 0x%x! \n",rSPSTA0);
    Uart_Printf("写操作数据发送成功! \n");
```

```
        for(n = 0;n<20;n++);
        //片选 CS 置高电平,结束 SPI 通信
        rGPFDAT |= 0xff;
        Delay(1);
    }
    //读 MMA7455L 数据
    U8 ReadByte_MMA7455L(U8 addr)
    {
        int n;
        U8 Re_Dat;
        //片选 CS 置低电平,使能 MMA7455L 为 SPI 模式
        rGPFDAT &= 0xef;
        Delay(1);
        Uart_Printf("SPI 状态寄存器的数据为 0x%x! \n",rSPSTA0);
        while(! (rSPSTA0&0x01 == 0x01)) ;
        //读操作高位清 0
        rSPTDAT0 = (addr & 0x3f)<<1;
        Uart_Printf("SPI 状态寄存器的数据为 0x%x! \n",rSPSTA0);
        Uart_Printf("读操作地址发送成功! \n");
        for(n = 0;n<20;n++);
        Uart_Printf("SPI 状态寄存器的数据为 0x%x! \n",rSPSTA0);
        while(! (rSPSTA0&0x01 == 0x01));
        Re_Dat = rSPRDAT0;
        Uart_Printf("SPI 状态寄存器的数据为 0x%x! \n",rSPSTA0);
        for(n = 0;n<20;n++);
        //片选 CS 置高电平,结束 SPI 通信
        rGPFDAT |= 0xff;
        Delay(1);
        //返回读取数据
        return Re_Dat;
    }
    //MMA7455L 初始化
    void MMA7455L_INIT(void )
    {
        SPI_WriteREG(0x16,0x05);//级别模式
        delay_nus(10);
        SPI_WriteREG(0x18,0x20);
        delay_nus(10);
        SPI_WriteREG(0x19,0x00);
        delay_nus(10);
        SPI_WriteREG(0x1a,0x00);
        delay_nus(10);
    }
    //SPI 初始化
    void SPI_Init(void)
```

```
{
    //激活时钟控制器的 SPI 位
    rCLKCON |= 1 <<18;
    rSPCON0 = (0<<6)|(0<<5)|(1<<4)|(1<<3)|(0<<2)|(0<<1)|1;
    //查询模式;SCK 使能;主机模式;时钟低电平有效;格式 A;普通模式;
    //SPI 波特率为 50 MHz/2/(24 + 1) = 1 MHz
    rSPPRE0 = 24;
}
```

4.5 实例总结

本章首先介绍了三轴加速度传感器 MMA7455L 的原理和特点，然后通过一个简单的实例应用实现三轴加速度数据读写操作。该实例通过 S3C2440A 处理器的 SPI 接口对 MMA7455L 三轴加速度传感器进行操作，在部分较低速率应用场合，也可以使用 I^2C 接口进行操作。

本实例软件设计的重点主要有两点：

① S3C2440A 处理器 SPI 接口初始化及配置；

② MMA7455L 三轴加速度传感器寄存器相关配置。

熟练掌握如上两点后，即可将 MMA7455L 三轴加速度传感器应用于实际设计方案。

第 5 章

基于 CAN 总线的电梯控制系统应用

电梯在人们的日常生活中发挥着越来越重要的作用。随着高层建筑和智能建筑逐渐大量涌现，现代电梯控制系统功能不断增加以及电梯智能化、安全性不断提高，传统的继电器控制、PLC 控制、单片机控制已经越来越不能适应现代电梯控制系统发展的需要。在电梯控制系统中采用 32 位的嵌入式系统已经成为电梯发展的必然趋势。本章以基于 CAN 总线的分布式智能电梯控制系统为背景，讲述基于 CAN 总线协议的电梯控制系统及其在 Linux 嵌入式操作系统下应用设计。

5.1 CAN 总线及 CAN 总线协议概述

CAN 最初出现在 20 世纪 80 年代末的汽车工业中，由德国 Bosch 公司最先提出。当时，由于消费者对于汽车功能的要求越来越多，而这些功能的实现大多是基于电子操作的，这就使得电子装置之间的通讯越来越复杂，同时意味着需要更多的连接信号线。提出 CAN 总线的最初动机就是为了解决现代汽车中庞大的电子控制装置之间的通讯，减少不断增加的信号线，比如在车载各电子控制装置、发动机管理系统、变速箱控制器、仪表装备、电子主控系统中之间交换信息。于是，他们设计了一个单一的网络总线，所有的外围器件可以被挂接在该总线上(如图 5-1 所示)。

1993 年，CAN 已成为国际标准 ISO11898(高速应用)和 ISO11519(低速应用)。从此，CAN 总线协议作为一种技术先进、可靠性高、功能完善、成本合理的远程网络通讯控制方式，已被广泛应用到各个自动化控制系统中。从高速的网络到低价位的多路接线都可以使用 CAN 总线。例如，在汽车电子、自动控制、智能大厦、电力系统、安防监控等各领域，CAN 总线都具有不可比拟的优越性。

5.1.1 CAN 总线简介

CAN 总线，全称为“Controller Area Network”，即控制器局域网，是国际上应用最广泛的现场总线之一。

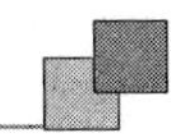

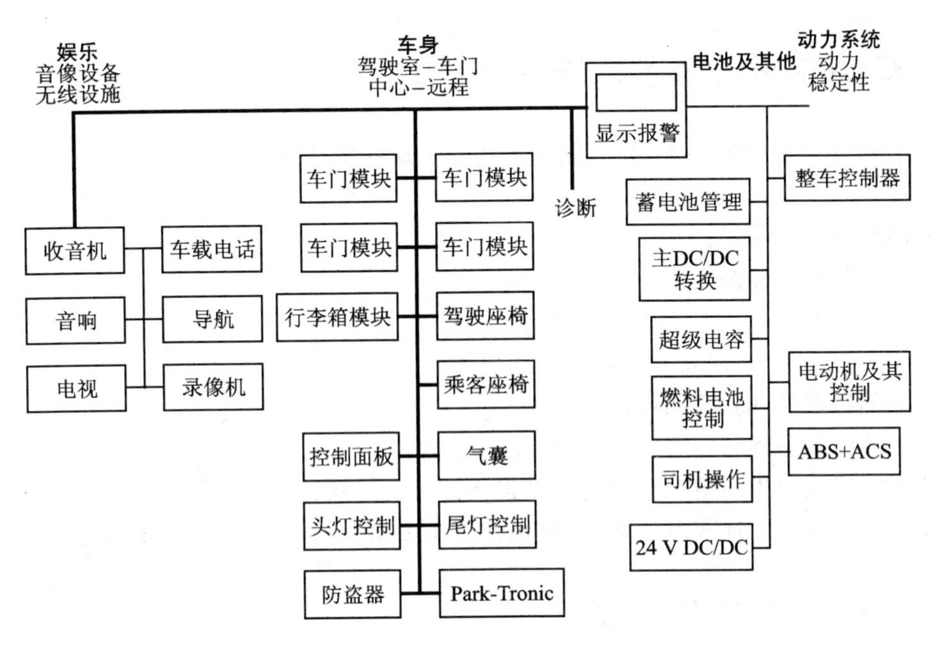

图5-1 汽车内部CAN互连网络示意图

一个由CAN总线构成的单一网络中，理论上可以挂接无数个节点。实际应用中，节点数目受网络硬件的电气特性所限制。例如，当使用Philips P82C250作为CAN收发器时，同一网络中允许挂接110个节点。CAN可提供高达1 Mbps的数据传输速率，这使实时控制变得非常容易。另外，硬件的错误检定特性也增强了CAN的抗电磁干扰能力。

CAN是一种多主方式的串行通讯总线，基本设计规范要求有高的位速率，高抗电磁干扰性，而且能够检测出产生的任何错误。当信号传输距离达到10 km时，CAN仍可提供高达50 kbps的数据传输速率。

CAN通讯协议主要描述设备之间的信息传递方式。CAN层的定义与开放系统互连模型(OSI)一致。每一层与另一设备上相同的那一层通讯。实际的通讯发生在每一设备上相邻的两层，而设备只通过模型物理层的物理介质互连。CAN的规范定义了模型的最下面两层：数据链路层和物理层。表5-1中列出了OSI开放式互连模型的各层。应用层协议可以由CAN用户定义成适合特别工业领域的任何方案。

表5-1 OSI开放系统互连模型

7	应用层	最高层。用户、软件、网络终端等之间用来进行信息交换。如：DeviceNet
6	表示层	将两个应用不同数据格式的系统信息转化为能共同理解的格式
5	会话层	依靠低层的通信功能来进行数据的有效传递
4	传输层	两通讯节点之间数据传输控制。操作如：数据重发，数据错误修复
3	网络层	规定了网络连接的建立、维持和拆除的协议。如：路由和寻址
2	数据链路层	规定了在介质上传输的数据位的排列和组织。如：数据校验和帧结构
1	物理层	规定通讯介质的物理特性。如：电气特性和信号交换的解释

5.1.2 CAN 总线的技术特性

CAN 具有十分优越的特点，使人们乐于选择。这些特性包括：

- 低成本；
- 极高的总线利用率；
- 很远的数据传输距离（长达 10 km）；
- 高速的数据传输速率（高达 1 Mbps）；
- 可根据报文的 ID 决定接收或屏蔽该报文；
- 可靠的错误处理和检错机制；
- 发送的信息遭到破坏后，可自动重发；
- 节点在错误严重的情况下具有自动退出总线的功能；
- 报文不包含源地址或目标地址，仅用标志符来指示功能信息、优先级信息。

5.1.3 CAN 的位仲裁技术

CAN 的非破坏性位仲裁技术与一般的仲裁技术不同。在一般的仲裁技术中，当两个或两个以上的单元同时开始传送报文，会产生总线访问冲突时，所有报文都会避让等待，直到探测到总线处于空闲状态，才会把报文传输到总线上。这种机制会造成总线上机时的浪费，会使实时性大大降低。有时会造成重要信息被延误。

CAN 总线使用的是“载波监测，多主掌控/冲突避免”（CSMA/CA）的通信模式。只要总线空闲，任何单元都可以开始发送报文。如果两个或两个以上的单元同时开始传送报文，那么就会有总线访问冲突。通过使用的标识符逐位仲裁可以解决这个冲突。仲裁的机制确保了报文和时间均不损失。当具有相同标识符的数据帧和远程帧同时发送时，数据帧优先于远程帧。在仲裁期间，每一个发送器都对发送位的电平与被监控的总线电平进行比较。如果电平相同，则这个单元可以继续发送。如果发送的是一“隐性”（逻辑 1）电平而监视到的是一个“显性”（逻辑 0）电平，那么这个单元就失去了仲裁，必须退出发送状态。如图 5－2 所示，节点一、二在总线竞争时失去仲裁，最后的总线电平是节点三的标识符电平。

5.1.4 CAN 总线的帧格式

标准 CAN 的标志符长度是 11 位，而扩展格式 CAN 的标志符长度可达 29 位。CAN 协议的 2.0A 版本规定 CAN 控制器必须有一个 11 位的标志符。同时，在 2.0B 版本中规定，CAN 控制器的标志符长度可以是 11 位或 29 位。遵循 CAN2.0B 协议的 CAN 控制器可以发送和接收 11 位标识符的标准格式报文或 29 位标识符的扩展格式报文。如果禁止 CAN2.0B，则 CAN 控制器只能发送和接收 11 位标识符的标准格式报文，而忽略扩展格式的报文结构，但不会出现错误。

根据识别符场的长度不同 CAN 有两种不同的帧格式，具有 11 位识别符的帧为标准帧；含有 29 位识别符的帧为扩展帧。

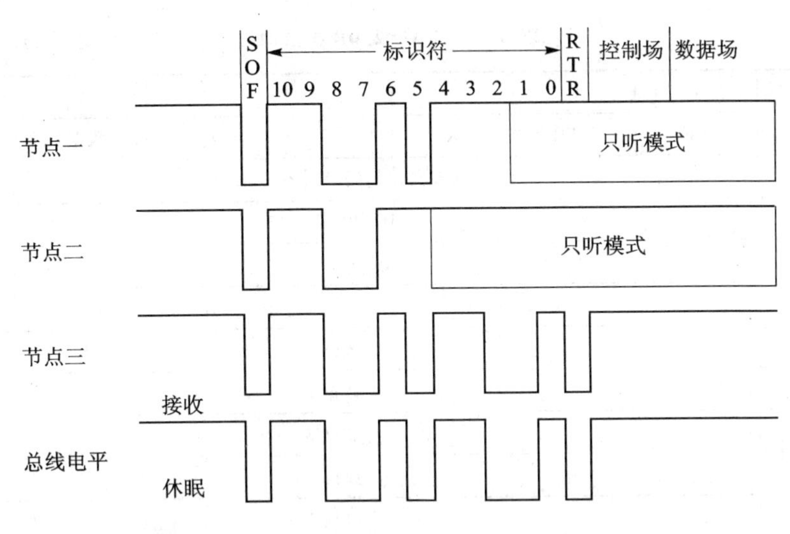

图5-2 CAN节点的信息帧在总线上的竞争情况

1. CAN2.0B 标准帧

CAN标准帧信息为11个字节，包括两部分信息和数据部分，前3个字节为信息部分，如表5-2所列。

表5-2 CAN 2.0B标准帧

字节号	7	6	5	4	3	2	1
字节1	FF	RTR	X	X	DLC(数据长度)		
字节2	(报文识别码)ID.10～ID.3						
字节3	ID.2～ID.0			RTR			
字节4	数据1						
字节5	数据2						
字节6	数据3						
字节7	数据4						
字节8	数据5						
字节9	数据6						
字节10	数据7						
字节11	数据8						

说明：

- 字节1为帧信息。第7位FF表示帧格式，在标准帧中FF0；第6位RTR表示帧的类型，RTR=0表示为数据帧，RTR=1表示为远程帧；最后3位为DLC表示在数据帧时实际的数据长度(0～8)；
- 字节2、字节3为报文识别码11位有效；
- 字节4～字节11为数据帧的实际数据，远程帧时无效。

2. CAN2.0B 扩展帧

CAN扩展帧信息为13个字节，包括两部分信息和数据部分，前5个字节为信息部分，如表5-3所列。

表 5-3 CAN 2.0B 扩展帧

字节号	7	6	5	4	3	2	1
字节 1	FF	RTR	X	X	DLC(数据长度)		
字节 2	(报文识别码)ID.28～ID.21						
字节 3	ID.20～ID.13						
字节 4	ID.12～ID.5						
字节 5	ID.4～ID.0				X	X	X
字节 6	数据 1						
字节 7	数据 2						
字节 8	数据 3						
字节 9	数据 4						
字节 10	数据 5						
字节 11	数据 6						
字节 12	数据 7						
字节 13	数据 8						

说明：

- 字节 1 为帧信息。第 7 位 FF 表示帧格式，在扩展帧中 FF 为 1；第 6 位 RTR 表示帧的类型，RTR=0 表示为数据帧；RTR=1 表示为远程帧。最后 3 位为 DLC 表示在数据帧时实际的数据长度(0～8)。
- 字节 2～字节 5 为报文识别码其高 29 位有效。
- 字节 6～字节 13 为数据帧的实际数据，远程帧时无效。

5.1.5 CAN 报文的帧类型

CAN 的报文传输由以下 4 个不同的帧类型表示和控制：

- 数据帧：数据帧将数据从一个节点的发送器传输到另一个节点的接收器；
- 远程帧：总线单元发出远程帧，请求发送具有同一识别符的数据帧；
- 错误帧：任何单元检测到总线错误就发出错误帧；
- 过载帧：过载帧(也称超载帧)用以在先行的和后续的数据帧(或远程帧)之间提供一段附加的延时。

图 5-3 所示的是 CAN 报文的帧结构(注：仅显示数据帧和过载帧)。

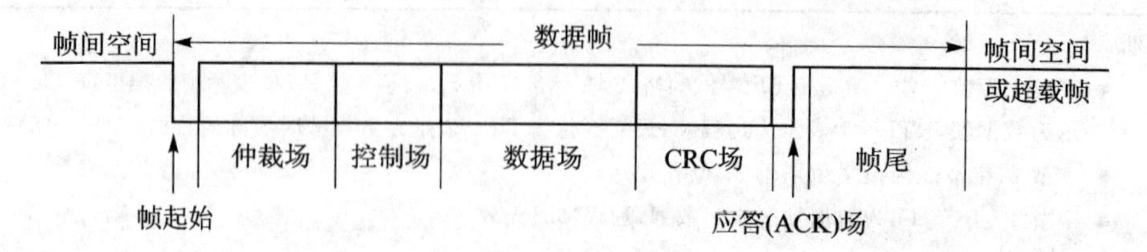

图 5-3 CAN 报文的帧结构

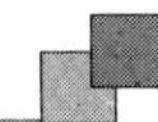

5.2　电梯控制系统介绍

电梯控制系统的控制部分由电梯主控制器、轿厢控制器、楼层控制器(多套)和群控器组成,通过CAN总线接口连接成一个完整的通讯网络,实时传输各运行参数、控制命令。设计CAN总线通讯接口是很重要的一个环节,设备的正确运行与其密切相关。

5.2.1　电梯系统的控制模型

电梯系统采用CAN总线通讯,能方便的实现分布式控制。电梯控制系统CAN网络采用总线型网拓扑结构,主干线和支线连接方式。典型的整个电梯控制系统的CAN网络拓扑结构如图5-4所示。

注意:更详细的电梯控制系统CAN网络结构的设计,请参考ISO11898-2和SAEJ2284标准中对CAN总线拓扑结构的说明。

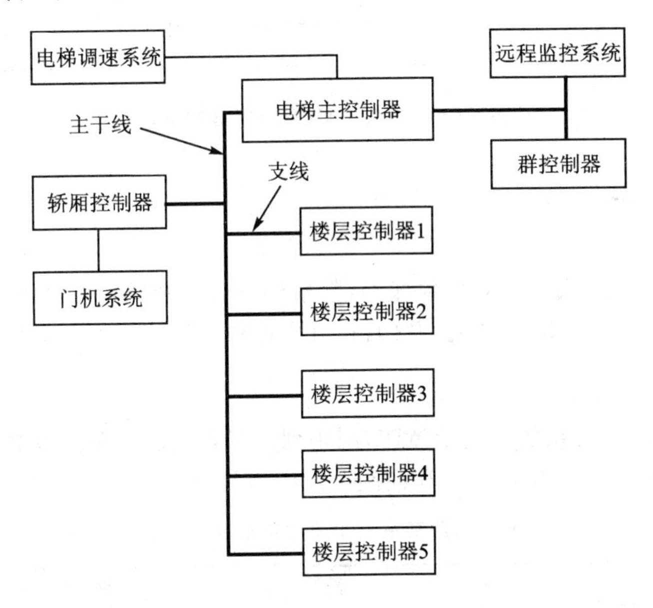

图5-4　电梯控制系统的CAN网络拓扑结构

系统有一个主控制器来负责该组电梯的运行调度,连接远程的监控系统,连接其他的电梯控制器实现群控。

轿厢有一个控制器来控制电梯门的自动开关,显示和检测等动能。

每一层楼有一个楼层控制器,来接收召唤箱的信息和显示轿厢的当前运行状态。所有楼层节点的硬软件结构相同(除了底层和顶层有点区别外)。所以制作的复杂程度简化。节点之间的信号能实现相互的信息交换和控制。节点间的交换信号和交换方向如图5-5所示。

节　点	传输方向	传输信号	传输方向	节　点
主控节点	←	行程开关1信号		楼层节点
		行程开关2信号		
		召唤信号(上下)		
		楼层显示	→	
		方向显示		
主控节点	←	目标楼层信号		轿箱节点
		关门到位信号(门关好后电梯才可以运行)		
		超重信号		
		楼层显示	→	
		方向显示		
		开门允许信号		
		自动开关门信号		

图 5-5　节点之间的信号传输方向

5.2.2　轿厢单元

轿厢是电梯运送乘客或货物的承载部件，其整体设计直接影响到电梯的性能。轿厢部分包括：厢体、轿厢门、安全钳装置、导靴、开门机（开门电机、开门机构）和轿厢控制器。

1. 轿厢操纵箱

图 5-6 为轿厢内操纵箱的控制示意图，图中列出了各个功能单元及其通讯的信号。在表 5-4 中再次列出了轿厢内各功能单元和控制单元的信号交换。

表 5-4　控制单元和功能单元的信号交换

控制单元名称	编号	端口方向	操作信号	操作对象	功能单元
轿箱控制单元	1	输出	当前楼层显示	楼层显示屏	轿内操纵箱部分
	2	输出	当前的运行方向显示	运行方向显示屏	
	3	输出	到站响铃	到站铃	
	4	输入	目标楼层信号	楼层按键	
	5	输入	开门指令	轿箱门（含层门）	
	6	输入	关门指令		
	7	输入	紧急情况指令		

续表 5-4

控制单元名称	编号	端口方向	操作信号	操作对象	功能单元
轿箱控制单元	8	输入	超重信号	重量检测	超重检测部分
	9	输出	超重响铃指示	超重警铃	
	10	输出	开门信号	开门电机	开门机构
	11	输入	关门的被夹信号		防夹检测机构
	12	输出	轿箱照明信号	轿箱灯	轿箱照明

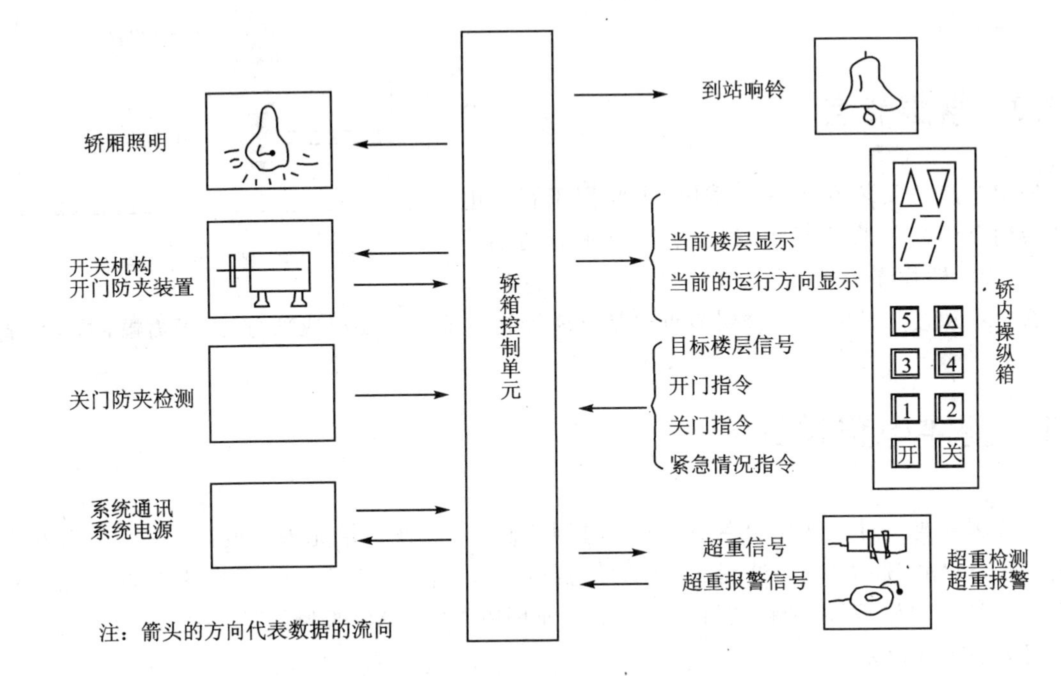

图 5-6　轿厢内操纵箱控制示意图

2. 轿厢控制单元的功能与实现

轿厢控制单元主要功能及实现简述如下：

(1) 轿厢内照明和风扇

该部分功能是通过硬件来实现两者同时开关的。

(2) 重量测试及超重报警

该功能用于一定重量的测试，并且在超重的情况下电梯保持开门状态停在当前楼层，且其他的任何动作都不起作用。重量测试是通过 DS11-2 电梯称重传感器传送开关量完成的（详见 5.3.2 中条目 4 内容）。

注意：重量测试，在此简化为超重测试，用 DS11-2 电梯称重传感器安装在轿厢底部，当过重的情况下，即得到超重信号。

(3) 开关轿厢门（并带防夹措施）

轿厢门开关的主要功能有四种：开门按钮开门，可重复开门，关门按钮提前关门及到站自动开门。

(4) 全部楼层按键

楼层按键功能通过软件实现，用来控制电梯上行，下行等功能。

(5) 到站响铃提示

到站响铃提示功能通过软件实现。

(6) 事故报警

在轿内的操纵箱里设一按钮，在紧急情况状态时，乘客可以按此按钮向电梯主控制器发送紧急信号以及通知外援人员。

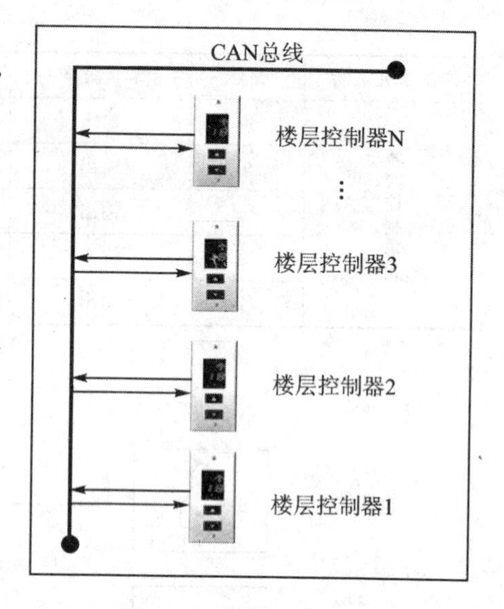

图 5-7 楼层节点示意图

5.2.3 楼层节点

楼层节点是安装在每一个楼层，主要用于召唤电梯和检测电梯当前的运行状态，楼层节点示意图如图5-7所示。楼层节点包括：层门，平层装置（行程开关），召唤箱和楼层控制器。楼层节点也是电梯控制系统的重要组成部分，限于篇幅，本实例省略介绍。

5.3 硬件电路设计

本实例主要针对电梯控制系统的轿厢控制器及CAN通信单元进行设计。嵌入式处理器采用三星公司的S3C2440A处理器。CAN总线控制器采用Philips公司的SJA1000，它支持CAN2.0 A、B协议，可用于移动目标和一般工业环境中的CAN控制网络，在实际应用产品中占有很大的市场比率。

CAN总线收发器使用的是PCA82C250。为了提高抗干扰能力，在CAN总线控制器SJA1000与总线收发器PCA82C250之间必须加以隔离，通常在CAN总线控制器与收发器之间采用光耦隔离。但使用光耦会增加CAN总线节点的循环延迟，信号在每个节点要从发送和接收路径通过这些器件两次，这将减少位速率给定时可使用的最大的总线长度。基于上述原因考虑，本实例选用双通道数字隔离器ADuM1201作为CAN总线隔离器。

本实例的硬件组成结构图如图5-8所示。

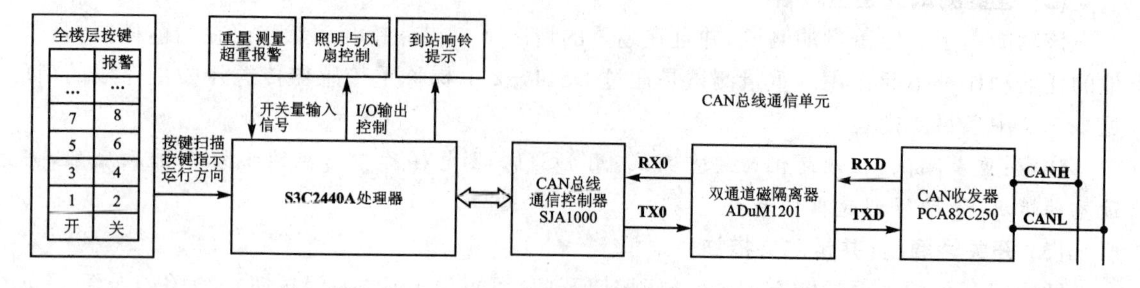

图 5-8 硬件组成结构图

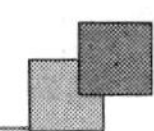

5.3.1　主要器件说明

本实例涉及的硬件器件较多，主要包括SJA1000 CAN总线通信控制器、PCA82C250 CAN总线收发器、双通道磁隔离器ADuM1201以及电梯称重传感器。本节将对这些器件作简单介绍。

1. SJA1000

SJA1000是一种独立CAN总线通信控制器，用于移动目标和一般工业环境中的CAN总线网络控制。它是Philips半导体PCA82C200控制器(BasicCAN)的替代产品，而且它增加了一种新的工作模式(PeliCAN)，该模式支持CAN 2.0B协议。

(1) SJA1000芯片功能概述

SJA1000是Philips半导体公司生产的独立CAN总线控制器。它的功能框图如图5-9所示。

SJA1000 CAN总线通信控制器的主要结构及功能包括如下：

- 接口管理逻辑，用于获取现场数据；
- CAN协议模块，按CAN总线协议组建数据帧；
- 发送、接收缓存区，用于发送和接收缓存区的数据暂存和转换。

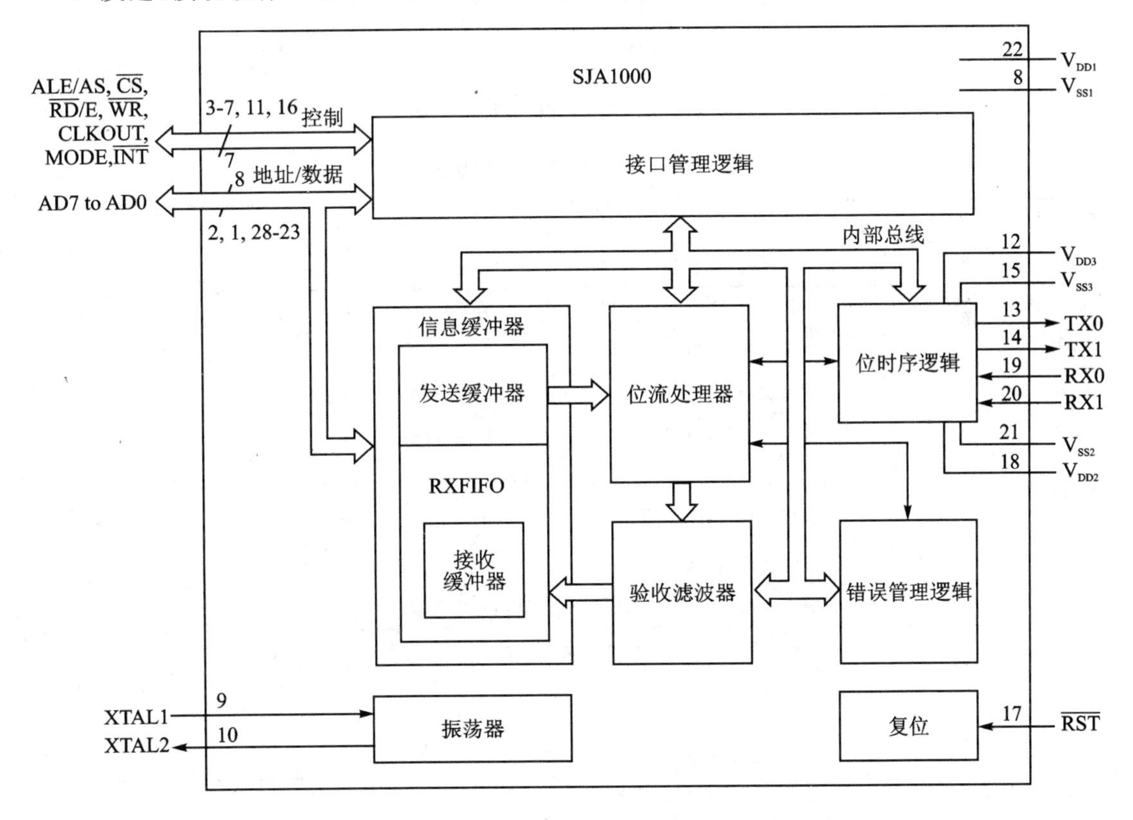

图5-9　SJA1000功能框图

(2) SJA1000 芯片引脚描述

SJA1000 CAN 总线通信控制器有 DIP28 和 SOP28 两种封装。引脚排列如图 5-10 所示,其引脚功能定义如表 5-5 所列。

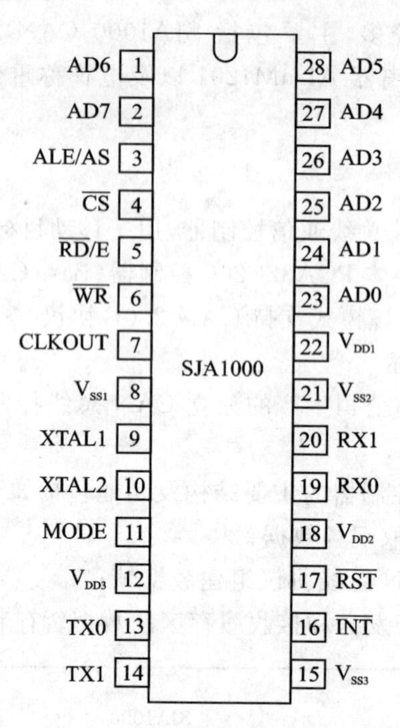

图 5-10　SJA1000 引脚排列图

表 5-5　SJA1000 引脚功能描述

符　号	管　脚	功　能
AD0-AD7	23-28,1,2	分时地址/数据复用总线
ALE/AS	3	ALE 信号(Intel 方式)或 AS 输入信号(Motorola 方式)
$\overline{CS}$	4	片选输入,低电平允许访问 SJA1000
$\overline{RD}$/E	5	微控制器的读信号(Intel 方式)或 E 信号(Motorola 方式)
$\overline{WR}$	6	微控制器的写信号(Intel 方式)或读写信号(Motorola 方式)
CLKOUT	7	SJA1000 产生的提供给微控制器的时钟输出信号,时钟信号来源于内部振荡器,且通过编程驱动时钟控制寄存器的时钟关闭位可禁止该引脚
V_{SS1}	8	逻辑电路地电位
XTAL1	9	输入到振荡器放大电路,外部振荡信号由此输入
XTAL2	10	振荡器放大器输出;使用外部振荡器信号时,此管脚必须开路
MODE	11	模式选择输入: 1=Intel 模式; 0=Motorola 模式
V_{DD3}	12	输出驱动的 5 V 电压源
TX0	13	由输出驱动器 0 至物理总线的输出端

续表 5-5

符 号	管 脚	功 能
TX1	14	由输出驱动器1至物理总线的输出端
V_{SS3}	15	输出驱动器的地电位
$\overline{INT}$	16	中断输出，用于中断微控制器。$\overline{INT}$在内部中断寄存器各位都被置位时低电平有效，$\overline{INT}$是开漏输出，且与系统中的其他$\overline{INT}$是线或的，此引脚上的低电平可以把IC从睡眠模式中激活
$\overline{RST}$	17	复位输入，用于复位CAN接口，低电平有效，把$\overline{RST}$引脚通过电容连到VSS，通过电阻连到VDD可自动上电复位例如C=1 μF；R=50 kΩ
V_{DD2}	18	输入比较器的5V电源
RX0,RX1	19,20	从物理的CAN总线输入到SJA1000的输入比较器，支配(控制)电平将会唤醒SJA1000的睡眠模式，如果RX1比RX0的电平高就读支配控制电平，反之读弱势电平，如果时钟分频寄存器的CBP位被置位就旁路CAN输入比较器，以减少内部延时，此时连有外部收发电路，这种情况下只有RX0是激活的弱势电平被认为是高，而支配电平被认为是低
V_{SS2}	21	输入比较器地电位
V_{DD1}	22	逻辑电路的5 V电源

(3) SJA1000芯片寄存器说明

SJA1000的功能配置和行为由主控制器的程序执行，因此SJA1000能满足不同属性的CAN总线系统的要求。主控制器和SJA1000之间的数据交换经过一组寄存器控制段和一个RAM报文缓冲器完成。

RAM的部分的寄存器和地址组成了发送和接收缓冲器。对于主控制器来说就象是外围器件寄存器。在本实例中单片机可以通过访问外部数据存储器的方式来读写CAN寄存器。下表中，根据SJA1000寄存器在系统的作用的不同，分组列出了这些寄存器相对地址，作用和符号，具体介绍详见表5-6所列。

表 5-6 SJA1000 Basic模式下内部寄存器分配

CAN地址	段	名 称	表示符号
0	控制	模式寄存器	CONTROL_REG
1		命令寄存器	COMMAND_REG
2		状态寄存器	STATUS_REG
3		中断寄存器	INTERRUPT_REG
4		验收代码寄存器	ACR_REG
5		验收屏蔽	AMR_REG
6		总线定时0	BTR0_REG
7		总线定时1	BTR1_REG
8		输出控制	OCR_REG
9		测试	TEST_REG

续表 5-6

CAN 地址	段	名　称	表示符号
10	发送缓冲器	识别码(10—3)	Tx_ID_0_REG
11		识别码(2—0)RTR 和 DLC	Tx_ID_1_REG
12		数据字节 1	Tx_Data_1_REG
13		数据字节 2	Tx_Data_2_REG
14		数据字节 3	Tx_Data_3_REG
15		数据字节 4	Tx_Data_4_REG
16		数据字节 5	Tx_Data_5_REG
17		数据字节 6	Tx_Data_6_REG
18		数据字节 7	Tx_Data_7_REG
19		数据字节 8	Tx_Data_8_REG
20	接收缓冲器	识别码(10—3)	Rx_ID_0_REG
21		识别码(2—0)RTR 和 DLC	Rx_ID_1_REG
22		数据字节 1	Rx_Data_1_REG
23		数据字节 2	Rx_Data_2_REG
24		数据字节 3	Rx_Data_3_REG
25		数据字节 4	Rx_Data_4_REG
26		数据字节 5	Rx_Data_5_REG
27		数据字节 6	Rx_Data_6_REG
28		数据字节 7	Rx_Data_7_REG
29		数据字节 8	Rx_Data_8_REG
31		时钟分频器	CDR_REG

注意：

〈1〉本章仅列出 Basic 模式地址，限于篇幅，有关 PeilCAN 模式的寄存器设置和信息未列出；

〈2〉有关 SJA1000 内部寄存器的详细说明和使用方法请参阅 Philips 半导体公司的 SJA1000 数据手册。

2. PCA82C250

PCA82C250 CAN 总线收发器是协议控制器和物理传输线路之间的接口，它可以用高达 1 Mbps 的位速率在两条有差动电压的总线电缆上传输数据。

(1) PCA82C250 功能概述

PCA82C250 总线收发器完成与物理介质的连接，其主要功能包括：信号电平转换，生成差分信号(隐位、显位)，防止短路，低电流待机。

PCA82C250 收发器的功能框图如图 5-11 所示。

(2) PCA82C250 芯片引脚描述

PCA82C250 总线收发器，具有 DIP8 和 SO8 两种封装尺寸，其引脚排列图如图 5-12。

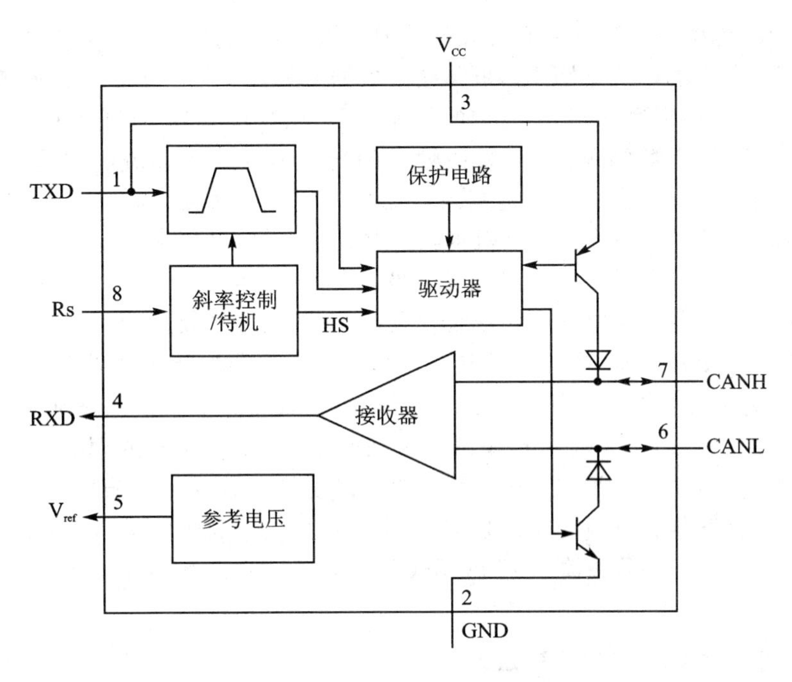

图 5-11　PCA82C250 功能框图

PCA82C250 总线收发器的引脚功能定义如表 5-7 所列。

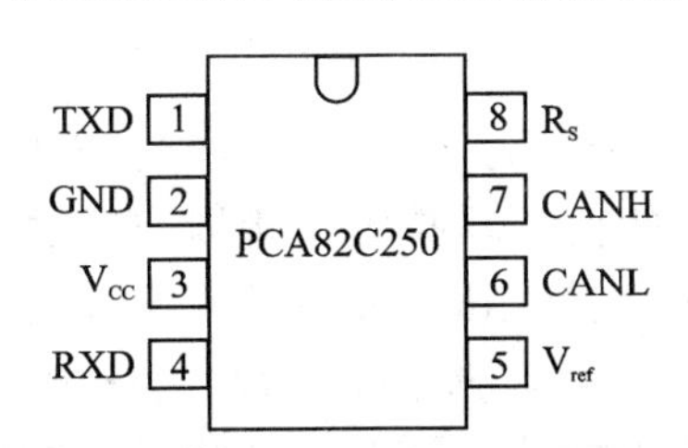

图 5-12　PCA82C250 引脚排列图

表 5-7　PCA82C250 总线收发器引脚功能描述

引　脚	符　号	功能描述
1	TXD	发送数据输入
2	GND	地
3	V_{CC}	电源电压
4	RXD	接收数据输出
5	V_{ref}	参考电压输出
6	CANL	低电平 CAN 电压输入/输出
7	CANH	高电平 CAN 电压输入/输出
8	R_S	斜率电阻输入

(3) PCA82C250 总线收发器的工作模式

PCA82C250 总线收发器共有 3 种工作模式：高速模式、斜率模式、待机模式。模式控制通过 R_S 控制引脚设置。

高速模式通常用于普通的工业应用，它支持最大的总线速度或长度，在这个模式中，适合执行最大的位速率或最大的总线长度。这种模式的总线输出信号用尽可能快的速度切换，因此一般使用屏蔽的总线电缆来防止可能的干扰。高速模式通过 $V_{Rs}<0.3\times V_{CC}$ 来选择，将 R_s 控制输入引脚直接连接到微控制器的输出端口（或者一个高电平有效的复位信号）或者接地就可以实现。

斜率控制模式，在一些须考虑系统的成本等问题而使用非屏蔽总线电缆的场合中应用。

因使用非屏蔽总线电缆，PCA82C250 总线的信号转换速度应被特意降低，转换速度可以通过连接在控制引脚 R_S 上的串连电阻 R_{ext} 来调整。根据 CAN 总线的位定时要求，转换速度下降将增加总线节点的循环延迟，因此在给定的位速率下，总线长度减少（或者说在给定的总线长度下位速率降低）。斜率控制模式中，总线输出的转换速度大致和流出引脚 R_S 的电流成比例。如果 R_S 引脚的输出电流在一定范围内，引脚 R_S 将输出大约 $0.5\times V_{CC}$ 的电压；因此可在 R_S 引脚和接地脚之间用一个适当的电阻将收发器设置成斜率控制模式。

待机模式，是在需要将系统功率消耗降到最低时使用，当 $VRs>0.75\times V_{CC}$ 时进入待机模式，该模式基本上用于电池供电的应用场合。待机模式中，发送器的功能和接收器的输入偏置网络都关断，以减少功率消耗；参考电压输出和基本的接收器功能仍然处于活动状态，但以低功耗状态工作。如果在总线上传输一个报文，系统可被重新激活。在检测到 3 μs 长的显性电平后，收发器通过 RXD 向协议控制器输出一个唤醒中断信号；在检测到 RXD 的下降沿后控制器把 R_S 引脚置为逻辑低电平，这样收发器就可以切换到普通传输模式。由于在待机模式中工作速度缓慢，收发器要回到普通接收速度，则主要取决于逻辑的延迟时间（R_S 的下降沿）。在总线速度很高的情况下，收发器在待机模式（R_S 引脚可能仍然为高电平）可能错误地接收报文。

3. CAN 总线隔离器—ADuM1201

ADuM1201 是 ADI(Analog Device，Inc)公司推出基于其专利 iCoupler 磁耦隔离技术的通用型双通道数字隔离器。

(1) ADuM1201 芯片功能概述

iCoupler 磁隔离技术（简称：磁耦）是 ADI 公司的一项专利隔离技术，是一种基于芯片尺寸的变压器隔离技术，它采用了高速 CMOS 工艺和芯片级的变压器技术。所以，在性能、功耗、体积等各方面都有传统光电隔离器件（光耦）无法比拟的优势。由于磁隔离在设计上取消了光电耦合器中影响效率的光电转换环节，因此它的功耗仅为光电耦合器的 1/6～1/10，具有比光电耦合器更高的数据传输速率、时序精度和瞬态共模抑制能力。同时也消除了光电耦合中不稳定的电流传输率，非线性传输，温度和使用寿命等方面的问题。

ADuM1201 隔离器在一个器件中提供两个独立的隔离通道。两端工作电压为 2.7 V～5.5 V，支持低电压工作并能实现电平转换。此外，ADuM1201 具有很低的脉宽失真（<3 ns）。与其他光电隔离的解决方案不同的是，ADuM1201 还具有直流校正功能，自带的刷新电路保证了即使不存在输入跳变的情况下输出状态也能与输入状态相匹配，这对于上电状态和具有低数据速率的输入波形或恒定的直流输入情况下是很重要的。ADuM1201 功能框图如图 5－13 所示。

ADuM1201 隔离器的主要应用范围包括：

- 通用型多通道数字隔离；
- SPI 接口和数字转换器隔离；
- RS－232/RS－422/RS－485 收发器隔离；
- 数字现场总线隔离；
- 混合动力电动汽车，电池监测和电机驱动器隔离。

(2) 芯片引脚描述

ADuM1201 芯片引脚分布图如图 5－14 所示。其引脚功能描述如表 5－8 所列。

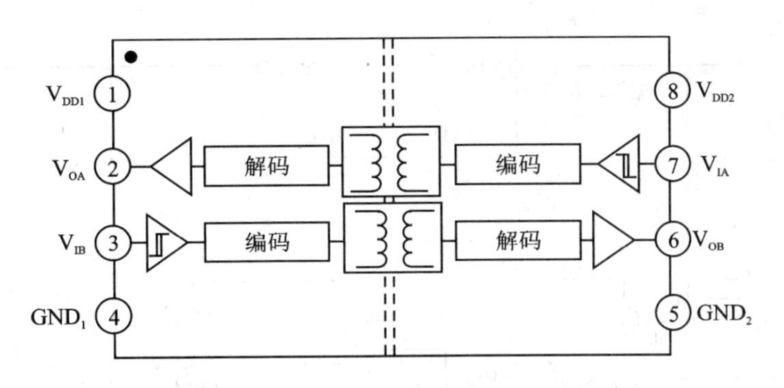

图5-13　ADuM1201隔离器功能框图

图5-14　ADuM1201隔离器引脚分布图

表5-8　ADuM1201隔离器引脚功能描述

引　脚	名　称	功能描述
1	V_{DD1}	Side1端供电电源(2.7 V～5.5 V)
2	V_{OA}	Side1逻辑输出A
3	V_{IB}	Side1逻辑输入B
4	GND_1	Side1端电源地
5	GND_2	Side2端电源地
6	V_{OB}	Side2逻辑输出B
7	V_{IA}	Side2逻辑输入A
8	V_{DD2}	Side2端供电电源(2.7 V～5.5 V)

(3) ADuM1201隔离器真值表

ADuM1201隔离器真值表如表5-9所列。

表5-9　ADuM1201隔离器真值表

V_{IA}输入	V_{IB}输入	V_{DD1}状态	V_{DD2}状态	V_{OA}输出	V_{OB}输出
高电平	高电平	有效	有效	高电平	高电平
低电平	低电平	有效	有效	低电平	低电平
高电平	低电平	有效	有效	高电平	低电平
低电平	高电平	有效	有效	低电平	高电平
×	×	无效	有效	不确定	高电平
×	×	有效	无效	高电平	不确定

(4) ADuM1201隔离器典型应用电路

ADuM1201隔离器在CAN总线中的典型应用电路如图5-15所示。

4. DS11-2电梯称重传感器

为了保证人员和货物以及电梯本身的安全，防止电梯超载运行，国家标准GB7588《电梯制造与安装安全规范》制定了严格要求。除了轿厢的有效面积要求予以限制外，还规定在轿厢超载时，电梯需要配置一个装置防止电梯正常启动及再平层。另外，电梯的一些控制功能，比

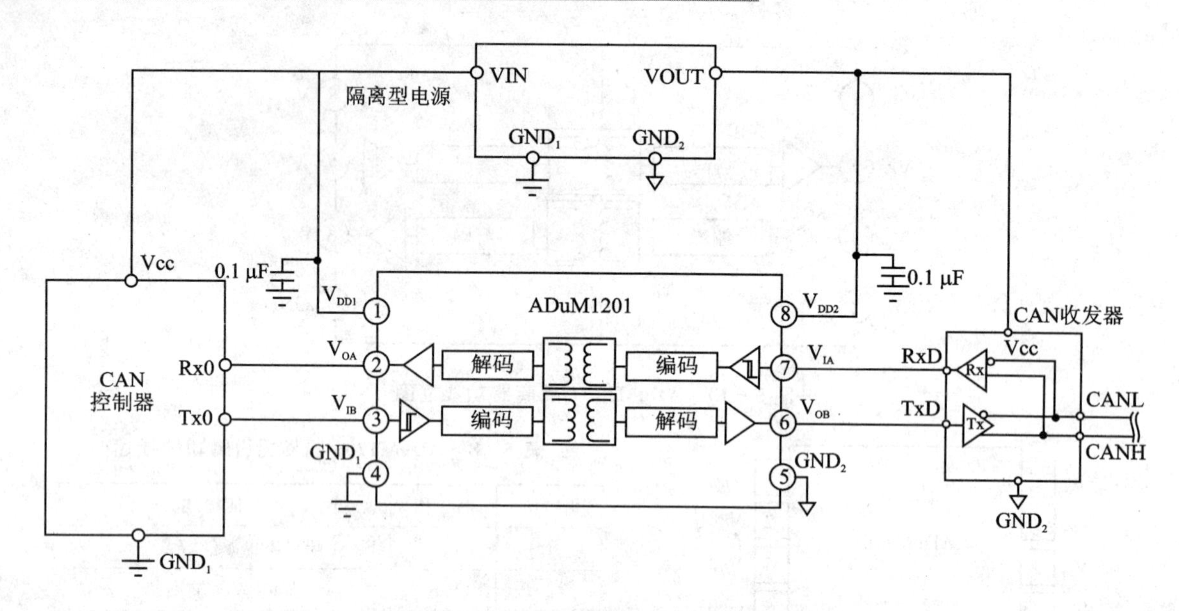

图 5-15　ADuM1201 隔离器典型应用电路

如满载直驶，防捣乱功能，也需要有一个测量电梯载荷的装置为控制系统提供电梯的载荷信号。

电梯控制系统一般需要测量装置提供轻载、满载、超载 3 个开关量信号。DS11-2 电梯称重传感器为测量电梯的载荷而使用特殊技术专门设计，能为电梯控制系统提供载荷开关量信号。性能稳定可靠，精度高，通用性强，适用于各种载荷的电梯。

(1) DS11-2 电梯称重传感器工作原理

DS11-2 电梯称重传感器和永磁磁铁(圆磁钢)配合使用，当传感器探头处的磁场强度大于一定值的时候，传感器内部的触发器翻转，霍尔开关的输出电平状态也随之翻转，指示灯点亮，输出高电平信号，反之指示灯熄灭，输出低电平信号。利用这种原理，可以做到为电梯提供轻载、满载、超载等开关信号。

(2) DS11-2 电梯称重传感器与控制器的接线方式

DS11-2 电梯称重传感器输入电压为 DC 12～30 V，为适应于不同的电梯控制系统其输出方式采用推挽输出，输出电流为 100 mA，可以和任意控制系统方便连接。DS11-2 电梯称重传感器的线路连接如图 5-16 所示。

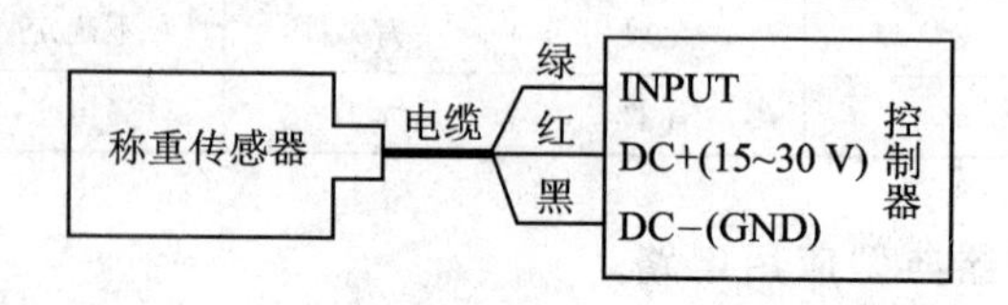

图 5-16　称重传感器与控制器线路连接图

(3) DS11-2 电梯称重传感器使用与安装

一般来说，电梯会配置多支称重传感器，这里介绍 3 支 DS11-2 电梯称重传感器的使用方法，称重传感器 3 用于提供超载信号，称重传感器 2 用于提供满载信号，称重传感器 1 用于提供轻载信号。

轻载的时候，例如，如果设定200 kg以下为轻载，在轿厢内装载200 kg载荷，调整称重传感器1的位置（调整传感器和圆磁钢之间的距离）使传感器1的指示灯刚好点亮，这样当电梯的载荷大于200 kg的时候，传感器指示灯点亮，并输出高电平信号，当电梯的载荷小于200 kg的时候，传感器指示灯熄灭，输出低电平开关信号。其他两支称重传感感的调整方法和称重传感器1相同。称重传感器的使用示意图分别如图5－17(a)、(b)、(c)所示。

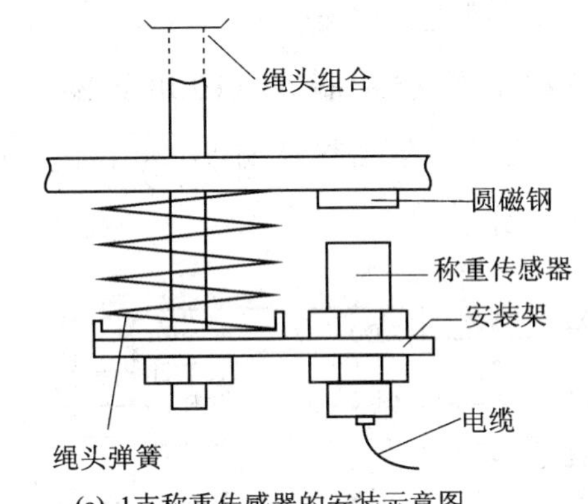

(a) 1支称重传感器的安装示意图

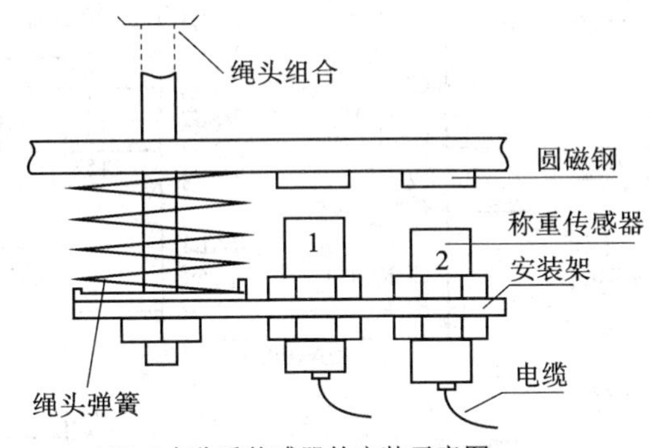

(b) 2支称重传感器的安装示意图

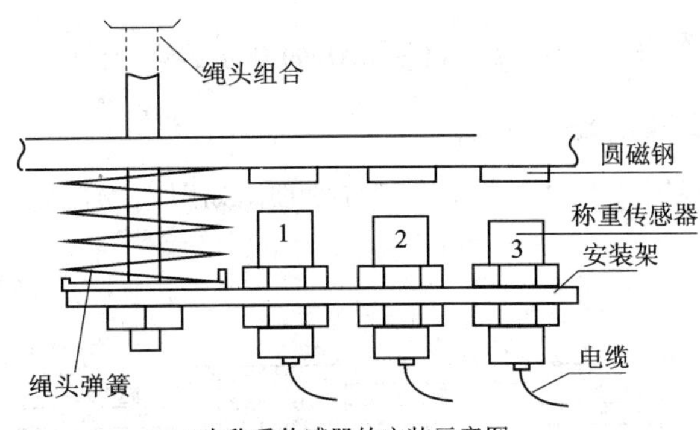

(c) 3支称重传感器的安装示意图

图5－17　称重传感器使用示意图

注意：多支传感器使用时，提供超载、满载、轻载信号的称重传感器只是和磁铁的间距不同。

5.3.2 硬件电路原理及说明

ARM9 微处理器 S3C2440A 是由 3.3 V 供电的，其各 I/O 引脚是 3.3 V 的 TTL 电平，而且可承受 5 V 的电压。CAN 总线通信控制器 SJA1000 是由 5V 供电，各个 I/O 口的电平是 5 V 的 TTL 电平，二者是兼容的，可以直接相连。

1. S3C2440A 与 CAN 总线通信控制器 SJA1000 连接示意图

处理器 S3C2440A 与 CAN 总线通信控制器 SJA1000 连接示意图如图 5－18 所示。

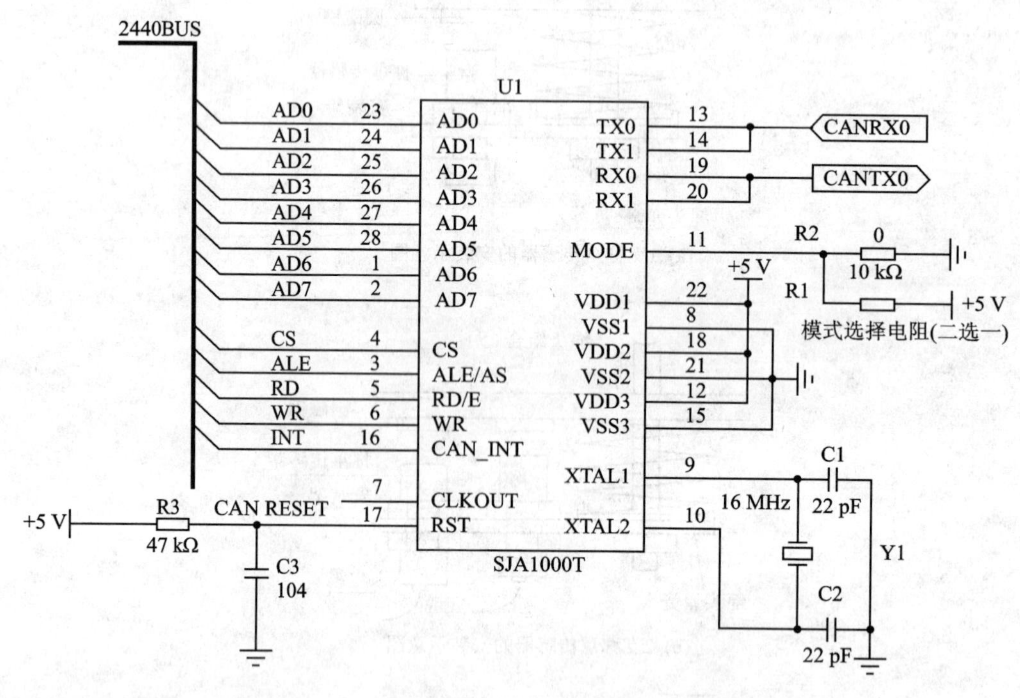

图 5－18　处理器与 SJA1000 部分硬件接线图

2. 总线收发器及隔离电路

本实例的 CAN 总线隔离及收发器部分硬件原理图如图 5－19 所示。

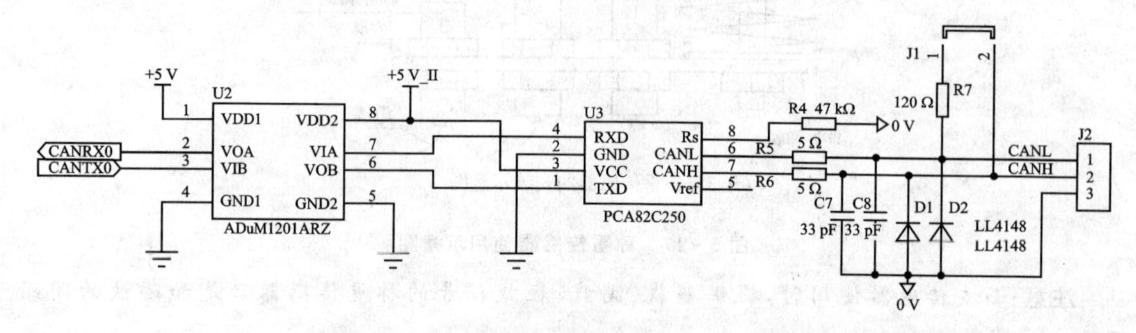

图 5－19　CAN 总线隔离及收发器部分硬件原理图

为提高抗干扰能力，避免前后级影响，隔离器与收发器之间使用了 DC－DC 直流电源隔离模块，其原理图如图 5－20 所示。

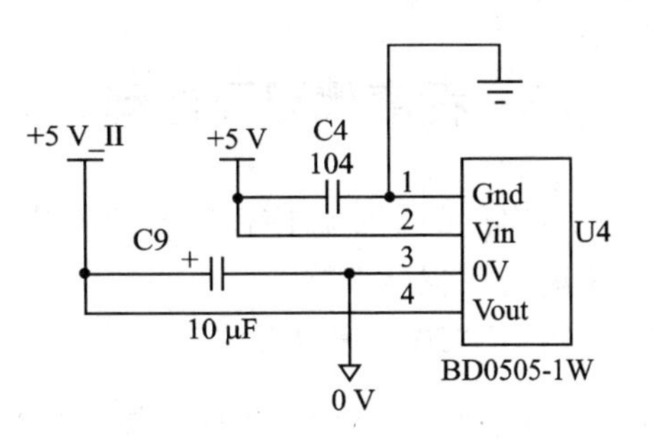

图 5－20　电源隔离模块部分原理图

3. 传感器开关参量及其他

电梯称重传感器输出的开关信号需要电平转换才能够接入给 S3C2440A 处理器外断中断引脚使用，事故报警提示及照明与风扇控制相关的硬件电路可由 S3C2440A 处理器的任意 I/O 引脚驱动控制。此处省略介绍。

5.4　软件设计

本实例的软件设计主要包括如下部分：

- SJA1000 总线通信控制器初始化、复位、寄存器配置、模式配置等程序；
- CAN 总线收发通信程序；
- 外部传感器输入的开关信号及按键输入信号相关调用程序等。

5.4.1　软件流程图

本实例软件程序主要流程图如图 5－21 所示。

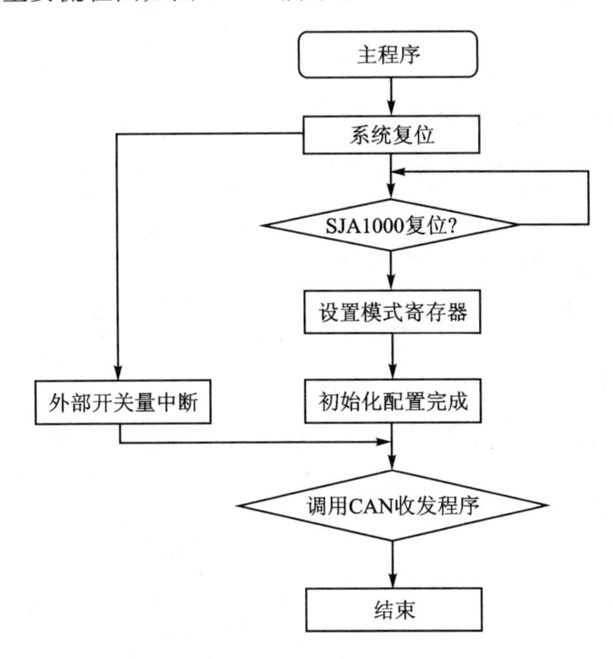

图 5－21　主要程序流程图

5.4.2 程序代码及注释

本实例的主要程序代码及注释详见下文，限于篇幅，部分较为简单的外围 I/O 端口驱动和中断处理程序省略。

① SJA1000_PELI.C

```
/****************************************************************
 * 文件名：   sja1000_peli.c
 * 功能描述：   SJA1000 总线通信控制器硬件程序
****************************************************************/
#include    "sja1000_peli.h"
#include    <string.h>
#include    "def.h"
/****************************************************************
 *函数原型：      int sja_enter_resetmode(void)
 *参数说明：无
 *返回值：
 *           1 ；表示成功进入复位工作模式
 *           0 ；表示不能进入复位工作模式
 *
 *说明：       CAN 控制器进入复位工作模式
****************************************************************/
int sja_enter_resetmode(void)
{
      int i;
    unsigned   char   ucTempData;
    {
     SJA_ADDR = REG_MODE;
    }
    ucTempData = SJA_DATA;//保存原始值
    SJA_ADDR = REG_MODE;
    SJA_DATA = (ucTempData|0x01);//置位复位请求
    SJA_ADDR = REG_MODE;
    ucTempData = SJA_DATA;
    if((ucTempData&0x01) == 1)
    {
       return   1;
    }
    else
    {
       return   0;
    }
}
```

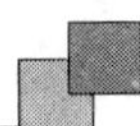

```
/*******************************************************************
 * 函数原型:      int sja_quit_resetmode(void)                        *
 * 参数说明:  无                                                      *
 * 返回值:                                                            *
 *            1 ; 表示成功退出复位工作模式                              *
 *            0 ; 表示不能退出复位工作模式                              *
 *                                                                    *
 * 说明:      CAN 控制器退出复位工作模式                                *
 *******************************************************************/
int sja_quit_resetmode(void)
{
    unsigned   char   ucTempData;
    SJA_ADDR  =  REG_MODE;
    ucTempData  =  SJA_DATA;                          //保存原始值
    SJA_ADDR  =  REG_MODE;
    SJA_DATA = (ucTempData&0xfe);                     //清除复位请求
    SJA_ADDR  =  REG_MODE;
    ucTempData  =  SJA_DATA;
    if((ucTempData&0x01)  == 0)
    {
       return     1;                                  //退出成功
    }
    else
    {
       return     0;
    }
}
/*******************************************************************
 * 函数原型:   int sja_set_baudrate(unsigned char CAN_ByteRate)       *
 * 参数说明:  R7              波特率(Kbit/s) BTR0       BTR1           *
 *            0                 20             053H,     02FH          *
 *            1                 40             087H,     0FFH          *
 *            2                 50             047H,     02FH          *
 *            3                 80             083H,     0FFH          *
 *            4                 100            043H,     02fH          *
 *            5                 125            03H,      01cH          *
 *            6                 200            081H,     0faH          *
 *            7                 250            01H,      01cH          *
 *            8                 400            080H,     0faH          *
 *            9                 500            00H,      01cH          *
 *            10                666            080H,     0b6H          *
 *            11                800            00H,      016H          *
 *            12                1000           00H,      014H          *
 * 返回值:                                                            *
 *            1;波特率设置成功                                         *
```

```
*            0;波特率设置失败                                              *
*                                                                          *
* 说明:设置 CAN 控制器 SJA1000 通讯波特率.SJA1000 的晶振为必须为 16MHZ,     *
*       其他晶体的频率的值的波特率,需自己计算。该子程序只能用于              *
*       复位模式                                                            *
****************************************************************************/
char    SJA_BTR_CODETAB[] = {
    0x53,0x2F,                          //;20 kbps 的预设值
    0x87,0xFF,                          //;40 kbps 的预设值
    0x47,0x2F,                          //;50 kbps 的预设值
    0x83,0xFF,                          //;80 kbps 的预设值
    0x43,0x2f,                          //;100 kbps 的预设值
    0x03,0x1c,                          //;125 kbps 的预设值
    0x81,0xfa,                          //;200 kbps 的预设值
    0x01,0x1c,                          //;250 kbps 的预设值
    0x80,0xfa,                          //;400 kbps 的预设值
    0x00,0x1c,                          //;500 kbps 的预设值
    0x80,0xb6,                          //;666 kbps 的预设值
    0x00,0x16,                          //;800 kbps 的预设值
    0x00,0x14                           //;1000 kbps 的预设值
};
int sja_set_baudrate(unsigned char CAN_ByteRate)
{
    unsigned char ucTempData;
    unsigned  char  BTR0_num,BTR1_num;
    BTR0_num = SJA_BTR_CODETAB[CAN_ByteRate * 2];
    BTR1_num = SJA_BTR_CODETAB[CAN_ByteRate * 2 + 1];
    //将波特率的预设值装入 sja1000 的总线定时器
    SJA_ADDR = REG_BTR0;
    SJA_DATA = BTR0_num;                //写入参数
    SJA_ADDR = REG_BTR0;
    ucTempData = SJA_DATA;
    if(ucTempData ! = BTR0_num)         //校验写入值
    {
        return  0;
    }
    SJA_ADDR = REG_BTR1;
    SJA_DATA = BTR1_num;                //写入参数
    SJA_ADDR = REG_BTR1;
    ucTempData = SJA_DATA;
    if(ucTempData ! = BTR1_num)         //校验写入值
    {
        return    0;
    }
    return     1;
```

```
}
/*****************************************************************
;*函数原型:    sja_set_object                                    *
*参数说明:                                                        *
 *     BCAN_ACR:存放验收代码寄存器(ACR)的参数设置                  *
 *     BCAN_AMR:存放接收屏蔽寄存器(AMR)的参数设置                  *
;*返回值:                                                          *
;*            1 ;通信对象设置成功                                  *
;*            0 ;通信对象设置失败                                  *
;*                                                                *
;*说明:设置 CAN 节点的通讯对象,允许接收的报文 ID 号的高 8 位(D10--D3)。 *
;*      允许接收的报文,是由 AMR 和 ACR 共同决定的.                  *
;*     满足以下条件的 ID 号的报文才可以被接收                       *
;*[(ID.10-ID.3)≡(AC.7-AC.0)]||(AM.7-AM.0)≡11111111               *
;*     该子程序只能用于复位模式                                     *
;****************************************************************/
int sja_set_object(unsigned char  * PCAN_ACR,unsigned char * PCAN_AMR)
{
    unsigned char ucTempData;
    SJA_ADDR = REG_ACR0;
    SJA_DATA = PCAN_ACR[0];            //写入参数
    SJA_ADDR = REG_ACR0;
    ucTempData = SJA_DATA;
    if(ucTempData != PCAN_ACR[0])      //校验写入值
    {
        return  0;
    }
    SJA_ADDR = REG_ACR1;
    SJA_DATA = PCAN_ACR[1];            //写入参数
    SJA_ADDR = REG_ACR1;
    ucTempData = SJA_DATA;
    if(ucTempData != PCAN_ACR[1])      //校验写入值
    {
        return  0;
    }

    SJA_ADDR = REG_ACR2;
    SJA_DATA = PCAN_ACR[2];            //写入参数
    SJA_ADDR = REG_ACR2;
    ucTempData = SJA_DATA;
    if(ucTempData != PCAN_ACR[2])      //校验写入值
    {
        return  0;
    }
    SJA_ADDR = REG_ACR3;
```

```
    SJA_DATA = PCAN_ACR[3];           //写入参数
    SJA_ADDR = REG_ACR3;
    ucTempData = SJA_DATA;
    if(ucTempData ! = PCAN_ACR[3])    //校验写入值
    {
        return  0;
    }

    SJA_ADDR = REG_AMR0;
    SJA_DATA = PCAN_AMR[0];           //写入参数
    SJA_ADDR = REG_AMR0;
    ucTempData = SJA_DATA;
    if(ucTempData ! = PCAN_AMR[0])    //校验写入值
    {
        return  0;
    }
    SJA_ADDR = REG_AMR1;
    SJA_DATA = PCAN_AMR[1];           //写入参数
    SJA_ADDR = REG_AMR1;
    ucTempData = SJA_DATA;
    if(ucTempData ! = PCAN_AMR[1])    //校验写入值
    {
        return  0;
    }
    SJA_ADDR = REG_AMR2;
    SJA_DATA = PCAN_AMR[2];           //写入参数
    SJA_ADDR = REG_AMR2;
    ucTempData = SJA_DATA;
    if(ucTempData ! = PCAN_AMR[2])    //校验写入值
    {
        return  0;
    }
    SJA_ADDR = REG_AMR3;
    SJA_DATA = PCAN_AMR[3];           //写入参数
    SJA_ADDR = REG_AMR3;
    ucTempData = SJA_DATA;
    if(ucTempData ! = PCAN_AMR[3])    //校验写入值
    {
        return  0;
    }
    return    1;
}
/*****************************************************************
* 函数原型：int sja_set_outclock (unsigned char Out_Control, unsigned char  Clock_Out); *
* 参数说明：Out_Control:存放输出控制寄存器 (OC)的参数设置
```

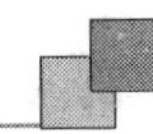

```
*          Clock_Out:存放时钟分频寄存器 (CDR)的参数设置                    *
* 返回值:                                                                   *
*             1 ;设置成功                                                   *
*             0 ;设置失败                                                   *
*                                                                           *
* 说明:设置 SJA1000 的输出模式和时钟分频。该子程序只能用于复位模式          *
*****************************************************************************/
int sja_set_outclock (unsigned char Out_Control,
                      unsigned char  Clock_Out)
{
    unsigned char ucTempData;
    SJA_ADDR = REG_OCR;
    SJA_DATA = Out_Control;          //写入参数
    SJA_ADDR = REG_OCR;
    ucTempData = SJA_DATA;
    if(ucTempData ! = Out_Control)   //校验写入值
    {
        return  0;
    }
    SJA_ADDR = REG_CDR;
    SJA_DATA = Clock_Out;            //写入参数
    SJA_ADDR = REG_CDR;
    ucTempData = SJA_DATA;
    if(ucTempData ! = Clock_Out)     //校验写入值
    {
        return  0;
    }
    return     1;
}
/****************************************************************************
 * 函数原型: int sja_write_data(unsigned char * SendDataBuf)                *
 * 参数说明: 特定帧格式的数据                                               *
 * 返回值:                                                                  *
 *             1      ;表示将数据成功的送至发送缓冲区                       *
 *             0      ;表示上一次的数据正在发送,                            *
 *                    ;表示发送缓冲区被锁定,不能写入数据                    *
 *                    ;表示写入数据错误                                     *
 * 说明: 将待发送特定帧格式的数据,送入 SJA1000 发送缓存区中,然后启动        *
 *          SJA1000 发送。                                                  *
 *    特定帧格式为:第 1 个字节存放帧信息,然后是 2 个(扩展帧是 4 个)字节的  *
 *    标识码,然后是 8 个字节的数据区                                        *
 *                                                                          *
 * 注:本函数的返回值仅指示,将数据正确写入 SJA1000 发送缓存区中与否。        *
 *      不指示 SJA1000 将该数据正确发送到 CAN 总线上完毕与否                *
 ****************************************************************************/
```

```
int sja_write_data(unsigned char * SendDataBuf)
{
    int i;
    unsigned  char  ucTempCount,ucTempData;
    SJA_ADDR = REG_STATUS;
    ucTempData = SJA_DATA;
    if((ucTempData&0x08) == 0)//判断上次发送是否完成
    {
        return    0;
    }
    if((ucTempData&0x04) == 0)//判断发送缓冲区是否锁定
    {
        return    0;
    }
    //判断 RTR,从而得出是数据帧还是远程帧
    if((SendDataBuf[0]&0x40) == 0)//数据帧
    {
        if((SendDataBuf[0]&0x80) == 0)//标准帧
            ucTempCount = (SendDataBuf[0]&0x0f) + 3;
        else//扩展帧
            ucTempCount = (SendDataBuf[0]&0x0f) + 5;
    }
    else//远程帧
    {
        if((SendDataBuf[0]&0x80) == 0)//标准帧
            ucTempCount = 3;
        else//扩展帧
            ucTempCount = 5;
    }
    for(i = 0 ; i < ucTempCount ; i++)
    {
        SJA_ADDR = REG_TxBuffer0 + i;
        SJA_DATA = SendDataBuf[i];
    }
    return 1;
}
/**************************************************************
 * 函数原型:  int sja_receive_data(unsigned char * RcvDataBuf);     *
 * 参数说明:  RcvDataBuf,存放微处理器保存数据缓冲区                *
 * 返回值:    1;接收成功                                            *
 *            0;接收失败                                            *
 * 说明:CAN 控制器接收数据,仅限于接收数据                           *
 **************************************************************/
int sja_receive_data(unsigned char * RcvDataBuf)
{
```

```
    int i;
    unsigned  char  ucTempCount,ucTempData;
    SJA_ADDR = REG_STATUS;
    ucTempData = SJA_DATA;
    if((ucTempData&0x01) == 0)          //判断报文是否有效
    {
        return 0;
    }
    SJA_ADDR = REG_RxBuffer0;
    ucTempData = SJA_DATA;
    if((ucTempData&0x40) == 0)//如果是数据帧
    {
        if((ucTempData&0x80) == 0)//标准帧
            ucTempCount = (ucTempData & 0x0f) + 3;
        else//扩展帧
            ucTempCount = (ucTempData & 0x0f) + 5;
    }
    else
    {
        if((ucTempData&0x80) == 0)//标准帧
            ucTempCount = 3;
        else//扩展帧
            ucTempCount = 5;
    }
    for (i = 0;i<ucTempCount;i++)
    {
        SJA_ADDR = REG_RxBuffer0 + i;
        RcvDataBuf[i] = SJA_DATA;
    }
    return  1;
}
/*****************************************************************
 * 函数原型: int sja_command_prg(unsigned char cmd)                *
 * 参数说明: cmd:sja1000 运行的命令字                               *
 *              01:发送请求                                         *
 *              02:中止发送                                         *
 *              04:释放接收缓冲区                                   *
 *              08:清除超载状态                                     *
 *              0x10:进入睡眠状态                                   *
 *                                                                  *
 * 返回值:                                                          *
 *           1 ; 表示命令执行成功                                   *
 *           0 ; 表示命令执行失败                                   *
 *                                                                  *
 * 说明:      执行 sja1000 命令                                     *
```

```
*************************************************************************/
int sja_command_prg(unsigned char cmd)
{
    unsigned char ucTempData;
    SJA_ADDR = REG_COMMAND;
    SJA_DATA = cmd;                         //启动命令字
    switch(cmd)
    {
        case  SRR_CMD:                      //自接收请求命令
            return 1;
            case  TR_CMD:                   //发送请求命令
            return 1;
            case  AT_CMD:                   //中止发送命令
            SJA_ADDR = REG_STATUS;
            ucTempData = SJA_DATA;
            if((ucTempData & 0x20) == 0)  //判断是否正在发送
            {
                return 1;
            }
            else
            {
                return 0;
            }
            case  RRB_CMD:                  //释放接收缓冲区
            SJA_ADDR = REG_STATUS;
            ucTempData = SJA_DATA;
            if((ucTempData & 0x01) == 1)
            {
                return 0;
            }
            else
            {
                return 1;
            }
        case  COS_CMD:                      //清除超载状态
            SJA_ADDR = REG_STATUS;
            ucTempData = SJA_DATA;
            if((ucTempData & 0x02) == 0)
            {
                return 1;
            }
            else
            {
                return 0;
            }
```

```
        default:
            return 0;
    }
}
```

② CAN_TEST.C

```
/*******************************************************************
* 文件名:    can_test.c
* 功能描述:    CAN 总线收发程序
*******************************************************************/
#include "sja1000_peli.h"
#include "def.h"
#define         ERR_ENTER_RETSET     0
#define         ERR_COMMUNICATION    1
#define         ERR_SET_BAUD         2
#define         ERR_SET_FILTER       3
#define         ERR_OUTPUT_CLKD      4
#define         ERR_QUIT_RETSET      5
#define         ERR_SEND             6
#define         ERR_RCV              7
int sja1000_init(void);
char ErrorFlag = 1;          //错误标志
char * cErrInfo[] =
{
    "Enter reset model failed!",
    "Communication failed!",
    "Set baudrate failed!",
    "Set acceptance code register failed!",
    "Sset output control and Clock Divider failed!",
    "Quit reset model failed!",
    "Send data to CAN failed!",
    "Receive data from CAN failed!"
};
/*******************************************************************
* 文件名:        can_test
* 功能描述:        CAN bus test
*******************************************************************/
void can_test(void)
{
    unsigned char TempData;
    int i = 0;
    UINT8T ucSendBuf[13];          //报文发送缓冲区
    UINT8T ucRcvBuf[13];          //报文接收缓冲区
    /* 初始化发送帧 */
    ucSendBuf[0] = 0x08;
```

```
        ucSendBuf[1] = 0xff;
        ucSendBuf[2] = 0xff;
        for(i = 3;i<11;i++)
            ucSendBuf[i] = 0xa;
        if(sja1000_init())
        {
            if(!sja_write_data(ucSendBuf))          //数据写入发送缓冲区
            {
                uart_printf("%s\n",cErrInfo[ERR_SEND]);
            }
            else
            {
                sja_command_prg(SRR_CMD);        //置位自接收请求
                delay(500);
                uart_printf("Send data to CAN success! \n");

                if(! sja_receive_data(ucRcvBuf))     //读取接收缓冲区数据
                {
                    sja_command_prg(RRB_CMD);    //释放接收缓冲区
                    uart_printf("%s\n",cErrInfo[ERR_RCV]);
                }
                else
                {
                    uart_printf("Receive data is:");
                    for(i = 3;i<11;i++)
                        uart_printf("%X",ucRcvBuf[i]);
                    uart_printf("\n");
                    uart_printf("Receive data from CAN success! \n");
                    sja_command_prg(RRB_CMD);    //释放接收缓冲区
                }
            }
        }
    }
    /*****************************************************************
    *  文件名：    sja1000_init
    *  功能描述：   初始化 sja1000
    *****************************************************************/
    int sja1000_init(void)
    {
        unsigned char ucAcr[5],ucAmr[5];
        int i;
        for(i = 0;i<4;i++)
            ucAcr[i] = 0xff;
        for(i = 0;i<4;i++)
            ucAmr[i] = 0xff;
```

```
    if(! sja_enter_resetmode())
    {
        ErrorFlag = 0;
        uart_printf(" % s\n",cErrInfo[ERR_ENTER_RETSET]);
        return 0;
    }
    if(! sja_set_baudrate(ByteRate_100k))//初始化系统默认值波特率 100 kbps
    {
        ErrorFlag = 0;
        uart_printf(" % s\n",cErrInfo[ERR_SET_BAUD]);
        return 0;
    }
    if(! sja_set_outclock(0xaa,0xc0))//0x48))
    {
        ErrorFlag = 0;
        uart_printf(" % s\n",cErrInfo[ERR_OUTPUT_CLKD]);
        return 0;
    }
    SJA_ADDR = REG_RBSA;//RX 缓冲区起始地址寄存器
    SJA_DATA = 0x00;
    if(! sja_set_object(ucAcr,ucAmr))
    {
        ErrorFlag = 0;
        uart_printf(" % s\n",cErrInfo[ERR_SET_FILTER]);
        return 0;
    }
    SJA_ADDR = REG_MODE;//进入自接收模式
    SJA_DATA = 0x0c;
    if(! sja_quit_resetmode())
    {
        ErrorFlag = 0;
        uart_printf(" % s\n",cErrInfo[ERR_QUIT_RETSET]);
        return 0;
    }
    else
    {
        SJA_ADDR = REG_INT_EN;//允许中断
        SJA_DATA = 0xff;
        ErrorFlag = 1;
        uart_printf("Initialize sja1000 success! \n");
        return 1;
    }
}
```

③ 外部传感器输入的开关信号及按键输入信号相关调用程序等。

此部分程序功能较为简单,限于篇幅,此处省略介绍,请读者参阅 Eint.c 程序。

5.5 Linux 系统驱动程序与应用程序设计

Linux 操作系统的作用之一就是向用户掩盖硬件的特殊性，使应用程序与底层的物理设备无关，设计的驱动程序就是应用程序与具体硬件的桥梁。Linux 支持 3 类硬件设备：字符、块、网络设备，它们驱动的编写方法基本相同。

在嵌入式 Linux 操作系统下使用 CAN 总线通信必须要设计 Linux 上的 CAN 驱动程序。SJA1000 CAN 总线通信控制器属于字符型设备。当 SJA1000 接收一个报文时数据保存在接收缓存器中，并产生一个接收中断，发送报文时先将数据送入 SJA1000 的发送缓冲器中再将数据串行化发送到 CAN 总线上。

本实例的 Linux 系统软件设计提供了 SJA1000 在 Linux 系统下的应用程序和驱动程序，详见 Linux_api. c 和 Linux_driver. c 代码文件，同时也提供了按键驱动程序，请读者自行参阅代码文件。

5.6 实例总结

本章通过 ARM9 系列微处理器 S3C2440A 和 CAN 总线控制器 SJA1000，实现 CAN 总线接口基于电梯控制系统的设计，先设计了硬件接口电路，然后实现了部分功能的应用。借助源码开放的 Linux 在嵌入式开发中的特点与优势，结合 Linux 下驱动程序编写规则，编写了相关的应用程序操作代码和底层驱动程序代码。

在硬件设计中，需要注意的是 S3C2440A 处理器的数据/地址总线是各自独立的，数据和地址同时传输。而 CAN 总线控制器 SJA1000 则是数据/地址总线分时复用，且按先后顺序进行传输。因此，需要将 S3C2440A 处理器与 SJ1000 的连接进行相应的时序转换。限于篇幅，本实例省略对这部分硬件电路的介绍。读者在硬件设计中可采用 CPLD 或者简单的逻辑门电路来实现这部分时序转换。为降低难度，本例将讲述的重点集中在电梯轿厢控制系统。读者通过本章的学习后，可以根据实际情况，进行相应调整，追加一定的功能应用到实际的电梯控制器中。

第三篇　数字消费开发

第 6 章

USB OTG 案例应用

随着 PDA、移动电话、数码相机、打印机等消费类产品的普及，用于设备与电脑，或设备与设备之间的高速数据传输技术越来越受到人们的关注，USB 是用于此类传输的主要协议标准。最初 USB1.0/1.1 标准主要面向低速数据传输的应用；USB2.0 标准则使 USB 的传输速度达到 480 Mbps；而 USB OTG 技术的推出则可实现没有 PC 主机时设备与设备之间的数据互联与数据传输，进而拓宽了 USB 技术的应用范围。

6.1 USB OTG 简介

USB OTG 是 USB On-The-Go 的缩写，也称 USB 直连。它既能充当主机设备(HOST)，又能充当从机设备(SLAVE)的双重角色设备，是近年发展起来的新技术。它主要应用于各种不同的具有 USB 接口的固定设备或移动设备间的互联以及进行数据交换，特别适用于 PDA、移动电话和消费类设备。

传统的数码照相机、摄像机、掌上电脑、手持设备等设备间使用多种不同制式连接器，并在多种制式存储卡间进行数据交换引起多种不便。USB 技术的发展，使得 PC 通过简单的接口方式将各种设备连接在一起，PC 的周边外设通过 USB 总线，在 PC 的控制下进行数据交换。但这种方便快捷的数据交换方式，一旦离开了 PC 则无法进行。各设备间无法脱机利用 USB 接口进行操作，因为没有一个设备能够充当 PC 一样的主机角色。

USB OTG 设备无须连接到计算机，即可实现相互之间的数据通信；比如，1 支 USB OTG 移动电话可以与 1 台 OTG 兼容的数码相机直接相连。其主要应用领域包括数码相机、移动电话、MP3 播放器、PDA 等及嵌入式主机。

6.1.1 USB OTG 设备的类型

USB OTG 补充规范定义了两种设备类型：双重角色设备(Dual - Role Device，DRD)和外设式设备(Peripheral - Only Device，POD)。

1. 双重角色 OTG 设备

双重角色 OTG 设备完全符合 USB2.0 规范，且可以作为 USB 外设或者 USB OTG 主机，并且可为总线提供 8 mA 电流。

双重角色 OTG 设备有 1 个 Mini-AB 插槽，1 条 Mini-A 至 Mini-B 电缆可以直接将两个双重角色 OTG 设备连接在一起，而此时用户不会觉察到两个设备的不同，也不知道它们的默认主从配置。用户在第一个双重角色 OTG 设备中通过启动应用程序与第二个双重角色 OTG 设备进行交互；如果用户启动了第二双重角色 OTG 设备的应用程序，而第一个 OTG 设备仍然在使用总线，那么第二双重角色 OTG 设备会提示用户中止当前操作，由第二双重角色 OTG 设备掌管接口，实现切换。

当一个双重角色 OTG 设备连接至 PC 或嵌入式主机(Embedded Host)，PC 或嵌入式主机查询该设备，并将它当成一个标准的 USB 外设，即该设备符合一个标准 USB 外设的所有要求。

双重角色 OTG 设备要具备如下能力：

- 有限的主机能力；
- 可作为一个全速的外设(或高速模式)；
- 产生目标外设的列表(Targeted Peripheral List，TPL)；
- 目标设备的驱动程序；
- 支持会话请求协议；
- 支持主机协商协议；
- 一个 Mini-AB 插座；
- VBUS 上不小于 8 mA 的电流输出；
- 将总线活动状态通知给设备用户的通信方式。

2. 外设式 OTG 设备

外设式 OTG 设备是普通的 USB 外设。它有一个 OTG 功能描述符说明其支持会话请求协议；此外，外设式 OTG 设备只能配置 Mini-B 型插座或者必须有一个带 Mini-A 插头的附属电缆，而不能使用 Mini-AB 型插座。

当一个双重角色 OTG 设备或嵌入式主机设备与一个外设式 OTG 设备(USB 协议称之为 B 设备)连接后，当双重角色 OTG 设备(或嵌入式主机设备)检测到了外设式 OTG 设备插入，双重角色 OTG 设备通过查询方式响应它，如果支持 B 设备，即容许应用程序在主机设备上运行。

6.1.2 USB OTG 设备的协议

USB OTG 中引入了两个新的协议：主机协商协议(HNP)和会话请求协议(SRP)。

1. 主机协商协议

2 个双重角色 OTG 设备具有 Mini-AB 插座，连接在一起时可交替以主机和从机的方式工作，主机负责初始化数据通信的任务(比如总线复位、获取 USB 各种描述符和配置设备)，等这些配置完成后，2 个双重角色 OTG 设备便可以分别以主机和从机方式传输信息，2 个设备主从角色交换的过程由主机协商协议定义。

为了实现主机协商协议，A 设备必须首先允许 B 设备通过 OTG 新定义的 Set_Feature 命

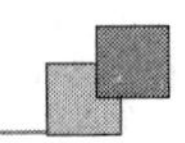

令来控制总线。一旦该请求被 A 设备接受,B 设备就可以对总线进行控制。如果 A 设备想给 B 设备一个机会来控制总线,它将中止对总线的操作,将总线挂起。接着 B 设备就将 D+拉低来终止以前的连接。紧接着,A 设备激活位于 D+处的上拉寄存器,完成这个角色转换。此后,B 设备就将作为主控设备使用,而 A 设备将作为外围设备使用。同样,B 设备也可以通过将总线挂起并激活 D+上拉寄存器,A 设备探测到总线上的变化后,清除 D+上拉寄存器并重新作为主控设备使用。

主机协商协议使两个 OTG 设备角色切换过程中,避免了用户应设备通信控制权的转换而插拔电缆的情况,来回切换使用方便快捷。

2. 会话请求协议

B 设备向 A 设备请求建立会话和使用总线时使用会话请求协议。OTG 系统中的 A 设备一般采用电池供电,为了节省 OTG 设备的功耗,OTG 规定 A 设备在没有总线活动的时候,可以关掉 VBUS 电源。这样,当一个 B 设备连接到 A 设备上之后,就要初始化会话请求协议,并发送给 A 设备,请求 A 设备的 VBUS 提供电流支持,并进行通信。

双重角色 OTG 设备既可作为 A 设备,又可作为 B 设备,因此双重角色 OTG 设备必须支持会话请求协议初始化及响应;外设式 OTG 设备只能作 B 设备,所以只能初始化会话请求协议。

B 设备有两种方式向 A 设备发送请求建立会话请求协议:一种是数据线脉冲(Data - Line Pulsing),另一种是 VBUS 脉冲(VBUS Pulsing)。任何一个 A 设备只要求能响应一种会话请求协议方式;而 B 设备必须能初始化两种会话请求协议方式,这样就能保证,当 B 设备线初始化一种会话请求协议,而 A 设备无法响应时,B 设备能用另一种会话请求协议方式。

6.2 处理器 OTG 接口描述

S3C6410 处理器的 USB OTG 模块是一个双重角色设备控制器,支持主机和设备两种功能。完全兼容 USB 2.0 规范 OTG 补充协议 1.0a 版本。支持高速(480 Mbps,用于主机或设备)、全速(12 Mbps,仅用于设备)、以及低速(1.5 Mbps,仅用于主机)转换。

USB2.0 高速 OTG 的主要性能包括:

- 符合的 USB 2.0 规范 OTG 补充协议;
- 运行在高速(480 Mbps)、全速(12 Mbps,只用于设备)和低速(1.5 Mbps,只用于主机)模式;
- 支持 UTMI+Level 3 接口;
- 支持会话请求协议和主机协商协议;
- 在 AHB 总线,只支持 32 位数据;
- 一个控制端点 0 用于控制传输;
- 15 个设备模式的可编程端点:
  可编程端点类型:批量,实时或中断传输;
  可编程输入/输出流向。
- 支持 16 个主机通道;

● 支持分组信息包,6144 深度的动态 FIFO 存储器分配(35 位宽)。

高速 OTG 控制器由两个独立的模块组成,分别是 USB2.0 OTG 链接核心和 USB 2.0 物理层控制两部分。每个模块都有一个 AHB 从接口,可以支持处理器对控制和状态寄存器(CSR)的读写访问。OTG 链接核心有一个 AHB 主接口,可以使其能在 AHB 总线上进行数据传输。

系统级结构框图如图 6-1 所示。

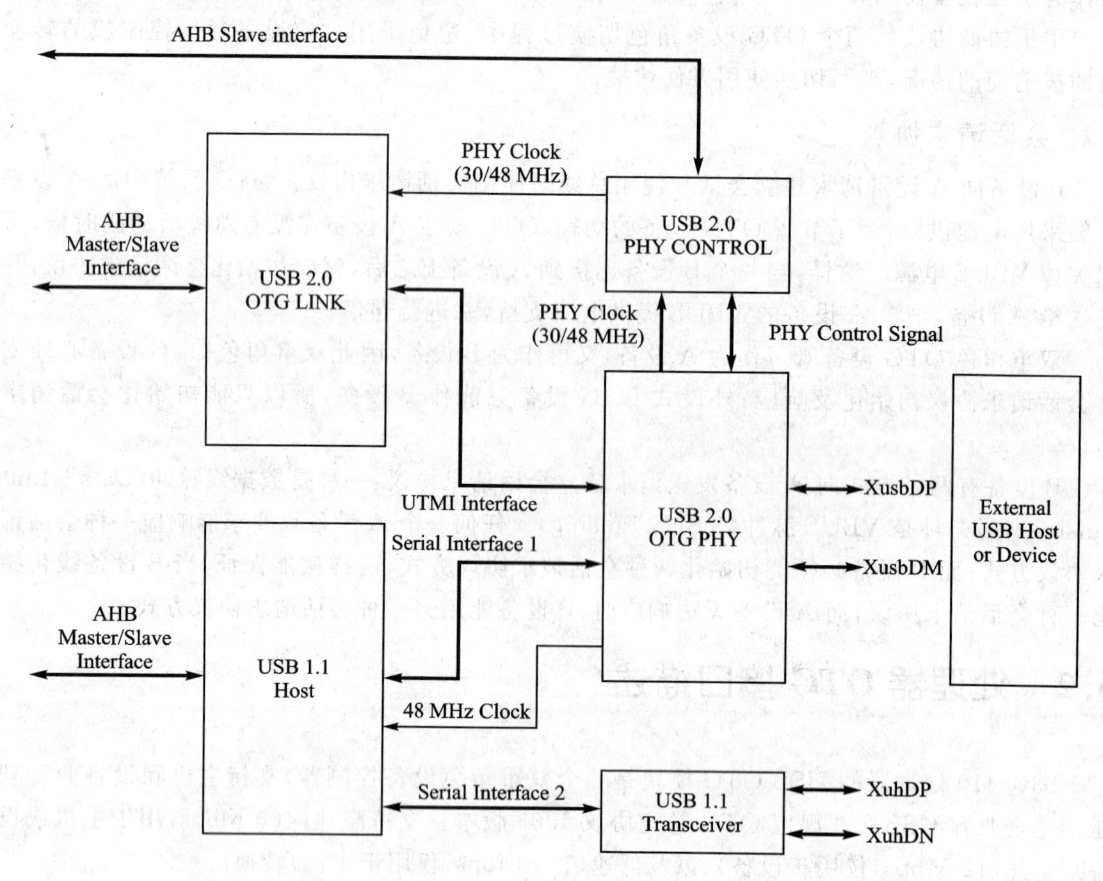

图 6-1 系统级结构框图

6.2.1 操作模式

程序可以在 OTG 链接核心中以 DMA 模式或从模式运行,且两种模式无法同时工作。

1. DMA 模式

USB OTG 主机使用 AHB 主接口传输分组数据(AHB－>USB)以及接收数据更新(USB－>AHB);AHB 主接口使用用可编程的 DMA 地址去访问数据缓冲区。

2. 从模式

USB OTG 可以在事务级操作或管道事务级操作下运行。在事务级操作中,每个通道或端点一次处理一个数据信息包;在管道事务级操作中,可编程 OTG 执行多个事务。管道操作

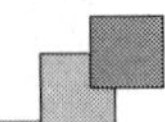

的优势是分组信息包中不需要中断。

6.2.2 系统控制器设置

系统控制器内的一个寄存器被设置以适用于 USB 接口工作，如表 6－1 所列。

表 6－1 OTHERS 控制寄存器位 16 的功能定义

OTHERS	位	读/写	功能描述	初始化状态
USB_SIG_MASK	[16]	R_W	USB 信号屏蔽用于防止不必要的漏电（该位须在 USB PHY 使用之前设置）	1'b0

OTHER 控制寄存器的第 16 位（地址 7E00F900h）引导的不同设置主要依赖系统的操作模式。

1. 常规模式

USB_SIG_MASK 的初始状态是 1'b0。启动 USB 事务操作时需要将此位设置为 1'b1，在该模式下，如未使用 USB OTG 功能，USB 物理层电源可以被切断。

2. 停止/深度停止/睡眠模式

在这些操作模式下，USB 物理层电源可以被切断。因此为了防止漏电电流，必须在进入这些模式之前将 USB_SIG_MASK 位设置为 1'b0。

6.2.3 寄存器映射

控制和监视 OTG 物理层的相关操作必须通过访问 OTG 物理层控制寄存器（基址 7C100000h）完成。OTG 链接核心寄存器（基址 7C000000h）分类如下：

- 核心全局寄存器；
- 主机模式寄存器：主机全局寄存器，主机端口控制和状态寄存器，主机特殊通道寄存器；
- 设备模式寄存器：设备全局寄存器，设备特殊端点寄存器。

只有核心全局寄存器和主机端口寄存器可以同时在主机模式和设备模式下被访问。当 OTG 链接核心在设备模式或主机模式任一种模式下运行时，应用程序不能从其他模式访问寄存器。如果出现非法访问，将产生一个模式不匹配中断，并且在核心中断寄存器内体现出来。当核心从一种模式切换到另一种模式时，新模式下寄存器的操作就像上电复位后一样必须被重新编程。

1. OTG Link 控制和状态寄存器存储映射

OTG Link 控制和状态寄存器存储映射示意图如图 6－2 所示，主机和设备模式寄存器占用不同的地址，所有寄存器都在 AHB 时钟范围内执行。

2. OTG FIFO 缓存地址映射

图 6－3 所示的是 OTG FIFO 缓存地址映射关系。

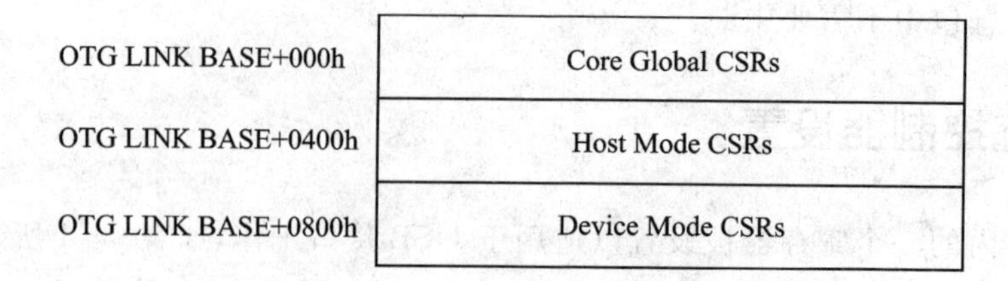

图 6-2　OTG 链接控制和状态寄存器存储映射

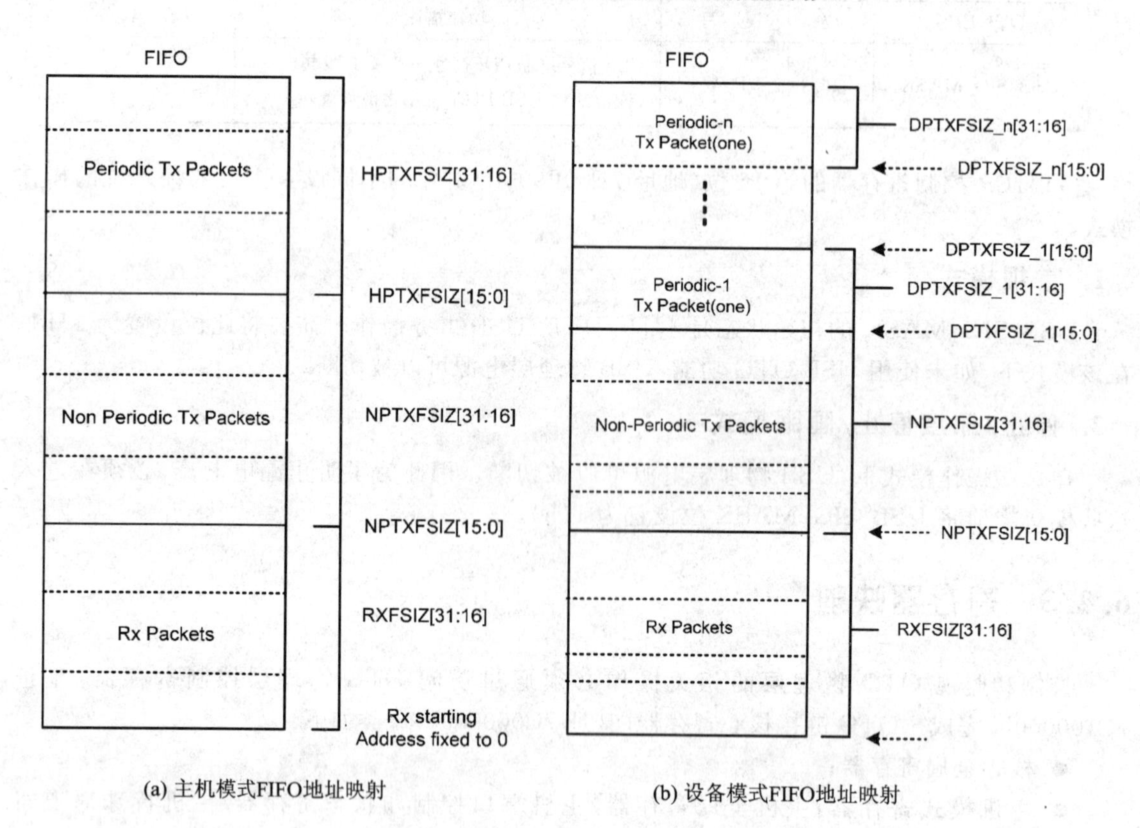

图 6-3　OTG FIFO 缓存地址映射

6.3　OTG 相关寄存器功能描述

本节主要介绍 S3C6410 处理器与 OTG 协议相关的寄存器。

6.3.1　高速 OTG 控制器相关特殊寄存器概要

高速 OTG 控制器相关特殊寄存器汇总如表 6-2 所列。

表 6-2 高速 OTG 控制器的寄存器概要

寄存器名称	偏移值	读/写操作	寄存器描述	复位值
OTG 物理层控制寄存器(基址:0x7C10_0000)				
OPHYPWR	0x000	读/写	OTG 物理层电源控制寄存器	0x0000_0019
OPHYCLK	0x004	读/写	OTG 物理层时钟控制寄存器	0x0000_0000
ORSTCON	0x008	读/写	OTG 复位控制寄存器	0x0000_0001
OPHYTUNE	0x020	读/写	OTG 物理层调谐寄存器	0x0027_1B93
OTG 链接核心寄存器(基址:0x7C00_0000) 核心全局寄存器				
GOTGCTL	0x000	读/写	OTG 控制和状态寄存器	0x0001_0000
GOTGINT	0x004	读/写	OTG 中断寄存器	0x0000_0000
GAHBCFG	0x008	读/写	核心 AHB 配置寄存器	0x0000_0000
GUSBCFG	0x00C	读/写	核心 USB 配置寄存器	0x0000_1400
GRSTCTL	0x010	读/写	核心复位寄存器	08000_0000
GINTSTS	0x014	读/写	核心中断寄存器	0x0400_1020
GINTMSK	0x018	读/写	核心中断屏蔽寄存器	0x0000_0000
GRXSTSR	0x01C	读	接收状态调试读寄存器	—
GRXSTSP	0x020	读	接收状态读/POP 寄存器	—
GRXFSIZ	0x024	读/写	接收 FIFO 尺寸寄存器	0x0000_1800
GNPTXFSIZ	0x028	读/写	非周期传送 FIFO 尺寸寄存器	0x1800_1800
GNPTXSTS	0x02C	读	非周期传送 FIFO/队列状态寄存器	0x0008_1800
HPTXFSIZ	0x100	读/写	设备周期传送 FIFO 尺寸寄存器	0x0300_5A00
DPTXFSIZ1	0x104	读/写	设备周期传送 FIFO－1 尺寸寄存器	0x0300_1000
DPTXFSIZ2	0x108	读/写	设备周期传送 FIFO－2 尺寸寄存器	0x0300_3300
DPTXFSIZ3	0x10C	读/写	设备周期传送 FIFO－3 尺寸寄存器	0x0300_3600
DPTXFSIZ4	0x110	读/写	设备周期传送 FIFO－4 尺寸寄存器	0x0300_3900
DPTXFSIZ5	0x114	读/写	设备周期传送 FIFO－5 尺寸寄存器	0x0300_3C00
DPTXFSIZ6	0x118	读/写	设备周期传送 FIFO－6 尺寸寄存器	0x0300_3F00
DPTXFSIZ7	0x11C	读/写	设备周期传送 FIFO－7 尺寸寄存器	0x0300_4200
DPTXFSIZ8	0x120	读/写	设备周期传送 FIFO－8 尺寸寄存器	0x0300_4500
DPTXFSIZ9	0x124	读/写	设备周期传送 FIFO－9 尺寸寄存器	0x0300_4800
DPTXFSIZ10	0x128	读/写	设备周期传送 FIFO－10 尺寸寄存器	0x0300_4B00
DPTXFSIZ11	0x12C	读/写	设备周期传送 FIFO－11 尺寸寄存器	0x0300_4E00
DPTXFSIZ12	0x130	读/写	设备周期传送 FIFO－12 尺寸寄存器	0x0300_5100
DPTXFSIZ13	0x134	读/写	设备周期传送 FIFO－13 尺寸寄存器	0x0300_5400
DPTXFSIZ14	0x138	读/写	设备周期传送 FIFO－14 尺寸寄存器	0x0300_5700
DPTXFSIZ15	0x13C	读/写	设备周期传送 FIFO－15 尺寸寄存器	0x0300_5A00

续表 6-2

寄存器名称	偏移值	读/写操作	寄存器描述	复位值
主机模式寄存器				
主机全局寄存器				
HCFG	0x400	读/写	主机配置寄存器	0x0020_0000
HFIR	0x404	读/写	主机帧间隔寄存器	0x0000_17D7
HFNUM	0x408	读	主机帧数量/帧时间剩余寄存器	0x000_0000
HPTXSTS	0x410	读	主机周期传送 FIFO/队列状态寄存器	0x0008_0100
HAINT	0x414	读	主机所有通道中断寄存器	0x0000_0000
HAINTMAK	0x418	读/写	主机所有通道中断屏蔽寄存器	0x0020_0000
主机端口控制和状态寄存器				
HPRT	0x440	读/写	主机端口控制和状态寄存器	0x0000_0000
主机通道专用寄存器				
HCCHAR0	0x500	读/写	主机通道 0 特性寄存器	0x0000_0000
HCSPLT0	0x504	读/写	主机通道 0 分隔控制寄存器	0x0000_0000
HCINT0	0x508	读/写	主机通道 0 中断寄存器	0x0000_0000
HCINTMASK0	0x50C	读/写	主机通道 0 中断屏蔽寄存器	0x0000_0000
HCTSIZ0	0x510	读/写	主机通道 0 传送尺寸寄存器	0x0000_0000
HCDMA0	0x514	读/写	主机通道 0 DMA 地址寄存器	0x0000_0000
HCCHAR1	0x520	读/写	主机通道 1 特性寄存器	0x0000_0000
HCSPLT1	0x524	读/写	主机通道 1 分隔控制寄存器	0x0000_0000
HCINT1	0x528	读/写	主机通道 1 中断寄存器	0x0000_0000
HCINTMASK1	0x52C	读/写	主机通道 1 中断屏蔽寄存器	0x0000_0000
HCTSIZ1	0x530	读/写	主机通道 1 传送尺寸寄存器	0x0000_0000
HCDMA1	0x534	读/写	主机通道 1 DMA 址寄存器	0x0000_0000
HCCHAR2	0x540	读/写	主机通道 2 特性寄存器	0x0000_0000
HCSPLT2	0x544	读/写	主机通道 2 分隔控制寄存器	0x0000_0000
HCINT2	0x548	读/写	主机通道 2 中断寄存器	0x0000_0000
HCINTMASK2	0x54C	读/写	主机通道 2 中断屏蔽寄存器	0x0000_0000
HCTSIZ2	0x550	读/写	主机通道 2 传送尺寸寄存器	0x0000_0000
HCDMA2	0x554	读/写	主机通道 2 DMA 地址寄存器	0x0000_0000
HCCHAR3	0x560	读/写	主机通道 3 特性寄存器	0x0000_0000
HCSPLT3	0x564	读/写	主机通道 3 分隔控制寄存器	0x0000_0000
HCINT3	0x568	读/写	主机通道 3 中断寄存器	0x0000_0000
HCINTMASK3	0x56C	读/写	主机通道 3 中断屏蔽寄存器	0x0000_0000
HCTSIZ3	0x570	读/写	主机通道 3 传送尺寸寄存器	0x0000_0000
HCDMA3	0x574	读/写	主机通道 3 DMA 地址寄存器	0x0000_0000
HCCHAR4	0x580	读/写	主机通道 4 特性寄存器	0x0000_0000

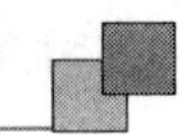

续表 6-2

寄存器名称	偏移值	读/写操作	寄存器描述	复位值
HCSPLT4	0x584	读/写	主机通道 4 分隔控制寄存器	0x0000_0000
HCINT4	0x588	读/写	主机通道 4 中断寄存器	0x0000_0000
HCINTMASK4	0x58C	读/写	主机通道 4 中断屏蔽寄存器	0x0000_0000
HCTSIZ4	0x590	读/写	主机通道 4 传送尺寸寄存器	0x0000_0000
HCDMA4	0x594	读/写	主机通道 4 DMA 地址寄存器	0x0000_0000
HCCHAR5	0x5A0	读/写	主机通道 5 特性寄存器	0x0000_0000
HCSPLT5	0x5A4	读/写	主机通道 5 分隔控制寄存器	0x0000_0000
HCINT5	0x5A8	读/写	主机通道 5 中断寄存器	0x0000_0000
HCINTMASK5	0x5AC	读/写	主机通道 5 中断屏蔽寄存器	0x0000_0000
HCTSIZ5	0x5B0	读/写	主机通道 5 传送尺寸寄存器	0x0000_0000
HCDMA5	0x5B4	读/写	主机通道 5 DMA 地址寄存器	0x0000_0000
HCCHAR6	0x5C0	读/写	主机通道 6 特性寄存器	0x0000_0000
HCSPLT6	0x5C4	读/写	主机通道 6 分隔控制寄存器	0x0000_0000
HCINT6	0x5C8	读/写	主机通道 6 中断寄存器	0x0000_0000
HCINTMASK6	0x5CC	读/写	主机通道 6 中断屏蔽寄存器	0x0000_0000
HCTSIZ6	0x5D0	读/写	主机通道 6 传送尺寸寄存器	0x0000_0000
HCDMA6	0x5D4	读/写	主机通道 6 DMA 地址寄存器	0x0000_0000
HCCHAR7	0x5E0	读/写	主机通道 7 特性寄存器	0x0000_0000
HCSPLT7	0x5E4	读/写	主机通道 7 分隔控制寄存器	0x0000_0000
HCINT7	0x5E8	读/写	主机通道 7 中断寄存器	0x0000_0000
HCINTMASK7	0x5EC	读/写	主机通道 7 中断屏蔽寄存器	0x0000_0000
HCTSIZ7	0x5F0	读/写	主机通道 7 传送尺寸寄存器	0x0000_0000
HCDMA7	0x5F4	读/写	主机通道 7 DMA 地址寄存器	0x0000_0000
HCCHAR8	0x600	读/写	主机通道 8 特性寄存器	0x0000_0000
HCSPLT8	0x604	读/写	主机通道 8 分隔控制寄存器	0x0000_0000
HCINT8	0x608	读/写	主机通道 8 中断寄存器	0x0000_0000
HCINTMASK8	0x60C	读/写	主机通道 8 中断屏蔽寄存器	0x0000_0000
HCTSIZ8	0x610	读/写	主机通道 8 传送尺寸寄存器	0x0000_0000
HCDMA8	0x614	读/写	主机通道 8 DMA 地址寄存器	0x0000_0000
HCCHAR9	0x620	读/写	主机通道 9 分隔控制寄存器	0x0000_0000
HCINT9	0x628	读/写	主机通道 9 中断寄存器	0x0000_0000
HCINTMASK9	0x62C	读/写	主机通道 9 中断屏蔽寄存器	0x0000_0000
HCTSIZ9	0x630	读/写	主机通道 9 传送尺寸寄存器	0x0000_0000
HCDMA9	0x634	读/写	主机通道 9 DMA 地址寄存器	0x0000_0000
HCCHAR10	0x640	读/写	主机通道 10 特性寄存器	0x0000_0000
HCSPLT10	0x644	读/写	主机通道 10 分隔控制寄存器	0x0000_0000

续表 6 - 2

寄存器名称	偏移值	读/写操作	寄存器描述	复位值
HCINT10	0x648	读/写	主机通道 10 中断寄存器	0x0000_0000
HCINTMASK10	0x64C	读/写	主机通道 10 中断屏蔽寄存器	0x0000_0000
HCTSIZ10	0x650	读/写	主机通道 10 传送尺寸寄存器	0x0000_0000
HCDMA10	0x654	读/写	主机通道 10 DMA 地址寄存器	0x0000_0000
HCCHAR11	0x660	读/写	主机通道 11 特性寄存器	0x0000_0000
HCSPLT11	0x664	读/写	主机通道 11 分隔控制寄存器	0x0000_0000
HCINT11	0x668	读/写	主机通道 11 中断寄存器	0x0000_0000
HCINTMASK11	0x66C	读/写	主机通道 11 中断屏蔽寄存器	0x0000_0000
HCTSIZ11	0x670	读/写	主机通道 11 传送尺寸寄存器	0x0000_0000
HCDMA11	0x674	读/写	主机通道 11 DMA 地址寄存器	0x0000_0000
HCCHAR12	0x680	读/写	主机通道 12 特性寄存器	0x0000_0000
HCSPLT12	0x684	读/写	主机通道 12 分隔控制寄存器	0x0000_0000
HCINT12	0x688	读/写	主机通道 12 中断寄存器	0x0000_0000
HCINTMASK12	0x68C	读/写	主机通道 12 中断屏蔽寄存器	0x0000_0000
HCTSIZ12	0x690	读/写	主机通道 12 传送尺寸寄存器	0x0000_0000
HCDMA12	0x694	读/写	主机通道 12 DMA 地址寄存器	0x0000_0000
HCCHAR13	0x6A0	读/写	主机通道 13 特性寄存器	0x0000_0000
HCSPLT13	0x6A4	读/写	主机通道 13 分隔控制寄存器	0x0000_0000
HCINT13	0x6A8	读/写	主机通道 13 中断寄存器	0x0000_0000
HCINTMASK13	0x6AC	读/写	主机通道 13 中断屏蔽寄存器	0x0000_0000
HCTSIZ13	0x6B0	读/写	主机通道 13 传送尺寸寄存器	0x0000_0000
HCDMA13	0x6B4	读/写	主机通道 13 DMA 地址寄存器	0x0000_0000
HCCHAR14	0x6C0	读/写	主机通道 14 特性寄存器	0x0000_0000
HCSPLT14	0x6C4	读/写	主机通道 14 分隔控制寄存器	0x0000_0000
HCINT14	0x6C8	读/写	主机通道 14 中断寄存器	0x0000_0000
HCINTMASK14	0x6CC	读/写	主机通道 14 中断屏蔽寄存器	0x0000_0000
HCTSIZ14	0x6D0	读/写	主机通道 14 传送尺寸寄存器	0x0000_0000
HCDMA14	0x6D4	读/写	主机通道 14 DMA 地址寄存器	0x0000_0000
HCCHAR15	0x6E0	读/写	主机通道 15 特性寄存器	0x0000_0000
HCSPLT15	0x6E4	读/写	主机通道 15 分隔控制寄存器	0x0000_0000
HCINT15	0x6E8	读/写	主机通道 15 中断寄存器	0x0000_0000
HCINTMASK15	0x6EC	读/写	主机通道 15 中断屏蔽寄存器	0x0000_0000
HCTSIZ15	0x6F0	读/写	主机通道 15 传送尺寸寄存器	0x0000_0000
HCDMA15	0x6F4	读/写	主机通道 15 DMA 地址寄存器	0x0000_0000
设备模式寄存器				
设备全局寄存器				
DCFG	0x800	读/写	设备配置寄存器	0x0020_0000

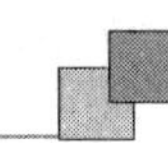

续表 6-2

寄存器名称	偏移值	读/写操作	寄存器描述	复位值
DCTL	0x804	读/写	设备控制寄存器	0x0000_0000
DSTS	0x808	读设	设备状态寄存器	0x0000_0002
DIEPMSK	0x810	读/写	设备输入端点通用中断屏蔽寄存器	0x0000_0000
DOEPMSK	0x814	读/写	设备输出端点通用中断屏蔽寄存器	0x0000_0000
DAIN	0x818	读	设备所有端点中断寄存器	0x0000_0000
DAINTMAK	0x81C	读/写	设备所有端点中断屏蔽寄存器	0x0000_0000
DTKNQR1	0x820	读	设备输入令牌序列学习队列读寄存器 1	0x0000_0000
DTKNQR2	0x824	读	设备输入令牌序列学习队列读寄存器 2	0x0000_0000
DVBUSDIS	0x828	读/写	设备 VBUS 放电时间寄存器	0x0000_17D7
DVBUSPULSE	0x82C	读/写	设备 VBUS 脉冲时间寄存器	0x0000_05B8
DTKNQR3	0x830	读	设备输入令牌序列学习队列读寄存器 3	0x0000_0000
DTKNQR4	0x834	读	设备输入令牌序列学习队列读寄存器 4	0x0000_0000
设备逻辑输入端点专用寄存器				
DIEPCTL0	0x900	读/写	设备控制输入端点 0 控制寄存器	0x0000_8000
DIEPINT0	0x908	读/写	设备输入端点 0 中断寄存器	0x0000_0000
DIEPTSIZ0	0x910	读/写	设备输入端点 0 传送尺寸寄存器	0x0000_0000
DIEPDMA0	0x914	读/写	设备输入端点 0 DMA 地址寄存器	0x0000_0000
DIEPCTL1	0x920	读/写	设备控制输入端点 1 控制寄存器	0x0000_0000
DIEPINT1	0x928	读/写	设备输入端点 1 中断寄存器	0x0000_0080
DIEPTSIZ1	0x930	读/写	设备输入端点 1 传送尺寸寄存器	0x0000_0000
DIEPDMA1	0x934	读/写	设备输入端点 1 DMA 地址寄存器	0x0000_0000
DIEPCTL2	0x940	读/写	设备控制输入端点 2 控制寄存器	0x0000_0000
DIEPINT2	0x948	读/写	设备输入端点 2 中断寄存器	0x0000_0080
DIEPTSIZ2	0x950	读/写	设备输入端点 2 传送尺寸寄存器	0x0000_0000
DIEPDMA2	0x954	读/写	设备输入端点 2 DMA 地址寄存器	0x0000_0000
DIEPCTL3	0x960	读/写	设备控制输入端点 3 控制寄存器	0x0000_0000
DIEPINT3	0x968	读/写	设备输入端点 3 中断寄存器	0x0000_0080
DIEPTSIZ3	0x970	读/写	设备输入端点 3 传送尺寸寄存器	0x0000_0000
DIEPDMA3	0x974	读/写	设备输入端点 3 DMA 地址寄存器	0x0000_0000
DIEPCTL4	0x980	读/写	设备控制输入端点 4 控制寄存器	0x0000_0000
DIEPINT4	0x988	读/写	设备输入端点 4 中断寄存器	0x0000_0080
DIEPTSIZ4	0x990	读/写	设备输入端点 4 传送尺寸寄存器	0x0000_0000
DIEPDMA4	0x994	读/写	设备输入端点 4 DMA 地址寄存器	0x0000_0000
DIEPCTL5	0x9A0	读/写	设备控制输入端点 5 控制寄存器	0x0000_0000
DIEPINT5	0x9A8	读/写	设备输入端点 5 中断寄存器	0x0000_0080
DIEPTSIZ5	0x9B0	读/写	设备输入端点 5 传送尺寸寄存器	0x0000_0000

续表 6-2

寄存器名称	偏移值	读/写操作	寄存器描述	复位值
DIEPDMA5	0x9B4	读/写	设备输入端点 5 DMA 地址寄存器	0x0000_0000
DIEPCTL6	0x9C0	读/写	设备控制输入端点 6 控制寄存器	0x0000_0000
DIEPINT6	0x9C8	读/写	设备输入端点 6 中断寄存器	0x0000_0080
DIEPTSIZ6	0x9D0	读/写	设备输入端点 6 传送尺寸寄存器	0x0000_0000
DIEPDMA6	0x9D4	读/写	设备输入端点 6 DMA 地址寄存器	0x0000_0000
DIEPCTL7	0x9E0	读/写	设备控制输入端点 7 控制寄存器	0x0000_0000
DIEPINT7	0x9E8	读/写	设备输入端点 7 中断寄存器	0x0000_0080
DIEPTSIZ7	0x9F0	读/写	设备输入端点 7 传送尺寸寄存器	0x0000_0000
DIEPDMA7	0x9F4	读/写	设备输入端点 7 DMA 地址寄存器	0x0000_0000
DIEPCTL8	0xA00	读/写	设备控制输入端点 8 控制寄存器	0x0000_0000
DIEPINT8	0xA08	读/写	设备输入端点 8 中断寄存器	0x0000_0080
DIEPTSIZ8	0xA10	读/写	设备输入端点 8 传送尺寸寄存器	0x0000_0000
DIEPDMA8	0xA14	读/写	设备输入端点 8 DMA 地址寄存器	0x0000_0000
DIEPCTL9	0xA20	读/写	设备控制输入端点 9 控制寄存器	0x0000_0000
DIEPINT9	0xA28	读/写	设备输入端点 9 中断寄存器	0x0000_0080
DIEPTSIZ9	0xA30	读/写	设备输入端点 9 传送尺寸寄存器	0x0000_0000
DIEPDMA9	0xA34	读/写	设备输入端点 9 DMA 地址寄存器	0x0000_0000
DIEPCTL10	0xA40	读/写	设备控制输入端点 10 控制寄存器	0x0000_0000
DIEPINT10	0xA48	读/写	设备输入端点 10 中断寄存器	0x0000_0080
DIEPTSIZ10	0xA50	读/写	设备输入端点 10 传送尺寸寄存器	0x0000_0000
DIEPDMA10	0xA54	读/写	设备输入端点 10 DMA 地址寄存器	0x0000_0000
DIEPCTL11	0xA60	读/写	设备控制输入端点 11 控制寄存器	0x0000_0000
DIEPINT11	0xA68	读/写	设备输入端点 11 中断寄存器	0x0000_0080
DIEPTSIZ11	0xA70	读/写	设备输入端点 11 传送尺寸寄存器	0x0000_0000
DIEPDMA11	0xA74	读/写	设备输入端点 11 DMA 地址寄存器	0x0000_0000
DIEPCTL12	0xA80	读/写	设备控制输入端点 12 控制寄存器	0x0000_0000
DIEPINT12	0xA88	读/写	设备输入端点 12 中断寄存器	0x0000_0080
DIEPTSIZ12	0xA90	读/写	设备输入端点 12 传送尺寸寄存器	0x0000_0000
DIEPDMA12	0xA94	读/写	设备输入端点 12 DMA 地址寄存器	0x0000_0000
DIEPCTL13	0xAA0	读/写	设备控制输入端点 13 控制寄存器	0x0000_0000
DIEPINT13	0xAA8	读/写	设备输入端点 13 中断寄存器	0x0000_0080
DIEPTSIZ13	0xAB0	读/写	设备输入端点 13 传送尺寸寄存器	0x0000_0000
DIEPDMA13	0xAB4	读/写	设备输入端点 13 DMA 地址寄存器	0x0000_0000
DIEPCTL14	0xAD0	读/写	设备控制输入端点 14 控制寄存器	0x0000_0000
DIEPINT14	0xAC8	读/写	设备输入端点 14 中断寄存器	0x0000_0080
DIEPTSIZ14	0xAD0	读/写	设备输入端点 14 传送尺寸寄存器	0x0000_0000

续表 6-2

寄存器名称	偏移值	读/写操作	寄存器描述	复位值
DIEPDMA14	0xAD4	读/写	设备输入端点 14 DMA 地址寄存器	0x0000_0000
DIEPCTL15	0xAE0	读/写	设备控制输入端点 15 控制寄存器	0x0000_0000
DIEPINT15	0xAE8	读/写	设备输入端点 15 中断寄存器	0x0000_0080
DIEPTSIZ15	0xAF0	读/写	设备输入端点 15 传送尺寸寄存器	0x0000_0000
DIEPDMA15	0xAF4	读/写	设备输入端点 15 DMA 地址寄存器	0x0000_0000
设备逻辑输出端点专用寄存器				
DOEPCTL0	0xB00	读/写	设备控制输出端点 0 控制寄存器	0x0000_8000
DOEPINT0	0xB08	读/写	设备输出端点 0 中断寄存器	0x0000_0000
DOEPTSIZ0	0xB10	读/写	设备输出端点 0 传送尺寸寄存器	0x0000_0000
DOEPDMA0	0xB14	读/写	设备输出端点 0 DMA 地址寄存器	0x0000_0000
DOEPCTL1	0xB20	读/写	设备控制输出端点 1 控制寄存器	0x0000_0000
DOEPINT1	0xB28	读/写	设备输出端点 1 中断寄存器	0x0000_0080
DOEPTSIZ1	0xB30	读/写	设备输出端点 1 传送尺寸寄存器	0x0000_0000
DOEPDMA1	0xB34	读/写	设备输出端点 1 DMA 地址寄存器	0x0000_0000
DOEPCTL2	0xB40	读/写	设备控制输出端点 2 控制寄存器	0x0000_0000
DOEPINT2	0xB48	读/写	设备输出端点 2 中断寄存器	0x0000_0080
DOEPTSIZ2	0xB50	读/写	设备输出端点 2 传送尺寸寄存器	0x0000_0000
DOEPDMA2	0xB54	读/写	设备输出端点 2 DMA 地址寄存器	0x0000_0000
DOEPCTL3	0xB60	读/写	设备控制输出端点 3 控制寄存器	0x0000_0000
DOEPINT3	0xB68	读/写	设备输出端点 3 中断寄存器	0x0000_0080
DOEPTSIZ3	0xB70	读/写	设备输出端点 3 传送尺寸寄存器	0x0000_0000
DOEPDMA3	0xB74	读/写	设备输出端点 3 DMA 地址寄存器	0x0000_0000
DOEPCTL4	0xB80	读/写	设备控制输出端点 4 控制寄存器	0x0000_0000
DOEPINT4	0xB88	读/写	设备输出端点 4 中断寄存器	0x0000_0080
DOEPTSIZ4	0xB90	读/写	设备输出端点 4 传送尺寸寄存器	0x0000_0000
DOEPDMA4	0xB94	读/写	设备输出端点 4 DMA 地址寄存器	0x0000_0000
DOEPCTL5	0xBA0	读/写	设备控制输出端点 5 控制寄存	0x0000_0000
DOEPINT5	0xBA8	读/写	设备输出端点 5 中断寄存器	0x0000_0080
DOEPTSIZ5	0xBB0	读/写	设备输出端点 5 传送尺寸寄存器	0x0000_0000
DOEPDMA5	0xBB4	读/写	设备输出端点 5 DMA 地址寄存器	0x0000_0000
DOEPCTL6	0xBC0	读/写	设备控制输出端点 6 控制寄存器	0x0000_0000
DOEPINT6	0xBC8	读/写	设备输出端点 6 中断寄存器	0x0000_0080
DOEPTSIZ6	0xBD0	读/写	设备输出端点 6 传送尺寸寄存器	0x0000_0000
DOEPDMA6	0xBD4	读/写	设备输出端点 6 DMA 地址寄存器	0x0000_0000
DOEPCTL7	0xBE0	读/写	设备控制输出端点 7 控制寄存器	0x0000_0000
DOEPINT7	0xBE8	读/写	设备输出端点 7 中断寄存器	0x0000_0080

续表 6-2

寄存器名称	偏移值	读/写操作	寄存器描述	复位值
DOEPTSIZ7	0xBF0	读/写	设备输出端点 7 传送尺寸寄存器	0x0000_0000
DOEPDMA7	0xBF4	读/写	设备输出端点 7 DMA 地址寄存器	0x0000_0000
DOEPCTL8	0xC00	读/写	设备控制输出端点 8 控制寄存器	0x0000_0000
DOEPINT8	0xC08	读/写	设备输出端点 8 中断寄存器	0x0000_0080
DOEPTSIZ8	0xC10	读/写	设备输出端点 8 传送尺寸寄存器	0x0000_0000
DOEPDMA8	0xC14	读/写	设备输出端点 8 DMA 地址寄存器	0x0000_0000
DOEPCTL9	0xC20	读/写	设备控制输出端点 9 控制寄存器	0x0000_0000
DOEPINT9	0xC28	读/写	设备输出端点 9 中断寄存器	0x0000_0080
DOEPTSIZ9	0xC30	读/写	设备输出端点 9 传送尺寸寄存器	0x0000_0000
DOEPDMA9	0xC34	读/写	设备输出端点 9 DMA 地址寄存器	0x0000_0000
DOEPCTL10	0xC40	读/写	设备控制输出端点 10 控制寄存器	0x0000_0000
DOEPINT10	0xC48	读/写	设备输出端点 10 中断寄存器	0x0000_0080
DOEPTSIZ10	0xC50	读/写	设备输出端点 10 传送尺寸寄存器	0x0000_0000
DOEPDMA10	0xC54	读/写	设备输出端点 10 DMA 地址寄存器	0x0000_0000
DOEPCTL11	0xC60	读/写	设备控制输出端点 11 控制寄存器	0x0000_0000
DOEPINT11	0xC68	读/写	设备输出端点 11 中断寄存器	0x0000_0080
DOEPTSIZ11	0xC70	读/写	设备输出端点 11 传送尺寸寄存器	0x0000_0000
DOEPDMA11	0xC74	读/写	设备输出端点 11 DMA 地址寄存器	0x0000_0000
DOEPCTL12	0xC80	读/写	设备控制输出端点 12 控制寄存器	0x0000_0000
DOEPINT12	0xC88	读/写	设备输出端点 12 中断寄存器	0x0000_0080
DOEPTSIZ12	0xC90	读/写	设备输出端点 12 传送尺寸寄存器	0x0000_0000
DOEPDMA12	0xC94	读/写	设备输出端点 12 DMA 地址寄存器	0x0000_0000
DOEPCTL13	0xCA0	读/写	设备控制输出端点 13 控制寄存器	0x0000_0000
DOEPINT13	0xCA8	读/写	设备输出端点 13 中断寄存器	0x0000_0080
DOEPTSIZ13	0xCB0	读/写	设备输出端点 13 传送尺寸寄存器	0x0000_0000
DOEPDMA13	0xCB4	读/写	设备输出端点 13 DMA 地址寄存器	0x0000_0000
DOEPCTL14	0xCD0	读/写	设备控制输出端点 14 控制寄存器	0x0000_0000
DOEPINT14	0xCC8	读/写	设备输出端点 14 中断寄存器	0x0000_0080
DOEPTSIZ14	0xCD0	读/写	设备输出端点 14 传送尺寸寄存器	0x0000_0000
DOEPDMA14	0xCD4	读/写	设备输出端点 14 DMA 地址寄存器	0x0000_0000
DOEPCTL15	0xCE0	读/写	设备控制输出端点 15 控制寄存器	0x0000_0000
DOEPINT15	0xCE8	读/写	设备输出端点 15 中断寄存器	0x0000_0080
DOEPTSIZ15	0xCF0	读/写	设备输出端点 15 传送尺寸寄存器	0x0000_0000
DOEPDMA15	0xCF4	读/写	设备输出端点 15 DMA 地址寄存器	0x0000_0000
电源和时钟选通寄存器				
PCGCCTL	0xE00	读/写	电源和时钟选通控制寄存器	0x0000_0000

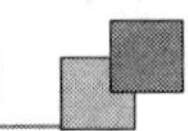

注意：

〈1〉所有高速 OTG 控制器的寄存器都可使用 STR/LDR 指令访问。

〈2〉寄存器访问方式相关注释与功能描述表。

寄存器访问方式	缩　写	访问方式功能描述
只读	RO	寄存器仅可支持只读操作，写入只读值域将无效
只写	WO	寄存器仅可支持只写操作
读/写	R_W	寄存器支持读和写操作，程序可以写入 1'b1(1'b1 表示意义为 1 个二进制位，其值为 1)置位，写 1'b0 则清除该位
读，写，自清位	R_W_SC	寄存器支持读和写操作，并由核清除至 1'b0(自我清除)
读，写，自设置，自清位	R_W_SS_SC	寄存器支持读和写操作，产生某些 USB 事件(自我配置)时由核设置为 1'b1，并可通过核清除置 1'b0(自我清除)
读，自设置，写清位	R_SS_WC	寄存器支持读操作，产生某些 USB 或 AHB 事件(自我配置)时由核设置为 1'b1，并可通过向寄存器写 1'b1 值清除置 1'b0(写清除)，且写 1'b0 则对该位无效
读，写设置，自清位	R_WS_SC	寄存器支持读操作，通过向寄存器写 1'b1 值操作将该值置 1'b1(写设置)，并由核清除置 1'b0 值。应用程序不能够清除该位域值，对该位写 1'b0 则无效
读，自设置，自清位，写清位	R_SS_SC_WC	寄存器支持读操作，产生某些 USB 或 AHB 事件(自我配置)时由核设置为 1'b1，并可通过核清除置 1'b0(自我清除)或由程序写 1'b1 值进行清除(写清除)，如写入 1'b0 值则对该位无效

6.3.2　OTG 控制寄存器

OTG 控制寄存器主要用于配置和管理相关 OTG 协议功能。

1. OTG 电源控制寄存器

OTG 电源控制寄存器用于 OTG 物理层电源控制，其功能定义如表 6-3 所列。

寄存器的地址：0x7C100000，复位值：0x000000019，可读/写。

表 6-3　OTG 电源控制寄存器位功能定义

OPHYPWR	位	读/写	功能描述	初始状态
保留	[31:5]	—	保留	27'h0
Otg_disable	[4]	—	在 PHY2.0 内 OTG 模块掉电 1'b0：OTG 模块上电 1'b1：OTG 模块掉电 如不使用 OTG 功能，可以设置此位输入高电平来节省功耗	1'b1
Analog_powerdown	[3]	R/W	在 PHY2.0 内模拟模块掉电 1'b0：模块电源上电 1'b1：模块电源掉电	1'b1

续表 6－3

OPHYPWR	位	读/写	功能描述	初始状态
保留	[2:1]	—	保留	2 b'00
Force_suspend	[0]	R/W	申请挂起信号以节省能耗 1'b0:禁止(常规操作) 1'b1:使能	1'b1

注：27'h0 表示 27 个 0，h 表示十六进制；

1'b1 表示 1 个 1，b 表二进制数。

2. OTG 物理层时钟控制寄存器

OTG 物理层时钟控制寄存器用于 OTG 物理层时钟源路径控制，其功能定义如表 6－4 所列。寄存器的地址：0x7C100004，复位值：0x000000000，可读/写。

表 6－4 OTG 物理层时钟控制寄存器位功能定义

OPHYCLK	位	读/写	功能描述	初始状态
保留	[31:7]	—	保留	25'h0
Serial_mode	[6]	R/W	UTMI/串行接口选择 当该寄存器调用后，USB 通信流通过串行接口 1'b0:通过 UTMI 收发 D+和 D−的数据 1'b1:通过 USB1.1 串行接口引擎转收发 D+和 D−数据	1'b0
Xo_ext_clk_enb	[5]	R/W	外部晶振模块参考时钟选择 1'b0:外部晶体 1'b1:外部时钟/振荡器	1'b0
Common_on_n	[4]	R/W	在挂起期间强制 XO，Bias，Bandgap 和 PLL 保持供电 当 USB 2.0 OTG 物理层挂起时，此位控制共用模块内子模块的掉电信号。1'b0:clk48m_ohci 的 48 MHz 时钟一直有效，挂起模式除外。 1'b1:clk48m_ohci 的 48 MHz 时钟一直有效，挂起模式下也一样	1'b1
保留	[3]	—	保留	1'b0
id_pullup	[2]	R/W	模拟 ID 输入样本使能 1'b0:ID 号禁止 1'b1:ID 号使能(ID 号在 20 ms 内输出有效，用于指示连接插头的类型)	1'b0
clk_sel	[1:0]	R/W	PLL 参考时钟频率选择 2'b00:48 MHz 2'b01:保留 2'b10:12 MHz 2'b11:24 MHz	2'b00

OTG 物理层时钟源路径如图 6－4 所示。

3. OTG 复位控制寄存器

OTG 复位控制寄存器用于复位控制，其功能定义如表 6－5 所列。

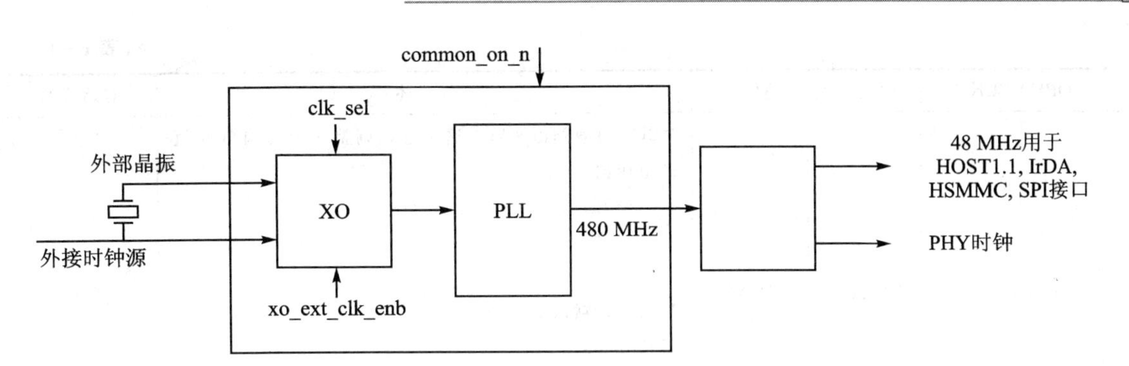

图 6-4 OTG 物理层时钟路径

寄存器的地址:0x7C100008,复位值:0x00000001,可读/写。

表 6-5 OTG 复位控制寄存器寄存器位功能定义

ORSTCON	位	读/写	功能描述	初始状态
保留	[31:3]	—	保留	29'h0
Phylnk_sw_rst	[2]	R/W	OTG 链接核心 PHY_CLK 软件复位	1'b0
lnk_sw_rst	[1]	R/W	OTG 链接核心 HCLK 软件复位	1'b0
Phy_sw_rst	[0]	R/W	OTG PHY2.0 软件复位,信号最少维持 10 μs	1'b1

4. PHY 调整寄存器

PHY 调整寄存器用于多种电压阀值及状态等调整,其功能定义如表 6-6 所列。

寄存器的地址:0x7C100020,复位值:0x00271B98,可读/写。

表 6-6 PHY 调整寄存器位功能定义

OPHYCLK	位	读/写	描 述	初始状态
保留	[31:21]	—	保留	11'h1
Txpreemphasistune	[20]	R/W	高速发送器预加重使能。这个信号使能或禁用高速模式下 J-K 或 K-J 状态转换 1:高速发送器可以预加重 0:高速发送器不能预加重	1'b0
Compdistune	[19:17]	R/W	断开阈值调整。这个总线调整阈值的电压值用于检测主机内的断开事件。 111:+6% 110:+4.5% 101:+3% 100:+1.5% 011:设计默认 010:-3% 001:-4% 000:-6%	3'b011

续表 6-6

OPHYCLK	位	读/写	描 述	初始状态
Otgtune	[16:14]	R/W	VBUS 有效阈值调整。这个总线调整 VBUS 有效阈值的电压值 111:+9% 110:+6% 101:+3% 100:设计默认 011:-3% 010:-6% 001:-9% 000:-12%	3'b100
Sqrxtune	[13:11]	R/W	静噪阈值调整。这个总线调整阈值的电压值,用于发现有效的高速数据。 111:-20% 110:-15% 101:-10% 100:-5% 011:设计默认-3% 010:+5% 001:+10% 000:+15%	3'b011
Txfslstune	[10:7]	R/W	全速/低速状态上拉电阻调整。这个总线根据额定功率,额定电压和温度调整低速和全速上拉电阻值 1111:-2.5% 0111:设计默认 0011:+2.5% 0001:+5% 0000:+7.5%	4'b0111
Txrisetune	[6]	R/W	高速发送器升/降时间调整。这个总线调整高速波形的升/降时间 1:-8% 0:设计默认	2'b01
Txhsxutune	[5:4]	R/W	发送器高速交迭调整。这个总线调整高速发送模式下 DP 和 DM 信号交迭电压值 11:交迭电压增加 15 mV 10:交迭电压增加 30 mV 01:默认设置 00:保留	2'b01

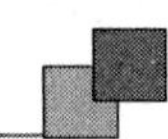

续表 6－6

OPHYCLK	位	读/写	描　述	初始状态
Txvreftune	[3:0]	R/W	高速直流电平值调整。这个总线调整电压值，调整高速直流电平。 1111:－8.75% 1110:＋7.5% 1101:＋6.25% 1100:＋5% 1011:＋3.75% 1010:＋2.5% 1001:＋1.25% 1000:0% 0111:－1.25% 0110:－2.5% 0101:－3.75% 0100:－5% 0011:设计默认 0010:－7.5% 0001:－8.75% 0000:保留	4'b0011

6.3.3　OTG 链接核心寄存器组

OTG 链接核心相关控制由一系列寄存器组完成。

1. OTG 全局寄存器组

下列寄存器在主机模式和设备模式下都是可用的，在两种模式切换过程中无须对这些寄存器值重新编程。

(1) OTG 控制和状态寄存器

OTG 控制和状态寄存器控制 OTG 核心的行为并反映 OTG 核心的状态。其功能定义如表 6－7 所列。

寄存器的地址：0x7C000000，复位值：0x00010000，可读/写。

表 6－7　OTG 控制和状态寄存器位功能定义

GOTGCTL	位	读/写	描　述	初始状态
保留	[31:20]	—	保留	12'h0
BSesVld	[19]	RO	B 会话有效，指示设备模式收发器状态 1'b0:B 会话无效 1'b1:B 会话有效	1'b0

续表 6-7

GOTGCTL	位	读/写	描 述	初始状态
AsesVId	[18]	RO	A 会话有效,指示主机模式收发器状态 1'b0:A 会话无效 1'b1:A 会话有效	1'b0
DbncTime	[17]	RO	长/短去除抖动时间,检测连接的抖动时间 1'b0:长抖动时间,用于物理连接 1'b1:短抖动时间,用于软件连接	1'b0
ConIDSts	[16]	RO	连接器 ID 状态,指明连接器 ID 状态 1'b0:OTG 核心在 A 设备模式下 1'b1:OTG 核心在 B 设备模式下	1'b1
保留	[15:12]	—	保留	4'h0
DevHNPEn	[11]	R/W	设备主机协商协议使能,当成功接收一个 SetFeature 时,设置此位。 1'b0:应用中禁止主机协商协议 1'b1:应用中使能主机协商协议	1'b0
HstSetHNPEn	[10]	R/W	主机设置 HNP 协议使能,当成功使能接入设备的 HNP 协议后设置此位。 1'b0:主机设置 HNP 协议使能 1'b1:主机设置 HNP 协议禁用	1'b0
HNPReq	[9]	R/W	HNP 协议请求,设置此位将连接的 USB 主机初始化一个 HNP 请求。当位 HstNegSucStsChng 被清除时,此位清除。 1'b0:没有 HNP 请求 1'b1:发出 HNP 请求	1'b0
HstNegScs	[8]	RO	当主机协商成功时设置此位,当在此寄存器内设置 HNP 请求位时清除此位。 1'b0:主机协商失败 1'b1:主机协商成功	1'b0
保留	[7:2]	—	保留	6'h0
SesReq	[1]	R/W	会话请求,设置此位初始化一个会话请求。当 HstNeg-SucStsChng 位清除,清除此位。 1'b0:无会话请求 1'b1:发会话请求	1'b0
SesReqScs	[0]	RO	会话请求成功,当会话请求初始化成功时设置此位。 1'b0:会话请求失败 1'b1:会话请求成功	1'b0

(2) OTG 中断寄存器

每当产生 OTG 中断和通过清除寄存器位来清除中断时,应用程序读取这个寄存器。

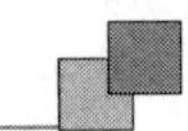

OTG中断寄存器其功能定义如表6-8所列。

寄存器的地址:0x7C000004,复位值:0x00000000,可读/写。

表6-8 OTG控制和状态寄存器位功能定义

GOTGINT	位	读/写	描 述	初始状态
保留	[31:20]	—	保留	12'h0
DbnceDone	[19]	R-SS-WC	防抖动操作,当设备连接后完成去抖动时,设置此位。只有当核心USB配置寄存器内的HNP和SRP相应位设置时此位才有效	1'b0
ADevROUTChg	[18]	R-SS-WC	A设备超时改变,设置此位是为了指明A设备等待B设备连接时的超时现象	1'b0
HstNegDet	[17]	R-SS-WC	主机协商检测,当检测USB的主机协商请求时,设置此位	1'b0
保留	[16:10]	—	保留	7'h0
HstNegSucStsChng	[9]	R-SS-WC	主机协商成功状态变化,USB主机协商请求的成功或失败时设置此位	1'b0
SesReqSucStsChng	[8]	R-SS-WC	会话请求成功状态变化,会话请求的成功或失败时设置此位	1'b0
保留	[7:3]	—	保留	5'h0
SesEndDet	[2]	R-SS-WC	会话结束检测,b_valid信号解除时设置此位	1'b0
保留	[1:0]	—	保留	2'h0

(3) OTG AHB配置寄存器

该寄存器可以用来配置操作模式下电源上电或改变。OTG AHB配置寄存器主要包含AHB系统相关的配置参数。在程序初始化后不要改变这个寄存器。实际应用中,必须在AHB或USB通信之前对此寄存器编程。其功能定义如表6-9所列。

寄存器的地址:0x7C000008,复位值:0x00000000,可读/写。

表6-9 OTG AHB配置寄存器位功能定义

GAHBCFG	位	读/写	描 述	初始状态
保留	[31:9]	—	保留	23'h0
PtxFEmpLvl	[8]	R/W	周期发送FIFO空的程度,指明当周期发送FIFO空中断位触发。此位只用于从模式。 1'b0:GINTSTS.PtxFEmp中断指明周期发送FIFO是半空 1'b1:GINTSTS.PtxFEmp中断指明周期发送FIFO全空	1'b0

续表 6－9

GAHBCFG	位	读/写	描　述	初始状态
NPTxFEmpLvl	[7]	R/W	非周期发送 FIFO 空的程度，指明当非周期发送 FIFO 中断位触发。此位只用于从模式。 1'b0：GINTSTS. PtxFEmp 中断指明非周期发送 FIFO 是半空 1'b1：GINTSTS. PtxFEmp 中断指明非周期发送 FIFO 全空	1'b0
保留	[6]	—	保留	1'b0
DMAEn	[5]	R/W	DMA 使能 1'b0：核心运行在从模式下 1'b1：核心运行在 DMA 模式下	1'b0
HbstLen	[4:1]	R/W	突发长度/类型 内部 DMA 模式－AHB 主突发类型： 4'b0000：single 4'b0001：INCR 4'b0011：INCR4 4'b0101：INCR8 4'b0111：INCR16 其他值：保留	4'b0
GlbIntrMsk	[0]	R/W	全局中断屏蔽实际应用中，用此位屏蔽或不屏蔽中断 1'b0：屏蔽中断 1'b1：不屏蔽中断	1'b0

(4) OTG USB 配置寄存器

OTG USB 配置寄存器用于电源上电后以及主机模式或设备模式切换过程中的内核配置。该寄存器主要包含 USB 和 USB 物理层相关的配置参数。必须在 AHB 或 USB 通讯之前对此寄存器编程，但在初始化编程后不要改变这个寄存器值。其功能定义如表 6－10 所列。

寄存器的地址：0x7C00000C，复位值：0x00001400，可读/写。

表 6－10　OTG USB 配置寄存器位功能定义

GUSBCFG	位	读/写	描　述	初始状态
保留	[31:16]	—	保留	16'h0
PHY Low－Power Clock Select	[15]	R/W	PHY 低电源时钟选择。选择 480 MHz 或 48 MHz。 在全速和低速模式下，PHY 通常运行在 48 MHz 模式下以省电。 1'b0：480 MHz 内部 PLL 时钟 1'b1：48 MHz 外部时钟	1'b0
保留	[14:10]	—	保留	5'h5

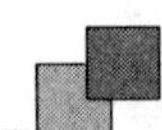

续表 6-10

GUSBCFG	位	读/写	描　述	初始状态
HNPCap	[9]	R/W	HNP 协议-能力。用此位控制 OTG 核心的 HNP 协议能力。 1'b0:HNP 能力无效 1'b1:HNP 能力有效	1'b0
SRPCap	[8]	R/W	SRP 协议一能力。用此位控制 OTG 核心的 SRP 协议能力。 1'b0:SRP 能力无效 1'b1:SRP 能力有效	1'b0
保留	[7:4]	—	保留	4'h0
PHYIf	[3]	R/W	PHY 接口实际应用中,用此位配置核心用 8 位或 16 位接口支持 UTMI+PHY。仅支持 16 位接口,需要将此位设置为 1。 1'b0:8 位 1'b1:16 位	1'b0
ToutCal	[2:0]	R/W	全速和低速超时校验 设置此位为 3'b7	3'b0

(5) 核心复位寄存器

应用中,用此位复位核内部各种硬件。其功能定义如表 6-11 所列。

寄存器的地址:0x7C000010,复位值:0x80000000,可读/写。

表 6-11　核心复位寄存器位功能定义

GRSTCTL	位	读/写	描　述	初始状态
AHBIdle	[31]	RO	闲置的 AHB 主接口空闲,指明 AHB 主接口状态机器处于闲置	1'b1
DMAReq	[30]	RO	DMA 请求信号,指示 DMA 请求信号进程,用于调试	1'b0
保留	[38:11]	—	保留	19'h0
TxFNum	[10:6]	R/W	TxFIFO 序号 FIFO 序号必须用 TxFIFO 刷新位进行清除。这个区域直到核清除 TxFIFO 刷新位的时候才可以改变。 5'h0:非周期 TxFIFO 刷新 5'h1:设备模式内周期 TxFIFO 1 刷新 5'h2:设备模式内周期 TxFIFO 2 刷新 … 5'hF:设备模式内周期 TxFIFO15 刷新 5'h10:清除核内的所有周期和非周期的 TxFIFO	5'h0

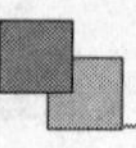

续表 6－11

GRSTCTL	位	读/写	描　述	初始状态
TxFFlsh	[5]	R_WS_SC	TxFIFO 刷新 此位选择性的清除一个或者所有传送 FIFO。此位用 8 个时钟周期清除	1'b0
ExFFlsh	[4]	R_WS_SC	RxFIFO 刷新 实际应用中，用此位可以清整个 RxFIFO，此位用 8 个时钟周期进行清除	1'b0
INTknQFlsh	[3]	R_WS_SC	输入令牌序列学习队列刷新 写操作清除此位	1'b0
FrmCntrRst	[2]	R_WS_SC	主机帧计数器复位 写操作此位将核内部帧计数器的复位	1'b0
HSftRst	[1]	R_WS_SC	HCLK 软件复位 用此位清除 AHB 时钟模块的控制逻辑。自会有 AHB 时钟范围管道可以复位	1'b0
CSftRst	[1]	R_WS_SC	核软件复位	1'b0

(6) 核心中断寄存器

这个寄存器中断应用与在操作当前模式下的系统等级事件。其功能定义如表 6－12 所列。

寄存器的地址：0x7C000014，复位值：0x04001020，可读/写。

表 6－12　核心中断寄存器位功能定义

GINTSTS	位	读/写	描　述	初始状态
WkUpInt	[31]	R_SS_WC	设备模式内的恢复/远程唤醒检测中断，当 USB 检测恢复时声明此中断。主机模式下，当 USB 检测远程唤醒时，声明此中断	1'b0
SessReqInt	[30]	R_SS_WC	主机模式内的会话请求/新的会话检测中断，主机模式下检测到设备会话请求时，声明此中断。设备模式下，当 b_valid 信号变成高电平时声明此中断	1'b0
DisconnInt	[29]	R_SS_WC	断开检测中断。 当检测到设备断开时，声明此中断	1'b0
ConIDStsChng	[28]	R_SS_WC	连接器 ID 状态变化。 当连接器 ID 状态发生变化时，核心设置此位	1'b0
保留	[27]	—	保留	1'b0
PtxFEmp	[26]	RO	周期 TxFIFO 空。当周期传输 FIFO 为半空或全空，有接收最少一个周期请求队列写入信号的空间时，声明此位。半空或全空状态由核心 AHB 配置寄存器内的周期 TxFIFO 空程度位决定	1'b1

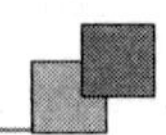

续表 6-12

GINTSTS	位	读/写	描　述	初始状态
HchInt	[25]	RO	主机通道中断。 核心设置此位来指明一个中断挂起在核(主机模式)的一个通道上	1'b0
PrtInt	[24]	RO	主机端口中断。 核设置此位用于指明主机模式下 OTG 和端口状态的变化	1'b0
保留	[23]	—	保留	1'b0
FetSusp	[22]	R_SS_WC	数据提取暂停。 只有在 DMA 模式下,中断有效	1'b0
IncompIP Incompl SOOUT	[21]	R_SS_WC	不完全周期传送	1'b0
Incompl SOIN	[20]	R_SS_WC	不完全的实时输入传送换	1'b0
OEPInt	[19]	RO	输出端点中断	1'b0
IEPInt	[18]	RO	输入端点中断	1'b0
EPMis	[17]	R_SS_WC	端点不匹配中断	1'b0
保留	[16]	—	保留	1'b0
EOPF	[15]	R_SS_WC	周期帧中断的结束。指明了在当前微帧内,已经到达了设备配置寄存器内的周期帧间隔时间	1'b0
ISOutDrop	[14]	R_SS_WC	实时传输的信息包丢弃中断	1'b0
EnumDone	[13]]	R_SS_WC	枚举操作完成。 核设置此位指明高速枚举已经完成	1'b0
USBRst	[12]	R_SS_WC	USB 复位。 核设置此位用于指明在 USB 中已经检测到一个复位操作	1'b1
USBSusp	[11]	R_SS_WC	USB 暂停。 核设置此位用于指明在 USB 上检测到一个暂停操作。当很长时间内线状态信号没被激活时,进入暂停状态	1'b0
ErlySusp	[10]	R_SS_WC	早期暂停。 核设置此位用于指明在 USB 检测到了一个 3 ms 的空闲状态	1'b0
保留	[9]	—	保留	1'b0
保留	[8]	—	保留	1'b0
GOUTNakEFF	[7]	RO	有效的全局输出 NAK。 指明设备控制寄存器内的设置全局输出 NAK 位	1'b0
GINNakEff	[6]	RO	有效的全局输入非周期 NAK。指明设备控制寄存器内的设置全局非周期输入 NAK 位	1'b0

续表 6-12

GINTSTS	位	读/写	描　述	初始状态
NPTxFEmp	[5]	RO	非周期 TxFIFO 空。 当非周期 FIFO 为半空或全空，且有接收最少一个向非周期传送请求队列写入信号的空间时，声明此位。半空或全空状态由核心 AHB 配置寄存器内的非周期 TxFIFO 空的等级位决定	1'b1
RxFLvl	[4]	RO	RxFIFO 非空。 指明至少有一个等待从 RxFIFO 读取数据的包	1'b0
Sof	[3]	R_SS_WC	帧的开始	1'b0
OTGInt	[2]	RO	OTG 中断。 核设置此位用于指明一个 OTG 协议事件	1'b0
ModeMis	[1]	R_SS_WC	模式不匹配中断。 当应用程序试图访问下面所述寄存器时，核设置此位： ① 当核在设备模式下运行时，访问主机模式寄存器； ② 当核在主机模式下运行时，访问设备模式寄存器	1'b0
CurMod	[0]	RO	操作的当前模式。 指明操作当前模式 1'b0：设备模式 1'b1：主机模式	1'b0

(7) 核心中断屏蔽寄存器

核心中断寄存器主要用于管理相关的中断应用。当一个中断位被屏蔽时，与中断关联位不会产生中断。总之，核心中断寄存器位与相应的中断一一对应被设置。其功能定义如表 6-13所列。

寄存器的地址：0x7C000018，复位值：0x00000000，可读/写。

屏蔽中断：1'b0

不屏蔽中断：1'b1

表 6-13　核心中断屏蔽寄存器位功能定义

GINTMSK	位	读/写	描　述	初始状态
WkUpIntMsk	[31]	R/W	重新恢复/远程唤醒检测中断屏蔽	1'b0
SessReqIntMsk	[30]	R/W	会话请求/新的会话检测中断屏蔽	1'b0
DisconnIntMsk	[29]	R/W	断开检测中断屏蔽	1'b0
ConIDStsChngMsk	[28]	R/W	连接器 ID 状态变化屏蔽	1'b0
保留	[27]	—	保留	1'b0
PtxFEmpMsk	[26]	R/W	空的周期 TxFIFO 屏蔽	1'b1
HchIntMsk	[25]	R/W	主机通道中断屏蔽	1'b0
PrtIntMsk	[24]	R/W	主机端口中断屏蔽	1'b0

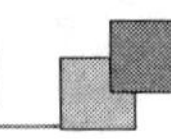

续表6-13

GINTMSK	位	读/写	描 述	初始状态
保留	[23]	—	保留	1'b0
FetSuspMsk	[22]	R/W	数据提取暂停屏蔽	1'b0
IncompIPMsk	[21]	R/W	未完成的周期传送屏蔽	1'b0
IncomplSOOUTMsk			未完成的实时输出传送屏蔽	
IncompSOINMsk	[20]	R/W	未完成的实时输入传送屏蔽	1'b0
OEPIntMsk	[19]	R/W	输出端点中断屏蔽	1'b0
IEPIntMsk	[18]	R/W	输出端点中断屏蔽	1'b0
EPMisMsk	[17]	R/W	端点不匹配中断屏蔽	1'b0
Reserved	[16]	R/W	保留	1'b0
EOPFMsk	[15]	R/W	周期帧结束的中断屏蔽	1'b0
ISOutDropMsk	[14]	R/W	实时传输输出信息包丢弃中断屏蔽	1'b0
EnumDoneMsk	[13]	R/W	枚举操作完成屏蔽	1'b0
USBRstMsk	[12]	R/W	USB复位屏蔽	1'b1
USBSuspMsk	[11]	R/W	USB挂起屏蔽	1'b0
ErlySuspMsk	[10]	R/W	早期挂起屏蔽	1'b0
保留	[9]	—	保留	1'b0
保留	[9]	—	保留	1'b0
GOUTNakEFFMsk	[7]	R/W	全局输出 NAK 有效屏蔽	1'b0
GINNakEffMsk	[6]	R/W	全局输入非周期 NAK 有效屏蔽	1'b0
NPTxFEmpMsk	[5]	R/W	非周期 TxFIO 空屏蔽	1'b1
RxFLvlMsk	[4]	R/W	RxFIFO 非空屏蔽	1'b0
SofMsk	[3]	R/W	帧开始屏蔽	1'b0
OTGIntMsk	[2]	R/W	OTG 中断屏蔽	1'b0
ModeMisMsk	[1]	R/W	模式不匹配中断屏蔽	1'b0
保留	[0]	—	保留	1'b0

(8) 接收 FIFO 尺寸寄存器

应用中可以将 RAM 尺寸进行编程分配到 RxFIFO,供接收使用。接收 FIFO 尺寸寄存器功能定义如表6-14所列。

寄存器的地址:0x7C000024,复位值:0x00001800,可读/写。

表6-14 接收FIFO尺寸寄存器位功能定义

GRXFSIZ	位	读/写	描 述	初始状态
保留	[31:16]	—	保留	16'h0
RxFDep	[15:0]	R/W	RxFIFO 深度; 这个值是32位的; 最小值是16; 最大值是6144	16'h1800

(9) 非周期传输 FIFO 尺寸寄存器

程序可以为非周期 TxFIFO 编程 RAM 尺寸和存储器开始地址。非周期传送 FIFO 尺寸寄存器功能定义如表 6-15 所列。

寄存器的地址:0x7C000028,复位值:0x18001800,可读/写。

表 6-15 接收 FIFO 尺寸寄存器位功能定义

GRXFSIZ	位	读/写	描 述	初始状态
NPTxFDep	[31:16]	R/W	非周期 TxFIFO 深度,这个值是 32 位的; 最小值是 16,最大值是 32 768	16'h1800
NPTxFStADDr	[15:0]	R/W	非周期传送开始地址; 这个区域包含非周期传送 FIFO 的 RAM 的存储器开始地址	16'h1800

(10) 非周期传输 FIFO/队列状态寄存器

该寄存器包括了非周期 TxFIFO 空闲空间信息和传输请求队列。其功能定义如表 6-16 所列。

寄存器的地址:0x7C00002C,复位值:0x00081800,只读。

表 6-16 非周期传输 FIFO/队列状态寄存器位功能定义

GRXFSIZ	位	读/写	描 述	初始状态
保留	[31]	—	保留	1'b0
NPTxQTop	[30:24]	RO	非周期传输请求队列的顶层是 MAC 当前运行的队列。 位[30:27]:通道/端点序号 位[26:25]值定义如下: 2'b00:输入/输出令牌 2'b01:零长度传送包(设备输入/主机输出) 2'b10:PING/CSPLIT 令牌 2'b11:通道停止命令 位[24]:中止	7'h0
NPTxQSpcAvail	[23:16]	RO	非周期传输请求队列可用空间,指明非周期传送请求队列中可用空间的数量。 8'h0:非周期传送请求队列已满 8'h1:1 个可用位置 8'h2:2 个可用位置 N:n 个可用位置(0≤n≤8) 其他:保留	8'h08
NPTxFSpcAvail	[15:0]	RO	非周期 TxFIFO 可用空间,指明非周期 TxFIFO 中可用空间的数量,这个值是 32 位的。 16'h0:非周期 TxFIFO 已满 16'h1:1 个字可用 16'h2:2 个字可用 16'hn:n 个字可用(0≤n≤32 768) 其他:保留	16'h1800

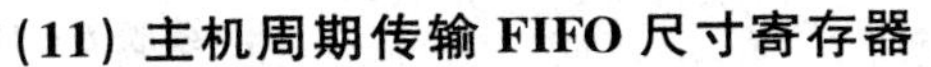

(11) 主机周期传输 FIFO 尺寸寄存器

该寄存器用于周期 TxFIFO 的尺寸和存储器开始地址。其功能定义如表 6－17 所列。寄存器的地址:0x7C000100,复位值:0x03005A00,可读/写。

表 6－17　主机周期传输 FIFO 尺寸寄存器位功能定义

HPRXFSIZ	位	读/写	描　述	初始状态
PtxFSize	[31:16]	R/W	主机周期 TxFIFO 深度,这个值是 32 位的。最小值是 16,最大值是 6144	16'h0300
PTxFStAddr	[15:0]	R/W	主机周期传送开始地址	16'h1800

(12) 设备周期传送 FIFO－N(1≤n≤15)尺寸寄存器

寄存器在设备模式下每个周期 TxFIFO 执行的存储器开始地址,每个周期 FIFO 获取一个周期的输入端点数据。其功能定义如表 6－18 所列。

寄存器的地址(基址＋偏移值):0x7C000104＋(n－1)×04h,复位值:0x0300XXXX,可读/写。

表 6－18　设备周期传输 FIFO 尺寸寄存器位功能定义

DPRXFSIZn	位	读/写	描　述	初始状态
DPTxFSize	[31:16]	R/W	设备周期 TxFIFO 尺寸,这个值是 32 位的。 最小值是 16 最大值是 768	n:1(16'h300) n:2(16'h300) n:3(16'h300) n:4(16'h300) n:5(16'h300) n:6(16'h300) n:7(16'h300) n:9(16'h300) n:9(16'h300) n:10(16'h300) n:11(16'h300) n:12(16'h300) n:13(16'h300) n:14(16'h300) n:15(16'h300)

续表 6-18

DPRXFSIZn	位	读/写	描　述	初始状态
DPTxFStAddr	[15:0]	R/W	设备周期 TxFIFO 的 RAM 开始地址	n:1(16'h1000) n:2(16'h3300) n:3(16'h3600) n:4(16'h3900) n:5(16'h3C00) n:6(16'h3F00) n:7(16'h4200) n:9(16'h4500) n:9(16'h4800) n:10(16'h4B00) n:11(16'h4E00) n:12(16'h5100) n:13(16'h5400) n:14(16'h5700) n:15(16'h5A00)

2. 主机模式寄存器组

主机模式寄存器组影响该模式下的核心操作。在设备模式下不能访问主机模式寄存器。主机模式寄存器组分为 3 类。

- 主机全局寄存器；
- 主机端口控制和状态寄存器；
- 主机特殊通道寄存器。

(1) 主机全局寄存器组

① 主机配置寄存器

在上电后该寄存器配置核，初始化主机后不要改变此寄存器值。其功能定义如表 6-19 所列。

寄存器的地址：0x7C000400，复位值：0x00200000，可读/写。

表 6-19　主机配置寄存器位功能定义

HCFG	位	读/写	描　述	初始状态
保留	[31:3]	—	保留	29'h0040000
FSLSSupp	[2]	R/W	只支持全速和低速； 用此位控制核的枚举速度； 在初始化程序后不能改变此位； 1'b0：高速/全速/低速，基于连接的设备所支持最大速度； 1'b1：只支持全速/低速，即使连接的设备可以支持调整	1'b0

续表 6-19

HCFG	位	读/写	描　述	初始状态
FSLSPclkSel	[1:0]	R/W	全速/低速PHY时钟选择； 当核心处于全速主机模式时： 2'b00:PHY时钟是30/60 MHz 2'b01:PHY时钟是48 MHz 当处于低速主机模式时： 2'b00:PHY时钟是30/60 MHz 2'b01:PHY时钟是48 MHz 2'b10:PHY时钟是6 MHz 2'b11:保留	2'b0

② 主机帧间隔时间寄存器

该寄存器存储了被枚举核当前速度的帧间隔时间信息。其功能定义如表6-20所列。寄存器的地址:0x7C000404,复位值:0x000017D7,可读/写。

表 6-20　主机帧间隔时间寄存器位功能定义

HFIR	位	读/写	描　述	初始状态
保留	[31:16]	—	保留	16'h0
FrInt	[15:0]	R/W	帧间隔时间。 此位编程的值指定了两个连续的SOF(全速)或microSOF(全速)或保持活动(高速)令牌之间的间隔时间。 125 μs(HS的PHY时钟频率) 1 ms(FS/LS的PHY时钟频率)	16'h17D7

③ 主机帧序号/帧剩余时间寄存器

这个寄存器指明当前帧的序号,同时指明当前帧的剩余时间。其功能定义如表6-21所列。

寄存器的地址:0x7C000408,复位值:0x00000000,只读。

表 6-21　主机帧序号/帧剩余时间寄存器位功能定义

HFNUM	位	读/写	描　述	初始状态
FrRem	[31:16]	RO	帧剩余时间。 指明当前微帧(高速)或帧(全速/低速)内剩余时间的数量,针对PHY时钟而言的	16'h0
FrNum	[15:0]	RO	帧序号。 当一个新的SOF在USB上传输的时候,帧序号将增1,序号值增到16'h3FFF时,将复位为0	16'h0

④ 主机周期传送FIFO/队列状态寄存器

该寄存器包含了周期TxFIFO和周期传送请求队列的未占用空间信息。其功能定义如

表 6－22 所列。

寄存器的地址:0x7C000410,复位值:0x00080100,只读。

表 6－22　主机周期传送 FIFO/队列状态寄存器位功能定义

HPTXSTS	位	读/写	描　述	初始状态
PTxQTop	[31:24]	RO	周期传送请求队列的顶部指示 MAC 当前运行的内容。 位[31]:奇数/偶数帧 1'b0:发送偶数帧 1'b1:发送奇数帧 位[30:27]:通道/端点序号 位[26:25]:类型 2'b00:输入/输出 2'b01:零长度包 2'b10:CSPLIT 2'b11:无效的通道命令 位[24]:结束	8'h0
PTxQSpcAvail	[23:16]	RO	周期传送请求队列的可用空间。 指明周期传送请求队列中可用空间的数量。 8'h0:周期传送请求队列满 8'h1:1 个可用位置 8'h2:2 个可用位置 N:n 个可用位置(0≤n≤8) 其他:保留	8'h8
PTxFSpcAvail	[15:0]	RO	周期 TxFIFO 的可用空间。 指明周期 TxFIFO 中可用空间的数量。这个值是 32 位的。 16'h0:非周期 TxFIFO 满 16'h1:1 个字可用 16'h2:2 个字可用 16'hn:n 个字可用(0≤n≤32 768) 其他:保留	16'h0100

⑤ 主机所有通道中断寄存器

当一个重要事件在通道发生时,该寄存器使用相应的中断位中断应用。每个通道有一个中断位,最高可达到 16 位。可设置或清除相应主机通道－N 中断寄存器位。其功能定义如表 6－23 所列。

寄存器的地址:0x7C000414,复位值:0x00000000,只读。

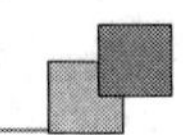

表 6-23　主机所有通道中断寄存器位功能定义

HAINT	位	读/写	描　述	初始状态
保留	[31:16]	—	保留	16'h0
HAINT	[15:0]	RO	通道中断 一个通道一个中断位。 通道 0 的中断位是 0 通道 15 的中断位是 15	16'h0

⑥ 主机所有通道中断屏蔽寄存器

主机所有通道中断屏蔽寄存器和主机所有通道中断寄存器一起工作，用于屏蔽中断位。每个通道有一个中断屏蔽位，最大值可达 16 位。其功能定义如表 6-24 所列。

寄存器的地址：0x7C000418，复位值：0x00000000，只读。

屏蔽中断：1'b0

不屏蔽中断：1'b1

表 6-24　主机所有通道中断屏蔽寄存器位功能定义

HAINTMSK	位	读/写	描　述	初始状态
保留	[31:16]	—	保留	16'h0
HAINTMsk	[15:0]	R/W	通道中断屏蔽。 一个通道一个中断屏蔽位。 通道 0 的中断位是 0 通道 15 的中断位是 15	16'h0

(2) 主机端口控制和状态寄存器

主机端口控制和状态寄存器在主机模式下和设备模式下都可用。目前，OTG 主机只支持一个端口。A 信号寄存器保存 USB 端口的相关信息，如 USB 复位、使能、挂起、重新恢复、连接状态以及每个端口的测试模式。通过核心中断寄存器主机端口中断位，此寄存器的 R_SS_WC 位可以触发一个中断。在端口中断时，应用中需要读取此寄存器并清除产生中断的位。如 R_SS_WC 位，需向此位写入 1 来清除中断。其功能定义如表 6-25 所列。

寄存器的地址：0x7C000440，复位值：0x00000000，只读。

表 6-25　主机端口控制和状态寄存器位功能定义

HPRT	位	读/写	描　述	初始状态
保留	[31:19]	—	保留	13'h0
PrtSpd	[18:17]	RO	端口速度。 指明连接到端口的设备速度 2'b00:高速 2'b01:全速 2'b10:低速 2'b11:保留	2'b0

续表 6-25

HPRT	位	读/写	描　述	初始状态
PrtTstCtl	[16:13]	R/W	端口测试控制。 程序向此位写入一个非零数值,将此端口设置为测试模式。 4'b0000:测试模式禁用 4'b0001:测试 J 模式 4'b0010:测试 K 模式 4'b0011:测试 SE0_NAK 模式 4'b0100:测试信息包模式 4'b0101:测试强制使能 其他:保留	4'h0
PrtPwr	[12]	R_W_SC	端口电源。 用此位控制端口电源,过流条件下核清除此位。 1'b0:电源关闭 1'b1:电源打开	1'b0
PrtLnSts	[11:10]	RO	端口线状态。 指明 USB 数据线上的当前逻辑电平。 位[10]:D－逻辑电平 位[11]:D＋逻辑电平	2'b0
保留	[9]	—	保留	1'b0
PrtRst	[8]	R/W	端口复位。 设置此位后,在端口将开始复位序列。 1'b0:端口不复位 1'b1:端口复位 **注意**:高速:50 ms 全速/低速:10 ms	1'b0
PrtSusp	[7]	R_WS_SC	端口挂起。 设置此位,将端口处在挂起模式下。只有设置此位后,核才可以停止发送 SOF;为了停止 PHY 时钟,应用中需要设置端口时钟停止位。 此位读取的值反映端口挂起的当前状态。在检测到一个唤醒信号后,或者程序设置端口复位或端口恢复位,或设置重新恢复/远程唤醒检测中断位或核中断寄存器的断开检测中断位以后,核清除此位。 1'b0:端口不处于挂起模式 1'b1:端口处于挂起模式	1'b0
PrtRes	[6]	R_WS_SC	端口重新恢复。 设置此位后用于驱动端口的重新恢复信号。核持续驱动重新恢复信号直至清除此位。1'b0:无重新恢复驱动 1'b1:恢复驱动	1'b0

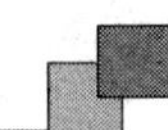

续表 6－25

HPRT	位	读/写	描　述	初始状态
PrtOvrCurrChng	[5]	R_WS_SC	端口过流变化。 当寄存器内的端口过流活动位状态变化时，核设置此位	1'b0
PrtOvrCurrAct	[4]	RO	端口过流活动。 指明端口过流条件。 1'b0：无过流 1'b1：有过流	1'b0
PrtEnChng	[3]	R_WS_SC	端口使能/禁止切换。 当寄存器内的端口使能位[2]的状态变化时，核设置此位。	1'b0
PrtEna	[2]	R_SS_SC_WC	端口使能。 1'b0：端口禁用 1'b1：端口使能	1'b0
PrtConnDet	[1]	R_SS_WC	端口连接检测。 当检测到设备连接上后，会触发一个中断，核设置此位。 向此位写入 1 可以清除中断	1'b0
PrtConnSts	[0]	RO	端口连接状态 1'b0：没有设备连接到端口上 1'b1：有设备连接到端口上	1'b0

(3) 主机通道专用寄存器组

① 主机通道－N 特征寄存器

通道序号：0≤n≤15，寄存器地址如表 6－26 所列，相关寄存器位功能定义如表 6－27 所列。

表 6－26　主机通道特征寄存器地址

寄存器	地址	读/写	描　述	复位值
HCCHARn	0x7C000500＋n＊20h	读/写	主机端口控制和状态寄存器	0x00000000

表 6－27　主机通道特征寄存器位功能定义

HCCHARn	位	读/写	描　述	初始状态
ChEna	[31]	R_WS_SC	通道使能。 由程序设置此位，通过 OTG 主机清除此位 1'b0：通道禁止 1'b1：通道使能	1'b0

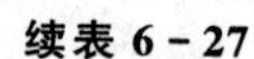
续表 6 - 27

HCCHARn	位	读/写	描　述	初始状态
ChDis	[30]	R_WS_SC	端口禁用。 由程序设置此位来停止通道内的传送/接收数据，甚至在通道完成之前便停止。在通道禁止之前需要等待通道禁用中断	1'b0
OddFrm	[29]	R/W	奇数帧。 由程序设置此位，指示 OTG 主机必须用奇数帧执行传送。 1'b0：偶数帧 1'b1：奇数帧	1'b0
DevSddr	[28:22]	R/W	设备地址。 此区域选择作为数据源	7'h0
MC/EC	[21:20]	R/W	多计数/错计数。 2'b00：保留 2'b01：处理 1 件事物 2'b10：每个帧处理两件事物 2'b11：每帧处理 3 件事物	2'b0
EPType	[19:18]	R/W	端点类型。 指示选择的传输类型 2'b00：控制传输 2'b01：实时传输 2'b10：批量传输 2'b11：中断传输	2'b0
LspdDev	[17]	R/W	低速设备。 程序设置此位指示该通道与低速设备通信	1'b0
保留	[16]	—	保留	1'b0
EPDir	[15]	R/W	端点流向/端点类型。 指示选择的传输类型 1'b0：输出 1'b1：输入	2'b0
EPNum	[14:11]	R/W	端点数目。 指示工作的设备端点数目	4'b0
MPS	[10:0]	R/W	最大信息包尺寸。 指明相关端点的最大信息包尺寸	11'b0

② 主机通道－N 分隔寄存器

通道序号：0≤n≤15，寄存器地址如表 6 - 28 所列，相关寄存器位功能定义如表 6 - 29 所列。

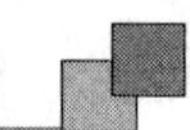

表6-28　主机通道分隔寄存器地址

寄存器	地址	读/写	描　述	复位值
HCSPLTn	0x7C000504+n*20h	读/写	主机通道一N分隔寄存器	0x00000000

表6-29　主机通道分隔寄存器位功能定义

HCSPLTn	位	读/写	描　述	初始状态
SpltEna	[31]	R/W	分隔使能。 由程序设置该位，指示此通道可以执行分隔事务	1'b0
保留	[30:17]	—	保留	14'h0
CompSplt	[16]	R/W	完成分隔。 由程序设置该位用来请求OTG主机去执行一个完成的分隔事务	1'b0
XactPos	[15:14]	R/W	事务位置。 该位用来确定每个输出事务是发送全部亦或是第1个，中间位置或者是最后1个有效载荷。 2'b11:所有的 2'b10:开始的 2'b00:中间的 2'b01:末尾的	2'h0
HubAddr	[13:7]	R/W	Hub地址。 此位为事务转换器HUB的设备地址	7'h0
PrtAddr	[6:0]	R/W	端口地址。 此项为接收事务转换器的端口号	7'h0

③ 主机通道一N中断寄存器

通道序号：0≤n≤15。该寄存器指示USB和AHB相关事件方面通道的状态。寄存器地址如表6-30所列，相关寄存器位功能定义如表6-31所示。

表6-30　主机通道中断寄存器地址

寄存器	地址	读/写	描　述	复位值
HCINTn	0x7C000508+n*20h	读/写	主机通道一N中断寄存器	0x00000000

表6-31　主机通道中寄存器位功能定义

HCINTn	位	读/写	描　述	初始状态
保留	[31:11]	—	保留	21'h0
DataTglErr	[10]	R_SS_WC	数据翻转错误	1'b0
FrrnOvrun	[9]	R_SS_WC	帧溢出	1'b0
BblErr	[8]	R_SS_WC	babble错误	1'b0
XactErr	[7]	R_SS_WC	事务出错	1'b0

续表 6－31

HCINTn	位	读/写	描　述	初始状态
NYET	[6]	R_SS_WC	NYET 接收应答中断	1'b0
ACK	[5]	R_SS_WC	ACK 接收应答中断	1'b0
NAK	[4]	R_SS_WC	NAK 接收应答中断	1'b0
STALL	[3]	R_SS_WC	STALL 接收应答中断	1'b0
AHBErr	[2]	R_SS_WC	AHB 错误	1'b0
ChHltd	[1]	R_SS_WC	通道停止	1'b0
XferCompl	[0]	R_SS_WC	传送完成。 无任何错误	1'b0

④ 主机通道－N 中断屏蔽寄存器

通道序号：0≤n≤15，该寄存器反映先上一个寄存器描述的通道状态的屏蔽功能。

屏蔽中断：1'b0

不屏蔽中断：1'b1

存器地址如表 6－32 所列，相关寄存器位功能定义如表 6－33 所列。

表 6－32　主机通道中断屏蔽寄存器地址

寄存器	地址	读/写	描　述	复位值
HCINTMSKn	0x7C00_050C＋n＊20h	读/写	主机通道－N 中断屏蔽寄存器	0x00000000

表 6－33　主机通道中断屏蔽寄存器位功能定义

HCINTMSKn	位	读/写	描　述	初始状态
保留	[31:11]	—	保留	21'h0
DataTglErrMsk	[10]	R_SS_WC	数据翻转屏蔽	1'b0
FrrnOvrunMsk	[9]	R_SS_WC	帧溢出屏蔽	1'b0
BblErrMsk	[8]	R_SS_WC	babble 错误屏蔽	1'b0
XactErrMsk	[7]	R_SS_WC	事务出错屏蔽	1'b0
NYETMsk	[6]	R_SS_WC	NYET 接收应答中断屏蔽	1'b0
ACKMsk	[5]	R_SS_WC	ACK 接收应答中断屏蔽	1'b0
NAKMsk	[4]	R_SS_WC	NAK 接收应答中断屏蔽	1'b0
STALLMsk	[3]	R_SS_WC	STALL 接收应答中断屏蔽	1'b0
AHBErrMsk	[2]	R_SS_WC	AHB 错误屏蔽	1'b0
ChHltdMsk	[1]	R_SS_WC	通道停止屏蔽	1'b0
XferComplMsk	[0]	R_SS_WC	传送完成屏蔽	1'b0

⑤ 主机通道－N 传送尺寸寄存器

通道序号：0≤n≤15，寄存器地址如表 6－34 所列，相关寄存器位功能定义如表 6－35 所列。

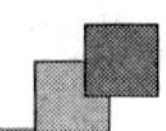

表6-34 主机通道传送尺寸寄存器地址

寄存器	地 址	读/写	描 述	复位值
HCTSIZn	0x7C00_0510+n*20h	读/写	主机通道一N传送尺寸寄存器	0x00000000

表6-35 主机通道传送尺寸寄存器位功能定义

HCTSIZn	位	读/写	描 述	初始状态
DoPng	[31]	R/W	Ping协议。 此位设置为1,指示主机PING协议	1'h0
Pid	[30:29]	R/W	信息包标示符 2'b00:DATA0 2'b01:DATA1 2'b10:DATA2 2'b11:MDATA(非控制)/设置(控制)	2'b0
PktCnt	[28:19]	R/W	信息包数	10'b0F
XferSize	[18:0]	R/W	传送尺寸	19'b0

⑥ 主机通道一N DMA地址寄存器

通道序号:0≤n≤15,寄存器地址如表6-36所列,相关寄存器位功能定义如表6-37所列。

表6-36 主机通道DMA地址寄存器地址

寄存器	地 址	读/写	描 述	复位值
HCDMAn	0x7C000514+n*20h	R/W	主机通道一N DMA地址寄存器	0x00000000

表6-37 主机通道DMA地址寄存器位功能定义

HCDMAn	位	读/写	描 述	初始状态
DMAAddr	[31:0]	R/W	DMA地址	32'h0

3. 设备模式寄存器组

设备模式相关寄存器只有在设备模式下可见,且在主机模式下不能被访问设备,由于结果未知。有些设备模式寄存器将会影响所有的端点,其他的设备模式寄存器只会影响一些专用端点。设备模式寄存器主要分为两类。

- 设备全局寄存器;
- 设备特定逻辑端点寄存器。

(1) 设备全局寄存器组

① 设备配置寄存器

上电后由核配置,初始化编程之后不要改变寄存器。其功能定义如表6-38所列。

寄存器的地址:0x7C000800,复位值:0x00200000,可读/写。

表 6-38　设备配置寄存器位功能定义

DCFG	位	读/写	描　述	初始状态
保留	[31:23]	—	保留	9'h0
EPMisCnt	[22:18]	R/W	输入端点不匹配计数	5'h8
保留	[17:13]	—	保留	5'h0
PerFrInt	[12:11]	R/W	周期帧间隔； 指示帧内的时间，主要应用在周期帧中断末尾。可以用来确定帧的所有实时运输是否完成； 2'b00：帧间隔的 80% 2'b01：85% 2'b10：90% 2'b11：95%	2'h0
DevAddr	[10:4]	R/W	设备地址	7'h0
保留	[3]	—	保留	1'b0
NZStsOUTHShk	[2]	R/W	非零长度状态输出联络； 1'b0：发送 STALL 联络； 1'b1：发送接收输出信息包至程序，发送一个基于 NAK，STALL 的联络	1'b0
DevSpd	[1:0]	R/W	设备速度。 2'b00：高速（USB 2.0 PHY 时钟是 30 MHz 或 60 MHz） 2'b01：全速（USB 2.0 PHY 时钟是 30 MHz 或 60 MHz） 2'b10：低速（USB1.1 收发器时钟是 6 MHz），如果选择 6 MHz 的低速模式，必须做一个软件复位。 2'b11：全速（USB1.1 收发器时钟是 48 MHz）	2'b0

② 设备控制寄存器

设备控制寄存器其功能定义如表 6-39 所列。

寄存器的地址：0x7C000804，复位值：0x00000000，可读/写。

表 6-39　设备控制寄存器位功能定义

DCTL	位	读/写	描　述	初始状态
保留	[31:12]	—	保留	20'h0
PWROnPrgDone	[11]	R/W	上电编程完成	1'b0
CGOUTNak	[10]	WO	清除全局输出 NAK	1'b0
SGOUTNak	[9]	WO	设置全局输出 NAK	1'b0
CGNPInNAK	[8]	WO	清除全局非周期输入 NAK	1'b0
SGNPInNAK	[7]	WO	设置全局非周期输入 NAK	1'b0

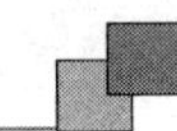

续表 6-39

DCTL	位	读/写	描述	初始状态
TstCtl	[6:4]	R/W	测试控制 3'b000:测试模式无效 3'b001:测试 J 模式 3'b010:测试 K 模式 3'b011:测试 SE0_NAK 模式 3'b100:测试包模式 3'b101:Test_Force_Enable 其他:保留	3'b0
GOUTNakSts	[3]	RO	全局输出 NAK 状态 1'b0:基于 FIFO 状态以及 NAK 和 STALL 位设置发送一个联络; 1'b1:没有数据写入 RxFIFO。在所有信息包中发送一个 NAK 联络,设置事务除外。所有的实时传输输出信息包丢弃	1'b0
GNPINNakSts	[2]	RO	全局非周期输入 NAK 状态 1'b0:基于传输 FIFO 内数据可用基础上发送一个事务; 1'b1:在所有非周期输入端点上发送 NAK 事务,不考虑传输 FIFO 内数据的可用性	1'b0
SftDiscon	[1]	R/W	软件断开连接 1'b0:常规操作 1'b1:向 USB 主机产生一个设备中断事件	1'b0
RmtWkUpSig	[0]	R/W	远程唤醒信号	1'b0

③ 设备状态寄存器

设备状态寄存器其功能定义如表 6-40 所列。

寄存器的地址:0x7C000808,复位值:0x00000002,只读。

表 6-40 设备状态寄存器位功能定义

DCTL	位	读/写	描述	初始状态
保留	[31:22]	—	保留	10'h0
SOFFN	[21:8]	RO	当核心在高速下运行时,接收到的 SOF 帧或微帧数量	14'h0
保留	[7:4]	—	保留	4'h0
ErrticErr	[3]	RO	Erratic 错误	1'b0
EnumSpd	[2:1]	RO	枚举速度 2'b00:高速 2'b01:全速 2'b10:低速,如果选择 6 MHz 的低速模式,必须做一个软件复位。 2'b11:全速(PHY 时钟是 48 MHz)	2'b01
SuspSts	[0]	RO	暂停状态	1'b0

④ 设备输入端点通用中断屏蔽寄存器

此寄存器默认状态位是被屏蔽的。其功能定义如表 6－41 所列。

寄存器的地址:0x7C000810,复位值:0x00000000,可读/写。

屏蔽中断:1'b0

不屏蔽中断:1'b1

表 6－41　设备输入端点通用中断屏蔽寄存器位功能定义

DIEPMSK	位	读/写	描　述	初始状态
保留	[31:7]	—	保留	25'h0
INEPNakEffMsk	[6]	R/W	输入端点 NAK 有效屏蔽	1'b0
INTknEPMisMsk	[5]	R/W	接收的输入令牌 EP 不匹配屏蔽	1'b0
INTknTXFEnpMsk	[4]	R/W	接收的输入令牌 TxFIFO 空屏蔽	1'b0
TimeOUTMsk	[3]	R/W	超时条件屏蔽	1'b0
AHBErrMsk	[2]	R/W	AHB 错误屏蔽	1'b0
EPDisbldMsk	[1]	R/W	端点禁止中断屏蔽	1'b0
XferCompIMsk	[0]	R/W	传送完成中断屏蔽	1'b0

⑤ 设备输出端点通用中断屏蔽寄存器

此寄存器默认状态位是被屏蔽的。其功能定义如表 6－42 所列。

寄存器的地址:0x7C000814,复位值:0x00000000,可读/写。

屏蔽中断:1'b0

不屏蔽中断:1'b1

表 6－42　设备输出端点通用中断屏蔽寄存器位功能定义

DOEPMSK	位	读/写	描　述	初始状态
保留	[31:7]	—	保留	27'h0
Back2BackSETup	[6]	R/W	接收的背靠背设备信息包屏蔽,仅用于控制输出端点	1'b0
保留	[5]	R/W	保留	1'b0
OUTTknEPdisMsk	[4]	R/W	当端点禁止时接收的输出令牌,仅用于控制输出端点	1'b0
SetUPMsk	[3]	R/W	设置阶段操作屏蔽,只应用于控制输出端点。	1'b0
AHBErrMsk	[2]	R/W	AHB 错误	1'b0
EPDisbldMsk	[1]	R/W	端点禁止中断屏蔽	1'b0
XferCompIMsk	[0]	R/W	传送完成中断屏蔽	1'b0

⑥ 设备所有端点中断寄存器

每个端点都有一个中断位,输出端点和输入端点的最大值可达 16 位。其功能定义如表 6－43 所列。

寄存器的地址:0x7C000818,复位值:0x00000000,只读。

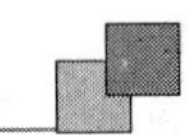

表 6-43 设备所有端点中断寄存器位功能定义

DAINT	位	读/写	描 述	初始状态
OutEPInt	[31:16]	RO	输出端点中断位。 每个位都有一个输出中断: 输出端点 0 的中断位是第 16 位, 输出端点 15 的中断位是第 31 位	16'h0
InEPInt	[15:0]	RO	输入端点中断位。 每个位都有一个输入中断: 输入端点 0 的中断位是第 0 位, 输入端点 15 的中断位是第 15 位	16'h0

⑦ 设备所有端点中断屏蔽寄存器

设备所有端点中断屏蔽寄存器,其功能定义如表 6-44 所列。

寄存器的地址:0x7C00081C,复位值:0x00000000,只读。

屏蔽中断:1'b0

不屏蔽中断:1'b1

表 6-44 设备所有端点中断屏蔽寄存器位功能定义

DAINTMAK	位	读/写	描 述	初始状态
OutEPIntMsk	[31:16]	RO	输出端点中断屏蔽位。 每个位都有一个输出中断屏蔽: 输出端点 0 的中断屏蔽位是第 16 位, 输出端点 15 的中断屏蔽位是第 31 位	16'h0
InEPIntMsk	[15:0]	RO	输入端点中断屏蔽位 每个位都有一个输入中断屏蔽: 输入端点 0 的中断屏蔽位是第 0 位, 输入端点 15 的中断屏蔽位是第 15 位	16'h0

⑧ 设备输入令牌序列学习队列读寄存器 1~4

此队列宽度为 4 位,用于储存端点号。此寄存器内的一个读取将返回输入令牌序列学习队列中的前五个端点。当队列已满时,队列内将被推入新的令牌,旧的令牌被丢弃。寄存器地址如表 6-45 所列,其寄存器位功能定义分别见表 6-46 所列。

表 6-45 设备输入令牌序列学习队列读寄存器地址

寄存器	地 址	读/写	描 述	复位值
DTKNQR1	0x7C000820	读	设备输入令牌序列学习队列读寄存器 1	0x00000000
DTKNQR2	0x7C000824	读	设备输入令牌序列学习队列读寄存器 2	0x00000000
DTKNQR3	0x7C000830	读	设备输入令牌序列学习队列读寄存器 3	0x00000000
DTKNQR4	0x7C000834	读	设备输入令牌序列学习队列读寄存器 4	0x00000000

表 6-46　设备输入令牌序列学习队列读寄存器 1～4 位功能定义

DTKNQR1	位	读/写	描　述	初始状态
EPTkn	[31:8]	RO	端点令牌， 每个令牌位代表令牌的端点序号。 位[31:28]:令牌 5,13,21,29 的端点序号(寄存器 1 为 5,寄存器 2 为 13,依次类推,下同) 位[27:24]:令牌 4,12,20,28 的端点序号 … 位[15:12]:令牌 1,7,15,23 的端点序号 位[11:8]:令牌 0,6,14,22 的端点序号	24'h0
WrapBit	[7]	RO	wrap 位。 当写指针重叠时设置此位。当学习队列被清除时,此位被清除。	1'b0
保存	[6:5]	RO	保留	2'h0
INTKnWPtr	[4:0]	RO	输入令牌队列写指针	5'h0

(2) 设备逻辑端点专用寄存器

一个逻辑端点是单向的:可以用于输入或输出。为了表示双向端点,需要两个逻辑端点,一个用于输入方向,一个用于输出方向。

① 设备控制输入端点 0 控制寄存器

设备控制输入端点 0 控制寄存器 0 其位功能定义如表 6-47 所列。

寄存器的地址:0x7C000900,复位值:0x00008000,可读/写。

表 6-47　控制输入端点 0 控制寄存器 0 其位功能定义

DIEPCTL0	位	读/写	描　述	初始状态
EPEna	[31]	R_WS_SC	端点使能。 指示数据已经准备好在端点传送	1'b0
EPDis	[30]	R_WS_SC	端点禁止	1'b0
保留	[29:28]	—	保留	2'b0
SetNAK	[27]	只写	设置 NAK	1'b0
CANK	[26]	只写	清除 NAK	1'b0
TxFNum	[25:22]	RO	TxFIFO 序号	4'h0
Stall	[21]	RO	STALL 联络	1'b0
保留	[20]	—	保留	1'b0
EPType	[19:18]	RO	端点类型 硬件编码为 00 用于控制	2'h0
NAKsts	[17]	RO	NAK 状态。 指示下面情况: 1'b0:基于 FIFO 状态核传输非 NAK 联络; 1'b1:核在端点传输 NAK 联络	1'b0

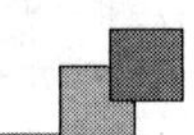

续表 6 - 47

DIEPCTL0	位	读/写	描　述	初始状态
保留	[16]	—	保留	1'b0
USBActEP	[15]	RO	USB 活动端点。 此位通常设置为 1,指示控制端口 0 总是活动在所有的配置和接口中	1'b1
NextEp	[14:11]	R/W	下一个端点	4'b0
保留	[10:2]	—	保留	9'h0
MPS	[1:0]	R/W	最大信息包尺寸。 用于输入或输出端点。 2'b00:64 字节 2'b01:32 字节 2'b10:16 字节 2'b11:8 字节	2'h0

② 设备控制输出端点 0 控制寄存器

设备控制输出端点 0 控制寄存器 0 其位功能定义如表 6 - 48 所列。

寄存器的地址:0x7C000B00,复位值:0x00008000,可读/写。

表 6 - 48　控制输出端点 0 寄存器 0 位功能定义

DOEPCTL0	位	读/写	描　述	初始状态
EPEna	[31]	R_WS_SC	端点使能	1'b0
EPDis	[30]	RO	端点禁止	1'b0
Reserved	[29:28]	—	保留	2'b0
SetNAK	[27]	WO	设置 NAK	1'b0
CANK	[26]	WO	清除 NAK	1'b0
保留	[25:22]	—	保留	4'h0
Stall	[21]	R_WS_SC	STALL 联络	1'b0
Snp	[20]	R_W	Snoop 模式	1'b0
EPType	[19:18]	RO	端点类型 硬件编码为 00 用于控制	2'h0
NAKsts	[17]	RO	NAK 状态。 指示下面情况 1'b0:基于 FIFO 状态核心传输非 NAK 联络 1'b1:核在端点传输 NAK 联络	1'b0
保留	[16]	—	保留	1'b0
USBActEP	[15]	RO	USB 活动端点; 此位通常设置为 1,指示控制端口 0 一直活动在所有的配置和接口中	1'b1

续表 6-48

DOEPCTL0	位	读/写	描 述	初始状态
保留	[14:2]	—	保留	13b0
MPS	[1:0]	RO	最大信息包尺寸。 用于输入或输出端点。 2'b00:64 字节 2'b01:32 字节 2'b10:16 字节 2'b11:8 字节	2'h0

③ 设备端点－N 控制寄存器

端点序号：1≤n≤15，程序用此寄存器控制除端点 0 之外的每个逻辑端点的行为。寄存器地址如表 6-49 所列，其寄存器位功能定义如表 6-50 所列。

表 6-49 设备端点控制寄存器地址

寄存器	地 址	读/写	描 述	复位值
DIEPCTLn/DOEPCTLn	0x7C000900＋n * 20h /0x7C000B00＋n * 20h	读/写	设备端点－N 控制寄存	0x00000000

表 6-50 设备端点控制寄存器位功能定义

DIEPCTLn/DOEPCTLn	位	读/写	描 述	初始状态
EPEna	[31]	R_WS_SC	端点使能； 应用于输入端点和输出端点	1'b0
EPDis	[30]	RO	端点禁止； 应用于输入端点和输出端点	1'b0
SetD1PID SetOddFr	[29]	只写	设置 DATA1 信息包标示符 设置奇数帧	1'b0
SetD0PID SetEvenFr	[28]	只写	设置 DATA0 信息包标示符 设置偶数帧	1'b0
SNAK	[27]	只写	设置 NAK	1'b0
CANK	[26]	只写	清除 NAK	1'b0
TxFNum	[25:22]	R/W	TxFIFO 序号； 只应用于输入端点； 4'h0:非周期 TxFIFO 号； 其他:专用周期 TxFIFO 号	4'h0
Stall	[21]	R/W	STALL 联络	1'b0
Snp	[20]	R/W	Snoop 模式	1'b0

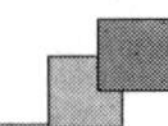

续表 6-50

DIEPCTLn/DOEPCTLn	位	读/写	描　述	初始状态
EPType	[19:18]	RO	端点类型； 应用于输入和输出端点； 2'b00:控制 2'b01:实时 2'b10:批量 2'b11:中断	2'h0
NAKsts	[17]	RO	NAK 状态； 应用于输入和输出端点； 指示下列情况： 1'b0:基于 FIFO 状态的核传输非 NAK 联络； 1'b1:核在端点传输 NAK 联络。 当应用或核心设置此位时： ① 核停止在输出端点接收任何数据，即使 RxFIFO 内有空间容纳新的数据包； ② 对非实时输入端口而言，核停止在输入端口的任何数据的传输，即使 TxFIFO 内的数据有效； ③ 对实时输入端点而言：核发送出零长度的数据包，即使 TxFIFO 内的数据有效。 不考虑此位的设置时，核通常用 ACK 数据联络回应设置数据信息包	1'b0
DPIDEO_FrNum	[16]	RO	端点数据信息包标示符； 应用于中断/批量输入或输出端点； 1'b0:DATA0 1'b1:DATA1 偶数/奇数帧； 应用于同步输入和输出端点； 1'b0:偶数帧 1'b1:计数真	1'b0
USBActEP	[15]	R_W_SC	USB 活动端点； 应用于输入和输出端点； 指示当前配置和接口的端点是否是激活的	1'b0
NextEp	[14:11]	R/W	下一个端点	4'h0
MPS	[10:0]	R/W	最大信息包尺寸	11'h0

④ 设备端点－N 中断寄存器

端点序号：1≤n≤15，该寄存器指示了 USB 和 AHB 相关事件端点的状态。寄存器地址如表 6-51 所列，其寄存器位功能定义如表 6-52 所列。

表 6-51 设备端点中断寄存器地址

寄存器	地 址	读/写	描 述	复位值
DIEPINTn/DOEPINTn	0x7C00_0908+n*20h /0x7C00_0B08+n*20h	读/写	设备端点-N 中断寄存器	0x00000080

表 6-52 设备端点中断寄存器位功能定义

DIEPINTn/DOEPINTn	位	读/写	描 述	初始状态
EPEna	[31:7]	—	保留	25'h0
INEPNakEff Back2BackSETup	[6]	RO R/W	输入端点 NAK 有效 接收的背靠背设置信息包	1'b0
INTKnEPMis	[5]	R_SS_WC	接收的输入令牌与端点不匹配 对输出端点而言,此位保留	1'b0
INTKnTXFEmp OUTTknEPdis	[4]	R_SS_WC	当 TxFIFO 为空时,输入令牌接收 当端点禁止时,输出令牌接收	1'b0
TimeOUT SetUp	[3]	R_SS_WC	超时条件 设置相位阶段完成	1'b0
AHBErr	[2]	R_SS_WC	AHB 错误	1'b0
EPDisbld	[1]	R_SS_WC	端点禁止中断	1'b0
XferCompl	[0]	R_SS_WC	传送完成中断	1'b0

⑤ 设备端点 0 传送尺寸寄存器

应用中在使能端点 0 以前必须修改此寄存器。其寄存器位功能定义如表 6-53 所列。寄存器地址:0x7C000910,复位值:0x00000000,可读/写。

表 6-53 设备端点 0 传送尺寸寄存器位功能定义

DIEPISIZ0	位	读/写	描 述	初始状态
保留	[31:21]	—	保留	11'h0
PktCnt	[20:19]	R/W	信息包计数	2'b0
保留	[18:7]	—	保留	12'h0
XferSize	[6:0]	R/W	传送尺寸。 指示端点 0 传送尺寸的字节数	7'h0

⑥ 设备输出端点 0 传送尺寸寄存器

应用中在使能端点 0 以前必须修改此寄存器。其寄存器位功能定义如表 6-54 所列。寄存器地址:0x7C000B10,复位值:0x00000000,可读/写。

表 6-54 设备输出端点 0 传送尺寸寄存器位功能定义

DOEPISIZ0	位	读/写	描 述	初始状态
保留	[31]	—	保留	1'h0

续表 6-54

DOEPISIZ0	位	读/写	描　述	初始状态
SUPCnt	[30:29]	R/W	设置信息包计数。 2'b01:1 个包 2'b10:2 个包 2'b11:3 个包	2'h0
保留	[28:20]	—	保留	9'h0
PktCnt	[19]	R/W	信息包计数	1'b0
保留	[18:7]	—	保留	12'h0
XferSize	[6:0]	R/W	传送尺寸	7'h0

⑦ 设备端点－N 传送尺寸寄存器

端点序号：1≤n≤15，该寄存器地址如表 6-55 所列，其寄存器位功能定义如表 6-56 所列。

表 6-55　设备端点传送尺寸寄存器地址

寄存器	地　址	读/写	描　述	复位值
DIEPISIZn/DOEPSIZn	0x7C00_0910＋n＊20h /0x7C00_0B10＋n＊20h	读/写	设备端点－N 传送尺寸寄存器	0x00000000

表 6-56　设备端点传送尺寸寄存器地址位功能定义

DIEPISIZn/DOEPSIZn	位	读/写	描　述	初始状态
保留	[31]	—	保留	1'b0
MC	[30:29]	R/W	多重计数。 2'b01:1 个包 2'b10:2 个包 2'b11:3 个包	2'b0
			对于非周期输入端点而言，此位只有在内部 DMA 模式下有效。 它指示了核可以为输入端点取得信息包的数量	
RxDPID		RO	接收的数据信息包标示符。 2'b00:DATA0 2'b01:DATA1 2'b10:DATA2 2'b11:MDATA	
SUPCnt		R/W	设置信息包计数。 2'b01:1 个包 2'b10:2 个包 2'b11:3 个包	
PktCnt	[28:19]	R/W	信息包计数	10'h0
XferSize	[18:0]	R/W	传送尺寸	19'h0

⑧ 设备端点－N DMA 地址

端点序号：1≤n≤15，该寄存器地址如表 6－57 所列，其寄存器位功能定义如表 6－58 所列。

表 6－57　设备端点 DMA 地址寄存器地址

寄存器	地　址	读/写	描　述	复位值
DIEPDMAn /DOEPDMAn	0x7C00_0914＋n＊20h /0x7C00_0B14＋n＊20h	读/写	设备端点－N DMA 寄存器	0x00000000

表 6－58　设备端点 DMA 地址寄存器位功能定义

DIEPDMAn/DOEPDMAn	位	读/写	描　述	初始状态
DMAAddr	[31:0]	R/W	DMA 地址	32'b0

(3) 电源和时钟选通控制寄存器

电源和时钟选通控制寄存器其位功能定义如表 6－59 所列。

寄存器地址：0x7C000E00，复位值：0x00000000，可读/写。

表 6－59　电源和时钟选通控制寄存器其位功能定义

PCGCCTL	位	读/写	描　述	初始状态
保留	[31:1]	—	保留	31'h0
StopPclk	[0]	R/W	停止 Pclk 应用中，当 USB 暂停时，或 session 无效，或设备未连接时，设置此位来停止 PHY 时钟。当 USB 恢复或新的 session 开始后清除此位	1'b0

6.4　实例设计

本实例设计的硬件电路较为简单，重点对软件设计方面进行讲述。

6.4.1　硬件电路

S3C6410 处理器 USB OTG 硬件接口原理图如图 6－5 所示。

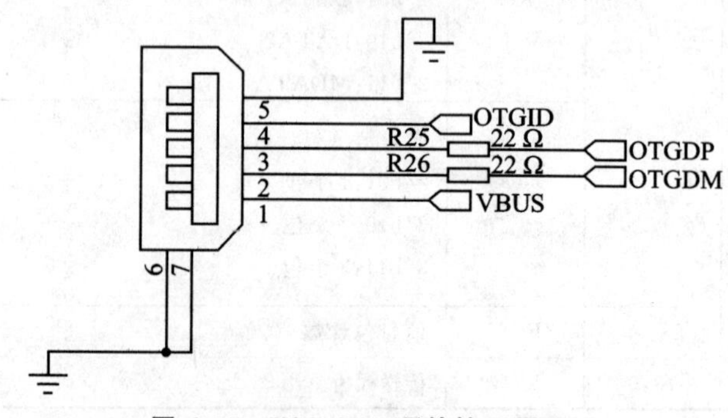

图 6－5　USB OTG 硬件接口原理图

6.4.2 软件设计

本章实例通过 S3C6410 的 OTG 控制器实现上传/下传相片等功能，演示了一个简单的 OTG 实例应用，本实例软件设计的主要程序流程图如图 6 - 6 所示。

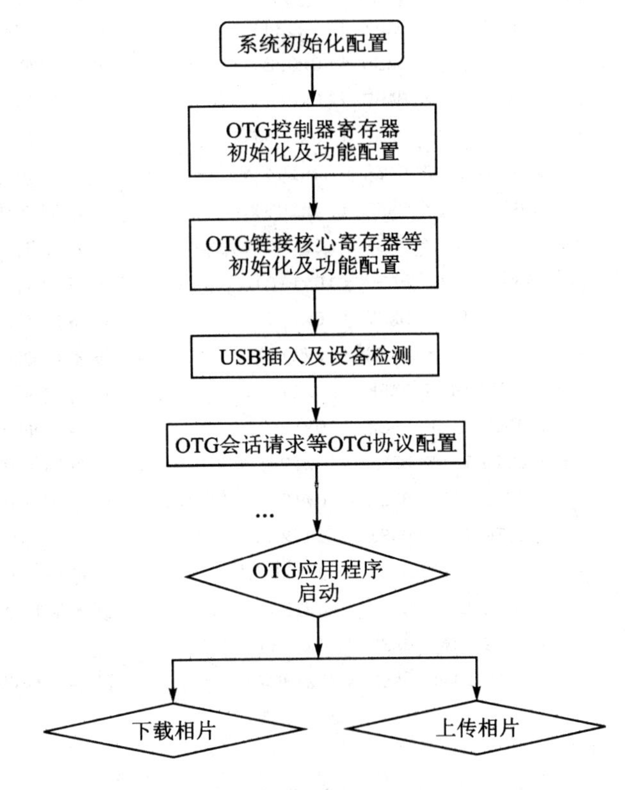

图 6 - 6　程序流程图

主要程序代码及程序注释见下文，完整代码请参见光盘中代码文件。

① OTG_DEV.C

```
/*****************************************************************
*     文件名 : otg_dev.c
*
*     功能描述 : USB OTG 底层程序，寄存器配置等
*
*****************************************************************/
// OTG 链接核心寄存器组
//-----------------------------------------------------------
enum USBOTG_REGS
{
    // 核心全局寄存器
    GOTGCTL         = (USBOTG_LINK_BASE + 0x000),       // OTG 控制和状态
    GOTGINT         = (USBOTG_LINK_BASE + 0x004),       // OTG 中断
    GAHBCFG         = (USBOTG_LINK_BASE + 0x008),       // 核 AHB 配置
```

```
GUSBCFG        = (USBOTG_LINK_BASE + 0x00C),     // 核 USB 配置
GRSTCTL        = (USBOTG_LINK_BASE + 0x010),     // 核复位
GINTSTS        = (USBOTG_LINK_BASE + 0x014),     // 核中断
GINTMSK        = (USBOTG_LINK_BASE + 0x018),     // 核中断屏蔽
GRXSTSR        = (USBOTG_LINK_BASE + 0x01C),     // 接收状态调试读/状态读
GRXSTSP        = (USBOTG_LINK_BASE + 0x020),     // 接收状态调试 Pop/状态 Pop
GRXFSIZ        = (USBOTG_LINK_BASE + 0x024),     // 接收 FIFO 尺寸
GNPTXFSIZ      = (USBOTG_LINK_BASE + 0x028),     // 非周期传输 FIFO 尺寸
GNPTXSTS       = (USBOTG_LINK_BASE + 0x02C),     // 非周期传输 FIFO/队列状态
HPTXFSIZ       = (USBOTG_LINK_BASE + 0x100),     // 主机周期传输 FIFO 尺寸
DPTXFSIZ1      = (USBOTG_LINK_BASE + 0x104),     // 设备周期传输 FIFO - 1 尺寸
DPTXFSIZ2      = (USBOTG_LINK_BASE + 0x108),     // 设备周期传输 FIFO - 2 尺寸
DPTXFSIZ3      = (USBOTG_LINK_BASE + 0x10C),     // 设备周期传输 FIFO - 3 尺寸
DPTXFSIZ4      = (USBOTG_LINK_BASE + 0x110),     // 设备周期传输 FIFO - 4 尺寸
DPTXFSIZ5      = (USBOTG_LINK_BASE + 0x114),     // 设备周期传输 FIFO - 5 尺寸
DPTXFSIZ6      = (USBOTG_LINK_BASE + 0x118),     // 设备周期传输 FIFO - 6 尺寸
DPTXFSIZ7      = (USBOTG_LINK_BASE + 0x11C),     // 设备周期传输 FIFO - 7 尺寸
DPTXFSIZ8      = (USBOTG_LINK_BASE + 0x120),     // 设备周期传输 FIFO - 8 尺寸
DPTXFSIZ9      = (USBOTG_LINK_BASE + 0x124),     // 设备周期传输 FIFO - 9 尺寸
DPTXFSIZ10     = (USBOTG_LINK_BASE + 0x128),     // 设备周期传输 FIFO - 10 尺寸
DPTXFSIZ11     = (USBOTG_LINK_BASE + 0x12C),     // 设备周期传输 FIFO - 11 尺寸
DPTXFSIZ12     = (USBOTG_LINK_BASE + 0x130),     // 设备周期传输 FIFO - 12 尺寸
DPTXFSIZ13     = (USBOTG_LINK_BASE + 0x134),     // 设备周期传输 FIFO - 13 尺寸
DPTXFSIZ14     = (USBOTG_LINK_BASE + 0x138),     // 设备周期传输 FIFO - 14 尺寸
DPTXFSIZ15     = (USBOTG_LINK_BASE + 0x13C),     // 设备周期传输 FIFO - 15 尺寸

// 主机模式寄存器组
//------------------------------------------------------------
// 主机全局寄存器
HCFG           = (USBOTG_LINK_BASE + 0x400),     // 主机配置
HFIR           = (USBOTG_LINK_BASE + 0x404),     // 主机帧间隔
HFNUM          = (USBOTG_LINK_BASE + 0x408),     // 主机帧序号/帧保持时间
HPTXSTS        = (USBOTG_LINK_BASE + 0x410),     // 主机周期传输 FIFO/队列状态
HAINT          = (USBOTG_LINK_BASE + 0x414),     // 主机所有通道中断
HAINTMSK       = (USBOTG_LINK_BASE + 0x418),     // 主机所有通道中断屏蔽
//------------------------------------------------------------
// 主机端口控制与状态寄存器组
HPRT           = (USBOTG_LINK_BASE + 0x440),     // 主机端口与状态
//------------------------------------------------------------
// 主机通道专用寄存器组
HCCHAR0        = (USBOTG_LINK_BASE + 0x500),     // 主机通道 0 特征
HCSPLT0        = (USBOTG_LINK_BASE + 0x504),     // 主机通道 0 分隔控制
HCINT0         = (USBOTG_LINK_BASE + 0x508),     // 主机通道 0 中断
HCINTMSK0      = (USBOTG_LINK_BASE + 0x50C),     // 主机通道 0 中断屏蔽
HCTSIZ0        = (USBOTG_LINK_BASE + 0x510),     // 主机通道 0 传送尺寸
```

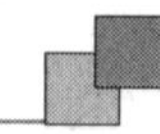

```
    HCDMA0          = (USBOTG_LINK_BASE + 0x514),      // 主机通道 0DMA 地址
    // 设备模式寄存器组
    //--------------------------------------------------------------
    // 设备全局寄存器组
    DCFG            = (USBOTG_LINK_BASE + 0x800),      // 设备配置
    DCTL            = (USBOTG_LINK_BASE + 0x804),      // 设备控制
    DSTS            = (USBOTG_LINK_BASE + 0x808),      // 设备状态
    DIEPMSK         = (USBOTG_LINK_BASE + 0x810),      // 设备输入端点通用中断屏蔽
    DOEPMSK         = (USBOTG_LINK_BASE + 0x814),      // 设备输出端点通用中断屏蔽
    DAINT           = (USBOTG_LINK_BASE + 0x818),      // 设备所有端点中断
    DAINTMSK        = (USBOTG_LINK_BASE + 0x81C),      // 设备所有端点中断屏蔽
    DTKNQR1         = (USBOTG_LINK_BASE + 0x820),      // 设备输入令牌序列学习队列读 1
    DTKNQR2         = (USBOTG_LINK_BASE + 0x824),      // 设备输入令牌序列学习队列读 2
    DVBUSDIS        = (USBOTG_LINK_BASE + 0x828),      // 设备 VBUS 放电时间
    DVBUSPULSE      = (USBOTG_LINK_BASE + 0x82C),      // 设备 VBUS 脉冲时间
    DTKNQR3         = (USBOTG_LINK_BASE + 0x830),      // 设备输入令牌序列学习队列读 3
    DTKNQR4         = (USBOTG_LINK_BASE + 0x834),      // 设备输入令牌序列学习队列读 4
    //--------------------------------------------------------------
    // 逻辑设备输入端点专用寄存器组
    DIEPCTL0        = (USBOTG_LINK_BASE + 0x900),      // 设备输入端点 0 控制
    DIEPINT0        = (USBOTG_LINK_BASE + 0x908),      // 设备输入端点 0 中断
    DIEPTSIZ0       = (USBOTG_LINK_BASE + 0x910),      // 设备输入端点 0 传送尺寸
    DIEPDMA0        = (USBOTG_LINK_BASE + 0x914),      // 设备输入端点 0DMA 地址
    //--------------------------------------------------------------
    // 逻辑设备输出端点专用寄存器组
    DOEPCTL0        = (USBOTG_LINK_BASE + 0xB00),      // 设备输出端点 0 控制
    DOEPINT0        = (USBOTG_LINK_BASE + 0xB08),      // 设备输出端点 0 中断
    DOEPTSIZ0       = (USBOTG_LINK_BASE + 0xB10),      // 设备输出端点 0 传送尺寸
    DOEPDMA0        = (USBOTG_LINK_BASE + 0xB14),      // 设备输出端点 0DMA 地址

    //--------------------------------------------------------------
    // 电源与时钟源选通寄存器
    PCGCCTRL    = (USBOTG_LINK_BASE + 0xE00),
    //--------------------------------------------------------------
    //端点 FIFO 地址
    EP0_FIFO    = (USBOTG_LINK_BASE + 0x1000)
  };
//批量输入端点控制与状态
enum BULK_IN_EP_CSR
{
    bulkIn_DIEPCTL  = (DIEPCTL0 + 0x20 * BULK_IN_EP),
    bulkIn_DIEPINT  = (DIEPINT0 + 0x20 * BULK_IN_EP),
    bulkIn_DIEPTSIZ = (DIEPTSIZ0 + 0x20 * BULK_IN_EP),
    bulkIn_DIEPDMA  = (DIEPDMA0 + 0x20 * BULK_IN_EP)
};
```

```
//批量输出端点控制与状态
enum BULK_OUT_EP_CSR
{
    bulkOut_DOEPCTL  = (DOEPCTL0 + 0x20 * BULK_OUT_EP),
    bulkOut_DOEPINT  = (DOEPINT0 + 0x20 * BULK_OUT_EP),
    bulkOut_DOEPTSIZ = (DOEPTSIZ0 + 0x20 * BULK_OUT_EP),
    bulkOut_DOEPDMA  = (DOEPDMA0 + 0x20 * BULK_OUT_EP)
};
//端点 FIFO 地址
enum EP_FIFO_ADDR
{
    control_EP_FIFO = (EP0_FIFO + 0x1000 * CONTROL_EP),
    bulkIn_EP_FIFO  = (EP0_FIFO + 0x1000 * BULK_IN_EP),
    bulkOut_EP_FIFO = (EP0_FIFO + 0x1000 * BULK_OUT_EP)
};
// OTG 物理层核心寄存器组
//-----------------------------------------
enum OTGPHYC_REG
{
    PHYPWR     = (USBOTG_PHY_BASE + 0x00),
    PHYCTRL    = (USBOTG_PHY_BASE + 0x04),
    RSTCON     = (USBOTG_PHY_BASE + 0x08),
    PHYTUNE    = (USBOTG_PHY_BASE + 0x20)
};
/* 限于篇幅,USB 设备描述符等代码省略,详见光盘代码文件 */
//-----------------------------------------------------------
//控制与状态寄存器设置
// OT 控制与状态寄存器
#define B_SESSION_VALID          (0x1<<19)//B 会话有效位 19
#define A_SESSION_VALID          (0x1<<18)//A 会话有效位 18
// OTG AHB 配置寄存器相关位功能设置
#define PTXFE_HALF               (0<<8)
#define PTXFE_ZERO               (1<<8)
#define NPTXFE_HALF              (0<<7)
#define NPTXFE_ZERO              (1<<7)
#define MODE_SLAVE               (0<<5)
#define MODE_DMA                 (1<<5)
#define BURST_SINGLE             (0<<1)
#define BURST_INCR               (1<<1)
#define BURST_INCR4              (3<<1)
#define BURST_INCR8              (5<<1)
#define BURST_INCR16             (7<<1)
#define GBL_INT_UNMASK           (1<<0)
#define GBL_INT_MASK             (0<<0)
// 核复位寄存器
```

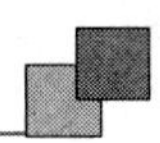

```
#define AHB_MASTER_IDLE              (1u<<31)//AHB 主接口空闲->位 31
#define CORE_SOFT_RESET              (0x1<<0)//核软件复位->位 0
// 核中断寄存器及核中断屏蔽寄存器设置
#define INT_RESUME                   (1u<<31)
#define INT_DISCONN                  (0x1<<29)
#define INT_CONN_ID_STS_CNG          (0x1<<28)
#define INT_OUT_EP                   (0x1<<19)
#define INT_IN_EP                    (0x1<<18)
#define INT_ENUMDONE                 (0x1<<13)
#define INT_RESET                    (0x1<<12)
#define INT_SUSPEND                  (0x1<<11)
#define INT_TX_FIFO_EMPTY            (0x1<<5)
#define INT_RX_FIFO_NOT_EMPTY        (0x1<<4)
#define INT_SOF                      (0x1<<3)
#define INT_DEV_MODE                 (0x0<<0)
#define INT_HOST_MODE                (0x1<<1)
// 接收状态 POP 寄存器位功能设置
#define OUT_PKT_RECEIVED             (0x2<<17)
#define SETUP_PKT_RECEIVED           (0x6<<17)
// 设备控制寄存器位功能设置
#define NORMAL_OPERATION             (0x1<<0)
#define SOFT_DISCONNECT              (0x1<<1)
#define     TEST_J_MODE              (TEST_J<<4)
#define     TEST_K_MODE              (TEST_K<<4)
#define     TEST_SE0_NAK_MODE        (TEST_SE0_NAK<<4)
#define     TEST_PACKET_MODE         (TEST_PACKET<<4)
#define     TEST_FORCE_ENABLE_MODE   (TEST_FORCE_ENABLE<<4)
#define TEST_CONTROL_FIELD           (0x7<<4)
// 设备所有端点中断寄存器位功能设置
#define INT_IN_EP0                   (0x1<<0)
#define INT_IN_EP1                   (0x1<<1)
#define INT_IN_EP3                   (0x1<<3)
#define INT_OUT_EP0                  (0x1<<16)
#define INT_OUT_EP2                  (0x1<<18)
#define INT_OUT_EP4                  (0x1<<20)
// 设备控制输入/输出端点 0 控制寄存器
#define DEPCTL_EPENA                 (0x1<<31)
#define DEPCTL_EPDIS                 (0x1<<30)
#define DEPCTL_SNAK                  (0x1<<27)
#define DEPCTL_CNAK                  (0x1<<26)
#define DEPCTL_CTRL_TYPE             (EP_TYPE_CONTROL<<18)
#define DEPCTL_ISO_TYPE              (EP_TYPE_ISOCHRONOUS<<18)
#define DEPCTL_BULK_TYPE             (EP_TYPE_BULK<<18)
#define DEPCTL_INTR_TYPE             (EP_TYPE_INTERRUPT<<18)
#define DEPCTL_USBACTEP              (0x1<<15)
```

```
#define DEPCTL0_MPS_64                    (0x0<<0)
#define DEPCTL0_MPS_32                    (0x1<<0)
#define DEPCTL0_MPS_16                    (0x2<<0)
#define DEPCTL0_MPS_8                     (0x3<<0)
// 设备控制输入/输出端点 1~15 控制寄存器
// DIEPMSK/DOEPMSK 设备控制输入/输出端点中断屏蔽寄存器
// DIEPINTn/DOEPINTn 设备控制输入/输出端点 1~15 中断寄存器
#define BACK2BACK_SETUP_RECEIVED          (0x1<<6)
#define INTKN_TXFEMP                      (0x1<<4)
#define NON_ISO_IN_EP_TIMEOUT             (0x1<<3)
#define CTRL_OUT_EP_SETUP_PHASE_DONE(0x1<<3)
#define AHB_ERROR                         (0x1<<2)
#define TRANSFER_DONE                     (0x1<<0)
...
```

/*USB 标准规范定义的设备类别描述符,配置描述符,接口描述符,端点描述符,字符串描述符等功能定义相关的代码此处省略介绍,详见光盘代码文件*/

```
// 全局变量
OTGDEV oOtgDev;
USB_GET_STATUS oStatusGet;
USB_INTERFACE_GET oInterfaceGet;
u16 g_usConfig;
u16 g_usUploadPktLength = 0;
u8 g_bTransferEp0 = false;
//初始化 OTG 物理层和链接核心
void OTGDEV_InitOtg(USB_SPEED eSpeed)
{
    u8 ucMode;
    Outp32SYSC(0x804,Inp32SYSC(0x804)&~(1<<17));
    Outp32SYSC(0x900,Inp32SYSC(0x900)|(1<<16));
    oOtgDev.m_eSpeed = eSpeed;
    oOtgDev.m_uIsUsbOtgSetConfiguration = 0;
    oOtgDev.m_uEp0State = EP0_STATE_INIT;
    oOtgDev.m_uEp0SubState = 0;
    OTGDEV_InitPhyCon();
    OTGDEV_SoftResetCore();
    OTGDEV_WaitCableInsertion();
    OTGDEV_InitCore();
    OTGDEV_CheckCurrentMode(&ucMode);
    if (ucMode == INT_DEV_MODE)
    {
        OTGDEV_SetSoftDisconnect();
        Delay(10);
        OTGDEV_ClearSoftDisconnect();
        OTGDEV_InitDevice();
    }
```

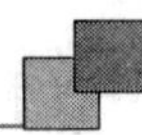

```
    else
    {
        UART_Printf("Error : Current Mode is Host\n");
        return;
    }
}
//设备模式的 OTG 中断处理事件
void OTGDEV_HandleEvent(void)
{
    u32 uGIntStatus, uDStatus;
    u32 ep_int_status, ep_int;
    uGIntStatus = Inp32(GINTSTS); // 系统状态读
    Outp32(GINTSTS, uGIntStatus); // 清中断位
    DbgUsb0("GINTSTS : %x \n", uGIntStatus);
    if (uGIntStatus & INT_RESET) // 复位中断
    {
        Outp32(DCTL,Inp32(DCTL) & ~(TEST_CONTROL_FIELD));
        OTGDEV_SetAllOutEpNak();
        oOtgDev.m_uEp0State = EP0_STATE_INIT;
        Outp32(DAINTMSK,((1<<BULK_OUT_EP)|(1<<CONTROL_EP))<<16|((1<<BULK_IN_EP)|(1
<<CONTROL_EP)));
        Outp32(DOEPMSK, CTRL_OUT_EP_SETUP_PHASE_DONE|AHB_ERROR|TRANSFER_DONE);
        Outp32(DIEPMSK, INTKN_TXFEMP|NON_ISO_IN_EP_TIMEOUT|AHB_ERROR|TRANSFER_DONE);
        Outp32(GRXFSIZ, RX_FIFO_SIZE);                  // Rx FIFO  尺寸
          // 非周期 TXFIFO 尺寸
        Outp32(GNPTXFSIZ, NPTX_FIFO_SIZE<<16| NPTX_FIFO_START_ADDR<<0);
        OTGDEV_ClearAllOutEpNak();
        Outp32(DCFG, Inp32(DCFG)&~(0x7f<<4));      //清地址
        ...
限于篇幅,部分代码省略,详见光盘代码文件
}
//OTG 端点 0 相关事件处理配置
void OTGDEV_HandleEvent_EP0(void)
{
    ...
限于篇幅,代码省略,详见光盘代码文件
}
//OTG 端点 0 传送相关配置
void OTGDEV_TransferEp0(void)
{
...
限于篇幅,代码省略,详见光盘代码文件
}

//OTG 批量输入相关事件处理
```

```
void OTGDEV_HandleEvent_BulkIn(void)
{
    …
限于篇幅,代码省略,详见光盘代码文件
}

//OTG 批量输出相关事件处理
void OTGDEV_HandleEvent_BulkOut(u32 fifoCntByte)
{
    …
限于篇幅,代码省略,详见光盘代码文件
}
//初始化 OTG 物理层
void OTGDEV_InitPhyCon(void)
{
    Outp32(PHYPWR, 0x0);//物理层电源寄存器置 0
    //物理层控制寄存器置 0x20
    Outp32(PHYCTRL, 0x20);
    Outp32(RSTCON, 0x1);//复位寄存器值
    Delay(10);
    Outp32(RSTCON, 0x0);
    Delay(10);
}
//核软件复位
void OTGDEV_SoftResetCore(void)
{
    u32 uTemp;
    Outp32(GRSTCTL, CORE_SOFT_RESET);
    do
    {
        uTemp = Inp32(GRSTCTL);
    }while(! (uTemp & AHB_MASTER_IDLE));

}
//等待 USB 电缆插入－＞插入检测
void OTGDEV_WaitCableInsertion(void)
{
    u32 uTemp, i = 0;
    u8 ucFirst = 1;
    do
    {
        Delay(10);
        uTemp = Inp32(GOTGCTL);
        //取 B 会话和 A 会话有效位置值
        if (uTemp & (B_SESSION_VALID|A_SESSION_VALID))
```

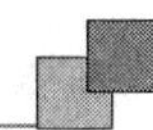

```
        {
            break;
        }
        else if(ucFirst == 1)
        {
            UART_Printf("\nInsert an OTG cable into the connector! \n");
            ucFirst = 0;
        }
    }while(1);
}
//初始化 OTG 链接核心
void OTGDEV_InitCore(void)
{
    Outp32(GAHBCFG, PTXFE_HALF|NPTXFE_HALF|MODE_SLAVE|BURST_SINGLE|GBL_INT_UNMASK);

    Outp32(GUSBCFG, 0<<15
                    |1<<14
                    |0x5<<10
                    |0<<9|0<<8
                    |0<<7
                    |0<<6
                    |0<<4
                    |1<<3
                    |0x7<<0
                    );
}
//检测当前模式
void OTGDEV_CheckCurrentMode(u8 * pucMode)
{
    u32 uTemp;
    uTemp = Inp32(GINTSTS);
    * pucMode = uTemp & 0x1;
}
//软件置断开连接
void OTGDEV_SetSoftDisconnect(void)
{
    u32 uTemp;
    uTemp = Inp32(DCTL);
    uTemp |= SOFT_DISCONNECT;
    Outp32(DCTL, uTemp);
}
//清软件断开连接位
void OTGDEV_ClearSoftDisconnect(void)
{
    u32 uTemp;
```

```
        uTemp = Inp32(DCTL);
        uTemp = uTemp & ~SOFT_DISCONNECT;
        Outp32(DCTL, uTemp);
    }
//初始化 OTG 设备
void OTGDEV_InitDevice(void)
{
    Outp32(DCFG, 1<<18|oOtgDev.m_eSpeed<<0);
    Outp32(GINTMSK, INT_RESUME|INT_OUT_EP|INT_IN_EP|INT_ENUMDONE|INT_RESET
                |INT_SUSPEND|INT_RX_FIFO_NOT_EMPTY);
}
//设置所有端点的 NAK 位
void OTGDEV_SetAllOutEpNak(void)
{
    u8 i;
    u32 uTemp;
    for(i = 0;i<16;i ++ )
    {
        uTemp = Inp32(DOEPCTL0 + 0x20 * i);
        uTemp |= DEPCTL_SNAK;
        Outp32(DOEPCTL0 + 0x20 * i, uTemp);
    }
}
//清除所有端点的 NAK 位
void OTGDEV_ClearAllOutEpNak(void)
{
    u8 i;
    u32 uTemp;
    for(i = 0;i<16;i ++ )
    {
        uTemp = Inp32(DOEPCTL0 + 0x20 * i);
        uTemp |= (DEPCTL_EPENA|DEPCTL_CNAK);
        Outp32(DOEPCTL0 + 0x20 * i, uTemp);
    }
}
//设置信息包的最大尺寸
void OTGDEV_SetMaxPktSizes(USB_SPEED eSpeed)
{
    if (eSpeed == USB_HIGH)//高速模式下设置
    {
        oOtgDev.m_eSpeed = USB_HIGH;
        oOtgDev.m_uControlEPMaxPktSize = HIGH_SPEED_CONTROL_PKT_SIZE;
        oOtgDev.m_uBulkInEPMaxPktSize = HIGH_SPEED_BULK_PKT_SIZE;
        oOtgDev.m_uBulkOutEPMaxPktSize = HIGH_SPEED_BULK_PKT_SIZE;
    }
```

```
    else
    {
        oOtgDev.m_eSpeed = USB_FULL;//全速模式下设置
        oOtgDev.m_uControlEPMaxPktSize = FULL_SPEED_CONTROL_PKT_SIZE;
        oOtgDev.m_uBulkInEPMaxPktSize = FULL_SPEED_BULK_PKT_SIZE;
        oOtgDev.m_uBulkOutEPMaxPktSize = FULL_SPEED_BULK_PKT_SIZE;
    }
}
//其他描述符列表
void OTEDEV_SetOtherSpeedConfDescTable(u32 length)
{
    …
限于篇幅,代码省略,详见光盘代码文件
}
//通过端点专用寄存器(CSR)设置端点
void OTGDEV_SetEndpoint(void)
{
    Outp32(DIEPINT0, 0xff);
    Outp32(DOEPINT0, 0xff);
    Outp32(bulkIn_DIEPINT, 0xff);
    Outp32(bulkOut_DOEPINT, 0xff);

    // 端点 0 初始化
    Outp32(DIEPCTL0, ((1<<26)|(CONTROL_EP<<11)|(0<<0)));        Outp32(DOEPCTL0, (1u
<<31)|(1<<26)|(0<<0));          //端点 0 初始化,清 NAK 位
}
//设置设备标准描述符列表
void OTGDEV_SetDescriptorTable(void)
{
    …
限于篇幅,代码省略,详见光盘代码文件
}
//检测当前 USB 工作速度模式
void OTGDEV_CheckEnumeratedSpeed(USB_SPEED * eSpeed)
{
    u32 uDStatus;
    uDStatus = Inp32(DSTS); // System status read
    * eSpeed = (USB_SPEED)((uDStatus&0x6) >>1);
}
//设置输入端点传送尺寸
void OTGDEV_SetInEpXferSize(EP_TYPE eType, u32 uPktCnt, u32 uXferSize)
{
    if(eType == EP_TYPE_CONTROL)
    {
        Outp32(DIEPTSIZ0, (uPktCnt<<19)|(uXferSize<<0));
```

```
    }
    else if(eType == EP_TYPE_BULK)
    {
        Outp32(bulkIn_DIEPTSIZ, (1<<29)|(uPktCnt<<19)|(uXferSize<<0));
    }
}
//设置输出端点传送尺寸
void OTGDEV_SetOutEpXferSize(EP_TYPE eType, u32 uPktCnt, u32 uXferSize)
{   …
限于篇幅,代码省略,详见光盘代码文件
}
//批量传输输入模式读缓存或写数据
void OTGDEV_WrPktBulkInEp(u8 *buf, int num)
{
    int i;
    u32 Wr_Data = 0;
    for(i = 0;i<num;i += 4)
    {
        Wr_Data = ((*(buf + 3))<<24)|((*(buf + 2))<<16)|((*(buf + 1))<<8)| *buf;
        Outp32(bulkIn_EP_FIFO, Wr_Data);
        buf += 4;
    }
}
//批量传输输出模式读缓存或写数据
void OTGDEV_RdPktBulkOutEp(u8 *buf, int num)
{
    int i;
    u32 Rdata;
    for (i = 0;i<num;i += 4)
    {
        Rdata = Inp32(bulkOut_EP_FIFO);
        buf[i] = (u8)Rdata;
        buf[i+1] = (u8)(Rdata>>8);
        buf[i+2] = (u8)(Rdata>>16);
        buf[i+3] = (u8)(Rdata>>24);
    }
}
//文件下载相关地址,尺寸功能配置
void OTGDEV_ClearDownFileInfo(void)
{
    oOtgDev.m_uDownloadAddress = 0;
    oOtgDev.m_uDownloadFileSize = 0;
    oOtgDev.m_pDownPt = 0;
}
//获取下载文件信息—地址,尺寸等
```

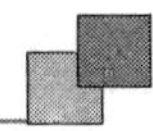

```
void OTGDEV_GetDownFileInfo(u32 * uDownAddr, u32 * uDownFileSize, u32 * pDownPt)
{
    u32 uDmaEnCheck;

    * uDownAddr = oOtgDev.m_uDownloadAddress;
    * uDownFileSize = oOtgDev.m_uDownloadFileSize;
    uDmaEnCheck = Inp32(GAHBCFG);
    if ((uDmaEnCheck&MODE_DMA))    //DMA 模式
    {
        * pDownPt = Inp32(bulkOut_DOEPDMA);
    }
    else    //CPU 模式
    {
        * pDownPt = (u32)oOtgDev.m_pDownPt;
    }
}
//清除上传文件信息—上传文件相关功能配置->地址和尺寸
void OTGDEV_ClearUpFileInfo(void)
{
    oOtgDev.m_uUploadAddr = 0;
    oOtgDev.m_uUploadSize = 0;
    oOtgDev.m_pUpPt = 0;
}
//获取上传文件信息
void OTGDEV_GetUpFileInfo(u32 * uUpAddr, u32 * uUpFileSize, u32 * pUpPt)
{
    u32 uDmaEnCheck;

    * uUpAddr = oOtgDev.m_uUploadAddr;
    * uUpFileSize = oOtgDev.m_uUploadSize;
    uDmaEnCheck = Inp32(GAHBCFG);
    if ((uDmaEnCheck&MODE_DMA))    //DMA 模式
    {
        * pUpPt = Inp32(bulkIn_DIEPDMA);
    }
    else    //CPU 模式
    {
        * pUpPt = (u32)oOtgDev.m_pUpPt;
    }
}
//USB OTG 配置检测
u8 OTGDEV_IsUsbOtgSetConfiguration(void)
{
    if (oOtgDev.m_uIsUsbOtgSetConfiguration == 0)
        return false;
```

```
    else
        return true;
}
//控制和状态寄存器相关运行模式功能配置
void OTGDEV_SetOpMode(USB_OPMODE eMode)
{
    oOtgDev.m_eOpMode = eMode;
    Outp32(GINTMSK, INT_RESUME|INT_OUT_EP|INT_IN_EP|INT_ENUMDONE|INT_RESET|INT_SUSPEND|INT_
RX_FIFO_NOT_EMPTY);
    Outp32(GAHBCFG, MODE_SLAVE|BURST_SINGLE|GBL_INT_UNMASK);
    OTGDEV_SetOutEpXferSize(EP_TYPE_BULK, 1, oOtgDev.m_uBulkOutEPMaxPktSize);
    OTGDEV_SetInEpXferSize(EP_TYPE_BULK, 1, 0);
    Outp32(bulkOut_DOEPCTL, 1u<<31|1<<26|2<<18|1<<15|oOtgDev.m_uBulkOutEPMaxPktSize
<<0);
    Outp32(bulkIn_DIEPCTL, 0u<<31|1<<27|2<<18|1<<15|oOtgDev.m_uBulkInEPMaxPktSize
<<0);    }
//检验 checksum 值
void OTGDEV_VerifyChecksum(void)
{
    …
限于篇幅,代码省略,详见光盘代码文件
}
```

② OTG_DEV_TEST.C

```
/*****************************************************************************
 *
 *      文件名 : otg_dev_test.c
 *
 *      功能描述 : 执行 USB OTG 上传和下传图片数据测试
 *
 *
*****************************************************************************/
USB_OPMODE eOpMode = USB_DMA;//DMA 运行模式
USB_SPEED eSpeed = USB_HIGH;//高速模式
u8 download_run = false;
u32 tempDownloadAddress;//下传地址变量
u8 g_bSuspendResume = false;//挂起和重新恢复变量
//USB OTG  中断服务程序
void __irq Isr_UsbOtg(void)
{
    INTC_Disable(NUM_OTG);
    OTGDEV_HandleEvent();
    INTC_Enable(NUM_OTG);
    INTC_ClearVectAddr();
}
```

```
//下载图片数据
static void Download_Only(void)
{
    u8 * pucDownloadAddr;//下载地址
    UART_Printf("Enter the download address(0x...):");
    pucDownloadAddr = (u8 * )UART_GetIntNum();
    if(pucDownloadAddr == (u8 * )0xffffffff)
    {
        pucDownloadAddr = (u8 * )DefaultDownloadAddress;
    }
    UART_Printf("The temporary download address is 0x%x.\n\n",pucDownloadAddr);
    DownloadImageThruUsbOtg(pucDownloadAddr);
}
//上传相片数据
void Upload_Only()
{
    UploadImageThruUsbOtg();//图片数据通过 OTG 功能上传
}
//运行模式选择
void Select_OpMode(void)
{
    int iSel;
    UART_Printf(" Current Op Mode : ");
    if(eOpMode == USB_CPU)
    {
        UART_Printf("CPU mode\n");
    }
    else if(eOpMode == USB_DMA)
    {
        UART_Printf("DMA mode\n");
    }
    UART_Printf(" Enter the op. mode (0: CPU_MODE, 1: DMA_MODE) : ");
    iSel = UART_GetIntNum();
    if (iSel != -1)
    {
        if (iSel == 0)
            eOpMode = USB_CPU;
        else if (iSel == 1)
            eOpMode = USB_DMA;
        else
            UART_Printf("Invalid selection\n");
    }
}
//OTG 功能测试函数
void OtgDev_Test(void)
```

```
{
    s32 i, sel;
    //OTG 测试功能菜单列表
    const testFuncMenu menu[] =
    {
        Download_Only,              "Donwload Only",
        Upload_Only,              "Upload Only",
        Select_OpMode,              "Select Op Mode",
        0,                        0
    };
    while(1)
    {
        UART_Printf("\n");
        for (i = 0; (int)(menu[i].desc)! = 0; i ++ )
            UART_Printf(" % 2d: % s\n", i, menu[i].desc);
        UART_Printf("\nSelect the function to test : ");
        sel = UART_GetIntNum();
        UART_Printf("\n");
        if (sel == -1)
            break;
        else if (sel> = 0 && sel<(sizeof(menu)/8 - 1))
            (menu[sel].func)();
    }
}
```

6.5 实例总结

本实例重点讲述了 S3C6410 处理器的 OTG 控制器原理及其应用，并通过一个上传/下传图片实例演示了简单的 OTG 协议应用。读者只需要稍微改良，即可以应用到其他 USB OTG 功能设备的数据互联上。

第 7 章

数字音频应用系统

目前,越来越多的嵌入式系统设备(如手机、PDA、MP3、数字电视、DVD)都引入了数字音频系统设备。这些设备中的数字化音频信号由一系列的集成电路处理。常用的数字音频处理的集成电路一般包括 ADC 转换器和 DAC 转换器、数字信号处理器、数字滤波器及数字音频输入输出接口等。

本章主要介绍三星公司的 ARM11 处理器 S3C6410 芯片基于 AC'97 控制器的原理,以及如何通过实例数字音频芯片 WM9714L 设计数字音频应用系统。

7.1 AC'97 音频编解码器概述

数字音频处理是为了真实再现声音的逼真性而对音频进行编/解码处理的技术。AC'97 (Audio CODEC'97,音频多媒体数字信号编解码器)是其中一种用于声音录放的技术标准,简称 AC'97。AC'97 标准始于 1997 年,以 Intel 公司为首,与 Creative Labs、NS、Analog Device 及 Yamaha 共同提出的规格标准,主要应用于 PC 机主板、调制解调器、声卡等设备。

AC'97 与 PCM(Pulse Code Moduling,脉冲编码调制)和 I^2S(Inter－IC Sound Bus,数字音频集成电路通信总线)有所不同,它不仅是一种数据格式以及音频编解码的内部架构规格,它还具有控制功能。

AC'97 采用双集成结构,即 Audio Codec(音频编解码)和 Digital Controller(数字信号控制器,也称 DC97),Audio Codec 与 Digital Controller 之间采用 AC－Link 数字接口连接,使模数转换器和数模转换器等模块独立,尽可能地减少互相干扰。

AC'97 主要特点有:

- 16 位全双工立体声音频编解码器(DAC 和 ADC);
- AC'97 规范 1.x 版本兼容 48 kHz 固定采样率操作;
- AC'97 规范 2.1 版本兼容扩展音频特性设定(可变速率及多通道);
- AC'97 规范 2.2 版本兼容扩展音频,增强型音频接口及可选的 S/PDIF;
- AC'97 规范 2.2 版本兼容扩展配置信息,插孔感应技术支持;
- 通常采用工业标准的 48 脚封装和引脚布局;
- 最多 4 个模拟线路级立体声输入,最多 2 个模拟线路级单声道输入;

- 高品质伪差分模拟 CD 输入；
- 麦克风输入 20 dB 提升、可编程增益、声学回声消除能力；
- 专用立体声输出(线路输出)；
- 额外的立体声输出可配置为线路，耳机，或可选的 4 通道或 6 通道输出；
- 单声道免提听筒输出或内置单声道扬声器输出；
- 可选的 18 位或 20 位 DAC 和 ADC 分辨率；
- 可选的输出音调和响度控制；
- 可选的 3D 增强立体声输出；
- 可选的第三 ADC 输入通道专用于语音输入；
- 可选的集成索尼/飞利浦数字输出接口(S/PDIF)；
- 全面的电源管理能力；
- 可选的编解码器中断产生器；
- 扩展编解码器修订版本和配置信息；
- 可选插孔感应和连接设备检测。

7.1.1 AC'97 音频编解码器功能模块

AC'97 音频编解码器功能模块如图 7－1 所示。它由两片集成电路构成(数字控制器和音频编解码器)，并由音频控制器连接数字接口进行通讯。

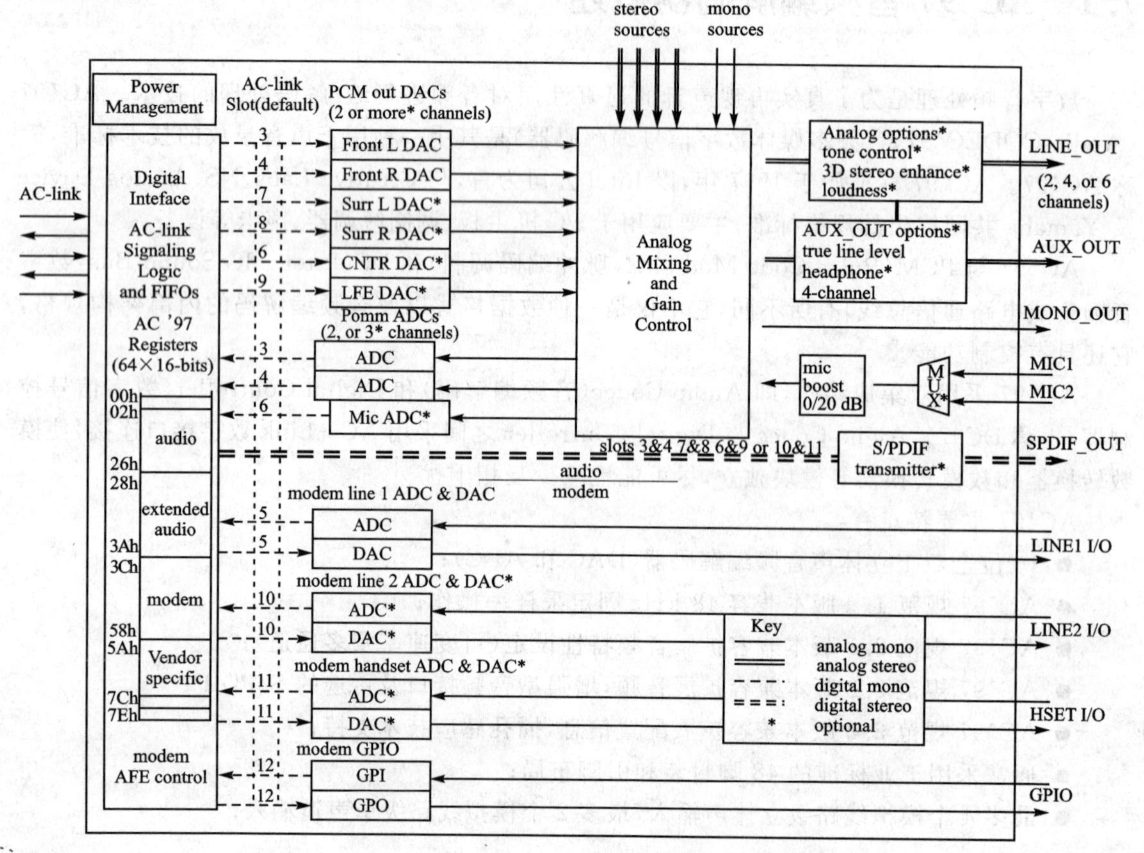

图 7－1　AC'97 功能框图

7.1.2　AC－Link 接口原理

AC－Link 是连接音频编解码器和数字控制器 5 线串行时分多路 I/O 接口，固定时钟频率 48 kHz 由串行位时钟 12.288 MHz 经 256 分频而来，AC－Link 只能传输 48 kHz 固定取样率的 PCM 信号，字长从 16 位到 20 位，其他取样率的 PCM 信号须经过取样率转(SRC)转换成 48 kHz。

AC－Link 协议总共定义了 5 条信号线进行数据通讯。

● RESETn

AC'97 硬件复位。

● SDATA_IN

串行编解码器输出时分复用信号，从 AC'97 编解码器到 AC'97 控制器的数据输出流。

● SDATA_OUT

串行控制器输出时分复用信号，从 AC'97 控制器到 AC'97 编解码器的数据输入流。

● SYNC

同步信号，48 kHz 固定采样速率同步。

● BITCLK

位时钟，主编解码器时，12.288 MHz 串行时钟输入输出，辅编解码器时，编解码器从设备 12.288 MHz 串行时钟输入。

通过这些信号可以完成数据的输入输出以及对编解码器的控制功能。AC－Link 连接示意图如图 7－2 所示。

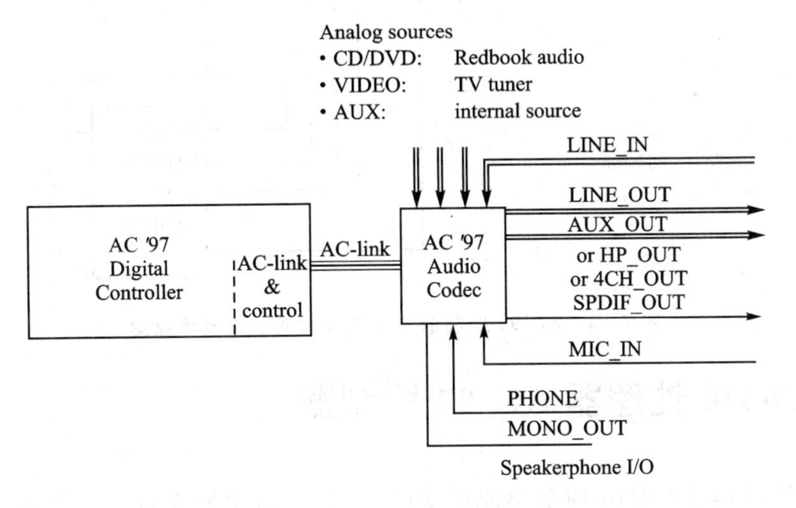

图 7－2　AC－Link 连接示意图

7.1.3　AC－Link 接口应用

根据 AC'97 规范，一个 AC'97 控制器可以通过上述 5 条信号线支持最多 4 个编解码器，本章实例只支持控制器与单个编解码器的连接。下面是 AC'97 控制器同 1 个编解码器以及 AC'97 控制器与 4 个编解码器的连接图，见图 7－3 和图 7－4 所示。

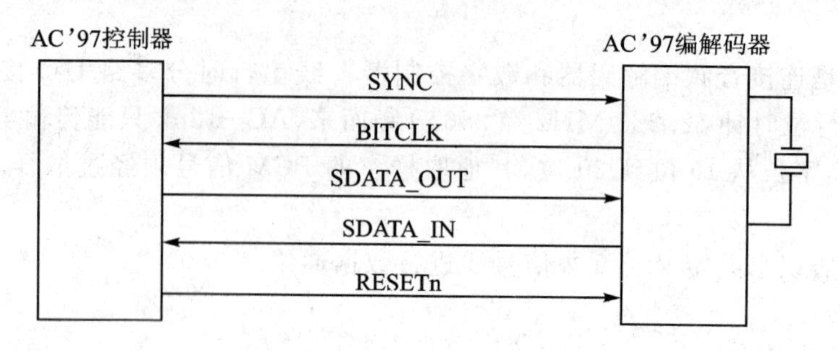

图 7－3　AC'97 控制器与单编解码器连接示意图

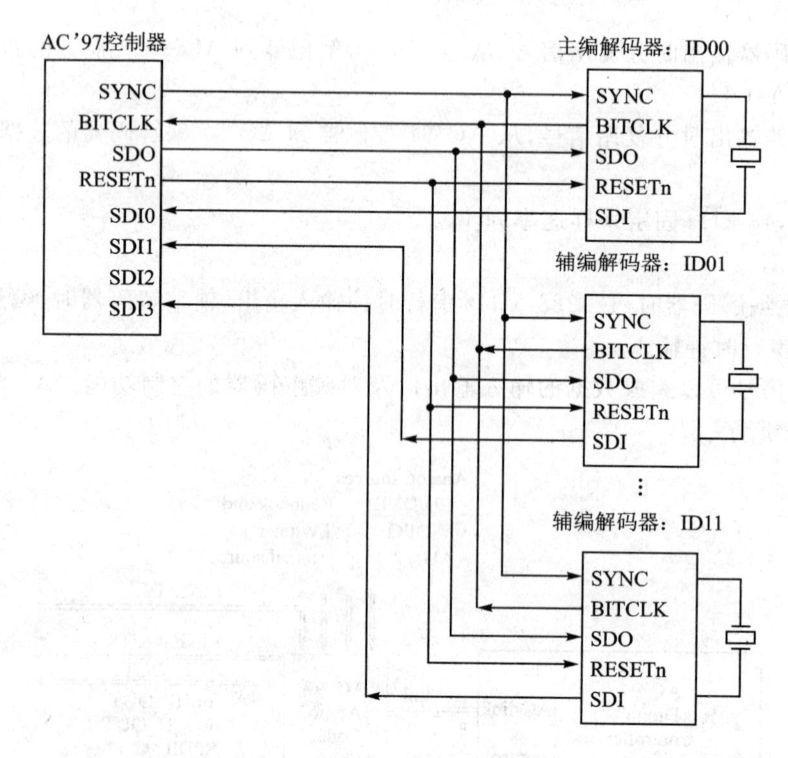

图 7－4　AC'97 控制器与 4 个编解码器连接示意图

7.2　S3C6410 处理器 AC'97 控制器

ARM11 处理器 S3C6410 内部集成的 AC'97 控制器单元支持 2.0 版本 AC'97 规范，AC'97控制器使用音频控制器连接(简称 AC－Link)AC'97 编解码器通讯。控制器发送立体声脉冲编码调制的(PCM)数字音频数据给编解码器。编解码器的外部数模转换器转换音频采样到模拟音频波形。控制器也从编解码器接收立体声 PCM 数字音频数据和单声道的话筒数据，然后将数据存储在内存中。本节将描述 AC'97 控制器单元的编程模式。

AC'97 控制器的主要特点如下：

● 立体声脉冲编码调制的数字音频输入、输出及单声道话筒输入都具备独立通道；

- 可基于 DMA 和中断的操作；
- 所有通道仅支持 16 位采样；
- 可变采样率的 AC’97 编解码器接口(48 kHz 及以下)；
- 16 位，每通道 16 个入口的 FIFO；
- 仅支持主编解码器。

7.2.1 AC’97 控制器概述

AC’97 控制器的操作包括音频控制器连接(AC－Link)通讯，掉电序列，唤醒序列等。本小节将对其做介绍。

处理器 S3C6410 的 AC’97 控制器功能模块图如图 7－5 所示。AC－Link 的点对点同步串行互联信号支持全双向数据传输。所有数字音频流和命令/状态信息通过 AC－Link 通讯。

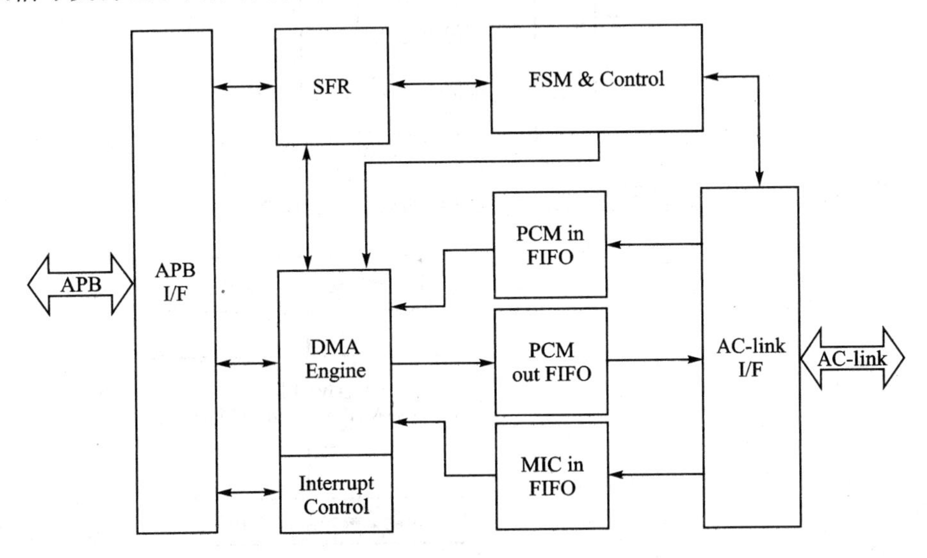

图 7－5 S3C6410 处理器 AC97 控制器结构图

1. 内部数据通路

处理器 S3C6410 的 AC’97 控制器的内部数据通路如图 7－6 所示，主要包括由 16 个 16 位的入口缓存组成的立体声 PCM 数字音频输入缓存、立体声 PCM 数字音频输出缓存、单声道麦克风输入缓存。同时具备一对连接至 AC－Link 的 20 位输入输出移位寄存器。

2. 操作流程图

初始化 AC’97 控制器时，由于无法获取外部编解码器所处的状态，须先强制系统复位或冷复位，再确定 GPIO 端口就绪，然后再将编解码器就绪中断位使能，并通过轮询或中断查询方法来校验编解码器就绪中断位。当该中断产生时，关闭编解码器就绪中断位，此时可使用 DMA 或 PIO 方式在内存和寄存器之间互传数据，当内部的发送/接收缓存(TX/RX FIFOs)不为空时，数据将会被传送。AC’97 控制器详细的操作流程图如图 7－7 所示。

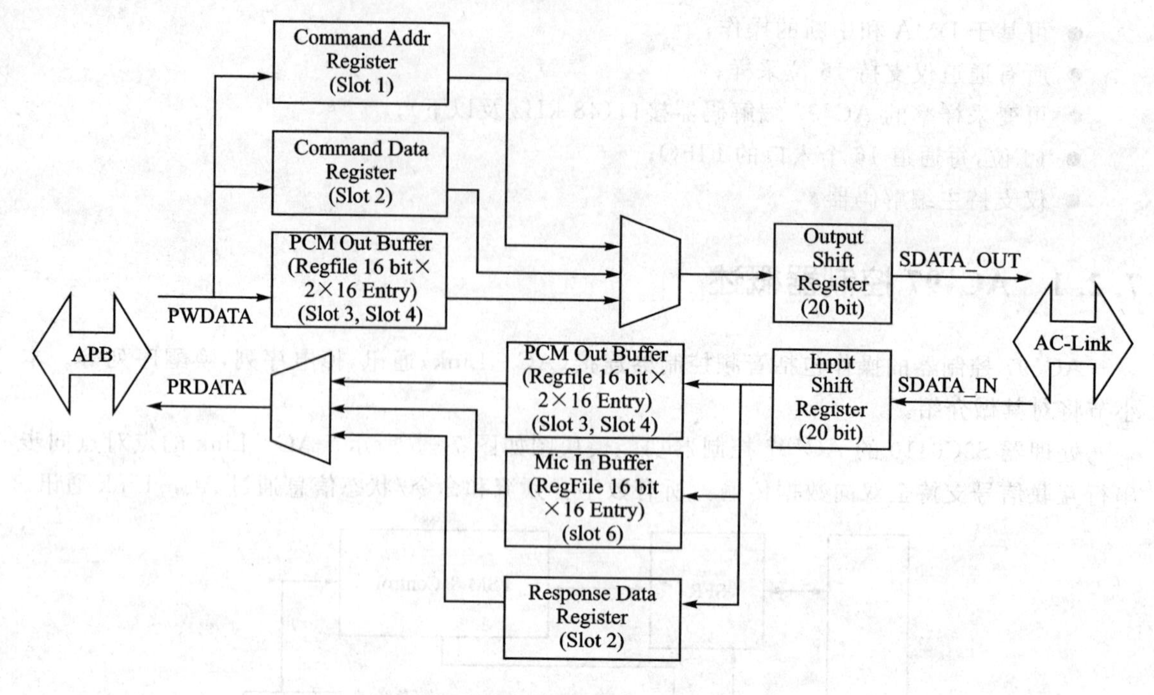

图 7-6　AC'97 控制器的内部数据通路

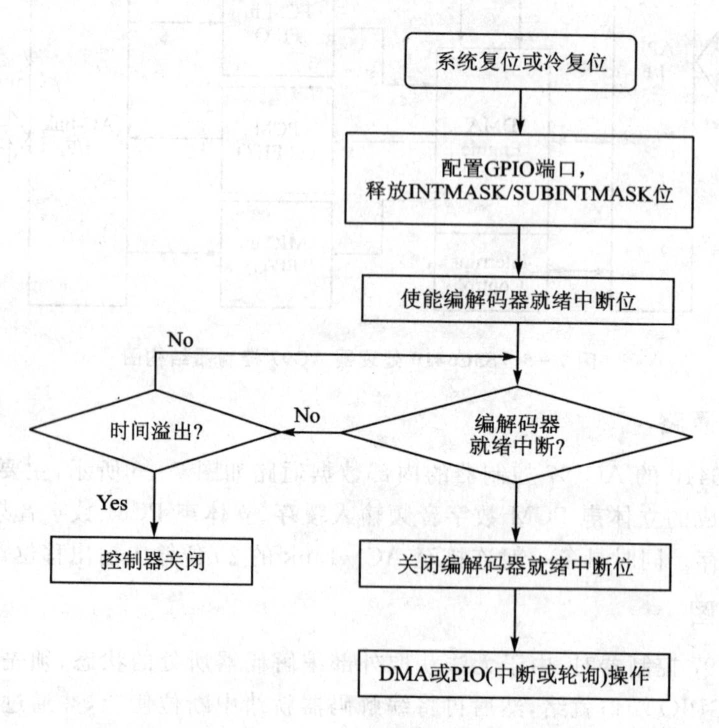

图 7-7　AC'97 控制器操作流程图

7.2.2 AC-Link数字接口协议

AC'97编解码通过5个引脚的数字串行接口连接到S3C6410处理器的AC'97控制器。音频控制器连接(AC-Link)是一条具有全双工、固定时钟、PCM数字音频的数字流,并具有一个时分多路器来执行控制寄存器访问及多路输入输出音频流。AC-Link架构将每个音频帧分成12个输出和12个输入数据流。每个数据流有20位的采样分辨率以及需要最小16位分辨率的数模转换器、模数转换器各1个。

S3C6410处理器的AC'97控制器支持的时间槽(也称时隙)定义如图7-8所示。AC'97控制器为所有AC—Link上进行的数据交换提供同步。

1个数据交换由256位分解成13个时间槽的信息组成,并称为1帧。时间槽0叫标签段(Tag Phase)且有16位长;剩下的12个时间槽称为数据段。标签段的1位用来识别有效帧,12位用于识别数据段中的时间槽是否包含有效数据;数据段中的每个时间槽是20位长。每帧从同步(SYNC)信号拉高时开始,高电平保持时间就是相应的标签段所占时间。

AC'97帧以固定的48 kHz的时间频率出现且同步于12.288 MHz比特率时钟(即BITCLK信号)。AC'97控制器和编解码器使用SYNC和BITCLK信号来决定何时发送数据,何时采样和接收数据。发送器在每个BITCLK信号的上升沿发送串行数据流,接收器在每个BITCLK的下降沿采样串行数据流。发送器必须对串行数据流中的有效槽做标记,且有效槽被标记在时间槽0中。AC-Link上的串行数据是从最高有效位(MSB)到最低有效位(LSB)。标签段的首位是位15,数据段的首位是位19。任意时间槽的最后1位是位0。

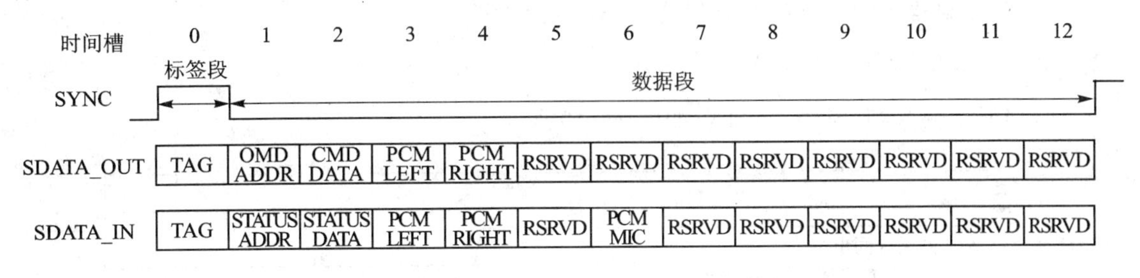

图7-8 双向AC-Link帧及时间槽定义

1. AC-Link输出帧(SDATA_OUT)

AC-Link输出帧(SDATA_OUT)主要由时间槽0~4组成,如图7-9所示。

(1) 时间槽0:标签段

时间槽0的首位是SDATA_OUT位15,表示整帧的有效位。如果位15是"1",表示当前帧包含至少一个有效时间槽,余下12位的位置对应12个时间槽包含的有效数据。时间槽0的位0和位1用于编解码器输入输出位(即从I/O端口读/写到编解码器寄存器的功能位),这样,不同采样率的数据流透过AC-Link将固定音频帧速率在48 kHz。

(2) 时间槽1:命令地址端口

时间槽1用于将控制寄存器地址及读/写命令的信息传送至AC'97控制器,当软件访问主编解码器,硬件将配置帧内容。

① 在时间槽0中,时间槽1~2的有效位被设定;

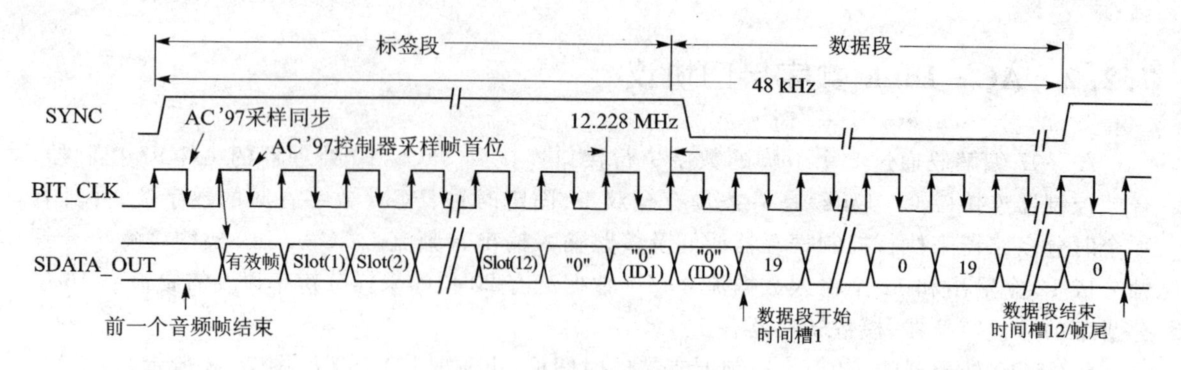

图 7－9　AC－Link 输出帧

② 在时间槽 1 中，位 19 被设置（通过读操作）或清除（通过写操作），位 18～12 被用于指定编解码器寄存器的索引，其他位则保留（为“0”）；

③ 在时间槽 2 中，配置成输出帧写操作对应的数据。

(3) 时间槽 2：命令数据端口

在时间槽 2 中是 16 位分辨率的写操作数据（位[19：4]为有效数据）。

(4) 时间槽 3：PCM 数字音频回放左声道

时间槽 3 是音频输出帧，为合成的数字音频左声道数据流。如果采样分辨率低于 16 位，AC'97 控制器将时间槽的非有效位全部填充为“0”。

(5) 时间槽 4：PCM 数字音频回放右声道

时间槽 4 是音频输出帧，为合成的数字音频右声道数据流。如果采样分辨率低于 16 位，AC'97 控制器将时间槽的非有效位全部填充为“0”。

2. AC－Link 输入帧(SDATA_IN)

AC－Link 输入帧（SDATA_IN）如图 7－10 所示。

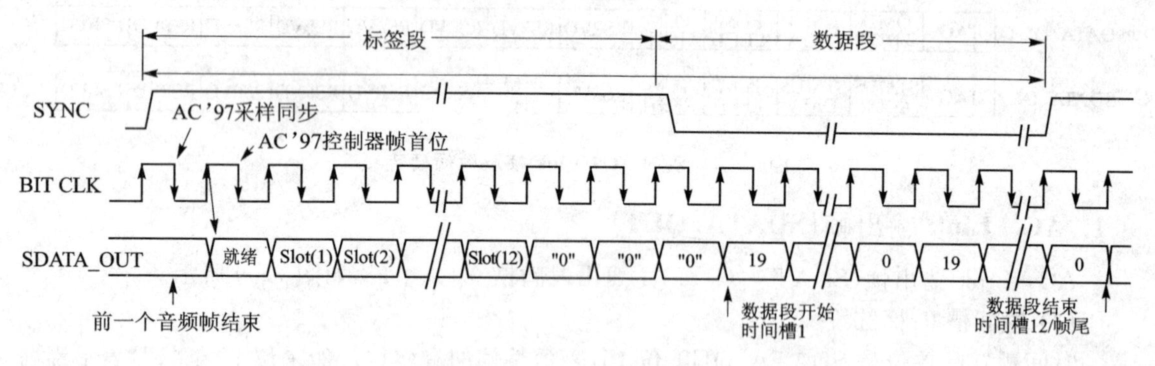

图 7－10　AC－Link 输入帧

(1) 时间槽 0：标签段

时间槽 0 的首位是 SDATA_OUT 位 15，表示 AC'97 控制器在编解码器的就绪状态（编解码器就绪位）。如果该位是“0”，表示 AC'97 控制器当前未就绪。

(2) 时间槽 1：状态地址端口/时间槽请求位

状态端口用于监控 AC'97 控制器的状态，时间槽请求位功能定义如表 7－1 所列。

表 7-1 时间槽 1 位功能定义

位	功能描述
19	保留(填充 0)
18:12	控制寄存器索引(如果标签无效,则填充 0)
11	时间槽 3 请求:PCM 数字音频左声道
10	时间槽 4 请求:PCM 数字音频右声道
9	时间槽 5 请求:未使用
8	时间槽 6 请求:麦克风通道
7	时间槽 7 请求:未使用
6	时间槽 8 请求:未使用
5	时间槽 9 请求:未使用
4	时间槽 10 请求:未使用
3	时间槽 11 请求:未使用
2	时间槽 12 请求:未使用
1,0	保留(填充 0)

(3) 时间槽 2:状态数据端口

在时间槽 2 中是 16 位分辨率的状态数据(位[19:4]为有效数据)。

(4) 时间槽 3:PCM 数字音频录音左声道

时间槽 3 是音频输入帧,即 AC'97 编解码器音频输出的左声道。如果采样分辨率低于 16 位,AC'97 控制器将时间槽的非有效位全部填充为"0"。

(5) 时间槽 4:PCM 数字音频录音右声道

时间槽 3 是音频输入帧,即 AC'97 编解码器音频输出的右声道。如果采样分辨率低于 16 位,AC'97 控制器将时间槽的非有效位全部填充为"0"。

(6) 时间槽 6:麦克风录音数据

AC'97 控制器仅支持 16 位分辨率的麦克风输入通道。

7.2.3 AC-Link 电源管理

本小节主要介绍 AC-Link 电源管理。

1. AC-Link 掉电

AC'97 编解码器的掉电寄存器(0x26)的位 PR4 置 1(通过写入 0x100 操作)时,AC—Link 信号进入低功耗模式。主编解码器驱动 BITCLK 与 SDATA_IN 信号进入逻辑低电平,掉电时序图如图 7-11 所示。

AC'97 控制器通过 AC—Link 掉电寄存器。当写掉电寄存器的位 PR4(数据 0x1000)后,AC'97 控制器就不再发送数据到时间槽 3~12。

当收到掉电请求后,就不需要编解码器去处理其他数据;当编解码器处理请求时,它会立即将 BITCLK 和 SDATA_IN 信号的电平拉低。在对 AC'97 全局控制寄存器编程后,AC'97

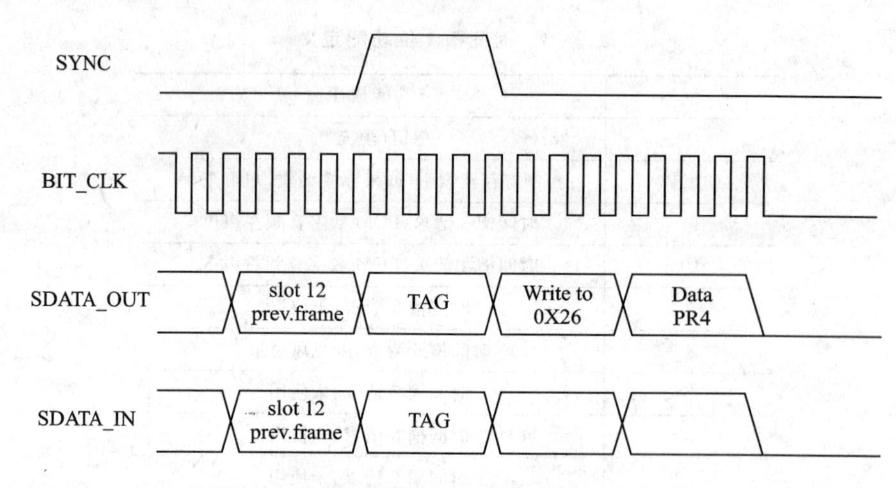

图 7-11　AC'97 掉电时序图

控制器也驱动 SYNC 和 SDATA_OUT 信号进入低电平。

2. AC-Link 唤醒

AC-Link 唤醒是通过触发 AC'97 控制器来唤醒的，AC-Link 协议提供两种复位（也称重启）：AC'97 冷复位和 AC'97 热复位。

当前掉电状态最终支配会使用哪个 AC'97 复位。所有的掉电模式期间寄存器都应该停留在同一状态，直到执行一个 AC'97 冷复位。

在 AC'97 冷复位中，AC'97 寄存器被初始化到默认值。掉电后，在掉电的帧之后与重新激活 SYNC 信号生效之前的这段过程中，AC-Link 须等待至少 4 个音频帧时间。当 AC-Link 上电，其通过编解码器准备位（输入时间槽 0，位 15）指示就绪。

3. AC'97 冷复位

当通过 AC'97 全局控制寄存器使得 nRESET 信号有效时，冷复位产生。nRESET 信号激活与置无效将激活 BITCLK 和 SDATA_OUT 信号。所有 AC'97 控制寄存器都被初始化到默认上电复位值。nRESET 是一个异步于 AC'97 的输入信号。

4. AC'97 热复位

不改变当前的 AC'97 寄存器值，AC'97 热复位重新激活 AC-Link。当没有 BITCLK 信号且 SYNC 信号拉高时，热复位产生。

在通常的音频帧中，SYNC 是一个同步于 AC'97 的输入信号。当缺少 BITCLK 信号时，SYNC 信号作为一个异步输入用于产生 AC'97 热复位。AC'97 控制器必须保证 BITCLK 信号不被激活，直到采样到 SYNC 信号再次为低电平。这样避免了错误地检测到一个新的音频帧。

7.2.4　AC'97 状态转换图

AC'97 控制器的状态转换图如图 7-12 所示。它有助于更好地理解 AC'97 控制器的状态机。图中的状态同步于外设时钟，它能够在 AC'97 全局控制寄存器中监测状态。

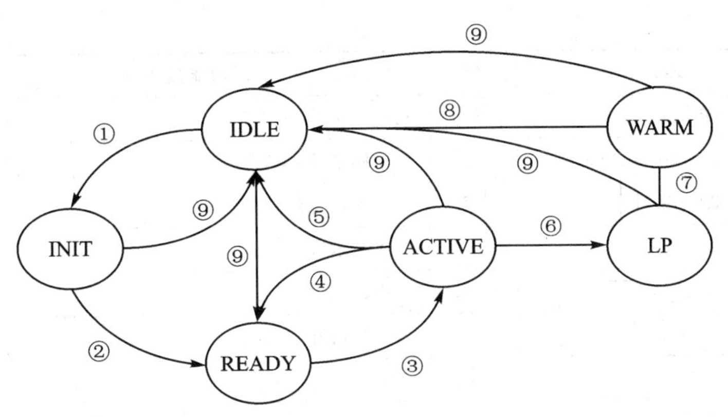

图 7-12 AC'97 控制器状态转换图

7.3 AC'97 控制器的特殊寄存器功能描述

AC'97 控制器的特殊寄存器包括 8 个寄存器：

- AC'97 全局控制寄存器(AC_GLBCTRL)；
- AC'97 全局状态寄存器(AC_GLBSTAT)；
- AC'97 编解码器命令寄存器(AC_CODEC_CMD)；
- AC'97 编解码器状态寄存器(AC_CODEC_STAT)；
- AC'97 采样数字音频(PCM)输出输入通道 FIFO 地址寄存器(AC_PCMADDR)；
- AC'97 麦克风输入通道(MIC)FIFO 地址寄存器(AC_MICADDR)；
- AC'97 采样数字音频输出输入通道 FIFO 数据寄存器(AC_PCMDATA)；
- AC'97 麦克风输入通道 FIFO 数据寄存器(AC_MICDATA)。

本小节将详细介绍上述 8 个寄存器的功能。

1. AC'97 全局控制寄存器

AC'97 全局控制寄存器包括中断控制、DMA 控制、音频控制器连接、数据传输控制、复位控制等功能寄存器设置，可读写。寄存器相关位功能定义如表 7-2 所列。

寄存器的地址：0x7F001000，复位值：0x00000000。

表 7-2 AC'97 全局控制寄存器位功能定义

AC_GLBCTRL	位	功能描述	初始化状态
保留	[31]	保留	0
编解码器就绪中断清除	[30]	1：中断清除(只写)	0

续表 7-2

AC_GLBCTRL	位	功能描述	初始化状态
PCM 输出通道欠载中断清除	[29]	1:中断清除(只写)	0
PCM 输入通道过载(溢出)中断清除	[28]	1:中断清除(只写)	0
MIC 输入通道溢出中断清除	[27]	1:中断清除(只写)	0
PCM 输出通道阀值中断清除	[26]	1:中断清除(只写)	0
PCM 输入通道阀值中断清除	[25]	1:中断清除(只写)	0
MIC 输入通道阀值中断清除	[24]	1:中断清除(只写)	0
保留	[23]	保留	0
编解码器就绪中断使能	[22]	0:禁止;1:使能	0
PCM 输出通道欠载中断使能	[21]	0:禁止;1:使能(FIFO 空)	0
PCM 输入通道溢出中断使能	[20]	0:禁止;1:使能(FIFO 满)	0
MIC 输入通道溢出中断使能	[19]	0:禁止;1:使能(FIFO 满)	0
PCM 输出通道阀值中断使能	[18]	0:禁止;1:使能(FIFO 半空)	0
PCM 输入通道阀值中断使能	[17]	0:禁止;1:使能(FIFO 半满)	0
MIC 输入通道阀值中断使能	[16]	0:禁止;1:使能(FIFO 半满)	0
保留	[15:14]	保留	00
PCM 输出通道传输模式	[13:12]	00:关;01:PIO 模式;10:DMA 模式;11:保留	00
PCM 输入通道传输模式	[11:10]	00:关;01:PIO 模式;10:DMA 模式;11:保留	00
MIC 输入通道传输模式	[9:8]	00:关;01:PIO 模式;10:DMA 模式;11:保留	00
保留	[7:4]	保留	0000
数据传输使用 AC-Link 使能	[3]	0:禁止;1:使能	0
音频控制器连接(AC-Link)功能开	[2]	0:禁止;1:同步信号传输到编解码器	0
热复位	[1]	0:普通模式;1:从断电状态唤醒编解码器	0
冷复位	[0]	0:普通;1:复位编解码器及控制器寄存器	0

2. AC'97 全局状态寄存器

AC'97 全局状态寄存器用于在中断产生的状态下,查找中断源,只读。寄存器相关位功能定义如表 7-3 所列。

寄存器的地址:0x7F001004,复位值:0x00000000。

表 7-3 AC'97 全局状态寄存器位功能定义

AC_GLBSTAT	位	功能描述	初始化状态
保留	[31:23]	保留	0x00
编解码器就绪中断	[22]	0:无请求;1:请求	0
PCM 输出通道欠载中断	[21]	0:无请求;1:请求	0
PCM 输入通道溢出中断	[20]	0:无请求;1:请求	0
MIC 输入通道溢出中断	[19]	0:无请求;1:请求	0

续表 7-3

AC_GLBSTAT	位	功能描述	初始化状态
PCM 输出通道阀值中断	[18]	0:无请求;1:请求	0
PCM 输入通道阀值中断	[17]	0:无请求;1:请求	0
MIC 输入通道阀值中断	[16]	0:无请求;1:请求	0
保留	[15:3]	保留	0x000
控制器主状态	[2:0]	000:空闲;001:初始化;010:就绪;011:激活;100:LP;101:热启动	001

3. AC'97 编解码器命令寄存器

当控制读或写操作时,必须设置读使能位;如果要将数据写入 AC'97 编解码器,则需设置 AC'97 编解码器和数据的索引(或地址),相关的操作都通过设置 AC'97 编解码器命令寄存器完成,该寄存器可读写。寄存器相关位功能定义如表 7-4 所列。

寄存器的地址:0x7F001008,复位值:0x00000000。

表 7-4 AC'97 编解码器命令寄存器位功能定义

AC_CODEC_CMD	位	功能描述	初始化状态
保留	[31:24]	保留	0x00
读操作使能	[23]	0:写操作命令;1:读状态操作	0
地址	[22:16]	编解码器命令的地址	0x00
数据	[15:0]	编解码器命令的数据	0x0000

注意:当命令写入 AC'97 编解码器命令寄存器时,推荐在两条命令之间插入一个大于 21 μs的延时。

4. AC'97 编解码器状态寄存器

当读操作使能位设置为"1"且 CODEC 编解码器命令地址有效时,CODEC 的状态数据是有效的,AC'97 编解码器状态寄存器为只读。寄存器相关位功能定义如表 7-5 所列。

寄存器的地址:0x7F00100C,复位值:0x00000000。

表 7-5 AC'97 编解码器状态寄存器位功能定义

AC_CODEC_STAT	位	功能描述	初始化状态
保留	[31:23]	保留	0x00
地址	[22:16]	编解码器的状态地址	0x00
数据	[15:0]	编解码器的状态数据	0x0000

注意:当需要通过 AC'97 编解码器状态寄存器读取寄存器数据时,须遵守如下步骤:

〈1〉命令地址和数据写入 AC'97 编解码器状态寄存器并将寄存器位 23 置"1";

〈2〉根据编解码器类型插入适当的延时;

〈3〉再从 AC'97 编解码器状态寄存器读命令地址和数据。

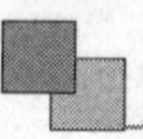

5. AC'97 采样数字音频输出输入通道 FIFO 地址寄存器

AC'97 采样数字音频输出输入通道 FIFO 地址寄存器用于内部音频 FIFO 的地址索引，为只读寄存器，寄存器相关位功能定义如表 7-6 所列。

寄存器的地址：0x7F001010，复位值：0x00000000。

表 7-6　AC'97 采样数字音频输出输入通道 FIFO 地址寄存器

AC_PCMADDR	位	功能描述	初始化状态
保留	[31:28]	保留	0000
输出读地址	[27:24]	PCM 输出通道 FIFO 读地址	0000
保留	[23:20]	保留	0000
输入读地址	[19:16]	PCM 输入通道 FIFO 读地址	0000
保留	[15:12]	保留	0000
输出写地址	[11:8]	PCM 输出通道 FIFO 写地址	0000
保留	[7:4]	保留	0000
输入写地址	[3:0]	PCM 输入通道 FIFO 写地址	0000

6. AC'97 麦克风输入通道 FIFO 地址寄存器

AC'97 麦克风输入通道 FIFO 地址寄存器用于内部麦克风输入 FIFO 的地址索引，为只读寄存器，寄存器相关位功能定义如表 7-7 所列。

寄存器的地址：0x7F001014，复位值：0x00000000。

表 7-7　AC'97 麦克风输入通道 FIFO 地址寄存器位功能定义

AC_MICADDR	位	功能描述	初始化状态
保留	[31:20]	保留	0000
读地址	[19:16]	麦克风输入通道 FIFO 读地址	0000
保留	[15:4]	保留	0x000
写地址	[3:0]	麦克风输入通道 FIFO 写地址	0000

7. AC'97 采样数字音频输出输入通道 FIFO 数据寄存器

AC'97 采样数字音频输入输出通道 FIFO 数据寄存器是可读写寄存器，寄存器相关位功能定义如表 7-8 所列。

寄存器的地址：0x7F001018，复位值：0x00000000。

表 7-8　AC'97 采样数字音频输入输出通道 FIFO 数据寄存器位功能定义

AC_PCMDATA	位	功能描述	初始化状态
右声道数据	[31:16]	PCM 右声道 FIFO 数据 读：PCM 输入右通道 写：PCM 输出右通道	0x0000

续表 7－8

AC_PCMDATA	位	功能描述	初始化状态
左声道数据	[15:0]	PCM 左声道 FIFO 数据 读:PCM 输入左通道 写:PCM 输出左通道	0x0000

8. AC'97 麦克风输入通道 FIFO 数据寄存器

AC'97 麦克风输入通道 FIFO 数据寄存器是只读寄存器，寄存器相关位功能定义如表 7－9 所列。

寄存器的地址:0x7F00101C，复位值:0x00000000。

表 7－9　AC'97 麦克风输入通道 FIFO 数据寄存器位功能定义

AC_MICDATA	位	功能描述	初始化状态
保留	[31:16]	保留	0x0000
单通道数据	[15:0]	麦克风输入单通道 FIFO 数据	0x0000

7.4　实例硬件设计

本实例通过应用 S3C6410 处理器的 AC'97 控制器接口与外围音频编解码器芯片 WM9714L 组成数字音频系统。

7.4.1　WM9714L 芯片概述

WM9714L 是一款专为移动计算机和通信设计的高集成输出/输入芯片。该芯片采用了双编解码器运行架构，通过 AC－Link 数字接口支持高保真(Hi－Fi)立体声编解码器功能，并通过脉冲编码调制的同步串行接口(SSP)额外支持语音编解码器功能。此外，该器件还有一个辅助的数字模拟转换器(DAC)，它可以用来监督铃音的生成，或者生成对应于主编解码器不同采样率的响铃声。

该芯片能够与单声道或立体声麦克风、立体声耳机和立体声扬声器直接连接，以减少系统所使用的元件总数。耳机、扬声器和听筒可无需电容式连接应用，可以降低成本并缩减所占电路板尺寸。另外，提供多路模拟输入和输出引脚可实现无线通信设备无缝式一体化模拟连接。

该芯片设备的所有功能的访问和控制都是透过一个符合 AC'97 标准的 AC－Link 接口执行。24.576 MHz 主时钟可以直接输入，也可透过一个片上锁相环，由一个 13 MHz(或其他频率)的时钟频率内部生成。该片上锁相环支持从 2.048 MHz 至 78.6 MHz 的宽范围输入时钟。

WM9714L 的额定工作电压范围为 1.8 V 至 3.6 V。可以通过软件控制芯片各个部分的关闭，以降低功率消耗。该器件采用无引脚式小型 7×7 mm QFN 封装，特别适用于手持式便携系统设备、掌上电脑、智能手机等领域。

WM9714L 芯片的主要特点如下。

- 兼容 AC'97 规范 2.2 立体声编解码器；
  —DAC 信噪比 94 dB,总谐波－85 dB；
  —ADC 信噪比 87 dB,总谐波－86 dB；
  —可变音频速率,支持 WinCE 系统下所有采样速率；
  —音调控制,低音增强和 3D 增强；
- 片上 45 mW 耳机驱动(可 BTL 桥接式负载)；
- 片上 400 mW 单声道或立体声驱动(可 BTL 桥接式负载)；
- 立体声,单声道,差分麦克风输入；
  —自动电平控制(ALC)；
  —麦克风插入和麦克风按钮按下检测；
- 辅助单声道 DAC(铃声或直流电平生成)；
- 与无线设备无缝通讯接口；
- 附加 PCM/I²S 协议接口支持语音编解码器；
- 锁相环产生音频时钟；
- 支持 2.048 MHz～78.6 MHz 的输入时钟宽范围。

WM9714L 兼容 AC'97 规范 2.2 版本,并具备部分独特功能。例如 WM9714L 能够处理完一台智能手机包含音频回放、语音记录、电话通话、通话记录、铃声等等所有音频功能,并能够同时使用这些功能,AC'97 混音器架构则不完全支持这些功能。

WM9714L 芯片功能结构图如图 7－13 所示。

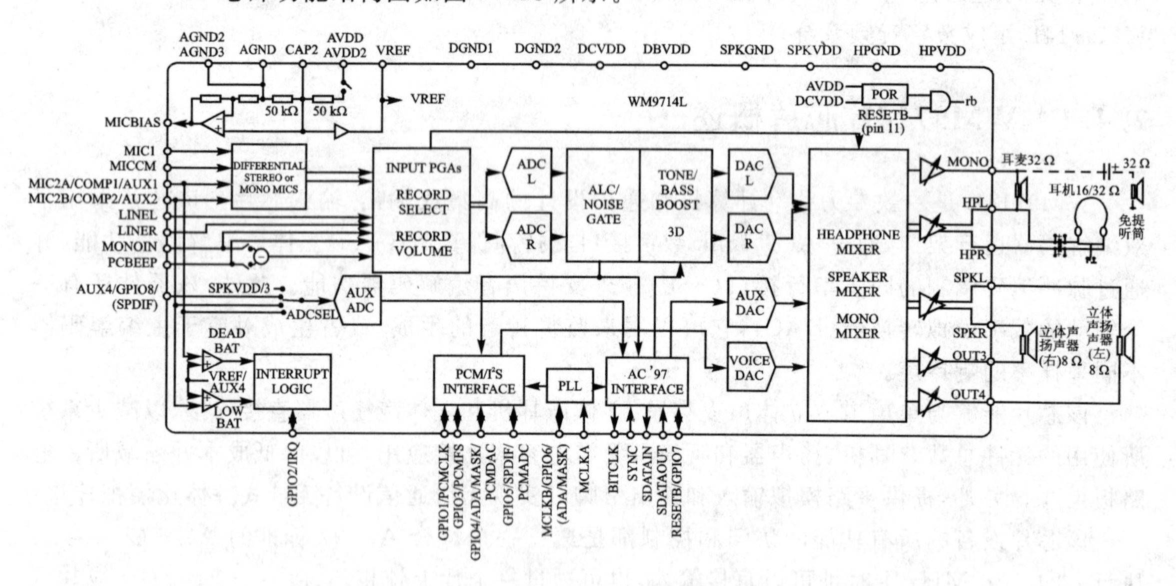

图 7－13 WM9714L 芯片功能结构图

7.4.2 WM9714L 芯片的引脚功能

WM9714L 芯片封装为 QFN48,引脚根据功能可分为供电电源、AC－Link 接口、索尼/菲

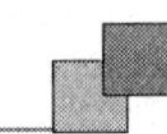

利浦(S/PDIF)数字音频接口、PCM音频接口、辅助模拟输入/输出引脚及音频输出等部分。WM9714L芯片的引脚排列如图7-14所示。各引脚功能如表7-10所列。

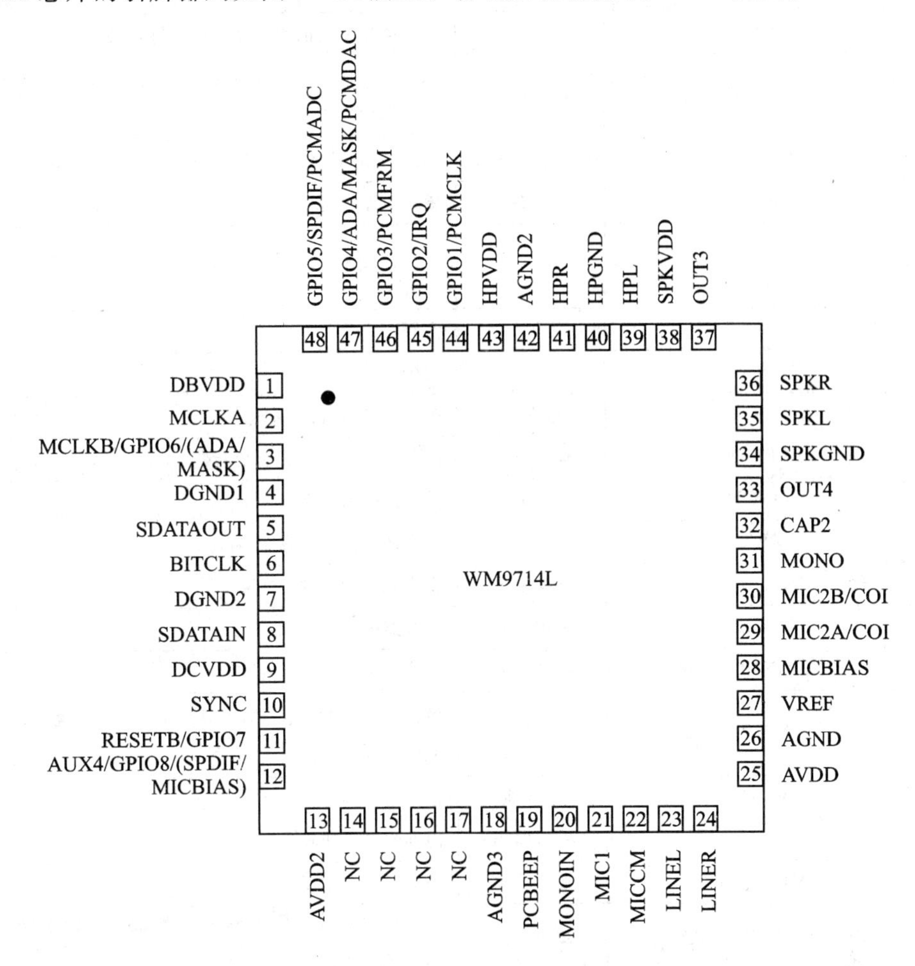

图7-14　WM9714L芯片的引脚排列示意图

表7-10　WM9714L芯片的引脚功能定义

引　脚	引脚名	引脚类型	功能描述
1	DBVDD	电源	数字输入输出缓冲器供电电源
2	MCLKA	数字输入	主时钟A输入
3	MCLKB/GPIO6/(ADA/MASK)	数字输入/输出	主时钟B输入/GPIO6/ADA(ADC数据可用)输出/MASK输入
4	DGND1	电源地	数字电源地(与DCVDD,DBVDD形成回路)
5	SDATAOUT	数字输入	串行数据输出信号从控制器输出至WM9714L
6	BITCLK	数字输出	串行接口时钟信号输出到控制器端
7	DGND2	电源地	数字电源地(与DCVDD,DBVDD形成回路)
8	SDATAIN	数字输出	串行数据输入信号从WM9714L输出至控制器
9	DCVDD	电源	数字电路核心电源

续表 7-10

引　脚	引脚名	引脚类型	功能描述
10	SYNC	数字输入	控制器端输出的串行接口同步脉冲信号
11	RESETB / GPIO7	数字输入/输出	复位信号(异步,低电平有效,将所有寄存器复位到默认值)/GPIO7 复用引脚
12	AUX4/GPIO8/(S/PDIF)	模拟输入/输出	辅助 ADC 输入/GPIO8/S/PDIF 数字音频输出复用引脚
13	AVDD2	电源	模拟电路电源
14	NC	—	空脚
15	NC	—	空脚
16	NC	—	空脚
17	NC	—	空脚
18	AGND3	电源地	模拟电路电源地
19	PCBEEP	模拟输入	线路输入至模拟音频混音器
20	MONOIN	模拟输入	单声道输入(RX)
21	MIC1	模拟输入	麦克风前置放大器 A 输入 1
22	MICCM	模拟输入	麦克风共模输入
23	LINEL	模拟输入	左线路输入
24	LINER	模拟输入	右线路输入
25	AVDD	电源	模拟电路电源(含 DAC、ADC、PGA、混音器、麦克风放大器逻辑部分)
26	AGND	电源地	模拟电源地
27	VREF	模拟输出	内部参考电压输入
28	MICBIAS	模拟输出	麦克风偏置电压
29	MIC2A/COMP1/AUX1	模拟输入	麦克风前置放大器 A 输入 2/比较器 1 输入/辅助 ADC1 输入复用引脚
30	MIC2B/COMP2/AUX2	模拟输入	麦克风前置放大器 B 输入 2/比较器 2 输入/辅助 ADC2 输入复用引脚
31	MONO	模拟输出	单声道输出驱动(线路或耳机)
32	CAP2	模拟输入/输出	内部参考电压(AVDD/2,不能超负荷)
33	OUT4	模拟输出	辅助输出驱动器 4(扬声器,线路或耳机)
34	SPKGND	电源地	扬声器接地端
35	SPKL	模拟输出	左扬声器驱动器(扬声器,线路或耳机)
36	SPKR	模拟输出	右扬声器驱动器(扬声器,线路或耳机)
37	OUT3	模拟输出	辅助输出驱动器 3(扬声器,线路或耳机)
38	SPKVDD	电源	扬声器电源
39	HPL	模拟输出	耳机左声道驱动器(线路或耳机)
40	HPGND	电源地	耳机接地端
41	HPR	模拟输出	耳机右声道驱动器(线路或耳机)

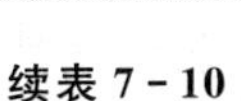

续表 7-10

引 脚	引脚名	引脚类型	功能描述
42	AGND2	电源地	模拟地,芯片接地端
43	HPVDD	电源	耳机电源
44	GPIO1/PCMCLK	数字输入/输出	GPIO1/PCM 接口时钟复用引脚
45	GPIO2/IRQ	数字输入/输出	GPIO2/IRQ(中断请求)输出复用引脚
46	GPIO3/PCMFS	数字输入/输出	GPIO3/PCM 帧信号复用引脚
47	GPIO4/ADA/MASK/PCMDAC	数字输入/输出	GPIO4/ADA(ADC 数据可用)输出/MASK 输入/PCM 输入 DAC 数据复用引脚
48	GPIO5/S/PDIF/PCMADC	数字输入/输出	GPIO5/S/PDIF 数字音频输出接口/ PCM 输出 ADC 数据复用引脚
49	GND_PADDLE	接地端	散热片,连接到模拟地端

7.4.3 WM9714L 芯片寄存器功能说明

WM9714L 芯片集成的 AC'97 接口、PCM/I²S、S/PDIF 接口以及音频 ADC/DAC 等等都是通过相应的寄存器来进行控制的,本节将通过对应的功能设置来逐步介绍寄存器的功能。更详细的内容请参考 WM9714L 芯片的官方规格书。

1. 电源管理

WM9714L 包含了符合 AC'97 规范标准的掉电控制寄存器(地址 26h),此外还容许通过掉电寄存器组(地址 3Ch、3Eh)进行更多的控制。当寄存器 26h、及寄存器 3Ch、3Eh 对应位设置为"0"时,功能激活。在默认上电状态则是关闭的(默认状态为"1")。

(1) AC'97 控制寄存器

掉电及状态寄存器位功能定义如表 7-11 所列。

表 7-11 掉电及状态寄存器(兼容 AC'97 规范 2.2 版本)位功能定义

寄存器地址	位	标 签	默认状态	功能描述
26h 掉电状态寄存器	14	PR6	1	输出 PGAs(可编程增益放大器)禁用控制 1=禁止 0=使能
	13	PR5	1	内部时钟禁用控制 1=禁止 0=使能
	12	PR4	1	AC—Link 接口禁用控制 1=禁止 0=使能

续表 7-11

寄存器地址	位	标　签	默认状态	功能描述
26h 掉电状态寄存器	11	PR3	1	模拟禁用控制 1=禁止 0=使能 **注意**：该位控制 VREF，输入 PGAs，DACs，ADCs，混音器及输出.
	10	PR2	1	输入 PGAs 及混音器禁用控制 1=禁止 0=使能
	9	PR1	1	立体声 DAC 禁用控制 1=禁止 0=使能
	8	PR0	1	立体声 ADC 和录音多路器禁用控制 1=禁止 0=使能
	3	REF	0	参考电压就绪状态(只读) 1=就绪 0=未就绪
	2	ANL	0	模拟混音器就绪状态(只读) 1=就绪 0=未就绪
	1	DAC	0	立体声 DAC 就绪状态(只读) 1=就绪 0=未就绪
	0	ADC	0	立体声 ADC 就绪状态(只读) 1=就绪 0=未就绪

(2) 扩展掉电寄存器

WM9714L 的扩展掉电寄存器组位功能定义如表 7-12 和表 7-13 所列。

表 7-12　扩展掉电寄存器 1(AC'97 规范 2.2 版本扩展)位功能定义

寄存器地址	位	标　签	默认状态	功能描述
3Ch 扩展掉电寄存器 1	15	PADCPD	1	辅助 ADC 禁用控制 1=禁止 0=使能
	14	VMID1M	1	VMID 字符串禁用控制 1=禁止 0=使能
	13	TSHUT	1	热关断禁用控制 1=禁止 0=使能

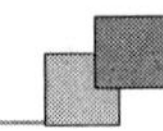

续表 7-12

寄存器地址	位	标　签	默认状态	功能描述
3Ch 扩展掉电寄存器1	12	VXDAC	1	语音 DAC 禁用控制 1=禁止 0=使能
	11	AUXDAC	1	辅助 DAC 禁用控制 1=禁止 0=使能
	10	VREF	1	参考电压禁用控制 1=禁止 0=使能
	9	PLL	1	PLL 锁相环禁用控制 1=禁止 0=使能
	7	DACL	1	DAC 左通道禁用控制 1=禁止 0=使能
	6	DACR	1	DAC 右通道禁用控制 1=禁止 0=使能
	5	ADCL	1	ADC 左通道禁用控制 1=禁止 0=使能
	4	ADCR	1	ADC 右通道禁用控制 1=禁止 0=使能
	3	HPLX	1	耳机混音器左声道禁用控制 1=禁止 0=使能
	2	HPRX	1	耳机混音器右声道禁用控制 1=禁止 0=使能
	1	SPKX	1	扬声器混音器禁用控制 1=禁止 0=使能
	0	MX	1	单声道混音器禁用控制 1=禁止 0=使能

注意：〈1〉当模拟输入/输出禁用后，它们通过一个大电阻内部连接到 VREF(VREF=AVDD/2，除非 VREF 和 VMID1M 同时关闭)；

〈2〉当禁用一个可编程增益放大器(PGA)时，首先应确保静音。

表 7-13　扩展掉电寄存器 2(AC'97 规范 2.2 版本扩展)位功能定义

寄存器地址	位	标　签	默认状态	功能描述
3Eh 扩展掉电寄存器 2	15	MCD	1	麦克风电流检测禁用控制 1=禁止 0=使能
	14	MICBIAS	1	麦克风偏置电压禁用控制 1=禁止 0=使能
	13	MONO	1	单声道 PGA 禁用控制 1=禁止 0=使能
	12	OUT4	1	OUT4 PGA 禁用控制 1=禁止 0=使能
	11	OUT3	1	OUT3 PGA 禁用控制 1=禁止 0=使能
	10	HPL	1	耳机左声道 PGA 禁用控制 1=禁止 0=使能
	9	HPR	1	耳机右声道 PGA 禁用控制 1=禁止 0=使能
	8	SPKL	1	扬声器左声道 PGA 禁用控制 1=禁止 0=使能
	7	SPKR	1	扬声器右声道 PGA 禁用控制 1=禁止 0=使能
	6	LL	1	线路输入左声道 PGA 禁用控制 1=禁止 0=使能
	5	LR	1	线路输入右声道 PGA 禁用控制 1=禁止 0=使能
	4	MOIN	1	单声道输入 PGA 禁用控制 1=禁止 0=使能
	3	MA	1	麦克风 A PGA 禁用控制 1=禁止 0=使能

续表 7-13

寄存器地址	位	标　签	默认状态	功能描述
3Eh 扩展掉电寄存器 2	2	MB	1	麦克风 B PGA 禁用控制 1=禁止 0=使能
	1	MPA	1	麦克风前置放大器 A 禁用控制 1=禁止 0=使能
	0	MPB	1	麦克风前置放大器 B 禁用控制 1=禁止 0=使能

2. 音频 ADC

本小节主要介绍音频 ADC 相关模块及对应寄存器功能设置。

(1) 立体声 ADC

WM9714L 使用一个立体声 Σ－Δ 模数转换器将音频信号数字化，该模数转换器实现了低功耗高品质录音。模数转换器可以通过写控制寄存器值来控制采样率，并独立于数模转换器的采样率。

为了降低功耗，左右通道可以单独关闭，将掉电寄存器组中相应位关闭即可(见 7.4.3 第 1 小节)，如果仅一个 ADC 通道在运行，AC－link 左右时间槽会有相同的数据。

① 高通滤波器

WM9714L 的音频模数转换器使用数字高通滤波器，消除了 ADC 输出数据流中的直流偏置。默认状态下数字高通滤波器是开启的。如须直流测量，将 HPF 位(寄存器 5Ch，位 3)写"1"即可禁用。

高通滤波器的转折频率可以在 WM9714L 中设置不同的值，以适应比如需较高截止频率的语音应用场合。控制高通滤波器的寄存器(地址 5Ch、5Ah)位功能定义如表 7－14 所列。

表 7－14　高通滤波器控制寄存器

寄存器地址	位	标　签	默认状态	功能描述
5Ch	3	HPF	0	ADC 高通滤波器禁用控制 1=使能(用于音频) 0=禁止(用于直流测量)
5Ah	5:4	HPMODE	00	高通滤波器截止频率控制 00=7 Hz @ fs=48 kHz 01=82 Hz @ fs=16 kHz 10=82 Hz @ fs=8 kHz 11=170 Hz @ fs=8 kHz

注意:高通滤波器的转折频率正比于采样率。

② ADC 时间槽(时隙)配置

默认状态下，ADC 音频左通道输出数据在 SDTAT_IN(引脚 8)信号中的时间槽 3，右通道输出数据是在时间槽 4。通过配置 ASS(ADC Slot Select,时隙选择)位可以将数据发送到其他的时间槽上,相关配置如表 7-15 所列。

表 7-15　ADC 时隙配置

<table>
<tr><th>寄存器地址</th><th>位</th><th>标　签</th><th>默认状态</th><th>功能描述</th></tr>
<tr><td>5Ch
(额外功能)</td><td>1:0</td><td>ASS</td><td>00</td><td>ADC 数据发送时隙控制
<table>
<tr><td rowspan="2">值</td><td colspan="2">时隙号</td></tr>
<tr><td>左通道</td><td>右通道</td></tr>
<tr><td>00</td><td>3</td><td>4</td></tr>
<tr><td>01</td><td>7</td><td>8</td></tr>
<tr><td>10</td><td>6</td><td>9</td></tr>
<tr><td>11</td><td>10</td><td>11</td></tr>
</table></td></tr>
</table>

(2) 音频录音选择器

音频录音选择器决定哪路输入信号将输入到音频 ADC,左、右通道可以独立选择。该功能主要应用于电话录音:1 个通道可以用于接收信号,其余通道可以用于发送信号,有利于通话双方数字化。音频录音选择器设置寄存器功能如表 7-16 所列。

表 7-16　录音选择器寄存器位功能定义

<table>
<tr><th>寄存器地址</th><th>位</th><th>标　签</th><th>默认状态</th><th>功能描述</th></tr>
<tr><td rowspan="3">14h
录音路由及多路输入选择</td><td>6</td><td>RECBST</td><td>0</td><td>ADC 录音增强控制
1=+20 dB
0=0 dB
注:RECBST 位增益是除麦克风前置放大器(MPABST,MPBBST 位)和录音增益(GRL,GRR / GRL 位)之外的功能</td></tr>
<tr><td>5:3</td><td>RECSL</td><td>000</td><td>左通道录音源多路控制
000 = MICA
001 = MICB
010 = LINEL
011 = MONOIN
100 = HPMIXL
101 = SPKMIC
110 = MONOMIX
111 = 保留</td></tr>
<tr><td>2:0</td><td>RECSR</td><td>000</td><td>右通道录音源多路控制
000 = MICA
001 = MICB
010 = LINEL
011 = MONOIN
100 = HPMIXL
101 = SPKMIC
110 = MONOMIX
111 = 保留</td></tr>
</table>

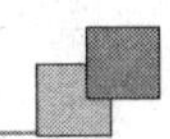

(3) 录音增益

录音信号进入音频ADC的幅度由录音可编程增益放大器(Programmable Gain Amplifier,PGA)控制,可编程增益放大器的增益可通过写录音增益寄存器或由自动电平控制(Automatic Level Control ,ALC)硬件电路控制。当ALC电路开启后,写录音增益寄存器操作无效。录音增益对应寄存器功能定义如表7-17所列。

表7-17 录音增益对应寄存器位功能定义

<table>
<tr><th>寄存器地址</th><th>位</th><th>标　签</th><th>默认状态</th><th colspan="2">功能描述</th></tr>
<tr><td rowspan="8">12h
录
音
增
益</td><td>15</td><td>RMU</td><td>1</td><td colspan="2">音频ADC输入静音控制
1=静音
0=不静音
注:作用于双通道</td></tr>
<tr><td>14</td><td>GRL</td><td>0</td><td colspan="2">ADC左通道可编程增益放大器增益范围控制
1=扩展
0=标准</td></tr>
<tr><td rowspan="2">13:8</td><td rowspan="2">RECVOLL</td><td rowspan="2">000000</td><td colspan="2">ADC左通道录音音量控制</td></tr>
<tr><td>标准(GRL=0)
XX0000: 0 dB
XX0001: +1.5 dB
… (1.5 dB每步)
XX1111: +22.5 dB</td><td>扩展(GRL=1)
000000: −17.25 dB
000001: −16.5 dB
… (0.75 dB每步)
111111: +30 dB</td></tr>
<tr><td>7</td><td>ZC</td><td>0</td><td colspan="2">ADC可编程增益放大器零交越点控制
1=零交越使能(信号为零或超时后音量切换)
0=零交越禁用(音量即时切换)
注:零交越点切换和即时切换为增益控制方式</td></tr>
<tr><td>6</td><td>GRR</td><td>0</td><td colspan="2">ADC右通道可编程放大器增益范围控制
1=扩展
0=标准</td></tr>
<tr><td rowspan="2">5:0</td><td rowspan="2">RECVOLR</td><td rowspan="2">000000</td><td colspan="2">ADC右通道录音音量控制</td></tr>
<tr><td>标准(GRR=0)
XX0000: 0 dB
XX0001: +1.5 dB
… (1.5 dB每步)
XX1111: +22.5 dB</td><td>扩展(GRR=1)
000000: −17.25 dB
000001: −16.5 dB
… (0.75 dB每步)
111111: +30dB</td></tr>
</table>

录音可编程增益放大器的输出也可以混合进入耳麦听筒或耳机输出,这使得智能手机应用场合中麦克风信号能够应用自动电平控制功能。录音可编程增益放大器路由控制如表7-18所列。

表 7-18　录音可编程增益放大器路由控制

寄存器地址	位	标　签	默认状态	功能描述
14h 录音路由控制	15:14	R2H	11	录音多路至耳机混音器路径控制 00=立体声 01=ADC 左通道 10=ADC 右通道 11=左右通道静音
	13:11	R2HVOL	010	录音多路至耳机混音器路径音量控制 000=+6 dB …(+3 dB 每步) 111=−15 dB
	10:9	R2M	11	录音多路至单声道混音器路径控制 00=立体声 01=录音左通道多路 10=录音右通道多路 11=左右通道静音
	8	R2MBST	0	录音多路至耳机混音器增强控制 1=+20 dB 0=0 dB

(4) 自动电平控制

WM9714L 具有自动电平控制功能，其目的是不论信号的输入电平都保持一个恒定的录音音量，这需要不断调整可编程增益放大器的增益，使 ADC 输入的信号电平保持恒定，一个数字峰值检测器监视 ADC 的输出，如有必要则可调整可编程增益放大器的增益。

自动电平控制示意图如图 7-15 所示。

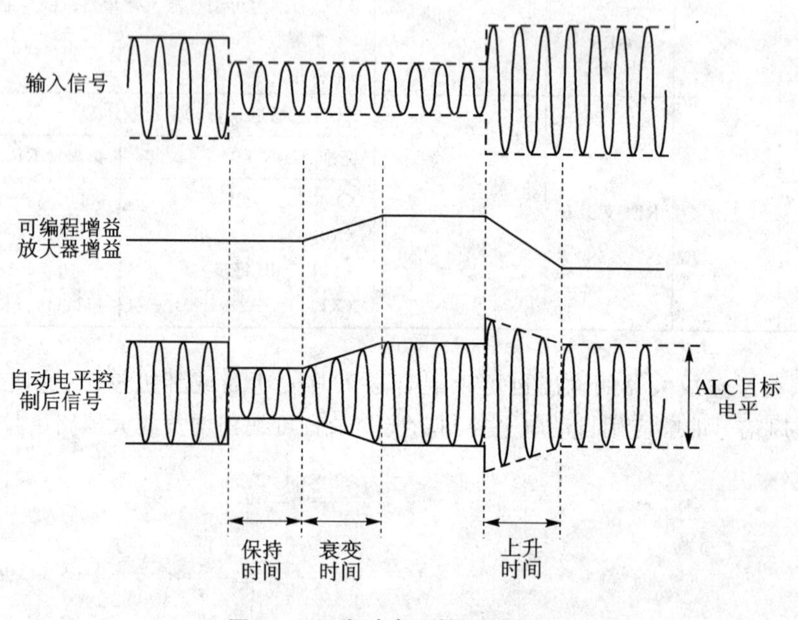

图 7-15　自动电平控制示意图

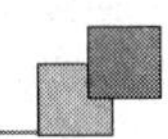

自动电平控制功能通过 ALCSEL 控制位使能，当使能后，设置 ALCL 寄存器位，录音音量可以在－6 dB～－28.5 dB 范围内编程。自动电平控制相应寄存器位功能定义如表 7－19 所列。

表 7－19　自动电平控制相应寄存器位功能定义

寄存器地址	位	标　签	默认状态	功能描述
62h 自动电平与噪音门限控制	15:14	ALCSEL	00	自动电平控制功能设定 00＝自动电平控制关闭(PGA 增益由寄存器设定 01＝右通道 10＝左通道 11＝立体声(PGA 寄存器设定无效)
	13:11	MAXGAIN	111	受自动电平控制的 PGA 增益 111 ＝ ＋30 dB 110 ＝ ＋24 dB ….(6 dB 每步) 001 ＝ －6 dB 000 ＝ －12 dB
	10:9	ZCTIMEOUT	11	可编程零交越点超时(12.288 MHz 位时钟延迟) 11：2^17 ＊ tbitclk (10.67 ms) 10：2^16 ＊ tbitclk (5.33 ms) 01：2^15 ＊ tbitclk (2.67 ms) 00：2^14 ＊ tbitclk (1.33 ms)
60h 自动电平控制	15:12	ALCL	1011	自动电平控制标准一设定 ADC 输入的信号电平 0000 ＝ －28.5 dB FS 0001 ＝ －27.0 dB FS … (1.5 dB 每步) 1110 ＝ －7.5 dB FS 1111 ＝ －6 dB FS
	11:8	HLD	0000	增益增加之前的 ALC 保持时间 0000 ＝ 0 ms 0001 ＝ 2.67 ms 0010 ＝ 5.33 ms … (每一步时间增加一倍) 1111 ＝ 43.691 s
	7:4	DCY	0011	ALC 衰变(增益斜坡上升)时间 0000 ＝ 24 ms 0001 ＝ 48 ms 0010 ＝ 96 ms … (每一步时间增加一倍) 1010 或更高 ＝ 24.58 s
	3:0	ATK	0010	ALC 上升(增益斜坡下降)时间 0000 ＝ 6 ms 0001 ＝ 12 ms 0010 ＝ 24 ms … (每一步时间增加一倍) 1010 或更高 ＝ 6.14 s

当信号非常安静，主要由噪音组成时，自动电平控制可能会导致“噪音泵”，即响亮的嘶嘶声。WM9714L 具有一个噪音门限功能通过比较输入引脚的信号电平来防止噪音。噪音门限控制的相应寄存器位功能定义如表 7-20 所列。

表 7-20　噪音门限控制的相应寄存器位功能定义

寄存器地址	位	标　签	默认状态	功能描述
62h ALC 及 噪 音 门 限 控 制	7	NGAT	0	噪音门限功能使能 1＝使能 0＝禁用
	5	NGG	0	噪音门限类型 0＝可编程增益放大器增益保持不变 1＝ADC 输出静音
	4:0	NGTH(4:0)	00000	噪音门限阀值 00000：－76.5 dBFS 00001：－75 dBFS …（1.5 dB 每步） 11110：－31.5 dBFS 11111：－30 dBFS

3. 音频 DAC

本小节主要介绍音频 DAC 各组成模块及相应寄存器功能及应用。

(1) 立体声 DAC

WM9714L 有一个立体声 Σ－Δ 数模转换器(DAC)用于实现低功耗，高品质音频播放。在通过立体声 DAC 之前，数字音频数据流执行数字音调控制、自适应低音增强和 3D 增强功能操作(相对于 AC'97 规范，模拟信号输入或通过辅助 DAC 信号播放无作用，但复位寄存器 00h 中的位 ID2 和 ID5 都设置为“1”表示 WM9714L 支持音质控制和低音提升)。

数模转换器的输出有一个可编程增益放大器用于音量控制，数模转换器的采样率可通过写控制寄存器操作实现(具体参见 7.4.3 第 4 小节，音频可变采样率)，它的调整独立于 ADC 采样率。

当不使用 DAC 时通过设置掉电寄存器位 DACL 和 DACR（寄存器地址 3Ch，位[7:6]）可以单独进入掉电状态。

① 立体声 DAC 音量

数模转换器输出信号的音量可以通过可编程增益放大器控制，通过寄存器 0Ch 控制每个数模转换器能够混合输入耳机、扬声器及单声道通道。每个数模转换器至混音器通道都有独立的静音控制位，当所有的数模转换器至混音器通道静音后，数模转换器的可编程增益放大器会自动静音。

立体声 DAC 音量控制对应的寄存器位功能如表 7-21 所列。

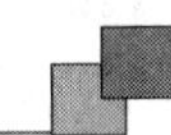

表 7 - 21　立体声 DAC 音量控制相应寄存器位功能定义

寄存器地址	位	标　签	默认状态	功能描述
0Ch DAC 音量	15	D2H	1	DAC 至耳机混音器静音控制 1=静音 0=不静音
	14	D2S	1	DAC 至扬声器混音器静音控制 1=静音 0=不静音
	13	D2M	1	DAC 至单声道混音器静音控制 1=静音 0=不静音
	12:8	DACL VOL	01000	DAC 左通道至混音器音量控制 00000 = +12 dB …（1.5 dB 每步） 11111 = −34.5 dB
	4:0	DACR VOL	01000	DAC 右通道至混音器音量控制 00000 = +12 dB …（1.5 dB 每步） 11111 = −34.5 dB
5Ch（额外功能）	15	AMUTE	0	DAC 自动静音状态(只读) 0=不静音 1=静音
	7	AMEN	0	DAC 自动静音控制 0=禁用 1=使能(当数字输入为零,DAC 自动静音)

② 音调控制/低音提升

WM9714L 提供独立的高音和低音可编程增益控制和滤波器,这些功能运行于数字音频数据传递通过音频 DAC 之前。音调控制的相应寄存器位功能定义如表 7 - 22 所列。

表 7 - 22　音调控制相应寄存空器位功能定义

寄存器地址	位	标　签	默认状态	功能描述
0Ch DAC 音调控制	15	BB	0	低音模式控制 0=线性低音控制 1=自适应低音增强
	12	BC	0	低音截止频率控制 0=低(13 Hz～48 kHz 采样) 1=高(13 Hz～48 kHz 采样)

续表 7-22

<table>
<tr><th>寄存器地址</th><th>位</th><th>标　签</th><th>默认状态</th><th colspan="2">功能描述</th></tr>
<tr><td rowspan="9">0Ch
DAC
音
调
控
制</td><td rowspan="3">11:8</td><td rowspan="3">BASS</td><td rowspan="3">1111</td><td colspan="2">低音强度控制</td></tr>
<tr><td>BB=0</td><td>BB=1</td></tr>
<tr><td>0000 = +9 dB
0001 = +9 dB
…(1.5 dB 每步)
0111 = 0 dB
…(1.5 dB 每步)
1011—1110 = −6 dB
1111 = Bypass(关闭)</td><td>0000 = +9 dB
0001 = +9 dB
…(1.5 dB 每步)
0111 = 0 dB
…(1.5 dB 每步)
1011—1110 = −6 dB
1111 = Bypass(关闭)</td></tr>
<tr><td>6</td><td>DAT</td><td>0</td><td colspan="2">前置 DAC 衰减控制
0 = 0 dB
1 = −6 dB</td></tr>
<tr><td>4</td><td>TC</td><td>0</td><td colspan="2">高音截止频率控制
0=高(8 kHz～48 kHz 采样)
1=低(4 kHz～48 kHz 采样)</td></tr>
<tr><td>3:0</td><td>TRBL</td><td>1111</td><td colspan="2">高音强度控制
0000 = +9 dB
0001 = +9 dB
…(1.5 dB 每步)
0111 = 0 dB
…(1.5 dB 每步)
1011—1110 = −6 dB
1111 = Bypass(关闭)</td></tr>
</table>

注:所有的截止频率变化正比于 DAC 采样率。

③ 3D 立体声增强

三维(3D)立体声增强功能通过将人耳敏感方向的频率范围内(左-右通道)的差分信号放大,人为地提高了左右声道之间的分离度。可编程的 3D 深度设置控制立体度功能扩展。此外,三维增强使用频率范围的上限和下限,可以通过使用 3DFILT 控制位来选择。立体声增强控制相应寄存器位功能定义如表 7-23 所列。

表 7-23　立体声增强控制相应寄存器位功能定义

寄存器地址	位	标　签	默认状态	功能描述
40h 通用功能	13	3DE	0	3D 增强控制 1=使能 0=禁用

续表 7-23

寄存器地址	位	标 签	默认状态	功能描述
1Eh DAC 3D控制	5	3DLC	0	3D下限截止频率控制 1=高（500 Hz～48 kHz 采样） 0=低(200 Hz～48 kHz 采样)
	4	3DUC	0	3D上限截止频率控制 1=低(1.5 kHz～48 kHz 采样) 0=高(2.2 kHz～48 kHz 采样)
	3:0	3DDEPTH	0000	3D深度控制 0000 = 0% …(6.67% 每步) 1111 = 100%

(2) 语音 DAC

语音 DAC 是一个16位单声道的数模转换器，主要用于通过 PCM 接口输入的接收语音信号的播放。

最优化地运行于 8 kSps 及 16 kSps，语音 DAC 用于其他功能时采样率可达 48 kSps，但不建议使用。

语音 DAC 的模块输出直接通路到输出混音器，其进入混音器的信号增益都可通过控制寄存器(寄存器地址 18h)调整。

当不使用语音 DAC 时，可以通过设置掉电寄存器位 VXDAC(寄存器地址 3Ch，位 12)关闭。语音 DAC 控制的相应寄存器位功能定义如表 7-24 所列。

表 7-24 语音 DAC 控制的相应寄存器位功能定义

寄存器地址	位	标 签	默认状态	功能描述
3Ch 断电控制	12	VXDAC	1	语音 DAC 禁用控制 1=禁用 0=使能
18h 语音 DAC 输出控制	15	V2H	1	语音 DAC 至耳机混音器静音控制 1=静音 0=不静音
	14:12	V2HVOL	010	语音 DAC 至耳机混音器音量控制 000 = +6 dB …(+3 dB 每步) 111 = −15 dB
	11	V2S	1	语音 DAC 至扬声器混音器静音控制 1=静音 0=不静音
	10:8	V2SVOL	010	语音 DAC 至扬声器混音器音量控制 000 = +6dB …(+3dB 每步) 111 = −15dB

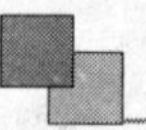

续表 7-24

寄存器地址	位	标　签	默认状态	功能描述
18h 语音 DAC 输出控制	7	V2M	1	语音 DAC 至单声道混音器静音控制 1=静音 0=不静音
	6:4	V2MVOL	010	语音 DAC 至单声道混音器音量控制 000 = +6 dB …（+3 dB 每步） 111 = −15 dB

(3) 辅助 DAC

辅助 DAC 是一个简单的 12 位单声道数模转换器，用来产生直流信号（数字写入控制寄存器）或交流信号（如电话铃声、系统蜂鸣声）。

辅助 DAC 通过寄存器 12h 控制，并支持可变采样率。当不使用辅助 DAC 时，可以使用掉电寄存器位 AUXDAC（寄存器地址 3Ch，位 11）关闭。辅助 DAC 控制的相关寄存器位功能定义如表 7-25 所列。

表 7-25　辅助 DAC 控制的相应寄存器位功能定义

寄存器地址	位	标　签	默认状态	功能描述
3Ch 断电控制	11	AUXDAC	1	辅助 DAC 禁用控制 1=禁用 0=使能
64h 辅助 DAC 输入控制	15	XSLE	0	辅助 DAC 输入选择控制 0=从 AUXDACVAL[11:0]（直流信号） 1=从 AC−Link（交流信号）
	14:12	AUXDAC SLT	000	辅助 DAC 输入控制（XSLE=1） 000 = Slot 5，位 8−19 001 = Slot 6，位 8−19 010 = Slot 7，位 8−19 011 = Slot 8，位 8−19 100 = Slot 9，位 8−19 101 = Slot 10，位 8−19 110 = Slot 11，位 8−19 111 = 保留
	11:0	AUXDAC VAL	000h	辅助 DAC 输入控制（XSLE=0） 000h = 最小 FFFh = 满量程
1Ah 辅助 DAC 输出控制	15	A2H	1	辅助 DAC 至耳机混音器静音控制 1=静音 0=不静音
	14:12	A2HVOL	010	辅助 DAC 至耳机混音器音量控制 000 = +6 dB …（+3 dB 每步） 111 = −15 dB

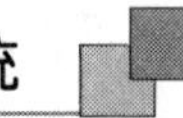

续表 7-25

寄存器地址	位	标　签	默认状态	功能描述
1Ah 辅助 DAC 输出控制	11	A2S	1	辅助 DAC 至扬声器混音器静音控制 1=静音 0=不静音
	10:8	A2SVOL	010	辅助 DAC 至扬声器混音器音量控制 000 ＝ ＋6 dB …（＋3 dB 每步） 111 ＝ －15 dB
	7	A2M	1	辅助 DAC 至单声道混音器静音控制 1=静音 0=不静音
	6:4	A2MVOL	010	辅助 DAC 至单声道混音器音量控制 000 ＝ ＋6 dB …（＋3 dB 每步） 111 ＝ －15 dB

4. 音频可变采样率/采样率转换

通过使用 AC'97 规范 2.2 兼容的音频接口，WM9714L 能够录制和播放常用音频采样率的所有音频，并支持全范围的分离采样（如 ADC，DAC，辅助 DAC 采样率都是独立的）。

默认状态采样率为 48 kHz，如果寄存器 2Ah 位 VRA 值设置，其他采样率值可以通过写寄存器 2Ch，32h ，2Eh 操作来选择。

不论被选的采样率值是多少，AC－Link 仍然运行于 48 kHz；如果采样率低于 48 kHz，一些帧不载音频样本。音频采样率控制相关寄存器位功能定义如表 7-26 所列。

表 7-26　音频采样率控制相应寄存器位功能定义

寄存器地址	位	标　签	默认状态	功能描述
2Ah 扩展音频 状态/控制	0	VRA	0	可变采样率音频控制 1=使能 0=禁用（ADC 及 DAC 运行在 48 kHz）注：VRA=1 时，采样率由寄存器 2Ch，32h ，2Eh 控制
2Ch 音频 DAC 采样率	15:0	DACSR	BB80h	立体声 DAC 采样率控制 1F40h ＝ 8 kHz 2B11h ＝ 11.025 kHz 2EE0h ＝ 12 kHz 3E80h ＝ 16 kHz 5622h ＝ 22.05 kHz 5DC0h ＝ 24 kHz 7D00h ＝ 32 kHz AC44h ＝ 44.1 kHz BB80h ＝ 48 kHz **注：任意其他值默认支持最接近的采样率**

续表 6-26

寄存器地址	位	标　签	默认状态	功能描述
32h 音频 ADC 采样率	15:0	ADCSR	BB80h	立体声 ADC 采样率控制 1F40h = 8 kHz 2B11h = 11.025 kHz 2EE0h = 12 kHz 3E80h = 16 kHz 5622h = 22.05 kHz 5DC0h = 24 kHz 7D00h = 32 kHz AC44h = 44.1 kHz BB80h = 48 kHz **注**:任意其他值默认支持最接近的采样率
2Eh 辅助 DAC 采样率	15:0	AUXDA CSR	BB80h	辅助 DAC 采样率控制 1F40h = 8 kHz 2B11h = 11.025 kHz 2EE0h = 12 kHz 3E80h = 16 kHz 5622h = 22.05 kHz 5DC0h = 24 kHz 7D00h = 32 kHz AC44h = 44.1 kHz BB80h = 48 kHz **注**:任意其他值默认支持最接近的采样率

在采样率改变之前，如果 ADC 和 DAC 使能及上电，采样率值改变将有效。采样率设定的步骤如下：

(1) 通过寄存器 26h、3Ch 使能、上电 ADC 及 DAC；

(2) 使能寄存器 2Ah 位[0]VRA；

(3) 在各自寄存器中改变采样率值。

5. 音频输入

本小节主要介绍模拟音频输入及相关寄存器功能设置。

(1) 线路输入

线路左右通道输入的设计主要用来记录线路电平信号，以及混合成模拟输出。LINER 和 LINEL 两个引脚直接连接在录音选择器上，录音可编程增益放大器可以调整录音音量，并可通过寄存器 12h 或自动电平控制功能进行控制。

模拟混合由寄存器 0Ah 控制，线路输入信号直通可编程增益放大器，并且信号可以混合到耳机，扬声器和单声道混音等路径(参见 7.4.3 第 6 小节音频混音器)，每个线路至混音器路径都有一个独立的静音位。当所有的线路至混音器的路径静音时，线路的可编程增益放大器会自动静音。当不使用线路输入，线路可编程增益放大器可以被关掉以节省电源(见 7.4.3 第 1 小节电源管理)。线路输入控制相应寄存器位功能定义如表 7-27 所列。

表7-27 线路输入控制相应寄存器位功能定义

寄存器地址	位	标 签	默认状态	功能描述
0Ah	15	L2H	1	线路至耳机混音器静音控制 1=静音 0=不静音
	14	L2S	1	线路至扬声器混音器静音控制 1=静音 0=不静音
	13	L2M	1	语线路至单声道混音器静音控制 1=静音 0=不静音
	12:8	LINEL VOL	01000	线路左声道至混音器音量控制 00000 = +12 dB …（+1.5 dB每步） 11111 = −34.5 dB
	4:0	LINER VOL	01000	线路右声道至混音器音量控制 00000 = +12 dB …（+1.5 dB每步） 11111 = −34.5 dB

(2) 麦克风输入

本小节对麦克风输入各组成模块及相应寄存器功能配置进行简要说明。

① 麦克风前置放大器

WM9714L有两个麦克风前置放大器MPA、MPB，并可以配置成多种差分麦克风输入方式。麦克风输入电路如图7-16所示。用于麦克风的输入引脚是MIC1、MICCM、MIC2A和MIC2B。

注意：输入引脚MIC2A和MIC2B是多功能的输入，当需要作为麦克风使用时，必须设置（这是通过使用寄存器22h位MICCMPSEL[1:0]设置）。

通过设置MPASEL[1:0]位，麦克风前置放大器A输入可以从3个麦克风输入MIC1、MIC2A和MIC2B中任何选定。

通过设置MPABST[1:0]和MPBBST[1:0]位，每个前置放大器都具有独立的4步，从+12 dB至+30 dB提升控制。当不使用MPA和MPB前置放大器时可设置掉电寄存器3Eh（位[1:0]）关闭。麦克风前置放大器，控制相关寄存器位功能定义如表7-28所列。

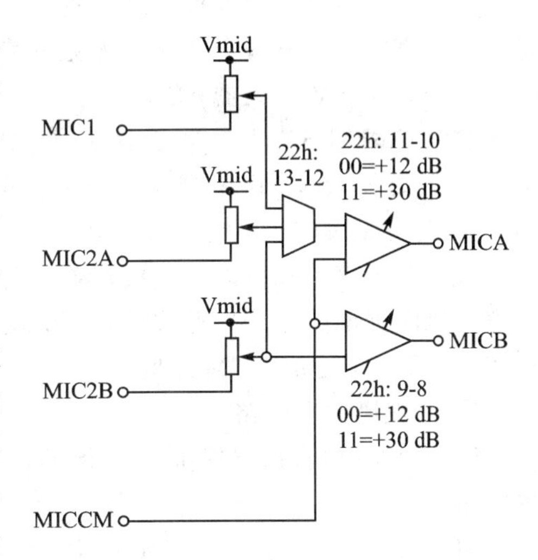

图7-16 麦克风输入电路示意图

表 7-28　麦克风前置放大器控制相关寄存器位功能定义

寄存器地址	位	标　签	默认状态	功能描述
22h	15:14	MICCMPSEL	00	MIC2A/MIC2B 引脚功能控制 00 = MIC2A 和 MIC2B 作为麦克风输入 01 = MIC2A 作为麦克风输入 10 = MIC2B 作为麦克风输入 11 = MIC2A 和 MIC2B 不用于麦克风输入
	13:12	MPASEL	00	MPA 前置放大器音源控制 00 = MIC1 01 = MIC2A 10 = MIC2B 11 = 保留
	11:10	MPABST	00	MPA 前置放大器音量控制 00 = +12 dB 01 = +18 dB 10 = +24 dB 11 = +30 dB
	9:8	MPBBST	00	MPB 前置放大器音量控制 00 = +12 dB 01 = +18 dB 10 = +24 dB 11 = +30 dB

② 单麦克风应用

单端配置最多可以连接 3 个麦克风，设置 MPASEL[1:0]（寄存器 22h，位 13:12）。可选择 3 个麦克风中任意一个输入至麦克风前置放大器 MPA。只有 MIC2B 上的麦克风能被选择输入至麦克风前置放大器 MPB。

注意：MPABST 总是用于设置麦克风输入至麦克风前置放大器 MPA 的增益，如果 MIC2B 被选择输入 MPA，推荐 MPB 禁用。

③ 双麦克风应用

最多两个麦克风可以连接成双差分配置，这主要适用于立体声话筒或噪声消除应用。双麦克风配置如图 7-17 所示。第一个麦克风连接在 MIC2A 与 MICCM 之间，第二个麦克风连接在 MIC2B 与 MICCM 之间。

④ 麦克风偏置电路

MICBIAS 引脚输出提供了一个低噪声基准电压适用于驻极体麦克风偏置和外围电阻偏置网络。

MICBIAS 电压通过 MBVOL 位（寄存器 22h）改变。当 MBVOL＝0，MICBIAS＝0.9×AVDD；当 MBVOL－1，MICBIAS＝0.75×AVDD。

麦克风偏置驱动专用于引脚 28－MICBIAS，通过使能寄存器 22h 位 MPOP1EN；通过使能寄存器 22h 位 MPOP2EN，它也可以配置为驱动引脚 12－GPIO8。

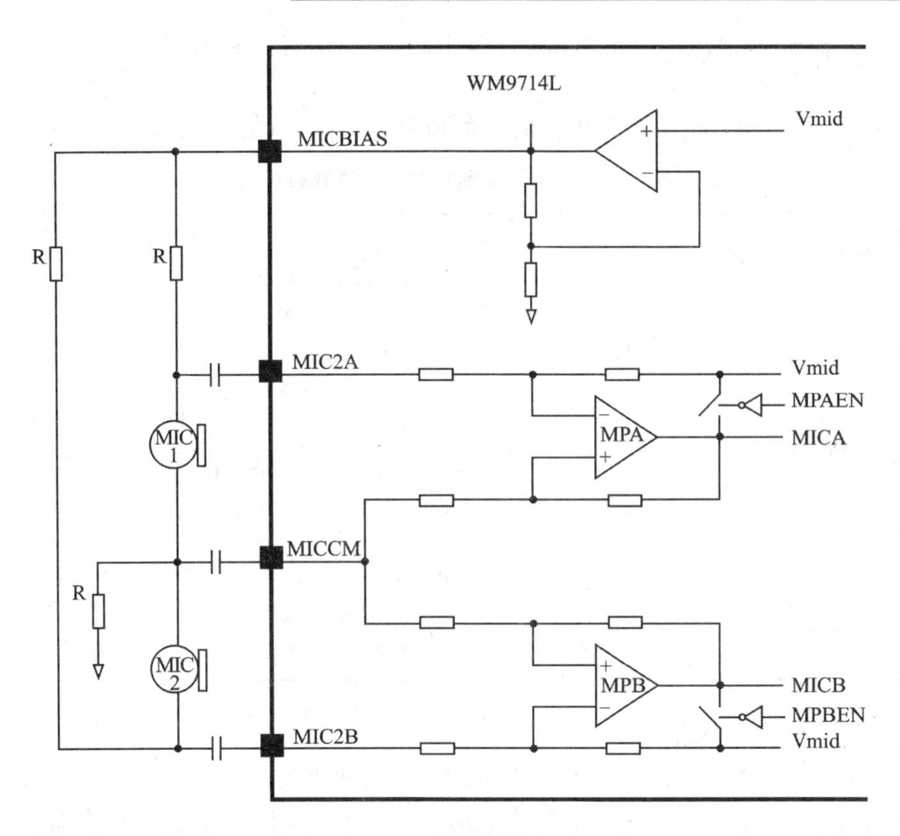

图 7-17　双麦克风配置示意图

当不使用麦克风偏置时，可以通过掉电寄存器(3Eh，位 14)MICBIAS 位关闭。

麦克风偏置电压控制相关寄存器位功能定义如表 7-29 所列。

表 7-29　麦克风偏置电压控制相关寄存器位功能定义

寄存器地址	位	标　签	默认状态	功能描述
22h	7	MBOP2EN	0	MICBIAS 输出 2 使能控制 1=使能 MICBIAS 在 GPIO8 输出(引脚 12) 0=禁止 MICBIAS 在 GPIO8 输出(引脚 12)
	6	MBOP1EN	1	MICBIAS 输出 1 使能控制 1=使能 MICBIAS 在 MICBIAS 引脚输出(引脚 28) 0=禁止 MICBIAS 在 MICBIAS 引脚输出(引脚 28)
	5	MBVOL	0	MICBIAS 输出电压控制 1 ＝ 0.75 × AVDD 0 ＝ 0.9 × AVDD

⑤ 麦克风电流检测

WM9714L 包括一个具有阈值可编程的麦克风偏置电流检测电路，超过麦克风偏置电流阈值即触发中断。它有两个独立的中断位，MICDET 位区分一个或两个麦克风连接到 WM9714L；MICSHT 位用于检测麦克风短路(话筒按钮按下)。

麦克风电流检测阈值是由位 MCDTHR[4:2]设置。相应寄存器位功能定义详见表 7-30。

当不使用麦克风偏置电流检测电路时可使掉电寄存器 MCD 位(寄存器 3Eh,15 位)断电。

表 7-30　麦克风电流检测控制相应寄存器位功能定义

寄存器地址	位	标　签	默认状态	功能描述
22h	4:2	MCDTHR	000	麦克风检测阀值控制 000 = 100 μA …(100 μA 每步) 111 = 800 μA **注意**:3.3 V 供电电源条件下的比例
	1:0	MCDSCTR	00	麦克风短路检测阈值控制 00 = 600 μA 01 = 1200 uA 10 = 1800 uA 11 = 2400 μA **注意**:3.3 V 供电电源条件下的比例

⑥ 麦克风可编程增益放大器

麦克风前置放大器 MPA 和 MPB 输入可编程增益放大器的增益是由寄存器 0Eh 控制的。可编程增益放大器信号可以连通至耳机混音器和单声道混音器(除扬声器混音器之外)并由寄存器 10h 控制。当可编程增益放大器信号不作为任意混音器输入时,可编程增益放大器自动静音。

当不使用麦克风可编程增益放大器时通过设置掉电寄存器位 MA、MB(寄存器地址 3Eh,位[3:2])关闭。

麦克风可编程增益放大器音量控制和路由控制相关寄位器位功能定义分别如表 7-31、7-32 所列。

表 7-31　麦克风可编程增益放大器音量控制相关寄位器位功能定义

寄存器地址	位	标　签	默认状态	功能描述
0Eh 麦克风 PGA 音量	12:8	MICAVOL	01000	MICA 可编程增益放大器音量控制 00000 = +12 dB …(1.5 dB 每步) 11111 = −34.5 dB
	12:8	MICAVOL	01000	MICB 可编程增益放大器音量控制 00000 = +12 dB …(1.5 dB 每步) 11111 = −34.5 dB

表 7-32　麦克风可编程增益放大器路由控制相关寄位器位功能定义

寄存器地址	位	标　签	默认状态	功能描述
10h 麦克风 路由	7	MA2M	1	MICA 至单声道混音器静音控制 1=静音 0=不静音
	6	MB2M	1	MICB 至单声道混音器静音控制 1=静音 0=不静音
	5	MIC2MBST	0	MIC 至单声道混音器增强控制 1 ＝ ＋20 dB 0 ＝ 0 dB
	4:3	MIC2H	11	MIC 至耳机混音器路径控制 00 ＝ 立体声 01 ＝ MICA 10 ＝ MICB 11 ＝ MICA 和 MICB 静音
	2:0	MIC2HVOL	010	MIC 至耳机混音器路径音量控制 000 ＝ ＋6 dB …（＋3 dB 每步） 111 ＝ －15 dB

(3) 单声道输入

WM9714L 的引脚 20 是一个用于连接到电话设备的接收端的单声道输入，它直接连接到录音选择器用于通话录音。录音可编程增益放大器可以调整录音音量，并由寄存器 12h 控制或由自动电平控制(参见 7.4.3 第 2 小节中的录音增益及自动电平控制部分)。

录音路由控制相应寄存器位功能定义、单声道音量/路由控制相应寄存器位功能定义分别如表 7-33、7-34 所列。

表 7-33　录音路由控制相应寄存器位功能定义

寄存器地址	位	标　签	默认状态	功能描述
14h 录音 路由	15:14	R2H	11	录音多路至耳机混音器路径控制 00 ＝立体声 01 ＝录音左通道 10 ＝录音右通道 11＝左右通道静音
	13:11	R2HVOL	010	录音多路至耳机混音器路径音量控制 000 ＝ ＋6 dB …（＋3 dB 每步） 111 ＝ －15 dB

续表 7－33

寄存器地址	位	标　签	默认状态	功能描述
14h 录音 路由	10:9	R2M	11	录音多路至单声道混音器路径控制 00 ＝立体声 01 ＝录音左通道 10 ＝录音右通道 11＝左右通道静音
	8	R2MBST	0	录音多路至耳机混音器增强控制 1 ＝ ＋20 dB 0 ＝ 0 dB

表 7－34　单声道音量/路由控制相应寄存器位功能定义

寄存器地址	位	标　签	默认状态	功能描述
08h 单声道音量/ 路由	15	M2H	1	单声道至耳机混音器静音控制 1＝静音 0＝不静音
	14	M2S	1	单声道至扬声器混音器静音控制 1＝静音 0＝不静音
	12:8	MONOIN VOL	01000	单声道至混音器音量控制 00000 ＝ ＋12 dB …（1.5 dB 每步） 11111 ＝ －34.5 dB

(4) PCBEEP 输入

WM9714L 的引脚 19 是一个单声道，用于外部产生的信号或报警音的线路电平输入。PCBEEP 输入控制相应的寄存器位功能定义如表 7－35 所列。

表 7－35　PCBEEP 输入控制的相应寄存器位功能定义

寄存器地址	位	标　签	默认状态	功能描述
16h PCBEEP 输入	15	B2H	1	PCBEEP 至耳机混音器静音控制 1＝静音 0＝不静音
	14:12	B2HVOL	010	PCBEEP 至耳机混音器音量控制 000 ＝ ＋6 dB …（＋3 dB 每步） 111 ＝ －15 dB

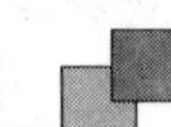

续表 7-35

寄存器地址	位	标　签	默认状态	功能描述
16h PCBEEP 输入	11	B2S	1	PCBEEP 至扬声器混音器静音控制 1＝静音 0＝不静音
	10:8	B2SVOL	010	PCBEEP 至扬声器混音器音量控制 000 ＝ ＋6 dB …（＋3 dB 每步） 111 ＝ －15 dB
	7	B2M	1	PCBEEP 至单声道混音器静音控制 1＝静音 0＝不静音
	6:4	B2MVOL	010	PCBEEP 至单声道混音器音量控制 000 ＝ ＋6 dB …（＋3 dB 每步） 111 ＝ －15 dB

6. 音频混音器

WM9714L 有 4 个独立的低功耗音频混合器，以实现智能手机、掌上电脑和手持电脑等所有必需的音频功能。这些混音器是用来驱动 HPL、HPR、MONO、SPKL、SPKR、OUT3 和 OUT4。音频输出，还有两个提供差分输出信号的反相器（如驱动桥接式负载）。

(1) 耳机混音器

WM9714L 有两个耳机混音器—耳机混音器左声道和耳机混音器右声道（HPMIXL 和 HPMIXR），这两个混音器是立体声输出驱动源。它们可以用于驱动立体声 HPL 和 HPR 输出，也可以用于驱动 SPKL 和 SPKR 输出，当于 OUT3 和 OUT4 一起使用时，可通过两个反相器配置成驱动互补信号，驱动桥接式负载音箱输出。

如下信号可以混合进入耳机路径：

- 单声道输入（由寄存器 08h 控制，详见“音频输入”）；
- 线路输入左右通道（由寄存器 0Ah 控制，详见“音频输入”）；
- 录音可编程增益放大器的输出（由寄存器 14h 控制，详见“音频 ADC”及“录音增益”）；
- 立体声 DAC 信号（由寄存器 0Ch 控制，详见“音频 DAC”）；
- 麦克风信号（由寄存器 10h 控制，详见“音频输入”）；
- PC_BEEP 输入信号（由寄存器 16h 控制，详见“音频输入”）；
- 语音 DAC 信号（由寄存器 18h 控制，详见“音频 DAC”）；
- 辅助 DAC 信号（由寄存器 1Ah 控制，详见“辅助 DAC”）。

在典型的智能手机应用中，耳机信号是单声道输入/语音 DAC、侧音（手机通话）、立体声 DAC 信号（音乐播放）的混合。

当不使用耳机混合器时，通过设置掉电寄存器位 HPLX 和 HPRX(地址 3Ch，位[3:2])关闭。

(2) 扬声器混音器

扬声器混音器是一个单声道音源，在桥接式负载中应用于驱动单声道的扬声器。

如下信号可以混合进入扬声器路径：

- 单声道输入(由寄存器 08h 控制，详见“音频输入”)；
- 线路输入左右通道(由寄存器 0Ah 控制，详见“音频输入”)；
- 立体声 DAC 信号(由寄存器 0Ch 控制，详见“音频 DAC”)；
- PC_BEEP 输入信号(由寄存器 16h 控制，详见“音频输入”)；
- 语音 DAC 信号(由寄存器 18h 控制，详见“音频 DAC”)；
- 辅助 DAC 信号(由寄存器 1Ah 控制，详见“辅助 DAC”)。

在典型的智能手机应用中，扬声器信号是辅助 DAC(系统报警和铃声播放)、单声道输入/语音 DAC(免提通话功能)以及 PC_BEEP(外部产生的铃声)的混合。

当不使用扬声器混合器时，通过设置掉电寄存器位 SPKX(地址 3Ch，位 1)关闭。

(3) 单声道混音器

单声道混音器驱动 MONO 引脚，如下信号可以混合入单声道：

- 线路输入左右通道(由寄存器 0Ah 控制，详见“音频输入”)；
- 录音可编程增益放大器的输出(由寄存器 14h 控制，详见“音频 ADC”及“录音增益”)；
- 立体声 DAC 信号(由寄存器 0Ch 控制，详见“音频 DAC”)；
- 麦克风信号(由寄存器 10h 控制，详见“音频输入”)；
- PC_BEEP 输入信号(由寄存器 16h 控制，详见“音频输入”)；
- 语音 DAC 信号(由寄存器 18h 控制，详见“音频 DAC”)；
- 辅助 DAC 信号(由寄存器 1Ah 控制，详见“辅助 DAC”)。

在典型的智能手机应用中，单声道信号是麦克风放大信号(可能有自动增益控制)和从立体声 DAC 或辅助 DAC 输入的音频播放信号的混合。

当不使用单声道混合器时，通过设置掉电寄存器位 MX(地址 3Ch，位 0)关闭。

(4) 混音器输出反相器

WM9714L 有两个通用的混音器输出反相器——INV1 和 INV2，每个反相器可用于选择驱动 HPMIXL，HPMIXR，SPKMIX，MONOMIX 或{(HPMIXL + HPMIXR)/2}。反相器的输出可用于产生互补信号以驱动桥接式负载并提供更大灵活性的输出驱动配置。SPKL、MONO 和 OUT3 选择作为 INV1 的输入源；SPKR 和 OUT4 选择作为 INV2 的输入源。

每个反相器输入源的选择可使用寄存器 1Eh 位 INV1[2:0] 和 INV2[2:0]设置(详见表 7-36)，当没有输入源被选择时，反相器进入掉电状态。

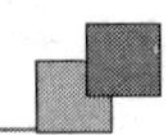

表 7-36　混音器反相器输入源选择相关寄存器位功能定义

寄存器地址	位	标　签	默认状态	功能描述
1Eh	15:13	INV1	000	INV1 输入源选择 000 ＝ 无输入(高阻态) 001 ＝ MONOMIX 010 ＝ SPKMIX 011 ＝ HPMIXL 100 ＝ HPMIXR 101 ＝ HPMIXMONO 110 ＝ 保留 111 ＝ VMID
	12:10	INV2	000	INV2 输入源选择 000 ＝ 无输入 (高阻态) 001 ＝ MONOMIX 010 ＝ SPKMIX 011 ＝ HPMIXL 100 ＝ HPMIXR 101 ＝ HPMIXMONO 110 ＝ 保留 111 ＝ VMID

7. 模拟音频输出

本小节主要介绍模块音频的输出。WM9714L 具有驱动 3 个最大 16 Ω 负载(耳机或线路驱动)的能力—HPL、HPR 和 MONO;4 个驱动最大 8 Ω 负载(喇叭或线路驱动)的能力—SPKL、SPKR、OUT3 和 OUT4。这些输出驱动器、混音器、混音反相器相给合能够配置成多种输出驱动形式,每个输出驱动可以通过可编程增益放大器在 0 dB～－46.5 dB(－1.5 dB 每步)范围内可调,且每个可编程增益放大器都具有输入源多路选择、静音、零交越点检测电路(延缓增益改变,直至过零检测或超时。)

(1) 耳机输出—HPL 和 HPR

HPL 和 HPR(引脚 39,41)输出用于驱动 16 Ω 或 32 Ω 耳机负载,同时也可以用于线路输出,可以配置成交流耦合或直流耦合(输出耦合应用配置详见 7.4.4 第 2 小节和 7.4.4 第 3 小节介绍)。

HPL/HPR 可编程增益放大器输入源是 HPMIXL/R 和 VMID(如表 7-37 所列)。

表 7-37　HPL/HPR 输入源相应寄位器位配置

寄存器地址	位	标　签	默认状态	功能描述
1Ch 多路输入源选择	7:6	HPL	00	HPL 输入源控制 00 ＝ VMID 01 ＝无输入 (高阻态如 HPL 被寄存器 3Eh 禁用) 10 ＝ HPMIXL 11 ＝ 保留

续表 7-37

寄存器地址	位	标　签	默认状态	功能描述
1Ch 多路输入源选择	5:4	HPR	00	HPR 输入源控制 00 = VMID 01 = 无输入（高阻态如 HPR 被寄存器 3Eh 禁用） 10 = HPMIXR 11 = 保留

HPL 和 HPR 信号音量可通过写寄存器 04h 的软件操作独立调节；当不使用 HPL 和 HPR 时，可通过设置掉电寄存器位 HPL 和 HPR（寄存器地址 3Eh，位[10:9]）关闭。HPL 和 HPR 音量控制相应寄存器位功能定义如表 7-38 所列。

表 7-38　HPL 和 HPR 音量控制相应寄存器位功能定义

寄存器地址	位	标　签	默认状态	功能描述
04h 耳机音量 /PGA 控制	15	MUL	1	HPL 静音控制 1=静音 0=不静音
	14	ZCL	0	HPL 零交越点控制 1=使能（仅过零交越点或超时音量改变） 0=禁用（音量即时切换）
	13:8	HPLVOL	000000	HPL 音量控制 000000 = 0 dB（最大） …（1.5 dB 每步） 011111 = −46.5 dB 1xxxxx = −46.5 dB
	7	MUR	1	HPR 静音控制 1=静音 0=不静音
	6	ZCR	0	HPR 零交越点控制 1=使能（仅过零交越点或超时音量改变） 0=禁用（音量即时切换）
	5:0	HPRVOL	000000	HPR 音量控制 000000 = 0 dB（最大） …（1.5 dB 每步） 011111 = −46.5 dB 1xxxxx = −46.5 dB

（2）单声道输出—MONO

MONO 输出（引脚 31）用于驱动 16Ω 耳机负载，同时可用于线路输出。其输入源是 MONOMIX、INV1 和 VMID（如表 7-39 所列）。

表 7-39　MONO 输入源控制相应寄存器位配置

寄存器地址	位	标　签	默认状态	功能描述
1Ch 多路输入源选择	15:14	MONO	00	MONO 输入源控制 00 = VMID 01 =无输入（高阻态如 MONO 被寄存器 3Eh 禁用） 10 = MONOMIX 11 = INV1

MONO 信号音量可通过写寄存器 08h 的软件操作独立调节；当不使用 MONO 时，可通过设置掉电寄存器位 MONO（寄存器地址 3Eh，位 13）关闭。MONO 音量控制相应寄存器位功能定义如表 7-40 所列。

表 7-40　MONO 音量控制相应寄存器位功能定义

寄存器地址	位	标　签	默认状态	功能描述
08h MONO 音量 /PGA 控制	7	MU	1	MONO 静音控制 1=静音 0=不静音
	6	ZC	0	MONO 零交越点控制 1=使能（仅过零交越点或超时音量改变） 0=禁用（音量即时切换）
	5:0	MONOVOL	000000	MONO 音量控制 000000 = 0 dB（最大） …（1.5 dB 每步） 011111 = −46.5 dB 1xxxxx = −46.5 dB

(3) 扬声器输出—SPKL 和 SPKR

SPKL 和 SPKR（引脚 35，36）输出用于驱动 8Ω 喇叭（或免提听筒）负载，同时也可以用于线路输出和耳机输出，可以配置成交流耦合驱动 8Ω 负载或直流耦合桥接式负载。

其输入源是 HPMIXL/R、SPKMIXL/R、INV1/2 和 VMID（如表 7-41 所列）。

表 7-41　SPKL/SPKR 输入源相应寄位器位配置

寄存器地址	位	标　签	默认状态	功能描述
1Ch 多路输入源选择	13:11	SPKL	000	SPKL 输入源控制 000 = VMID 001 =无输入（高阻态如 SPKL 被寄存器 3Eh 禁用） 010 = HPMIXL 011 = SPKMIX 100 = INV1 其他值保留

续表 7－41

寄存器地址	位	标　签	默认状态	功能描述
1Ch 多路输入源选择	10:8	SPKR	000	SPKR 输入源控制 000 ＝ VMID 001 ＝无输入（高阻态如 SPKR 被寄存器 3Eh 禁用） 010 ＝ HPMIXR 011 ＝ SPKMIX 100 ＝ INV2 其他值保留

SPKL 和 SPKR 信号音量可通过写寄存器 02h 的软件操作独立调节；当不使用 SPKL 和 SPKR 时，可通过设置掉电寄存器位 SPKL、SPKR（寄存器地址 3Eh，位[8:7]）关闭。SPKL/SPKR 音量控制相应寄存器位功能定义如表 7－42 所列。

表 7－42　SPKL/SPKR 音量控制相应寄存器位功能定义

寄存器地址	位	标　签	默认状态	功能描述
02h 扬声器音量 /PGA 控制	15	MUL	1	SPKL 静音控制 1＝静音 0＝不静音
	14	ZCL	0	SPKL 零交越点控制 1＝使能（仅过零交越点或超时音量改变） 0＝禁用（音量即时切换）
	13:8	SPKLVOL	000000	SPKL 音量控制 000000 ＝ 0 dB（最大） …（1.5 dB 每步） 011111 ＝ －46.5 dB 1xxxxx ＝ －46.5 dB
	7	MUR	1	SPKR 静音控制 1＝静音 0＝不静音
	6	ZCR	0	SPKR 零交越点控制 1＝使能（仅过零交越点或超时音量改变） 0＝禁用（音量即时切换）
	5:0	SPKRVOL	000000	SPKR 音量控制 000000 ＝ 0 dB（最大） …（1.5 dB 每步） 011111 ＝ －46.5 dB 1xxxxx ＝ －46.5 dB

(4) 辅助输出—OUT3 和 OUT4

OUT3 和 OUT4（引脚 37，33）输出用于驱动 8 Ω 喇叭（或免提听筒）负载，同时也可以用

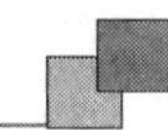

于线路输出和耳机输出，可以配置成交流耦合驱动或直流耦合桥接式负载。

其输入源是 INV1/2 和 VMID(如表 7－43 所列)。

表 7－43　OUT3/OUT4 输入源相应寄位器位配置

寄存器地址	位	标　签	默认状态	功能描述
1Ch 多路输入源选择	3:2	OUT3	00	OUT3 输入源控制 00 ＝ VMID 01 ＝无输入(高阻态如 OUT3 被寄存器 3Eh 禁用) 10 ＝ INV1 11 ＝保留
	1:0	OUT4	00	OUT4 输入源控制 00 ＝ VMID 01 ＝无输入(高阻态如 OUT4 被寄存器 3Eh 禁用) 10 ＝ INV2 11 ＝保留

OUT3 和 OUT4 信号音量可通过写寄存器 06h 的软件操作独立调节；当不使用 OUT3 和 OUT4 时，可通过设置掉电寄存器位 OUT3、OUT4(寄存器地址 3Eh，位[11:12])关闭。OUT3/OUT4 音量控制相应寄存器位功能定义如表 7－44 所列。

表 7－44　OUT3/OUT4 音量控制相应寄存器位功能定义

寄存器地址	位	标　签	默认状态	功能描述
06h 音量/PGA 控制	15	MU4	1	OUT4 静音控制 1＝静音 0＝不静音
	14	ZC4	0	OUT4 零交越点控制 1＝使能(仅过零交越点或超时音量改变) 0＝禁用(音量即时切换)
	13:8	OUT4VOL	000000	OUT4 音量控制 000000 ＝ 0 dB(最大) …(1.5 dB 每步) 011111 ＝ －46.5 dB 1xxxxx ＝ －46.5 dB
	7	MU3	1	OUT3 静音控制 1＝静音 0＝不静音
	6	ZC3	0	OUT3 零交越点控制 1＝使能(仅过零交越点或超时音量改变) 0＝禁用(音量即时切换)
	5:0	OUT3VOL	000000	OUT3 音量控制 000000 ＝ 0 dB(最大) …(1.5 dB 每步) 011111 ＝ －46.5 dB 1xxxxx ＝ －46.5 dB

(5) 温度传感器

扬声器和耳机输出需要很大的驱动电流，为保护 WM9714L 芯片过热，芯片内置了一个温度传感器。当芯片温度达到 150 ℃并设置了温度中断位 TI 时，WM9714L 芯片解除寄存器 54h 中的 GPIO 位 11，设置成一个虚拟的 GPIO 用于产生一个中断给控制器。温度传感器相关的寄存器配置如表 7－45 所列。

表 7－45　温度传感器相关的寄存器配置

寄存器地址	位	标　签	默认状态	功能描述
3Ch	13	TSHUT	1	热关断禁用控制 1＝禁用 0＝使能
54h	11	TI	0	温度传感器(虚拟 GPIO) 1：温度低于 150 ℃ 0：温度超过 150 ℃

(6) 插孔插入和自动切换

WM9714L 具有插孔插入检测与自动切换功能。插孔插入控制和检测引脚的配置如表 7－46 所列。更详细的应用资料请参考官方应用手册。

表 7－46　插孔插入控制和检测引脚配置

寄存器地址	位	标　签	默认状态	功能描述
24h 插孔插入 控制	4	JIEN	0	插孔插入控制 0＝禁用插孔插入电路 1＝使能插孔插入电路
5Ah 插入引脚 控制	7:6	JSEL	00	插入检测引脚输入控制 00 ＝ GPIO1 01 ＝ GPIO6 10 ＝ GPIO7 11 ＝ GPIO8

8. 数字音频接口(S/PDIF)

WM9714L 兼容索尼/菲利浦数字接口标准。复用引脚 48，12 可以用于该数字接口音频数据输出。位 GE5、GE8(寄存器 56h，位 5 与位 8) 用于设置复用引脚 48 和 12 的 GPIO 和 S/PDIF 接口功能，并通过读/写寄存器 3Ah 来控制 S/PDIF 接口功能。S/PDIF 数字接口输出控制相关寄存器位功能定义如表 7－47 所列。

表 7-47 S/PDIF 数字接口输出控制相关寄存器位功能定义

寄存器地址	位	标 签	默认状态	功能描述
2Ah 扩展音频	10	SPCV	0	S/PDIF 有效位(只读) 1=有效 0=无效
	5:4	SPSA	01	S/PDIF 时隙分配控制 00 =时隙 3 和 4 01 =时隙 6 和 9 10 =时隙 7 和 8 11 =时隙 10 和 11 注:仅寄存器 5Ch 位 ADC=0 时有效
	2	SEN	0	S/PDIF 输出使能控制 1=使能 0=禁用
3Ah S/PDIF 控制寄存器	15	V	0	S/PDIF 有效位 1=有效 0=无效
	14	DRS	0	指示 WM9714L 不支持 S/PDIF 双速率输出(只读)
	13:12	SPSR	10	指示 WM9714L 的 S/PDIF 输出仅支持 48 kHZ 采样率(只读)
	11	L	0	S/PDIF L 位控制 用户编程
	10:4	CC	0000000	S/PDIF 类别代码控制 用户编程
	3	PRE	0	S/PDIF 预加重指示控制 0=无预先加强 1=50/15 μs 预先加强
	2	COPY	0	S/PDIF 版权所有指示控制 0=无版权 1=有版权
	1	AUDIB	0	S/PDIF 非音频指示控制 0=PCM 数据 1=非 PCM 数据
	0	PRO	0	S/PDIF 数据源指示控制 0=消费模式 1=专业模式
5Ch 附加功能 控制	4	ADCO	0	S/PDIF 数据源控制 0=从 SDATAOUT(引脚 5) 1=从音频 ADC 输出

9. 辅助 ADC

WM9714L 包含一个非常低功耗，12 位逐次逼近型 ADC，可用于电池和辅助测量。共有 3 个输入管脚可作为辅助 ADC：

- MIC2A / COMP1 / AUX1（复用引脚 29）；
- MIC2B / COMP2 / AUX2（复用引脚 30）；
- AUX4（引脚 12）。

引脚 29 和 30 同时可作为比较器输入，但辅助测量功能在任何时候都可以采用这些引脚；此外，扬声器电源（SPKVDD 经过 1/3 分压后）可以用来作为一个辅助 ADC 输入（如图 7-18 所示）。

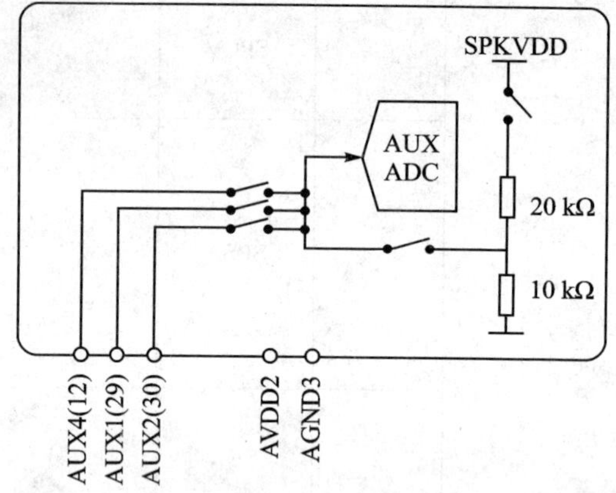

图 7-18　辅助 ADC 输入示意图

辅助 ADC 通过 AC-Link 接口的访问和控制。

(1) 辅助 ADC 电源管理

当不使用时，辅助 ADC 可以通过寄存器位 PADCPD（地址 3Ch，位 15）独立关断，以便节省功耗。辅助 ADC 的状态由以下位控制（如表 7-48 所列）。

表 7-48　辅助 ADC 控制相应寄存器位配置

寄存器地址	位	标　签	默认状态	功能描述
3Ch	15	PADCPD	1	辅助 ADC 禁用控制 1=禁用 0=使能
78h	15:14	PRP	00	辅助 ADC 附加功能使能 00 =禁用 01 =保留 10 =保留 11 =使能

(2) 测量启动

WM9714L 辅助 ADC 接口支持轮询和 DMA 两种模式，控制辅助 ADC 至主机 CPU 的数据流。轮询模式中，CPU 通过 POLL 位（寄存器 74h，位 9）写操作启动每个独立的测量，当测量完成，该位自动复位。辅助 ADC 控制相关寄位器位功能定义如表 7-49 所列。

表7-49　辅助ADC控制相关寄位器位功能定义

寄存器地址	位	标　签	默认状态	功能描述
74h	9	POLL	0	轮询测量控制 当CTC=0时,写“1”启动测量
	8	CTC	0	辅助ADC测量模式 1=轮询模式 0=连续模式(DMA)
76h	9:8	CR	00	连续模式(DMA)转换速率 连续模式速率(DEL≠111) 00: 93.75 Hz (512 AC-Link帧) 01: 120 Hz (400 AC-Link帧) 10: 153.75 Hz (312 AC-Link帧) 11: 187.5 Hz (256 AC-Link帧) 连续模式“快速率”(DEL=111) 00: 8 kHz (6AC-Link帧) 01: 12 kHz (4AC-Link帧) 10: 24 kHz (任意它值AC-Link帧) 11: 48 kHz (1AC-Link帧)

(3) 测量类型

寄存器(74h)ADCSEL控制位决定执行的测量类型,如表7-50所列。

表7-50　辅助ADC测量类型控制相应寄位器位功能定义

寄存器地址	位	标　签	默认状态	功能描述
74h	7	ADCSEL_AUX4	0	AUX4(引脚12)测量使能控制 0=禁用 1=使能
	6	ADCSEL_AUX3	0	AUX3测量使能控制 0=禁用AUX3测量(SPKVDD/3) 1=使能AUX3测量(SPKVDD/3)
	5	ADCSEL_AUX2	0	AUX2(引脚30)测量使能控制 0=禁用 1=使能
	4	ADCSEL_AUX1	0	AUX1(引脚29)测量使能控制 0=禁用 1=使能

注意: ADCSEL[7:4]决定测量类型,只能够使能其中一位。

(4) 数据回读

辅助ADC测量的数据存储在寄存器7Ah,通常通过读寄存器检索。相关寄存器位功能如表7-51所列,辅助ADC数据通过AC-Link时隙回读的寄存器配置如表7-52所列。

表 7-51　辅助 ADC 数据控制相关寄存器配置

寄存器地址	位	标　签	默认状态	功能描述
7Ah	14:12	ADCSRC	000	辅助 ADC 输入源 000 =无测量 001 =保留 010 =保留 011 =保留 100 =测量 AUX1 (引脚 29) 101 =测量 AUX2 (引脚 30) 110 =测量 AUX3(SPKVDD/3 电压) 111 =AUX4(引脚 12)
	11:0	ADCD	000h	辅助 ADC 数据(只读) 位 0=最低有效位 位 11=最高有效位
78h	9	WAIT	0	辅助 ADC 数据控制 0=将新数据覆盖寄存器 7Ah 中现有数据 1=保留寄存器 7Ah 中现有数据,直到读操作

表 7-52　辅助 ADC 数据通过 AC-Link 时隙回读的寄存器配置

寄存器地址	位	标　签	默认状态	功能描述
76h	3	SLEN	0	时隙回读使能控制 0=禁用(仅通过寄存器回读) 1=使能(由 SLT 位回读时隙选择)
	2:0	SLT	110	辅助 ADC 数据的 AC'97 时隙控制 000 =时隙 5 001 =时隙 6 010 =时隙 7 011 =时隙 8 100 =时隙 9 101 =时隙 10 110 =时隙 11 111 =保留

(5) 屏蔽输入控制

如液晶显示屏的驱动信号等噪声干扰源可能馈入辅助 ADC 输入引脚,并影响测量精度。为了尽可能地减少这种影响,信号(引脚 47/3)可以应用屏蔽功能延迟或异步 ADC 输入的采样。详见表 7-53 所列。

表 7-53　屏蔽输入控制相应寄存器位配置

寄存器地址	位	标　签	默认状态	功能描述
78h	7:6	MSK	00	屏蔽输入控制(详见表 7-54)

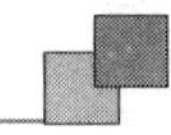

表7-54 屏蔽控制位配置说明

值	屏蔽引脚上的信号效果说明
00	无效果 GPIO 输入控制禁用(默认状态)
01	静止,屏蔽引脚上"高电平"停止转换,"低电平"无效果
10	边沿触发,通过设置寄存器 DEL[3-0]屏蔽引脚的上升沿或下降沿延迟转换,转换异步于屏蔽引脚信号
11	同步模式,转换等待直到屏蔽启动周期的上升沿或下降沿

10. GPIO 与中断控制

WM9714L 共有 8 个 GPIO 引脚,每个引脚都可以设置为输入或输出,对应配置位位于寄存器 54h 和时隙 12 中。GPIO 输出状态由通过输出帧(SDATAOUT)的时隙 12 发送数据决定;通过读寄存器位操作或测试输入帧(SDATAIN)时隙 12 能把 GPIO 输入数据读回。GPIO 输入可编程用于产生中断。通过设定寄存器 36h 位 15,可将 GPIO 引脚 1,3,4,5 复用配置成的 PCM 接口(如表 7-55 所列)。

表7-55 GPIO 附加功能控制

寄存器地址	位	标　签	默认状态	功能描述
36h PCM 接口控制	15	CTRL	0	GPIO 引脚配置控制 0=相应引脚用于 GPIO 功能 1=相应引脚用于 PCM 接口功能 注:PCM 接口功能,1 个或多个引脚需要写寄存器 4Ch(详见表 7-57 所示)配置成输出
56h GPIO 引脚共享	8:2	GE#	1	触发 GPIO 功能控制 0:第二功能使能 1:GPIO 功能使能

WM9714L 除 8 个 GPIO 实体引脚之外,还有 7 个虚拟 GPIO 引脚,虚拟 GPIO 引脚不连接实体引脚,不可以设定为输出,主要用于产生中断请求。WM9714L 的 GPIO 逻辑结构示意图如图 7-19 所示,其 GPIO 引脚位功能描述如表 7-56 所列。

表7-56 GPIO 位与引脚功能描述

GPIO 位	12 位时隙	类　型	引脚号	功能描述
1	5	GPIO	44	GPIO1
2	6	GPIO	45	GPIO2/IRQ(仅引脚不用于 IRQ 时使能)
3	7	GPIO	46	GPIO3
4	8	GPIO	47	GPIO4 / ADA /MASK(仅引脚不用于 ADA 时使能)
5	9	GPIO	48	GPIO5 / S/PDIF_OUT(仅引脚不用于 S/PDIF_OUT 时使能)
6	10	GPIO	3	GPIO6 / ADA / MASK(仅引脚不用于 ADA 时使能)
7	11	GPIO	11	GPIO7

续表 7-56

GPIO 位	12 位时隙	类　型	引脚号	功能描述
8	12	GPIO	12	GPIO8 / S/PDIF_OUT(仅引脚不用于 S/PDIF_OUT 时使能)
9	13	虚拟 GPIO	— [MICDET]	内部麦克风偏置电流检测,高于阀值产生中断
10	14	虚拟 GPIO	— [MICSHT]	内部麦克风短路检测,高于阀值产生中断
11	15	虚拟 GPIO	— [Thermal Cutout]	内部温度切换信号,表示温度达到 150 ℃
12	16	虚拟 GPIO	— [ADA]	内部 ADA(ADC 数据可用)信号使能仅当辅助 ADC 激活时
14	18	虚拟 GPIO	— [COMP2]	内部 COMP2(比较器 2)输出(低电池报警)使能仅当 COMP2 开启时
15	19	虚拟 GPIO	— [COMP1]	内部 COMP1(比较器 2)输出(电池耗尽报警)使能仅当 COMP1 开启时

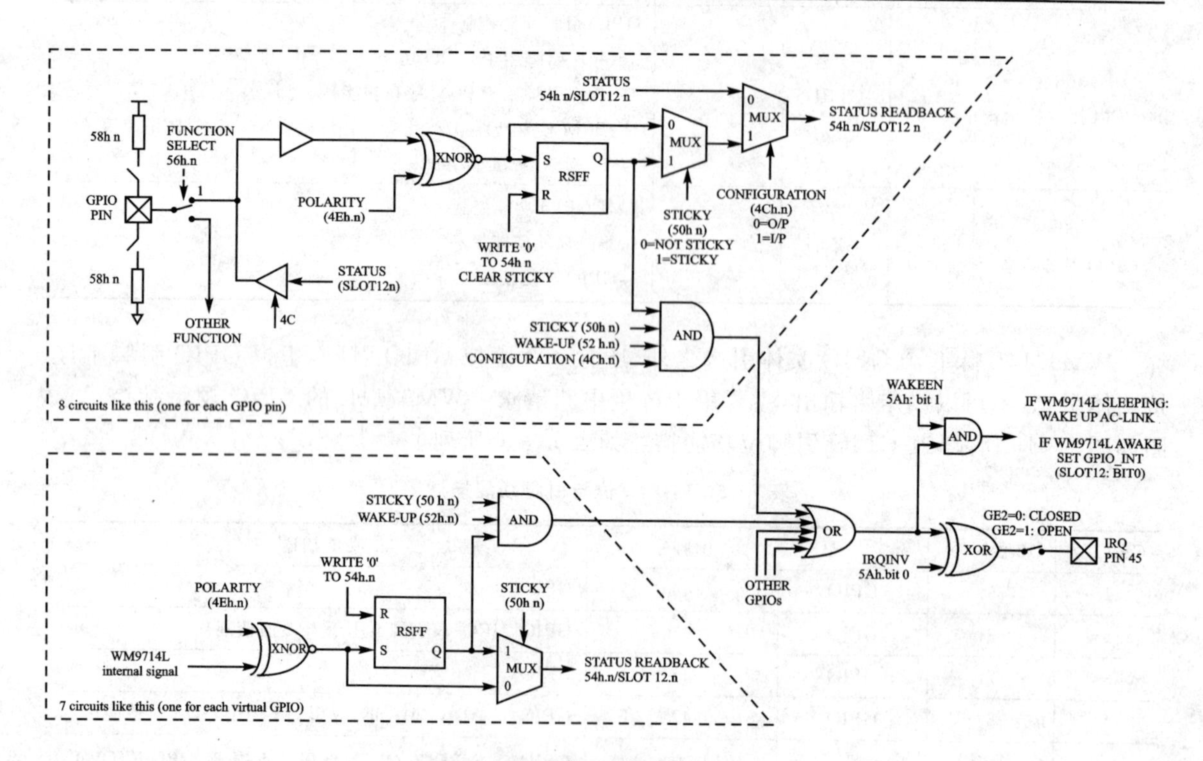

图 7-19　GPIO 逻辑结构示意图

GPIO 引脚的参数通过寄存器 4Ch～52h 控制,如表 7-57 所列。

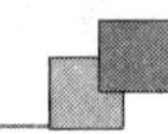

表 7-57　GPIO 属性控制

<table>
<tr><th>寄存器地址</th><th>位</th><th>标　签</th><th>默认状态</th><th colspan="2">功能描述</th></tr>
<tr><td>4Ch</td><td>n</td><td>GCn</td><td>1</td><td colspan="2">GPIO 引脚配置控制
0=输出
1=输入(GC9－15 总为输入)</td></tr>
<tr><td rowspan="3">4Eh</td><td rowspan="3">n</td><td rowspan="3">GPn</td><td rowspan="3">1</td><td colspan="2">GPIO 引脚极性/类型</td></tr>
<tr><td>输入(GCn = 1)</td><td>输入(GCn = 1)</td></tr>
<tr><td>0 =低电平有效
1 =高电平有效</td><td>0 =低电平有效
1 =高电平有效</td></tr>
<tr><td>50h</td><td>n</td><td>GSn</td><td>0</td><td colspan="2">GPIO 引脚粘住控制
0=未粘住
1=粘住
注:Sticky 位是用于防删除的标志</td></tr>
<tr><td>52h</td><td>n</td><td>GWn</td><td>0</td><td colspan="2">GPIO 引脚唤醒控制
0=未唤醒(GPIO 未产生中断请求)
1=唤醒(GPIO 产生了中断请求)</td></tr>
<tr><td>54h</td><td>n</td><td>GIn</td><td>N/A</td><td colspan="2">GPIO 引脚状态
读=返回 GPIO 状态
写=写“0”清除粘住位</td></tr>
</table>

GPIO 引脚 2～8 是具有多功能复用的引脚,可以应用于其他目的(比如非 GPIO/PCM 等等)也可作为 S/PDIF 数字接口输出,这些通过寄存器 56h 控制(详见表 7-58)。

表 7-58　GPIO 引脚复用功能配置

寄存器地址	位	标　签	默认状态	功能描述
56h GPIO 引脚 功能选择	2	GE2	1	GPIO2(引脚 45)功能控制 0=引脚 45 不受 GPIO 逻辑控制 1=引脚 45 受 GPIO 逻辑控制 **注意:**当 GE2=0 时,设定寄存器 4Ch 位 GC2=0 会输出中断请求
	4	GE4	1	GPIO4(引脚 47)功能控制 0=引脚 47 不受 GPIO 逻辑控制 1=引脚 47 受 GPIO 逻辑控制 **注意:**当 GE4=0 时,设定寄存器 4Ch 位 GC4=0 会输出 ADA;设定 GC4=1 时 MASK 输入
	5	GE5	1	GPIO5(引脚 48)功能控制 0=引脚 48 不受 GPIO 逻辑控制 1=引脚 48 受 GPIO 逻辑控制 **注意:**当 GE5=0 时,设定寄存器 4Ch 位 GC5=0 时 S/PDIF 数字接口输出

续表 7－58

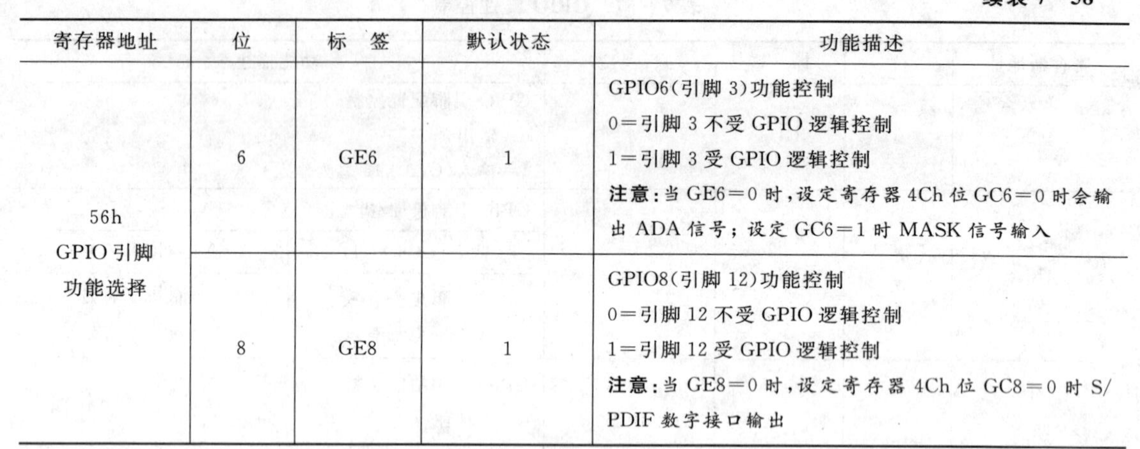

寄存器地址	位	标　签	默认状态	功能描述
56h GPIO引脚 功能选择	6	GE6	1	GPIO6(引脚 3)功能控制 0＝引脚 3 不受 GPIO 逻辑控制 1＝引脚 3 受 GPIO 逻辑控制 **注意**：当 GE6＝0 时，设定寄存器 4Ch 位 GC6＝0 时会输出 ADA 信号；设定 GC6＝1 时 MASK 信号输入
56h GPIO引脚 功能选择	8	GE8	1	GPIO8(引脚 12)功能控制 0＝引脚 12 不受 GPIO 逻辑控制 1＝引脚 12 受 GPIO 逻辑控制 **注意**：当 GE8＝0 时，设定寄存器 4Ch 位 GC8＝0 时 S/PDIF 数字接口输出

限于篇幅，本文只针对相应接口和功能模块的寄存器配置加以说明，更详细和完整的 WM9714L 芯片寄存器应用资料请参考欧胜微电子公司发布的应用指南（http://www.wolfsonmicro.com/products/audio_hubs/WM9714/）。

7.4.4　WM9714L 芯片的应用概述

如上节所述，WM9714L 芯片的可以支持 PCM 接口、AC'97 接口、S/PDIF 数字音频接口等，同时扬声器、耳机及线路输出和驱动方式也有多种。本小节主要对外围输入和驱动输出的硬件应用进行介绍。WM9714L 芯片典型的外围接口与硬件电路配置如图 7－20 所示。

1. 线路输出

耳机输出引脚 HPL、HPR 可以用于立体声线路输出，同时扬声器输出引脚 SPKL、SPKR 也可以用于线路输出。推荐的应用设计如图 7－21 所示。

图中的隔直电容和负载电阻决定输出的截止频率，截止频率计算公式 $f_c=1/2\pi(R_L+R1)C1$，例如：负载阻抗 1 kΩ 时，上述电路的截止频率 $f_c=1/(2\pi\times10.1\ \text{k}\Omega\times1\ \mu\text{F})=16\ \text{Hz}$。

增加隔直电容容量值可降低截止频率，提高低频响应特性。电容 C1，C2 取值过小会减弱低频响应；电阻 R1，R2 则用于保护线路输出，以防使用不当引起芯片损坏。

2. 交流耦合耳机输出

WM9714L 的交流耦合立体声耳机输出如图 7－22 所示。

图中的隔直电容 C1，C2 和负载电阻决定输出的截止频率，截止频率计算公式 $f_c=1/2\pi R_L C1$，例如：负载阻抗 16 Ω 时，上述电路的截止频率 $f_c=1/(2\pi\times16\ \Omega\times220\ \mu\text{F})=45\ \text{Hz}$。

增加隔直电容容量值可降低截止频率，提高低频响应特；电容 C1，C2 取值过小则会减弱低频响应。

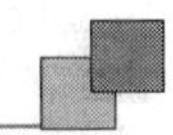

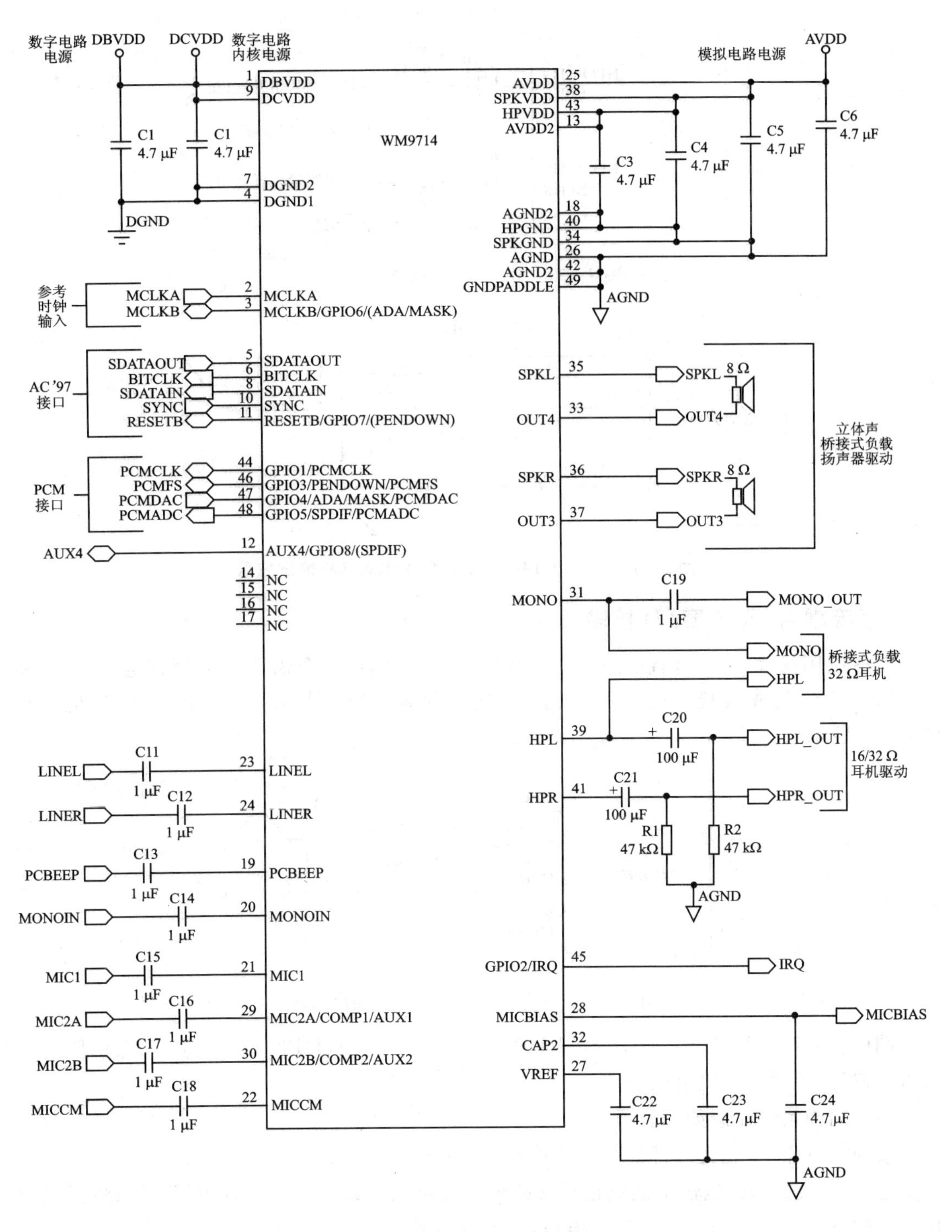

图 7－20　WM9714L 芯片典型应用

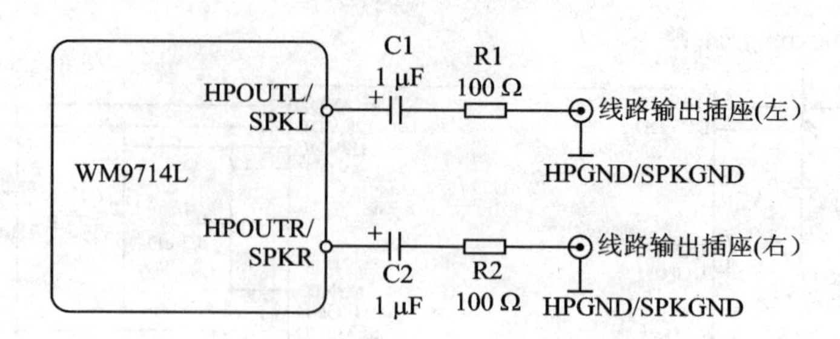

图 7-21 WM9714L 线路输出应用

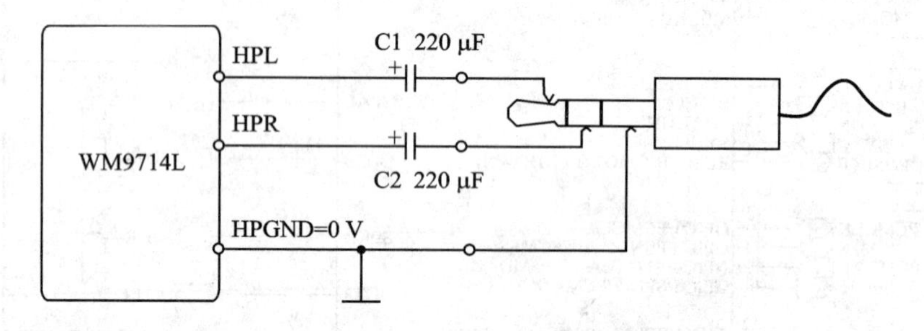

图 7-22 WM9714L 交流耦合立体声耳机输出应用

3. 直流耦合(无电容)耳机输出

有些应用场合,为了节省电路板空间和成本,耳机输出电路需要去除隔直电容,通过将芯片引脚 OUT3 接成假接地端即可以达到要求。WM9714L 直流耦合(无电容)耳机输出如图7-23 所示。

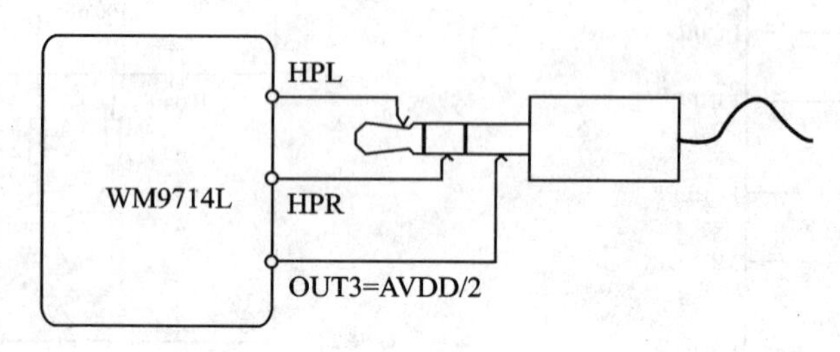

图 7-23 WM9714L 直流耦合输出应用

图中除 OUT 引脚产生了一个 AVDD/2 直流电压之外,HPL/HPR 与 OUT 引脚之间没有直流偏压,因此无需隔直电容。

在使用中需要注意如下事项:

① 由于 OUT3 输出缓冲器额外的能耗,导致 WM9714L 的功耗将增加;

② 如果直流耦合输出不慎连接到线路输入设备的接地端,将导致 OUT3 短路;虽然内置短路保护电路能够防止 WM9714L 损坏,但音频信号将无法被正确传输;

③ OUT3 引脚不能够用于其他用途。

4. 桥接式负载扬声器(音箱)输出

WM9714L 的 SPKL 和 SPKR 引脚能够差分驱动一个单声道的 8 Ω 扬声器(音箱),桥接式负载扬声器(音箱)输出如图 7-24 所示。

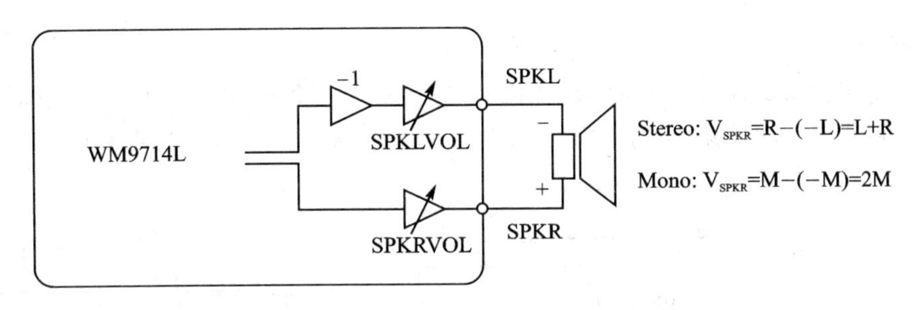

图 7－24　WM9714L 桥接式负载音箱输出

使用差分方法驱动扬声器输出必须使 INV1 和 INV2 反相。

5. 耳机/桥接式听筒组合式输出

在智能手机具有独立免提听筒和分立耳机应用场合中，可以将桥接式负载扬声器连接 OUT3 引脚。耳机/桥接式听筒组合式输出如图 7－25 所示。

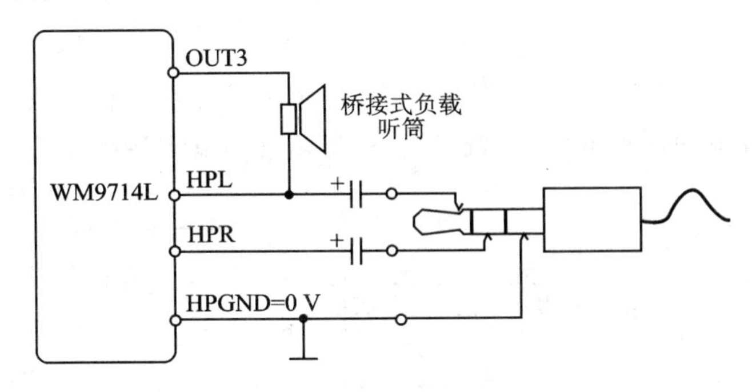

图 7－25　WM9714L 耳机/听筒组合输出

听筒和耳机播放相同的音频信号。当耳机插入插孔时，耳机输出被使能，OUT3 引脚禁用；当耳机未插入插孔时，OUT3 引脚被使能。

6. 耳机/听筒(单端式驱动)组合式输出

WM9714L 的耳机/听筒不但可以应用于桥接式负载，也可以应用于单端式驱动输出，如图 7－26 所示。

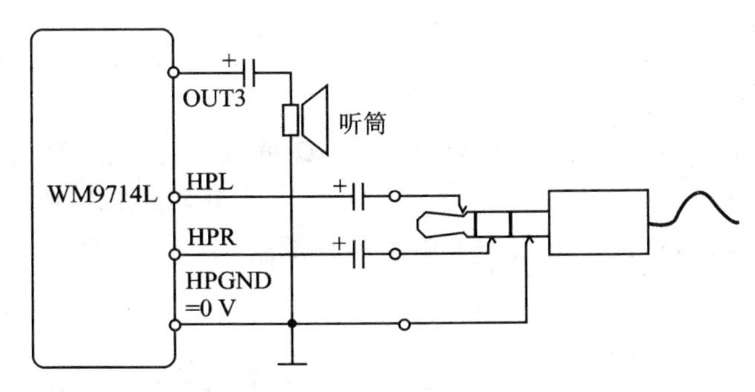

图 7－26　WM9714L 耳机/单端式驱动听筒组合输出

7. 插孔插入检测

耳机插入插孔时，如何检测耳机，其电路原理如图 7－27 所示。当耳机插入插孔后，开关闭合，它会产生一个中断请求，指示控制器使能 HPL 和 HPR 引脚，并禁用 OUT3 引脚。

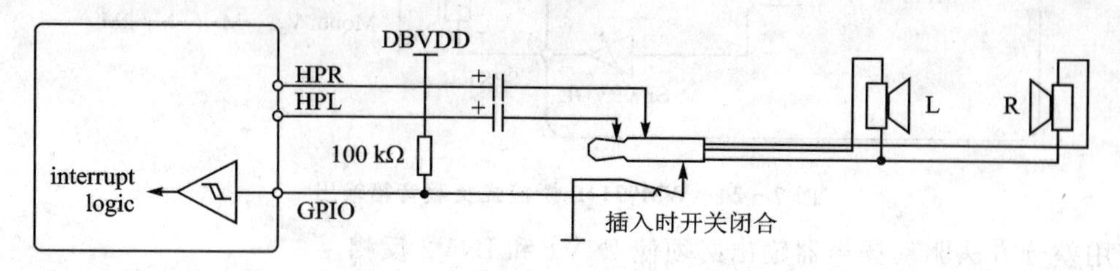

图 7－27　WM9714L 插孔插入检测

该电路具有一个开关，能同时检测到耳机和耳麦电话，中断请求信号可以使用 WM9714L 芯片的任意一个 GPIO 并将其配置成输入。

8. 叉簧检测

WM9714L 还有一个叉簧开关用于检测，GPIO 输入信号在这种模式下必须反相。图 7－28 显示了如何检测按下的耳麦电话“叉簧”(**注**:按下叉簧相当于释放固定电话的接收器)。

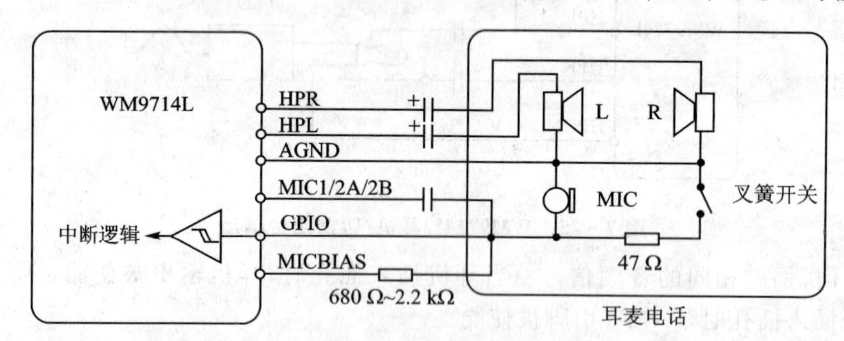

图 7－28　WM9714L 叉簧检测

该电路采用了一个 GPIO 引脚用于感应输入，麦克风的阻抗与 MICBIAS 回路的电阻使该引脚在叉簧开启时电压高于 0.7DBVDD，闭合时电压则低于 0.3DBVDD。

9. 典型输出配置

WM9714L 驱动输出配置可以分为如下情况：

- HPL，HPR，MONO，3 个输出可驱动低于 16Ω 负载(耳机或线路驱动)；
- SPKL，SPKR，OUT3 和 OUT4，4 个输出可驱动低于 8Ω 负载(喇叭或线路驱动)。

此外通过组合式应用，可以配置成多种驱动形式的输出。下面是智能手机应用领域方面的一些典型配置案例。

(1) 立体声扬声器输出配置

图 7－29 显示的是一个典型的耳机，耳麦，免提听筒的立体声输出配置。

(2) 单声道扬声器输出配置

图 7－30 显示的是一个典型的耳机，耳麦，免提听筒的单声道器输出配置。

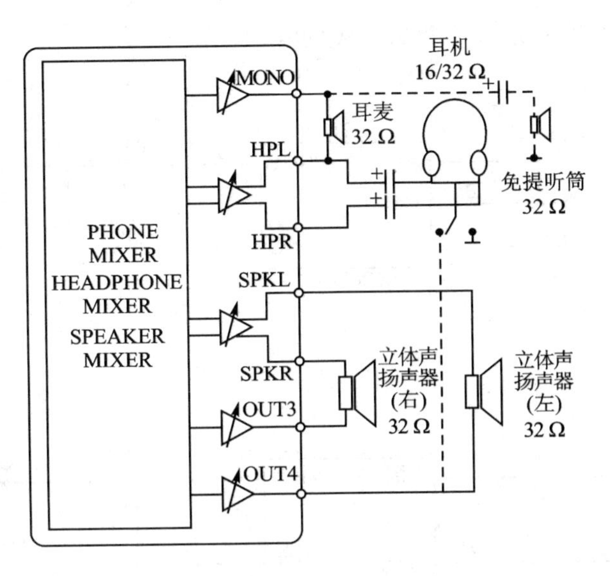

图 7－29　WM9714L 立体声扬声器输出配置

(3) 单声道扬声器兼容性输出配置

图 7－31 显示的是一个兼容耳机，耳麦，免提听筒的单声道器的典型输出配置。该配置中，AVDD，HPVDD，SPKVDD 必须使用相同的工作电压以使性能最佳化。

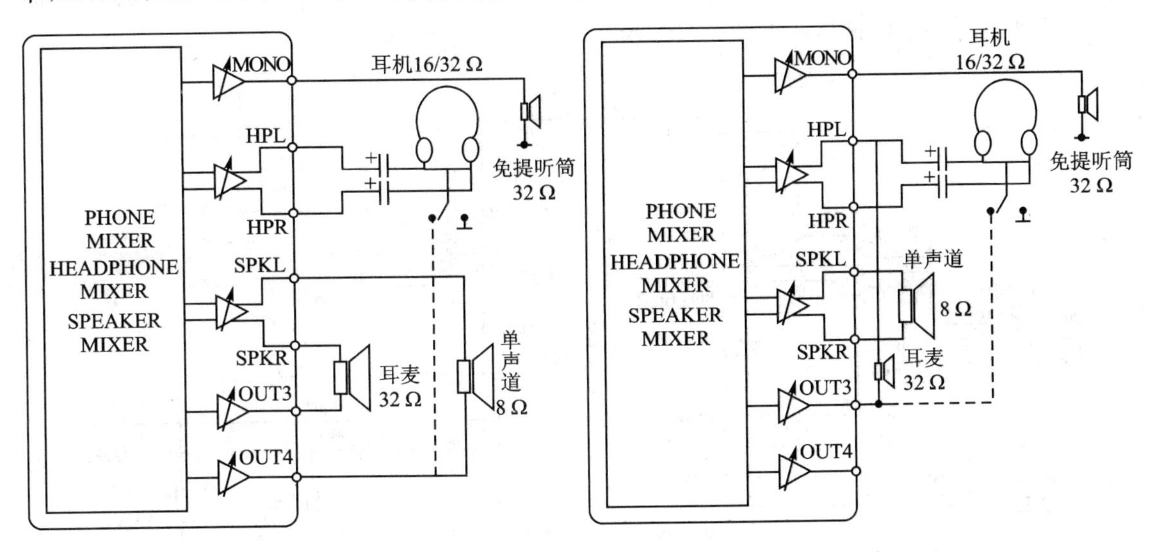

图 7－30　WM9714L 单声道输出配置　　图 7－31　WM9714L 单声道兼容性输出配置

7.4.5　硬件电路设计

本实例的硬件电路设计分为 3 个部分：

① 电源供电电路，分别提供两个 3.3V 输出电源供芯片工作；

② 芯片 WM9714L 外围器件及与 S3C6410 接口电路；

③ 输入输出电路，包括线路输入，音频输出及麦克风信号输入接口电路等。

AC’97 音频模块的供电分为两个 3.3 V 供电，如图 7－32 所示。

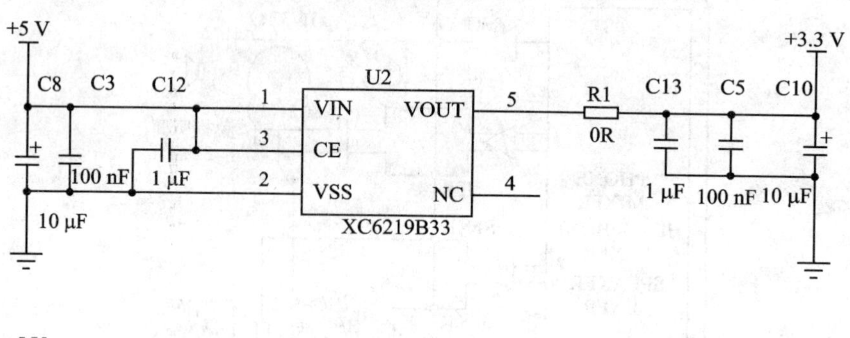

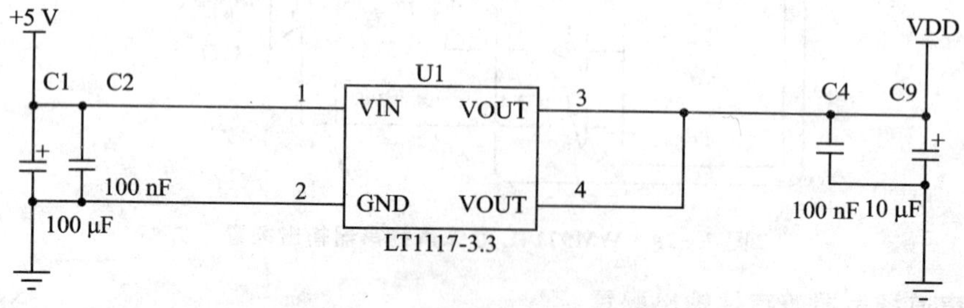

图 7－32　电源部分电路原理图

本实例设计中的 AC’97 音频输出接口只使用了 S3C6410 的其中一个接口，另外一个接口设置为普通的 GPIO 接口。如图 7－33 所示。

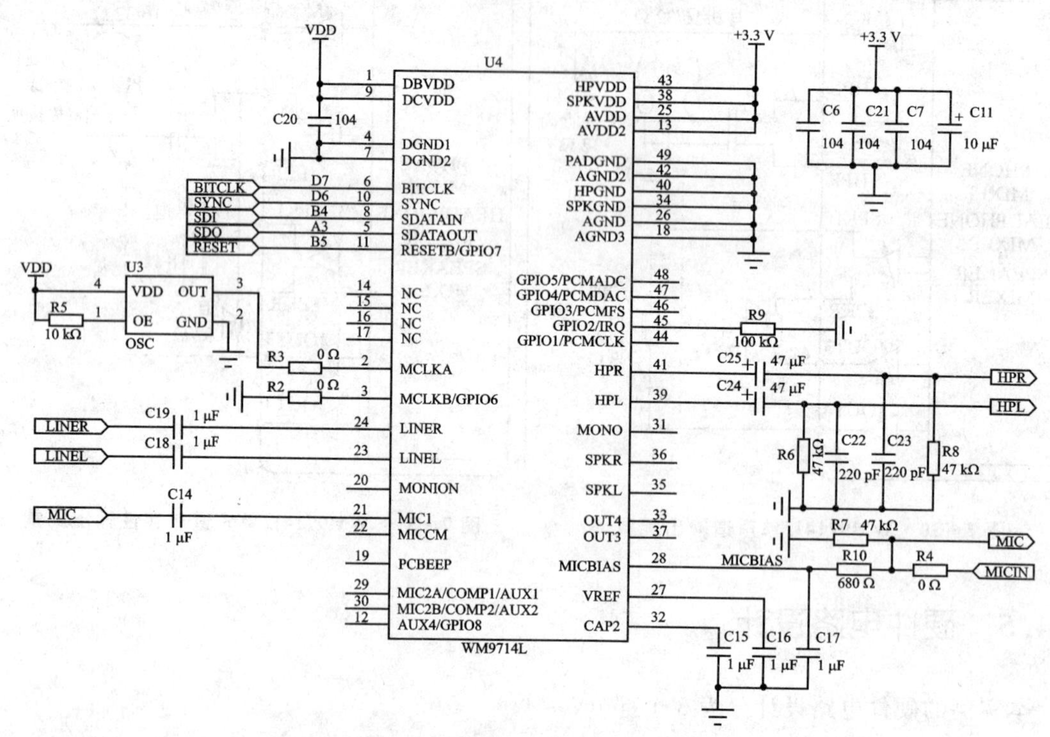

图 7－33　音频接口部分原理图

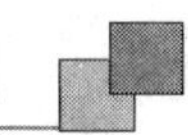

本实例配置了 3 个 3.5 的接口分别用于线路输入、音频左右声道输出及麦克风信号输入，如图 7－34 所示。

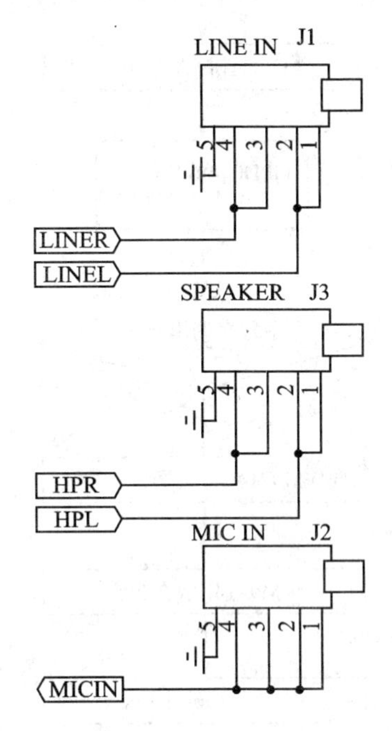

图 7－34　输入输出接口部分原理图

7.5　软件设计

本实例软件设计主要包括三大部分：

(1) S3C6410 处理器的 AC'97 控制器初始化及相应配置；

(2) 通过 AC－Link 接口配置 WM9714L 寄存器及工作模式；

(3) 数字音频系统应用。

7.5.1　程序流程图

其软件主要程序流程图如图 7－35 所示。

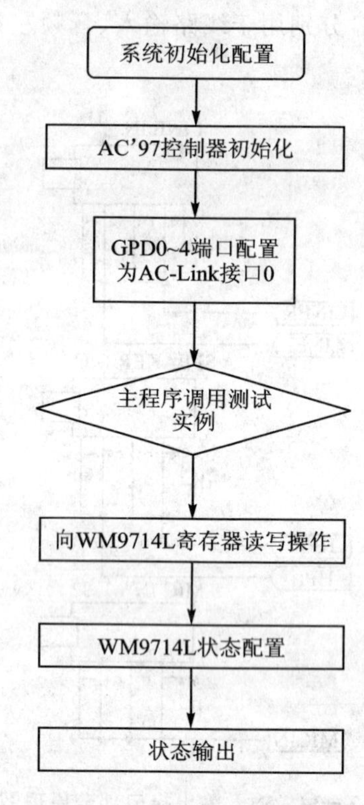

图 7-35　主程序流程示意图

7.5.2　软件代码及说明

本实例的主要程序代码如下说明。

① MAIN.C

```
/*******************************************************************
*      文件名 : MAIN.C
*    功能描述 :
*    主程序,包括系统初始化,数字音频系统状态显示输出等。
*******************************************************************/
extern void AC97_Test(void);//AC97 测试实例
extern void I2S_Test(void); //其他实例
extern void PCM_Test(void);
const testFuncMenu menu[] =
{
#if 1
    AC97_Test,                    "AC97_Test    ",
    I2S_Test,                     "I2S_Test     ",
    PCM_Test,                     "PCM_Test     ",
    //程序菜单选择
#else
```

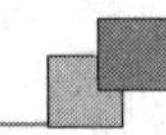

```
    NAND_Test,                  "NAND_Test    ",
    ONENAND_Test,               "ONENAND_Test",
#endif
    //     功能测试,           "描述",
    0, 0
};
int main(void)
{
    u32 i, uSel;
    u8 bClockChange = false;
    //异常向量初始化
    SYSTEM_InitException();
    //MMU 初始化
    SYSTEM_InitMmu();
    SYSC_ReadSystemID();
    SYSC_GetClkInform();
    CalibrateDelay();
    //GPIO 端口初始化
    GPIO_Init();
    OpenConsole();
    INTC_Init();
#if 0 //异步模式, 400:100:50MHz
    //eASYNC_MODE 模式
    SYSC_ChangeMode(eSYNC_模式);
    SYSC_ChangeSYSCLK_1(eAPLL400M, eAPLL200M, 0, 0, 3);
    bClockChange = true;
#elif 0 //异步模式, 532:133:66.5MHz
    //eASYNC_MODE 模式);
    SYSC_CHANGE(eSYNC_mode);
    SYSC_CHANGESYSCLK_1(eAPLL532M, eAPLL266M, 0, 0, 3);
    bClockChange = true;
#elif 0 //异步模式, 667:133:66.5MHz
    SYSC_ChangeMode(eASYNC_MODE);
    SYSC_ChangeSYSCLK_1(eAPLL667M, eAPLL266M, 0, 0, 3);
    bClockChange = true;
#endif
    if(bClockChange = = true)
    {
        SYSC_GetClkInform();
        CalibrateDelay();
        OpenConsole();
    }
    //APLL,MPLL,EPLL 设置
```

```
        SYSC_SetLockTime(eAPLL, 300);
        SYSC_SetLockTime(eMPLL, 300);
        SYSC_SetLockTime(eEPLL, 300);
        while(1)
        {
            UART_Printf("\n\n");
            UART_Printf("*************************************************\n");
            UART_Printf("*        S3C6410 - Test firmware v0.1                    *\n");
            UART_Printf("*************************************************\n");
            UART_Printf("System ID : Revision [%d], Pass [%d]\n", g_System_Revision, g_System_
Pass);
            UART_Printf("ARMCLK: %.2fMHz  HCLKx2: %.2fMHz  HCLK: %.2fMHz  PCLK: %.2fMHz\n",
(float)g_ARMCLK/1.0e6, (float)g_HCLKx2/1.0e6, (float)g_HCLK/1.0e6, (float)g_PCLK/1.0e6);
        #if     (VIC_MODE == 1)
            UART_Printf("VIC mode / ");
        #else
            UART_Printf("non-VIC mode / ");
        #endif
            if(g_SYNCACK == eSYNC_MODE)
                UART_Printf("Sync Mode\n\n");
            else
                UART_Printf("Async Mode\n\n");
            for (i=0; (u32)(menu[i].desc)!=0; i++)
            {
                UART_Printf("%2d: %s   ", i, menu[i].desc);
                if(((i+1)%4)==0)
                    Putc('\n');
            }
            UART_Printf("\n\nSelect the function to test : ");
            uSel = UART_GetIntNum();
            UART_Printf("\n");
            if (uSel<(sizeof(menu)/8-1))
                (menu[uSel].func) ();
        }
    }
```

② AC97.C

限于篇幅文中省略,请读者详见光盘。

③ AC97_Test.C

限于篇幅文中省略,请读者详见光盘。

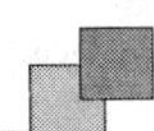

7.6　实例总结

本章首先对ARM11处理器S3C6410芯片AC’97控制器原理和数字多媒体音频编解码芯片WM9714L原理与应用进行了阐述，然后通过实例组合设计了一个典型的数字音频应用系统。

本章的难点在于对WM9714L寄存器的配置和应用。在实例设计过程中，需要读者熟练掌握S3C6410处理器AC’97控制器的寄存器配置以及如何通过AC－Link接口对WM9714L寄存器操作。

第8章

TV 视频信号输出应用

在一些工业应用领域及消费领域，视频监视、便携式 DVD、车载电视及视频解码器产品，需要将图像或采集信号输出至电视监视器。ARM11 处理器 S3C6410 内置了高效率的数字视频信号处理模块，并包括多种视频标准信号（PAL/NTSC）的解码及处理单元，为用户提供了一种高性能低成本的 TV 方案。本章将通过实例介绍基于 S3C6410 处理器 TV 编码器的电视视频信号输出案例设计。

8.1 TV 输出系统概述

目前市场上应用最普通的视频接口可分 S 端子视频信号输出接口和复合视频信号输出接口，TV 输出系统也把这两种输出模式作为标准配置来装备。

● 复合视频信号（CVBS）接口

即我们通常所说的 RCA 接口，它传输的是复合视频信号。可用 1 根或 1 组普通的音视频线传输，其中黄色的为视频信号，白色的为左声道音频信号，红色的为右声道音频信号。

● S 端子

由于复合视频信号（CVBS）是将亮度和色度信号采用频谱间置方法复合在一起，会导致亮、色的串扰以及清晰度降低等问题，所以推广了 S 端子。S 端子其全称是 Separate Video，它将亮度和色度分离输出，避免了混合视讯讯号输出时亮度和色度的相互干扰，这样可确保亮度信号不会受到色度信号的干扰。

S3C6410 处理器的 TV 编码器兼容这两种接口。

8.1.1 TV 编码器简介

S3C6410 处理器的 TV 编码器能将数字视频数据转换为复合模拟视频信号，并有一些特殊的特性：

- 具有图像增强引擎，图像质量应用特殊效果增强；
- 支持不同大小的图像显示模式，有全屏、宽屏和原始 3 种模式；
- 能同时支持模拟复合输出和 S 端子视频输出。

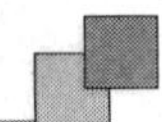

除上述特性之外，S3C6410 处理器的 TV 编码器还具有如下主要特点：

- 内置 MIE(移动图像增强器)引擎；
- 黑色和和白色电平延伸；
- 蓝色信号延伸和肤色校正；
- 动态水平峰值与亮度瞬态改善；
- 黑白噪声降低；
- 对比度、锐度、伽玛校正和亮度控制；
- 原始、全屏和宽屏大小视频输出；
- 支持兼容 NTSC－M，J/PAL－ B,D,G,H,I,M,Nc 制式的视频格式。

S3C6410 处理器的 TV 编码器功能方框图如图 8－1 所示。

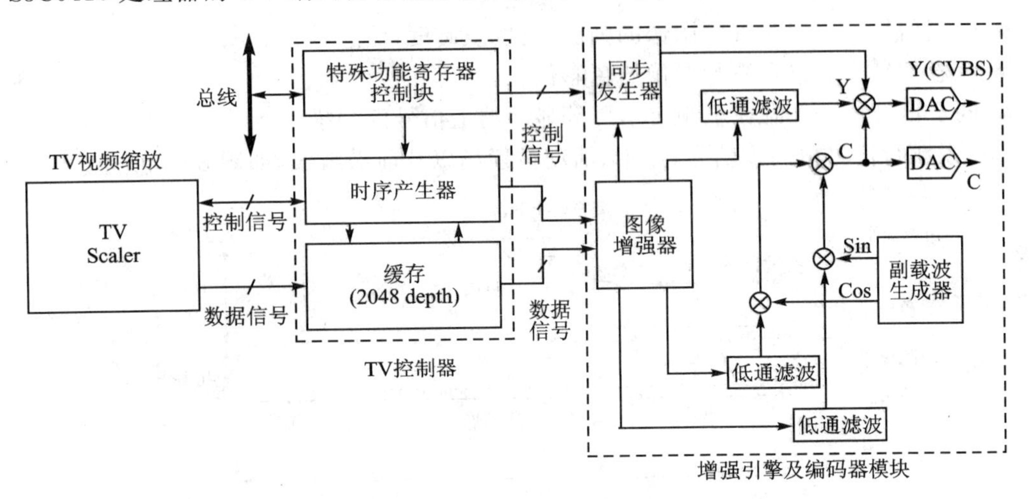

图 8－1 TV 编码器功能方框图

8.1.2 TV 编码器功能概述

TV 编码器把数字像素数据编码成 ITU－R BT.656 格式，该编码器由 4 大部分组成(见上图 8－1)。

其最主要部件则是增强器和编码器模块，该模块包含编码器和图像增强器。其中图像增强器通过黑色和白色电平延伸、伽玛校正、亮度、对比度等方式来负责图像增强，得到效果增强的图像，后由编码器产生 ITU－R BT.656 格式的 TV 输出信号。

1. 数据通路

要在液晶显示器和电视机中显示不同的图像，需有两条数据通路(如图 8－2 所示)。

- 数据通路(1)：数据通过后处理器或显示控制器直接从存储器载入；
- 数据通路(2)：数据通过 TV 定标器载入，将视频数据缩放成合适的大小，并进行色彩空间转换，然后将图像发送到 TV 编码器。

通过数据通路(1)、(2)两条路径即能在 LCD 和 TV 编码器之间显示不同的图像。

2. 模拟复合视频信号的合成

模拟复合视频信号的是所有需要生成视频信号的成分，组合在同一信号中的信号。构成

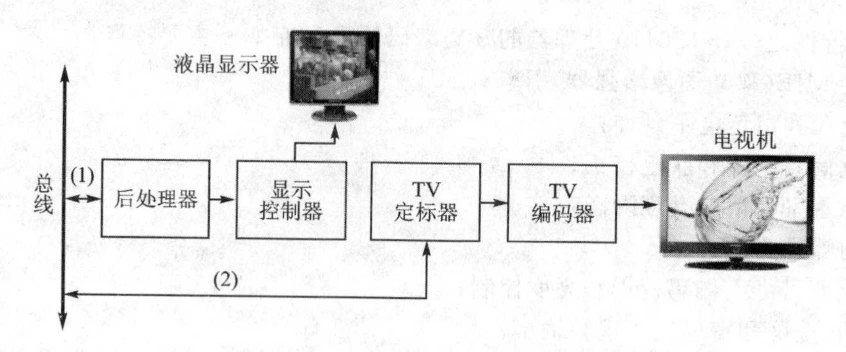

图 8-2　TV 编码器数据通路示意图

复合信号的3个主要成分如下：

- 亮度信号——包含视频图像的强度(亮度或暗度)信息；
- 色彩信号——包含视频图像的色彩信息；
- 同步信号——控制在电视显示屏等显示器上信号的扫描。

单一视频行信号由同步信号、后沿、活动像素场以及前沿组成，如图 8-3 所示。

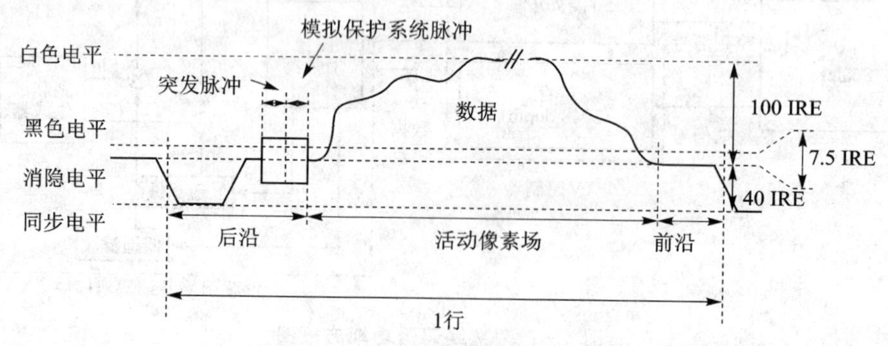

图 8-3　复合视频信号合成示意图

注意：IRE 为 Institute of Radio Engineers 的缩写，指的是美国无线电工程师协会关于电视信号电平的标准，通常 CCD 摄影机的视频输出最大振幅一般设置在 100 IRE 或者 700 mV。1 个 100 IRE 的视频表示可以完全驱动一个监视器表现最好亮度和对比度的优质影像，只有 50 IRE 的视频表示只有一半的对比度，30 IRE 或者 210 mV 表示只有原始振幅的 30%，通常 30 IRE 是最低的表现可用影像的数值。

在 X 轴方向，TV 输出分成 3 个时序部分：后沿、活动、前沿。后沿和前沿是同步信号，活动像素场包含有效数据。

在 Y 轴方向，TV 输出包含亮度 Y 和色度分量 C。图 8-3 中的 DC 电平代表亮度分量。色度分量通过色彩突发脉冲频率取样。

根据 TV 系统是 NTSC 制式还是 PAL 制式，从消隐电平中分辨出黑色电平。表 8-1 所列的是根据视频格式显示了不同的视频信号电平。

表 8-1　不同视频制式的视频信号电平

视频格式	同步电平	消隐电平	黑色电平	白色电平	峰值电平	突发幅值
NTSC	－40 IRE	0 IRE	＋7.5 IRE	＋100 IRE	＋120 IRE	20.0 IRE
PAL	－43 IRE	0 IRE	0 IRE	＋100 IRE	＋133 IRE	21.5 IRE

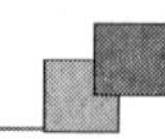

对于NTSC制式而言，通常应用7.5 IRE设置，将黑色电平提高为+ 7.5 IRE；对于PAL制式，黑色电平与消隐电平一致，均为0 IRE。

3. NTSC制式系统

NTSC的类型有NTSC-M、NTSC-J和NTSC 4.43。美国和韩国使用NTSC-M，日本使用NTSC-J，一些南亚国家使用NTSC 4.43。NTSC制式系统的参数如图8-4所示。

"NTSC-M"	"NTSC-J"	"NTSC 4.43"
LINE/FIELD=525/59.94	LINE/FIELD=525/59.94	LINE/FIELD=525/59.94
FH=15.734 kHz	FH=15.734 kHz	FH=15.734 kHz
FV=59.94 Hz	FV=59.94 Hz	FV=59.94 Hz
FSC=3.579 545 MHz	FSC=3.579 545 MHz	FSC=4.433 618 75 MHz
消隐电平设置=7.5 IRE	消隐电平设置=0 IRE	消隐电平设置=7.5 IRE
视频带宽=4.2 MHz	视频带宽=4.2 MHz	视频带宽=4.2 MHz
伴音载波=4.5 MHz	伴音载波=4.5 MHz	伴音载波=4.5 MHz
通道带宽=6 MHz	通道带宽=6 MHz	通道带宽=6 MHz

图8-4 NTSC制式参数图

4. PAL制式系统

PAL制式系统有6种类型，PAL制式系统的参数如图8-5所示。

"I"	"B,B1,G,H"	"M"
LINE/FIELD=625/50	LINE/FIELD=625/50	LINE/FIELD=525/59.94
FH=15.625 kHz	FH=15.625 kHz	FH=15.734 kHz
FV=50 Hz	FV=50 Hz	FV=59.94 Hz
FSC=4.433 618 75 MHz	FSC=4.433 618 75 MHz	FSC=3.575 611 49 MHz
消隐电平设置=0 IRE	消隐电平设置=0 IRE	消隐电平设置=7.5 IRE
视频带宽=5.5 MHz	视频带宽=5.5 MHz	视频带宽=4.2 MHz
伴音载波=5.999 6 MHz	伴音载波=5.5 MHz	伴音载波=4.5 MHz
通道带宽=8 MHz	通道带宽： B=7 MHz B1,G,H=8 MHz	通道带宽=6 MHz

"D"	"N"	"Nc"
LINE/FIELD=625/50	LINE/FIELD=625/50	LINE/FIELD=625/50
FH=15.625 kHz	FH=15.625 kHz	FH=15.625 kHz
FV=50 Hz	FV=50 Hz	FV=50 Hz
FSC=4.433 618 75 MHz	FSC=4.433 618 75 MHz	FSC=3.582 056 25 MHz
消隐电平设置=0 IRE	消隐电平设置=7.5 IRE	消隐电平设置=0 IRE
视频带宽=6.0 MHz	视频带宽=5.0 MHz	视频带宽=4.2 MHz
伴音载波=6.5 MHz	伴音载波=5.5 MHz	伴音载波=4.5 MHz
通道带宽=8 MHz	通道带宽=6 MHz	通道带宽=6 MHz

图8-5 PAL制式参数图

5. 屏幕组成

在 60 Hz 类型中，一帧的大小是 858×525。它包括同步和活动区域，活动视频区域是 720×480。因为 S3C6410 处理器的 TV 编码器需要两倍的水平数率用来提高图像质量，所以图 8-6 中不是 720 而是 1440。

在 50 Hz 类型中，一帧的大小是 864×625。活动视频区域是 720×576，仅垂直方向上大小不同。

所有的类型都有欠扫描区域，即能以 720×480 或 720×576 显示图像，但无法观看到完整区域。

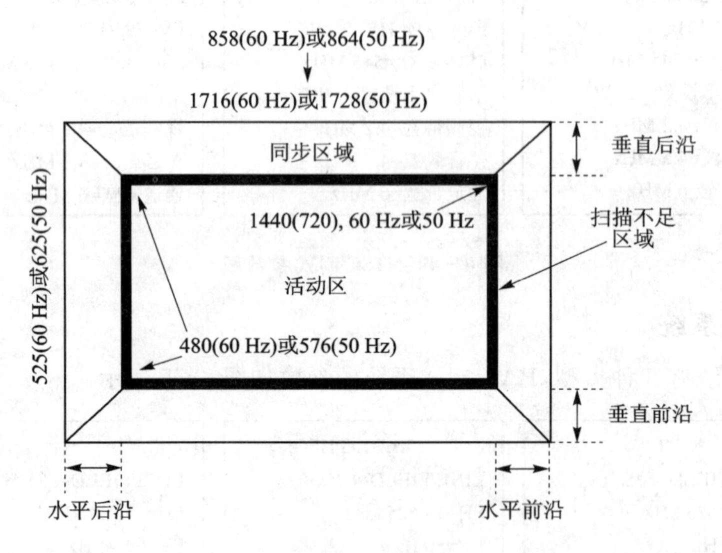

图 8-6　TV 屏幕的组成

6. 请求的水平信号时序

水平时序相关请求示意图如图 8-7 所示。该水平线由活动区和同步区域组成。

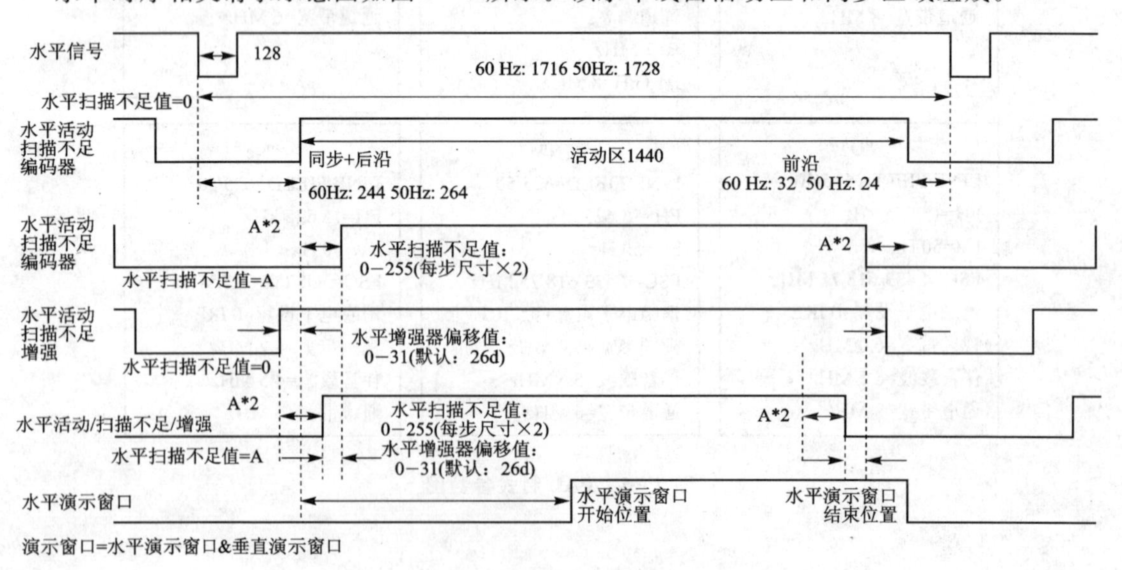

图 8-7　水平时序图

在 60 Hz，一条线由活动的 1440 像素、前沿 32 像素和后沿(包括同步宽度)244 像素组成。它也能配置水平扫描不足区域大小。

水平增强器偏移值表示嵌入 TV 编码器的增强装置需要 26 个时钟来增强图像，因此，传输数据和控制信号优先于 26 个时钟来调整时间。

7. 请求的垂直信号时序

60 Hz 的垂直信号时序示意图如图 8－8 所示，50 Hz 的垂直信号时序示意图如图 8－9 所示。

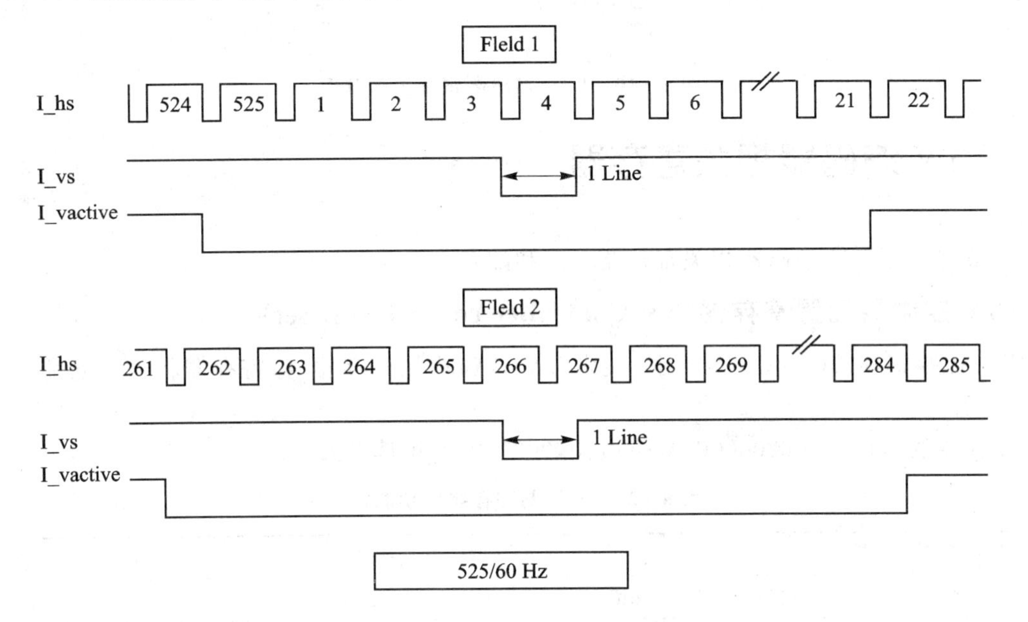

图 8－8　60 Hz 的垂直信号时序示意图

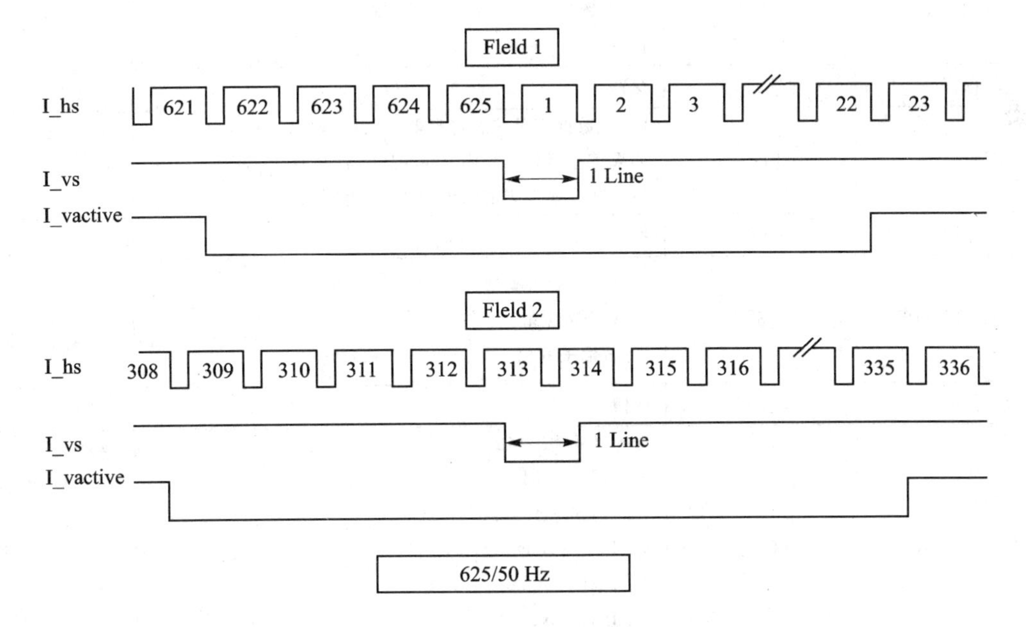

图 8－9　50 Hz 的垂直信号时序示意图

8. DAC 输出电路配置

S3C6410 处理器的电流驱动器如图 8-10 所示。其输出驱动电流为 6.6 mA，并能驱动 150 Ω 的负载，推荐使用一级放大器，以利于 ESD 保护。

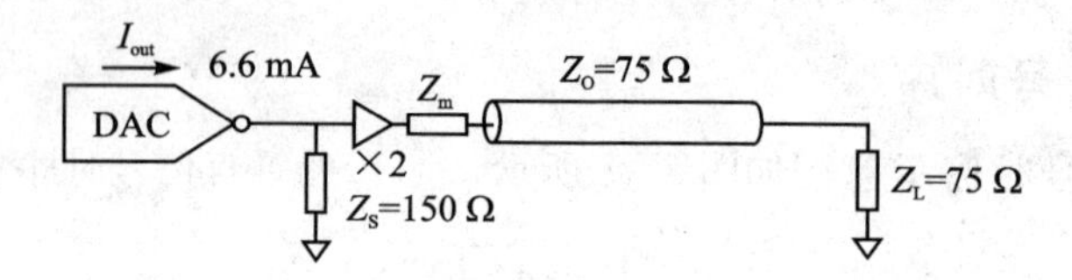

图 8-10　DAC 输出电路配置示意图

8.2　TV 编码器相关寄存器

本节将介绍 TV 编码器相关寄存器功能和配置。

1. TV 控制器配置寄存器(TV Controller control SFR set)

TV 控制寄存器(TVCTRL)用于设定 TV 特殊功能寄存器值，寄存器相关位功能定义如表 8-2 所列。

寄存器的地址：0x76200000，复位值：0x00010000，可读/写。

表 8-2　TV 控制寄存器位功能定义

TVCTRL	位	功能描述	初始状态
保留	[31:17]	保留	0
INTFIFOUR	[16]	FIFO 数据不足中断控制。 0：无效 1：有效	0x1
保留	[15:13]	保留	0
INTStatus	[12]	FIFO 数据不足状态寄存器。 如果寄存器是'1'，则发生 FIFO 数据不足中断。如果想清除该中断，也得写入'1'	0
保留	[11:9]	保留	0
TVOUTTYPE	[8]	选择 TV 输出类型。 0：复合数据输出 1：S 端子输出	0
保留	[7]	保留	0
TVOUTFMT	[6:4]	选择 TV 输出格式。 0：NTSC-M 1：NTSC-J 2：PAL-B/D/G/H/I 3：PAL-M 4：PAL-Nc 其他：保留	0

续表 8-2

TVCTRL	位	功能描述	初始状态
保留	[3:1]	保留	0
TVONOFF	[0]	TV编码器开/关控制。 0:关 1:开	0

2. 垂直后沿端点寄存器(Vertical back porch end point)

垂直后沿端点寄存器(VBPORCH)用于垂直后沿端点值设定,寄存器相关位功能定义如表8-3所列。

寄存器的地址:0x76200004,复位值:0x011C0015,可读/写。

表8-3 垂直后沿端点寄存器位功能定义

VBPORCH	位	功能描述	初始状态
保留	[31:25]	保留	0
VEFBPD	[24:16]	垂直偶数场后沿结束点。 NTSC:0x11C(284),PAL:0x14F(335)	0x11C
保留	[15:8]	保留	0
VOFBPD	[7:0]	垂直奇数场后沿结束点。 NTSC:0x15(21),PAL:0x16(22)	0x15

3. 水平后沿端点寄存器(Horizontal back porch end point)

水平后沿端点寄存器(HBPORCH)用于水平后沿端点值设定,寄存器相关位功能定义如表8-4所列。

寄存器的地址:0x76200008,复位值:0x008000F4,可读/写。

表8-4 水平后沿端点寄存器位功能定义

HBPORCH	位	功能描述	初始状态
保留	[31:24]	保留	0
HSPW	[23:16]	水平同步脉冲宽度。 默认:0x80(128)(NTSC,PAL)	0x80
保留	[15:11]	保留	0
HBPD	[10:0]	水平后沿结束点。 NTSC:0xF4(244) PAL:0x108(264)	0xF4

4. 水平增强器偏移寄存器(Horizontal enhancer offset)

水平增强器偏移寄存器(HEnhOffset)用于图像增强功能,寄存器相关位功能定义如表8-5所列。

寄存器的地址:0x7620000C,复位值:0x0000041A,可读/写。

表 8-5　水平增强器偏移寄存器相关位功能定义

HEnhOffset	位	功能描述	初始状态
保留	[31:30]	保留	0
VACTWinCenCTRL	[29:24]	垂直活动窗口中心控制	0
HACTWinCenCTRL	[23:16]	水平活动窗口中心控制	0
保留	[15:11]	保留	0
DTOffset	[10:8]	数据输入时序偏移值。 NTSC, PAL : 0x4(4)	0x4
保留	[7:5]	保留	0
HEOV	[4:0]	水平增强器偏移值。 在 TV 编码器启动前(0～31),增强器需要 26 个周期。 默认:0x1A(26) (NTSC, PAL)	0x1A

5. 垂直演示窗口大小寄存器(Vertical demo window size)

垂直演示窗口大小寄存器(VDemoWinSize)用于调整垂直窗口大小,寄存器相关位功能定义如表 8-6 所列。

寄存器的地址:0x76200010,复位值:0x00F00000,可读/写。

表 8-6　垂直演示窗口大小寄存器相关位功能定义

VDemoWinSize	位	功能描述	初始状态
保留	[31:25]	保留	0
VDWS	[24:16]	垂直演示窗口大小。 默认:0xF0(240)	0xF0
保留	[15:9]	保留	0
VDWSP	[8:0]	垂直演示窗口起始点。 默认:0x0(0)	0

6. 水平演示窗口大小寄存器(Horizontal demo window Size)

水平演示窗口大小寄存器(HDemoWinSize)用于调整水平窗口大小,寄存器相关位功能定义如表 8-7 所列。

寄存器的地址:0x76200014,复位值:0x05A00000,可读/写。

表 8-7　水平演示窗口大小寄存器相关位功能定义

HDemoWinSize	位	功能描述	初始状态
保留	[31:27]	保留	0
HDWEP	[26:16]	水平演示窗口大小。 默认:0x5A0(1440)	0x5A0

续表 8-7

HDemoWinSize	位	功能描述	初始状态
保留	[15:11]	保留	0
HDWSP	[10:0]	水平演示窗口起始点。 默认:0x0(0)	0

7. 输入图像尺寸寄存器(Input image size)

输入图像尺寸寄存器(InImageSize)用于设定输入图像的尺寸,寄存器相关位功能定义如表 8-8 所列。

寄存器的地址:0x76200018,复位值:0x01E005A0,可读/写。

表 8-8　输入图像尺寸寄存器相关位功能定义

InImageSize	位	功能描述	初始状态
保留	[31:26]	保留	0
ImageHeight	[25:16]	输入图像高度(最大值:576)	0x1E0
保留	[15:11]	保留	0
ImageWidth	[10:0]	输入图像的宽度。输入值是原始输出图像宽度的两倍。例如,当图像宽度是 720 时,必须设置为 1440(最大值为 1440)	0x5A0

8. 编码器基带控制寄存器(Encoder pedestal control)

编码器基带控制寄存器(PEDCTRL)用于设定 TV 制式系统,寄存器相关位功能定义如表 8-9 所列。

寄存器的地址:0x7620001C,复位值:0x00000000,可读/写。

表 8-9　编码器基带控制寄存器相关位功能定义

PEDCTRL	位	功能描述	初始状态
保留	[31:1]	保留	0
PEDOff	[0]	编码器基带控制。 0 :基带打开(NTSCM 与 PALM) 1:基带关闭(NTSCJ 与 PALNc,PALB/D/G/H/I))	0

9. Y/C 滤波器带宽控制寄存器(Y/C filter bandwidth control)

Y/C 滤波器带宽控制寄存器(YCFilterBW)用于设定亮度/色度通道的滤波器带宽值,寄存器相关位功能定义如表 8-10 所列。

寄存器的地址:0x76200020,复位值:0x00000043,可读/写。

表 8-10　Y/C 滤波器带宽控制寄存器相关位功能定义

YCFilterBW	位	功能描述	初始状态
保留	[31:7]	保留	0
YBW	[6:4]	亮度通道带宽(-3 dB)。 0: 6.0 MHz(推荐以 S 端子输出) 1: 3.8 MHz 2: 3.1 MHz 3:2.6 MHz(推荐复合信号输出,PAL4.43MHz 槽口) 4:2.1 MHz(推荐复合信号输出,NTSC/PALM 3.58 MHz槽口)	0x4
保留	[3:2]	保留	0
CBW	[1:0]	色度通道带宽。 0 : 1.2 MHz 1 : 1.0 MHz 2 : 0.8 MHz 3 : 0.6 MHz	0x3

10. 色调控制寄存器(HUE control)

色调控制寄存器(HUECTRL)用于设定彩色色调值,寄存器相关位功能定义如表 8-11 所列。

寄存器的地址:0x76200024,复位值:0x00000000,可读/写。

表 8-11　色调控制寄存器相关位功能定义

HUECTRL	位	功能描述	初始状态
保留	[31:8]	保留	0
HUE	[7:0]	彩色色调控制(有一个 1.406 3°的增量)。 0x00 : 0°相位移位 … 0x80 : 180°相位移位 … 0xFF : 358.593 8°相位移位	0

11. 副载波频率控制寄存器(Sub Carrier Frequency control)

副载波频率控制寄存器(Fsc)用于设置副载波频率值,寄存器相关位功能定义如表 8-12 所列。

寄存器的地址:0x76200028,复位值:0x00000000,可读/写。

表 8-12　副载波频率控制寄存器相关位功能定义

FscCTRL	位	功能描述	初始状态
保留	[31:15]	保留	0

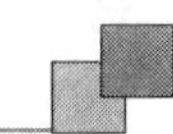

续表 8-12

FscCTRL	位	功能描述	初始状态
FscCtrl	[14:0]	Fsc 控制(+ / -)。 <方程式>=当前数据输入时序偏移设置值+FscCtrl [14:0]× (2^9)	0

12. 副载波频率 DTO 手动控制寄存器(Fsc DTO manual control)

副载波频率数据输入时序偏移值手动控制寄存器(FscDTOManCTRL)用于手动设置副载波频率数据输入时序偏移值,寄存器相关位功能定义如表 8-13 所列。

寄存器的地址:0x7620002C,复位值:0x00000000,可读/写。

表 8-13　副载波频率 DTO 手动控制寄存器相关位功能定义

FscTdoManCTRL	位	功能描述	初始状态
FscMEn	[31]	Fsc DTO 手动控制使能	0
FscDTOManual	[30:0]	Fsc DTO 手动控制。 <方程式>FscDTOManual[30:0]=FSCx(2^33) /Fclk 例如:NTSC 3.579 545 454 5× (2^33) / 27 = 0x43E0F83E	0

13. 背景控制寄存器(Background control)

背景控制寄存器(BGCTRL)用于背景色、混合模式及背景亮度偏移值设定,寄存器相关位功能定义如表 8-14 所列。

寄存器的地址:0x76200034,复位值:0x00000110,可读/写。

表 8-14　背景控制寄存器相关位功能定义

BGCTRL	位	功能描述	初始状态
保留	[31:9]	保留	0
SME	[8]	软混合使能。 0 : 禁用 1 :背景边缘的软混合使能	1
保留	[7]	保留	0
BGCS	[6:4]	背景色选择。 0 :黑色 1 :蓝色 2 :红色 3 :紫色 4 :绿色 5 :青色 6 :黄色 7 :白色	1
BGYOFS	[3:0]	背景亮度的偏移量	0

14. 背景 VAV&HAV 控制寄存器(Background VAV & HAV control)

背景垂直活动和水平活动位置控制寄存器(BGHVAVCTRL)用于背景垂直活动和水平活动位置设定,寄存器相关位功能定义如表 8-15 所列。

寄存器的地址:0x76200038,复位值:0xB400F000,可读/写。

表 8-15 背景 VAV&HAV 控制寄存器相关位功能定义

BGHVAVCTRL	位	功能描述	初始状态
BG_HL	[31:24]	背景水平活动的长度(8 倍)。 默认 :0xB4(180)	0xB4
BG_HS	[23:16]	背景水平活动的起始位置(8 倍)。默认:0x0(0)	0x00
BG_VL	[15:8]	背景垂直活动的长度(1 倍)。 默认 :0xF0(240)	0xF0
BG_VS	[7:0]	背景垂直活动的起始位置(1 倍)。 默认 :0x0(0)	0x00

背景垂直活动和水平活动长度算法如图 8-11 所示。

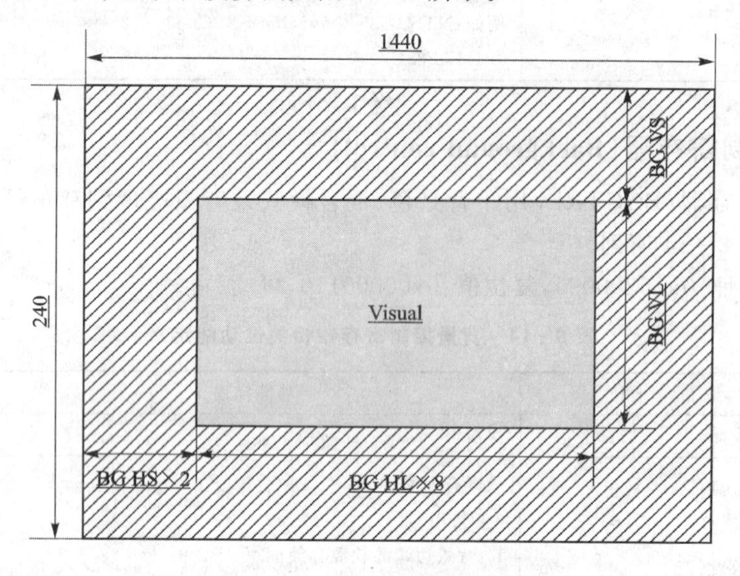

图 8-11 背景长度算法示意图

15. 对比度和亮度控制(Contrast & Bright control)

对比度和亮度控制(ContraBright)寄存器用于设定对比度和亮度,寄存器相关位功能定义如表 8-16 所列。

寄存器的地址:0x76200044,复位值:0x00000040,可读/写。

表 8-16 对比度和亮度控制寄存器相关位功能定义

ContraBright	位	功能描述	初始状态
保留	[31:24]	保留	0

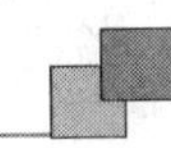

续表 8-16

ContraBright	位	功能描述	初始状态
BRIGHT	[23:16]	亮度控制(2 的补码)。 0x7F :最大亮度 0x80 :最小亮度	0x00
保留	[15:8]	保留	0
CONTRAST	[7:0]	对比度增益控制:0～4(2 的补码)	0x40

16. Cb 和 Cr 色差信号增益控制寄存器(Cb & Cr gain control)

Cb 和 Cr 色差信号增益控制(CbCrGainCTRL)寄存器用于 B－Y 和 R－Y 色差信号增益设定,寄存器相关位功能定义如表 8-17 所列。

寄存器的地址:0x76200048,复位值:0x00400040,可读/写。

表 8-17 Cb 和 Cr 增益控制寄存器相关位功能定义

CbCrGainCTRL	位	功能描述	初始状态
保留	[31:24]	保留	0
CR_GAIN	[23:16]	Cr 红色差信号增益控制(2 的补码)	0x40
保留	[15:8]	保留	0
CB_GAIN	[7:0]	Cb 蓝色差信号增益控制(2 的补码)	0x40

17. 演示窗口控制寄存器(Demo window control)

演示窗口控制(DemoWinCTRL)寄存器用于控制演示窗口模式的开关,寄存器相关位功能定义如表 8-18 所列。

寄存器的地址:0x7620004C,复位值:0x00000010,可读/写。

表 8-18 演示窗口控制寄存器相关位功能定义

DemoWinCTRL	位	功能描述	初始状态
保留	[31:25]	保留	0
MVDemo	[24]	增强器演示窗口开/关。 0:普通操作模式 1:增强器示范窗口模式	0
保留	[23:17]	保留	0
FreshEn	[16]	肤色修正开/关。 0 :肤色修正无效 1 :肤色修正有效	0
保留	[15:13]	保留	0
BStOff	[12]	黑色信号延伸关闭控制。 0:黑色信号延伸有效 1:黑色信号延伸无效	0

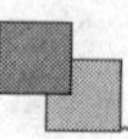

续表 8-18

DemoWinCTRL	位	功能描述	初始状态
保留	[11:9]	保留	0
WStOff	[8]	白色信号延伸关闭控制。 0:白色信号延伸有效 1:白色信号延伸无效	0
保留	[7:2]	保留	0
BSGn	[1:0]	蓝色信号延伸增益控制。 0:蓝色信号延伸关闭 3:蓝色信号延伸最大增益	0

18. 肤色校正寄存器(Flesh tone control)

肤色校正寄存器(FTCA)用于校正肤色算法调整,寄存器相关位功能定义如表 8-19 所列。

寄存器的地址:0x76200050,复位值:0x00D7008C,可读/写。

表 8-19　肤色校正寄存器相关位功能定义

FTCA	位	功能描述	初始状态
保留	[31:24]	保留	0
FTCAC	[23:16]	肤色修正角度:余弦值。 <方程式> FTCAC=cos(x−90°)×(2^8)(x:90°~180°) 例如 x = 123°, FTCAC = cos(123°− 90°)×(2^8) = 0xD7	0xD7
保留	[15:8]	保留	0
FTCAS	[7:0]	肤色修正角度:正弦值。 <方程式> FTCAS = sin(x−90°)× (28) (x : 90°~180°) 例如 x = 123°, FTCAS = sin(123°−90°)×(28) = 0x8B	0x8C

19. 黑/白电平延伸增益控制寄存器(Black & White stretch gain control)

黑/白电平延伸增益控制寄存器(BWGAIN)用于设定黑/白电平延伸增益值,寄存器相关位功能定义如表 8-20 所列。

寄存器的地址:0x76200058,复位值:0x00000034,可读/写。

表 8-20　黑/白电平延伸增益控制寄存器相关位功能定义

BWGAIN	位	功能描述	初始状态
保留	[31:8]	保留	0
WGain	[7:4]	白色电平延伸增益	0x3
BGain	[3:0]	黑色电平延伸增益	0x4

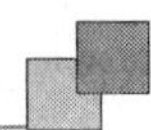

20. 锐度控制寄存器(Sharpness control)

锐度控制寄存器(SharpCTRL)用于锐度相关参数控制,寄存器相关位功能定义如表 8-21 所列。

寄存器的地址:0x76200060,复位值:0x0304501F,可读/写。

表 8-21　锐度控制寄存器相关位功能定义

SharpCTRL	位	功能描述	初始状态
保留	[31:28]	保留	0
SHARP_T	[27:20]	动态锐度倾斜点	0x30
保留	[19:15]	保留	0
SDhCor	[14:12]	锐度取芯控制。 0 :禁止取芯 7 :最大取芯	0x5
保留	[11:10]	保留	0
DShpF0	[9:8]	锐度中心频率 (建议 DShpF0=0x2 VGA 在(640×480)之上,DShpF0=0 QVGA 在(320×160)之下) 0 :低频(2.7 MHz,3.4 MHz,4.5 MHz) 2 :高频(2.7 MHz,3.4 MHz,4.5 MHz)	0
保留	[7:6]	保留	0
DShpGn	[5:0]	动态锐度增益控制。 0x00 :降低高频 0x0F :无锐度 0x3F :最大锐度	0x1F

21. 伽玛校正寄存器(Gamma control)

伽玛校正寄存器(GammaCTRL)用于伽玛参数控制,寄存器相关位功能定义如表 8-22 所列。

寄存器的地址:0x76200064,复位值:0x00000104,可读/写。

表 8-22　伽玛校正寄存器相关位功能定义

GammaCTRL	位	功能描述	初始状态
保留	[31:13]	保留	0
GamEn	[12]	伽玛使能控制。 1:伽玛有效 0:伽玛无效	0
保留	[11:10]	保留	0
GamMode	[9:8]	伽玛控制模式。 0 :最小伽玛增益 3 :最大伽玛增益	0x01

续表 8-22

GammaCTRL	位	功能描述	初始状态
保留	[7:3]	保留	0
DCTRAN	[2:0]	直流瞬时增益。 0 : 80% 5 : 100% 7 : 110%	0x04

22. 副载波辅助控制寄存器(FSC auxiliary control)

副载波辅助控制寄存器(FscAuxCTRL)相关位功能定义如表 8-23 所列。

寄存器的地址:0x76200068,复位值:0x00000000,可读/写。

表 8-23　副载波辅助控制寄存器相关位功能定义

FscAuxCTRL	位	功能描述	初始状态
保留	[31:5]	保留	0
Phalt	[4]	副载波倒相控制(对于 PAL 制式)。 0 :倒相无效 1 :倒相有效	0
保留	[3:1]	保留	0
Fdrst	[0]	副载波复位使能。 0 :副载波空运行模式 1 :副载波复位模式(每 4 场,副载波复位)	0

23. 同步尺寸控制寄存器(Sync size control)

同步尺寸控制寄存器(SyncSizeCTRL)相关位功能定义如表 8-24 所列。

寄存器的地址:0x7620006C,复位值:0x0000003D,可读/写。

表 8-24　同步尺寸控制寄存器相关位功能定义

SyncSizeCTRL	位	功能描述	初始状态
保留	[31:10]	保留	0
SySize	[9:0]	同步尺寸 0x3D : NTSC 0x3E : PAL	0x3D

24. 突发信号控制寄存器(Burst signal control)

突发信号控制寄存器(BurstCTRL)用于突发脉冲信号位置控制,寄存器相关位功能定义如表 8-25 所列。

寄存器的地址:0x76200070,复位值:0x00690049,可读/写。

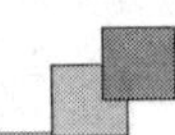

表8-25 突发信号控制寄存器相关位功能定义

BurstCTRL	位	功能描述	初始状态
保留	[31:26]	保留	0
BuEnd	[25:16]	突发脉冲结束位置。 0x69 : NTSC 0x6A : PAL	0x69
保留	[15:10]	保留	0
BuSt	[9:0]	突发脉冲起始位置。 0x49 : NTSC 0x4A : PAL	0x49

25. Macro突发信号控制寄存器(Macrovision burst signal control)

Macro突发信号控制寄存器(MacroBurstCTRL)相关位功能定义如表8-26所列。

寄存器的地址:0x76200074,复位值:0x00000041,可读/写。

表8-26 Macro突发信号控制寄存器相关位功能定义

MacroBurstCTRL	位	功能描述	初始状态
保留	[31:10]	保留	0
BumavSt	[9:0]	Macro突发信号起始位置 0x41 : NTSC 0x42 : PAL	0x41

注意:模拟保护系统是Macrovision Corporation公司提出的,Macro突发信号用于防止视频数据的复制。

26. 活动视频位置控制寄存器(Active video position control)

活动视频位置控制寄存器(ActVidPoCTRL)用于活动视频起始和终止位置控制,寄存器相关位功能定义如表8-27所列。

寄存器的地址:0x76200078,复位值:0x03480078,可读/写。

表8-27 活动视频位置控制寄存器相关位功能定义

ActVidPoCTRL	位	功能描述	初始状态
保留	[31:26]	保留	0
AvonEnd	[25:16]	活动视频结束位置。 0x348 : NTSC 0x352 : PAL	0x348
保留	[15:10]	保留	0

续表 8－27

ActVidPoCTRL	位	功能描述	初始状态
AvonSt	[9:0]	活动视频起始位置。 0x78 ：NTSC 0x82 ：PAL	0x78

27. TV 编码器控制寄存器(Encoder control)

TV 编码器控制寄存器(EncCTRL)相关位功能定义如表 8－28 所列。

寄存器的地址:0x7620007C,复位值:0x00000011,可读/写。

表 8－28　TV 编码器控制寄存器相关位功能定义

EncCTRL	位	功能描述	初始状态
保留	[31:1]	保留	0
BGEn	[0]	背景使能。 0 ：禁用 1 ：使能	0x1

28. 静音控制寄存器(Mute control)

静音控制寄存器(MuteCTRL)用于亮度信号和色差信号通道静音控制,寄存器相关位功能定义如表 8－29 所列。

寄存器的地址:0x76200080,复位值:0x80801001,可读/写。

表 8－29　静音控制寄存器相关位功能定义

MuteCTRL	位	功能描述	初始状态
Mute_Cr	[31:24]	静音 Cr 组件	0x80
Mute_Cb	[23:16]	静音 Cb 组件	0x80
Mute_Y	[15:8]	静音 Y 组件	0x10
保留	[7:1]	保留	0
MuteOnOff	[0]	视频静音控制。 0:静音使能 1:静音禁用	0x1

8.3　硬件电路设计

本实例的硬件电路设计较为简单。由于 S3C6410 自带了 TV 编码器,能够将数字视频信号编码成复合模拟视频信号,该外围电路仅需要一片低电压视频放大器即可。本实例使用的视频放大器是日本 JRC 公司的 NJM2561 芯片。

8.3.1　NJM2561 芯片介绍

NJM2561 是一个包含低通滤波器(LPF)电路的低电压视频放大器,内部 75Ω 驱动器可以很容易地直接连接到电视监视器。

NJM2561 具有低功率和小型封装的特性,适用于小尺寸数码相机和数码视频设备的低功率设计,主要特征如下。

- 工作电压 (2.8～5.5 V);
- 具有 6 dB 增益放大器;
- 内置低通滤波器(19 MHz 时,−33 dB);
- 内置 75 Ω 阻抗驱动器电路 (双系统驱动);
- 节电电路;
- 双极性技术;
- MTP6 封装。

低电压视频放大器芯片 NJM2561,引脚排列如下表所列。

表 8-30　NJM2561 芯片引脚排列

引脚号	引脚名	电压	功能描述
1	Power Save	—	省电状态。 高电平:省电状态关闭; 低电平:省电状态开启; 开路:省电状态开启
2	Vout	0.33V	视频放大信号输出
3	Vsag	—	双系统输出
4	Vin	1.10V	视频信号输入
5	GND	—	电源地
6	V^+	3V	电源

NJM2561 芯片结构示意图如图 8-12 所示。

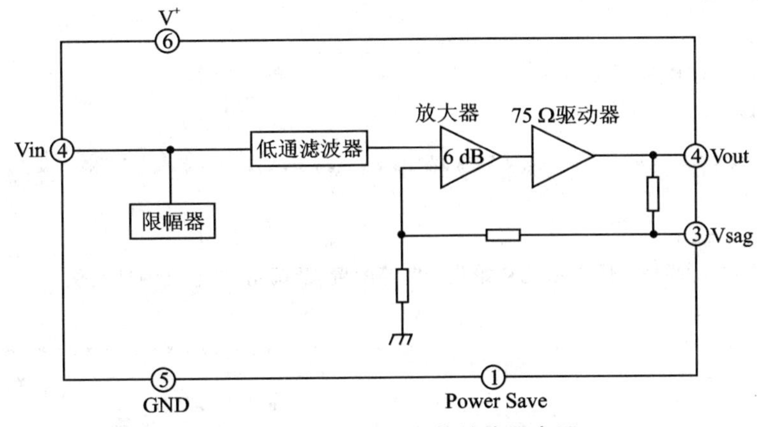

图 8-12　NJM2561 芯片结构示意图

8.3.2 硬件电路

本实例的硬件应用电路设计较为简单，如图 8-13 所示。

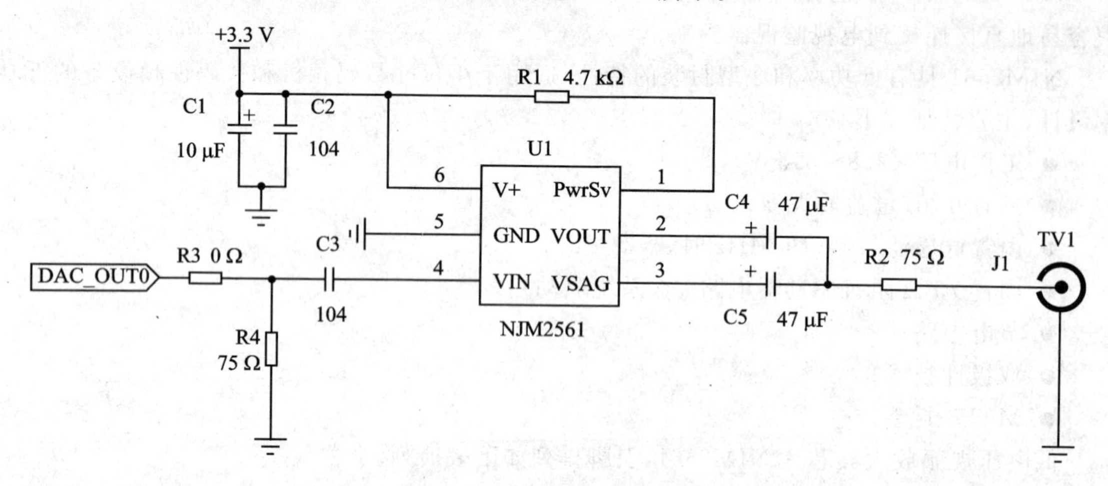

图 8-13 硬件电路原理图

8.4 软件设计

本实例软件设计主要集中在 TV 编码器相关寄存器值的配置，并通过主程序 main 调用 TV 测试实例程序，完成 TV 编码器及输出格式和类型等参数选择，最终实现输出。相关调用过程都可用串口状态追踪，详见下文程序代码。

8.4.1 程序流程图

本实例软件设计的程序流程图如图 8-14 所示。

8.4.2 程序代码

本章程序代码见下文。

① MAIN.C

```
/*********************************************************************
*
*     文件名 ：main.c
*     功能描述 ：主程序，用于系统初始化 MMU 等配置，及调用 TV 输出测试实例
*
*********************************************************************/
```

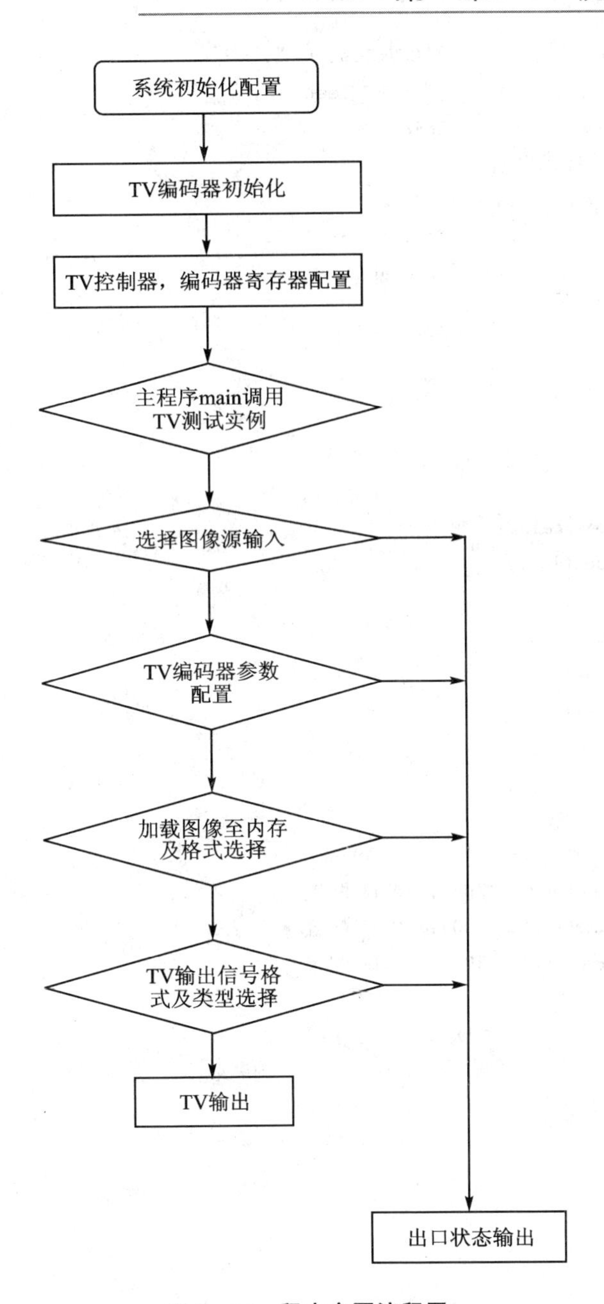

图 8-14　程序主要流程图

```
extern void LCD_Test(void);//液晶显示测试
extern void POST_Test(void);//TV 后处理器测试
extern void TVENC_Test(void);//TV 编码器功能测试
extern void CAMERA_Test(void);//摄像头功能测试
  …
const testFuncMenu menu[] =
{
#if 1
    LCD_Test,                    "LCD_Test     ",
```

```
    POST_Test,                    "POST_Test    ",
    TVENC_Test,                    "TVENC_Test   ",
    CAMERA_Test,               "CAMERA_Test ",
    //串口测试菜单选择界面
#else
    NAND_Test,                    "NAND_Test    ",
    ONENAND_Test,               "ONENAND_Test",
#endif
    0, 0
};
int main(void)
{
    u32 i, uSel;
    u8 bClockChange = false;
    SYSTEM_InitException();
    SYSTEM_InitMmu();
    SYSC_ReadSystemID();
    SYSC_GetClkInform();
    CalibrateDelay();
    GPIO_Init();
    OpenConsole();
    INTC_Init();
        ...
    SYSC_SetLockTime(eAPLL, 300);//APLL 配置
    SYSC_SetLockTime(eMPLL, 300);//MPLL 配置
    SYSC_SetLockTime(eEPLL, 300);//EPLL 配置
...
    while(1)
    {

    }

}
```

② TVENC. C

```
/*******************************************************************
*
*     文件名 : tvenc.c
*
*     功能描述 : TV 编码器,控制器,图像增强器,配置寄存器等寄存器功能配置,底层程序
*******************************************************************/
enum TVENC_REG
{
// TV 控制器相关寄存器地址
    TVCTRL                     = TVENC_BASE + 0x00,
```

```
        VBPORCH                    = TVENC_BASE + 0x04,
        HBPORCH                    = TVENC_BASE + 0x08,
        HENHOFFSET                 = TVENC_BASE + 0x0C,
        VDEMOWSIZE                 = TVENC_BASE + 0x10,
        HDEMOWSIZE                 = TVENC_BASE + 0x14,
        INIMAGESIZE                = TVENC_BASE + 0x18,
    // TV 编码器相关寄存器地址
        PEDCTRL                    = TVENC_BASE + 0x1C,
        YCFILTERBW                 = TVENC_BASE + 0x20,
        HUECTRL                    = TVENC_BASE + 0x24,
        FSCCTRL                    = TVENC_BASE + 0x28,
        FSCDTOMANCTRL              = TVENC_BASE + 0x2C,
        BGCTRL                     = TVENC_BASE + 0x34,
        BGHVAVCTRL                 = TVENC_BASE + 0x38,
        BWSrtVal                   = TVENC_BASE + 0x3C,
        DCAPL                      = TVENC_BASE + 0x40,
    //图像增强器相关寄存器地址
        CONTRABRIGHT               = TVENC_BASE + 0x44,
        CBCRGAINCTRL               = TVENC_BASE + 0x48,
        DEMOWINCTRL                = TVENC_BASE + 0x4C,
        FTCA                       = TVENC_BASE + 0x50,
        BWTiltHDLY                 = TVENC_BASE + 0x54,
        BWGAIN                     = TVENC_BASE + 0x58,
        BWStrCTRL                  = TVENC_BASE + 0x5C,
        SHARPCTRL                  = TVENC_BASE + 0x60,
        GAMMACTRL                  = TVENC_BASE + 0x64,
        FSCAUXCTRL                 = TVENC_BASE + 0x68,
        SYNCSIZECTRL               = TVENC_BASE + 0x6C,
        BURSTCTRL                  = TVENC_BASE + 0x70,
        MACROBURSTCTRL             = TVENC_BASE + 0x74,
        ACTVIDPOSCTRL              = TVENC_BASE + 0x78,
        ENCCTRL                    = TVENC_BASE + 0x7C,
        MUTECTRL                   = TVENC_BASE + 0x80,
        MACROVISION0               = TVENC_BASE + 0x84,
        MACROVISION1               = TVENC_BASE + 0x88,
        MACROVISION2               = TVENC_BASE + 0x8C,
        MACROVISION3               = TVENC_BASE + 0x90,
        MACROVISION4               = TVENC_BASE + 0x94,
        MACROVISION5               = TVENC_BASE + 0x98,
        MACROVISION6               = TVENC_BASE + 0x9C,
        VBIOn                      = TVENC_BASE + 0xA0,
        TVConFSMState              = TVENC_BASE + 0xA4,
        IPInfo                     = TVENC_BASE + 0xA8
    };
    // TV 控制器配置寄存器地址
```

```
enum TVCTRL_BIT
{
    TVC_FIFOURINT_DIS       = 0<<16,
    TVC_FIFOURINT_ENA       = 1<<16,
    TVC_FIFOURINT_OCCUR       = 1<<12,
    TVC_OUTTYPE_C           = 0<<8,
    TVC_OUTTYPE_S           = 1<<8,
    TVC_OUTFMT_NTSC_M       = 0<<4,
    TVC_OUTFMT_NTSC_J       = 1<<4,
    TVC_OUTFMT_PAL_BDG      = 2<<4,
    TVC_OUTFMT_PAL_M        = 3<<4,
    TVC_OUTFMT_PAL_NC        = 4<<4,
    TVC_OFF                 = 0<<0,
    TVC_ON                  = 1<<0
};
//垂直后沿端点寄存器控制
#define VBP_VEFBPD(n)    (((n)&0x1FF)<<16)
#define VBP_VOFBPD(n)    (((n)&0xFF)<<0)
enum VBPORCH_BIT
{
    VBP_VEFBPD_NTSC         = 0x11C<<16,
    VBP_VEFBPD_PAL          = 0x14F<<16,
    VBP_VOFBPD_NTSC         = 0x15<<0,
    VBP_VOFBPD_PAL          = 0x16<<0
};
//水平后沿端点寄存器
#define HBP_HSPW(n)      (((n)&0xFF)<<16)
#define HBP_HBPD(n)      (((n)&0x7FF)<<0)
enum HBPORCH_BIT
{
    HBP_HSPW_NTSC           = 0x80<<16,
    HBP_HSPW_PAL            = 0x80<<16,
    HBP_HBPD_NTSC           = 0xF4<<0,
    HBP_HBPD_PAL            = 0x108<<0
};
// 水平增强器偏移寄存器
#define HEO_VAWCC(n)     (((n)&0x3F)<<24)
#define HEO_HAWCC(n)     (((n)&0xFF)<<16)
#define HEO_DTO(n)       (((n)&0x7)<<8)
#define HEO_HEOV(n)      (((n)&0x1F)<<0)
enum HENHOFFSET_BIT
{
    HEO_DTO_NTSC            = 0x4<<8,
    HEO_DTO_PAL             = 0x4<<8,
    HEO_HEOV_NTSC           = 0x1A<<0,
```

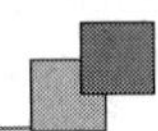

```
    HEO_HEOV_PAL            = 0x1A<<0
};
// 垂直演示窗口大小
#define VDW_VDWS(n)        (((n)&0x1FF)<<16)
#define VDW_VDWSP(n)       (((n)&0x1FF)<<0)
enum VDEMOWSIZE_BIT
{
    VDW_VDWS_DEF            = 0xF0<<16,
    VDW_VDWSP_DEF           = 0x0<<0
};
// 水平演示窗口大小
#define HDW_HDWEP(n)       (((n)&0x7FF)<<16)
#define HDW_HDWSP(n)       (((n)&0x7FF)<<0)
enum HDEMOWSIZE_BIT
{
    HDW_HDWEP_DEF           = 0x5A0<<16,
    HDW_HDWSP_DEF           = 0x0<<0
};
// 输入图像尺寸
#define IIS_HEIGHT(n)      (((n)&0x3FF)<<16)
#define IIS_WIDTH(n)       (((n)&0x7FF)<<0)
// 编码器基带控制
enum PEDCTRL_BIT
{
    EPC_PED_ON              = 0<<0,
    EPC_PED_OFF             = 1<<0
};

// Y/C 滤波器带宽控制
enum YCFILTERBW_BIT
{
    YFB_YBW_60              = 0<<4,
    YFB_YBW_38              = 1<<4,
    YFB_YBW_31              = 2<<4,
    YFB_YBW_26              = 3<<4,
    YFB_YBW_21              = 4<<4,
    YFB_CBW_12              = 0<<0,
    YFB_CBW_10              = 1<<0,
    YFB_CBW_08              = 2<<0,
    YFB_CBW_06              = 3<<0
};
// 色调控制
#define HUE_CTRL(n)        (((n)&0xFF)<<0)
// 副载波频率控制寄存器
#define FSC_CTRL(n)        (((n)&0x7FFF)<<0)
```

```
// f 副载波频率 DTO 手动控制使能
#define FDM_CTRL(n)        (((n)&0x7FFFFFFF)<<0)
// 背景控制
#define BGC_BGYOFS(n)      (((n)&0xF)<<0)
enum BGCTRL_BIT
{
    BGC_SME_DIS           = 0<<8,
    BGC_SME_ENA           = 1<<8,
    BGC_BGCS_BLACK        = 0<<4,
    BGC_BGCS_BLUE         = 1<<4,
    BGC_BGCS_RED          = 2<<4,
    BGC_BGCS_MAGENTA      = 3<<4,
    BGC_BGCS_GREEN        = 4<<4,
    BGC_BGCS_CYAN         = 5<<4,
    BGC_BGCS_YELLOW       = 6<<4,
    BGC_BGCS_WHITE        = 7<<4
};

// 背景垂直活动和水平活动位置控制
#define BVH_BG_HL(n)      (((n)&0xFF)<<24)
#define BVH_BG_HS(n)      (((n)&0xFF)<<16)
#define BVH_BG_VL(n)      (((n)&0xFF)<<8)
#define BVH_BG_VS(n)      (((n)&0xFF)<<0)
// 同步尺寸控制
#define SSC_HSYNC(n)      (((n)&0x3FF)<<0)
enum SYNCSIZECTRL_BIT
{
    SSC_HSYNC_NTSC        = 0x3D<<0,
    SSC_HSYNC_PAL         = 0x3E<<0
};
// 突发脉冲信号控制
#define BSC_BEND(n)       (((n)&0x3FF)<<16)
#define BSC_BSTART(n)     (((n)&0x3FF)<<0)
enum BURSTCTRL_BIT
{
    BSC_BEND_NTSC         = 0x69<<16,
    BSC_BEND_PAL          = 0x6A<<16,
    BSC_BSTART_NTSC       = 0x49<<0,
    BSC_BSTART_PAL        = 0x4A<<0
};
// macro 突发脉冲信号控制
#define MBS_BSTART(n)     (((n)&0x3FF)<<0)
enum MACROBURSTCTRL_BIT
{
    MBS_BSTART_NTSC       = 0x41<<0,
```

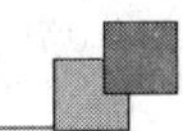

```
    MBS_BSTART_PAL          = 0x42<<0
};
// 活动视频位置控制
#define AVP_AVEND(n)      (((n)&0x3FF)<<16)
#define AVP_AVSTART(n)    (((n)&0x3FF)<<0)
enum ACTVIDPOSCTRL_BIT
{
    AVP_AVEND_NTSC          = 0x348<<16,
    AVP_AVEND_PAL           = 0x352<<16,
    AVP_AVSTART_NTSC        = 0x78<<0,
    AVP_AVSTART_PAL         = 0x82<<0
};
// TV 编码器控制
enum ENCCTRL_BIT
{
    ENC_BGEN_DIS            = 0<<0,
    ENC_BGEN_ENA            = 1<<0
};
#define NTSC_WIDTH          (720)
#define NTSC_HEIGHT          (480)
#define PAL_WIDTH           (720)
#define PAL_HEIGHT           (576)
// TV 编码器开/关
void TVENC_TurnOnOff(u8 uOnOff)
{
    u32 uTemp;
    uTemp = Inp32(TVCTRL);//TV 控制器配置寄存器值
    if (uOnOff)
        Outp32(TVCTRL, uTemp|TVC_ON);
    else
        Outp32(TVCTRL, uTemp&~TVC_ON);
}
//TV 编码器设定输入图像尺寸－－宽和高
void TVENC_SetImageSize(u32 uWSize, u32 uHSize)
{
    Outp32(INIMAGESIZE, IIS_HEIGHT(uHSize) | IIS_WIDTH(uWSize));
}
//TV 编码器清 FIFO 数据不足中断位
void TVENC_ClearUnderrunInt(void)
{
    u32 uTemp;
    uTemp = Inp32(TVCTRL);
    Outp32(TVCTRL, uTemp|TVC_FIFOURINT_OCCUR);
}
//使能 TV 模式－－普通模式或 Macro 模拟保护系统模式
```

```
void TVENC_EnableMacroVision(TV_STANDARDS eTvmode, eMACROPATTERN ePattern)
{
...
限于篇幅,部分代码省略,详见光盘代码文件
}
//禁用 Macro 模拟保护系统模式
void TVENC_DisableMacroVision(void)
{
    u32 uTemp;
    uTemp = Inp32(MACROVISION0);
    uTemp &= ~(0xFF);
    Outp32(MACROVISION0, uTemp);
}
//选择 TV 输出类型和格式
void TVENC_SetTvConMode(TV_STANDARDS eTvmode, eTV_CONN_TYPE eTvout)
{
    u16 usOutporttype, usOutsigtype;
    u32 uTemp;
    //禁用副载波数据输入时序偏移值手动设定
    Outp32(FSCDTOMANCTRL, 0);
    switch (eTvmode)
    {
#if 0
        case PAL_N ://PAL_N 制式
            Outp32(VBPORCH, VBP_VEFBPD_PAL|VBP_VOFBPD_PAL);
            Outp32(HBPORCH, HBP_HSPW_PAL|HBP_HBPD_PAL);
            Outp32(HENHOFFSET, HEO_DTO_PAL|HEO_HEOV_PAL);
            Outp32(PEDCTRL, EPC_PED_ON);
            Outp32(YCFILTERBW, YFB_YBW_26|YFB_CBW_06);
            Outp32(SYNCSIZECTRL, SSC_HSYNC_PAL);
            Outp32(BURSTCTRL, BSC_BEND_PAL|BSC_BSTART_PAL);
            Outp32(MACROBURSTCTRL, MBS_BSTART_PAL);
            Outp32(ACTVIDPOSCTRL, AVP_AVEND_PAL|AVP_AVSTART_PAL);
            break;
#endif
        case PAL_NC ://PAL_NC 制式
        case PAL_BGHID :
            Outp32(VBPORCH, VBP_VEFBPD_PAL|VBP_VOFBPD_PAL);
            Outp32(HBPORCH, HBP_HSPW_PAL|HBP_HBPD_PAL);
            Outp32(HENHOFFSET, HEO_DTO_PAL|HEO_HEOV_PAL);
            Outp32(PEDCTRL, EPC_PED_OFF);
            Outp32(YCFILTERBW, YFB_YBW_26|YFB_CBW_06);
            Outp32(SYNCSIZECTRL, SSC_HSYNC_PAL);
            Outp32(BURSTCTRL, BSC_BEND_PAL|BSC_BSTART_PAL);
            Outp32(MACROBURSTCTRL, MBS_BSTART_PAL);
```

```
        Outp32(ACTVIDPOSCTRL, AVP_AVEND_PAL|AVP_AVSTART_PAL);
        //副载波复位使能
        Outp32(FSCAUXCTRL, 0x11);
        break;
    case NTSC_443://NTSC_4.43 制式
        Outp32(VBPORCH, VBP_VEFBPD_NTSC|VBP_VOFBPD_NTSC);
        Outp32(HBPORCH, HBP_HSPW_NTSC|HBP_HBPD_NTSC);
        Outp32(HENHOFFSET, HEO_DTO_NTSC|HEO_HEOV_NTSC);
        Outp32(PEDCTRL, EPC_PED_ON);
        Outp32(YCFILTERBW, YFB_YBW_26|YFB_CBW_06);
        Outp32(SYNCSIZECTRL, SSC_HSYNC_NTSC);
        Outp32(BURSTCTRL, BSC_BEND_NTSC|BSC_BSTART_NTSC);
        Outp32(MACROBURSTCTRL, MBS_BSTART_NTSC);
        Outp32(ACTVIDPOSCTRL, AVP_AVEND_NTSC|AVP_AVSTART_NTSC);
        //副载波复位使能
        Outp32(FSCAUXCTRL, 0x01);
        break;
    case NTSC_J      ://NTSC_J 制式
        Outp32(VBPORCH, VBP_VEFBPD_NTSC|VBP_VOFBPD_NTSC);
        Outp32(HBPORCH, HBP_HSPW_NTSC|HBP_HBPD_NTSC);
        Outp32(HENHOFFSET, HEO_DTO_NTSC|HEO_HEOV_NTSC);
        Outp32(PEDCTRL, EPC_PED_OFF);
        Outp32(YCFILTERBW, YFB_YBW_21|YFB_CBW_06);
        Outp32(SYNCSIZECTRL, SSC_HSYNC_NTSC);
        Outp32(BURSTCTRL, BSC_BEND_NTSC|BSC_BSTART_NTSC);
        Outp32(MACROBURSTCTRL, MBS_BSTART_NTSC);
        Outp32(ACTVIDPOSCTRL, AVP_AVEND_NTSC|AVP_AVSTART_NTSC);
        //副载波复位使能
        Outp32(FSCAUXCTRL, 0x01);
        break;
    case PAL_M       :     //PAL_M 制式
        Outp32(VBPORCH, VBP_VEFBPD_NTSC|VBP_VOFBPD_NTSC);
        Outp32(HBPORCH, HBP_HSPW_NTSC|HBP_HBPD_NTSC);
        Outp32(HENHOFFSET, HEO_DTO_NTSC|HEO_HEOV_NTSC);
        Outp32(PEDCTRL, EPC_PED_ON);
        Outp32(YCFILTERBW, YFB_YBW_21|YFB_CBW_06);
        Outp32(SYNCSIZECTRL, SSC_HSYNC_NTSC);
        Outp32(BURSTCTRL, BSC_BEND_NTSC|BSC_BSTART_NTSC);
        Outp32(MACROBURSTCTRL, MBS_BSTART_NTSC);
        Outp32(ACTVIDPOSCTRL, AVP_AVEND_NTSC|AVP_AVSTART_NTSC);
        //副载波复位使能
        Outp32(FSCAUXCTRL, 0x11);
        break;
    case NTSC_M      :
    default :
```

```
            Outp32(VBPORCH, VBP_VEFBPD_NTSC|VBP_VOFBPD_NTSC);
            Outp32(HBPORCH, HBP_HSPW_NTSC|HBP_HBPD_NTSC);
            Outp32(HENHOFFSET, HEO_DTO_NTSC|HEO_HEOV_NTSC);
            Outp32(PEDCTRL, EPC_PED_ON);
            Outp32(YCFILTERBW, YFB_YBW_21|YFB_CBW_06);
            Outp32(SYNCSIZECTRL, SSC_HSYNC_NTSC);
            Outp32(BURSTCTRL, BSC_BEND_NTSC|BSC_BSTART_NTSC);
            Outp32(MACROBURSTCTRL, MBS_BSTART_NTSC);
            Outp32(ACTVIDPOSCTRL, AVP_AVEND_NTSC|AVP_AVSTART_NTSC);
            //副载波复位使能
            Outp32(FSCAUXCTRL, 0x01);
            break;
    }
    if (eTvout == eS_VIDEO)
    {
        Outp32(YCFILTERBW, YFB_YBW_60|YFB_CBW_06);//亮度/色度滤波器通频带设置
        usOutporttype = TVC_OUTTYPE_S;//S 端子输出
    }
    else
        usOutporttype = TVC_OUTTYPE_C;//模拟复合视频输出
    switch (eTvmode)//设定 TV 输出系统制式格式
    {
        case NTSC_M :// NTSC-M
            usOutsigtype = TVC_OUTFMT_NTSC_M;
            break;
        case NTSC_J ://NTSC-J
            usOutsigtype = TVC_OUTFMT_NTSC_J;
            break;
        case PAL_BGHID:// PAL-B/D/G/H/I
            usOutsigtype = TVC_OUTFMT_PAL_BDG;
            break;
        case PAL_M ://PAL-M
            usOutsigtype = TVC_OUTFMT_PAL_M;
            break;
        case PAL_NC ://PAL-Nc
            usOutsigtype = TVC_OUTFMT_PAL_NC;
            break;
    }
    uTemp = Inp32(TVCTRL);
    Outp32(TVCTRL, (uTemp&~(0x1F<<4))|usOutporttype|usOutsigtype);
}
//设定演示窗口尺寸
void TVENC_SetDemoWinSize(u32 uHsz, u32 uVsz, u32 uHst, u32 uVst)
{
    Outp32(VDEMOWSIZE, VDW_VDWS(uVsz)|VDW_VDWSP(uVst));//设定垂直窗口尺寸和起始点
```

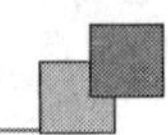

```
    Outp32(HDEMOWSIZE, HDW_HDWEP(uVsz)|HDW_HDWSP(uVst));//设定水平窗口尺寸和起始点
}
//编码器基带控制
void TVENC_SetEncPedestal(u8 bOnOff)
{
    if (bOnOff)
        Outp32(PEDCTRL, EPC_PED_ON);//打开
    else
        Outp32(PEDCTRL, EPC_PED_OFF);//关闭
}
//设定副载波频率
void TVENC_SetSubCarrierFreq(u32 uFreq)
{
    Outp32(FSCCTRL, FSC_CTRL(uFreq));
}
//副载波频率数据输入时序偏移值手动控制使能
//FscDTOManual[30:0] = Fsc * (2^33)/Fclk[MHz]
void TVENC_SetFscDTO(u32 uVal)
{
    u32 uTemp;
    uTemp = (u32)((u32)(1<<31)|(uVal & 0x7FFFFFFF));
    Outp32(FSCDTOMANCTRL, uTemp);
}
//禁用副载波频率数据输入时序偏移值手动控制
void TVENC_DisableFscDTO(void)
{
    u32 uTemp;
    uTemp = Inp32(FSCDTOMANCTRL);//从寄存器获值
    uTemp &= ~(1<<31);
    Outp32(FSCDTOMANCTRL, uTemp);//输出至寄存器
}
//背景色,混合模式,背景亮度偏移值配置
void TVENC_SetBackGround(u8 bSmeUsed, u32 uColNum, u32 uLumaOffset)
{
    u32 uBgColor;
    switch (uColNum)
    {
        case 0 : uBgColor = BGC_BGCS_BLACK; break;
        case 1 : uBgColor = BGC_BGCS_BLUE; break;
        case 2 : uBgColor = BGC_BGCS_RED; break;
        case 3 : uBgColor = BGC_BGCS_MAGENTA; break;
        case 4 : uBgColor = BGC_BGCS_GREEN; break;
        case 5 : uBgColor = BGC_BGCS_CYAN; break;
        case 6 : uBgColor = BGC_BGCS_YELLOW; break;
        case 7 : uBgColor = BGC_BGCS_WHITE; break;
```

```
    }
    if (bSmeUsed)
        //SME 位禁用等配置值输出至寄存器
        Outp32(BGCTRL, BGC_SME_ENA|uBgColor|BGC_BGYOFS(uLumaOffset));
    else
        //SME 位使能等配置值输出至寄存器
        Outp32(BGCTRL, BGC_SME_DIS|uBgColor|BGC_BGYOFS(uLumaOffset));
}
//背景垂直活动和水平活动位置控制
void TVENC_SetBgVavHav(u32 uHavLen, u32 uVavLen, u32 uHavSt, u32 uVavSt)
{
    //值输出至 BGHVAVCTRL 寄存器
    Outp32(BGHVAVCTRL, BVH_BG_HL(uHavLen)|BVH_BG_HS(uHavSt)|BVH_BG_VL(uVavLen)|BVH_BG_VS
(uVavSt));
}
//色调控制 - - 相位值调整
void TVENC_SetHuePhase(u32 uInc)
{
    //值输出至色调控制寄存器
    Outp32(HUECTRL, HUE_CTRL(uInc));
}
//获取当前色调相位值
u32 TVENC_GetHuePhase(void)
{
    u32 uTemp;
    uTemp = Inp32(HUECTRL);//从色调控制寄存器获值
    return (uTemp&0xFF);
}
//对比度增益控制
void TVENC_SetContrast(u32 uContrast)
{
    u32 uTemp;
    //从对比度亮度控制寄存器获值
    uTemp = Inp32(CONTRABRIGHT);
    uTemp = (uTemp&~(0xFF<<0)) | (uContrast<<0);
    //值输出至对比度亮度控制寄存器
    Outp32(CONTRABRIGHT, uTemp);
}
//获取当前对比度增益值
u32 TVENC_GetContrast(void)
{
    u32 uTemp;
    uTemp = Inp32(CONTRABRIGHT);//获值
    return (uTemp & 0xFF);
}
```

```
//亮度增益控制
void TVENC_SetBright(u32 uBright)
{
    u32 uTemp;
    uTemp = Inp32(CONTRABRIGHT);//获值
    uTemp = (uTemp&~(0xFF<<16)) | (uBright<<16);
    Outp32(CONTRABRIGHT, uTemp);//输出值
}
//获取当前亮度增益值
u32 TVENC_GetBright(void)
{
    u32 uTemp;
    uTemp = Inp32(CONTRABRIGHT);//获值
    uTemp = (uTemp & (0xFF<<16))>>16;
    return uTemp;
}
//蓝色差信号增益控制
void TVENC_SetCbGain(u32 uCbGain)
{
    u32 uTemp;
    uTemp = Inp32(CBCRGAINCTRL);//获值
    uTemp = (uTemp&~(0xFF<<0)) | (uCbGain<<0);
    Outp32(CBCRGAINCTRL, uTemp);//输出值
}
//获取当前蓝色差信号增益值
u32 TVENC_GetCbGain(void)
{
    u32 uTemp;
    uTemp = Inp32(CBCRGAINCTRL);//获值
    uTemp = (uTemp&(0xFF<<0));
    return uTemp;
}
//红色差信号增益控制
void TVENC_SetCrGain(u32 uCrGain)
{
    u32 uTemp;
    uTemp = Inp32(CBCRGAINCTRL);//获值
    uTemp = (uTemp&~(0xFF<<16)) | (uCrGain<<16);
    Outp32(CBCRGAINCTRL, uTemp);//输出值
}
//获取当前红色差信号增益值
u32 TVENC_GetCrGain(void)
{
    u32 uTemp;
    uTemp = Inp32(CBCRGAINCTRL);//获值
```

```
    uTemp = (uTemp&(0xFF<<16))>>16;
    return uTemp;
}
//伽玛校正控制
void TVENC_EnableGammaControl(u8 bEnable)
{
    u32 uTemp;
    uTemp = Inp32(GAMMACTRL);//从 GAMMACTRL 寄存器获值
    if(bEnable == TRUE)//使能
        uTemp |= (1<<12);
    else//禁用
        uTemp &= ~(1<<12);
    Outp32(GAMMACTRL, uTemp);//值输出
}
//设定伽玛校正增益值
void TVENC_SetGammaGain(u32 uGamma)
{
    u32 uTemp;
    uTemp = Inp32(GAMMACTRL);//获值
    uTemp = (uTemp&~(0x7<<8)) | (uGamma<<8);
    Outp32(GAMMACTRL, uTemp);//输出值
}
//获取当前伽玛校正增益值
u32 TVENC_GetGammaGain(void)
{
    u32 uTemp;
    uTemp = Inp32(GAMMACTRL);//获值
    uTemp = (uTemp&(0x7<<8))>>8;
    return uTemp;
}
//静音控制
void TVENC_EnableMuteControl(u8 bEnable)
{
    u32 uTemp;
    uTemp = Inp32(MUTECTRL);//从 MUTECTRL 寄存器获值
    if(bEnable == FALSE)
        uTemp |= (1<<0);//静音使能
    else
        uTemp &= ~(1<<0);//静音无效
    Outp32(MUTECTRL, uTemp);//值输出
}
//Y,Cb,Cr 通道组件静音控制
void TVENC_SetMuteYCbCr(u32 uY, u32 uCb, u32 uCr)
{
    u32 uTemp;
```

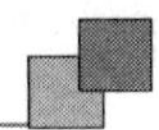

```
        uTemp = Inp32(MUTECTRL);//获值
        uTemp = (uTemp&~(0xFFFFFF<<8)) | ((uCr&0xFF)<<24) | ((uCb&0xFF)<<16) | ((uY&0xFF)
<<8);
        Outp32(MUTECTRL, uTemp);//值输出
    }
    //获取当前 Y,Cb,Cr 通道组件静音控制
    void TVENC_GetMuteYCbCr(u32 * uY, u32 * uCb, u32 * uCr)
    {
        u32 uTemp;
        uTemp = Inp32(MUTECTRL);//获值
        * uY = (uTemp&(0xFF<<8))>>8;
        * uCb = (uTemp&(0xFF<<16))>>16;
        * uCr = (uTemp&((u32)(0xFF<<24)))>>24;
    }
    //设定活动窗口中心位置 - 垂直,水平
    void TVENC_SetActiveWinCenter(u32 uVer, u32 uHor)
    {
        u32 uTemp;
        //从 HENHOFFSET 寄存器获值
        uTemp = Inp32(HENHOFFSET);
        uTemp = (uTemp&~(0x3FFF<<16)) | ((uVer&0x3F)<<24) | ((uHor&0xFF)<<16);
        //设定值输出至 HENHOFFSET 寄存器
        Outp32(HENHOFFSET, uTemp);
    }
    //获取活动窗口中心位置 - 垂直,水平
    void TVENC_GetActiveWinCenter(u32 * uVer, u32 * uHor)
    {
        u32 uTemp;
        uTemp = Inp32(HENHOFFSET);//从寄存器获值
        * uVer = (uTemp&(0x3F<<24))>>24;
        * uHor = (uTemp&(0xFF<<16))>>16;
    }
    //演示窗口增强控制
    void TVENC_EnableEnhancerDemoWindow(u8 bEnable)
    {
        u32 uTemp;
        uTemp = Inp32(DEMOWINCTRL);//从寄存器获值
        if(bEnable == TRUE)
            uTemp |= (1<<24);//使能
        else
            uTemp &= ~(1<<24);//禁用
        Outp32(DEMOWINCTRL, uTemp);    //设定值输出
    }
    //演示窗口尺寸设定
    void TVENC_GetEnhancerDemoWindow(u32 * uVWinSize, u32 * uVStart, u32 * uHWinSize, u32 * uH-
```

```
Start)
    {
        u32 uTemp;
        uTemp = Inp32(VDEMOWSIZE);//从垂直演示窗口大小寄存器获值
        *uVWinSize = (uTemp&(0x1FF<<16))>>16;
        *uVStart = uTemp&0x1FF;
        uTemp = Inp32(HDEMOWSIZE);//从水平演示窗口大小寄存器获值
        *uHWinSize = (uTemp&(0x7FF<<16))>>16;
        *uHStart = uTemp&0x7FF;
    }
    //增强演示窗口设置
    void TVENC_SetEnhancerDemoWindow(u32 uVWinSize, u32 uVStart, u32 uHWinSize, u32 uHStart)
    {
        u32 uTemp;
        uTemp = ((uVWinSize&0x1FF)<<16) | (uVStart&0x1FF);//获垂直窗口值,起始点
        Outp32(VDEMOWSIZE, uTemp);//输出至垂直演示窗口大小寄存器
        uTemp = ((uHWinSize&0x7FF)<<16) | (uHStart&0x7FF);//获水平窗口值,起始点
        Outp32(HDEMOWSIZE, uTemp);//输出至水平演示窗口大小寄存器
    }
    //使能背景控制
    void TVENC_EnableBackground(u8 bEnable)
    {
        u32 uTemp;
        uTemp = Inp32(BGCTRL);//从背景控制寄存器获值
        if(bEnable == TRUE)
            uTemp |= (1<<8);//背景边缘的软混合使能
        else
            uTemp &= ~(1<<8);//背景边缘的软混合禁用
        Outp32(BGCTRL, uTemp);//值输出至背景控制寄存器
        uTemp = Inp32(ENCCTRL);//从编码器控制寄存器获值
        if(bEnable == TRUE)
            uTemp |= (1<<0);//背景禁用
        else
            uTemp &= ~(1<<0);//背景使能
        Outp32(ENCCTRL, uTemp);//值输出至编码器控制寄存器
    }
    //获取背景垂直活动和水平活动位置
    void TVENC_GetBackground(u32 *uColor, u32 *uHStart, u32 *uVStart, u32 *uHVisualSize, u32 *
uVVisualSize)
    {
        u32 uTemp;
        uTemp = Inp32(BGCTRL);//从 BGCTRL 寄存器获值
        *uColor = (uTemp&(0x07<<4))>>4;//设定背景色
        uTemp = Inp32(BGHVAVCTRL);//从 BGHVAVCTRL 寄存器获值
        *uHStart = (uTemp&(0xFF<<16))>>16;//背景水平活动的长度值设定
```

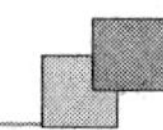

```
        * uVStart = (uTemp&(0xFF<<0))>>0;//背景垂直活动的长度值设定
        //背景水平活动的起始位置值设定
        * uHVisualSize = (uTemp&((u32)(0xFF<<24)))>>24;
        //背景垂直活动的起始位置值设定
        * uVVisualSize = (uTemp&(0xFF<<8))>>8;
    }
    //设定背景垂直活动和水平活动位置
    void TVENC_SetBackground(u32 uColor, u32 uHStart, u32 uVStart, u32 uHVisualSize, u32 uVVisual-
Size)
    {
        u32 uTemp;
        TVENC_SetBackGround(TRUE, uColor, 0);
        //背景水平/垂直活动的长度/位置值设定
        uTemp = ((uHVisualSize&0xFF)<<24) | ((uHStart&0xFF)<<16) | ((uVVisualSize&0xFF)<<
8) | (uVStart&0xFF);
        //设定值输出至 BGHVAVCTRL 寄存器
        Outp32(BGHVAVCTRL, uTemp);
    }
    //锐度控制
    void TVENC_SetSharpness(u32 uSharpness)
    {
        u32 uTemp;
        uTemp = Inp32(SHARPCTRL);//从锐度控制寄存器获值
        uTemp = (uTemp&~(0x3F)) | (uSharpness&0x3f);
        Outp32(SHARPCTRL, uTemp);//设定值输出 SHARPCTRL
    }
    //获取锐度控制值
    u32 TVENC_GetSharpness(void)
    {
        u32 uTemp;
        uTemp = Inp32(SHARPCTRL);//从寄存器获值
        uTemp = uTemp&0x3F;
        return uTemp;
    }
    //FIFO 数据不足中断服务程序
    void __irq Isr_TVFifoUnderrun(void)
    {
        UART_Printf("@Isr_FifoUnderrun\n");
        TVENC_ClearUnderrunInt();
        INTC_ClearVectAddr();
    }
    //TV 输出模式和格式及图像尺寸
    void TVENC_DisplayTVout(TV_STANDARDS eTvmode, eTV_CONN_TYPE eTvout, u32 uSizeX, u32 uSizeY)
    {
        TVENC_SetTvConMode(eTvmode, eTvout);
```

```
    INTC_Enable(NUM_TVENC);
    INTC_SetVectAddr(NUM_TVENC, Isr_TVFifoUnderrun);
    TVENC_SetImageSize(uSizeX * 2, uSizeY);
    TVENC_TurnOnOff(1);
}
```

③ TVENC_TEST.C

```
/**********************************************************************
 *
 *     文件名：tvenc_test.c
 *
 *     功能描述：TV 编码器控制器测试实例程序,供 MAIN 主程序调用
 *
 **********************************************************************/
static eTV_CONN_TYPE eConnType;
static TV_STANDARDS eSigType;
static u32 uTvSizeFormat = TVSIZE_NTSC;
//TV 输出类型
typedef struct
{
    const char * pDesc;
    TV_STANDARDS eType;
} TV_TYPE;
//TV 参数
typedef enum
{
    eTV_UpPara, eTV_DownPara, eTV_ExitPara
}TVT_UPDOWN;
//FIFO 数据不足中断服务程序
void __irq Isr_FifoUnderrun(void)
{
    UART_Printf("@Isr_FifoUnderrun\n");
    TVENC_ClearUnderrunInt();
    INTC_ClearVectAddr();
}
    …
//时钟分频
void TVENCT_SelectClockDivider(void)
{
    u32 uPostClockDivide;
    UART_Printf("[TVENCT_SelectClockDivider]\n");
    UART_Printf("\n");
    UART_Printf("Select the source clock [0x01 ~ 0x3F] : ");
    uPostClockDivide = (u32)UART_GetIntNum();
    POST_SetClockDivide(uPostClockDivide, &oSc);
```

```
}
//图像源选择
static void TVENCT_MakeImage(void)
{
…
限于篇幅,部分代码省略,详见光盘代码文件
}
//通过串口 TV 编码器参数配置
static void TVENCT_SetTVParameter(void)
{
…
限于篇幅,部分代码省略,详见光盘代码文件
}
…
//选择 TV 输出格式和类型
static void TVENCT_SelectTVOutputFormat(void)
{
    u32 uFormatNum, uSelFormat, uSelType;
    u32 i;
    TV_TYPE aTvOutFormat[] =
    {
        "NTSC - M",              NTSC_M,
        "NTSC - J",              NTSC_J,
        "PAL - B/D/G/H/I",       PAL_BGHID,
        //"PAL - N",             PAL_N,
        "PAL - M",               PAL_M,
        "PAL - Nc",              PAL_NC
    };
    UART_Printf("\n");
    UART_Printf("0. Composite Out(D)    1. S - Video Out \n");
    UART_Printf("Select the source clock : ");
    uSelType = UART_GetIntNum();//获取选择值
    if(uSelType > 1)
        uSelType = 0;          //默认类型为模拟复合视频信号输出
    eConnType = (eTV_CONN_TYPE)uSelType;
    uFormatNum = sizeof(aTvOutFormat)/sizeof(TV_TYPE );
    for (i = 0; i < uFormatNum; i++)
        UART_Printf("[ %d] : %s\n", i, aTvOutFormat[i].pDesc);
    UART_Printf("\nSelect the signal type : ");
    uSelFormat = (u32)UART_GetIntNum();
    UART_Printf("\n");
    if ( (uSelFormat <= uFormatNum) )
        eSigType = aTvOutFormat[uSelFormat].eType;
    if( (eSigType == NTSC_M) || (eSigType == NTSC_J) || (eSigType == PAL_M) || (eSigType ==
NTSC_443) )
```

```
        uTvSizeFormat = TVSIZE_NTSC;
    else
        uTvSizeFormat = TVSIZE_PAL;
    TVENC_SetTvConMode(eSigType, eConnType);
}
    …
//TV 编码器测试功能菜单,参数配置
const testFuncMenu tvenc_menu[] =
{
…
限于篇幅,部分代码省略,详见光盘代码文件
};
void TVENC_Test(void)
{
    u32 i;
    s32 sSel;
    //选择 TV 输出格式
    TVENCT_SelectTVOutputFormat();
    //后处理器 POST 初始化配置
    POST_InitCh(POST_A, &oPost);
    POST_InitCh(POST_B, &oSc);
    //摄像头功能配置
    //相机接口配置 rGPFCON = 0x2aa aaaa
    GPIO_SetFunctionAll( eGPIO_F, 0x2aaaaaa, 0);
    GPIO_SetPullUpDownAll(eGPIO_F, 0);
    //相机模块时钟配置
      CAMERA_ClkSetting();
    //液晶显示器配置
    LCD_SetPort();//驱动接口配置
    LCD_InitLDI(MAIN);//接口初始化
    LCD_Stop();//接口停止

    while(1)
    {
        UART_Printf("\n");
        for (i = 0; (int)(tvenc_menu[i].desc)! = 0; i++)
            UART_Printf(" %2d: %s\n", i, tvenc_menu[i].desc);
        UART_Printf("\nSelect the function to test : ");
        sSel = UART_GetIntNum();
        UART_Printf("\n");
        if (sSel == -1)
            break;
        if (sSel>= 0 && sSel<(sizeof(tvenc_menu)/8 - 1))
            (tvenc_menu[sSel].func)();
    }
```

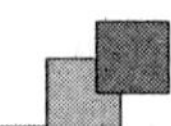

```
}
```

本章详细代码见光盘文件。

8.5 实例总结

本实例介绍了 S3C6410 处理器的 TV 视频信号输出设计。实例中需要重点掌握 TV 控制器特殊功能寄存器、TV 编码器寄存器、图像增强寄存器等值的软件设定。

另外，在应用中还需要涉及 TV 后处理器和 TV 定标器(用于视频缩放和格式转换)，以及液晶显示器输出图像功能等。限于篇幅，本章省略了 TV 后处理器和 TV 定标器等部分的介绍，请读者参考三星公司发布的 3S3C6410 官方资料。

第9章 CMOS 摄像机的视频监控应用

近年来，图像与视频监控系统应用遍及城市监控、交通、能源、公安、电信、军事和医疗保健行业。随着整个行业的增速和新的应用领域的出现，我们将在市场上看到更多的视频监控产品。

基于 ARM 嵌入式的数字化视频监控系统是基于现代通信技术的一种新应用，与传统的模拟监控系统相比：它的部署成本大大降低，系统体积重量大大减小，运行维护更容易，操作更简单。

9.1 CMOS 摄像机接口概述

CMOS 摄像机实际上是一个图像传感器，也是组成视频监控应用系统的核心部件。S3C6410 处理器内的摄像机接口支持 ITU-R BT601/656 YCbCr 8 位标准，最大输入尺寸为 4096×4096 像素。

S3C6410 处理器的摄像机接口的主要性能如下。

- 支持 ITU-R BT 601/656 8 位模式；
- 数码缩放(Digital Zoom In，DZI)能力；
- 视频同步信号极性可编程；
- 最大的 4096×4096 像素的输入支持；
- 编解码器/预览图像镜像和旋转(只适用预览图像模式，支持 X/Y 轴翻转、90°、180°和 270°旋转)；
- 编解码器/预览输出图像产生器(RGB 16/18/24 位格式和 YCbCr 4:2:0/4:2:2 格式)；
- 支持相机图像捕捉帧控制功能；
- 支持扫描线偏移功能；
- 支持 YCbCr 4:2:2 图像隔行格式；
- 支持图像效果；
- LCD 控制器直接通道支持；
- 支持图像隔行模式输入。

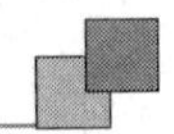

S3C6410 处理器的摄像机接口功能框图如图 9-1 所示，预览与编解码器最大水平尺寸如表 9-1 所列。

S3C6410 处理器摄像机接口除支持上述视频标准之外，还支持另外两种视频标准。

- ITU-R BT601 YCbCr 8 位模式；
- ITU-R BT656 YCbCr 8 位模式。

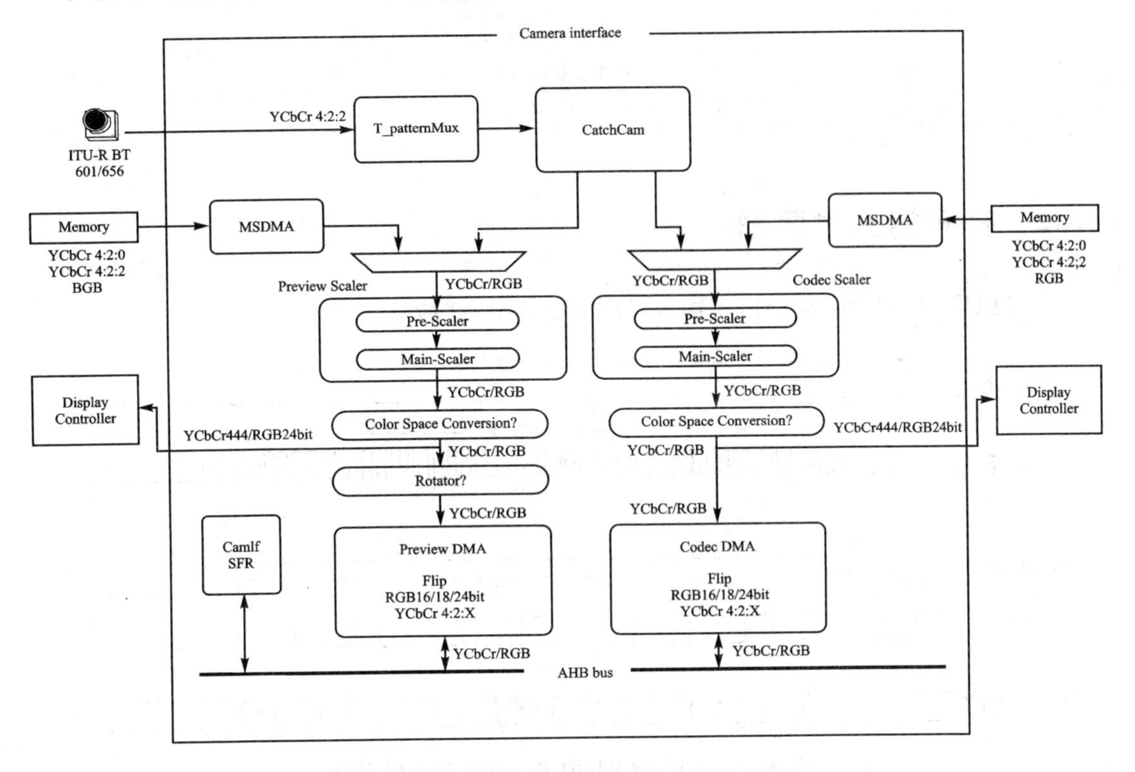

图 9-1 摄像机接口框图与功能概述

表 9-1 预览与编解码器最大水平尺寸

状 态	预览图像(单位:像素)	编解码器(单位:像素)
从预缩放处理输入的最大水平尺寸	720	2048
缩放器(旁路)	4096	4096
无旋转水平目标尺寸	4096 (YCbCr 旁路) 720 (除旁路之外)	4096 (YCbCr 旁路) 2048 (除旁路之外)
旋转水平目标尺寸	720 (RGB) 360 (YCbCr)	—

9.1.1 信号说明

外部摄像机处理器接口信号如表 9-2 所列。

表 9-2　外部摄像机处理器接口信号功能描述

信号名	I/O	功能描述
XciPCLK	I	像素时钟，由相机处理器 A 驱动
XciVSYNC	I	帧同步，由相机处理器 A 驱动
XciHREF	I	水平同步，由相机处理器 A 驱动
XciYDATA	[7:0]	像素数据，由相机处理器 A 驱动
XciRSTn	O	软件按复位或相机处理器 A 掉电
XciCLK	O	外部 ISP 时钟

9.1.2　视频格式时序图

ITU-R BT601 视频格式输入时序图如图 9-2 所示。

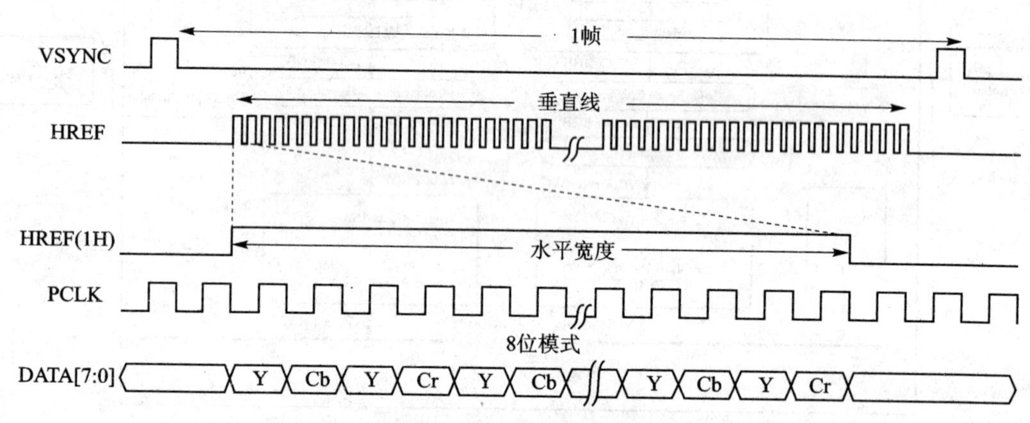

图 9-2　ITU-R BT601 视频格式输入时序图

ITU-R BT656 视频格式内有两个时序参考信号，一个信号位于每个视频数据块的开始(Start of Active Video, SAV)，另一个信号处于每个视频数据块的结束(End of Active Video, EAV)，输入时序图如图 9-3 所示，参考时序信号如表 9-3 所列。

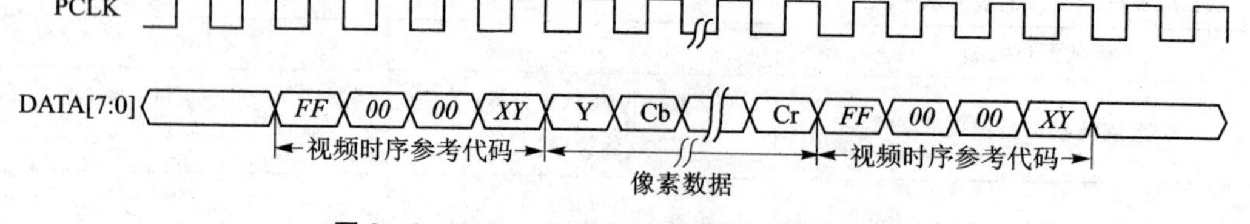

图 9-3　ITU-R BT656 视频格式输入时序图

表 9-3　ITU-R BT656 标准 8 位模式参考时序信号

数据位	第 1 个字	第 2 个字	第 3 个字	第 4 个字
7(MSB)	1	0	0	1
6	1	0	0	F
5	1	0	0	V
4	1	0	0	H

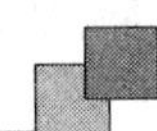

续表 9－3

数据位	第 1 个字	第 2 个字	第 3 个字	第 4 个字
3	1	0	0	P3
2	1	0	0	P2
1	1	0	0	P1
0	1	0	0	P0

注：

F＝0（场 1 期间），1（场 2 期间）

V＝0（任何地方），1（场消隐期间）

H＝0(SAV)，1(EAV)

P0，P1，P2，P3＝保护位

摄像机接口逻辑能够捕获在“FF－00－00”保留数据后的视频同步位如 H(SAV,EAV)和 V(帧同步)。

同步信号时序图如图 9－4 所示。

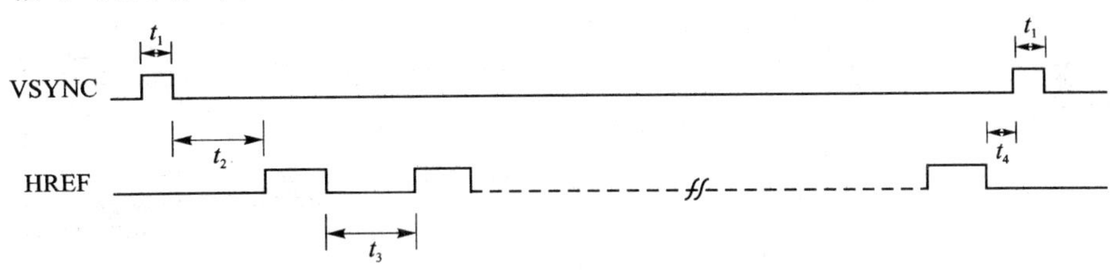

图 9－4　同步信号时序图

注：周期 $t1 \sim t4$ 都由 12 个像素时钟周期组成，如旋转器使能，(t 4＋1)必须足够长以保证完成 DMA 传输。

9.1.3　外部/内部接口连接指南

所有的摄像机输入信号线与像素时钟信号线需要并行走线，不能够互相交叉，扭曲，以尽可能地减少干扰。摄像机外部/内部接口连接示意图如图 9－5 所示。

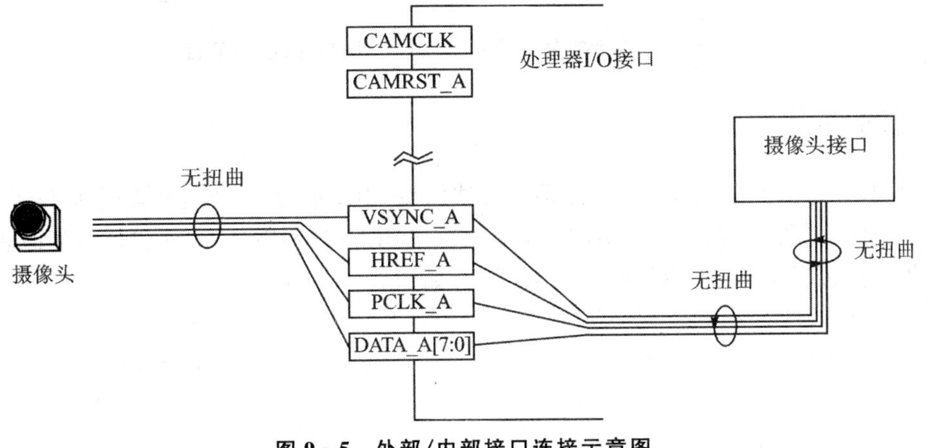

图 9－5　外部/内部接口连接示意图

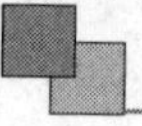

9.2 摄像机接口应用概述

本小节将对摄像机接口应用做简单介绍。

9.2.1 DMA 端口

摄像机接口有 4 个 DMA 端口，内存缩放 DMA(Memory Scaling DMA，MSDMA)输入用于图像预览端口，内存缩放 DMA 输入用于视频编解码器端口，预览输出端口(Preview out port，P-port)和视频编解码端口(Codec out port，C－port)分别用于各自的 AHB 总线，4 个 DMA 端口各自独立。

内存缩放 DMA 读取 YCbCr 4:2:2/4:2:0 或 RGB 图像；预览输出端口和视频编解码端口用于存储数据(如图 9－6 所示)。通过寄存器设置可以分别禁用 4 个 DMA 端口。

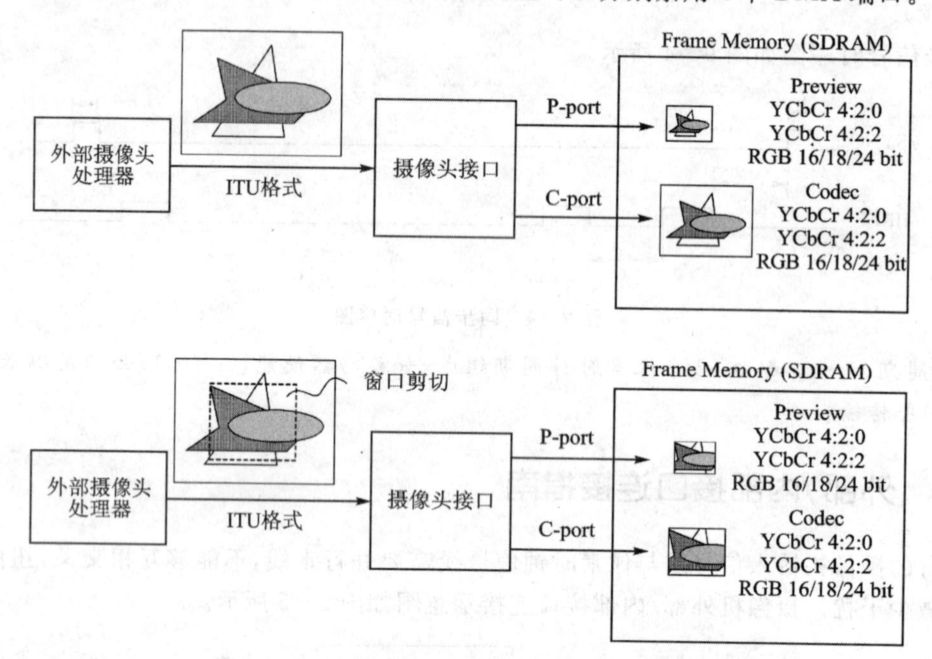

图 9－6 摄像机处理器在 DMA 端口的数据通路示意

9.2.2 时钟源

摄像机接口有 2 个时钟源：一个是系统总线时钟 HCLK，另一个是像素时钟 PCLK。系统时钟必须比像素时钟速度快。摄像机时钟必须从 APLL 或 MPLL 等固定频率的时钟源分频得到；如果使用外部晶振，摄像机时钟需要浮空，如图 9－7 所示。

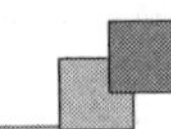

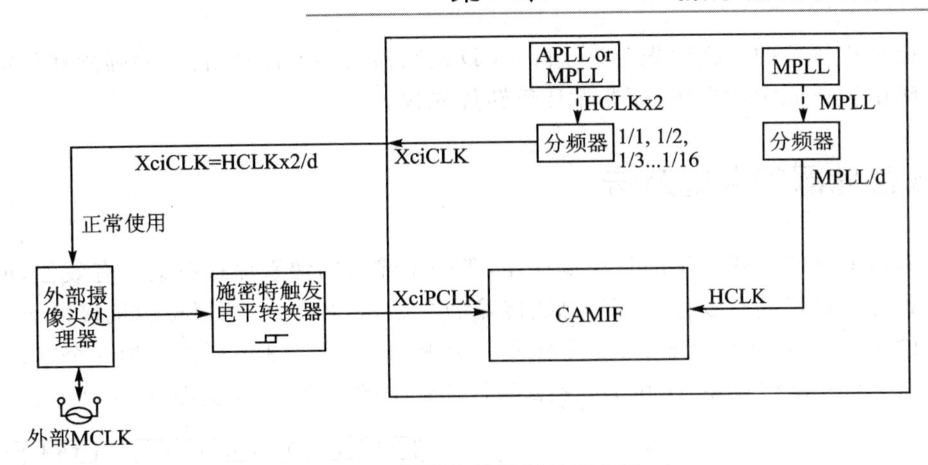

图 9-7　摄像机接口时钟产生器

9.2.3　帧存储器层次结构

每个预览输出端口(P-port)和视频编解码端口(C-port)的帧存储器都包括 4 个 Ping-pong 存储器,Ping-pong 存储器里面包含了 3 个存储元素分别是亮度 Y、色度 Cb、色度 Cr,详见图 9-8 所示。

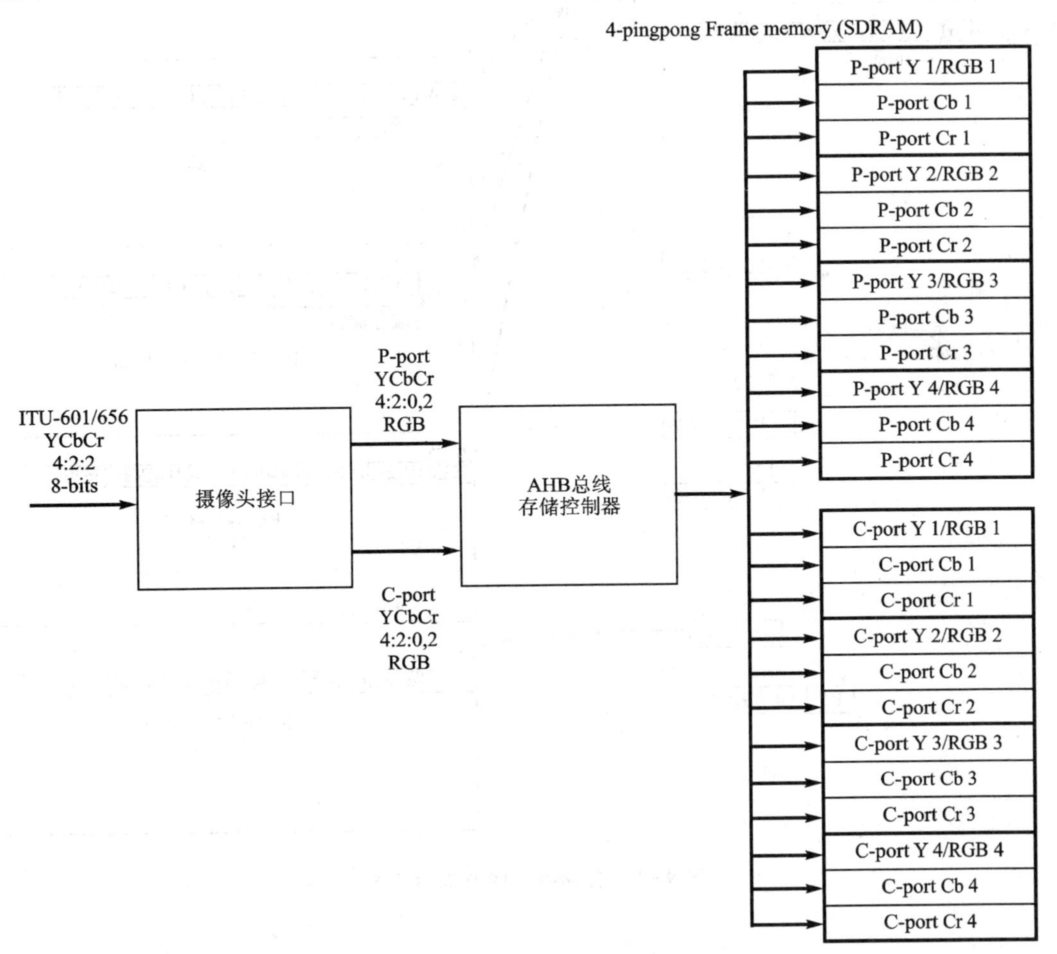

图 9-8　Ping-pong 存储器层次结构

推荐摄像机接口的仲裁优先级高于除 LCD 控制器之外的任意组件，并强烈建议将摄像机接口优先级配置成固定优先级，而非循环反转优先权。

9.2.4 存储器的存储方法

帧存储器的存储方式采用的是小端存储，第一个输入的像素保存在最低有效位，最后一个输入的像素保存在最高有效位，AHB 总线传输的数据是 32 位字，所以摄像机接口通过小端存储方式存储了每个 Y－Cb－Cr 字。1 个像素代表 RGB 24 位/18 位格式中的一个字；否则 2 个像素表示 RGB 16 位格式和 YCbCr 4：2：2 隔行格式中的一个字，详见图 9－9 所示。

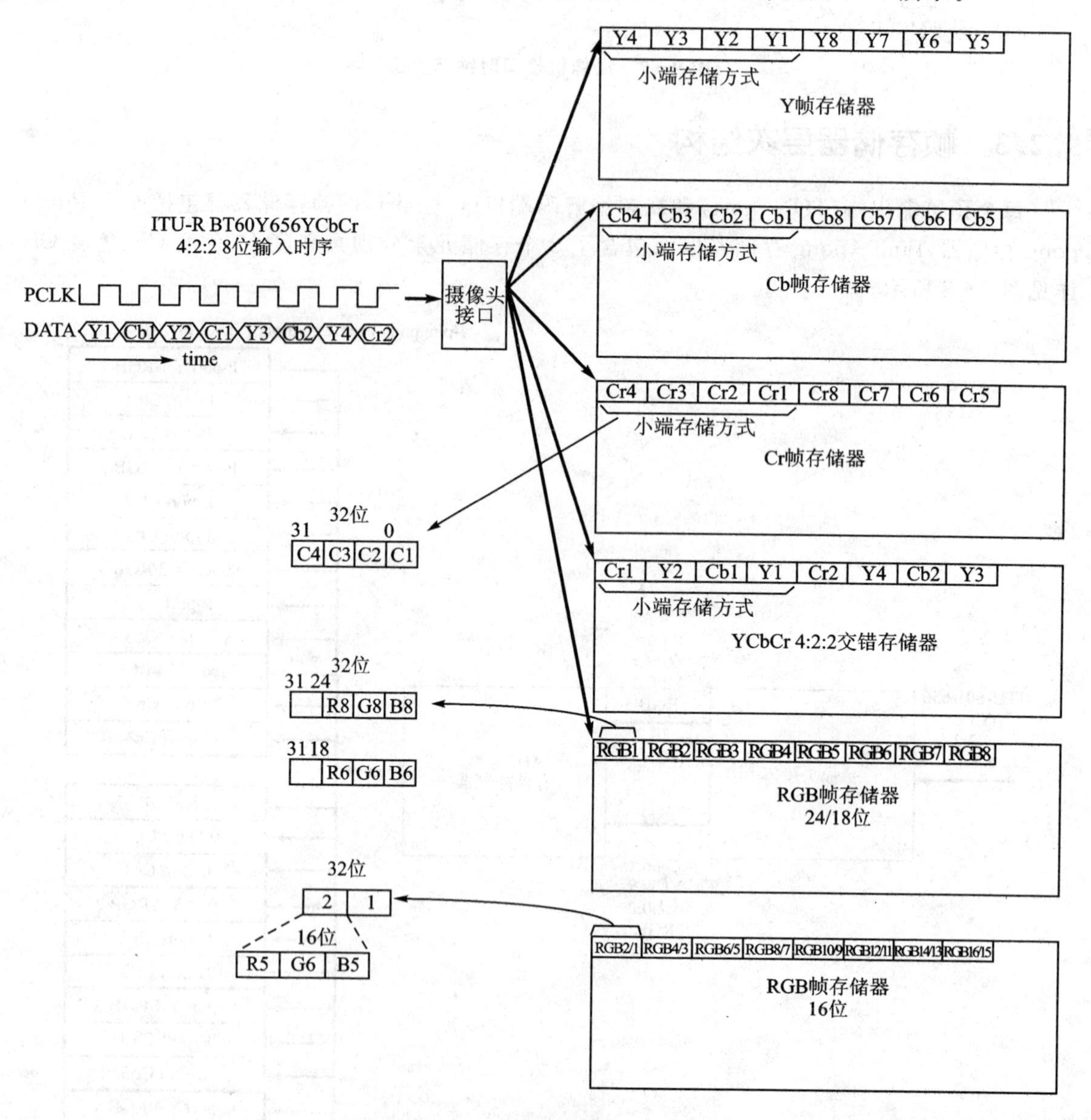

图 9－9 存储器存储方式示意图

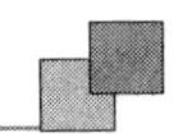

9.2.5　寄存器配置相关时序图

第一个寄存器设置的帧捕捉命令可以在帧周期的任一时间内，推荐在垂直同步信号(VSYNC)低电平状态设置。VSYNC 的信息可从状态寄存器读出。详见图 9 - 10(a)所示。所有的命令包含 ImgCptEn，都在 VSYNC 下降沿有效。除第一个 SFR 之外，所有的命令必须在中断服务程序(ISR)中编程。在捕捉操作中不容许大尺寸信息被改变；但图像镜像或旋转，加窗和缩放设置可以在捕捉操作时改变。如果一些路径选择 MSDMA 输入，在 MSDMA 和 P - port 或 C - port 的 DMA 操作结束后，所有的命令必须编程，详见图 9 - 10(b)所示。

9.2.6　LastIRQ 时序图

IRQ 除了 LastIRQ 外都产生于图像捕捉前。Last IRQ 的意思是摄像机信号捕捉末尾可以通过下面的时序图(详见图 9 - 11)进行设置。LastIRQEn 是自动清除的。

9.2.7　IRQ 时序图(存储数据缩放模式)

MSDMA 输入可以通过 SFR 设置来选择。这种情况下，在每帧的 P - port 和 C - port 的 DMA 操作完成后将产生 IRQ；这个模式通过用户 SFR 设置认识起点。因此，这个模式不需要 IRQ 起点和 LastIRQ；FrameCnt 在 ENVID_M_P 由低到高和 ImgCptEn_PrSC＝'1'时增加 1，详见图 9 - 12 所示。

9.2.8　MSDMA 特性

MSDMA 支持存储数据缩放，特别的是画中画(Picture - in - Picture，PIP)操作必需两个不同的图像数据。第一个图像由一些视频编解码器存储(如 H. 264，MPEG - 4 等)；第二个图像通过 MSDMA 路径保存。MSDMA 路径通过缩放器/DMA 通道输出 YCbCr/RGB 格式；两个图像由 LCD 控制器显示和控制。如果 MSDMA 通道读数据要求使用预览/编解码路径，特殊功能寄存器 SEL_DMA_CAM_P 信号必须设置为'1'。这个输入路径称为存储缩放 DMA 路径，详见图 9 - 13 所示。

9.2.9　摄像机隔行输入支持

为了从外部摄像机接口取得数据，S3C6410 处理器支持 ITU - R BT601 YCbCr 8/16 位格式和 ITU - R BT656 YCbCr 8 位格式，不但支持逐行输入，而且支持这两种格式下的隔行输入。

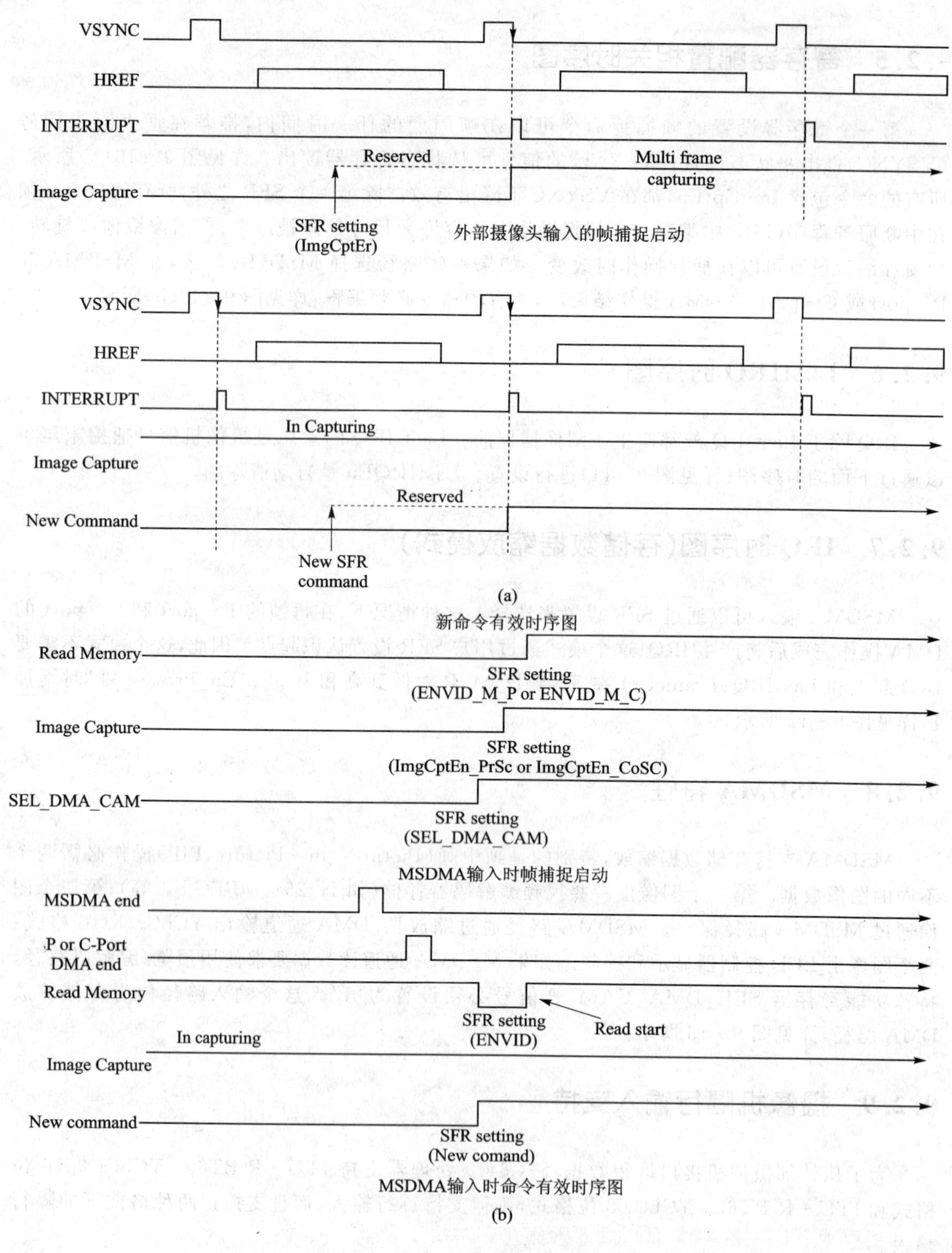

图 9-10　寄存器配置时序图

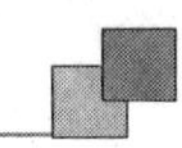

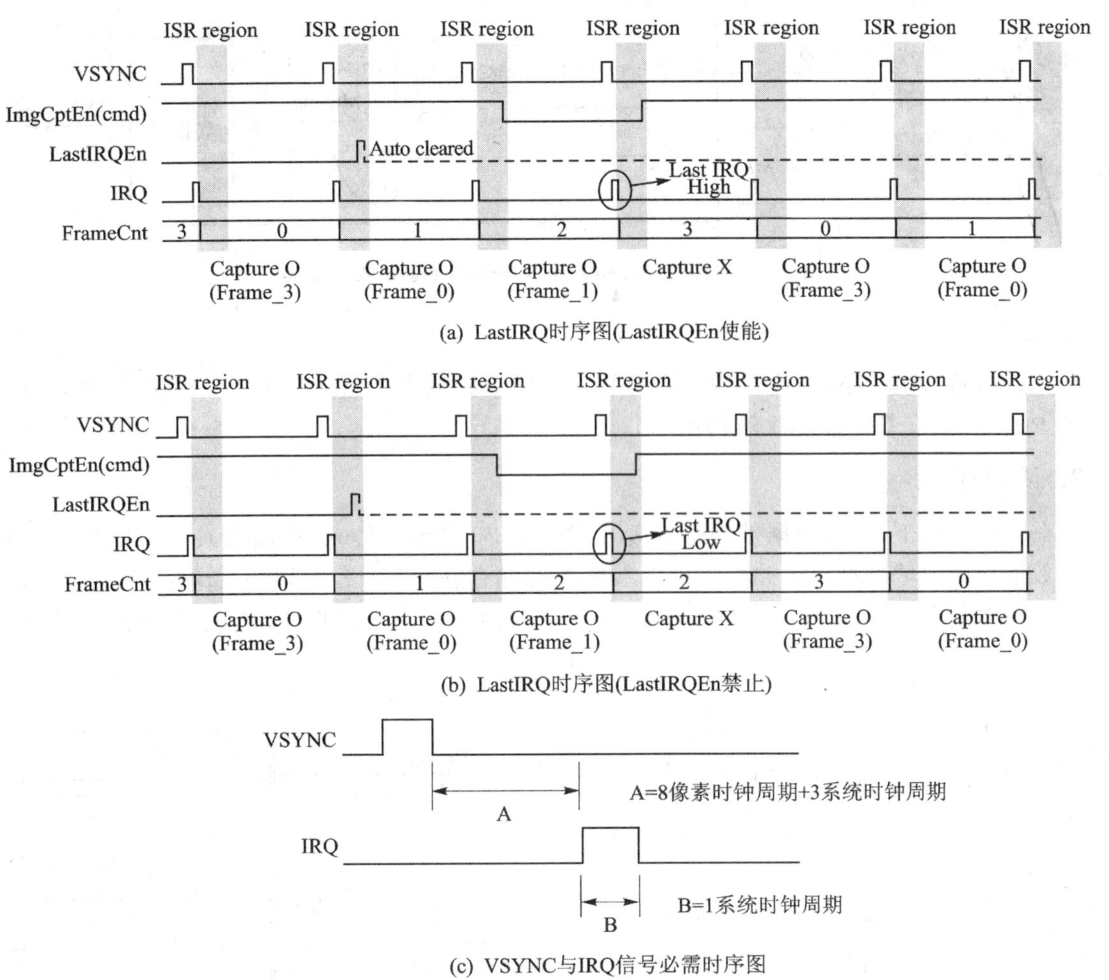

(a) LastIRQ时序图(LastIRQEn使能)

(b) LastIRQ时序图(LastIRQEn禁止)

(c) VSYNC与IRQ信号必需时序图

图 9-11　LastIRQ 时序图

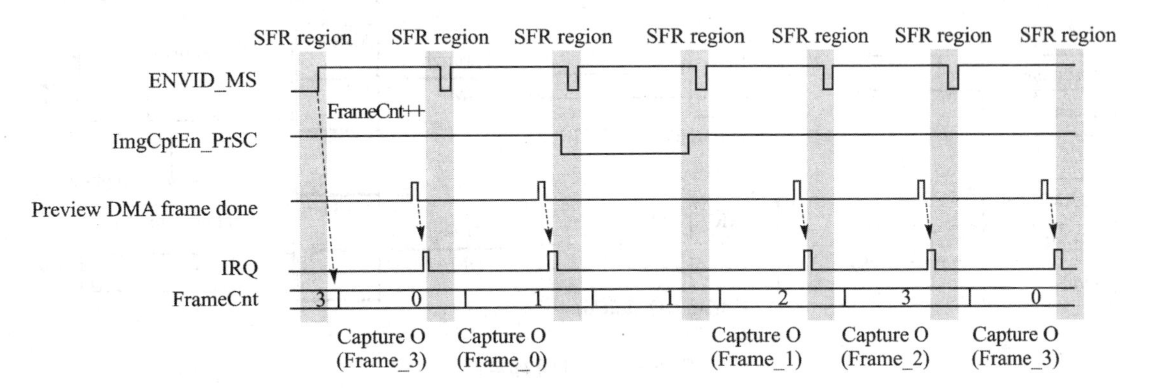

图 9-12　IRQ 时序图(MSDMA 通道)

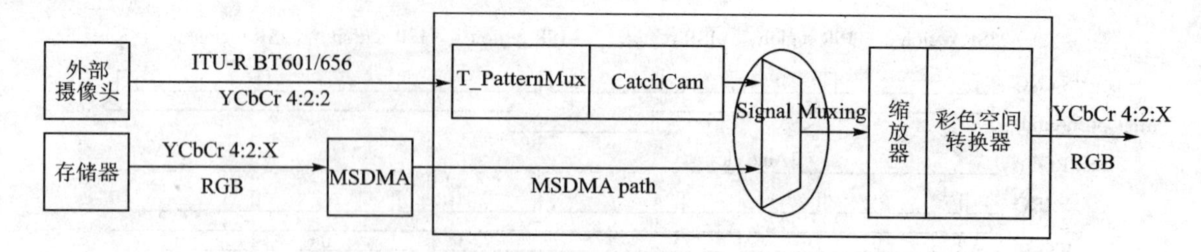

图 9－13　MSDMA 输入路径与外部摄像机接口示意

1. 逐行输入

在逐行输入模式下，所有的输入数据将通过帧单元依次的储存在 4 个缓冲区内（如前文图 9－8 Ping－Pong 存储器层次结构所示）。

2. 隔行输入

在隔行模式下，输入数据被储存在 4 个缓冲区内（Ping－Pong 存储器）。这种模式下，偶数帧数据和奇数域数据轮流储存。即偶数帧数据储存在第一、三个 Ping－pong 存储器内；而奇数领数据储存在第二、四个 Ping－pong 存储器内。图像捕捉时，最先开始的帧总是是偶数帧。

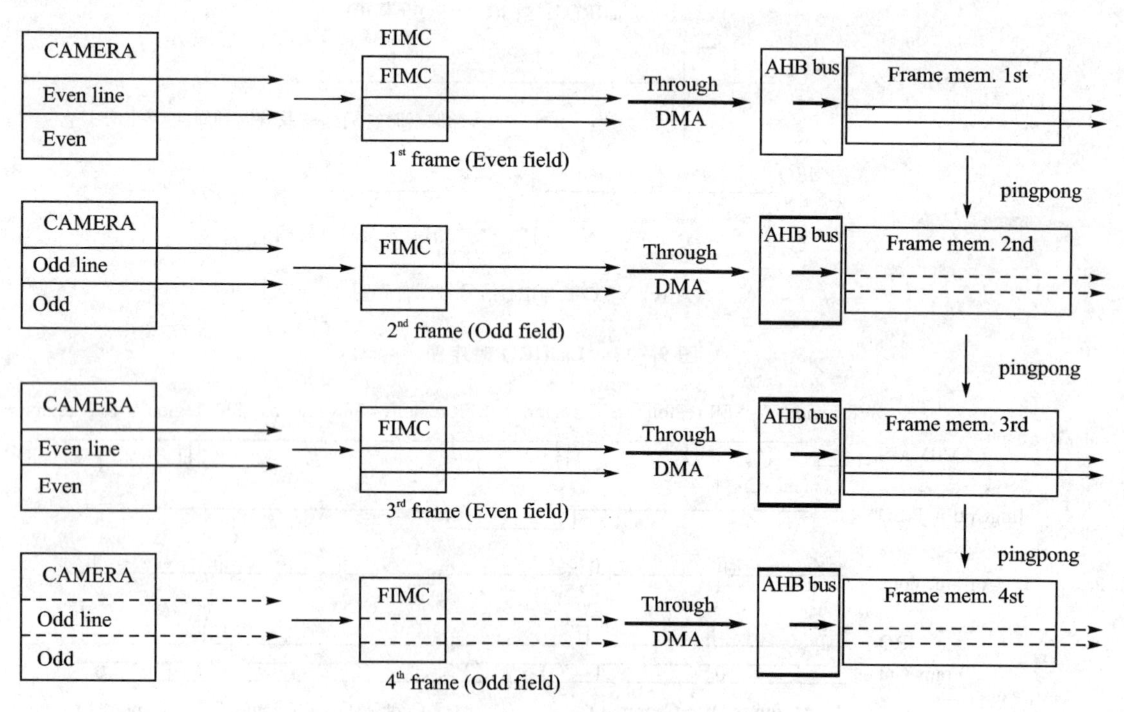

图 9－14　帧缓存控制

3. ITU－R BT 601 接口

为确定帧是偶数或奇数，需要用到“FIELD”信号。如“FIELD”信号是高电平，向奇数帧输入数据，否则向偶数帧输入数据。“FIELD”值的定义也可以反转。如果设置“InvPolIFIELD”（寄存器 CIGCCTRL ：0x78000008）为 1，则”FIELD“信号的高电平意味着当前帧为偶数帧。

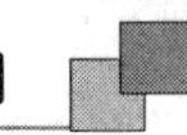

注意:当使用 601 接口模式时,必须设置寄存器 CIGCCTRL 位“FIELDMODE”为 1。

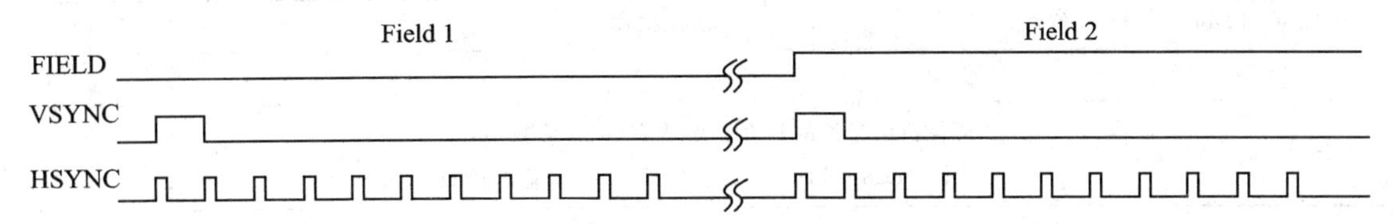

图 9-15 帧缓存区控制信号 FIELD 示意图

4. ITU-R BT 656 接口

ITU-R BT656 接口的当前帧信息是视频数据块的结束(EAV)和视频数据块的开始(SAV)内的第四个字。

9.3 摄像机接口特殊功能寄存器

本节主要对 S3C6410 处理器的摄像机接口相关寄存器功能进行简单介绍。

1. 特殊功能寄存器相关说明

“L”列的意思是特殊功能寄存器在摄像机捕捉期间内的 VSYNC 信号边沿可改变(O:可能改变,X:不可改变);“M”列的意思是在使用 MSDMA 路径时特殊功能寄存器与捕捉结果的关联性(O:相关,X:无关)。

2. 摄像机源格式寄存器

摄像机源格式寄存器用于设置输入信号源的 YCbCr 顺序格式,寄存器位功能定义如表9-4 所列。

寄存器的地址:0x78000000,复位值:0x00000000,可读/写。

表 9-4 摄像机源格式寄存器位功能定义

CISRCFMT	位	功能描述	初始状态	M	L
ITU601_656n	[31]	1:ITU-R BT601 YCbCr 8 位模式使能 0:ITU-R BT656 YCbCr 8 位模式使能	0	X	X
UVOffset	[30]	Cb,Cr 值补偿控制 1:+128 0:+0(正常使用)	0	X	X
保留	[29]	保留	0	X	X
SrcHsize_CAM	[28:16]	摄像机信号源的水平像素数字(8 的倍数)最小是 8;当 WinOfsEn=0 时,必须是 PreHorRatio 值的 4 倍	0	X	O
Order422_CAM	[15:14]	8 位模式 YCbCr 输入格式通知 00:YCbYCr　10:CbYCrY 01:YCrYCb　11:CrYCbY	0	X	X

续表 9-4

CISRCFMT	位	功能描述	初始状态	M	L
保留	[13]	保留	0	X	X
SrcVsize_CAM	[12:0]	摄像机信号源的垂直像素数字(8 的倍数)最小是 8;当 WinOfsEn=0 时,必须是 PreVerRatio 值的倍数	0	X	O

3. 窗口补偿寄存器

窗口补偿寄存器补偿设置示意如图 9-16 所示,寄存器位功能定义如表 9-5 所列。寄存器的地址:0x78000004,复位值:0x00000000,可读/写。

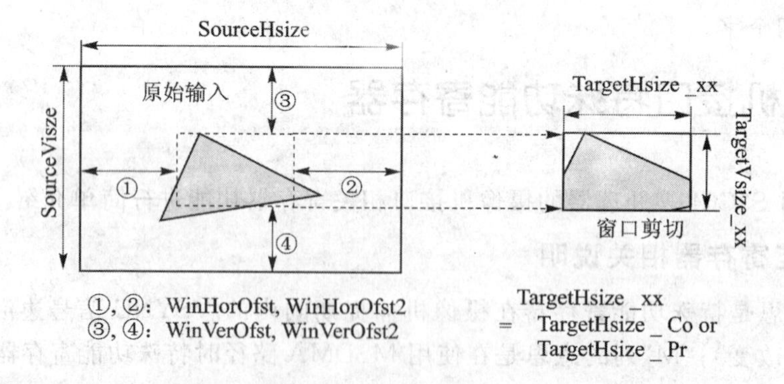

图 9-16 窗口补偿示意图

注意:位 WinHorOfst2 和 WinVerOfst2 在寄存器 CIWDOFST2 定义。

表 9-5 窗口补偿寄存器位功能定义

CIWDOFST	位	功能描述	初始状态	M	L
WinOfsEn	[31]	1:补偿使能 0:无补偿	0	X	O
ClrOvCoFiY	[30]	1:清除输入编解码器 FIFO Y 溢出标志位 0:常规	0	X	X
保留	[29]	保留	0	X	X
ClrOvRLB_Pr	[28]	清除预览路径中旋转的行缓存的溢出标志.	0	X	X
ClrOvPrFiY	[27]	1:清除输入预览 FIFO Y 的溢出标志 0:常规	0	X	X
WinHorOfst	[26:16]	窗口水平补偿值像素单元(为 2 的倍数)	0	X	O
ClrOvCoFiCb	[15]	1:清除输入编解码器 FIFO Cb 溢出标志 0:常规	0	X	X
ClrOvCoFiCr	[14]	1:清除输入编解码器 FIFO Cr 溢出标志 0:常规	0	X	X
ClrOvPrFiCb	[13]	1:清除输入预览器 FIFO Cb 溢出标志 0:常规	0	X	X

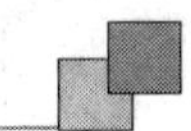

续表 9－5

CIWDOFST	位	功能描述	初始状态	M	L
ClrOvPrFiCr	[12]	1:清除输入预览器 FIFO Cr 溢出标志 0:常规	0	X	X
保留	[11]	保留	0	X	X
WinVerOfst	[10:0]	窗口垂直补偿值像素单元	0	X	O

注意:清除标志后需要将标志位设置为 0。

4. 全局控制寄存器

全局控制寄存器用于中断控制、复位等全局相关功能控制,寄存器位功能定义如表 9－6 所列。

寄存器的地址:0x78000008,复位值:0x20000000,可读/写。

表 9－6　全局控制寄存器位功能定义

CIGCTRL	位	功能描述	初始状态	M	L
SwRst	[31]	摄像头接口软件复位,设置该位之前,须在首次特殊功能寄存器设置时,将 CISRCFMT 寄存器位 ITU601_656n 置 1	0	X	X
CamRst	[30]	外部摄像机处理器复位和掉电控制	0	X	X
保留	[29]	保留	1	X	X
TestPattern	[28:27]	仅在 ITU－R BT601 8 位模式时设置,不容许在 ITU－R BT601 16 位模式及 ITU－R BT656 模式下设置. 00:外部摄像机处理器输入(常规状态) 01:彩条测试模型 10:水平增量测试模型 11:垂直增量测试模型	00	X	X
InvPolPCLK	[26]	1:PCLK 极性反相 0:正常	0	X	X
InvPolVSYNC	[25]	1:VSYNC 信号极性反相 0:正常	0	X	X
InvPolHREF	[24]	1: HREF 信号极性反相 0:正常	0	X	X
保留	[23]	保留	0	X	X
IRQ_Ovfen	[22]	1:溢出中断使能(中断发生在溢出产生期间) 0:溢出中断无效	0	X	X
Href_mask	[21]	1:VSYNC 信号高电平时屏蔽掉 HREF 0:无屏蔽	0	X	X
IRQ_LEVEL	[20]	1:电平中断 0:边沿触发中断	0	X	X

续表 9-6

CIGCTRL	位	功能描述	初始状态	M	L
IRQ_CLR_c	[19]	该位仅与电平中断相关,该位写 1 时编解码器路径中断清除,此位自动清除	0	X	X
IRQ_CLR_p	[18]	该位仅与电平中断相关,该位写 1 时预览器路径中断清除,此位自动清除	0	X	X
保留	[17:3]	保留	0	X	X
FIELDMODE	[2]	ITU601 隔行帧域模式(该位与 ITU656 模式无关). 1:使用 FIELD 模式 0:保留	0	X	X
InvPolFIELD	[1]	1: FIELD 信号极性反相 0:常规 在常规状态时,当 FIELD 信号为低电平,帧域为偶数帧	0	X	X
Cam_Interface	[0]	外部摄像机扫描方式 1:隔行模式 0:逐行模式	0	X	X

中断产生与控制示意如图 9-17 所示。

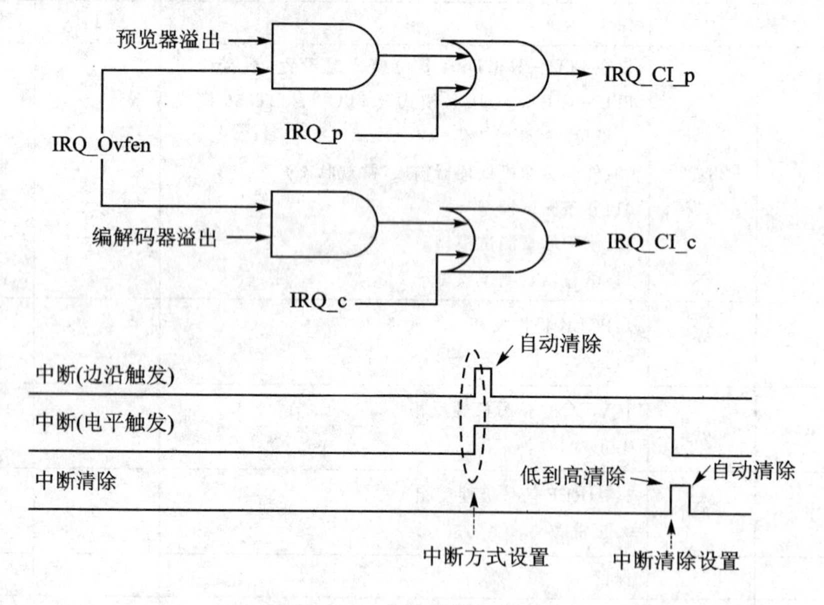

图 9-17　中断控制示意图

5. 窗口补偿寄存器 2

窗口补偿寄存器 2 位功能定义如表 9-7 所列。

寄存器的地址:0x78000014,复位值:0x00000000,可读/写。

表 9-7　窗口补偿寄存器 2 位功能定义

CIWDOFST2	位	功能描述	初始状态	M	L
保留	[31:27]	保留	0	X	X
WinHorOfst2	[26:16]	窗口水平补偿值 2 像素单元(2 的倍数)	0	X	O
保留	[15:11]	保留	0	X	X
WinVerOfst2	[10:0]	窗口垂直补偿值 2 像素单元	0	X	O

注意:清除标志后需要将标志位设置为 0。位 WinHorOfst2 和 WinVerOfst2 在寄存器 CIWDOFST2 定义。

6. 编解码器输出 Y1～Y4 开始地址寄存器

编解码器输出 Y1～Y4 开始地址寄存器用于设置编解码器 DMA 第 1～4 帧开始地址,其功能定义如表 9-8 所列。

寄存器 CICOYSA1～4 的地址:0x78000018～0x78000024,复位值:0x00000000,可读/写。

表 9-8　编解码器输出 Y1～Y4 开始地址寄存器位功能定义

CICOYSA1～4	位	描　述	初始状态	M	L
CICOYSA1～4	[31:0]	无隔行 Y,隔行 YCbCr,RGB:第 1～4 帧开始地址	0	O	X

7. 编解码器输出 Cb1～4 开始地址寄存器

编解码器输出 Cb1～4 开始地址寄存器用于设置编解码器 DMA 的 Cb 第 1～4 帧开始地址,其功能定义如表 9-9 所列。

寄存器 CICOCBASA1～4 的地址:0x78000028～0x78000034,复位值:0x00000000,可读/写。

表 9-9　编解码器输出 Cb1～4 开始地址寄存器位功能定义

CICOCBASA1～4	位	描　述	初始状态	M	L
CICOCBASA1～4	[31:0]	编解码器 DMA 的 Cb 第 1～4 帧开始地址	0	O	X

8. 编解码器输出 Cr1～4 开始地址寄存器

编解码器输出 Cr1～4 开始地址寄存器用于设置编解码器 DMA 的 Cr 第 1～4 帧开始地址,其功能定义如表 9-10 所列。

寄存器 CICOCRASA1～4 的地址:0x78000038～0x78000044,复位值:0x00000000,可读/写。

表 9-10　编解码器输出 Cr1～4 开始地址寄存器位功能定义

CICOCRASA1～4	位	描　述	初始状态	M	L
CICOCRASA1～4	[31:0]	编解码器 DMA 的 Cr 第 1～4 帧开始地址	0	O	X

9. 编解码器目标格式寄存器

编解码器目标格式寄存器用于设置编解码器 DMA 目标图像的格式，其功能定义如表 9－11 所列。

寄存器 CICOTRGFMT 的地址：0x78000048，复位值：0x00000000，可读/写。

表 9－11　编解码器目标格式寄存器位功能定义

CICOTRGFMT	位	描　述	初始状态	M	L
保留	[31]	保留	0	X	X
OutFormat_Co	[30:29]	00:YCbCr4:2:0 编解码器输出图像格式(无隔行) 01:YCbCr4:2:2 编解码器输出图像格式(无隔行) 10:YCbCr4:2:2 编解码器输出图像格式(隔行) 11:RGB 编解码器输出图像格式	0	O	O
TargetHsize_Co	[28:16]	编解码器 DMA 目标图像的垂直像素数(16 的倍数，最小值为 16)	0	O	O
FlipMd_Co	[15:14]	编解码器 DMA 图像镜像和旋转 00:常规 01:X 轴镜像 10:Y 轴镜像 11:180°旋转	0	O	O
保留	[13]	保留	0	O	O
TargetVsize_Co	[12:0]	编解码器 DMA 目标图像的水平像素数，最小值为 4	0	O	O

10. 编解码器 DMA 控制寄存器

编解码器 DMA 控制寄存器用于编解码器 DMA 相关寄存器功能控制，其功能定义如表 9－12 所列。

寄存器 CICOCTRL 的地址：0x7800004C，复位值：0x00000000，可读/写。

表 9－12　编解码器 DMA 控制寄存器位功能定义

CICOCTRL	位	描　述	初始状态	M	L
保留	[31:24]	保留	0	X	X
Yburst1_Co	[23:19]	编解码器 Y 帧的主突发脉冲长度	0	O	O
Yburst2_Co	[18:14]	编解码器 Y 帧的余突发脉冲长度	0	O	O
Cburst1_Co	[13:9]	编解码器 Cb/Cr 帧的主突发长度	0	O	O
Cburst2_Co	[8:4]	编解码器 Cb/Cr 帧的余突发脉冲长度	0	O	O
保留	[3]	保留	0	X	X
LastIRQEn_Co	[2]	1:在帧捕捉末尾 LastIRQ 使能 0:常规	0	X	X

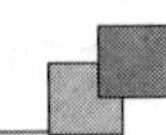

续表 9-12

CICOCTRL	位	描　述		初始状态	M	L
Order422_Co	[1:0]	隔行格式 YCbCr4:2:2 输出指定储存类型		0	O	O
			LSB　　MSB			
		00	Y0Cb0Y1Cr0			
		01	Y0 Cr0Y1 Cb0			
		10	Cb0Y0 Cr0Y1			
		11	Cr0Y0Cb0Y1			

11. 编解码器预览缩放控制寄存器 1

编解码器预览缩放控制寄存器 1 用于预先缩放比例因子控制，其功能定义如表 9-13 所列。

寄存器 CICOSCPRERATIO 的地址：0x78000050，复位值：0x00000000，可读/写。

表 9-13　编解码器预览缩放控制寄存器 1 位功能定义

CICOSCPRERATIO	位	描　述	初始状态	M	L
SHfactor_Co	[31:28]	编解码器预览缩放的转移因子	0	O	O
保留	[27:23]	保留	0	X	X
PreHorRatio_Co	[22:16]	编解码器预览缩放的水平比例	0	O	O
保留	[15:7]	保留	0	X	X
PreVorRatio_Co	[6:0]	编解码器预览缩放的垂直比例	0	O	O

12. 编解码器预览缩放控制寄存器 2

编解码器预缩放控制寄存器 2 用于预先缩放目标尺寸控制，其功能定义如表 9-14 所列。

寄存器 CICOSCPREDST 的地址：0x78000054，复位值：0x00000000，可读/写。

表 9-14　编解码器预览缩放控制寄存器 1 位功能定义

CICOSCPREDST	位	描　述	初始状态	M	L
保留	[31:28]	保留	0	X	X
PreDstWidth_Co	[27:16]	编解码器预缩放的目标宽度	0	X	O
保留	[15:12]	保留	0	X	X
PreDstHeight_Co	[11:0]	编解码器预缩放的目标高度	0	X	O

13. 编解码器主缩放控制寄存器

编解码器主缩放控制寄存器用于主缩放器尺寸控制，其功能定义如表 9-15 所列。

寄存器 CICOSCCTRL 的地址：0x78000058，复位值：0x18000000，可读/写。

表 9-15　编解码器主缩放控制寄存器位功能定义

CICOSCCTRL	位	描　述	初始状态	M	L
ScalerBypass_Co	[31]	编解码器缩放旁路。这种情况下，ImgCptEn_CoSC 须为 0，ImgCptEn 须为 1。 通常此模式用于大型图片进行最大尺寸缩放，适用于数码相机。不建议用于捕捉预览图像。 输入像素缓冲区仅由输入 FIFO 决定，因此该模式的系统总线不能过忙。 ScalerBypass 有一些约束，不可以进行尺寸缩放、彩色空间转换及旋转、MSDMA 内存输入图像。输入输出格式仅允许 YCbCr 非隔行 4:2:0/4:2:2 和隔行的 4:2:2	0	O	O
ScaleUp_H_Co	[30]	编解码器缩放的横向大/小缩放标志。 1:大 0:小	0	O	O
ScaleUp_V_Co	[29]	编解码器缩放的纵向大/小缩放标志。 1:大 0:小	0	O	O
CSCR2Y_c	[28]	彩色空间 RGB 向 YCbCr 转换的 YcbCr 数据动态范围选择 1:大范围=>Y/Cb/Cr(0～255):默认范围为大范围 0:小范围=>Y(16～235)，Cb/Cr(16～240)	1	O	O
CSCY2R_c	[27]	彩色空间 YCbCr 向 RGB 转换的 YcbCr 数据动态范围选择 1:大范围=>Y/Cb/Cr(0～255):默认范围为大范围 0:小范围=>Y(16～235)，Cb/Cr(16～240)	1	O	O
LCDPathEn_Co	[26]	FIFO 模式使能。 1:FIFO 模式 0:DMA 模式	0	O	O
Interlace_Co	[25]	FIFO 模式输出扫描方式选择寄存器。 1:隔行扫描 0:逐行扫描。 在 DMA 模式下，无论此位置何值都进行逐行扫描。 当从相机处理器输入图像数据时不允许采用此模式	0	O	O
MainHorRatio_Co	[24:16]	编解码器主缩放器的横向缩放比例	0	O	O
CoScalerStart	[15]	编解码器缩放启动 1:开始缩放 0:停止缩放	0	O	O

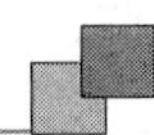

续表 9-15

CICOSCCTRL	位	描　述	初始状态	M	L
InRGB_FMT_Co	[14:13]	向编解码器路径输入 RGB 格式的 MSDMA 00:RGB565 01:RGB666 10:RGB888 11:保留	0	O	O
OutRGB_FMT_Co	[12:11]	编解码器写入 DMA 的输出 RGB 格式 00:RGB565 01:RGB666 10:RGB888 11:保留	0	O	O
Ext_RGB_Co	[10]	编解码器路径 RGB565/666 模式向 RGB888 模式转换的输入 RGB 数据扩展使能位 1:扩展 0:常规 1)在 RGB565 模式下输入 R=5 位 10100—>10100101(扩展) 10100—>10100000(常规) 2)在 RGB666 模式下输入 R=6 位 101100—>10110010(扩展) 101100—>10110000(常规)	0	O	O
One2One_Co	[9:0]	非插值数据复制	0	O	O
MainVerRatio_Co	[8:0]	编解码器主缩放器的纵向缩放尺寸	0	O	O

14. 编解码器 DMA 目标区寄存器

编解码器 DMA 目标区寄存器用于 DMA 操作目标区空间控制，其功能定义如表 9-16 所列。

寄存器 CICOTAREA 的地址:0x7800005C，复位值:0x00000000，可读/写。

表 9-16　编解码器 DMA 目标区寄存器位功能定义

CICOTAREA	位	描　述	初始状态	M	L
保留	[31:26]	保留	0	X	X
CICOTAREA	[25:0]	编解码器 DMA 目标空间=目标水平尺寸×目标垂直尺寸	0	O	O

15. 编解码器状态寄存器

编解码器状态寄存器反应编解码器及通道状态，其功能定义如表 9-17 所列。

寄存器 CICOSTATUS 的地址:0x78000064，复位值:0x00000000，可读/写。

表 9-17　编解码器状态寄存器位功能定义

CICOSTATUS	位	描　述	初始状态	M	L
OvFiY_Co	[31]	编解码器 FIFOY 的溢出状态	0	X	X
OvFiCb_Co	[30]	编解码器 FIFO Cb 的溢出状态	0	X	X
OvFiCr_Co	[29]	编解码器 FIFO Cr 的溢出状态	0	X	X
VSYNC	[28]	相机 VSYNC 信号	0	X	X
FrameCnt_Co	[27:26]	编解码器 DMA 的帧计数	0	X	X
WinOfstEn_Co	[25]	窗口补偿使能状态	0	X	X
FlipMd_Co	[24:23]	编解码器 DMA 的翻转模式	0	X	X
ImgCptEn	[22]	摄像机接口的图像捕捉全局使能	0	X	X
ImgCptEn_CoSC	[21]	编解码器路径图像捕捉使能	0	X	X
VSYNC_A	[20]	外部相机 A 的 VSYNC 信号	X	X	X
保留	[19]	保留	X	X	X
保留	[18]	保留	X	X	X
FrameEnd_Co	[27:26]	编解码器帧操作结束后产生 FrameEnd_Co，置 0 可清除位 FrameEnd_Co	0	X	X
保留	[16:0]	保留	0	X	X

16. 预览器输出 Y1～4 开始地址寄存器

预览器输出 Y1～4 开始地址寄存器用于预览 DMA 的第 1～4 帧开始地址控制，其功能定义如表 9-18 所列。

寄存器 CIPRYSA1～4 的地址：0x7800006C～0x78000078，复位值：0x00000000，可读/写。

表 9-18　预览器输出 Y1～4 开始地址寄存器位功能定义

CIPRYSA1～4	位	描　述	初始状态	M	L
CIPRYSA1～4	[31:0]	非隔行 Y，隔行 YCbCr，RGB：第 1～4 帧开始地址	0	O	X

17. 预览器输出 Cb1～4 开始地址寄存器

预览器输出 Cb1～4 开始地址寄存器用于预览 DMA 的 Cb 第 1～4 帧开始地址控制，其功能定义如表 9-19 所列。

寄存器 CIPRCBSA1～4 的地址：0x7800007C～0x78000088，复位值：0x00000000，可读/写。

表 9-19　预览器输出 Cb1～4 开始地址寄存器位功能定义

CIPRCBSA1～4	位	描　述	初始状态	M	L
CIPRCBSA1～4	[31:0]	预览 DMA 的 Cb 第 1～4 帧开始地址	0	O	X

18. 预览器输出Cr1～4开始地址寄存器

预览器输出Cr1～4开始地址寄存器用于预览DMA的Cr第1～4帧开始地址控制，其功能定义如表9-20所列。

寄存器CIPRCRSA1～4的地址：0x7800008C～0x78000098，复位值：0x00000000，可读/写。

表9-20 预览器输出Cr1～4开始地址寄存器位功能定义

CIPRCRSA1～4	位	描 述	初始状态	M	L
CIPRCRSA1～4	[31:0]	预览DMA的Cr第1～4帧开始地址	0	O	X

19. 预览器目标格式寄存器

预览器目标格式寄存器用于预览DMA的目标图像格式控制，其功能定义如表9-21所列。

寄存器CIPRTRGFMT的地址：0x7800009C，复位值：0x00000000，可读/写。

表9-21 预览器目标格式寄存器位功能定义

CIPRTRGFMT	位	描 述	初始状态	M	L
保留	[31]	保留	0	X	X
OutFormat_Pr	[30:29]	00:YCbCr4:2:0预览输出图像格式(无隔行) 01:YCbCr4:2:2预览输出图像格式(无隔行) 10:YCbCr4:2:2预览输出图像格式(隔行) 11:RGB预览输出图像格式	0	O	O
TargetHsize_Pr	[28:16]	预览DMA目标图像的水平像素数(16的倍数，最小值为16)	0	O	O
FlipMd_Pr	[15:14]	预览DMA图像镜像和旋转 00:常规 01:X轴镜像 10:Y轴镜像 11:180°旋转	0	O	O
Rot90_Pr	[13]	1:顺时针旋转90° 0:旋转旁路	0	O	O
TargetVsize_Pr	[12:0]	预览DMA目标图像的垂直像素数，最小值为4	0	O	O

预览镜像和旋转寄存器值配置示意图如图9-18所示。

20. 预览器DMA控制寄存器

预览器DMA控制寄存器用于预览器DMA相关功能控制，其功能定义如表9-22所列。

寄存器CIPRCTRL的地址：0x780000A0，复位值：0x00000000，可读/写。

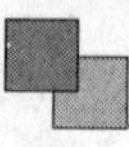

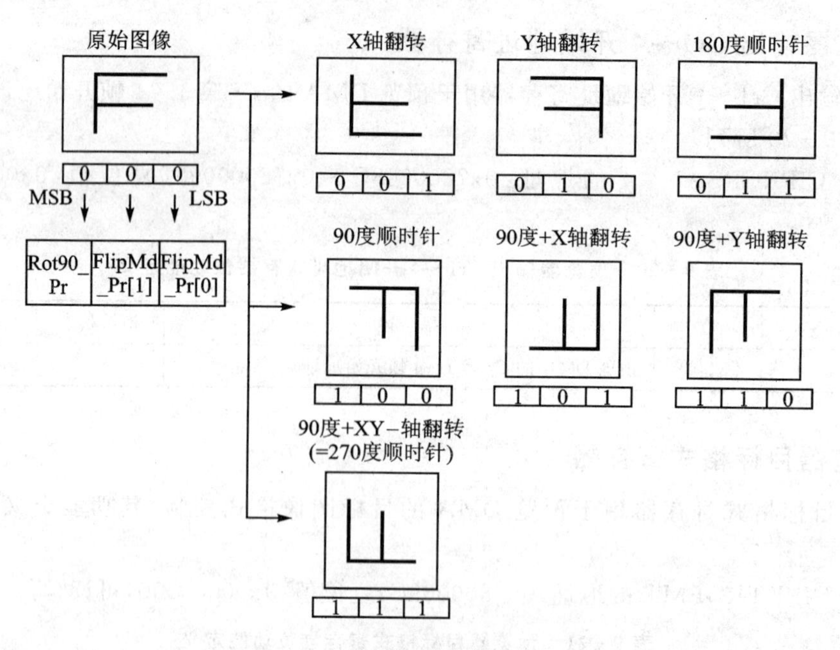

图 9－18　预览镜像和旋转示意图

表 9－22　预览目标格式寄存器位功能定义

CIPRCTRL	位	描　述	初始状态	M	L
保留	[31:24]	保留	0	X	X
Yburst1_Pr	[23:19]	预览 Y/RGB 帧的主突发脉冲长度	0	O	O
Yburst2_Pr	[18:14]	预览 Y/RGB 帧的余突发脉冲长度	0	O	O
Cburst1_Pr	[13:9]	预览 Cb/Cr 帧的主突发长度	0	O	O
Cburst2_Pr	[8:4]	预览 Cb/Cr 帧的余突发脉冲长度	0	O	O
保留	[3]	保留	0	X	X
LastIRQEn_Pr	[2]	1:在帧捕捉末尾 LastIRQ 使能 0:常规	0	X	X
Order422_Pr	[1:0]	隔行 YCbCr4:2:2 输出指定寄存器储存类型 LSB　　MSB 00　Y0Cb0Y1Cr0 01　Y0 Cr0Y1 Cb0 10　Cb0Y0 Cr0Y1 11　Cr0Y0Cb0Y1	0	O	O

21. 预览器预缩放控制寄存器 1

预览器预缩放控制寄存器 1 用于预先缩放比例因子控制，其功能定义如表 9－23 所列。寄存器 CIPRSCPRERATIO 的地址：0x780000A4，复位值：0x00000000，可读/写。

表 9-23 预览器预缩放控制寄存器1位功能定义

CIPRSCPRERATIO	位	描 述	初始状态	M	L
SHfactor_Pr	[31:28]	编解码器预览缩放的转移因子	0	O	O
保留	[27:23]	保留	0	X	X
PreHorRatio_Pr	[22:16]	编解码器预览缩放的水平比例	0	O	O
保留	[15:7]	保留	0	X	X
PreVorRatio_Pr	[6:0]	编解码器预览缩放的垂直比例	0	O	O

22. 预览器预缩放控制寄存器2

预览器预缩放控制寄存器2用于预先缩放目标尺寸控制，其功能定义如表9-24所列。寄存器CIPRSCPREDST的地址：0x780000A8，复位值：0x00000000，可读/写。

表 9-24 预览器预缩放控制寄存器2位功能定义

CIPRSCPREDST	位	描 述	初始状态	M	L
保留	[31:28]	保留	0	X	X
PreDstWidth_Pr	[27:16]	编解码器预缩放的目标宽度	0	X	O
保留	[15:12]	保留	0	X	X
PreDstHeight_Pr	[11:0]	编解码器预缩放的目标高度	0	X	O

23. 预览器主缩放控制寄存器

预览器主缩放控制寄存器用于主缩放器尺寸控制，其功能定义如表9-25所列。寄存器CIPRSCCTRL的地址：0x780000AC，复位值：0x18000000，可读/写。

表 9-25 预览器器主缩放控制寄存器位功能定义

CIPRSCCTRL	位	描 述	初始状态	M	L
ScalerBypass_Pr	[31]	预览器缩放旁路。 这种情况下，ImgCptEn_PrSC须为0，ImgCptEn须为1。 ScalerBypass有一些约束，不可以进行尺寸缩放、彩色空间转换及旋转。输入输出格式允许YCbCr非隔行4:2:0/4:2:2和隔行的4:2:2	0	O	O
ScaleUp_H_Pr	[30]	预览器缩放的横向大/小缩放标志。 1:大 0:小	0	O	O
ScaleUp_V_Pr	[29]	预览器缩放的纵向大/小缩放标志。 1:大 0:小	0	O	O

续表 9-25

CIPRSCCTRL	位	描 述	初始状态	M	L
CSCR2Y_Pr	[28]	彩色空间 RGB 向 YCbCr 转换的 YcbCr 数据动态范围选择 1:大范围=>Y/Cb/Cr(0～255):默认范围为大范围 0:小范围=>Y(16～235), Cb/Cr(16～240)	1	O	O
CSCY2R_Pr	[27]	彩色空间 YCbCr 向 RGB 转换的 YcbCr 数据动态范围选择 1:大范围=>Y/Cb/Cr(0～255):默认范围为大范围 0:小范围=>Y(16～235), Cb/Cr(16～240)	1	O	O
LCDPathEn_Pr	[26]	FIFO 模式使能。 1:FIFO 模式 0:DMA 模式	0	O	O
Interlace_Pr	[25]	FIFO 模式输出扫描方式选择寄存器。 1:隔行扫描 0:逐行扫描 在 DMA 模式下,无论此位置何值都进行逐行扫描。 当从相机处理器输入图像数据时不允许采用此模式	0	O	O
MainHorRatio_Pr	[24:16]	预览器主缩放器的横向缩放比例	0	O	O
PrScalerStart	[15]	预览器缩放启动 1:开始缩放 0:停止缩放	0	O	O
InRGB_FMT_Pr	[14:13]	向预览码器路径输入 RGB 格式的 MSDMA 00:RGB565 01:RGB666 10:RGB888 11:保留	0	O	O
OutRGB_FMT_Pr	[12:11]	预览器写入 DMA 的输出 RGB 格式 00:RGB565 01:RGB666 10:RGB888 11:保留	0	O	O

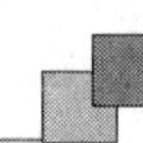

续表 9-25

CIPRSCCTRL	位	描　述	初始状态	M	L
Ext_RGB_Pr	[10]	预览器路径 RGB565/666 模式向 RGB888 模式转换的输入 RGB 数据扩展使能位 1:扩展 0:常规 1)在 RGB565 模式下输入 R=5 位 10100—>10100101(扩展) 10100—>10100000(常规) 2)在 RGB666 模式下输入 R=6 位 101100—>10110010(扩展) 101100—>10110000(常规)	0	O	O
One2One_Pr	[9:0]	非插值数据复制	0	O	O
MainVerRatio_Pr	[8:0]	预览器主缩放器的纵向缩放尺寸	0	O	O

24. 预览器 DMA 目标区寄存器

预览器 DMA 目标区寄存器用于 DMA 操作目标区空间控制，其功能定义如表 9-26 所列。

寄存器 CIPRTAREA 的地址:0x780000B0,复位值:0x00000000,可读/写。

表 9-26　预览器 DMA 目标区寄存器位功能定义

CIPRTAREA	位	描　述	初始状态	M	L
保留	[31:26]	保留	0	X	X
CIPRTAREA	[25:0]	预览器 DMA 目标空间=目标水平尺寸×目标垂直尺寸	0	O	O

25. 预览器状态寄存器

预览器状态寄存器反应预览器及通道状态，其功能定义如表 9-27 所列。

寄存器 CIPRSTATUS 的地址:0x780000B8,复位值:0x00000000,可读/写。

表 9-27　预览器状态寄存器位功能定义

CIPRSTATUS	位	描　述	初始状态	M	L
OvFiY_Pr	[31]	预览器 FIFOY 的溢出状态	0	X	X
OvFiCb_Pr	[30]	预览器 FIFO Cb 的溢出状态	0	X	X
OvFiCr_Pr	[29]	预览器 FIFO Cr 的溢出状态	0	X	X
保留	[28]	保留	0	X	X
FrameCnt_Pr	[27:26]	预览器 DMA 的帧计数	0	X	X
保留	[25]	保留	0	X	X
FlipMd_Pr	[24:23]	预览器 DMA 的翻转模式	0	X	X
保留	[22]	保留	0	X	X

续表 9-27

CIPRSTATUS	位	描 述	初始状态	M	L
ImgCptEn_PrSC	[21]	预览器路径图像捕捉使能	0	X	X
OvRLB_Pr	[20]	预览路径用于旋转的行缓存溢出状态	X	X	X
保留	[19]	保留	X	X	X
保留	[18]	保留	X	X	X
FrameEnd_Pr	[27:26]	预览器帧操作结束后产生 FrameEnd_Co,置0可清除位 FrameEnd_Co	0	X	X
保留	[16:0]	保留	0	X	X

26. 图像捕捉使能寄存器

图像捕捉使能寄存器用来使能图像捕捉命令,其功能定义如表 9-28 所列。

寄存器 CIMGCPT 的地址:0x780000C0,复位值:0x00000000,可读/写。

表 9-28 图像捕捉使能寄存器位功能定义

CIMGCPT	位	描 述	初始状态	M	L
ImgCptEn	[31]	摄像机接口全局捕捉使能	0	X	O
ImgCptEn_CoSC	[30]	编解码器缩放捕捉使能。在编解码器缩放旁路模式下,此位必须为0	0	X	O
ImgCptEn_PrSC	[21]	预览器缩放捕捉使能。在预览器缩放旁路模式下,此位必须为0	0	O	O
保留	[28:26]	保留	0	X	X
Cpt_FrEn_Co	[25]	捕捉编解码器帧控制(只适用摄像机输入) 1:使能(一步一步帧连拍模式) 0:禁用(自由运行模式)	0	X	O
Cpt_FrEn_Pr	[24]	捕捉预览帧控制(只适用摄像机输入) 1:使能(一步一步帧连拍模式) 0:禁用(自由运行模式)	0	X	O
Cpt_FrPtr	[23:19]	捕捉序列扭转指针(预览器与编解码器通用)	0	X	X
Cpt_FrMod	[18]	帧捕捉控制模式(预览器与编解码器通用) 1:启用 Cpt_FrCnt 模式 0:启用 Cpt_FrEn 模式	0	X	X
Cpt_FrCnt	[17:10]	捕捉期望的帧	0	X	X
保留	[9:0]	保留	0	X	X

27. 捕捉控制序列寄存器

捕捉控制序列寄存器用于相关的摄像机图像捕捉序列模型控制,其功能定义如表 9-29 所列。

寄存器 CICPTSEQ 的地址:0x780000C4,复位值:0xFFFFFFFF,可读/写。

表 9-29　捕捉控制序列寄存器其功能定义

CICPTSEQ	位	描　述	初始状态	M	L
Cpt_FrSeq	[31:0]	相机序列模型	FFFFFFFF	X	X

帧捕捉控制的示意图如图 9-19 所示。

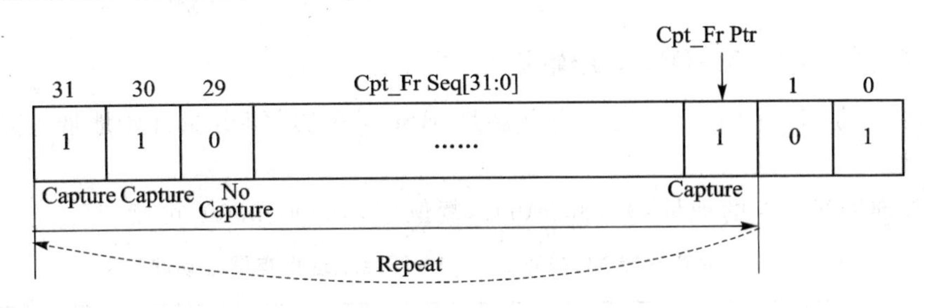

图 9-19　帧捕捉控制示意图

28. 图像效果寄存器

图像效果寄存器用于相关的图像效果控制,其功能定义如表 9-30 所列。

寄存器 CIIMGEFF 的地址:0x780000D0,复位值:0x00100080,可读/写。

表 9-30　图像效果寄存器位功能定义

CIIMGEFF	位	描　述	初始状态	M	L
IE_ON_Pr	[31]	在预览器路径内图像效果控制 0:禁用 1:使能	0	O	O
IE_ON_Pr	[30]	在编解码器路径内图像效果控制 0:禁用 1:使能	0	O	O
IE_AFTER_SC	[29]	图像效果位置 1:缩放后 0:缩放前	0	O	O
FIN	[28:26]	图像效果选择 3'd0:旁路 3'd1:任意 Cb/Cr 3'd2:负片 3'd3:艺术冰 3'd4:凹凸 3'd5:侧影	0	O	O
保留	[25:21]	保留	0	X	X
PAT_Cb	[20:13]	只用于图像效果选择是任意 Cb/Cr。 大的 CSC 范围:0≤PAT_Cb≤255 小的 CSC 范围:16≤PAT_Cb≤240	8'd128	O	O

续表 9-30

CIIMGEFF	位	描 述	初始状态	M	L
保留	[12:8]	保留	0	X	X
PAT_Cr	[7:0]	只用于图像效果选择是任意 Cb/Cr。 大的 CSC 范围:0≤PAT_Cb≤255 小的 CSC 范围:16≤PAT_Cb≤240	8'd128	O	O

29. 编解码器 Y0 的 MSDMA 开始地址寄存器

编解码器 Y 的 MSDMA 开始地址寄存器是 MSDMA 的 Y0 分量开始地址,其功能定义如表 9-31 所列。

寄存器 MSCOY0SA 的地址:0x780000D4,复位值:0x00000000,可读/写。

表 9-31 编解码器 Y0 信号 MSDMA 开始地址寄存器位功能定义

MSCOY0SA	位	描 述	初始状态	M	L
保留	[31]	保留	0	X	X
MSCOY0SA	[30:0]	Y 分量的 DMA 开始地址(非隔行 YCbCr4:2:0/4:2:2) 隔行 YCbCr4:2:2 或 RGB 分量的 DMA 开始地址	0	O	X

30. 编解码器 Cb0 的 MSDMA 开始地址寄存器

编解码器 Cb 的 MSDMA 开始地址寄存器是 MSDMA 的 Cb0 分量开始地址,其功能定义如表 9-32 所列。

寄存器 MSCOCB0SA 的地址:0x780000D8,复位值:0x00000000,可读/写。

表 9-32 编解码器 Cb0 的 MSDMA 开始地址寄存器位功能定义

MSCOCB0SA	位	描 述	初始状态	M	L
保留	[31]	保留	0	X	X
MSCOCB0SA	[30:0]	Cb 分量的 DMA 开始地址	0	O	X

31. 编解码器 Cr0 的 MSDMA 开始地址寄存器

编解码器 Cr 的 MSDMA 开始地址寄存器是 MSDMA 的 Cr0 分量开始地址,其功能定义如表 9-33 所列。

寄存器 MSCOCR0SA 的地址:0x780000DC,复位值:0x00000000,可读/写。

表 9-33 编解码器 Cr0 的 MSDMA 开始地址寄存器位功能定义

MSCOCR0SA	位	描 述	初始状态	M	L
保留	[31]	保留	0	X	X
MSCOCR0SA	[30:0]	Cr 分量的 DMA 开始地址	0	O	X

32. 编解码器 Y0 的 MSDMA 结束地址寄存器

编解码器 Y0 的 MSDMA 结束地址寄存器是 MSDMA 的 Y0 分量结束地址，其功能定义如表 9-34 所列。

寄存器 MSCOY0END 的地址：0x780000E0，复位值：0x00000000，可读/写。

表 9-34 编解码器 Y0 的 MSDMA 结束地址寄存器位功能定义

MSCOY0END	位	描　述	初始状态	M	L
保留	[31]	保留	0	X	X
MSCOY0END	[30:0]	Y 分量的 DMA 结束地址 隔行 YCbCr4:2:2 或 RGB 分量的 DMA 结束地址	0	O	X

33. 编解码器 Cb0 的 MSDMA 结束地址寄存器

编解码器 Cb0 的 MSDMA 结束地址寄存器是 MSDMA 的 Cb0 分量结束地址，其功能定义如表 9-35 所列。

寄存器 MSCOCB0END 的地址：0x780000E4，复位值：0x00000000，可读/写。

表 9-35 编解码器 Cb0 的 MSDMA 结束地址寄存器位功能定义

MSCOCB0END	位	描　述	初始状态	M	L
保留	[31]	保留	0	X	X
MSCOCB0END	[30:0]	Cb 分量的 DMA 结束地址	0	O	X

34. 编解码器 Cr0 的 MSDMA 结束地址寄存器

编解码器 Cr0 的 MSDMA 结束地址寄存器是 MSDMA Cr0 分量结束地址，其功能定义如表 9-36 所列。

寄存器 MSCOCR0END 的地址：0x780000E8，复位值：0x00000000，可读/写。

表 9-36 编解码器 Cr0 的 MSDMA 结束地址寄存器位功能定义

MSCOCR0END	位	描　述	初始状态	M	L
保留	[31]	保留	0	X	X
MSCOCR0END	[30:0]	Cr 分量的 DMA 结束地址	0	O	X

35. 编解码器 Y 的 MSDMA 补偿寄存器

编解码器 Y 的 MSDMA 补偿寄存器用于 Y 分量补偿值设置，其功能定义如表 9-37 所列。

寄存器 MSCOYOFF 的地址：0x780000EC，复位值：0x00000000，可读/写。

表 9-37 编解码器 Y 的 MSDMA 补偿寄存器位功能定义

MSCOYOFF	位	描　述	初始状态	M	L
保留	[31:24]	保留	0	X	X

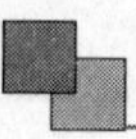

续表 9-37

MSCOYOFF	位	描 述	初始状态	M	L
MSCOYOFF	[23:0]	提取源图像的 Y 分量补偿 提取源图像的隔行 YCbCr4:2:2 或 RGB 分量的补偿	0	O	X

36. 编解码器 Cb 的 MSDMA 补偿寄存器

编解码器 Cb 的 MSDMA 补偿寄存器用于 Cb 分量补偿值设置，其功能定义如表 9-38 所列。

寄存器 MSCOCBOFF 的地址：0x780000F0，复位值：0x00000000，可读/写。

表 9-38 编解码器 Cb 的 MSDMA 补偿寄存器位功能定义

MSCOCBOFF	位	描 述	初始状态	M	L
保留	[31:24]	保留	0	X	X
MSCOCB0OFF	[23:0]	提取源图像的 Cb 分量补偿	0	O	X

37. 编解码器 Cr 的 MSDMA 补偿寄存器

编解码器 Cr 的 MSDMA 补偿寄存器用于 Cr 分量补偿值设置，其功能定义如表 9-39 所列。

寄存器 MSCOCBOFF 的地址：0x780000F0，复位值：0x00000000，可读/写。

表 9-39 编解码器 Cr 的 MSDMA 补偿寄存器位功能定义

MSCOCROFF	位	描 述	初始状态	M	L
保留	[31:24]	保留	0	X	X
MSCOCB0OFF	[23:0]	提取源图像的 Cr 分量补偿	0	O	X

38. 编解码器 MSDMA 源图像宽度寄存器

编解码器 MSDMA 源图像宽度寄存器其功能定义如表 9-40 所列。

寄存器 MSCOWIDTH 的地址：0x780000F8，复位值：0x00000000，可读/写。

表 9-40 编解码器 MSDMA 源图像宽度寄存器位功能定义

MSCOWIDTH	位	描 述	初始状态	M	L
AutoLoadEnable	[31]	0:不能自动下载 1:可以自动下载	0	O	X
ADDR_CH_DIS	[30]	MSDMA 地址改变使能（只针对软件触发模式） 0:可以改变地址 1:不能改变地址	0	O	X
保留	[29:28]	保留	0	X	X
MSCOHEIGHT	[27:16]	MSDMA 源图像纵向像素尺寸，最小值是 8。须是 PreVerRatio 的倍数	0	O	X

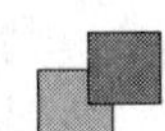

续表 9-40

MSCOWIDTH	位	描　述	初始状态	M	L
保留	[15:12]	保留	0	X	X
MSCOWIDTH	[11:0]	MSDMA 源图像横向像素尺寸。 (须为 8 的倍数,须是 PreHorRatio 4 的倍数,最小值是 16)	0	O	X

39. 编解码器的 MSDMA 控制寄存器

编解码器的 MSDMA 控制寄存器其功能定义如表 9-41 所列。

寄存器 MSCOCTRL 的地址:0x780000FC,复位值:0x00000000,可读/写。

表 9-41　编解码器的 MSDMA 控制寄存器位功能定义

MSCOCTRL	位	描　述	初始状态	M	L
保留	[31:7]	保留	0	X	X
EOF_M_C	[6]	MSDMA 运行完成后,将产生 EndOfFrame(只读)	0	O	X
Order422_M_C	[5:4]	当源 MSDMA 图像是隔行 YCbCr4:2:2 时,隔行 YCbCr4:2:2 输入指定类型 [4:3]　LSB　MSB 00　Y0Cb0Y1Cr0 01　Y0Cr0Y1Cb0 10　Cb0Y0Cr0Y1 11　Cr0Y0Cb0Y1	0	O	X
SEL_DMA_CAM_C	[3]	编解码器路径输入数据选择 0:外部摄像机输入路径 1:存储器数据输入路径(MSDMA)	0	O	X
InFormat_M_C	[2:1]	MSDMA 源图像格式 00:YCbCr4:2:0 01:YCbCr4:2:0(非隔行) 10:YCbCr4:2:2(隔行) 11:RGB	0	O	X
ENVID_M_C	[0]	MSDMA 操作开始,硬件不会自动清零,仅对软件触发模式有效 如果是硬件触发模式,此位为只读模式。 1) SEL_DMA_CAM=0,ENVID 无需要考虑 2) SEL_DMA_CAM=1,ENVID 被设置(由 0 到 1),然后 MSDMA 开始编解码器启动	0	O	X

40. 预览器 Y0 的 MSDMA 开始地址寄存器

预览器 Y0 的 MSDMA 开始地址寄存器是 MSDMA 的 Y0 分量开始地址,其功能定义如表 9-42 所列。

寄存器 MSPRY0SA 的地址:0x78000100,复位值:0x00000000,可读/写。

表 9-42　预览器 Y0 的 MSDMA 开始地址寄存器位功能定义

MSCOY0SA	位	描　述	初始状态	M	L
保留	[31]	保留	0	X	X
MSPRY0SA	[30:0]	Y 分量的 DMA 开始地址(非隔行 YCbCr4:2:0/4:2:2) 隔行 YCbCr4:2:2 或 RGB 分量的 DMA 开始地址	0	O	X

41. 编解码器 Cb0 的 MSDMA 开始地址寄存器

预览器器 Cb0 的 MSDMA 开始地址寄存器是 MSDMA 的 Cb0 分量开始地址,其功能定义如表 9-43 所列。

寄存器 MSPRCB0SA 的地址:0x78000104,复位值:0x00000000,可读/写。

表 9-43　编解码器 Cb0 的 MSDMA 开始地址寄存器位功能定义

MSPRCB0SA	位	描　述	初始状态	M	L
保留	[31]	保留	0	X	X
MSPRCB0SA	[30:0]	Cb 分量的 DMA 开始地址	0	O	X

42. 编解码器 Cr0 的 MSDMA 开始地址寄存器

预览器 Cr0 的 MSDMA 开始地址寄存器是 MSDMA 的 Cr0 分量开始地址,其功能定义如表 9-44 所列。

寄存器 MSCOCR0SA 的地址:0x78000108,复位值:0x00000000,可读/写。

表 9-44　编解码器 Cr0 的 MSDMA 开始地址寄存器位功能定义

MSCOCR0SA	位	描　述	初始状态	M	L
保留	[31]	保留	0	X	X
MSCOCR0SA	[30:0]	Cr 分量的 DMA 开始地址	0	O	X

43. 预览器 Y0 的 MSDMA 结束地址寄存器

预览器 Y0 的 MSDMA 结束地址寄存器是 MSDMA 的 Y0 分量结束地址,其功能定义如表 9-45 所列。

寄存器 MSPRY0END 的地址:0x7800010C,复位值:0x00000000,可读/写。

表 9-45　预览器 Y0 的 MSDMA 结束地址寄存器位功能定义

MSPRY0END	位	描　述	初始状态	M	L
保留	[31]	保留	0	X	X
MSPRY0END	[30:0]	Y 分量的 DMA 结束地址 隔行 YCbCr4:2:2 或 RGB 分量的 DMA 结束地址	0	O	X

44. 预览器Cb0的MSDMA结束地址寄存器

预览器Cb0的MSDMA结束地址寄存器是MSDMA的Cb0分量结束地址,其功能定义如表9-46所列。

寄存器MSPRCB0END的地址:0x78000110,复位值:0x00000000,可读/写。

表9-46 预览器Cb0的MSDMA结束地址寄存器位功能定义

MSPRCB0END	位	描 述	初始状态	M	L
保留	[31]	保留	0	X	X
MSPRCB0END	[30:0]	Cb分量的DMA结束地址	0	O	X

45. 编解码器Cr0的MSDMA结束地址寄存器

预览器Cr0的MSDMA结束地址寄存器是MSDMA的Cr0分量结束地址,其功能定义如表9-47所列。

寄存器MSPRCR0END的地址:0x78000114,复位值:0x00000000,可读/写。

表9-47 预览器Cr0的MSDMA结束地址寄存器位功能定义

MSPRCR0END	位	描 述	初始状态	M	L
保留	[31]	保留	0	X	X
MSPRCR0END	[30:0]	Cr分量的DMA结束地址	0	O	X

46. 预览器Y的MSDMA补偿寄存器

预览器Y的MSDMA补偿寄存器用于Y分量补偿值设置,其功能定义如表9-48所列。

寄存器MSPRYOFF的地址:0x78000118,复位值:0x00000000,可读/写。

表9-48 预览器Y的MSDMA补偿寄存器位功能定义

MSPRYOFF	位	描 述	初始状态	M	L
保留	[31:24]	保留	0	X	X
MSPRYOFF	[23:0]	提取源图像的Y分量补偿 提取源图像的隔行YCbCr4:2:2或RGB分量的补偿	0	O	X

47. 预览器Cb的MSDMA补偿寄存器

预览器Cb的MSDMA补偿寄存器用于Cb分量补偿值设置,其功能定义如表9-49所列。

寄存器MSPRCBOFF的地址:0x7800011C,复位值:0x00000000,可读/写。

表9-49 预览器Cb的MSDMA补偿寄存器位功能定义

MSPRCBOFF	位	描 述	初始状态	M	L
保留	[31:24]	保留	0	X	X
MSPRCB0OFF	[23:0]	提取源图像的Cb分量补偿	0	O	X

48. 预览器 Cr 的 MSDMA 补偿寄存器

预览器 Cr 的 MSDMA 补偿寄存器用于 Cr 分量补偿值设置，其功能定义如表 9-50 所列。

寄存器 MSPRCBOFF 的地址：0x78000120，复位值：0x00000000，可读/写。

表 9-50　预览器 Cr 的 MSDMA 补偿寄存器位功能定义

MSPRCROFF	位	描 述	初始状态	M	L
保留	[31:24]	保留	0	X	X
MSPRCB0OFF	[23:0]	提取源图像的 Cr 分量补偿	0	O	X

49. 预览器 MSDMA 源图像宽度寄存器

预览器 MSDMA 源图像宽度寄存器其功能定义如表 9-51 所列。

寄存器 MSPRWIDTH 的地址：0x78000124，复位值：0x00000000，可读/写。

表 9-51　预览器 MSDMA 源图像宽度寄存器位功能定义

MSPRWIDTH	位	描 述	初始状态	M	L
AutoLoadEnable	[31]	0：不能自动下载 1：可以自动下载	0	O	X
ADDR_CH_DIS	[30]	MSDMA 地址改变使能（只针对软件触发模式） 0：可以改变地址 1：不能改变地址	0	O	X
保留	[29:28]	保留	0	X	X
MSPRHEIGHT	[27:16]	MSDMA 源图像纵向像素尺寸，最小值是 8。须是 PreVerRatio 的倍数	0	O	X
保留	[15:12]	保留	0	X	X
MSPRWIDTH	[11:0]	MSDMA 源图像横向像素尺寸。 （须为 8 的倍数，须是 PreHorRatio 4 的倍数，最小值是 16）	0	O	X

50. 预览器的 MSDMA 控制寄存器

预览器的 MSDMA 控制寄存器其功能定义如表 9-52 所列。

寄存器 MSPRCTRL 的地址：0x78000128，复位值：0x00000000，可读/写。

表 9-52　预览器的 MSDMA 控制寄存器位功能定义

MSPRCTRL	位	描 述	初始状态	M	L
保留	[31:7]	保留	0	X	X
EOF_M_P	[6]	MSDMA 运行完成后，将产生 EndOfFrame（只读）	0	O	X

续表9-52

<table>
<tr><th>MSPRCTRL</th><th>位</th><th colspan="2">描 述</th><th>初始状态</th><th>M</th><th>L</th></tr>
<tr><td rowspan="6">Order422_M_P</td><td rowspan="6">[5:4]</td><td colspan="2">当源MSDMA图像是隔行YCbCr4:2:2时,隔行YCbCr4:2:2输入指定类型</td><td rowspan="6">0</td><td rowspan="6">O</td><td rowspan="6">X</td></tr>
<tr><td>[4:3]</td><td>LSB MSB</td></tr>
<tr><td>00</td><td>Y0Cb0Y1Cr0</td></tr>
<tr><td>01</td><td>Y0Cr0Y1Cb0</td></tr>
<tr><td>10</td><td>Cb0Y0Cr0Y1</td></tr>
<tr><td>11</td><td>Cr0Y0Cb0Y1</td></tr>
<tr><td>SEL_DMA_CAM_P</td><td>[3]</td><td colspan="2">预览器路径输入数据选择
0:外部摄像机输入路径
1:存储器数据输入路径(MSDMA)</td><td>0</td><td>O</td><td>X</td></tr>
<tr><td>InFormat_M_P</td><td>[2:1]</td><td colspan="2">MSDMA源图像格式
00:YCbCr4:2:0
01:YCbCr4:2:0(非隔行)
10:YCbCr4:2:2(隔行)
11:RGB</td><td>0</td><td>O</td><td>X</td></tr>
<tr><td>ENVID_M_P</td><td>[0]</td><td colspan="2">MSDMA操作开始,硬件不会自动清零,仅对软件触发模式有效
如果是硬件触发模式,此位为只读模式
1) SEL_DMA_CAM=0,ENVID无需要考虑
2) SEL_DMA_CAM=1,ENVID被设置(由0到1),然后MSDMA开始编解码器启动</td><td>0</td><td>O</td><td>X</td></tr>
</table>

地址段0x7800012C~0x78000140分别是编解码器Y、Cb、Cr扫描线补偿寄存器以及预览器Y、Cb、Cr扫描线补偿寄存器,限于篇幅,省略该部分寄存器功能介绍。如读者在实例设计中需要应用该寄存器,请参考三星公司相关文献。

9.4 硬件电路设计

本实例的CMOS摄像头硬件模块采用OV9650作为图像采集传感器。OV9650是Omni Vision公司的彩色CMOS图像传感器,可支持SXVGA,VGA,QVGA,QQVGA,CIF,QCIF,QQCIF模式和SCCB接口,并具有自动曝光控制、自动增益控制、自动白平衡、自动带通滤波、自动黑级校准等功能。OV9650的最大帧速率在VGA格式时为30 fps,在SXVGA格式时为15 fps。

9.4.1 图像采集传感器概述

OV9650图像采集传感器组件由1300×1028像素的图像传感器阵列、模拟信号处理器、模数转换器、数字信号处理器、数字视频接口、串行相机控制总线接口、时序发生器和输出格式器等组成，OV9650 功能框图如图 9－20 所示。

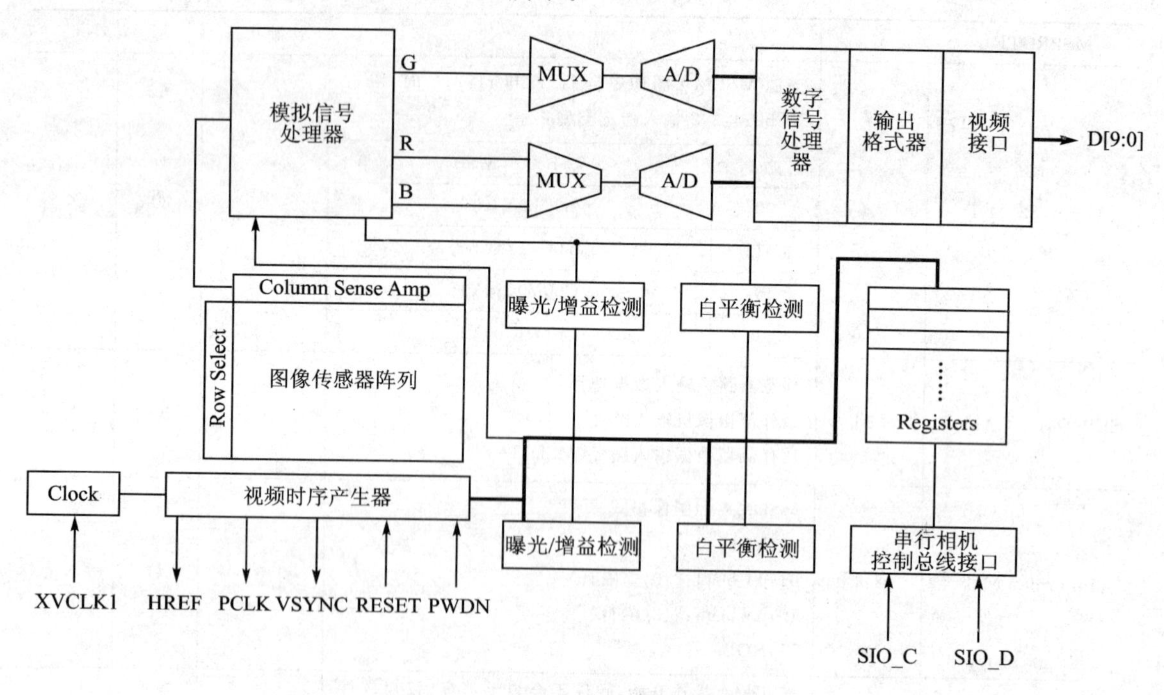

图 9－20　OV9650 图像传感器功能框图

1. OV9650 引脚功能描述

OV9650 图像传感器引脚功能如表 9－53 所列。

表 9－53　OV9650 引脚功能描述

引脚号	引脚名称	类型	功能描述
A1	PWDN	功能(默认 0)	掉电模式选择，高电平有效，内置下拉电阻. 0：普通模式 1：掉电模式
A2	AVDD	电源	模拟电路电源(2.45～2.8V)
A3	SIO_D	I/O	串行相机控制总线接口数据线
A4	D2	O	输出位 2～8 位 YUV 或 RGB565/555 的最低有效位
A5	D4	O	输出位 4
B1	VREF	参考电压	内部参考电压－通过 1 μF 电容对地连接
B2	NVDD	参考电压	参考电压
B3	AGND	电源	模拟电路地
B4	SIO_C	I	串行相机控制总线接口时钟输入线
B5	D3	O	输出位 3
C1	D0	O	输出位 0～10 位原始 RGB 数据的最低有效位
C2	DVDD	电源	数字核心逻辑电路电源(1.8V±10%)
C4	NC	—	空

续表 9－53

引脚号	引脚名称	类型	功能描述
C5	D5	O	输出位 5
D1	D1	O	输出位 1
D2	VSYNC	O	垂直同步信号输出
D4	NC	—	空
D5	NC	—	空
E1	HREF	O	HREF 信号输出
E2	DOVDD	Power	数字 I/O 电路电源(2.5～3.3 V)
E3	RESET	功能(默认 0)	寄存器值复位,高电平有效,内置下拉电阻
E4	D8	O	输出 8
E5	D6	O	输出 6
F1	PCLK	O	像素时钟输出
F2	XVCLK1	I	系统时钟输入
F3	DOGND	电源	数字 I/O 电路电源地
F4	D9	O	输出位 9～10 位原始 RGB 数据或 8 位 YUV 或 RGB565/555 最高有效位
F5	D7	O	输出位 9

注意:

〈1〉8 位 YUV 或 RGB565/555 最高有效位 D9,最低有效位 D2;

〈2〉10 位原始 RGB 数据最高有效位 D9,最低有效位 D0。

本例的采用生产商已经封装好的摄像头模块成品,该产品的软排线将 OV9650 图像传感器的 23 个有效外接功能引脚(空引脚未引出)——引出,方便与外部接口使用。

2. OV9650 相关时序概述

OV9650 支持 SXVGA,VGA,QVGA,QQVGA,CIF,QCIF,QQCIF 模式和 SCCB 接口,相关时序图如图 9－21～图 9－31 所示。

(1) 串行相机控制总线接口时序图

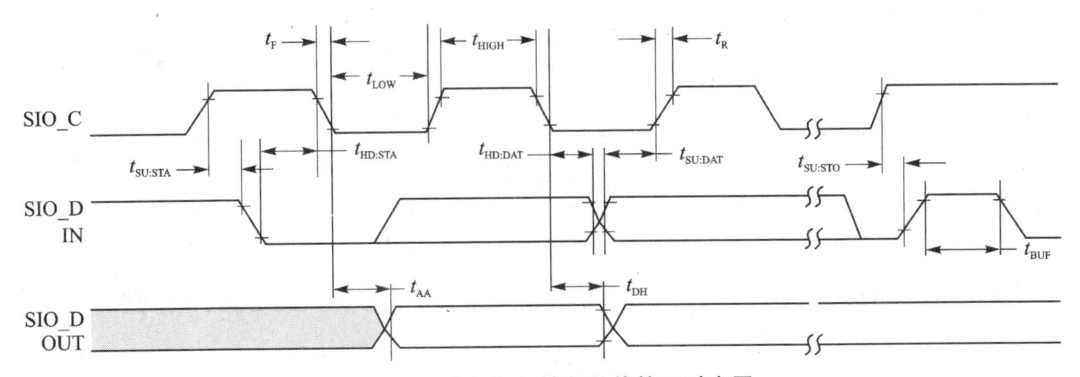

图 9－21　串行相机控制总线接口时序图

（2）Horizontal 时序图

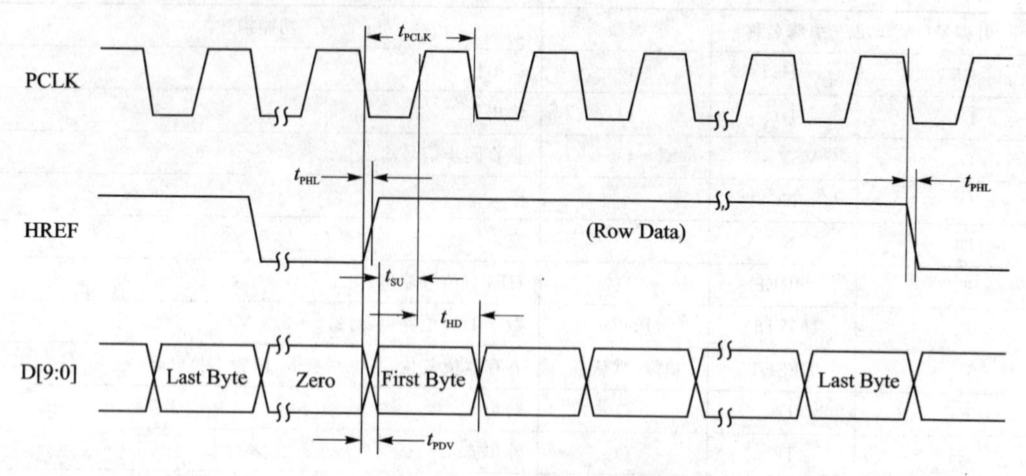

图 9－22　Horizontal 时序图

（3）SXGA 帧时序图

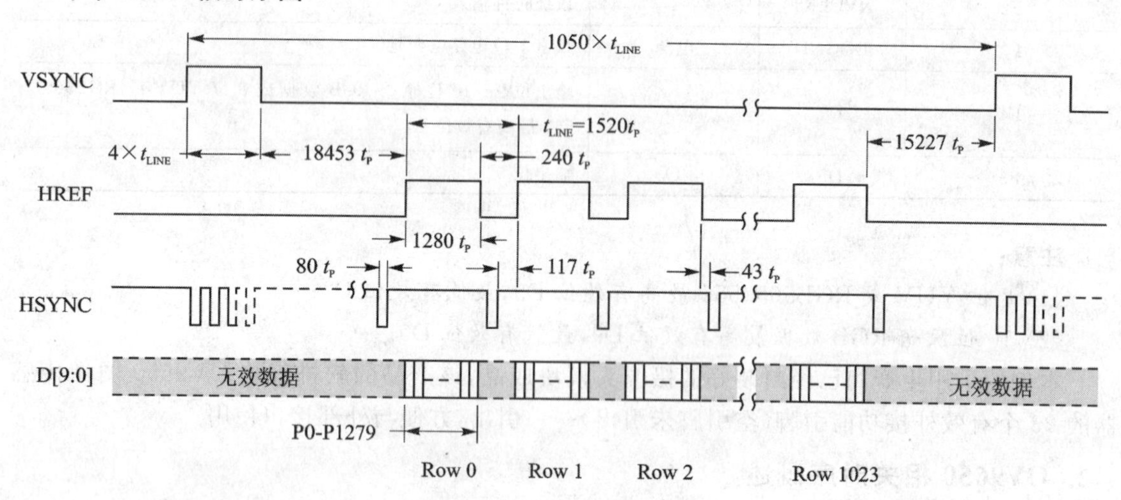

图 9－23　SXGA 帧时序图

（4）VGA 帧时序图

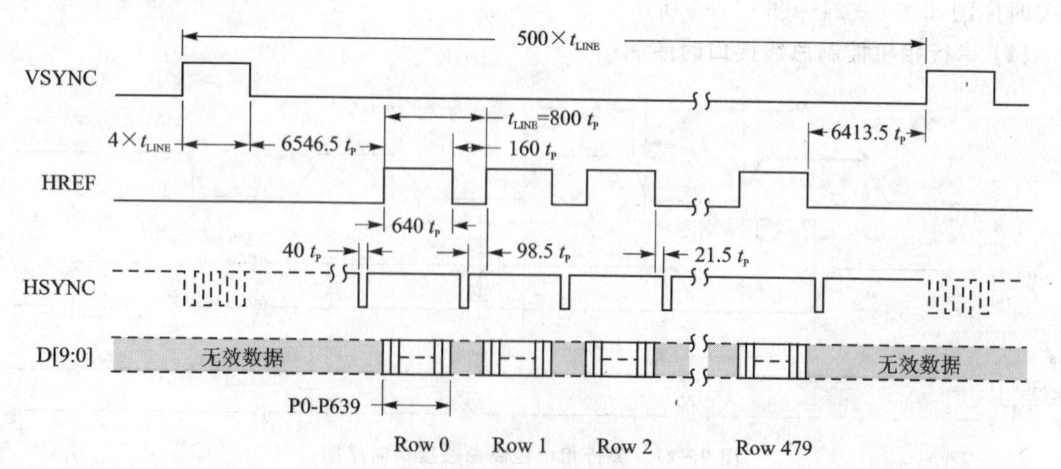

图 9－24　VGA 帧时序图

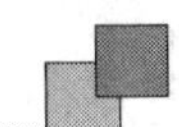

(5) QVGA 帧时序图

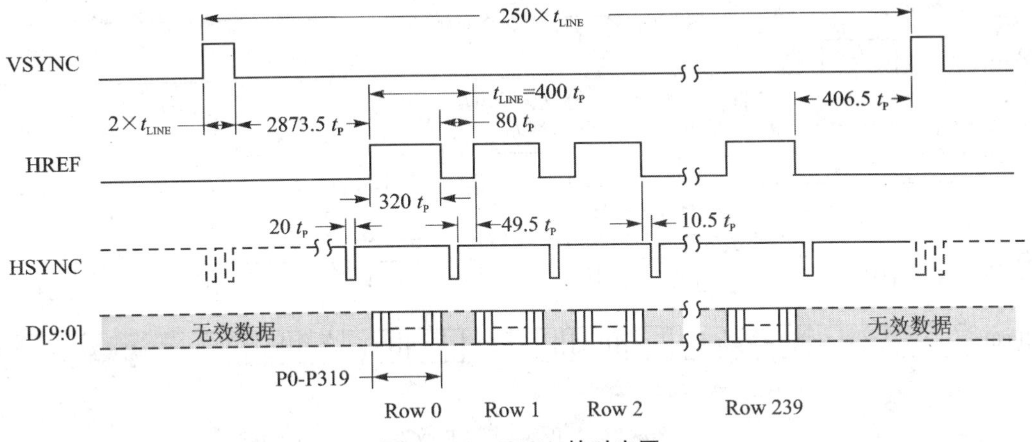

图 9-25　QVGA 帧时序图

(6) QQVGA 帧时序图

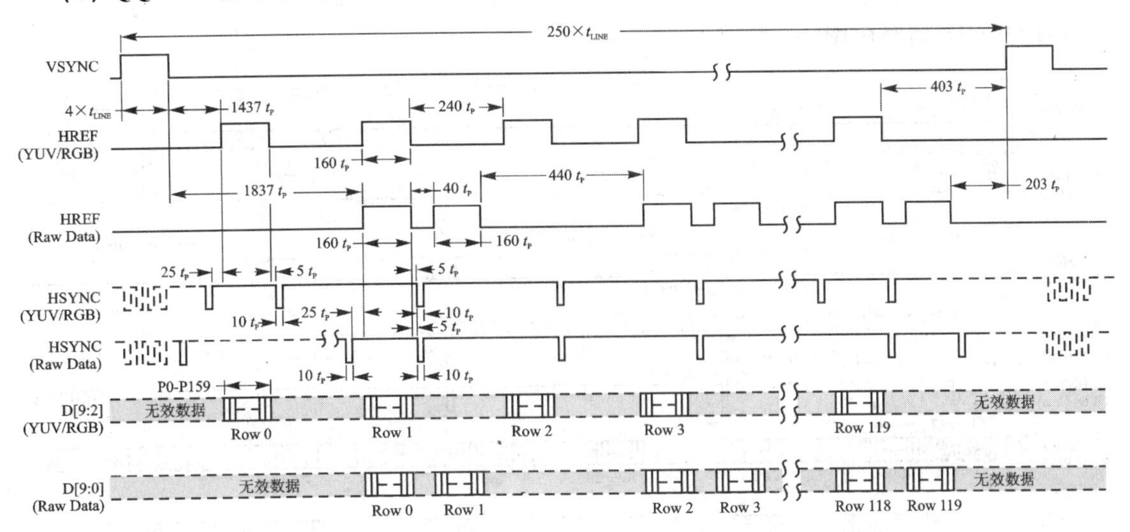

图 9-26　QQVGA 帧时序图

(7) CIF 帧时序图

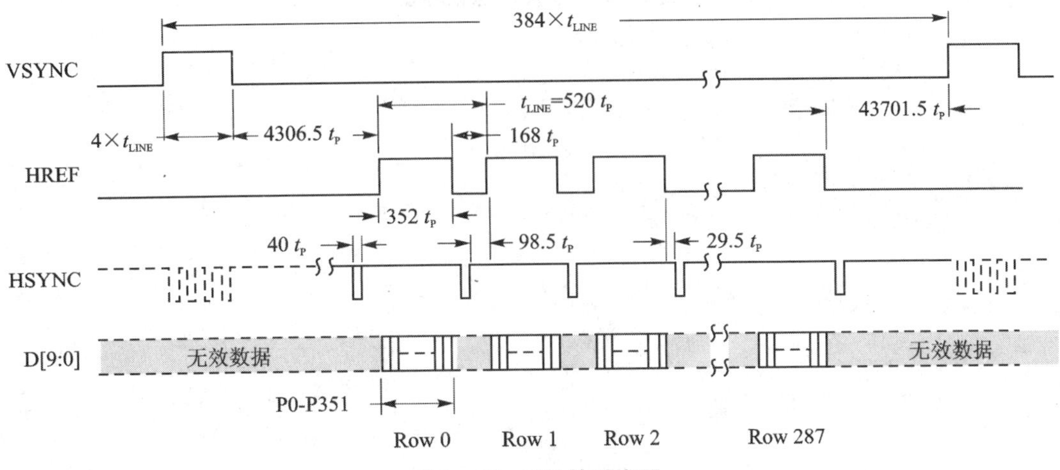

图 9-27　CIF 帧时序图

（8）QCIF 帧时序图

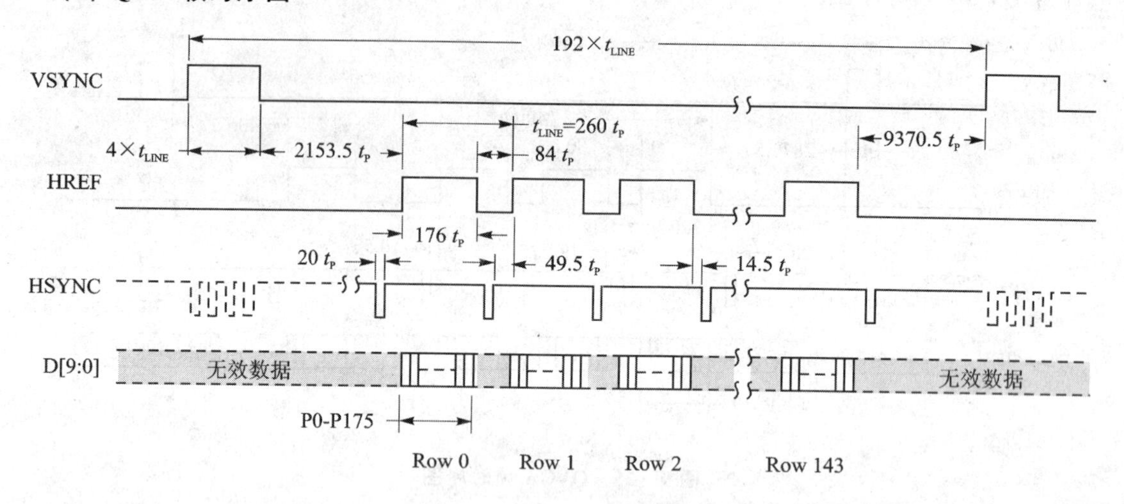

图 9－28　QCIF 帧时序图

（9）QQCIF 帧时序图

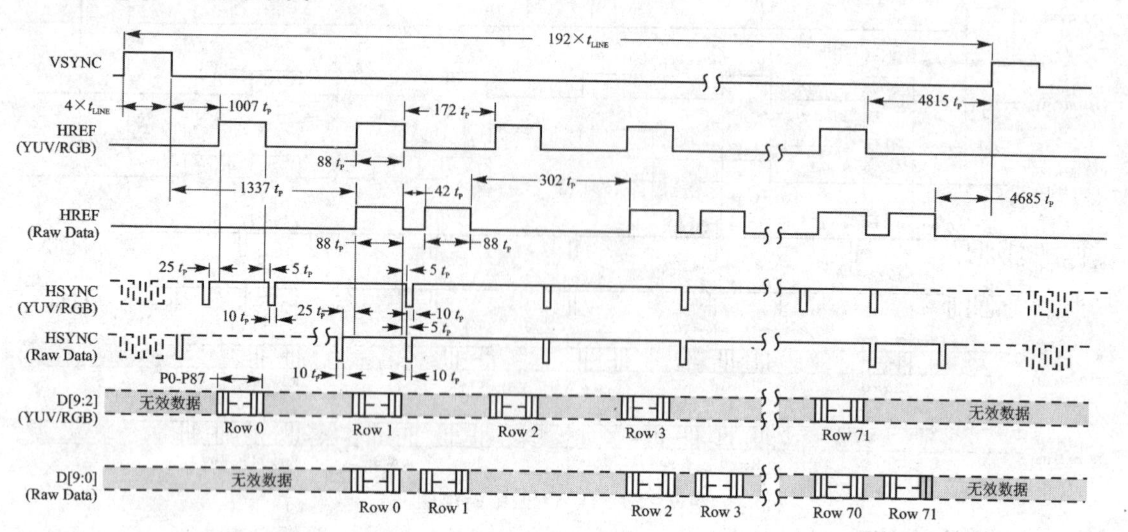

图 9－29　QQCIF 帧时序图

(10) RGB565 输出时序图

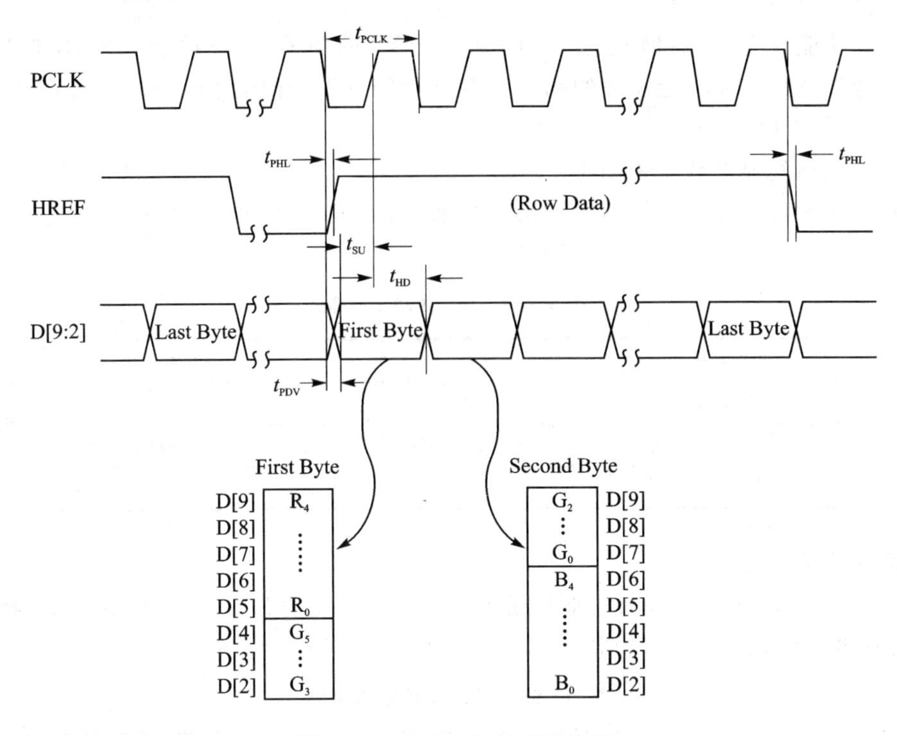

图 9-30　RGB565 输出时序图

(11) RGB555 输出时序图

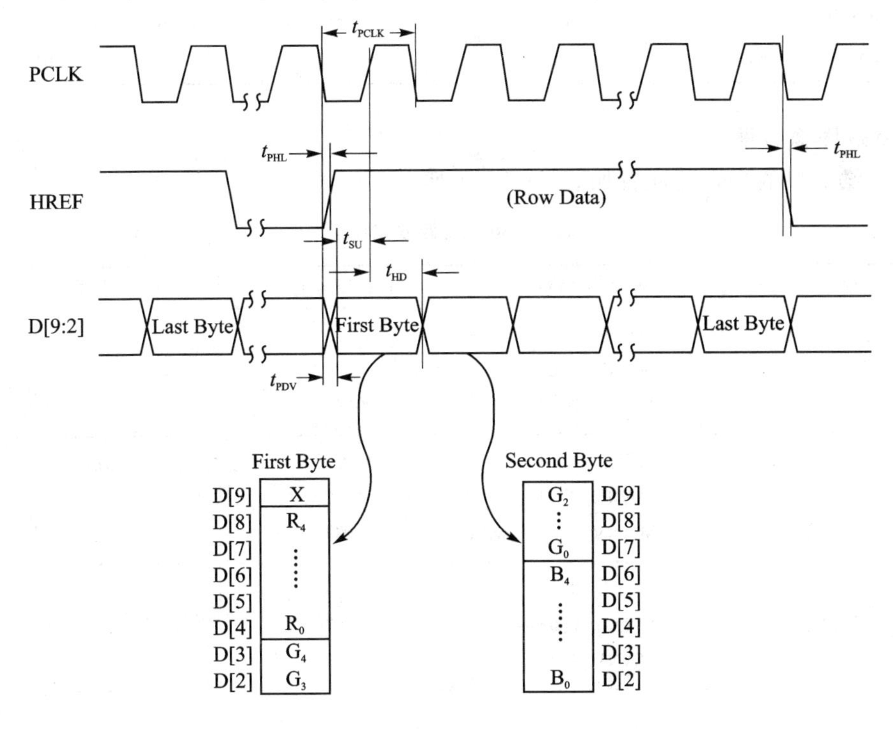

图 9-31　RGB555 输出时序图

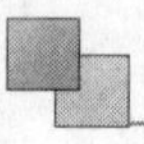

3. OV9650 寄存器配置概述

OV9650 功能配置需要通过地址 0x00～0xA5 的寄存器来控制。本小节简单介绍 OV9650 图像传感器主要功能模块的相关寄存器功能配置，详细的 OV9650 相关的设备控制寄存器配置请参考 OmniVision 官方资料。

(1) 串行相机控制总线 (SCCB)

OV9650 图像传感器通过使用串行相机控制总线协议来控制，主要通过如表 9-54 所列的寄存器完成。

表 9-54 SCCB 功能控制

控制功能描述	寄存器名称	寄存器地址
寄存器复位	COM7[7]	0x12
待机模式使能	COM2[4]	0x09
三态模式使能－D[9:0]	COM17[1]	0x42

(2) 数字视频接口

数字视频接口 D[9:0]，HREF，垂直同步信号及 PCLK 的 IOL/IOH 驱动电流调整控制通过 0x09 寄存器完成，如表 9-55 所列。

表 9-55 输出驱动电流控制

控制功能描述	寄存器名称	寄存器地址	寄存器值
1x IOL/IOH 使能	COM2[1:0]	0x09	2b'00
2x IOL/IOH 使能	COM2[1:0]	0x09	2b'01 or 2b'10
4x IOL/IOH 使能	COM2[1:0]	0x09	2b'11

(3) 特殊图像效果

特殊图像效果的寄存器配置如表 9-56 所列。

表 9-56 图像效果配置

模　式	寄存器名称	寄存器地址	寄存器值
常规颜色	TSLB[7:0] MANU[7:0] MANV[7:0]	0x3A 0x67 0x68	0x01 0x80 0x80
黑与白	TSLB[1:0] MANU[7:0] MANV[7:0]	0x3A 0x67 0x68	0x11 0x80 0x80
棕黑色	TSLB[1:0] MANU[7:0] MANV[7:0]	0x3A 0x67 0x68	0x11 0x40 0xA0

续表 9－56

模　式	寄存器名称	寄存器地址	寄存器值
腮红	TSLB[1:0] MANU[7:0] MANV[7:0]	0x3A 0x67 0x68	0x11 0xC0 0x80
淡红	TSLB[1:0] MANU[7:0] MANV[7:0]	0x3A 0x67 0x68	0x11 0x80 0xC0
泛绿	TSLB[1:0] MANU[7:0] MANV[7:0]	0x3A 0x67 0x68	0x11 0x40 0x40
负片	TSLB[1:0] MANU[7:0] MANV[7:0]	0x3A 0x67 0x68	0x21 0x80 0x80

(4) 模拟信号处理模块

模拟信号处理器包括自动增益控制和自动白平衡控制，寄存器配置分别如表 9－57，表 9－58 所列。

表 9－57　自动增益控制

控制功能描述	寄存器名称	寄存器地址
自动增益控制使能 1:AGC 控制使能； 0:禁用 AGC 控制—用户控制	COM8[2]	0x13
增益设置	VREF[7:6] GAIN[7:0]	0x03 0x00
增益值选择	COM9[6:4] 000: 2x 001: 4x 010: 8x 011: 16x 100: 32x 101: 64x 110: 128x 111: 128x	0x14

通常情况下自动白平衡控制通过蓝色/红色增益控制来完成。

表 9-58　自动白平衡控制

控制功能描述	寄存器名称	寄存器地址
蓝色通道前置放大器增益设置	HV[7:6]	0x69
红色通道前置放大器增益设置	HV[5:4]	0x69
红色通道增益设置	RED[7:0]	0x02
蓝色通道增益设置	BLUE[7:0]	0x01

(5) 数字信号处理器

数字信号处理器主要包括伽玛、彩色矩阵及锐度控制，详见表 9-59～表 9-61 所列。

表 9-59　伽玛控制相关寄存器

伽玛开始点		伽玛积分		水平参考	
名　称	寄存器地址	名　称	寄存器地址	名　称	寄存器地址
		GSP1	0x6C	XREF1	4
GST1	0x7C	GSP2	0x6D	XREF2	8
GST2	0x7D	GSP3	0x6E	XREF3	16
GST3	0x7E	GSP4	0x6F	XREF4	32
GST4	0x7F	GSP5	0x70	XREF5	40
GST5	0x80	GSP6	0x71	XREF6	48
GST6	0x81	GSP7	0x72	XREF7	56
GST7	0x82	GSP8	0x73	XREF8	64
GST8	0x83	GSP9	0x74	XREF9	72
GST9	0x84	GSP10	0x75	XREF10	80
GST10	0x85	GSP11	0x76	XREF11	96
GST11	0x86	GSP12	0x77	XREF12	112
GST12	0x87	GSP13	0x78	XREF13	144
GST13	0x88	GSP14	0x79	XREF14	176
GST14	0x89	GSP15	0x7A	XREF15	208
GST15	0x8A	GSP16	0x7B		

表 9-60　彩色矩阵相关寄存器

名　称	寄存器名称	寄存器地址
MTX1	MTX1	0x4F
MTX2	MTX2	0x50
MTX3	MTX3	0x51
MTX4	MTX4	0x52
MTX5	MTX5	0x53
MTX6	MTX6	0x54

续表 9-60

名　称	寄存器名称	寄存器地址
MTX7	MTX7	0x55
MTX8	MTX8	0x56
MTX9	MTX9	0x57
SIGN	MTXS[7:0] 通过 MTX2 用于 MTX9	0x58
SIGN	HV[0] 用于 MTX1	0x69
ENABLE	COM13[4] 0：禁用矩阵 1：使能矩阵	0x3D
DOUBLER	COM16[1] 0：直接使用矩阵 1：双矩阵	0x41

表 9-61　锐度相关寄存器

功能描述	寄存器名称	寄存器地址	备　注
锐度控制使能	COM14[1]	0x3E	高电平有效
边沿检测阀值	COM22[7:6], EDGE[7:4]	0x8C 0x3F	00 0000 是最小阀值
边沿增强	EDGE[3:0]	0x3F	0000 是最小增强值
双边沿增强	COM14[0]	0x3E	高电平有效

(6) 图像传感器

图像传感器输出格式通过表 9-62 中所列的寄存器控制。

表 9-62　图像传感器输出格式控制

输出格式	输出内容	寄存器名称	寄存器地址	寄存器值
YUV/YCbCr	8 位,4:2:2(插值颜色)	COM7[2]	0x12	0
RGB	8 位,4:2:2(插值颜色)	COM7[2] COM7[0] COM15[4]	0x12 0x12 0x40	1 0 0
RGB565	5 位 R,6 位 G,5 位 B	COM7[2] COM7[0] COM15[4] COM15[5]	0x12 0x12 0x40 0x40	1 0 1 0
RGB555	5 位 R,5 位 G,5 位 B	COM7[2] COM7[0] COM15[4] COM15[5]	0x12 0x12 0x40 0x40	1 0 1 1

续表 9-62

输出格式	输出内容	寄存器名称	寄存器地址	寄存器值
Raw RGB	10/8 位(bayer 滤波器颜色)	COM7[2]	0x12	1
		COM7[0]	0x12	1

9.4.2 硬件电路

本实例的硬件电路主要集中在图像采集传感器接口部分。

本系统设计中 OV9650 的核心电路供电电压为 1.8 V,模拟输入的供电电压为 2.5 V,数字 I/O 口的供电电压为 3.3 V,摄像机供电电路如图 9-32 所示。

OV9650 图像传感器通过串行总线协议控制相机,该协议接口兼容 I²C 接口,S3C6410 处理器通过 I2CSDA0 和 I2CSCL0 引脚与 OV9650 通信,数据通过 D[7:0]传送,摄像头接口部分原理图如图 9-33 所示。

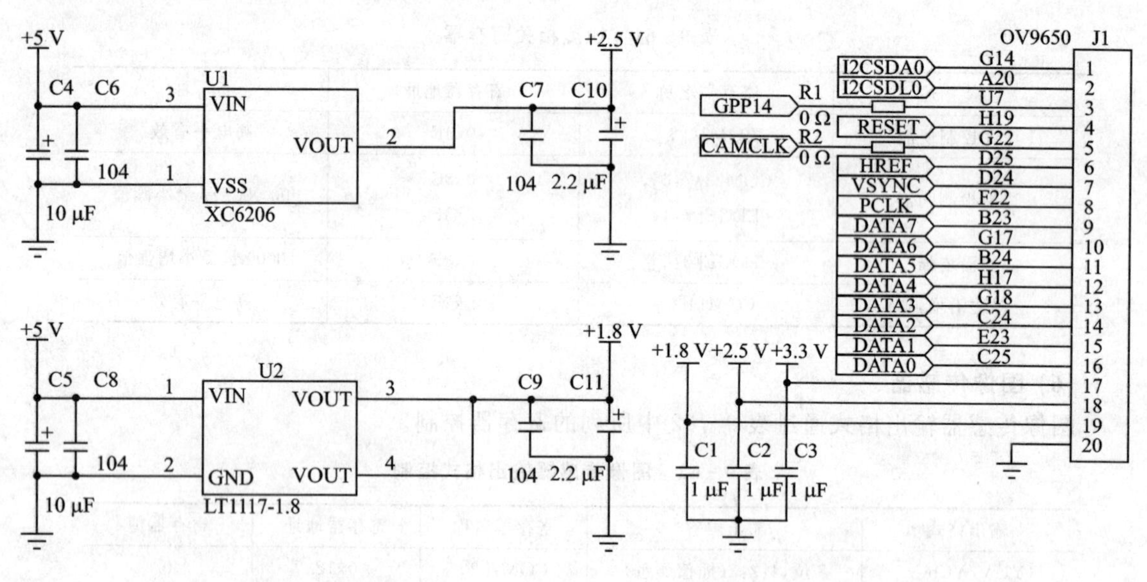

图 9-32 电源部分原理图　　图 9-33 摄像头接口原理图

9.5 软件设计

本实例通过对 S3C6410 处理器的相机接口,应用 OV9650 图像采集传感器模块,将得到的图像数据进行处理并显示在 LCD 上。软件核心工作围绕于 S3C6410 处理器的接口及 OV9650 传感器模块配置。

9.5.1 程序流程图

摄像头模块图像采集与输出的主要程序流程图如图 9-34 所示。

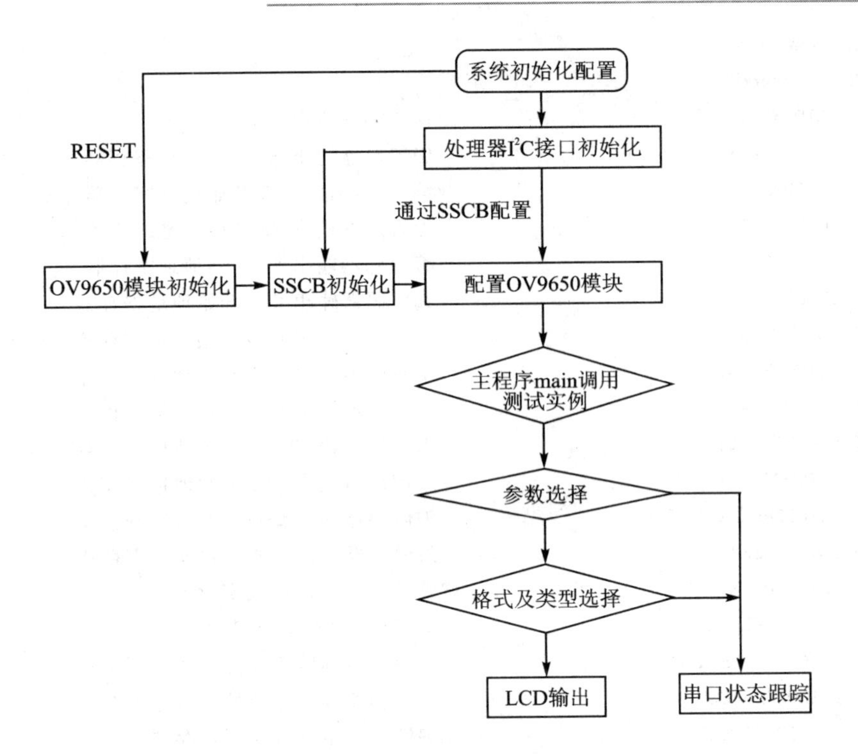

图 9－34　程序流程图

9.5.2　程序代码及说明

其主要程序代码及注释见下文。限于篇幅，部分代码省略，请参阅光盘中代码文件。

① MAIN. C

主程序 MAIN 完成调用 Camera_Test 的测试实例，其他初始化函数及相关代码同前述章节，此处省略介绍。

② CAMERA. C

```
/*****************************************************************
*
*     文件名 ：camera.c
*     功能描述 ：摄像头应用程序
*
*****************************************************************/
#define CAMERAR              ( ( volatile oCAMERA_REGS * ) CAMERA_pBase )
static void * CAMERA_pBase;
//相机接口特殊功能寄存器全集
typedef struct tag_CAMERA_REGS
{
    u32 rCISRCFMT;                          //摄像机源格式寄存器
    u32 rCIWDOFST;                          //窗口补偿寄存器
    u32 rCIGCTRL;                           //全局控制寄存器
```

```
u32 rreserved0;
u32 rreserved1;
u32 rCIDOWFST2;                    //窗口补偿寄存器 2
u32 rCICOYSA1;                     //编解码器输出 Y1 开始地址寄存器
u32 rCICOYSA2;                     //编解码器输出 Y2 开始地址寄存器
u32 rCICOYSA3;                     //编解码器输出 Y3 开始地址寄存器
u32 rCICOYSA4;                     //编解码器输出 Y4 开始地址寄存器
u32 rCICOCBSA1;                    //编解码器输出 Cb1 开始地址寄存器
u32 rCICOCBSA2;                    //编解码器输出 Cb2 开始地址寄存器
u32 rCICOCBSA3;                    //编解码器输出 Cb3 开始地址寄存器
u32 rCICOCBSA4;                    //编解码器输出 Cb4 开始地址寄存器
u32 rCICOCRSA1;                    //编解码器输出 Cr1 开始地址寄存器
u32 rCICOCRSA2;                    //编解码器输出 Cr2 开始地址寄存器
u32 rCICOCRSA3;                    //编解码器输出 Cr3 开始地址寄存器
u32 rCICOCRSA4;                    //编解码器输出 Cr4 开始地址寄存器
u32 rCICOTRGFMT;                   //编解码器目标格式寄存器
u32 rCICOCTRL;                     //编解码器 DMA 控制寄存器
u32 rCICOSCPRERATIO;               //编解码器预览缩放控制寄存器 1
u32 rCICOSCPREDST;                 //编解码器预览缩放控制寄存器 2
u32 rCICOSCCTRL;                   //编解码器主缩放控制寄存器
u32 rCICOTAREA;                    //编解码器 DMA 目标区寄存器
u32 rreserved3;
u32 rCICOSTATUS;                   //编解码器状态寄存器
u32 rreserved4;
u32 rCIPRYSA1;                     //预览器输出 Y1 开始地址寄存器
u32 rCIPRYSA2;                     //预览器输出 Y2 开始地址寄存器
u32 rCIPRYSA3;                     //预览器输出 Y3 开始地址寄存器
u32 rCIPRYSA4;                     //预览器输出 Y4 开始地址寄存器
u32 rCIPRCBSA1;                    //预览器输出 Cb1 开始地址寄存器
u32 rCIPRCBSA2;                    //预览器输出 Cb2 开始地址寄存器
u32 rCIPRCBSA3;                    //预览器输出 Cb3 开始地址寄存器
u32 rCIPRCBSA4;                    //预览器输出 Cb4 开始地址寄存器
u32 rCIPRCRSA1;                    //预览器输出 Cr1 开始地址寄存器
u32 rCIPRCRSA2;                    //预览器输出 Cr2 开始地址寄存器
u32 rCIPRCRSA3;                    //预览器输出 Cr3 开始地址寄存器
u32 rCIPRCRSA4;                    //预览器输出 Cr4 开始地址寄存器
u32 rCIPRTRGFMT;                   //预览器目标格式寄存器
u32 rCIPRCTRL;                     //预览器 DMA 控制寄存器
u32 rCIPRSCPRERATIO;               //预览器预缩放控制寄存器 1
u32 rCIPRSCPREDST;                 //预览器预缩放控制寄存器 2
u32 rCIPRSCCTRL;                   //预览器主缩放控制寄存器
u32 rCIPRTAREA;                    //预览器 DMA 目标区寄存器
u32 rreserved5;
u32 rCIPRSTATUS;                   //预览器状态寄存器
u32 rreserved6;
```

```
    u32 rCIIMGCPT;                    //图像捕捉使能寄存器
    u32 rCICPTSEQ;                    //捕捉控制序列寄存器
    u32 rreserved7;
    u32 rreserved8;
    u32 rCIIMGEFF;                    //图像效果寄存器
    u32 rMSCOY0SA;                    //编解码器 Y0 的 MSDMA 开始地址寄存器
    u32 rMSCOCB0SA;                   //编解码器 Cb0 的 MSDMA 开始地址寄存器
    u32 rMSCOCR0SA;                   //编解码器 Cr0 的 MSDMA 开始地址寄存器
    u32 rMSCOY0END;                   //编解码器 Y0 的 MSDMA 结束地址寄存器
    u32 rMSCOCB0END;                  //编解码器 Cb0 的 MSDMA 结束地址寄存器
    u32 rMSCOCR0END;                  //编解码器 Cr0 的 MSDMA 结束地址寄存器
    u32 rMSCOYOFF;                    //编解码器 Y 的 MSDMA 补偿寄存器
    u32 rMSCOCBOFF;                   //编解码器 Cb 的 MSDMA 补偿寄存器
    u32 rMSCOCROFF;                   //编解码器 Cr 的 MSDMA 补偿寄存器
    u32 rMSCOWIDTH;                   //编解码器 MSDMA 源图像宽度寄存器
    u32 rMSCOCTRL;                    //编解码器的 MSDMA 控制寄存器
    u32 rMSPRY0SA;                    //预览器 Y0 的 MSDMA 开始地址寄存器
    u32 rMSPRCB0SA;                   //预览器 Cb0 的 MSDMA 开始地址寄存器
    u32 rMSPRCR0SA;                   //预览器 Cr0 的 MSDMA 开始地址寄存器
    u32 rMSPRY0END;                   //预览器 Y0 的 MSDMA 结束地址寄存器
    u32 rMSPRCB0END;                  //预览器 Cb0 的 MSDMA 结束地址寄存器
    u32 rMSPRCR0END;                  //预览器 Cr0 的 MSDMA 结束地址寄存器
    u32 rMSPRYOFF;                    //预览器 Y 的 MSDMA 补偿寄存器
    u32 rMSPRCBOFF;                   //预览器 Cb 的 MSDMA 补偿寄存器
    u32 rMSPRCROFF;                   //预览器 Cr 的 MSDMA 补偿寄存器
    u32 rMSPRWIDTH;                   //预览器 MSDMA 源图像宽度寄存器
    u32 rCIMSCTRL;                    //预览器的 MSDMA 控制寄存器
    u32 rCICOSCOSY;                   //编解码器 Y 扫描线补偿寄存器
    u32 rCICOSCOSCB;                  //编解码器 Cb 扫描线补偿寄存器
    u32 rCICOSCOSCR;                  //编解码器 Cr 扫描线补偿寄存器
    u32 rCIPRSCOSY;                   //预览器 Y 扫描线补偿寄存器
    u32 rCIPRSCOSCB;                  //预览器 Cb 扫描线补偿寄存器
    u32 rCIPRSCOSCR;                  //预览器 Cr 扫描线补偿寄存器
}oCAMERA_REGS;
CIM oCim;
static volatile u32 CAMTYPE;
#define SCALER_BYPASS_MAX_HSIZE 4096          //主缩放器旁路最大水平像素
#define SCALER_MAX_HSIZE_P 720                //预览器主缩放器最大水平像素
#define SCALER_MAX_HSIZE_C 1600               //编解码器主缩放器最大水平像素
#define OUTPUT_MAX_HSIZE_ROT_RGB_P 320
#define OUTPUT_MAX_HSIZE_ROT_RGB_C 800
#define INPUT_MAX_HSIZE_ROT_P 160
#define INPUT_MAX_VSIZE_ROT_P 120
#define INPUT_MAX_HSIZE_ROT_C 720
#define INPUT_MAX_VSIZE_ROT_C 576
```

```
//相机接口时钟输出设置 = HCKLx2
void CAMERA_ClkSetting(void)
{
    u32 uCamCLKDiver;
    u32 uHCLKx2;
    SYSC_GetClkInform();
    UART_Printf("\n----------------------------------------------------\n");
    UART_Printf("ARMCLK: %.2fMHz  HCLKx2: %.2fMHz  HCLK: %.2fMHz  PCLK: %.2fMHz\n",
(float)g_ARMCLK/1.0e6, (float)g_HCLKx2/1.0e6, (float)g_HCLK/1.0e6, (float)g_PCLK/1.0e6);
    uHCLKx2 = (int)(g_HCLKx2/1000000);
    switch ( uHCLKx2)
    {
        case 200:
            UART_Printf("   CAMCLK Source is HCLKx2  =  200 Mhz          \n");
            UART_Printf("   CAMCLK  =  200 / (1 + 7)  =  25Mhz Setting         \n");
            uCamCLKDiver = Inp32SYSC(0x20);
        uCamCLKDiver = ( uCamCLKDiver & ~(0xf<<20)) | (7<<20); //分频值 200Mhz/(9 + 1)
= 25Mhz
            Outp32SYSC(0x20, uCamCLKDiver);
            break;
        case 266:
            UART_Printf("   CAMCLK Source is HCLKx2  =  266 Mhz            =");
            UART_Printf("   CAMCLK  =  266 / (1 + 9)  =  26Mhz Setting       =");
            uCamCLKDiver = Inp32SYSC(0x20);
        uCamCLKDiver = ( uCamCLKDiver & ~(0xf<<20)) | (10<<20); //分频值 266 Mhz/(9 + 1)
= 26Mhz...
            Outp32SYSC(0x20, uCamCLKDiver);
            break;
        default:
            UART_Printf("Check HCLKx2 is 200 or 266Mhz!! \n");
            Assert(0);
            break;
    }
    #if 0
    //相机时钟源 CamCLK 是 HCLK
    UART_Printf("\n==================================");
    UART_Printf("\n=  CAMCLK Source is HCLKx2  =  200 Mhz           = ");
    UART_Printf("\n=  CAMCLK  =  200 / (1 + 9)  =  20Mhz Setting       = ");
    UART_Printf("\n==================================");
    uCamCLKDiver = Inp32SYSC(0x20);
    uCamCLKDiver = ( uCamCLKDiver & ~(0xf<<20)) | (9<<20); // 分频值 200 Mhz / (9 + 1)
= 20Mhz...
    Outp32SYSC(0x20, uCamCLKDiver);
  #endif
}
```

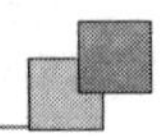

```
//摄像头模块初始化及相关模式设置
void CAMERA_InitSensor(void)
{
    // 1.复位图像传感器
    CAMERA_ResetSensor();
    Delay(5000);
    // 2.初始化成员变量和摄像头类型
    oCim.m_uIfBits = 8;
#if (CAM_MODEL == CAM_S5K3AA)
    oCim.m_bInvPclk = true,//PCLK 信号
    oCim.m_bInvVsync = false,//垂直同步信号
    oCim.m_bInvHref = false;//HREF 信号
    oCim.m_uSrcHsz = 1280, oCim.m_uSrcVsz = 1024;//1280x1024 像素
    oCim.m_eCcir = CCIR656;//656 格式
    oCim.m_eCamSrcFmt = CBYCRY;//CBYCRY 顺序格式
    CAMTYPE = 0;
    CAMERA_InitS5K3AAE_VGA();
#elif (CAM_MODEL == CAM_S5K3BA) ///
    oCim.m_bInvPclk = false,
    oCim.m_bInvVsync = true,
    oCim.m_bInvHref = false;
    oCim.m_uSrcHsz = 800, oCim.m_uSrcVsz = 600;
    oCim.m_eCcir = CCIR601;
    oCim.m_eCamSrcFmt = YCBYCR;
    CAMTYPE = 1;
    CAMERA_InitS5K3BAF(oCim.m_eCcir, oCim.m_eCamSrcFmt, SUB_SAMPLING2);
#elif (CAM_MODEL == CAM_S5K4BA)
    oCim.m_bInvPclk = false,
    oCim.m_bInvVsync = true,
    oCim.m_bInvHref = false;
    oCim.m_uSrcHsz = 1600, oCim.m_uSrcVsz = 1200;
    oCim.m_eCcir = CCIR601;
    oCim.m_eCamSrcFmt = CBYCRY;
    CAMTYPE = 1;
    CAMERA_InitS5K4BAF2(oCim.m_eCcir, oCim.m_eCamSrcFmt, SUB_SAMPLING2);
#elif (CAM_MODEL == CAM_A3AFX_VGA) ///
    oCim.m_bInvPclk = false,
    oCim.m_bInvVsync = true,
    oCim.m_bInvHref = false;
    oCim.m_uSrcHsz = 320, oCim.m_uSrcVsz = 240;
    oCim.m_eCcir = CCIR601;
    oCim.m_eCamSrcFmt = YCBYCR;
    CAMERA_InitA3AFX_QVGA_20FR();
#elif (CAM_MODEL == CAM_S5K4CA) //
    #if 1
```

```
        oCim.m_bInvPclk = false,
        oCim.m_bInvVsync = true,
        oCim.m_bInvHref = false;
        oCim.m_uSrcHsz = 2048, oCim.m_uSrcVsz = 1536;
        oCim.m_eCcir = CCIR601;
        oCim.m_eCamSrcFmt = CBYCRY;
        CAMERA_Init_K5K4CA();
        #else
        oCim.m_bInvPclk = false,
        oCim.m_bInvVsync = true,
        oCim.m_bInvHref = false;
        oCim.m_eCcir = CCIR656;
        oCim.m_uSrcHsz = 2048, oCim.m_uSrcVsz = 1536;
        oCim.m_eCamSrcFmt = CBYCRY;
        oCim.m_eCamMode = ITU;
        CAMERA_InitS5K4CAGX(oCim.m_eItuR, oCim.m_eCamSrcFmt, oCim.m_eCamMode);
        #endif
    #else
        Assert(0);
    #endif
    }
//摄像头接口复位
void CAMERA_ResetIp(void)
{
    u32 uSrcFmtRegVal = 0;
    u32 uCtrlRegVal = 0;
    uSrcFmtRegVal |= (1U<<31);
    Outp32(&CAMERAR->rCISRCFMT, uSrcFmtRegVal);
    uCtrlRegVal = Inp32(&CAMERAR->rCIGCTRL);
    uCtrlRegVal |= (1U<<31);
    Outp32(&CAMERAR->rCIGCTRL, uCtrlRegVal);
    uCtrlRegVal &= ~(1U<<31);
    Outp32(&CAMERAR->rCIGCTRL, uCtrlRegVal);
    if(oCim.m_eCcir == CCIR656)    {
        uSrcFmtRegVal &= ~(1U<<31);
        Outp32(&CAMERAR->rCISRCFMT, uSrcFmtRegVal);
    }
}
//摄像头模块功能复位
void CAMERA_ResetSensor(void)
{
    u32 uCIGCTRL;
    u32 uDelay;
#if (CAM_MODEL == CAM_OV7620)
    oCim.m_bHighRst = true;
```

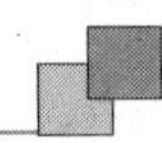

```
    #elif (CAM_MODEL == CAM_S5K3AA || CAM_MODEL == CAM_S5K3BA ||CAM_MODEL == CAM_S5K4BA || CAM_
MODEL == CAM_S5K4AAF || CAM_MODEL == CAM_A3AFX_VGA || CAM_MODEL == CAM_S5K4CA)
        oCim.m_bHighRst = false;
    #else
        Assert(0);
    #endif
        uCIGCTRL = Inp32(&CAMERAR->rCIGCTRL);//从全局控制寄存器获值
        if (oCim.m_bHighRst)
        {
            uCIGCTRL |= (1<<30);//用于外部摄像机处理器复位和掉电控制设值
            Outp32(&CAMERAR->rCIGCTRL, uCIGCTRL);
            for(uDelay = 0 ; uDelay<1000000 ; uDelay++);
            uCIGCTRL &= ~(1<<30);
            Outp32(&CAMERAR->rCIGCTRL, uCIGCTRL);
            for(uDelay = 0 ; uDelay<1000000 ; uDelay++);

        }
        else
        {
            uCIGCTRL &= ~(1<<30);//用于外部摄像机处理器复位和掉电控制设值
            Outp32(&CAMERAR->rCIGCTRL, uCIGCTRL);
            for(uDelay = 0 ; uDelay<1000000 ; uDelay++);
            uCIGCTRL |= (1<<30);
            Outp32(&CAMERAR->rCIGCTRL, uCIGCTRL);
            for(uDelay = 0 ; uDelay<1000000 ; uDelay++);
        }
    }
    //摄像头接口预览器/编解码器基本特殊功能寄存器功能设置
    void CAMERA_SetBasicSfr(u32 uSrcCropStartX, u32 uSrcCropStartY, u32 uSrcCropHsz, u32 uSrc-
CropVsz,
        u32 uDstHsz, u32 uDstVsz, u32 uDstAddr0, u32 uDstAddr1, CSPACE eDstDataFmt,
        CAMIF_INOUT eInputPath, PROCESS_PATH ePath, CAMIF_INOUT eOutputMode, FLIP_DIR eFlip, ROT_
DEG eRotDeg)
    {
        ...
    限于篇幅,代码省略,详见光盘代码文件
    }
        ...
    //启动预览器路径
    void CAMERA_StartPreviewPath(void)
    {
    ...
    限于篇幅,代码省略,详见光盘代码文件
    }
    void CAMERA_StartCodecPath(u32 uCptCnt)
```

```
{
...
限于篇幅,代码省略,详见光盘代码文件
}
//启动 DMA 输入路径
void CAMERA_StartDmaInPath(void)
{
...
限于篇幅,代码省略,详见光盘代码文件
}
//启动预览器 MSDMA 路径
void CAMERA_StartMSDmaPreviewPath(void)
{
    Outp32(&CAMERAR->rCIMSCTRL, oCim.m_uMSDMACtrl|(1<<0));
}
//启动编解码器 MSDMA 路径
void CAMERA_StartMSDmaCodecPath(void)
{
    Outp32(&CAMERAR->rMSCOCTRL, oCim.m_uMSDMACtrl|(1<<0));
}
u8 CAMERA_IsProcessingDone(void)
{
    u32 uSfr;
    u32 uResult;

    if (oCim.m_eProcessPath == P_PATH)
    {
        uSfr = Inp32(&CAMERAR->rCIPRSTATUS); //预览器状态寄存器获值
        uResult = (uSfr>>19)&0x1;
        return (u8)uResult;
    }
    else
    {
        uSfr = Inp32(&CAMERAR->rCICOSTATUS);
        return( ((uSfr>>17)&0x01) ? true : false );
    }
}
...
//清帧结束状态
void CAMERA_ClearFrameEndStatus(void)
{
    if (oCim.m_eProcessPath == P_PATH)
        Outp32(&CAMERAR->rCIPRSTATUS, 0);
    else
        Outp32(&CAMERAR->rCICOSTATUS, 0);
```

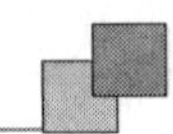

```
}

//停止预览器路径
void CAMERA_StopPreviewPath(void)
{
    oCim.m_uMainScalerCtrl &= ~(1<<15);
    oCim.m_uMainScalerCtrl &= ~(1<<31);
    Outp32(&CAMERAR->rCIPRSCCTRL, oCim.m_uMainScalerCtrl);
    Outp32(&CAMERAR->rCIIMGCPT, 0);
}
//停止编解码器路径
void CAMERA_StopCodecPath(void)
{
    oCim.m_uMainScalerCtrl &= ~(1<<15);
    oCim.m_uMainScalerCtrl &= ~(1<<31);
    Outp32(&CAMERAR->rCICOSCCTRL, oCim.m_uMainScalerCtrl);
    Outp32(&CAMERAR->rCIIMGCPT, 0);

}
//停止 DMA 输入路径
void CAMERA_StopDmaInPath(void)
{
…
限于篇幅,代码省略,详见光盘代码文件
}
//扫描线 Y.Cb.Cr 偏移值等设置
void CAMERA_SetDstScanOffset(u32 uDisplayHSz, u32 uDisplayVSz,
    u32 uDisplayStartX, u32 uDisplayStartY, u32 uDstAddr0, u32 uDstAddr1)
{
…
限于篇幅,代码省略,详见光盘代码文件
}
//图像效果
void CAMERA_SetImageEffect(IMAGE_EFFECT eEffect )
{
…
限于篇幅,代码省略,详见光盘代码文件
}
//计算 RGB 突发脉冲长度
void CAMERA_CalcRgbBurstSize(u32 * uMainBurstSz, u32 * uRemainBurstSz)
{
…
限于篇幅,代码省略,详见光盘代码文件
}
//计算 YCbCr 突发脉冲长度
```

```
void CAMERA_CalcYCbCrBurstSize( BURST_MODE eWantBurstSz,
    u32 * uYMainBurstSz, u32 * uYRemainBurstSz, u32 * uCMainBurstSz, u32 * uCRemainBurstSz)
{
…
限于篇幅,代码省略,详见光盘代码文件
}
//计算 H/V 比例及转移因子
void CAMERA_CalcRatioAndShift(u32 uSrcHOrVSz, u32 uDstHOrVSz, u32 * uRatio, u32 * uShift)
{
…
限于篇幅,代码省略,详见光盘代码文件
}
  …
//初始化及清除预览器路径电平中断位
void    CAMERA_SetClearPreviewInt(void)
{
    u32 uTemp;
    uTemp = Inp32(&CAMERAR->rCIGCTRL);//清
    uTemp = uTemp | (0x1<<18);
    Outp32(&CAMERAR->rCIGCTRL, uTemp);
}

//初始化及清除编解码器路径电平中断位
void    CAMERA_SetClearCodecInt(void)
{
    u32 uTemp;
    uTemp = Inp32(&CAMERAR->rCIGCTRL);
    uTemp = uTemp | (0x1<<19); //清
    Outp32(&CAMERAR->rCIGCTRL, uTemp);
}
//预览器 LASTIRQ 使能
void CAMERA_EnablePreviewLastIRQ(void)
{
    u32 uTemp;
    uTemp = Inp32(&CAMERAR->rCIPRCTRL);
    uTemp |= (1<<2);
    Outp32(&CAMERAR->rCIPRCTRL, uTemp);
}
//禁用图像捕捉功能
void CAMERA_DisableImageCapture( void)
{
    u32 uTemp;
    uTemp = Inp32(&CAMERAR->rCIIMGCPT);
    uTemp &= ~(1<<31);
    Outp32(&CAMERAR->rCIIMGCPT, uTemp);
}
```

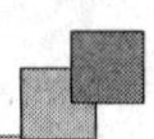

```
//禁用图像捕捉预览功能
void CAMERA_DisableImageCapturePreview( void)
{
    u32 uTemp;
    uTemp = Inp32(&CAMERAR->rCIIMGCPT);
    uTemp &= ~(1<<29);
    Outp32(&CAMERAR->rCIIMGCPT, uTemp);
}
//预览器路径缩放器禁用
void CAMERA_DisablePreviewScaler( void)
{
    u32 uTemp;
    uTemp = Inp32(&CAMERAR->rCIPRSCCTRL);
    uTemp &= ~(1<<15);
    Outp32(&CAMERAR->rCIPRSCCTRL, uTemp);
}
//摄像头 GPIO 端口 F 配置->
void CAMERA_SetPort(void)
{
    GPIO_SetFunctionAll( eGPIO_F, 0x2aaaaaa, 0);
    GPIO_SetPullUpDownAll(eGPIO_F, 0);
}
  …
//Field 时钟配置
void CAMERA_SetFieldClk( u8 bIsEdgeDlyCnt, u8 bIsNormal)
{
    u32 uCiGCtrl;
    uCiGCtrl = Inp32(&CAMERAR->rCIGCTRL);
//    ciInp32(CIGCTRL, uCiGCtrl);
    uCiGCtrl &= ~ (3<<1);
    if(bIsEdgeDlyCnt)
    {
        if(oCim.m_eItuR == BT656)
            Assert(0);
        if(oCim.m_eItuR == BT601)
        {
            if (bIsNormal)
                uCiGCtrl &= ~ (1<<1);
            else     // Field 时钟反相
                uCiGCtrl |= (1<<1);
        }
    }

    else    // Field 模式
    {
            if (bIsNormal)
```

```
                uCiGCtrl | = (0x2<<1);
            else      // Field 时钟反相
                uCiGCtrl | = (0x3<<1);
        }
        Outp32(&CAMERAR->rCIGCTRL, uCiGCtrl);
}
//编解码器路径等待 MSDMA 操作
void CAMERA_WaitMSDMAC(void)
{
        u32 uIndex0;
        while(1)
        {
            uIndex0 = Inp32(&CAMERAR->rMSCOCTRL);
            if ( (uIndex0&0x1) == 0 ) break;
        }
}
//预览器路径等待 MSDMA 操作
void CAMERA_WaitMSDMAP(void)
{
        u32 uIndex0;
        while(1)
        {
            uIndex0 = Inp32(&CAMERAR->rCIMSCTRL);
            if ( (uIndex0&0x1) == 0 ) break;
        }
}
```

③ CAMERAM.C

限于篇幅,代码省略,详见光盘代码文件

④ CAMERA_TEST.C

限于篇幅,代码省略,详见光盘代码文件。

9.6 实例总结

本章通过配置外接摄像头图像采集模组,搭建了开发成本低且方便易使用的嵌入式图像视频监控系统。读者学完后,可以在应用中将 ARM 嵌入式处理器、Linux 操作系统以及 TCP/IP(OK6410 开发板上有 100M 以太网接口,采用 DM9000AE 芯片)协议组合应用,开发出远程视频监控应用系统。

本章的重点与难点主要有下面两点:

① S3C6410 相机接口图像模式及输出格式等相关寄存器功能配置;

② OV9650 图像采集传感器模组功能配置。

要利用这些硬件来设计视频监控系统,必须熟练掌握大量相关的寄存器功能配置。

第 10 章 智能电池管理系统应用

随着越来越多的手持式便携电器设备的出现，对高性能、小尺寸、重量轻的电池充电器的需求也越来越高。电池制造技术的持续进步也要求更复杂的充电算法以实现快速、安全地充电。因此需要对充电过程进行更精确地监控，以缩短充电时间、达到最大的电池容量，并防止电池损坏。

将微控制器用于电池充电的场合，除了智能控制等优势之外，还具有成本低、结构简单等特点。使用微控制器能够在很短的周期内开发出可应用于各种场合，功能完善的智能充电系统。另外微控制器也能够轻松实现串行通信、实时数据记录和监测，实现充电器智能化。

本实例主要讲述基于 S3C2440A 处理器，实现智能电池管理系统的设计案例。

10.1 智能电池管理系统概述

智能电池管理系统，主要借助微处理器来解决由于不同电池的制作工艺、充电电压和电池容量不同，引起的充电问题。智能电池管理系统可根据电池种类的需要产生充电电压，利用高分辨率的 A/D 转换器实时采集和监控充电过程中的电池状态，实现多种电池组充放电的过程的智能化管理。

综上所述，智能电池管理系统其管理对象是电池，在讲述本章的智能电池管理系统之前，先讲述一下电池和充电算法以及相关的背景知识。

10.1.1 电池的种类

电池是指把化学能或者光能转变为电能的装置。根据制作材料和工艺上的不同常见的可充电电池有铅酸电池、镍镉电池、镍铁电池、镍氢电池、锂离子电池等等。

现代消费类电器设备主要使用 4 种电池：密封铅酸电池(SLA)、镍镉电池(NiCd)、镍氢电池(NiMH)、锂电池(Li－Ion)。

1. 密封铅酸电池

密封铅酸电池是全密封的蓄电池，具有免维护(使用过程无需补充水)、使用寿命长、内阻小、输出功率高、完全密封(不渗漏液体，无酸性气体溢出)、自放电小等优点。

密封铅酸电池主要用于成本比空间和重量更重要的场合，如紧急照明系统、备用电力电源、大型不间断电源系统(UPS)、计算机备用电源、消防和安全防卫系统等。

密封铅酸电池以恒定电压进行充电，辅以电流限制以避免在充电过程的初期电池过热。只要电池单元电压不超过生产商的规定（典型值为 2.2 V），密封铅酸电池可以无限制地充电。

2. 镍镉电池

镍镉电池使用很普遍，它是最早应用于手机、笔记本电脑等设备的电池种类。它具有良好的大电流放电特性、耐过充能力强、维护简单、成本相对便宜、易于使用等优点；缺点是自放电率比较高，在充放电过程中如果处理不当，会出现严重的“记忆效应”，使得服务寿命大大缩短。此外，镉是有毒的，因而镍镉电池不利于生态环境的保护。

镍镉电池须以恒定电流的方式进行充电，典型的镍镉电池可以充电 1 000 次。失效机理主要是由极性反转引起。因此为了防止损坏电池包，需要不间断地监控电压，一旦单元电压下降到 1.0 V 就必须停机。

3. 镍氢电池

镍氢电池是镍镉电池的替代产品，它是目前最环保的电池，不再使用有毒的镉，可以消除重金属元素对环境带来的污染问题。它在轻重量的手持设备中如手机、手持摄像机等方面使用很广。

镍氢电池具有较大的能量密度比，容量比同体积的镍镉电池大，这意味着使用镍氢电池能有效地延长设备的工作时间；此外镍氢电池另一个优点是，大大减小了镍镉电池中存在的“记忆效应”，这使镍氢电池可以更方便地使用。

与镍镉电池充电方式一样，镍氢电池也采用恒定电流充电，在极性反转时也会导致电池损坏。当过充电时会造成镍氢电池的失效，在充电过程中进行精确地测量以在合适的时间停止是非常重要的。

4. 锂电池

锂电池具有重量轻、容量大、无记忆效应等优点，锂电池的能量密度很高，它的容量是同重量的镍氢电池的 1.5～2 倍，而且具有很低的自放电率。此外，锂电池还具有不含有毒物质等优点，因而得到了普遍应用，现在的许多数码设备都采用了锂电池作电源。

锂电池是以恒定电压进行充电，同时要有电流限制以避免在充电过程的初期电池过热。当充电电流下降到生产商设定的最小电流时就要停止充电。过充电将造成电池损坏，甚至爆炸。

10.1.2 电池安全充电涉及因素

现代的智能充电器需要能够对单元电压、充电电流和电池温度进行精确地测量，在充满电的同时避免由于过充电造成的损坏。即电池安全充电主要涉及充电电流、充电电压、充电温度等因素。

1. 充电电流

最大充电电流与电池容量(C)有关。最大充电电流以电池容量的数值来表示。例如,电池的容量为750 mAh,充电电流为750 mA,则充电电流为1C(1倍的电池容量)。若涓流充电时电流为C/40,则充电电流即为电池容量除以40。

2. 充电电压

在电池充电过程中,当充电电压超出电池典型值上限时需要停止充电,实现过充电压保护。

3. 充电温度

电池充电是将电能传输到电池的过程,能量以化学反应的方式保存了下来。但不是所有的电能都转化为了电池中的化学能。一些电能转化成了热能,对电池起了加热的作用。当电池充满后,若继续充电,则所有的电能都将转化为电池的热能。在充电过程中这将使电池快速升温,若不及时停止充电就会造成电池的损坏。因此,在设计智能电池充电器时,对温度进行监控并及时停止充电是非常重要的。

10.1.3 停止充电的判别方法

密封铅酸电池和锂电池的充电方法为恒定电压法,在充电过程中要进行电流检测,以便限流;镍镉电池和镍氢电池的充电方法为恒定电流法,且具有几个不同的停止充电的判断方法。

电池的不同应用场合及工作环境限制了对判断停止充电的方法的选择。有时候温度不容易测得,但可以测得电压,或者是其他情况。

当电池温度和环境温度之差超过一定门限时需要停止充电。此方法可以作为镍镉电池和密封铅酸电池停止充电的方案,在寒冷环境中充电时这个方法比绝对温度判定法更好。

10.2 智能电池管理系统硬件接口

本实例智能电池管理系统硬件接口采用ARM处理器S3C2440A的ADC和触摸屏复用功能的接口,该接口带有8个模拟输入通道的10位分辨率CMOS模数转换器(ADC)。能在2.5 MHz A/D转换器时钟下,以500 kbps的最大转换率将模拟输入信号转换成10位二进制数字编码。A/D转换器支持片上采样和保持及掉电模式。

该接口的第二功能是触摸屏接口,可以控制或选择触摸屏X,Y坐标转换控制。ARM处理器S3C2440A的ADC和触摸屏复用功能接口主要特点如下。

- 分辨率:10位;
- 微分线性误差:±1.0LSB;
- 积分线性误差:±2.0LSB;
- 最大转换率:500 kbps;
- 低功耗;
- 供应电电压:3.3 V;

- 模拟输入电压范围：0～3.3 V；
- 片上采样和保持功能；
- 普通转换模式；
- 分离的 X/Y 位置转换模式；
- 自动连续 X/Y 位置转换模式；
- 等待中断模式。

10.2.1　接口操作

图 10－1 所示为 A/D 转换器接口和触摸屏接口的功能框图。

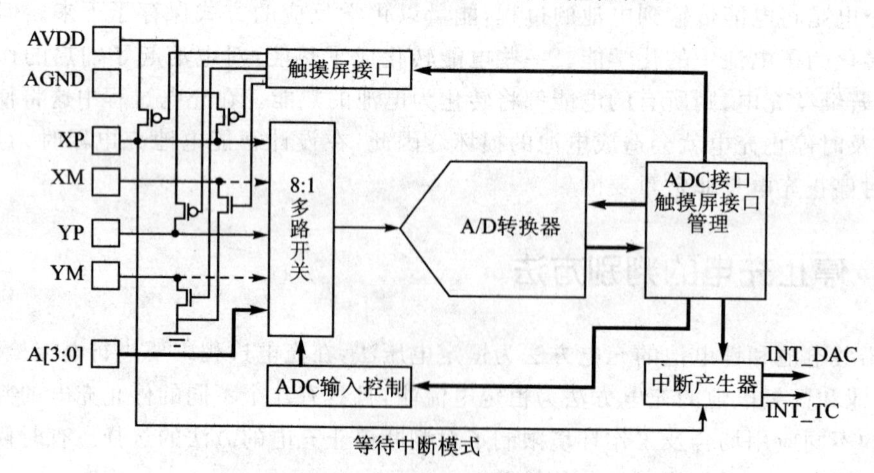

图 10－1　ADC 接口功能框图

注意：当使用触摸屏设备时；XM 或 YM 为触摸屏接口，连接到地上；
当不使用触摸屏设备时，XM 或 YM 作为普通的 ADC 模拟输入信号接口。

10.2.2　ADC 接口功能描述

本小节主要讲述 ADC 接口功能及编程模式介绍，对触摸屏接口及功能模式的介绍省略。

1. A/D 转换时间

当 PCLK 频率为 50 MHz，预分频值为 49 时，10 位转换的所有时间如下：

A/D 转换频率 ＝ 50 MHz(49＋1)＝ 1 MHz
转换时间 ＝ 1/(1 MHz/5 周期) ＝ 1/200 kHz ＝ 5 μs

备注：A/D 转换器可运行最大 2.5 MHz 时钟频率，因此转换率高达 500 kbps。

2. 待机模式

当寄存器 ADCCON[2]设定为‘1’时，激活待机模式，A/D 转换器运行暂停。在这种模式下，寄存器 ADCDAT0，ADCDAT1 将保存前一次转换的数据。

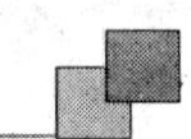

3. 编程

通过中断或轮询方式可获得A/D转换数据。使用中断方式整个转换时间(从A/D转换器开始到转换数据读取)可能会因为中断服务程序的返回时间和数据访问时间而延长;使用轮询方式,通过查看ADCCON[15]位(转换标志结束位),ADCDAT寄存器的读取时间可以被确定。

此外,还有另外一种启动A/D转换的方式。当寄存器ADCCON[1]置'1',即A/D转换开始读取(start by read)模式被设置,当读取转换数据,A/D转换同时开始。

10.2.3　ADC接口相关特殊寄存器描述

ADC复用接口相关的特殊寄存器主要包括如下几种:

- ADC控制寄存器(ADCCON);
- ADC触摸屏控制寄存器(ADCTSC);
- ADC启动延时寄存器(ADCDLY);
- ADC转换数据寄存器0(ADCDAT0);
- ADC转换数据寄存器1(ADCDAT1);
- ADC触摸屏指针上下中断检测寄存器(ADCUPDN)。

1. ADC控制寄存器

ADC控制寄存器寄存器地址及复位值如表10-1所列,其位功能定义如表10-2所列。

表10-1　ADC控制寄存器寄存器地址及复位值

寄存器	地　址	读/写	描　述	复位值
ADCCON	0x5800000	读/写	ADC控制寄存器	0x3FC4

表10-2　ADC控制寄存器位功能定义

ADCCON	位	描　述	初始化状态
ECFLG	[15]	转换结束标志(只读) 0 = A/D转换正进行 1 = A/D转换结束	0
PRSCEN	[14]	A/D转换预分频器使能 0 =禁止 1 =使能	0
PRSCVL	[13:6]	A/D转换预分频器值 数据值:0~255 注:ADC频率应设定为低于PCLK值的1/5。(如:PCLK=10 MHz,ADC频率应小于2 MHz)	0xFF

续表 10-2

ADCCON	位	描　述	初始化状态
SEL_MUX	[5:3]	模拟输入通道选择 000 = AIN 0 001 = AIN 1 010 = AIN 2 011 = AIN 3 100 = YM 101 = YP 110 = XM 111 = XP **注意**:当 YM,YP,XM,XP 禁止后,则作为 AIN4～AIN7 模拟输入通道使用	0
STDBM	[2]	待机模式选择 0 = 普通操作模式 1 = 待机模式	1
READ_START	[1]	A/D 读启动(start by read)转换 0 = 禁止 1= 使用	0
ENABLE_START	[0]	A/D 转换启动使 如果 READ_START 使能,该值无效。 0 =不操作 1 = A/D 转换启动,并在启动后清除该位	0

2. ADC 触摸屏控制寄存器

ADC 触摸屏控制寄存器地址及复位值如表 10-3 所列,其位功能定义如表 10-4 所列。

表 10-3　ADC 触摸屏控制寄存器地址及复位值

寄存器	地　址	读/写	描　述	复位值
ADCTSC	0x5800004	读/写	ADC 触摸屏控制寄存器	0x58

表 10-4　ADC 触摸屏控制位功能定义

ADCTSC	位	描　述	初始化状态
UD_SEN	[8]	探测触笔上或者下的状态 0 =探测触笔下中断信号 1 =探测触笔上中断信号	0
YM_SEN	[7]	YM 开关使能 0 = YM 输出驱动禁止 1 = YM 输出驱动使能	0

续表 10-4

ADCTSC	位	描　述	初始化状态
YP_SEN	[6]	YP开关使能 0 = YP输出驱动禁止 1 = YP输出驱动使能	1
XM _SEN	[5]	XM开关使能 0 = XM输出驱动禁止 1 = XM输出驱动使能	0
XP_SEN	[4]	XP开关使能 0 = XP输出驱动禁止 1 = XP输出驱动使能	1
PULL_UP	[3]	XP上拉开关使能 0 = XP上拉使能 1 = XP上拉禁止	1
AUTO_PST	[2]	X、Y坐标自动连续转换 0 = ADC正常转换 1 = X、Y坐标自动连续转换	0
XY_PST	[1:0]	X、Y坐标手动测量 00 =无操作模式 01 = X坐标测量 10 = Y坐标测量 11 =等待中断模式	0

备注：

〈1〉当等待触摸屏中断时，XP_SEN位应设定为'1'(XP输出禁止)，PULL_UP位应置为'0'(XP上拉使能)；

〈2〉只有X、Y坐标自动或者按顺序转换时，AUTO_PST位应置'1'；

〈3〉在睡眠模式中，为避免漏电流，XP，YP应与GND断开连接。因为在该模式中XP，YP会保持"H"状态。

X/Y转换中的触摸屏引脚状态如表10-5所列。

表10-5　X/Y转换中的触摸屏引脚状态

	XP	XM	YP	YM	ADC通道选择
X Position	Vref	GND	Hi-Z	Hi-Z	YP
Y Position	Hi-Z	Hi-Z	Vref	GND	XP

3. ADC启动延迟寄存器

ADC启动延迟寄存器地址及复位值如表10-6所列，其位功能定义如表10-7所列。

表 10－6　ADC 启动延迟寄存器地址及复位值

寄存器	地　址	读/写	描　述	复位值
ADCDLY	0x5800008	读/写	ADC 开始延迟寄存器	0x00ff

表 10－7　ADC 启动延迟寄存器位功能定义

ADCTSC	位	描　述	初始化状态
DELAY	[15:0]	① 普通转换模式，XY 坐标模式，自动坐标模式的 ADC 转换开始延迟值 ② 等待中断模式时，当处睡眠模式，触笔向下间隔几秒的将产生退出睡眠模式的唤醒信号。 注：不能使用 0 值(0x0000)	00FF

注：ADC 转换前，触摸屏使用 3.68 MHz 时钟。ADC 转换中，使用 PCLK（最大值：50 MHz）时钟。

4. ADC 转换数据寄存器 0

ADC 转换数据寄存器 0 地址及复位值如表 10－8 所列，其位功能定义如表 10－9 所列。

表 10－8　ADC 转换数据寄存器 0 地址及复位值

寄存器	地　址	读/写	描　述	复位值
ADCDAT0	0x580000C	读	ADC 转换数据寄存器	—

表 10－9　ADC 转换数据寄存器 0 位功能定义

ADCDAT0	位	描　述	初始化状态
UPDOWN	[15]	等待中断模式中触笔的上下状态 0 ＝触笔下状态 1 ＝触笔上状态	—
AUTO_PST	[14]	X、Y 自动顺序转换 0 ＝ 普通 ADC 转换 1 ＝ X、Y 顺序测量	—
XY_PST	[13:12]	X、Y 坐标顺序手动测量 00 ＝无操作模式 01 ＝ X 坐标测量 10 ＝ Y 坐标测量 11 ＝等待中断模式	—
保留	[11:0]	保留	
XPDATA (Nomal ADC)	[9:0]	X 坐标转换数据值（包括普通 ADC 转换数据值） 数据值：0～3FF	—

5. ADC 转换数据寄存器 1

ADC 转换数据寄存器 1 地址及复位值如表 10－10 所列，其位功能定义如表 10－11 所列。

表 10－10　ADC 转换数据寄存器 1 地址及复位值

寄存器	地　址	读/写	描　述	复位值
ADCDAT1	0x5800010	读	ADC 转换数据寄存器	—

表 10－11　ADC 转换数据寄存器 1 位功能定义

ADCDAT1	位	描　述	初始化状态
UPDOWN	[15]	等待中断模式中触笔的上下状态 0 ＝触笔下状态 1 ＝触笔上状态	—
AUTO_PST	[14]	X、Y 坐标自动顺序转换 0 ＝ 普通 ADC 转换 1 ＝ X、Y 坐标顺序测量	—
XY_PST	[13:12]	X、Y 坐标手动测量 00 ＝无操作模式 01 ＝ X 坐标测量 10 ＝ Y 坐标测量 11 ＝等待中断模式	—
保留	[11:0]	保留	—
YPDATA	[9:0]	Y 坐标转换数据值(包括普通 ADC 转换数据值) 数据值:0～3FF	—

6. ADC 触摸屏上下中断检测寄存器

ADC 触摸屏上下中断检测寄存器地址及复位值如表 10－12 所列，其位功能定义如表 10－13 所列。

表 10－12　ADC 触摸屏上下中断检测寄存器地址及复位值

寄存器	地　址	读/写	描　述	复位值
ADCDUPDN	0x5800014	读/写	触笔上下中断状态寄存器	0x0

表 10－13　ADC 触摸屏上下中断检测寄存器位功能定义

ADCDAT1	位	描　述	初始化状态
TSC_UP	[1]	触笔上中断 0 ＝无触笔上状态 1 ＝触笔上中断发生	0

续表 10-13

ADCDAT1	位	描　述	初始化状态
TSC_DN	[0]	触笔下中断 0 =无触笔下状态 1 =触笔下中断发生	0

10.3 硬件电路设计

该智能充电器以 S3C2440A 处理器为控制核心，可实现对密封铅酸电池、镍镉电池、镍氢电池、锂电池 4 种电池进行充电管理和控制功能。其硬件电路主要包括电源电路、电池电压控制电路、环境温度检测电路、检测按键、状态显示电路以及电池电压、电流、温度检测电路等部分。其硬件系统结构图如图 10-2 所示。

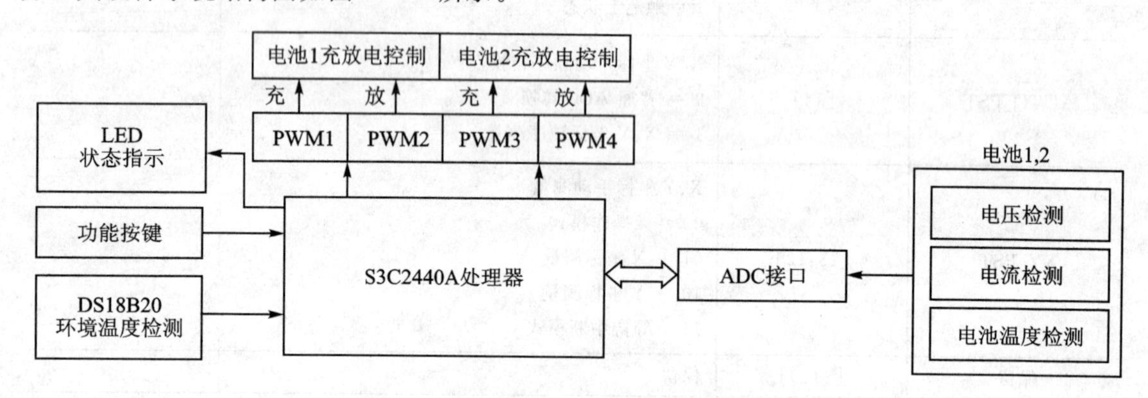

图 10-2　硬件系统结构图

10.3.1 DS18B20 数字温度传感器概述

本系统的环境温度检测使用 DS18B20 数字温度传感器。DS18B20 是一种具有单总线接口的数字温度传感器，具有体积小、功耗低、抗干扰能力强和单片机接口简单等优点。DS18B20 的工作电压范围为 3.0～5.5 V，测量温度范围－55℃～＋125℃。

其主要特性如下：

① 单总线接口，与单片机连接时只需要单片机的一个 I/O 口，该单总线能够实现单片机和 DS18B20 的双向通信。同时该器件除上拉电阻外，不需任何外围器件支持。

② 可使用数据线供电，当对系统的空间要求严格时，DS18B20 可以通过数据线供电。

③ 可以编程的 9～12 位数据分辨率，9～12 位数据分辨率对应的可以分辨温度分别为：0.5℃，0.25℃，0.125℃，0.0625℃。当使用 9 位数据分辨率时，DS18B20 最快可在 93.75 ms 内完成温度转换，当使用 12 位数据分辨率时，最快可以在 750 ms 内完成温度转换。

数字温度传感器 DS18B20 引脚如图 10-3 所示。

DQ 为数字信号输入/输出端；GND 为电源地；VDD 为外接供电电源输入端（在寄生电源

接线方式时接地)。

DS18B20 内部结构主要由 4 部分组成:64 位光刻 ROM、温度传感器、非挥发的温度报警触发器 TH 和 TL、配置寄存器。

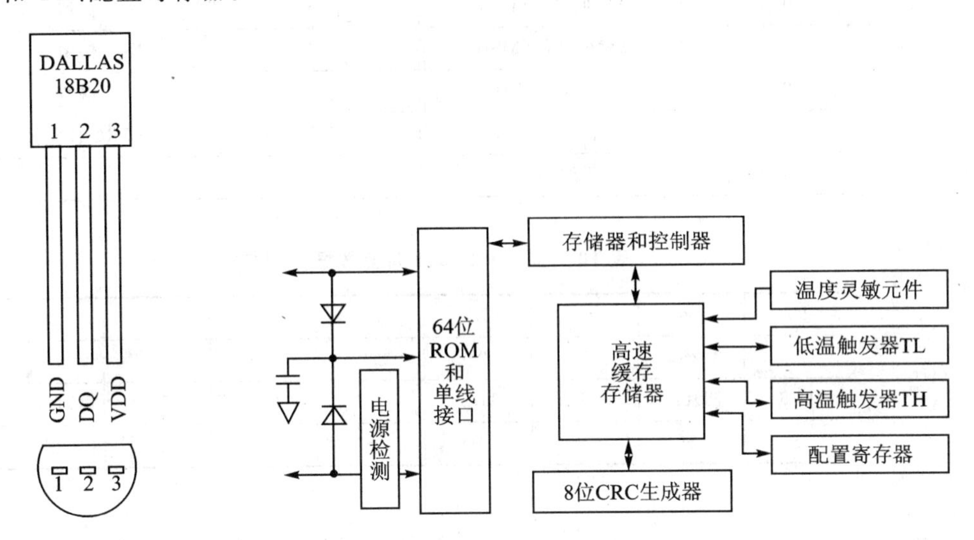

图 10-3　数字温度传感器 DS18B20 引脚示意图

图 10-4　数字温度传感器 DS18B20 内部结构框图

光刻 ROM 中的 64 位序列号是出厂前被光刻好的,它可以看做是 DS18B20 的地址序列码。64 位光刻 ROM 的排列是:开始 8 位(28H)是产品类型标号,接着的 48 位是该 DS18B20 自身的序列号,最后 8 位是前面 56 位的循环冗余校验码(CRC=X8+X5+X4+1),64 位光刻 ROM 各位定义详见表 10-14。光刻 ROM 的作用是使每一个 DS18B20 都各不相同,这样就可以实现一根总线上挂接多个 DS18B20 的目的。

表 10-14　64 位光刻 ROM 数据位结构

8 位 CRC 码	48 位序列号	8 位产品类型号

DS18B20 温度传感器的内部存储器包括一个高速暂存 RAM 和一个非易失性的可电擦除的 E2RAM,后者存放高温度和低温度触发器 TH、TL 和结构寄存器。

高速暂存器 RAM 的构成如表 10-15 所列。高速暂存器 RAM 的第 0,1 个字节存储的是温度数据,其存储格式如表 10-16 所列,DS18B20 总共有两个字节的存放空间来存放温度转换数据,其默认温度转换方式为 12 位数据分辨率,其中最高位为符号位,其余 11 位为数据位。当最高位为 1 时,表示温度为负值;当最高位为 0 时,表示温度为正值。并且 D15～D11 的数据同时变化。

DS18B20 中的低温触发器 TL、高温触发器 TH,用于设置低温、高温的报警数值。DS18B20 完成一个周期的温度测量后,将测得的温度值和 TL、TH 相比较,如果小于 TL,或大于 TH,则表示温度越限,将该器件内的告警标志位置位,并对主机发出的告警,搜索命令作出响应。需要修改上、下限温度值时,只需使用一个功能命令即可对 TL、TH 写入,十分方便。

表 10-15　高速暂存器 RAM

寄存器字节地址	寄存器功能	寄存器字节地址	寄存器功能
0	温度值低位(LSB)	5	保留
1	温度值高位(MSB)	6	保留
2	高温限值(TH)	7	保留
3	低位限值(TL)	8	CRC 校验值
4	配置寄存器		

表 10-16　DS18B20 温度数据存储格式

D7	D6	D5	D4	D3	D2	D1	D0
2^3	2^2	2^1	2^0	2^{-1}	2^{-2}	2^{-3}	2^{-4}
D15	D14	D13	D12	D11	D10	D9	D8
S	S	S	S	S	2^6	2^5	2^4

10.3.2　电路原理图及说明

本实例的电路原理图主要包括：Buck 电压变换器、电池充放电控制及 ADC 采集电池电压、电流、温度的电路；工作环境温度检测电路；AC-DC 电源电路；按键及状态显示电路等。

1. AC-DC 电源电路及系统工作电源

智能电池充电器一般采用 AC-DC 电源供电电路，本实例的 AC-DC 电路基于 TOP224 架构，可以满足在交流 85～265 V 的宽范围内工作，为系统提供+15 V 和+5 V 的工作电压。其电路原理图如图 10-5 所示。

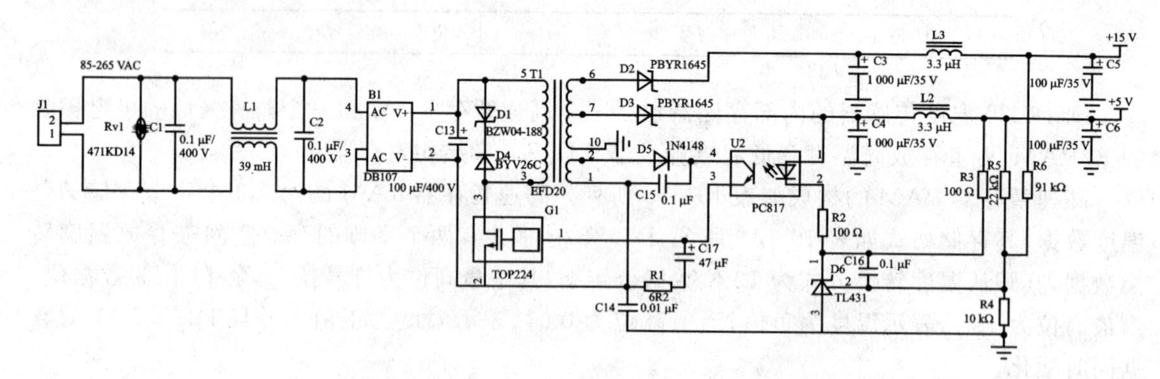

图 10-5　AC-DC 电源供电电路硬件原理图

本实例的系统控制电路部分工作电压为+3.3 V，其原理图如图 10-6 所示。

2. Buck 变换器、电池充放电以及电池工作参数采集电路

Buck 变换器及电池充放电控制以及电池电压、电流、温度等电池工作参数采集部分硬件原理如图 10-7 所示。

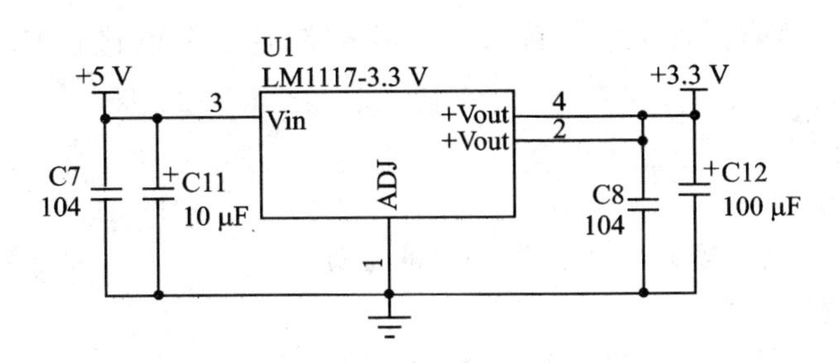

图 10－6　系统控制电路电源示意图

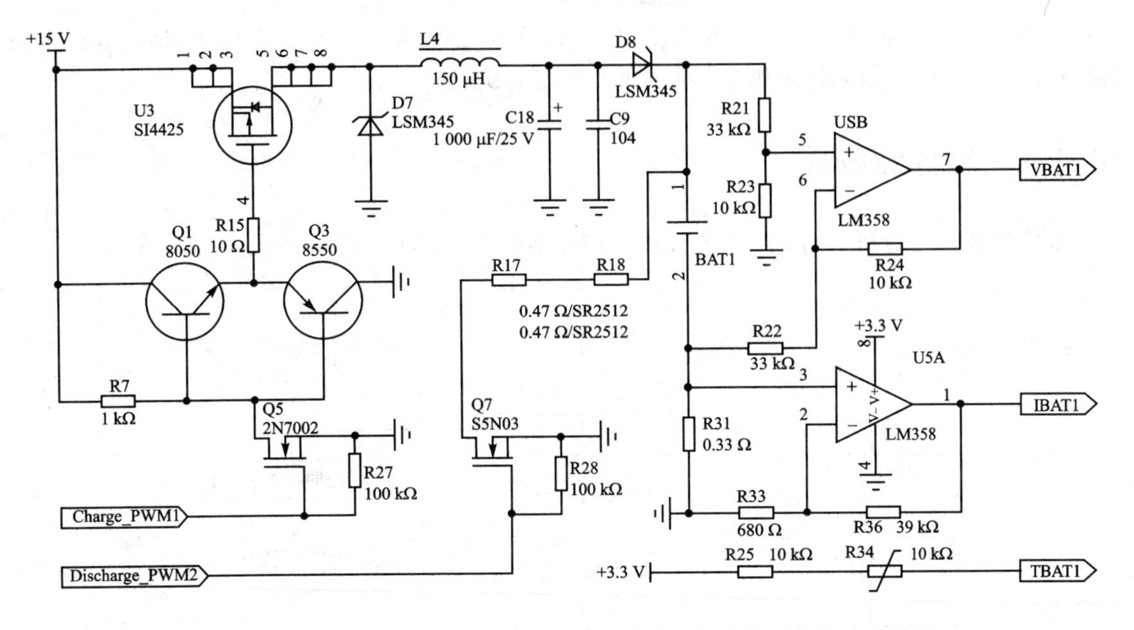

图 10－7　Buck 变换器、电池充放电以及电池工作参数采集电路原理图

图中 VBAT1、IBAT1、TBAT1 分别为电池 1 采集电压、电流、温度参数的输出信号。本实例设计了两路电池通道，其电池 1 和电池 2 的硬件部分原理图是相同的。

充放电控制共使用了 4 路 PWM，分别与 S3C2440A 处理器的引脚 TOUT0，TOUT1，TOUT2，TOUT3 连接。

3. 工作环境温度采集电路

工作环境温度采集采用数字温度传感器 DS18B20 集成芯片，其电路原理图如图 10－8 所列。

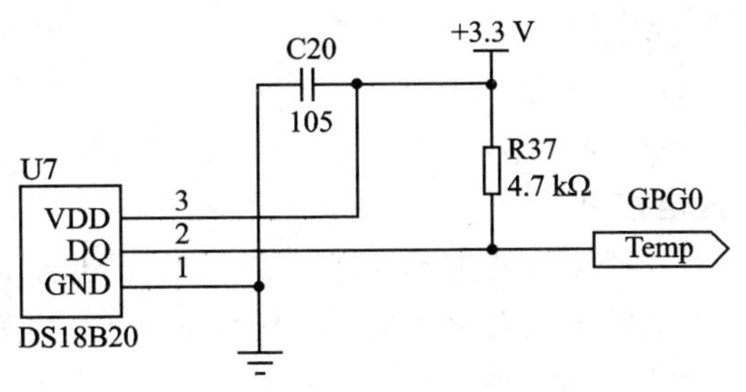

图 10－8　工作环境温度采集电路原理图

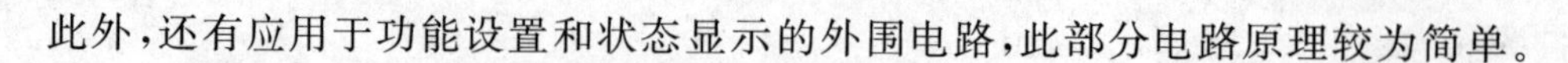

此外，还有应用于功能设置和状态显示的外围电路，此部分电路原理较为简单。

10.4 软件设计

本实例的软件设计需要实现如下 3 个部分的任务：

① 工作环境温度采集程序；

② Buck 变换器，启动 PWM 驱动 PMOS 管输出符合电池类型的充电电压，启动 ADC 通道采集接入的电池电压、充电电流及电池体温度参数；

③ 根据工作环境温度采集值与电池电压、电流及电池体温度等参数判别如何充电，如过满则判停，关闭 PWM；如接近饱和，则切换电池充电模式。

10.4.1 软件流程图

本实例的软件设计任务如上所述，其主要程序流程图如图 10－9 所示。

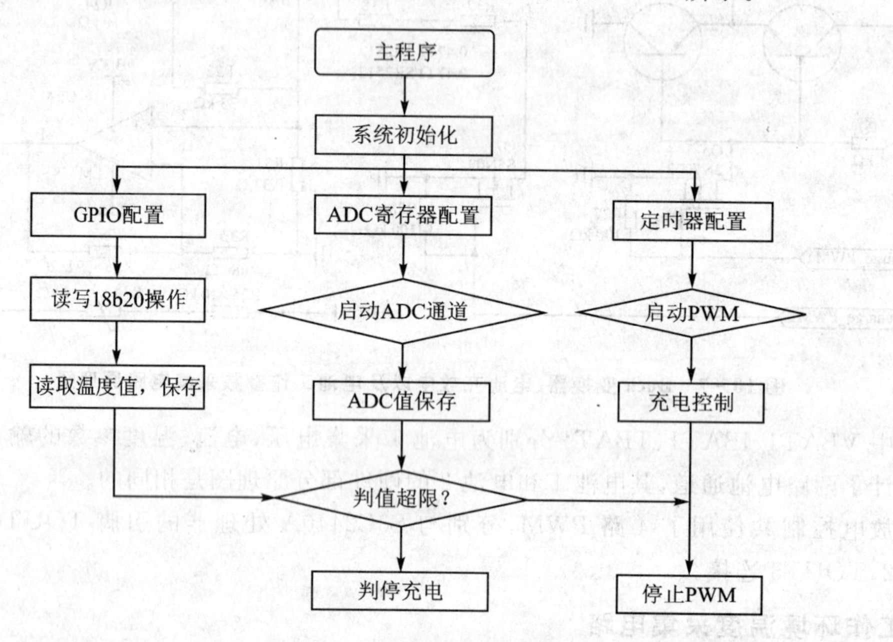

图 10－9 主要程序流程图

10.4.2 程序代码及说明

本小节基于本实例的主要程序介绍，限于篇幅，部分省略介绍。

(1) Buck 变换器及充放电控制程序

Buck 变换器的主要作用是降压以匹配相应类型的电池充电电压，由 PWM 脉宽驱动，并输出给电池充电（注意不同类型的电池对应不同的 PWM 脉宽）。相关的程序及注释详见文件 PWM. C。

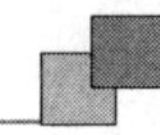

```
/*******************************************************************
 * 文件名    : PWM.c
 * 功能描述 : S3C2440 定时器操作,用于 PWM 脉宽调制参数设置及开关 PWM 等。
 *******************************************************************/
/* PWM 定时器普通操作模式 */
void PWM_ON(void)
{
    int save_B,save_PB,save_MI;
    char key;//, toggle;
    /*  映射当前寄存器关联 PWM 端口 */
    save_B    = rGPBCON;
    //保存上拉禁止寄存器值
    save_PB = rGPBUP;
    //保存毫秒控制寄存器值
    save_MI = rMISCCR;
    /*  设置 PWM 端口对应于 GPB */
    // GPB 配置, GPB[4:0] 上拉
    rGPBUP    = rGPBUP   & ~(0x1f)      | 0x1f;
    rGPBCON  = rGPBCON & ~(0x3ff)     | 0x2 | 0x2 << 2 | 0x2 << 4 | 0x2 << 6 | 0x2 << 8; //
TCLK0,TOUT[3:0]使能
    // 毫秒控制寄存器
    rMISCCR  = rMISCCR & ~(0xf0)      | 0x40; //选择 PCLK 和 CLKOUT0.
    Uart_Printf("Select [a ~ d]: \n");
    key = Uart_Getch();
    Uart_Printf(" %c\n\n",key);
    switch(key)
    {
        case 'a':
            rTCFG0  = rTCFG0 & ~(0xffffff) | 0x00000; //死区 = 0, Prescaler1 = 0, Prescaler0 = 0
         rTCFG1  = 0x0; //所有中断, 位 MUX4~0: 1/2
            break;
        case 'b':
         rTCFG0  = rTCFG0 & ~(0xffffff) | (0xc8)<<16 | (0x7)<<8 | (0x7); //死区 = 0, Pres-
caler1 = 7, Prescaler0 = 7
 //所有中断, 位 MUX4~0:1/16
 rTCFG1 = rTCFG1 & ~(0xffffff) | (0x3)<<16 | (0x3)<<12 | (0x3)<<8 | (0x3)<<4 | (0x3);
 break;
        case 'c':
            rTCFG0  = rTCFG0 & 0x0;     //死区 = 0, Prescaler1 = 0, Prescaler0 = 0
            rTCFG1  = rTCFG1 & 0x0;     //所有中断,位 MUX4~0: 1/2
            Uart_Printf("(H/L)Duty 0, TCNT =< TCMP, Inverter On\n");
            break;
        case 'd':
            rTCFG0  = rTCFG0 & ~(0xffffff) | 0x00000; //死区 = 0, Prescaler1 = 0, Prescaler0 = 0
        //所有中断, 位 MUX4~0: 1/2
```

```
            rTCFG1 = rTCFG1 & ~(0xffffff) | 0x4 | 0x4 << 4 | 0x4 << 8 | 0x4 << 12 | 0x4
        << 16;
    break;
    default:
            rGPBCON = save_B;
            rGPBUP   = save_PB;
            rMISCCR = save_MI;
            return;
        }
        rTCNTB0 = 2000;//第一路电池充电 PWM 控制
        rTCNTB2 = 2000;//第二路电池充电 PWM 控制
        rTCMPB0 =  2000 - 1000; //50% 占空比
        rTCMPB2 =  2000 - 1000; //50% 占空比
    rTCON   = rTCON & ~(0xffffff) | 0x1<<1 | 0x1<<9 | 0x1<<13 | 0x1<<17 | 0x1<<21 ; //手
动更新
        //通过串口选择 PWM 参数设置选项
        switch(key)
        {
            case 'a':
        rTCON     = rTCON & ~(0xffffff) | 0x599909; //自动加载,极性反相位关,无操作,启动,死区禁止
                break;
            case 'b':
        rTCNTB0 = rTCNTB0 & ~(0xffff) | 500; //(1/(50.8MHz/8/16)) * 500 = 1.273 msec ( 793.8 Hz)
        rTCMPB0 =  500 - 250; //50% 占空比
        rTCON = rTCON & ~(0xffffff) | 0x6aaa0a;  //自动加载,极性反相位关,手动更新,停止,死区禁止
            rTCON = rTCON & ~(0xffffff) | 0x599909| (0x1) << 4; //自动加载,极性反相位关,无操
作,启动,死区使能
                break;
            case 'c':
              rTCNTB0 = rTCNTB0 & ~(0xffff) | 1000;
              rTCMPB0 =  1000;
              rTCNTB1 = rTCNTB1 & ~(0xffff) | 1000;
              rTCMPB1 =  1000;
              rTCNTB2 = rTCNTB2 & ~(0xffff) | 1000;
              rTCMPB2 =  1000;
              rTCNTB3 = rTCNTB3 & ~(0xffff) | 1000;
              rTCMPB3 =  1000;
    //自动加载禁止,极性反相位关,手动更新,停止,死区禁止
              rTCON = rTCON & ~(0xffffff) | 0x1 << 1 | 0x1 << 9 | 0x1 << 13 | 0x1 << 17 | 0x1
<< 21;
          //自动加载使能,极性反相位开, No Operation, Start,死区禁止
      rTCON = rTCON & ~(0xffffff) | 0x1 | 0x1 << 2 | 0x1 <<8 | 0x1 << 10| 0x1 << 12 | 0x1
<< 14 | 0x1 << 16 | 0x1 << 18| 0x1 << 20;
            break;
            case 'd':
```

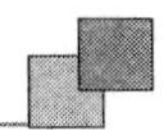

```
        rTCON     = rTCON & ~(0xffffff) | 0x599909;//自动加载,极性反相位关, 无操作, 启动,死
                                                                     区禁止
        break;
         default:
        break;
    }
    Uart_Getch();
}
/* 停止定时器 0, 1, 2, 3, 4 */
void Stop_PWM(void)
{
     int save_MI;
    rTCON    = 0x0;     //One-shot,极性反相位关,无操作,死区禁止,停止定时器
    rGPBCON = save_B;
    rGPBUP   = save_PB;
    rMISCCR = save_MI;
}
```

(2) 电压、电流、温度采集程序

电池的电压、电流、温度相关参数主要通过 ADC 的 4 个通道采集,采集到的参数值供主程序判断充电状态。ADC.C 文件相关的函数及注释如下。

```
/**************************************************************
 *   文件名 : Adc.c
 *   功能描述  : S3C2440 处理器 ADC 测试
**************************************************************/
#include "def.h"
#include "option.h"
#include "2440addr.h"
#include "2440lib.h"
#include "2440slib.h"
#define REQCNT 100
#define ADC_FREQ 2500000
#define LOOP 10000
volatile U32 preScaler;
INT16U Temperature_1    = 0; //第一路电池温度,用于保存
INT16U Temperature_2    = 0; //第二路电池温度,用于保存
INT16S Current_1        = 0; //第一路电池电流,用于保存
INT16S Current_2        = 0; //第二路电池电流,用于保存
INT16U Voltage_1        = 0; //第一路电池电压,用于保存
INT16U Voltage_2        = 0; //第二路电池电压,用于保存
//读 ADC 通道
int ReadAdc(int ch)
{
     int i;
     static int prevCh = -1;
```

```
    rADCCON = (1<<14) + (preScaler<<6) +(ch<<3); //设置通道数
    if(prevCh! = ch)
    {
    rADCCON = (1<<14) + (preScaler<<6) + (ch<<3);    //设置通道
    for(i = 0;i<LOOP;i ++);    //延时去设置另外一个通道
    prevCh = ch;
    }
    rADCTSC = rADCTSC & 0xfb;//普通 ADC 转换及无触摸屏操作
    rADCCON| = 0x1;   //启动 ADC
    while(rADCCON & 0x1);     //检测 Enable_start 是否为低
    while(! (rADCCON & 0x8000));     //检测 EC(End of Conversion)标志位是否为高
    return ( (int)rADCDAT0 & 0x3ff );
}
//测试各通道数据
void Test_Adc(void)
{
    int a0 = 0, a1, a2, a3, a4, a5, a6, a7; //初始化变量,8 个通道都打开,但 a6,a7 未使用.
    U32 rADCCON_save = rADCCON;
    Uart_Printf( "ADC INPUT Test, press ESC key to exit ! \n" ) ;
    preScaler = ADC_FREQ;
    Uart_Printf("ADC conv. freq. = %dHz\n",preScaler);
    preScaler = 50000000/ADC_FREQ - 1;                 //PCLK:50.7MHz
    Uart_Printf("PCLK/ADC_FREQ - 1 = %d\n",preScaler);
    while( Uart_GetKey() ! = ESC_KEY )
    {
        a0 = ReadAdc(0); //第一路电池电压
        Uart_Printf( "AIN0: %04d\n", a0 );
        Voltage_1 = a0
        a1 = ReadAdc(1); //第一路电池电流
        Uart_Printf( "AIN1: %04d\n", a1 );
        Current_1 = a1;
        a2 = ReadAdc(2); //第一路电池探测温度
        Uart_Printf( "AIN2: %04d\n", a2 );
        Temperature_1 = a2;
        a3 = ReadAdc(3); //第二路电池电压
        Uart_Printf( "AIN3: %04d\n",a3 );
        Voltage_1 = a3;
        a4 = ReadAdc(4); //第二路电压电流
        Uart_Printf( "AIN4: %04d\n", a4 );
        Current_1 = a4;
        a5 = ReadAdc(5); //第二路电池探测温度
        Uart_Printf( "AIN5: %04d\n", a5 );
        Temperature_1 = a5;
        Delay( 500 ) ;
    }
```

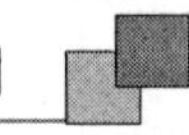

```
    //rADCCON = (0<<14)|(19<<6)|(7<<3)|(1<<2);  //stand by mode to reduce power con-
sumption
    rADCCON = rADCCON_save;
    Uart_Printf("\nrADCCON = 0x%x\n", rADCCON);
}
/*****************************************************************
* 名称:ADC_ENABLE()
* 功能:采用置位使能方式启动 AD 转换 - >另外一种方法
* 参数:无
* 返回值:无
*****************************************************************/
void ADC_ENABLE (void)
{
    int i,j;
    int val;
     val = 0;
    for(i = 0;i<16;i++)
    {
        rADCCON |= 0x1;                    //使能 ADC 转换
        while(rADCCON&0x1);                //判断是否使能 ADC 转换
        while(! rADCCON&0x8000);           //判断 ADC 转换是否结束
        val += (rADCDAT0 &0x03ff);         //取出 ADC 转换值
        for(j = 0;j<500;j++);
    }
    val = val/16;                          //计算 ADC 平均转换值
    Delay(500);
    Uart_Printf("ADC val = %d\n", val); //发送到串口显示
}
/*****************************************************************
* 名称:ADC_READ()
* 功能:采用读控制器的方式启动 AD 转换 - >另外一种方法
* 参数: 无
* 返回值: 无
*****************************************************************/
void ADC_READ (void)
{
        int i,j;
    int val,aa;
     val = 0;
     rADCCON |= 0x2;                       //ADC 转换通过读操作来启动
     aa = rADCDAT0 &0x03ff;                //启动 ADC 转换
    for(i = 0;i<16;i++)
    {
        while(! rADCCON&0x8000);           //判断 ADC 转换是否结束
        val += (rADCDAT0 &0x03ff);         //取出 ADC 转换值
```

```
        for(j = 0;j<500;j++);
    }
    val = val/16;                              //计算 ADC 平均转换值
    Delay(500);
    Uart_Printf("ADC val =  %d\n", val);//发送到串口显示
}
```

(3) 工作环境温度采集程序

DS18B20.C 文件当中主要包括温度传感器 DS18B20 寄存器设置及温度测量值读取等功能函数,介绍如下。

```
/*----------------------------地址声明--------------------------------*/
#define GPGCON (*(volatile unsigned *)0x56000060)      //18b20 寄存器设置
#define GPGDAT (*(volatile unsigned *)0x56000064)
#define GPGUP (*(volatile unsigned *)0x56000068)
/*----------------------------变量定义--------------------------------*/
unsigned char wd[4];
unsigned int sdata;     //测量到的温度的整数部分
unsigned char xiaoshu1;//小数第一位
unsigned char xiaoshu2;//小数第二位
unsigned char xiaoshu;//两位小数
/*----------------------------函数声明--------------------------------*/
void zh(void);
void Delay(unsigned int x) ;
void uart(void);
void DS18B20PRO(void);
void dmsec (unsigned int t);
void tmreset (void);
unsigned char tmrbit (void);
unsigned char tmrbyte (void) ;
void tmwbyte (unsigned char dat);
void tmstart (void) ;
void tmrtemp (void) ;
int Temp_Test(void)
{
    while(1)
    {
            DS18B20PRO();
        zh();
        uart();
        Delay(30);
    }
    return(0);
}
/*------------------------------------------------------------------/
函数名称:     dmsec
```

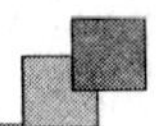

```
功能描述：    精确延时函数
传    参：    unsigned int t
返 回 值：    无
-----------------------------------------------------------------*/
void dmsec(unsigned int t)        //精确延时函数
 {
    unsigned int i;
    unsigned int j;
    j = 1 * t;
    for(i = 0; i<j; i++);
 }
/*-----------------------------------------------------------------/
函数名称：    tmreset
功能描述：    DS18b20 初始化
传    参：    无
返 回 值：    无
-----------------------------------------------------------------*/
void tmreset(void)
{
    unsigned int i;
    GPGCON &= 0xfffffffc;       //设置寄存器对 18b20 进行写操作
    GPGCON |= 0x01;
    GPGDAT |= 0x01;
    dmsec(100);
    GPGDAT &= 0xfffe;
    dmsec(600);
    GPGDAT |= 0x01;
    dmsec(100);
    GPGCON &= 0xfffffffc;       //设置寄存器对 18b20 进行读操作
    i = GPGDAT;
}
/*-----------------------------------------------------------------/
函数名称：    Delay
功能描述：    延时函数
传    参：    int x
返 回 值：    无
-----------------------------------------------------------------*/
unsigned char tmrbyte (void)        //读一个字节函数
{
      unsigned int j;
      unsigned char i, u = 0;
      for (i = 1; i<= 8; i++)
      {
          GPGCON &= 0xfffffffc;
         GPGCON |= 0x01;              //GPG0 设为输出
```

```
        GPGDAT &= 0xfffe;
      u >>= 1;
        GPGCON &= 0xfffffffc;          //设为输入口
        j = GPGDAT;
    if (j & 0x01)
            u |= 0x80;
    dmsec(46);
    GPGDAT |= 0x01;
  }
  return (u);
}
/*-----------------------------------------------------------------------/
函数名称:    tmwbyte
功能描述:    写一个字节函数
传    参:    unsigned char dat
返 回 值:    无
-----------------------------------------------------------------------*/
void tmwbyte (unsigned char dat)        //写一个字节函数
{
    unsigned char j;
    GPGCON &= 0xfffffffc;
    GPGCON |= 0x01;
    for (j=1; j<=8; j++)
    {
        GPGDAT &= 0xfffe;
      dmsec(1);
      GPGDAT |= (dat & 0x01);
      dmsec(47);
      GPGDAT |= 0x01;
      dat = dat >> 1;
    }
}
/*-----------------------------------------------------------------------/
函数名称:    tmstart
功能描述:    发送 ds1820 开始转换
传    参:    无
返 回 值:    无
-----------------------------------------------------------------------*/
void tmstart (void)
{
    tmreset();                                  //复位
    dmsec(120);                                 //延时
    tmwbyte(0xcc);                              //跳过序列号命令
    tmwbyte(0x44);                              //发转换命令 44H,
}
```

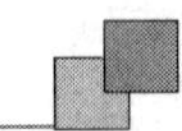

```
/*-----------------------------------------------------------------/
函数名称:    tmrtemp
功能描述:    读取温度
传    参:    无
返 回 值:    无
-----------------------------------------------------------------*/
void tmrtemp (void)
{
    unsigned char a,b;
    tmreset();                                          //复位
    dmsec(2000);                                        //延时
    tmwbyte(0xcc);                                      //跳过序列号命令
    tmwbyte(0xbe);                                      //发送读取命令
    a = tmrbyte();                                      //读取低位温度
    b = tmrbyte();                                      //读取高位温度
    sdata = a / 16 + b * 16;                            //整数部分
    xiaoshu1 = (a&0x0f) * 10 / 16;                      //小数第一位
    xiaoshu2 = (a&0x0f) * 100 / 16 %10;                 //小数第二位
    xiaoshu = xiaoshu1 * 10 + xiaoshu2;                 //小数两位
}
/*-----------------------------------------------------------------/
函数名称:    zh
功能描述:    温度值转换,用于输出至串口追踪
传    参:    无
返 回 值:    无
-----------------------------------------------------------------*/
void zh(void)
{
    unsigned int wdata;
    wdata = sdata;
    wd[0] = wdata / 10 + 0x30;
    wd[1] = wdata % 10 + 0x30;
    wd[2] = xiaoshu / 10 + 0x30;
    wd[3] = xiaoshu % 10 + 0x30;
}
/*-----------------------------------------------------------------/
函数名称:    DS18B20PRO
功能描述:    采样
传    参:    无
返 回 值:    无
-----------------------------------------------------------------*/
void DS18B20PRO(void)
{
  tmstart();        //uart(10);
  dmsec(5);     //如果是不断地读取的话可以不延时
```

```
  tmrtemp();     //读取温度,执行完毕温度将存于 tmrtemp,供主程序调用判断是否停止充电.
}
/*------------------------------------------------------------------------/
函数名称:    Delay
功能描述:    延时函数
传    参:    int x
返 回 值:    无
-------------------------------------------------------------------------*/
void Delay(unsigned int x)
{
  unsigned int i, j, k;
  for(i = 0; i<= x; i++)
    for(j = 0; j<0xff; j++)
      for(k = 0; k<0xff; k++);
}
```

10.5 实例总结

本实例主要介绍了 S3C2440A 处理器基于智能电池管理系统的应用设计,即利用 S3C2440A 的 PWM 接口,和 ADC 接口,实现对电池充放电及保护方面相关参数的检测和控制。

硬件设计方面给出了完整的智能电池系统硬件电路原理图,为读者提供了一个可行性很强的硬件解决方案。

在软件方面采用模块化设计,利用 PWM 脉宽调制及启动和停止 PWM 输出等功能分别实现充电器的 Buck 直流变换器,启动充电和判停充电等功能,算法和结构较为简单。读者还可以在本实例的硬件基础上实现过饱和充电条件下放电实验。充电电池的充电电压,充电电流和电池体温度都是通过 S3C2440A 处理器的 ADC 接口实时检测的。在软件设计过程当中,为了提高采集数据的准确性,需要采用采集数据值平均,数据修正等措施,以提高控制的精确度。

第四篇　网络通信开发

第 11 章

IrDA 红外通信应用

IrDA 是一种廉价、近距离、无线、低功耗、保密性强的点对点通信技术。随着移动通信设备的日益普及，IrDA 通信应用得到了移动通信行业广泛认同和支持。IrDA 特别适用于低成本、跨平台、点对点高速数据无线传输，尤其是嵌入式系统设备。尽管现在有了同样是近距离无线通信的蓝牙技术，但以红外通信技术低廉的成本和广泛的兼容性的优势，红外数据通信势必在短距离的无线数据通信领域扮演一定的角色。

11.1 IrDA 红外通信协议概述

IrDA 是国际红外数据协会的英文缩写，其全称是 Infrared Data Association。红外数据传输，使用的传播介质是红外线，且需要保证传输双方之间不能有阻挡物。红外数据传输一般采用红外波段内的近红外线，波长在 0.75 μm～25 μm 之间。红外数据协会成立后，为保证不同厂商的红外产品能获得最佳的通信效果，限定所用红外波长在 850 nm～900 nm 之间。

11.1.1 IrDA 分类

IrDA 制定了多种版本的通信协议，根据传输速度可以分为如下几种：

● SIR

最早的 IrDA1.0 标准基于异步收发器 UART，最高通信速率在 115.2 kbps，简称 SIR (Serial Infrared，串行红外协议)，采用 3/16ENDEC 编解码机制，只能以半双工的方式进行红外通信。

● MIR

MIR(Medium Infrared，中速红外)不是一个正式官方的标准，但用来表示 0.576 Mbps～1.152 Mbps 传输速率。部分过渡阶段的红外收发器支持该传输速率。

● FIR

FIR(Fast Infrared，快速红外)即 IrDA1.1 标准，传输速率为 4 Mbps。FIR 采用了全新的 4PPM 调制解调(Pulse Position Modulation)，通过分析脉冲的相位来识别传输的数据信息，其通信原理与 MIR、SIR 是截然不同的。但由于 FIR 在 115.2 kbps 以下的速率依旧采用 SIR

的编码解码过程，所以它仍可以与支持 SIR 的低速设备进行通信，只有在对方也支持 FIR 时，才将传输速率提升至 FIR。

● VFIR

IrDA1.1 标准又补充了 VFIR(Very Fast InfraRed，非常快速红外)技术，其通信的传输速率高达 16 Mbps，接收角度也由传统的 30°扩展到 120°。这使红外通信在一些需要大数据量传输的设备上也可以应用。诸如 Vishay 公司的收发器 TFDU8108 可以在 9.6 kbps～16 Mbps 范围内运行。

● UFIR

UFIR(Ultra Fast Infrared，超快速红外)协议支持 96 Mbps 的传输速率，使用 8B10B 编码方式。由于各种客观原因，UFIR 后续定义版本未再进入行业实际应用。

11.1.2 IrDA 通信协议介绍

IrDA 标准包括 3 个基本通信协议：红外物理层规范(Infrared Physical Layer Specification，IrPHY)，红外链路接入协议(Infrared Link Access Protocol，IrLAP)和红外链路管理协议(InfraredLink Management Protocol，IrLMP)。

● IrPHY

IrPHY 是硬件层，制定了红外通信硬件设计上的目标和要求。主要包括链接范围与距离、角度、速率、波长以及调制方式等。

● IrLAP

IrLAP 处于 IrDA 通信协议的第二层，主要用于访问控制、搜索潜在的通信对象、建立稳定的双向链接、分配主/从设备的角色、QoS 参数协商。

在 IrLAP 层的通信设备被分成 1 个主设备和 1 个或多个从设备。主器件控制从设备，只有当主设备请求从设备发送并经允许后才可以执行数据传送。

● IrLMP

IrLMP 是 IrDA 协议的第三层，它主要分解成两个部分：链路管理多路转换器(Link Management Multiplexer，LM－MUX)、链路管理信息接入服务(Link Management Information Access Service，LM－IAS)。

LM－MUX 提供多路逻辑通道，并允许主/从设备角色切换。LM－IAS 提供接入服务及评估设备的服务等。

在 IrLMP 基础上，针对一些特定的红外通信应用领域，IrDA 还陆续发布了一些更高级别的红外协议，如 TinyTP、IrOBEX、IrCOMM、IrLAN、IrSimple、IrMC 等等，在此不再详述。

11.1.3 IrDA 通信介绍

IrDA 标准的协议栈定义了 3 种状态。

● 正常断开模式

正常断开模式(Normal Disconnect Mode，NDM)即主设备搜索其他 IrDA 设备及从设备等待主设备询问的状态。

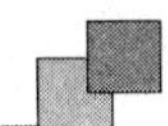

● 发现模式

发现模式(Discovery Mode)即主设备和从设备确定各自角色的状态。

● 正常响应模式

正常响应模式(Normal Response Mode,NRM)是数据和状态信息来回传送及当保持链接时状态信息验证机制的状态。

IrDA 标准协议栈 3 种状态转换状态如图 11 - 1 所示。

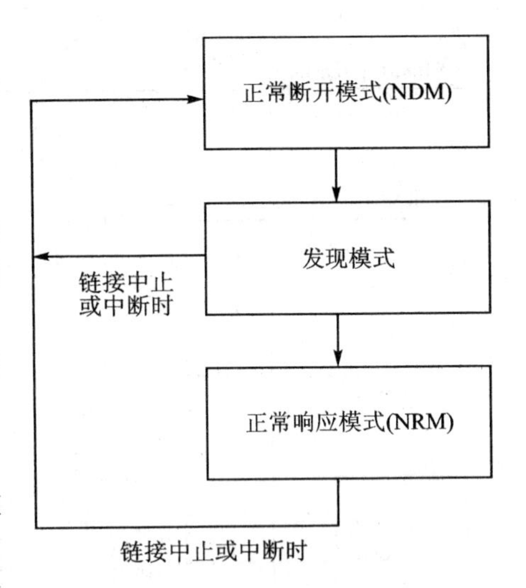

图 11 - 1　协议栈状态转换图

IrDA 建立通信一般需要 4 个阶段,如下所示:

● 设备搜索,搜寻红外线通信距离和空间内存在的设备;

● 建立链接,选择合适的数据传送对象,协商双方支持的最佳通信参数,并且建立链接;

● 数据交换,用协商好的参数进行稳定可靠的数据交换;

● 断开链接,数据传送完成之后关闭链路,并且返回到正常断开模式状态,等待新的连接。

11.2　S3C6410 处理器的 IrDA 控制器

S3C6410 处理器内部集成有 IrDA 单元及其接口控制器,支持 MIR、FIR 传输速率,能直接与 IrDA 红外收发器连接。可以通过配置调整 FIFO 尺寸,减少 CPU 负担。软件编程通过访问 16 个内部寄存器完成。当接收到红外线脉冲时,IrDA 控制器能够检测 CRC 错误、物理层错误和有效载荷长度错误。

IrDA 控制器支持如下功能。

● 兼容 IrDA1.1 物理层规格;

● FIFO 可在 MIR 及 FIR 模式中的运作;

● 64 字节 FIFO 尺寸;

● 背靠背事务;

● 软件选择 Temic/IBM 或 HP 收发器。

S3C6410 处理器内部 IrDA 单元及其接口控制器功能框图如图 11 - 2 所示。

11.2.1　FIR 模式

在 FIR 模式中,数据以 4 Mbps 的速率进行传送。

在数据发送模式中,IrDA 内核将有效荷载数据编码成 4PPM 格式,将包含帧头、开始标签、CRC - 32、及停止标签信息等编码成有效载荷,并将这些编码数据串行移出。

在数据接收模式中,IrDA 内核逆向工作。首先,当它检测到红外线脉冲后,就接收器时钟把从输入的数据中恢复出来,并清除帧头和开始标签,从接收到的 4PPM 数据中提取有效载

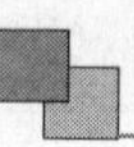

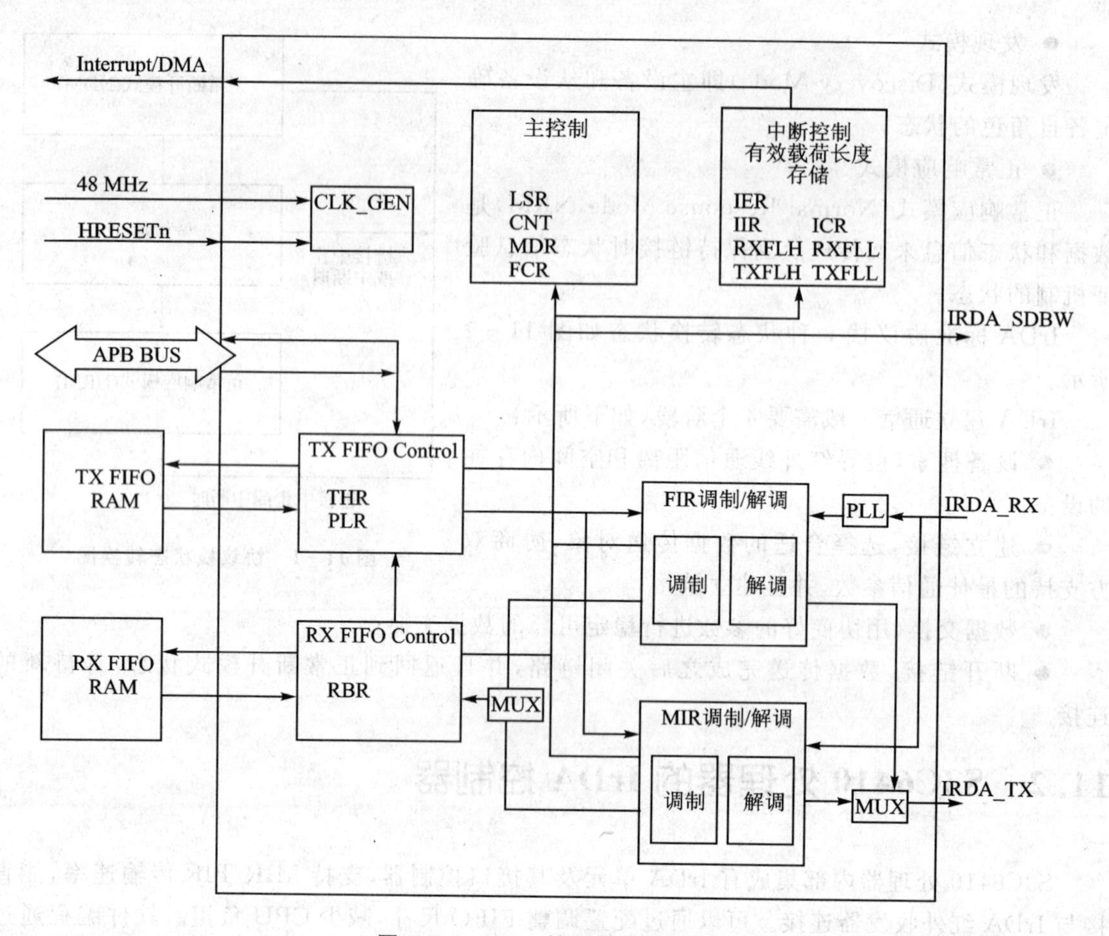

图 11-2　IrDA 控制器功能框图

荷直至遇到停止标签。

IrDA 核可检测到 3 种不同类型的错误：物理层错误、帧长度错误以及 CRC 错误，这些错误可能产生在传送过程中。整个有效荷载数据接收完成后 CRC 能被检测出来。微控制器通过读取每个帧尾的线性状态寄存器来监控接收帧的错误状态。表 11-1 所列的是 FIR 数据帧的帧结构，表 11-2 所列的是 4PPM 编码。

表 11-1　FIR 数据帧结构

帧　头	开始标签	链路层帧(有效载荷)	CRC32	停止标签

帧头：1000,0000,1010,1000

开始标签：0000，1100，0000，1100，0110，0000，0110，0000

停止标签：0000，1100，0000，1100，0000，0110，0000，0110

帧头是 16 位数字。

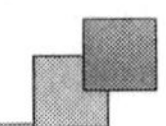

表 11-2　4PPM 编码

数据位对(DBP)	4PPM 数据符(DD)	数据位对(DBP)	4PPM 数据符(DD)
00	1000	10	0010
01	0100	11	0001

FIR 模式调制的状态机转换图如图 11-3 所示。编程 IRDA_CNT 寄存器可选择 FIR 传送模式，当产生欠载条件时，状态机在有效载荷中附加出错的 CRC 数据，并且终止传送。

FIR 模式解调的状态机转换图如图 11-4 所示，当 IRDA_CNT 寄存器位 6 设置为高电平时，状态机开始工作。将输入数据解包，并清除帧头、开始标签及停止标签，执行 4PPM 和 CRC 解码。

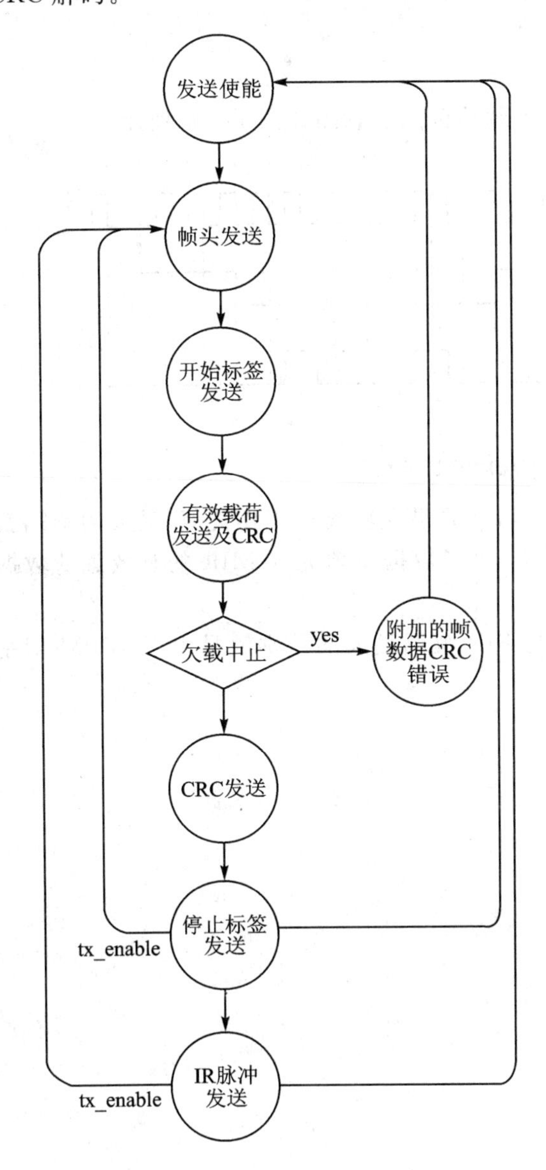

图 11-3　FIR 调制过程示意图

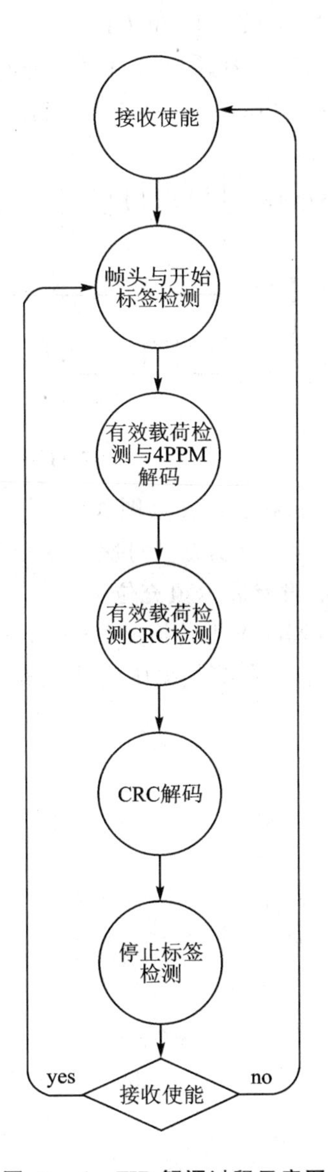

图 11-4　FIR 解调过程示意图

11.2.2 MIR 模式

在 MIR 模式中，数据以 0.576 Mbps～1.152 Mbps 的速度进行传送。有效荷载数据包含帧头、开始标签、CRC-16 及停止标签。要求开始标签最少 3 个字节，MIR 数据帧结构如表 11-3 所列。

表 11-3 MIR 数据帧结构

STA	STA	链路层帧（有效载荷）	CRC16	STO

STA：开始标签，01111110（二进制）

CRC16：CCITT 16 位 CRC

STO：结束标签，01111110（二进制）

MIR 脉冲由 1/4 脉冲格式调制。MIR 模式下脉冲调制示意图如图 11-5 所示。

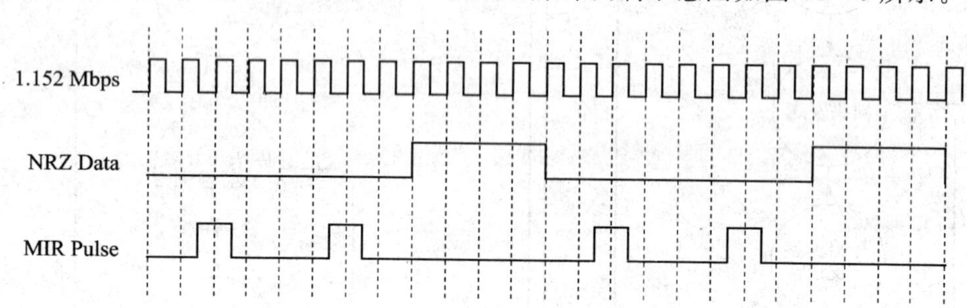

图 11-5 MIR 模式下脉冲调制示意图

MIR 调制状态机转换图如图 11-6 所示。它与 FIR 调制状态机工作类似，最大的不同就是有效载荷需要位填充。每次将 5 个连续‘1’及 1 个‘0’数据位填充入 MIR 的有效载荷数据中，图 11-6 没有展示填充位。

MIR 解调状态机转换图如图 11-7 所示。与 FIR 解调最大的差别就是少了 4PPM 调制以及多了从有效载荷数据中清除填充位这一步。

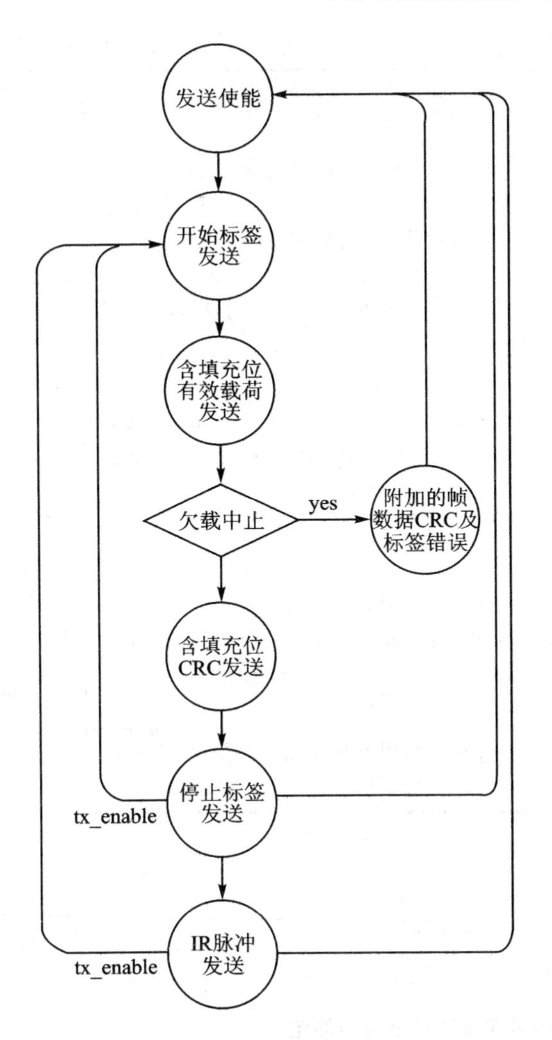

图 11-6 MIR 调制过程示意图

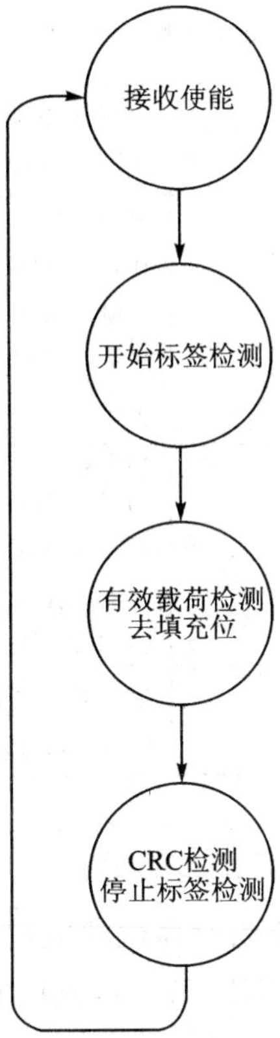

图 11-7 MIR 解调过程示意图

11.3 IrDA 控制器相关寄存器

IrDA 数据的收发及 CRC 控制等相关功能都由相关功能寄存器配置完成，本节对其寄存器进行简单介绍。

1. IrDA 控制寄存器

IrDA 控制寄存器寄存器位功能定义如表 11-4 所列。

寄存器地址：0x7F007000，复位值：0x00，可读/写。

表 11-4 IrDA 控制寄存器位功能定义

IRDA_CNT	位	描 述	初始化状态
TX enable	[7]	发送使能时。 在 MIR/FIR 模式中，位 7 必须设定为'1'，以便使能数据传送	0

续表 11-4

IRDA_CNT	位	描　述	初始化状态
RX enable	[6]	接收使能。 在 MIR/FIR 模式中，位 6 必须设定为'1'，以便使能接收数据	0
Core loop	[5]	核循环用于软件测试，IR 发送端口与 IR 接收端口内部相连	0
MIR half mode	[4]	MIR 半双工模式，位 4 设定为'1'时，MIR 模式中的运行速度从 1.152 Mbps 切换为 0.576 Mbps	0
Send IR pulse	[3]	发出 1.6 μs 红外脉冲。 IRDA_MDR[4]位等于'1'及 CPU 在该字节上写'1'，传送接口设备在帧尾发出 1.6 μs 红外脉冲。位 3 随 1.6 μs 红外脉冲在帧尾数据传送而自动清除	0
保留	[2]	保留	0
Frame abort	[1]	帧中止。 CPU 通过写入'1'到位 1，便能刻意中断一个帧的数据传送。结束标签或者 CRC 位都不能附加到帧上。接收器可在 MIR 模式中找到带中断模式的帧，在 FIR 模式中发现 PHY 错误。在传送下一个帧前，CPU 必须复位发送 FIFO，并通过写入'0'到位'1'	0
SD/BW	[0]	该信号控制 IrDA_SDBW 输出信号，用于 IrDA 收发器的控制模式中（关机，高低频带宽度）	0

2. IrDA 模式定义寄存器

IrDA 模式定义寄存器位功能定义如表 11-5 所列。

寄存器地址：0x7F007004，复位值：0x00，可读/写。

表 11-5　IrDA 模式定义寄存器位功能定义

IRDA_MDA	位	描　述	初始化状态
保留	[7:5]	保留	0
SIP Select	[4]	SIP 选择方式，若将该字节和 IRDA_CNT[3]设定为'1'，SIP 脉冲则被贴在 FIR/MIR 发送帧的末端，若 IRDA_CNT[3]设定为'0'，那么设定这个位为'1'也不能产生 SIP。与 IRDA_CNT[3]位放一起，SIP 的产生方式可得到控制	0
Temic select	[3]	位 3 是 Temic 收发器选择位。 位 3 清 0 时，核自动选择进入 Temic 收发器模式	0
保留	[2:1]	保留	00
Mode select	[0]	选择运行模式。0：FIR 模式　1：MIR 模式	0

3. IrDA 中断/DMA 配置寄存器

IrDA 中断/DMA 配置寄存器位功能定义如表 11-6 所列。

寄存器地址：0x7F007008，复位值：0x00，可读/写。

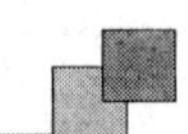

表 11－6　IrDA 中断/DMA 配置寄存器位功能定义

IRDA_CNF	位	描　述	初始化状态
保留	[7:4]	保留	0
DMA Enable	[3]	DMA 使能。 0:DMA 禁用　1:DMA 使能	0
DMA Mode	[2]	DMA 模式。 0:发送 DMA　1:接收 DMA	0
保留	[1]	保留	0
Interrupt Enable	[0]	中断使能。位 0 能中断输出信号 0:禁用　1:使能	0

4. IrDA 中断使能寄存器

IrDA 中断寄存器位功能定义如表 11－7 所列。

寄存器地址:0x7F00700C,复位值:0x00,可读/写。

表 11－7　IrDA 中断寄存器位功能定义

IRDA_IER	位	描　述	初始化状态
Last byte to Rx FIFO	[7]	当最后一个字节写入接收 FIFO,使能状态指示中断	0
Error indication	[6]	错误指示。 在数据接收模式中,使能错误状态指示中断	0
Tx Underrun	[5]	发送欠载。 使能传送欠载运行中断	0
Last byte detect	[4]	检测停止标签中断使能	0
Rx overrun	[3]	使能接收器过载中断	0
Last byte read from RxFIFO	[2]	微控制器从接收 FIFO 读取帧最后一字节时,位 2 使能接收 FIFO 中断	0
Tx FIFO below threshold	[1]	当发送 FIFO 未用空间超过阀值时,位 1 使能发送 FIFO 低于阀值中断	0
Rx FIFO over threshold	[0]	当接收 FIFO 等于或超过阀值时,位 0 使能接收 FIFO 的接收数据超过阀值中断	0

5. IrDA 中断识别寄存器

IrDA 中断识别寄存器位功能定义如表 11－8 所列。

寄存器地址:0x7F007010,复位值:0x00,只读。

表 11-8 IrDA 中断识别寄存器位功能定义

IRDA_IIR	位	描 述	初始化状态
Last byte to Rx FIFO	[7]	最后一个字节写入接收 FIFO 待处理中断。 当帧的有效载荷最后一个字节载入接收 FIFO 时，位 7 设定为‘1’，并优先于位 2 设定，读取该位时，清除位 7	0
Error indication	[6]	接收器线路错误指示	0
Tx Underrun	[5]	发送欠载待处理中断	0
Last byte detect	[4]	帧最后一个字节检测待处理中断	0
Rx overrun	[3]	发送 FIFO 过载中断	0
Last byte read from Rx FIFO	[2]	接收 FIFO 最后一个字节读中断	0
Tx FIFO below threshold	[1]	发送 FIFO 低于阀值待处理中断	0
Rx FIFO over threshold	[0]	接收 FIFO 超过阀值待处理中断。当接收 FIFO 等于或大于阀值时，位‘0’置‘1’	0

6. IrDA 线路状态寄存器

IrDA 线路状态寄存器位功能定义如表 11-9 所列。

寄存器地址：0x7F007014，复位值：0x83，只读。

表 11-9 IrDA 线路状态寄存器位功能定义

IRDA_LSR	位	描 述	初始化状态
Tx empty	[7]	发送器空。 发送 FIFO 是空时，发送器前端为空闲模式，把这个位设定为‘1’	1
保留	[6]	保留	0
Received last byte from Rx FIFO	[5]	从接收 FIFO 中接收的末字节。 微控制器从接收 FIFO 中读取帧的末字节时，把这个位设定为‘1’；MCU 读取 IRDA_LSR 时，清除这个位	0
Frame length error	[4]	帧长度错误	0
PHY error	[3]	物理错误。在 FIR 模式中，接收到一个非法的 4PPM 符号时，把这个位设定为‘1’。在 MIR 模式中，若在接收过程中，接收到一个终止模式（多于 7 个连续性的位），则把这个位设定为‘1’。微控制器读取 IRDA_LSR 寄存器时，清除该位	0
CRC error	[2]	CRC 错误。 在数据接收中检测到一个 CRC 错误时，把位 2 设定为‘1’；微控制器读取 LSR 寄存器时，清除该位	0
保留	[1]	保留	1
Rx FIFO empty	[0]	接收 FIFO 空。 指示接收 FIFO 是空的。接收 FIFO 状态为空时，把这个位设定为‘1’；接收 FIFO 不为空时，把这个位设定为‘0’	1

7. IrDA FIFO 控制寄存器

IrDA FIFO 控制寄存器位功能定义如表 11－10 所列。

寄存器地址:0x7F007018,复位值:0x00,可读/写。

表 11－10　IrDA FIFO 控制寄存器位功能定义

<table>
<tr><th>IRDA_FCR</th><th>位</th><th>描　述</th><th>初始化状态</th></tr>
<tr><td>Rx FIFO Trigger level select</td><td>[7:6]</td><td>接收器 FIFO 触发器级别选择
<table>
<tr><th>位 7</th><th>位 6</th><th>64 字节接收 FIFO</th></tr>
<tr><td>0</td><td>0</td><td>01</td></tr>
<tr><td>0</td><td>1</td><td>16</td></tr>
<tr><td>1</td><td>0</td><td>32</td></tr>
<tr><td>1</td><td>1</td><td>56</td></tr>
</table></td><td>00</td></tr>
<tr><td>保留</td><td>[5]</td><td>须设定为‘1’</td><td>0</td></tr>
<tr><td>TX FIFO Clear Notification</td><td>[4]</td><td>清除 FIFO 后,该位被激活。
CPU 读取该寄存器时,清除该位</td><td>0</td></tr>
<tr><td>RX FIFO Clear Notification</td><td>[3]</td><td>清除 FIFO 后,该位被激活。
CPU 读取该寄存器时,清除该位</td><td>0</td></tr>
<tr><td>Tx FIFO reset</td><td>[2]</td><td>发送 FIFO 复位。
设定为‘1’时,位 2 清除发送器 FIFO 中所有字节。复位计数值为‘0’,当 1 个‘1’写入位 2 时产生自动清除</td><td>0</td></tr>
<tr><td>Rx FIFO reset</td><td>[1]</td><td>接收 FIFO 复位。
设定为‘1’时,位 2 清除接收器 FIFO 中所有字节。复位计数值为‘0’,当 1 个‘1’写入位 1 时产生自动清除</td><td>0</td></tr>
<tr><td>FIFO enable</td><td>[0]</td><td>FIFO 使能。
设定为‘1’时,位 0 将发送器和接收器 FIFO 都使能。
设定其他 IRDA_FCR 位时,位 0 必须设定为一个‘1’。改变位 0 则清除 FIFO</td><td>0</td></tr>
</table>

8. IrDA 帧头长度寄存器

IrDA 帧头长度寄存器位功能定义如表 11－11 所列。

寄存器地址:0x7F00701C,复位值:0x12,可读/写。

表 11－11　IrDA 帧头长度寄存器位功能定义

IRDA_PLR	位	描　述	初始化状态
保留	[7:6]	保留	00

续表 11－11

<table>
<tr><th>IRDA_PLR</th><th>位</th><th>描　述</th><th>初始化状态</th></tr>
<tr><td>TX FIFO trigger level select</td><td>[5:4]</td><td>发送器 FIFO 触发器级别选择
<table>
<tr><th>位 5</th><th>位 4</th><th>64 字节 FIFO</th></tr>
<tr><td>0</td><td>0</td><td>保留</td></tr>
<tr><td>0</td><td>1</td><td>48</td></tr>
<tr><td>1</td><td>0</td><td>32</td></tr>
<tr><td>1</td><td>1</td><td>08</td></tr>
</table>
备注:发送器的触发器级别值指数据空位的总数</td><td>01</td></tr>
<tr><td>Number of start flags in MIR mode</td><td>[3:0]</td><td>开始标签在 MIR 模式中的数量。
IRDA_PLR[3:0]值相同,最小值是 3</td><td>0010</td></tr>
</table>

9. IrDA 接收器和发送器缓冲寄存器

IrDA 接收器和发送器缓冲寄存器位功能定义如表 11－12 所列。

寄存器地址:0x7F007020,复位值:0x00,可读/写。

表 11－12　IrDA 接收器和发送器缓冲寄存器位功能定义

IRDA_RBR IRDA_THR	位	描　述	初始化状态
Rx/Tx data	[7:0]	接收数据(读取数据时) 数据发送(写入数据时)	0x00

10. IrDA 发送 FIFO 数据字节剩余总数

IrDA 发送 FIFO 的数据字节剩余总数寄存器位功能定义如表 11－13 所列。

寄存器地址:0x7F007024,复位值:0x00,只读。

表 11－13　IrDA 发送 FIFO 数据字节剩余总数寄存器位功能定义

IRDA_TXNO	位	描　述	初始化状态
Tx data total number	[7:0]	发送 FIFO 中的数据字节剩余总数	0x00

11. IrDA 接收 FIFO 数据字节剩余总数

IrDA 接收 FIFO 数据字节剩余总数寄存器位功能定义如表 11－14 所列。

寄存器地址:0x7F007028,复位值:0x00,只读。

表 11－14　IrDA 接收 FIFO 数据字节剩余总数寄存器位功能定义

IRDA _RXNO	位	描　述	初始化状态
Rx data total number	[7:0]	接收 FIFO 中的数据字节剩余总数	00

12. IrDA 发送帧长度寄存器(低位)

IrDA 发送帧长度寄存器低位功能定义如表 11－15 所列。

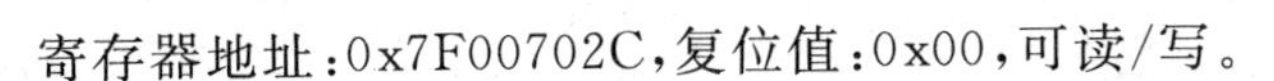

寄存器地址:0x7F00702C,复位值:0x00,可读/写。

表 11-15　IrDA 发送帧长度寄存器(低位)位功能定义

IRDA _TXFLL	位	描　述	初始化状态
Tx frame length low	[7:0]	储存发送帧的字节数的低 8 位	00

13. IrDA 发送帧长度寄存器(高位)

IrDA 发送帧长度寄存器高位功能定义如表 11-16 所列。

寄存器地址:0x7F007030,复位值:0x00,可读/写。

表 11-16　寄存器位功能定义

IRDA _TXFLH	位	描　述	初始化状态
Tx frame length High	[7:0]	储存发送帧的字节数的高 8 位	00

14. IrDA 接收帧长度寄存器(低位)

IrDA 接收帧长度寄存器低位功能定义如表 11-17 所列。

寄存器地址:0x7F007034,复位值:0x00,可读/写。

表 11-17　IrDA 接收帧长度寄存器低位功能定义

IRDA _RXFLL	位	描　述	初始化状态
Rx frame length Low	[7:0]	储存接收帧的最大字节数的低 8 位	00

15. IrDA 接收器帧长度寄存器(高位)

IrDA 接收帧长度寄存器高位功能定义如表 11-18 所列。

寄存器地址:0x7F007038,复位值:0x00,可读/写。

表 11-18　IrDA 接收帧长度寄存器高位功能定义

IRDA _TXFLH	位	描　述	初始化状态
保留	[7:6]	保留	00
Rx frame length high	[5:0]	储存接收帧的最大字节数的高 6 位	00

16. IrDA 中断清除寄存器

IrDA 中断清除寄存器位功能定义如表 11-19 所列。

寄存器地址:0x7E00903C,复位值:0x00,只写。

表 11-19　IrDA 中断清除寄存器位功能定义

IRDA_INTCLR	位	描　述	初始化状态
Interrupt Clear	[31:0]	读未定义。 任意写入一个值，IrDA 中断清除	00

11.4 硬件设计

本实例设计的硬件电路较为简单。IrDA 收发器采用 Vishay 公司的 TFDU6300，兼容 SIR/FIR 传输速率。

11.4.1 TFDU6300 收发器概述

TFDU6300 收发器是一个符合 IrDA1.1 物理层的低功耗快速红外线收发模块，支持 FIR 传输速率至 4 Mbps 并兼容惠普 SIR，夏普 ASK。收发器模块集成了 1 个光电二极管，1 个红外线发射器以及 1 个低功耗的控制逻辑。能够直接驱动各种类型的 I/O 接口，执行调制/解调功能。TFDU6300 收发器功能框图如图 11-8 所示。

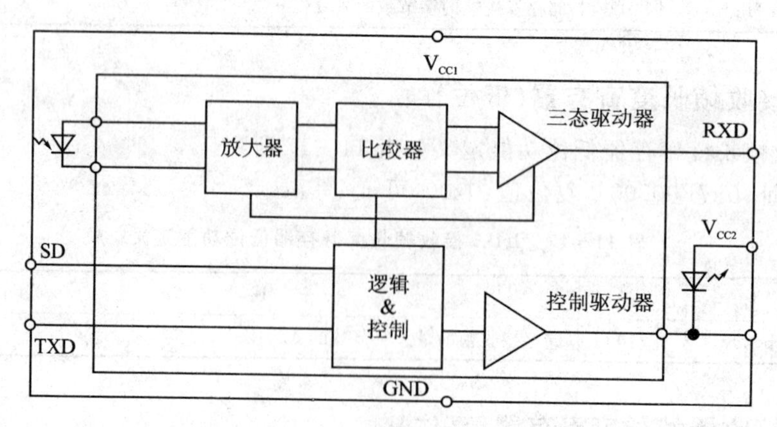

图 11-8 TFDU6300 收发器功能框图

11.4.2 TFDU6300 收发器引脚功能

TFDU6300 收发器引脚功能如表 11-20 所列。

表 11-20 TFDU6300 收发器引脚功能

引脚号	符 号	功能描述	I/O	有效电平
1	V_{CC2} IRED Anode	红外线二极管阳极通过外部连接至电源(V_{CC2})，电压高于 3.6 V 进通过串接电阻降低芯片功耗		
2	IRED Cathode	红外线二极管阴极，内部连接至驱动晶体管		
3	TXD	当 SD 为低电平时，该引脚用于传输串行数据，当结合 SD 应用时，用于控制接收器模式	I	高
4	RXD	接收器数据，具有上拉 CMOS 驱动输出能力	O	低

续表 11－20

引脚号	符　号	功能描述	I/O	有效电平
5	SD	关机，也可用于动态模式切换，此引脚设置有效时进入关机模式。在此信号的下降沿 TXD 引脚状态被采样，TXD 为低电平时设置为 SIR，TXD 为高电平时设置为 MIR/FIR	I	高
6	V_{CC1}	供电电源		
7	NC	空引脚		
8	GND	电源地		

11.4.3　TFDU6300 收发器模式控制

TFDU6300 收发器上电后的默认状态是 SIR 模式。如要采用 FIR 传输速率，需通过对 TXD 和 SD 两个引脚信号的输入时序进行编程设置。

1. FIR 模式设置

通过如下步骤可以将 TFDU6300 工作模式设置成 FIR(0.576 Mbps～4 Mbps)：

① 将 SD 引脚的输入电平设置为高电平；

② 将 TXD 引脚的输入电平设置为高电平(t_s≥200 ns)；

③ 将 SD 引脚电平设置为低，这个下降沿锁存 TXD 的状态，并决定速率模式设置；

④ 等待 t_h≥200 ns 之后，TXD 可以设置成低电平，TXD 的保持时间由设置最大容许脉冲的长度来限制。

这样 TXD 开始使能，作为 FIR 模式的 TXD 输入。

2. SIR 模式设置

通过如下步骤可以将 TFDU6300 工作模式设置成 SIR(2.4 kbps～115.2 kbps)：

① 将 SD 引脚的输入电平设置为高电平；

② 将 TXD 引脚的输入电平设置为低电平(ts≥200 ns)；

③ 将 SD 引脚电平设置为低；

④ 保持时间 t_h≥200 ns。

这样 TXD 开始使能，作为 SIR 模式的 TXD 输入。

FIR/SIR 模式切换相关时序图如图 11－9 所示。

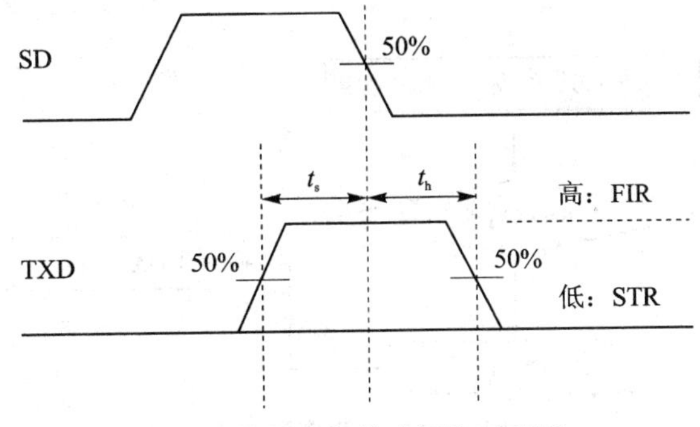

图 11－9　速率模式切换时序图

11.4.4 硬件电路设计

本实例硬件电路设计时，可以将 S3C6410 处理器的 IrDA 控制器与 TFDU6300 收发器对应功能引脚直接连接，节省了外围元件，如图 11－10 所示。

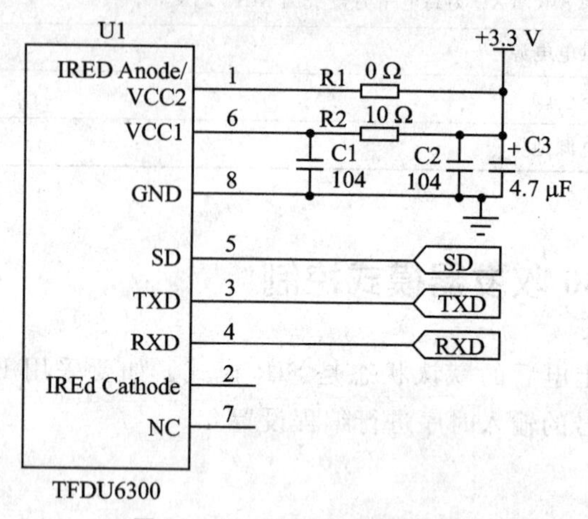

图 11－10 硬件电路原理图

11.5 软件设计

本实例软件设计的重点在于 IrDA 控制器相关寄存器功能配置及 TFDU6300 红外收发器的 FIR/MIR 模式控制时序。

11.5.1 程序流程图

本实例的主要程序流程图如图 11－11 所示。

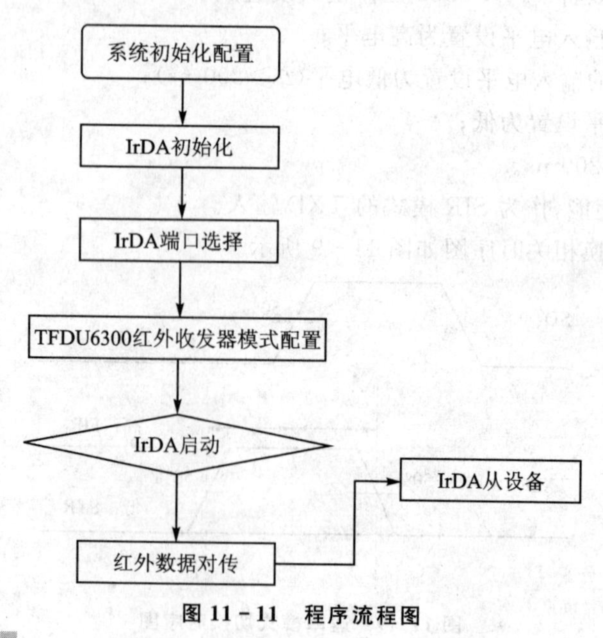

图 11－11 程序流程图

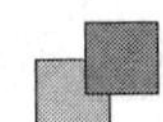

11.5.2　程序代码及注释

本实例程序代码及程序注释如下文,详尽代码见光盘文件。

① IRDA.C

```
/*****************************************************************
*
*     文件名 : IrDA.c
*
*     功能描述 : IrDA 控制器相关寄存器功能配置及驱动程序
*
*****************************************************************/
volatile u32 g_aIrDA_TestBuf[20];
volatile u32 g_uIrDA_TestCnt = 0;
volatile u32 g_aIrDA_TestInt[10];
volatile u32 g_uIrDA_IntCnt = 0;
DMAC oIrDADma;
//向如下寄存器位写0复位
void IrDA_Reset(void)
{
    Outp32(rIrDA_CNT , 0 );//IrDA 控制寄存器
    Outp32(rIrDA_MDR , 0 );//IrDA 模式定义寄存器
    Outp32(rIrDA_CNF , 0 );//IrDA 中断/DMA 控制寄存器
    Outp32(rIrDA_IER , 0 );//IrDA 中断使能寄存器
    Outp32(rIrDA_IIR , 0 );//IrDA 中断识别寄存器
    Outp32(rIrDA_LSR , 0x83);//IrDA 线路状态寄存器
    Outp32(rIrDA_FCR , 0 );//IrDA FIFO 控制寄存器
    Outp32(rIrDA_PLR , 0 );//IrDA 帧头长度寄存器
    Outp32(rIrDA_TXFLL , 0 );//IrDA 发送器帧长度寄存器(低位)
    Outp32(rIrDA_TXFLH , 0 );//IrDA 发送器帧长度寄存器(高位)
    Outp32(rIrDA_RXFLL , 0 );//IrDA 接收器帧长度寄存器(低位)
    Outp32(rIrDA_RXFLH , 0 );//IrDA 接收器帧长度寄存器(高位)
}
//IrDA 端口设置
void IrDA_SetPort(u8 SelPort)
{
    if(SelPort == 3)
        {
        GPIO_SetFunctionEach(eGPIO_B, eGPIO_2,3);
        GPIO_SetFunctionEach(eGPIO_B, eGPIO_3,3);
        GPIO_SetFunctionEach(eGPIO_B, eGPIO_4,2);
        GPIO_SetPullUpDownEach(eGPIO_B, eGPIO_2,0);
        GPIO_SetPullUpDownEach(eGPIO_B, eGPIO_3,0);
        GPIO_SetPullUpDownEach(eGPIO_B, eGPIO_4,0);
```

```
            UART_Printf("IrDA Port Initialize!!! \n");
        }
    else
        {
        GPIO_SetFunctionEach(eGPIO_B, eGPIO_0,4);
        GPIO_SetFunctionEach(eGPIO_B, eGPIO_1,4);
        GPIO_SetFunctionEach(eGPIO_B, eGPIO_4,2);
        GPIO_SetPullUpDownEach(eGPIO_B, eGPIO_0,0);
        GPIO_SetPullUpDownEach(eGPIO_B, eGPIO_1,0);
        GPIO_SetPullUpDownEach(eGPIO_B, eGPIO_4,0);
            UART_Printf("IrDA Port Initialize!!! \n");
        }
}
//重设 IrDA 端口
void IrDA_ReturnPort(void)
{
#if 1
    GPIO_SetFunctionEach(eGPIO_B, eGPIO_0,0);
    GPIO_SetFunctionEach(eGPIO_B, eGPIO_1,0);
    GPIO_SetFunctionEach(eGPIO_B, eGPIO_4,0);
#else
    GPIO_SetFunctionEach(eGPIO_B, eGPIO_2,0);
    GPIO_SetFunctionEach(eGPIO_B, eGPIO_3,0);
    GPIO_SetFunctionEach(eGPIO_B, eGPIO_4,0);
#endif

}
//TFDU6300 模式选择->FIR 模式
void TFDU6300FIR_ModeSel(void)
{
 //SD->高电平
 //TXD->高电平并维持 200ns
 //SD->低电平并维持 200ns
 //IrDA 端口使能
  …
限于篇幅,部分代码省略
  }
//TFDU6300 模式选择->SIR 模式选择
void TFDU6300SIR_ModeSel(void)
{
 //SD->高电平
 //TXD->低电平并维持 200ns
 //SD->低电平并维持 200ns
 //IrDA 端口使能
…
```

```
限于篇幅,部分代码省略
 }
//IrDA 时钟源设置
void IrDA_ClkSrc(eIrDA_ClkSrc ClkSrc)
{
    SYSC_SetDIV2(0,0,0,0,0,0);
    switch(ClkSrc)
        {
            case Ext48Mhz : //48 MHz 时钟
                    SYSC_ClkSrc(eIRDA_48M);
                    break;
            case MPLL:
                    SYSC_SetPLL(eMPLL,384,3,4,0);     //48 MHz 时钟
                    UART_Getc();
                    SYSC_ClkSrc(eMPLL_FOUT);
                    SYSC_ClkSrc(eIRDA_DOUTMPLL);

                    SYSC_GetClkInform();
                    UART_Printf("MPLL =  %dMhz\n",g_MPLL/1000000/2);
                    break;
            case EPLL:
                    SYSC_SetPLL(eEPLL,56,7,1,0);     //48 MHz 时钟
                    SYSC_ClkSrc(eIRDA_MOUTEPLL);
                    SYSC_ClkSrc(eEPLL_FOUT);
                    break;
            default :                                   //默认使用 EPLL
                    SYSC_SetPLL(eEPLL,56,7,1,0);
                    SYSC_ClkSrc(eIRDA_MOUTEPLL);
                    SYSC_ClkSrc(eEPLL_FOUT);
                    break;
        }
 }
 //IrDA 功能初始化
 void IrDA_Init(u32 uMODE, u32 uPREAMBLE, u32 uSTARTFLAG, u32 uRXTXFL, u32 uRXTXTRIG)
 {
     int selFIR = 0;
     int selMIR = 0;
     if (uMODE ! = 0)
     {
         selFIR = 1;
         if (uMODE == 1)
         {
             selMIR = 0;
             UART_Printf(" [MIR full mode]\n");
         }
```

```
        if (uMODE == 2)
        {
            selMIR = 1;
            UART_Printf(" [MIR half mode]\n");
        }
    }
    else
    {
        //selFIR = 4;
        selFIR = 0;
        UART_Printf(" [FIR mode]\n");
    }
    // IrDA 控制寄存器
    // Tx 禁止/Rx 禁止,无帧中止,高低频带模式选择信号 SD/BW->高
    Outp32(rIrDA_CNT , (IrDA_LOOP_MODE<<5)|(selMIR<<4)|(IrDA_SEND_SIP<<3)|(1));
    // 模式定义寄存器
    Outp32(rIrDA_MDR , (1<<4) | (1<<3) | selFIR);
    //rIrDA_MDR = (0<<4) | (1<<3) | selFIR;
    UART_Printf("rMDR = 0x%x, rCNT = 0x%x\n",Inp32(rIrDA_MDR), Inp32(rIrDA_CNT));
    // 中断 &DMA 控制寄存器值配置
    Outp32(rIrDA_CNF , 0x0);
    // 中断使能寄存器值配置
    Outp32(rIrDA_IER , 0x0);
    // FIFO 控制寄存器值配置
    // Tx FIFO reset[2] / RX FIFO reset[1]
    Outp32(rIrDA_FCR , (uRXTXTRIG<<6)|(IrDA_FIFOSIZE<<5)|(1<<2)|(1<<1)|(IrDA_FIFOENB));
    // 设置帧头长度中的开始标签
    Outp32(rIrDA_PLR , ((uPREAMBLE << 6) | (uRXTXTRIG<<4) | uSTARTFLAG));
    Outp32(rIrDA_RXFLL , 0xff);
    Outp32(rIrDA_RXFLH , 0xff);
    UART_Printf(" [RXFL-L] %d, [RXFL-H] %d\n", (u8)Inp32(rIrDA_RXFLL), (u8)Inp32(rIrDA_RXFLH));
    // 传送帧长度寄存器低位和高位
    Outp32(rIrDA_TXFLL , (uRXTXFL & 0xff));
    Outp32(rIrDA_TXFLH , ((uRXTXFL>>8) & 0xff));
    UART_Printf(" [TXFL-L] %d, [TXFL-H] %d\n", (u8)Inp32(rIrDA_TXFLL), (u8)Inp32(rIrDA_TXFLH));
    while(! (Inp32(rIrDA_FCR) & 0x18))
        if(UART_GetKey()) break;
    UART_Printf("Tx and Rx FIFO clear is over...\n");
}
//IrDA 中断清除
void IrDA_IntClear(void)
{
    Outp32(rIrDA_INTCLR,0xffffffff);
}
//IrDA 使能接收:0->禁止,1->使能.
```

```
void IrDA_EnRx(u32 uEn)
{
    u32 uTemp;
    uTemp = Inp32(rIrDA_CNT);//从 IrDA 控制寄存器获值
    uTemp | = (uEn<<6);
    Outp32(rIrDA_CNT,uTemp);//配置值
}
//IrDA 使能发送:0 ->禁止,1 ->使能.
void IrDA_EnTx(u32 uEn)
{
    u32 uTemp;
    uTemp = Inp32(rIrDA_CNT);//从 IrDA 控制寄存器获值
    uTemp | = (uEn<<7);
    Outp32(rIrDA_CNT,uTemp);//配置值
}
//IrDA 中断使能寄存器相关位配置值
void IrDA_SetIER(u32 LB,u32 ErrInd,u32 TxUnder,u32 LBdetect,u32 RxOver,u32 LBread,u32 TxFbelow,
u32 RxFover)
{
    Outp32(rIrDA_IER,(LB<<7)|(ErrInd<<6)|(TxUnder<<5)
        |(LBdetect<<4)|(RxOver<<3)|(LBread<<2)|(TxFbelow<<1)|(RxFover<<0));
}
//IrDA 线路状态寄存器配置
u32 IrDA_ReadLSR(void)
{
    return Inp32(rIrDA_LSR);//返回寄存器值
}
//IrDA 中断使能
void IrDA_EnInt(u32 uEn)
{
    Outp32(rIrDA_CNF,uEn);//配置 IrDA 中断/DMA 配置寄存器中断使能位
}
//IrDA  DMA 使能 ->0:Tx DMA,1:Rx DMA
void IrDA_EnDMA(u32 uTxRx)
{
    Outp32(rIrDA_CNF,(1<<3)|(uTxRx<<2)|0);//配置 IrDA 中断/DMA 配置寄存器 DMA 使能位
}
//IrDA 接收中断模式的中断服务程序
void __irq Isr_IrDA_Int_Rx(void)
{
    ...
限于篇幅,部分代码省略,详见光盘代码文件
}
//IrDA 接收错误的中断服务程序
eIrDA_Error __Isr_IrDA_Sub_RxErr()
```

```
{
    …
限于篇幅，部分代码省略，详见光盘代码文件
}
//IrDA 发送中断模式的中断服务程序
void __irq Isr_IrDA_Int_Tx()
{
    …
限于篇幅，部分代码省略，详见光盘代码文件
}
// IrDA DMA 测试
void __irq Isr_IrDA_Dma_RxDone(void)
{
    …
限于篇幅，部分代码省略，详见光盘代码文件
}
void Init_Irda_Dma_Rx(void)
{
…
限于篇幅，部分代码省略，详见光盘代码文件
}
void Init_Irda_Dma_Tx()
{
        …
限于篇幅，部分代码省略，详见光盘代码文件
}
```

② IrDA_test.c

```
/*****************************************************************
*
*     文件名 : IrDA_test.c
*
*     功能描述 : IrDA 应用程序
*
*****************************************************************/
void CompareData(void);
const testFuncMenu g_aIRDATestFunc[] =
{
    IrDA_Fifo_Rx,          "IrDA FIFO Rx",
    IrDA_Fifo_Tx,          "IrDA FIFO Tx",
    0,0
};
//IrDA 测试
void IRDA_Test(void)
{
```

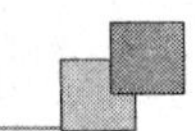

```
    …
限于篇幅,该部分代码省略,详细代码请参见光盘
}
//FIR/MIR 模式及中断/DMA 模式选择及 RXFIFO 测试
void IrDA_Fifo_Rx(void)
{
    …
限于篇幅,该部分代码省略,详细代码请参见光盘
}
//FIR/MIR 模式及中断/DMA 模式选择及 TXFIFO 测试
void IrDA_Fifo_Tx(void)
{
    …
限于篇幅,该部分代码省略,详细代码请参见光盘
}
    …
限于篇幅,部分代码省略,详见光盘代码文件
```

11.6 实例总结

本章首先对IrDA红外数据传输协议以及IrDA收发器器件TFDU6300进行了简要介绍,然后通过实例完成IrDA红外通信应用操作。读者稍微改良即可实现IrDA主从设备链接,实现数据对传。

本例软件设计过程中,需要设置IrDA控制寄存器SD/BW位以及对IrDA收发器TFDU6300模式做选择,请注意引脚SD与TXD的时序关系。

在硬件应用设计中,有下面一些注意事项:

① 要做好红外器件的选型。要求快速传输时,可选择FIR、VFIR收发器;要求长距离传输时,可选择大LED电流、小发射角发射器和灵敏度高的接收检测器;低功耗场合应用时,可选取低功耗的红外器件。

② 要做好红外线数据传输的抗干扰能力,确保发送时不接收,接收时不发送,避免自身信号互相干扰。

③ 电路板设计时,要合理布局器件。滤波电容,磁珠等要就近放置,尽量减少辐射干扰。

第 12 章 无线蓝牙技术应用

现代社会移动通信行业发展的步伐越来越快，现有的 GSM 技术和第三代移动通信系统 W—CDMA、CDMA2000 和 TD－SCDMA 等技术正红红火火地发展，这些技术在远距离通信实现上有很大优势。但是人们在日常生活中，在同一间屋内或在相距咫尺的地方，同样也需要无线通信。人们希望通过一个小型的、短距离的无线网络技术为移动和商业用户的便携式设备之间提供无线数据和语音链路等服务。近距离便携式设备之间的连接用得最多就是蓝牙技术。本章主要介绍蓝牙技术的体系结构、协议栈、应用领域以及 USB 蓝牙驱动应用设计实例。

12.1 蓝牙技术概述

蓝牙，英文名称为 Bluetooth，是一种支持设备短距离通信的点到多点的无线声音及数据传输技术。利用“蓝牙技术”能够有效地简化掌上电脑、笔记本电脑和移动电话手机等移动通信终端设备之间的连接与通信，并能简化这些设备与因特网之间的通信，从而使这些现代移动通信设备与因特网之间的数据传输变得更加迅速高效，为无线通信拓宽道路。

通俗地讲，蓝牙技术使用 2.4 GHz 的 ISM 频段，应用跳频扩频技术(FHSS)，传输范围从 10 cm 到 10 m，如果增加传输动力，传输范围可达 100 m。具有支持多种设备、可穿过墙壁和公文包传输数据、全方向传输、内置安全性等技术优势。

12.1.1 蓝牙协议体系结构

整个蓝牙协议体系结构可分为底层硬件模块、中间协议层和高端应用层 3 大部分，详见图 12－1 所示。

底层硬件模块是蓝牙技术的核心模块，所有嵌入蓝牙技术的设备都必须包括底层模块。它主要由链路管理层 LMP(Link Manager Protocol)、基带层 BB(Base Band)和射频部分 RF(Radio Frequency)组成。

中间协议层由逻辑链路控制与适配协议(Logical Link Control and Adaptation Protocol, L2CAP)、服务发现协议(Service Discovery Protocol，SDP)、串口仿真协议或称线缆替换协议(RFCOMM)和二进制电话控制协议(Telephony Control protocol Spectocol，TCS)组成。

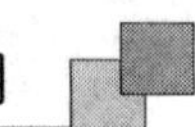

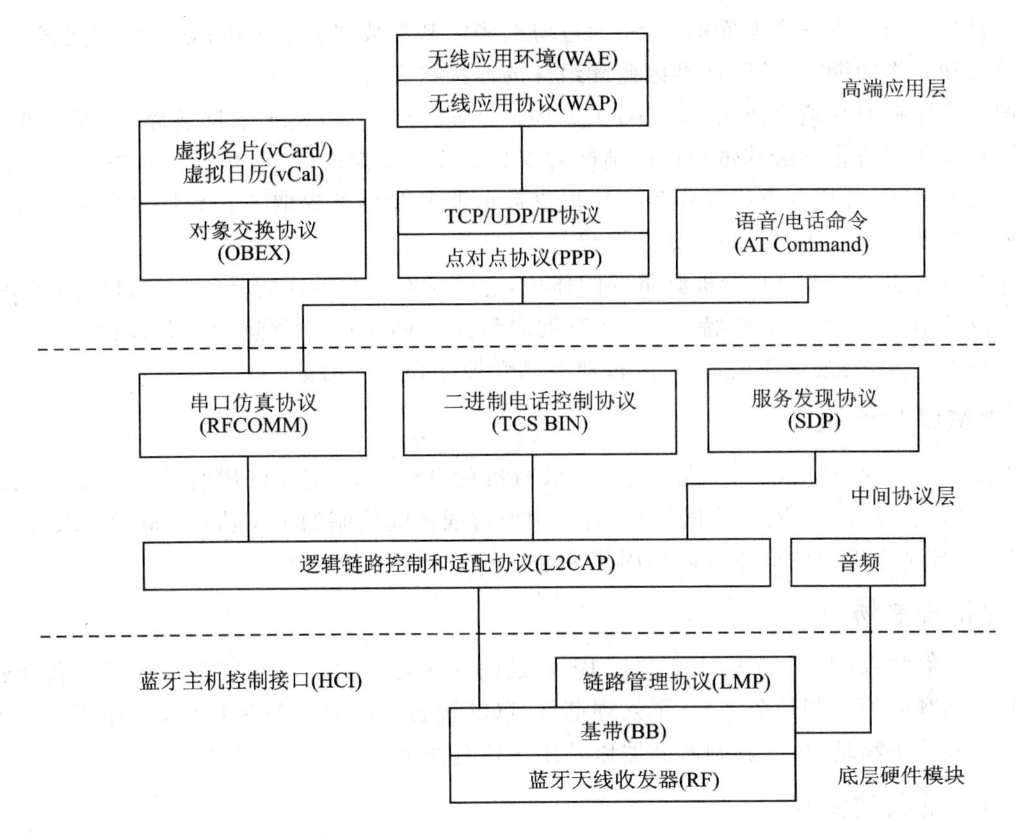

图 12－1　蓝牙技术协议的体系结构

高端应用层位于蓝牙协议栈的最上部分，由可选的协议层组成。

12.1.2　蓝牙协议栈

一个完整的蓝牙协议栈按其功能可以分为 4 层，即核心协议层、电缆替代协议层、电话控制协议层和可选的其他协议层。

除了上述协议层之外，规范还定义了主机控制器接口(HCI)，该接口作为基带控制器、链路管理器、硬件状态和控制寄存器等命令接口。

1. 核心协议

蓝牙核心协议由蓝牙特殊利益集团(SIG)制定的蓝牙指定协议组成，绝大部分蓝牙设备都需要核心协议。

蓝牙的核心协议包括基带(BB)、链路管理(LMP)、逻辑链路控制与适应协议(L2CAP)、业务搜寻协议(SDP)4 个部分。

基带和链路控制层确保各蓝牙设备单元之间由射频构成物理连接。基带数据分组提供两种物理连接方式：面向连接的 3 条同步话音传输通道(SCO)和向无连接的 1 条异步数据传输通道(ACL)，而且在同一射频可执行多路数据传输。ACL 适用于数据分组，SCO 适用于话音及数据/话音的组合。

链路管理(LMP)负责各蓝牙设备间连接的建立和设置，通过连接的发起、交换、核实，进行身份鉴权和加密等安全方面的任务；通过协商确定基带数据分组大小；它还控制无线单元的电源模式和工作周期，以及微微网内蓝牙组件的连接状态。

逻辑链路控制与适应协议（L2CAP）位于基带协议层之上，属于数据链路层，是一个为高层传输和应用层协议屏蔽基带协议的适配协议。它完成数据的拆装、基带与高协议间的适配，并通过协议复用、分用及重组操作为高层提供数据业务和分类提取。它允许高层协议和应用接收或发送超过 64 KB 的 L2CAP 数据包。

业务搜寻协议（SDP）起着极其重要的作用，它是所有用户模式的基础。通过使用 SDP，可以查询设备信息、业务及业务特征，并在查询之后建立两个或多个蓝牙设备间的连接。SDP 支持 3 种查询方式：按业务类别搜寻、按业务属性搜寻和业务浏览。

2. 电缆替代协议

电缆替代协议（RFCOMM）是基于 ETSI 标准的 TS07.10 定义的串行接口仿真协议。它主要用于仿真 RS232 控制和数据信号，为使用串行线传输机制的上层协议（如 OBEX）提供服务，它使传统基于串口的应用可以利用蓝牙进行传输。

3. 电话控制协议

电话控制协议（TCS 二进制或 TCS BIN）是面向比特的协议。它定义了蓝牙设备间建立语音和数据呼叫的控制信令，定义了处理蓝牙 TCS 设备群的移动管理进程，另外还定义了控制多用户模式下移动电话，调制解调器以及用于传真业务的 AT 命令集。

4. 可选的其他协议

可选的其他协议包括点对点（PPP）、TCP/UDP/IP、对象交换、无线应用协议（WAP）、无线应用环境（WAE）等。

(1) 点对点协议

点对点协议，它位于 RFCOMM 上层，完成点对点的连接。

(2) TCP/UDP/IP 协议

TCP/UDP/IP 协议是由互联网工程任务组制定，广泛应用于互联网通信的协议，使用这些协议是为了与互联网相连接的设备进行通信。

(3) OBEX 协议

红外对象交换协议（Infrared Object Exchange，简称 OBEX）是由红外数据组织（IrDA）定义的会话层协议。它采用简单的和自发的方式交换对象。由于 IrDA 和蓝牙无线通信的底层协议栈的相似性，使得 IrDA 的 OBEX 协议可以插入到蓝牙协议栈的相应位置，非常适合蓝牙设备之间传输对象。OBEX 是一种类似于 HTTP 的协议，它假设传输层是可靠的客户机/服务器模式，独立于传输机制和传输应用程序接口。

(4) vCard/vCal 规范

SIG 采用 vCard/vCal 规范，是为了进一步促进个人信息交换。

电子名片交换格式（vCard）、电子日历及日程交换格式（vCal）都是开放性规范，它们都没有定义传输机制，而只是定义了数据传输格式。

(5) 无线应用协议

无线应用协议是由无线应用协议论坛制定的，它融合了各种广域无线网络技术，其目的是

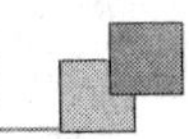

将互联网内容和电话传送的业务传送到数字移动电话和其他无线终端上。

5. HCI 协议

HCI 协议处于蓝牙协议栈的底层协议和高层协议之间。大部分蓝牙模块都包括蓝牙底层协议，即提供到主机控制器接口的所有层次。如果要和这种蓝牙模块通信有两种方法：一种是，利用开发商提供的开发工具中已构建好的蓝牙协议栈进行开发；另一种是，针对具体应用自行开发。无论采用哪种开发方法，了解蓝牙协议中的 HCI 协议都是十分重要的。

HCI 为蓝牙硬件中基带控制器和链接管理器提供了命令接口，从而实现对硬件状态注册器和控制寄存器的访问，特别是该接口提供了对蓝牙基带的统一访问模式。HCI 存在于主机、传输层、主控制器 3 部分，并在每一层为 HCI 系统提供不同的功能，所以 HCI 从功能上可分为 3 个不同部分，下面分别加以介绍。

(1) HCI 固件

HCI 固件位于控制器。HCI 固件通过对基带命令、链接管理器命令、硬件状态注册器、控制注册器和事件注册器的访问，实现蓝牙硬件 HCI 指令。主控制器(Host Controller)意味着具有主控制接口功能的蓝牙器件。

(2) HCI 驱动

HCI 驱动位于主机。若某事件发生，用 HCI 事件通知主机，而主机将收到 HCI 事件的异步通知。当主机发现有事件发生时，它将分析收到的事件包，并决定何种事件发生。主机意味着具有主控制器接口功能的软件部件。

(3) 主控制器传输层

HCI 驱动和 HCI 固件通过主控制器传输层(位于主控制器与主机之间的中间层)进行通信。这些中间层和主控制器传输层提供了在没有数据描述信息情况下传输数据的能力。蓝牙协议已定义了 3 种主控制器传输层：UART、RS－232 和 USB。采用不同的主控制器传输层对主机所接收到的 HCI 事件异步通信没有影响。

12.1.3 蓝牙系统的网络拓扑结构

蓝牙支持点对点和一点对多点的通信，蓝牙系统采用一种灵活的无基站的组网方式，1 个蓝牙设备可同时与 7 个其他的蓝牙设备相连接。蓝牙系统采用拓扑结构的网络，主要有微微网(Piconet)和分布式网络(Scatternet)两种形式。

1. 微微网

微微网是通过蓝牙技术连接起来的一种微型网络。蓝牙最基本的网络组成是微微网。1 个微微网可以只是两个相连接的蓝牙设备，比如 1 台便携式电脑和 1 部移动电话，也可以是 8 台连接在一起的蓝牙设备。

在一个微微网中，所有设备的级别是相同的，具有相同的权限。在微微网初建时，定义其中一个蓝牙设备为主设备(Master)，其他的设备为从设备(Slave)。主设备负责提供时钟同步信号和调频序列，而从设备单元一般是受控同步的设备，并接受主设备的控制。在同一微微网中，所有设备均采用同一调频序列。

当主设备为 1 个，从设备也是 1 个的时候，这种操作方式是单主从方式；当主设备是 1 个，从设备是多个的时候，这种操作方式是多主从方式；如图 12-2 所示。

2. 分布式网络

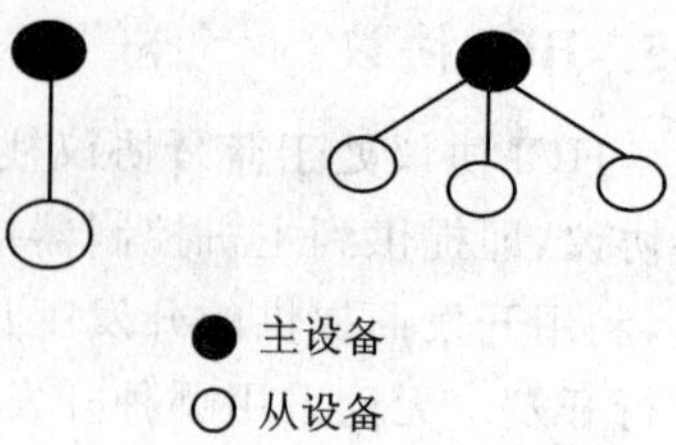

不同的微微网之间可以互相连接，分布式网络是由多个独立的非同步的微微网组成的，又称作微微互联网。它靠跳频序列识别每个微微网络，同一个微微网中的所有设备都与这个跳频序列同步，以避免干扰。

主设备
从设备

图 12-2 微微网络结构

在图 12-3 中，一个微微网中的主设备同时也可以作为另一个微微网中的从设备，我们把这种设备单元叫作复合设备。对于多个微微网络，在 10 个满负荷、独立的微微网络结构中，全双工速率不会超过 6 Mbps。这是因为系统需要同步，同步信号占一定的开销，基于 0 dB 发射功率的设备发射，使数据传输量降低 10%，故而使数据速率有所降低。

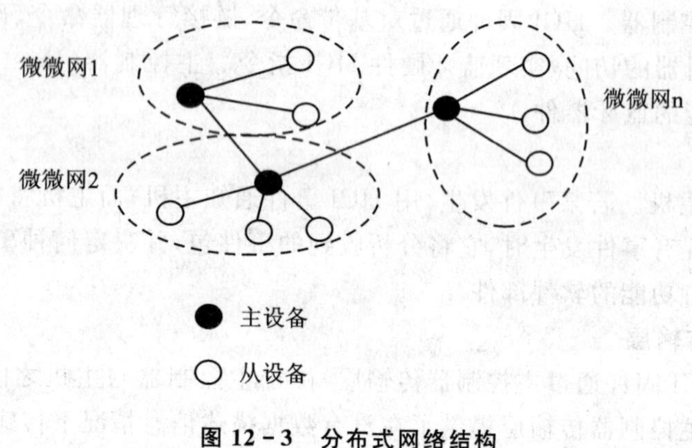

图 12-3 分布式网络结构

12.1.4 蓝牙技术应用领域

蓝牙技术把各种便携式电脑、移动电话和家用电器等用无线链路连接起来，将计算机与通信更加密切结合起来，使人们能随时随地进行数据信息的交换与传输。蓝牙技术的几种典型应用如下。

(1) 手机与计算机的相连

目前手机多数可通过蓝牙与计算机相连，可实现方便快捷的资料传送，及资料同步。

(2) 数据共享、办公

无论手机、计算机、PDA、打印机、数码相机或 MP3 播放器都可以用蓝牙互传语音、文字、图像、文件，简化了商业用户数据共享及办公方面的操作。

(3) Internet 接入

蓝牙技术可以使便携式电脑在任何地方都能通过移动电话手机进入因特网，随时随地到因特网上去"冲浪"。

内置蓝牙芯片的笔记本型计算机或手机等，不仅可以使用 PSTN(Published Swithed Telephone Network 公用电话交换网)、ISDN(Integrated Services Digital Network 综合业务数字网)、LAN(Local Area Net 局域网)、xDSL(x 数字用户线路，如 ADSL 即非对称数字用户线

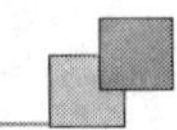

路)接入互联网,而且也可以使用蜂窝式移动网络进行高速连接。

(4) 无线车载免提

一般来说,人们在驾驶车辆当中,都不方便手持移动电话进行语音通话。当使用蓝牙免提设备后,可以很方便的进行语音通话而不影响行车安全。

(5) 影像传递

蓝牙技术将数字相机中的图像发送给其他的数字相机或者 PC 机、PDA 等。

(6) 各种家用设备的遥控和组成家电网络

嵌入了蓝牙功能的"信息家电网络",能够主动地获取和处理并传递相关信息。比如,家庭内所有的信息家电能通过一个遥控器进行控制。即可以控制电视,也可以控制计算机和空调器,同时还可以用作移动电话,甚至可以在这些信息家电之间共享信息,在家庭内部形成一个智能网络。

12.2 蓝牙硬件系统设计

本实例基于飞凌公司 ARM 硬件开发平台 FL2440 评估板,以 S3C2440A 作为核心处理器,并与 SDRAM 和 Flash 共同组成核心嵌入式系统,运行 ARM - Linux2.6.28 内核操作系统,通过驱动 USB 蓝牙设备实现通信。实例中 USB 蓝牙设备硬件采用 CSR 公司的 BlueCore4 - ROM 单芯片。

12.2.1 USB 蓝牙适配器简介

BlueCore4 - ROM 是一个单芯片具有无线射频和基带处理的 2.4 GHz 蓝牙系统。CSR 蓝牙软件栈支持蓝牙 V2.1+EDR 规格,支持数据和语音传输。

BlueCore4 - ROM 芯片具有很高的集成度,需要很少的外围元件。它提供了 UART、USB2.0 等主机接口,并且提供了 PCM 音频接口以及 SPI 接口。具有支持微微网和分布式网络,低功耗,和手机设备兼容性良好,可以和 802.11 协议共存等优点。

由 BlueCore4 - ROM 芯片组成的 USB 蓝牙适配器主要特点如下。

- 支持蓝牙 V2.1+EDR 规格,向下兼容蓝牙 1.x;
- 支持微微网和分布式网络全速运行;
- 超低功耗;
- 内置天线;
- 支持 USB(兼容 USB2.0 和 USB1.1)和 UART 接口;
- 速率最快可达 3 Mbps;
- 频率:2.4 GHz~2.4835 GHz;
- 灵敏度:-85 dBm @ 0.1% BER;
- TX Power:10 dBm maximum (class 1);
- 数据传输误码率低;
- 安全性:全面支持蓝牙安全要求用户端的认证,通过用户的名称和自行设置的密码来进行认证;

● 支持各项蓝牙功能:如串口功能、拨号上网、传真、蓝牙局域网、文件传输、语音等。

BlueCore4－ROM 蓝牙模块芯片的内部结构如图 12－4 所示。由 BlueCore4－ROM 芯片构成的 USB 蓝牙适配器产品外观如图 12－5 所示。

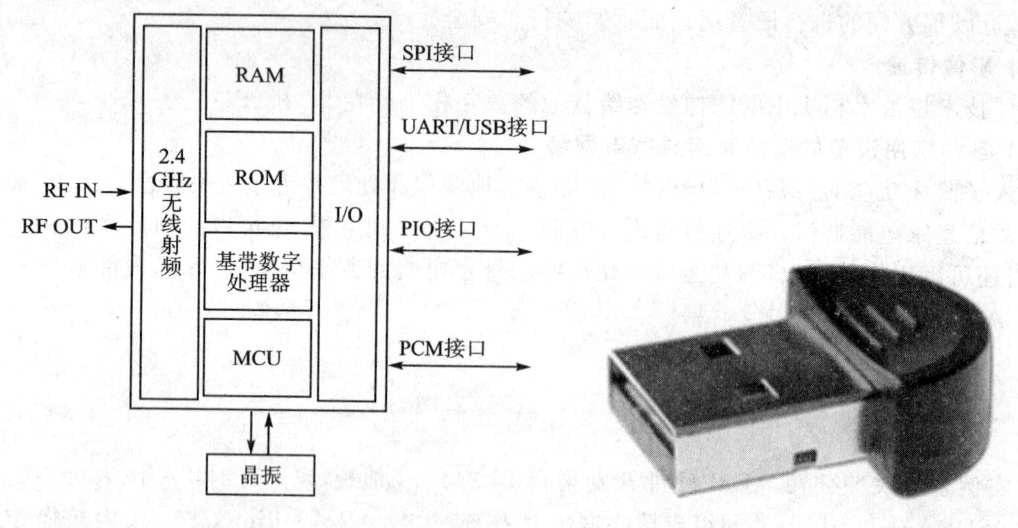

图 12－4　BlueCore4－ROM 内部结构图　　**图 12－5　USB 蓝牙适配器产品外观**

12.2.2　USB 蓝牙适配器原理图及说明

USB 蓝牙适配器电源由 VBUS 供电,经过稳压输出两路 1.8 V 和 3.0 V,供给芯片工作。电源部分硬件原理图如图 12－6 所示。

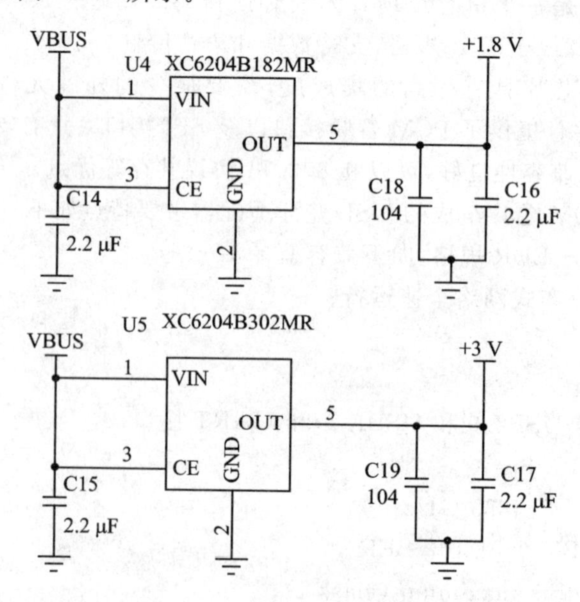

图 12－6　电源部分硬件原理图

无线射频部分电路原理图如图 12－7 所示。

本实例使用的是 USB 接口,接口详见图 12－8。UART 和 SPI 接口悬空未使用。

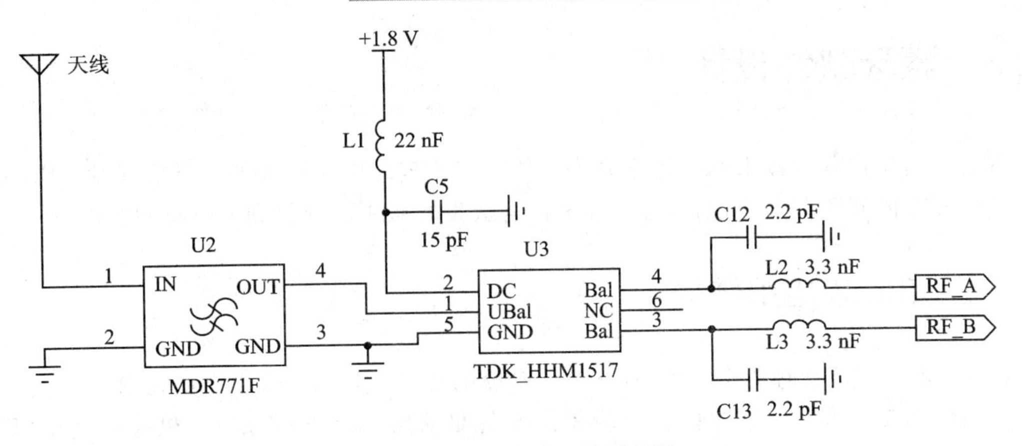

图 12-7　射频部分硬件原理图

USB 蓝牙适配器的芯片部分电路如图 12-9 所示。

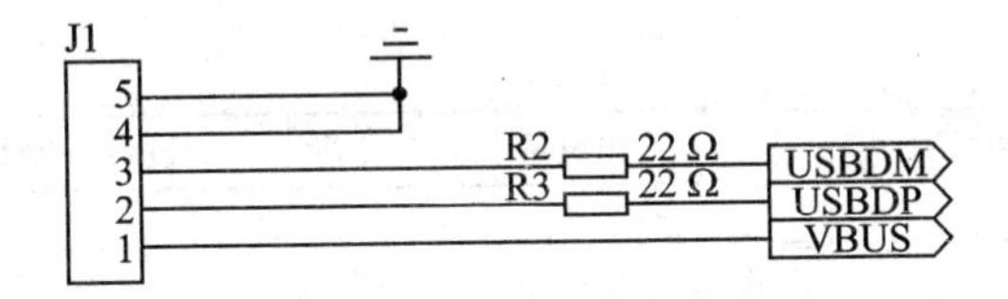

图 12-8　USB 接口示意图

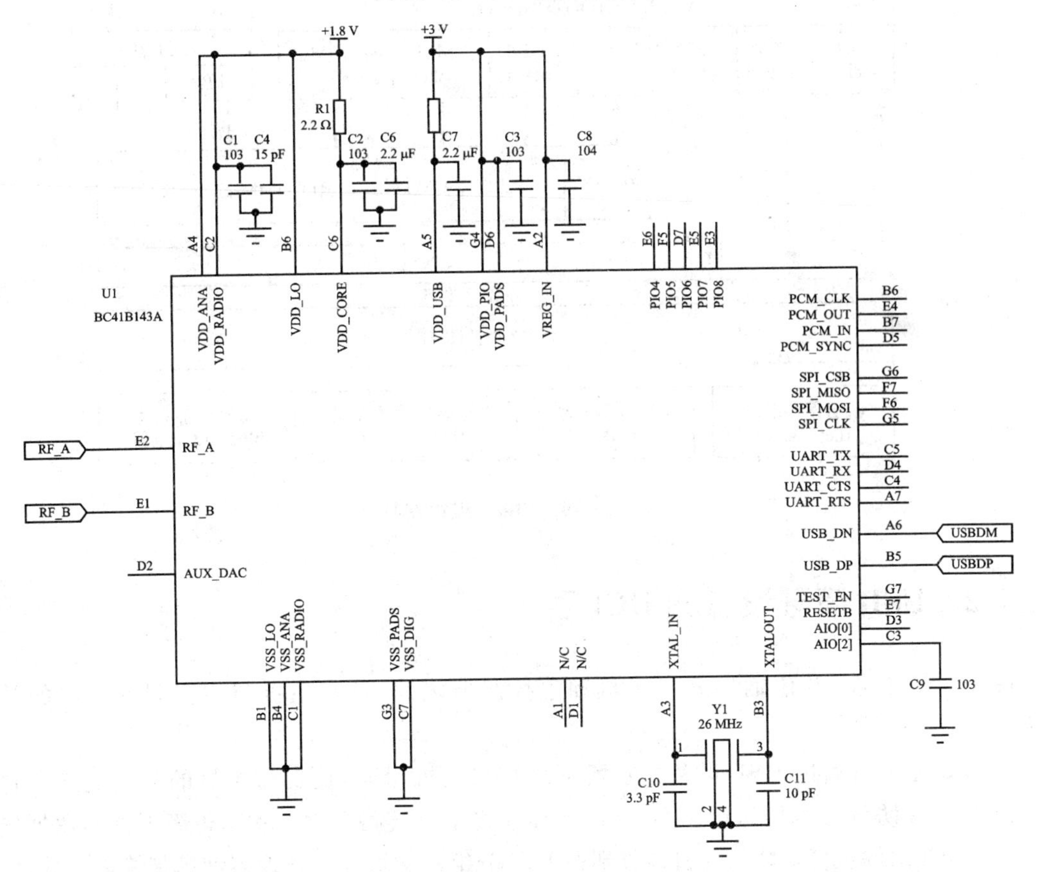

图 12-9　蓝牙芯片部分硬件原理图

12.3 蓝牙软件设计

本实例的用户程序以 Linux 操作系统上的 BlueZ 蓝牙协议栈为平台进行开发。BlueZ 作为当前最成熟的开源蓝牙协议栈，在 Linux 的各大发行版中已经得到了广泛的应用。

12.3.1 BlueZ 组织结构

Linux 蓝牙协议栈称为 BlueZ，是一种开放性的协议。BlueZ 采用模块化设计，它包含了内核和用户态二大模块。其中内核模块是由设备驱动层、蓝牙核心层、主机控制接口（HCI）层、Bluetooth 协议核心、逻辑链路控制和适配协议（L2CAP）、SCO 音频层及其他相关服务组成。用户态模块则主要包括 BlueZ 工具集和蓝牙应用程序。BlueZ 组织结构如图 12－10 所示。

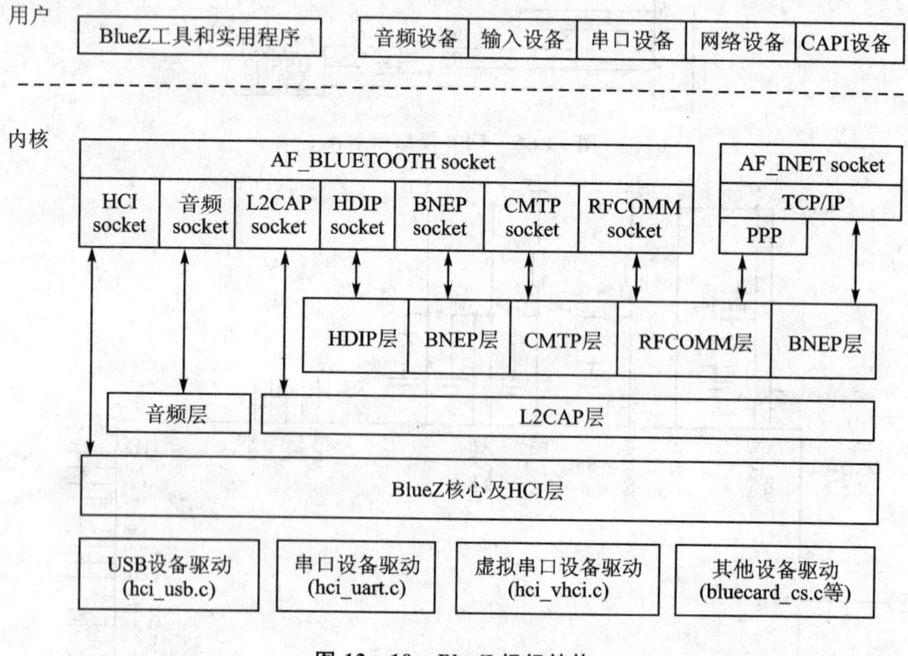

图 12－10 BlueZ 组织结构

12.3.2 USB 蓝牙设备的 HCI 层

对于 USB 设备，其传输层介于主机和主控制器之间，负责主机与主控制器之间的数据传输。

USB 蓝牙设备通过 USB 设备控制器及总线与主机相连，负责与主机的数据交换。它将接收到的 HCI 协议分组传送给 HCI 固件处理或将来自链路管理器和基带管理器的数据传送至主机。HCI 固件负责解释从主机接收到的 HCI 分组并交给链路管理器和基带管理器处理，或采集蓝牙模块各部件的状态信息北递交给主机。主机与 USB 蓝牙模块之间的关系如图 12－11

所示。

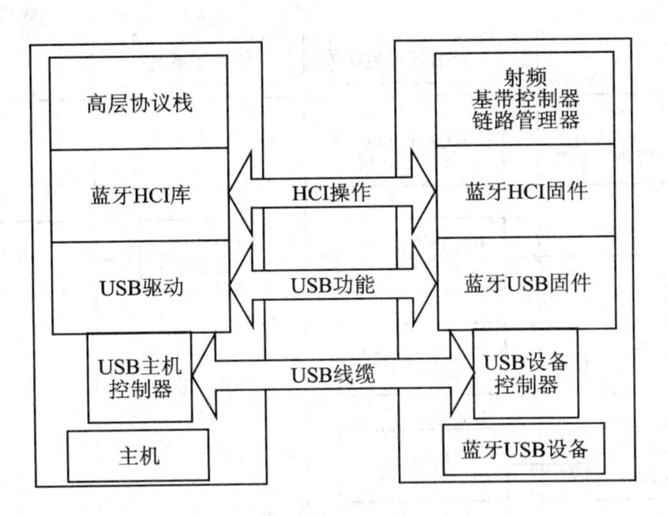

图 12－11　主机与 USB 蓝牙模块关系示意图

12.3.3　Linux 系统 USB 蓝牙设备驱动程序流程图

在 Linux 系统实现 USB 蓝牙设备驱动程序的开发，需要建立在 USB 设备基本驱动程序的基础上，并遵循一般驱动程序的开发步骤。其驱动程序主要流程图如图 12－12 所示。

12.3.4　部分源代码详解

本小节对 linux 系统下 USB 蓝牙设备的驱动程序部分源代码做介绍。

1. 两个重要结构体

(1) 结构体 hci_usb

hci_usb{}结构体定义了指向 hci_dev 和 usb_device 的 2 个指针。usb_device 定义蓝牙 usb 设备，这样通过这 2 个指针可将 HCI 层与蓝牙设备联系起来。hci_usb 还定义 HCI 操作 USB 设备时所用到的其他数据，诸如数据缓存大小、USB 接口、主机端的端点描述符和队列等。以下为该函数的源代码。

```
struct hci_usb {
    struct hci_dev          *hdev;//hci_dev 结构体为 HCI 层抽象
    unsigned long          state;//状态标志
    struct usb_device       *udev;//内核 usb 数据结构
    struct usb_host_endpoint     *bulk_in_ep;//批量输入端点
    struct usb_host_endpoint     *bulk_out_ep;//批量输出端点
    struct usb_host_endpoint     *intr_in_ep;//中断输入端点
    struct usb_interface         *isoc_iface;//实时 USB 设备接口
    struct usb_host_endpoint     *isoc_out_ep;//实时输出端点
    struct usb_host_endpoint     *isoc_in_ep;//实时输入端点
```

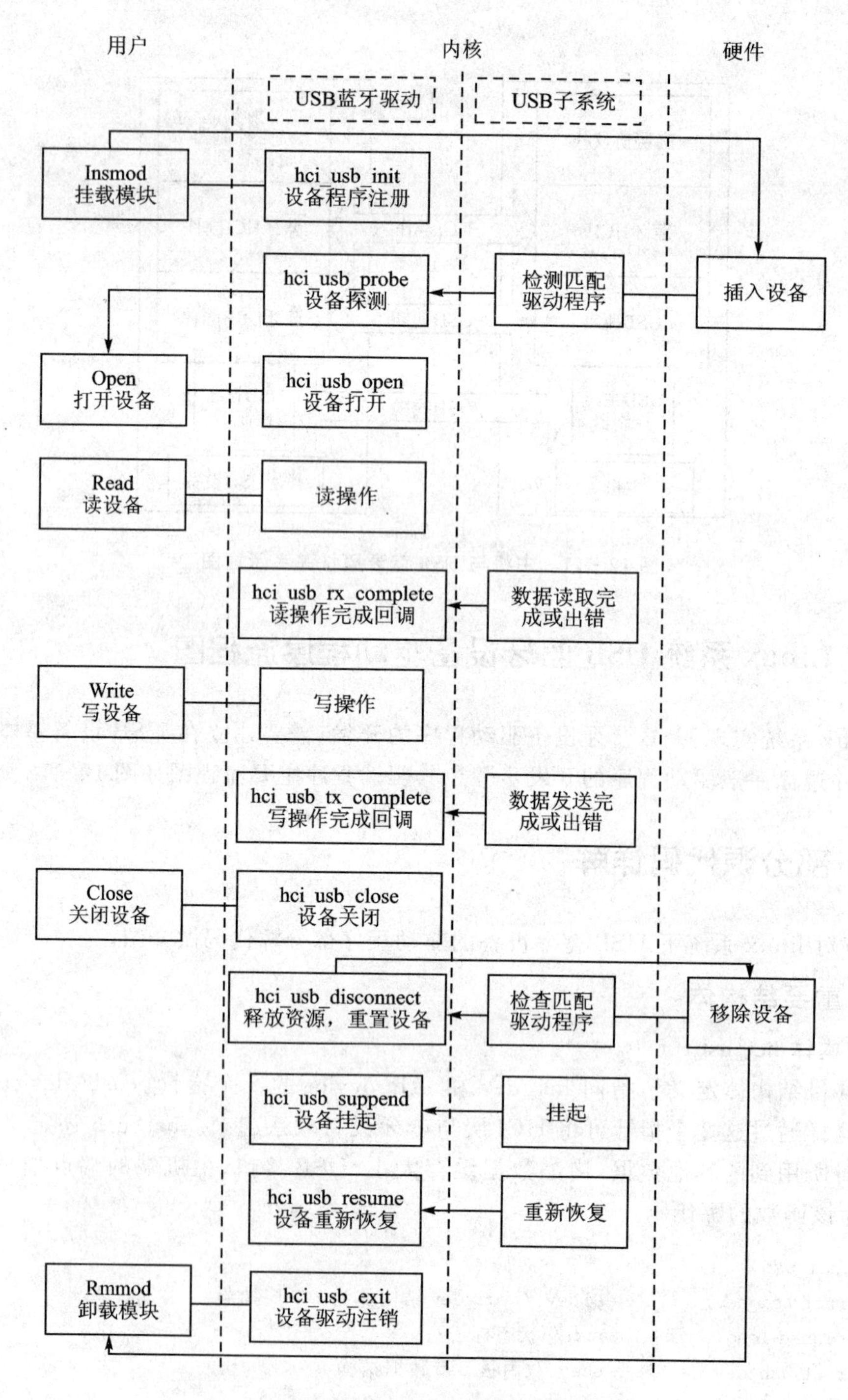

图 12-12　主要程序流程与函数调用

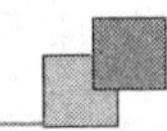

```
    __u8                ctrl_req;//控制标志位
    struct sk_buff_head      transmit_q[4];//输入缓冲队列
    rwlock_t            completion_lock;//设备读写锁
    atomic_t            pending_tx[4];     // 等待处理的传输请求数据
    struct _urb_queue       pending_q[4];      //传输请求队列
    struct _urb_queue       completed_q[4];//可用写出 urb 队列
};
```

(2) 结构体 btusb_data

btusb_data{}结构体是蓝牙协议栈所定义的蓝牙模块通过 USB 接口的数据。定义了传送数据的缓冲区、I/O 端点、消息队列、缓冲区的消息串及消息串读/写的位置索引，同时定义了传送缓冲区的指针及设备的状态标志位等。以下为该函数的源代码。

```
struct btusb_data {
    struct hci_dev          * hdev; //hci_dev 结构体为 HCI 层抽象
    struct usb_device       * udev; //内核 USB 数据结构
    struct usb_interface * intf;//USB 设备接口
    struct usb_interface * isoc;//USB 实时设备接口
    spinlock_t lock;//设备锁
    unsigned long flags;//标志位
    struct work_struct work;
    struct usb_anchor tx_anchor;
    struct usb_anchor intr_anchor;
    struct usb_anchor bulk_anchor;
    struct usb_anchor isoc_anchor;
    struct usb_endpoint_descriptor * intr_ep;
    struct usb_endpoint_descriptor * bulk_tx_ep;
    struct usb_endpoint_descriptor * bulk_rx_ep;
    struct usb_endpoint_descriptor * isoc_tx_ep;
    struct usb_endpoint_descriptor * isoc_rx_ep;
    int isoc_altsetting;
};
```

2. 驱动程序注册

USB 蓝牙设备驱动注册的过程中，首先创建一个指向 usb_driver 类型的结构体 hci_usb_driver，具体内容包括指定驱动程序的名字 hci_usb、设备探测函数 hci_usb_probe、断开函数 hci_disconnect、挂起函数 hci_usb_suspend、恢复函数 hci_usb_resume、蓝牙设备列表 bluetooth_ids。并由函数 module_init、hci_usb_init、usb_register 依次执行，最终完成驱动向内核注册。

(1) 结构体 hci_usb_driver

指向 usb_driver 类型的结构体 hci_usb_driver{}函数的源代码如下。

```
static struct usb_driver hci_usb_driver = {
    .name           = "hci_usb",//指定驱动程序名字
    .probe           = hci_usb_probe,//探测函数
```

```
    .disconnect     = hci_usb_disconnect,//断开函数
    .suspend      = hci_usb_suspend,//挂起函数
    .resume        = hci_usb_resume,//恢复函数
    .id_table      = bluetooth_ids,//蓝牙设备列表
};
```

(2) 函数 hci_usb_init

hci_usb_init 函数用于系统的注册,关键的操作只有一个即 usb_register。该函数的源代码如下。

```
static int __init hci_usb_init(void)
{
    int err;
    BT_INFO("HCI USB driver ver %s", VERSION);
    if ((err = usb_register(&hci_usb_driver)) < 0)
        BT_ERR("Failed to register HCI USB driver");
    return err;
}
```

(3) 设备探测函数和断开函数

探测函数 hci_usb_probe 和断开函数 hci_usb_disconnect 可以看成是一对互逆的函数,它们用于 USB 设备的热插拔操作。当设备接入系统后,用探测函数 hci_usb_probe 来进行设备的初始化;当设备与主机断开后,则调用 hci_usb_disconnect 函数来进行清理工作。

探测函数 hci_usb_probe 的源代码如下。

```
static int hci_usb_probe(struct usb_interface * intf, const struct usb_device_id * id)
{
    struct usb_device * udev =  interface_to_usbdev(intf);
    struct usb_host_endpoint * bulk_out_ep = NULL;
    struct usb_host_endpoint * bulk_in_ep = NULL;
    struct usb_host_endpoint * intr_in_ep = NULL;
    struct usb_host_endpoint   * ep;
    struct usb_host_interface * uif;
    struct usb_interface * isoc_iface;
    struct hci_usb * husb;
    struct hci_dev * hdev;
    int i, e, size, isoc_ifnum, isoc_alts;
    BT_DBG("udev %p intf %p", udev, intf);
    /* 设备是否被支持 */
    if (! id->driver_info) {
        const struct usb_device_id * match;
        match = usb_match_id(intf, blacklist_ids);
        if (match)
            id = match;
    }
    if (id->driver_info & HCI_IGNORE)
```

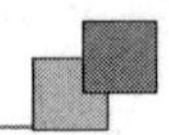

```
        return - ENODEV;
    if (ignore_dga && id->driver_info & HCI_DIGIANSWER)
        return - ENODEV;
    if (ignore_csr && id->driver_info & HCI_CSR)
        return - ENODEV;
    if (ignore_sniffer && id->driver_info & HCI_SNIFFER)
        return - ENODEV;
    if (intf->cur_altsetting->desc.bInterfaceNumber > 0)
        return - ENODEV;
    /* 查找和记录端点 */
    uif = intf->cur_altsetting;
    for (e = 0; e < uif->desc.bNumEndpoints; e++) {
        ep = &uif->endpoint[e];
        switch (ep->desc.bmAttributes & USB_ENDPOINT_XFERTYPE_MASK) {
        case USB_ENDPOINT_XFER_INT:
            if (ep->desc.bEndpointAddress & USB_DIR_IN)
                intr_in_ep = ep;
            break;
        case USB_ENDPOINT_XFER_BULK:
            if (ep->desc.bEndpointAddress & USB_DIR_IN)
                bulk_in_ep  = ep;
            else
                bulk_out_ep = ep;
            break;
        }
    }
    if (! bulk_in_ep || ! bulk_out_ep || ! intr_in_ep) {
        BT_DBG("Bulk endpoints not found");
        goto done;
    }
    if (! (husb = kzalloc(sizeof(struct hci_usb), GFP_KERNEL))) {
        BT_ERR("Can't allocate: control structure");
        goto done;
    }
    husb->udev = udev;
    husb->bulk_out_ep = bulk_out_ep;
    husb->bulk_in_ep  = bulk_in_ep;
    husb->intr_in_ep  = intr_in_ep;
    if (id->driver_info & HCI_DIGIANSWER)
        husb->ctrl_req = USB_TYPE_VENDOR;
    else
        husb->ctrl_req = USB_TYPE_CLASS;
    /* 查找和记录实时端点 */
    size = 0;
    isoc_iface = NULL;
```

```
    isoc_alts   = 0;
    isoc_ifnum = 1;
#ifdef CONFIG_BT_HCIUSB_SCO
    if (isoc && !(id->driver_info & (HCI_BROKEN_ISOC | HCI_SNIFFER)))
        isoc_iface = usb_ifnum_to_if(udev, isoc_ifnum);
    if (isoc_iface) {
        int a;
        struct usb_host_endpoint *isoc_out_ep = NULL;
        struct usb_host_endpoint *isoc_in_ep = NULL;
        for (a = 0; a < isoc_iface->num_altsetting; a++) {
            uif = &isoc_iface->altsetting[a];
            for (e = 0; e < uif->desc.bNumEndpoints; e++) {
                ep = &uif->endpoint[e];
                switch (ep->desc.bmAttributes & USB_ENDPOINT_XFERTYPE_MASK) {
                case USB_ENDPOINT_XFER_ISOC:
                    if (le16_to_cpu(ep->desc.wMaxPacketSize) < size ||
                            uif->desc.bAlternateSetting != isoc)
                        break;
                    size = le16_to_cpu(ep->desc.wMaxPacketSize);
                    isoc_alts = uif->desc.bAlternateSetting;
                    if (ep->desc.bEndpointAddress & USB_DIR_IN)
                        isoc_in_ep   = ep;
                    else
                        isoc_out_ep = ep;
                    break;
                }
            }
        }
        if (!isoc_in_ep || !isoc_out_ep)
            BT_DBG("Isoc endpoints not found");
        else {
            BT_DBG("isoc ifnum %d alts %d", isoc_ifnum, isoc_alts);
            if (usb_driver_claim_interface(&hci_usb_driver, isoc_iface, husb) != 0)
                BT_ERR("Can't claim isoc interface");
            else if (usb_set_interface(udev, isoc_ifnum, isoc_alts)) {
                BT_ERR("Can't set isoc interface settings");
                husb->isoc_iface = isoc_iface;
                usb_driver_release_interface(&hci_usb_driver, isoc_iface);
                husb->isoc_iface = NULL;
            } else {
                husb->isoc_iface   = isoc_iface;
                husb->isoc_in_ep   = isoc_in_ep;
                husb->isoc_out_ep = isoc_out_ep;
            }
        }
```

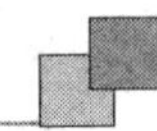

```
    }
#endif
    /* 初始化 hci_usb 结构中的其他属性(锁、队列等) */
    rwlock_init(&husb->completion_lock);
    for (i = 0; i < 4; i++) {
        skb_queue_head_init(&husb->transmit_q[i]);
        _urb_queue_init(&husb->pending_q[i]);
        _urb_queue_init(&husb->completed_q[i]);
    }
    /* 初始化和注册 hci 设备 */
    hdev = hci_alloc_dev();
    if (! hdev) {
        BT_ERR("Can't allocate HCI device");
        goto probe_error;
    }
    husb->hdev = hdev;
    hdev->type = HCI_USB;
    hdev->driver_data = husb;
    SET_HCIDEV_DEV(hdev, &intf->dev);
    hdev->open      = hci_usb_open;
    hdev->close     = hci_usb_close;
    hdev->flush     = hci_usb_flush;
    hdev->send      = hci_usb_send_frame;
    hdev->destruct = hci_usb_destruct;
    hdev->notify    = hci_usb_notify;
    hdev->owner = THIS_MODULE;
    if (reset || id->driver_info & HCI_RESET)
        set_bit(HCI_QUIRK_RESET_ON_INIT, &hdev->quirks);
    if (force_scofix || id->driver_info & HCI_WRONG_SCO_MTU) {
        if (! disable_scofix)
            set_bit(HCI_QUIRK_FIXUP_BUFFER_SIZE, &hdev->quirks);
    }
    if (id->driver_info & HCI_SNIFFER) {
        if (le16_to_cpu(udev->descriptor.bcdDevice) > 0x997)
            set_bit(HCI_QUIRK_RAW_DEVICE, &hdev->quirks);
    }
    if (hci_register_dev(hdev) < 0) {
        BT_ERR("Can't register HCI device");
        hci_free_dev(hdev);
        goto probe_error;
    }
    usb_set_intfdata(intf, husb);
    return 0;
probe_error:
    if (husb->isoc_iface)
```

```
        usb_driver_release_interface(&hci_usb_driver, husb->isoc_iface);
    kfree(husb);
done:
    return -EIO;
}
```

断开函数 hci_usb_disconnect 的操作需要调用其他的辅助例程，由于设备断开时，系统的某些进程可能正在对该设备进行操作。驱动程序通过某种方式向正在使用的所有进程发出设备连接已断开的通知，并终止所有的读写请求，清空所有的队列。

断开函数 hci_usb_disconnect 的源代码如下。

```
static void hci_usb_disconnect(struct usb_interface * intf)
{
    struct hci_usb * husb = usb_get_intfdata(intf);
    struct hci_dev * hdev;
    if (! husb || intf == husb->isoc_iface)
        return;
    usb_set_intfdata(intf, NULL);
    hdev = husb->hdev;
    BT_DBG("%s", hdev->name);
    hci_usb_close(hdev);
    if (husb->isoc_iface)
        usb_driver_release_interface(&hci_usb_driver, husb->isoc_iface);
    if (hci_unregister_dev(hdev) < 0)
        BT_ERR("Can't unregister HCI device %s", hdev->name);
    hci_free_dev(hdev);
}
```

辅助例程 hci_usb_close 函数用来终止设备所有正在进行的访问，该函数调用 hci_usb_unlink_usrbs 和 hci_usb_flush 函数。hci_usb_unlink_usrbs 函数用于取消所有等待处理的通信请求，并回收所有已分配的 urb 结构体和数据包缓冲区；而 hci_usb_flush 函数用来清空所有等待处理的数据包队列，并回收数据空间。

hci_usb_close 函数的源代码如下。

```
/* 关闭设备 */
static int hci_usb_close(struct hci_dev * hdev)
{
    struct hci_usb * husb = (struct hci_usb * ) hdev->driver_data;
    unsigned long flags;
    if (! test_and_clear_bit(HCI_RUNNING, &hdev->flags))
        return 0;
    BT_DBG("%s", hdev->name);
    /* 同步完成的处理程序 */
    write_lock_irqsave(&husb->completion_lock, flags);
    write_unlock_irqrestore(&husb->completion_lock, flags);
    hci_usb_unlink_urbs(husb);
```

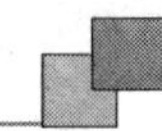

```
    hci_usb_flush(hdev);
    return 0;
}
```

(4) 设备打开函数

设备打开函数 hci_usb_open 用于初始化和打开设备,该函数的源代码如下。

```
/* 初始化设备 */
static int hci_usb_open(struct hci_dev *hdev)
{
    struct hci_usb *husb = (struct hci_usb *) hdev->driver_data;
    int i, err;
    unsigned long flags;
    BT_DBG("%s", hdev->name);
    /* 测试并置位 */
    if (test_and_set_bit(HCI_RUNNING, &hdev->flags))
        return 0;
    /* 锁和标志位 */
    write_lock_irqsave(&husb->completion_lock, flags);
    err = hci_usb_intr_rx_submit(husb);
    if (! err) {
        for (i = 0; i < HCI_MAX_BULK_RX; i++)
            hci_usb_bulk_rx_submit(husb);
#ifdef CONFIG_BT_HCIUSB_SCO
        if (husb->isoc_iface)
            for (i = 0; i < HCI_MAX_ISOC_RX; i++)
                hci_usb_isoc_rx_submit(husb);
#endif
    } else {
        clear_bit(HCI_RUNNING, &hdev->flags);
    }
    write_unlock_irqrestore(&husb->completion_lock, flags);
    return err;
}
```

(5) 设备的挂起与恢复函数

如果要暂时中断蓝牙设备的连接(暂时中断,未释放资源),则通过调用挂起函数 hci_usb_suspend 来完成。其过程是保存 hci_dev 数据信息,暂时中断 HCI 与设备的连接,互斥访问设备的等待队列并把数据信息加入等待队列的尾部。挂起函数 hci_usb_suspend 的源代码如下。

```
static int hci_usb_suspend(struct usb_interface *intf, pm_message_t message)
{
    struct hci_usb *husb = usb_get_intfdata(intf);
    struct list_head killed;
    unsigned long flags;
```

```
    int i;
    if (! husb || intf == husb->isoc_iface)
        return 0;
    hci_suspend_dev(husb->hdev);
    INIT_LIST_HEAD(&killed);
    for (i = 0; i < 4; i++) {
        struct _urb_queue * q = &husb->pending_q[i];
        struct _urb * _urb, * _tmp;
        while ((_urb = _urb_dequeue(q))) {
            _urb->queue = q;
            usb_kill_urb(&_urb->urb);
            list_add(&_urb->list, &killed);
        }
        spin_lock_irqsave(&q->lock, flags);
        list_for_each_entry_safe(_urb, _tmp, &killed, list) {
            list_move_tail(&_urb->list, &q->head);
        }
        spin_unlock_irqrestore(&q->lock, flags);
    }
    return 0;
}
```

如果要重新恢复中断过的蓝牙设备的连接，则通过调用恢复函数 hci_usb_resume 来完成。其过程是互斥访问设备的等待队列，取出队列头的 hci_dev 数据信息，恢复 HCI 与设备的连接，若出错，返回 EIO。恢复函数 hci_usb_resume 的源代码如下。

```
static int hci_usb_resume(struct usb_interface * intf)
    {
        struct hci_usb * husb = usb_get_intfdata(intf);
        unsigned long flags;
        int i, err = 0;
        if (! husb || intf == husb->isoc_iface)
        return 0;
    for (i = 0; i < 4; i++) {
        struct _urb_queue * q = &husb->pending_q[i];
        struct _urb * _urb;
        spin_lock_irqsave(&q->lock, flags);
        list_for_each_entry(_urb, &q->head, list) {
            err = usb_submit_urb(&_urb->urb, GFP_ATOMIC);
            if (err)
                break;
        }
        spin_unlock_irqrestore(&q->lock, flags);
        if (err)
            return -EIO;
    }
```

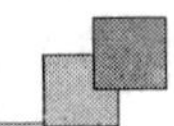

```
    hci_resume_dev(husb->hdev);
    return 0;
}
```

(6) 回调函数

hci_usb_rx_complete 和 hci_usb_tx_complete 是两个 urb 的结束回调函数。urb 分成两种：一种用于接收数据，通过 hci_usb_rx_complete 函数处理请求完成后的相关操作；另一种用于发送数据，通过 hci_usb_tx_complete 函数处理请求完成后的操作。

回调函数 hci_usb_rx_complete 的源代码如下。

```
static void hci_usb_rx_complete(struct urb *urb)
    {
        struct _urb *_urb = container_of(urb, struct _urb, urb);
        struct hci_usb *husb = (void *) urb->context;
        struct hci_dev *hdev = husb->hdev;
        int err, count = urb->actual_length;
        BT_DBG("%s urb %p type %d status %d count %d flags %x", hdev->name, urb,
            _urb->type, urb->status, count, urb->transfer_flags);
        read_lock(&husb->completion_lock);
        if (! test_bit(HCI_RUNNING, &hdev->flags))
            goto unlock;
        if (urb->status || ! count)
            goto resubmit;
        if (_urb->type == HCI_SCODATA_PKT) {
    #ifdef CONFIG_BT_HCIUSB_SCO
            int i;
            for (i = 0; i < urb->number_of_packets; i++) {
                BT_DBG("desc %d status %d offset %d len %d", i,
                        urb->iso_frame_desc[i].status,
                        urb->iso_frame_desc[i].offset,
                        urb->iso_frame_desc[i].actual_length);
                if (! urb->iso_frame_desc[i].status) {
                    husb->hdev->stat.byte_rx += urb->iso_frame_desc[i].actual_
length;
                    hci_recv_fragment(husb->hdev, _urb->type,
                        urb->transfer_buffer + urb->iso_frame_desc[i].offset,
                        urb->iso_frame_desc[i].actual_length);
                }
            }
#else
            ;
#endif
        } else {
            husb->hdev->stat.byte_rx += count;
            err = hci_recv_fragment(husb->hdev, _urb->type, urb->transfer_buffer, count);
            if (err < 0) {
```

```
                BT_ERR("%s corrupted packet: type %d count %d",
                        husb->hdev->name, _urb->type, count);
                hdev->stat.err_rx++;
            }
        }
resubmit:
    urb->dev = husb->udev;
    err = usb_submit_urb(urb, GFP_ATOMIC);
    BT_DBG("%s urb %p type %d resubmit status %d", hdev->name, urb,
            _urb->type, err);
unlock:
    read_unlock(&husb->completion_lock);
}
```

回调函数 hci_usb_tx_complete 的源代码如下。

```
static void hci_usb_tx_complete(struct urb *urb)
{
    struct _urb *_urb = container_of(urb, struct _urb, urb);
    struct hci_usb *husb = (void *) urb->context;
    struct hci_dev *hdev = husb->hdev;
    BT_DBG("%s urb %p status %d flags %x", hdev->name, urb,
            urb->status, urb->transfer_flags);
    atomic_dec(__pending_tx(husb, _urb->type));
    urb->transfer_buffer = NULL;
    kfree_skb((struct sk_buff *) _urb->priv);
    if (! test_bit(HCI_RUNNING, &hdev->flags))
        return;
    if (! urb->status)
        hdev->stat.byte_tx += urb->transfer_buffer_length;
    else
        hdev->stat.err_tx++;
    read_lock(&husb->completion_lock);
    _urb_unlink(_urb);
    _urb_queue_tail(__completed_q(husb, _urb->type), _urb);
    hci_usb_tx_wakeup(husb);
    read_unlock(&husb->completion_lock);
}
```

3. 驱动程序注销

当卸载驱动程序时，需要在内核中注销设备的驱动程序，释放占用的资源，具体过程是由module_exit、hci_usb_exit、usb_deregister 等函数依次执行，最终完成驱动注销。

模块注销的源代码如下。

```
static void __exit hci_usb_exit(void)
{
```

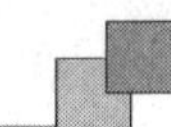

```
    usb_deregister(&hci_usb_driver);
}
module_exit(hci_usb_exit);
```

…

限于篇幅,部分代码介绍省略,请读者参考光盘中完整代码文件。

12.4 实例总结

蓝牙技术把各种便携式电脑、移动电话和家用电器等用无线链路连接起来,将计算机与通信更加密切结合起来,使人们能随时随地进行数据信息的交换与传输。

本章主要介绍了蓝牙技术的体系结构、协议栈,并基于 S3C2440A 处理器平台实现了 USB 蓝牙驱动程序应用设计。在嵌入式 Linux 操作系统上通过已有的蓝牙协议栈进行蓝牙开发,通过蓝牙协议层无线收发数据,可以不用关心蓝牙底层驱动的实现。用户可以通过各种高层应用协议进行更复杂的通信,通过蓝牙 SCO 协议层还可以发送音频数据。

第 13 章 WiFi 无线网络应用

现在 WiFi 的覆盖范围在国内越来越广泛，高级宾馆、商务酒店、豪华住宅区、飞机场以及咖啡厅之类娱乐休闲场所等区域都有 WiFi 无线网络覆盖。当我们旅游、出差、休闲时，就可以在 WiFi 网络覆盖的场所使用我们的掌上设备或便携式电脑连接网络。

嵌入式移动终端设备加入 WiFi 技术实现无线传输数据是技术热点。本实例采用 ARM11 系列的 S3C6410 微处理器作为嵌入式开发平台，实现 WiFi 无线网络应用。

13.1 WiFi 无线网络概述

WiFi 英文全称是 Wireless Fidelity，即无线保真，与蓝牙技术一样，同属于在办公室和家庭中使用的短距离无线技术，该技术使用 2.4 GHz 附近的频段。

WiFi 是由接入点(Access Point，AP)和无线网卡组成的无线网络，结构简单，可以实现快速组网，架设费用和程序的复杂性远远低于传统的有线网络。

在开放性区域，WiFi 的通信距离可达 305 m；在封闭性区域，通信距离为 76～122 m。WiFi 技术可以方便地与现有的有线以太网络整合，组网成本低。

13.1.1 WiFi 无线局域网络标准

WiFi 是无线局域网(Wireless LAN)技术——IEEE 802.11 系列标准的商用名称。IEEE 802.11 系列标准主要包括 IEEE 802.11a/b/g 3 种。其标准定义了介质访问控制层(MAC)和物理层(PHY)。物理层定义了工作在 2.4 GHz 的 ISM 频段上的扩频通信方式；而介质访问控制层采用了载波侦听/冲突避免协议(Carrier Sense Multiple Access with Collision Avoidance，CSMA/CA)来解决冲突。

由于 IEEE 802.11 的业务主要限于数据存取，在传输速率和距离等方面都不能够满足人们的需要，因此产生了 802.11a 和 802.11b 两个分支，后来又推出了 802.11g 的新标准，IEEE 802.11 无线局域网标准参数如表 13-1 所列。

表 13-1 IEEE802.11 无线局域网标准

标 准	运行频段	主要技术	传输速率
IEEE802.11	2.4 GHz 的 ISM 频段	扩频通信	1 Mbps、2 Mbps
IEEE802.11b	2.4 GHz 的 ISM 频段	CCK	11 Mbps
IEEE802.11a	5 GHz 的 U-NII 频段	OFDM	54 Mbps
IEEE802.11g	2.4 GHz 的 ISM 频段	OFDM	54 Mbps

注:U-NII 是指用于构建国家信息基础的无限制频段。

13.1.2 WiFi 无线网络的拓扑结构

WiFi 设备是如何无线上网的呢?它其实就是通过无线 AP 接入上网。WiFi 需要与有线宽带接入技术(DSL、LAN 等)配合使用。有线宽带接入到户后,连接到一个 AP,用户只要在一个或者多个电脑中安装无线网卡就可以在家里无线上网。

注意:无线 AP(或称无线访问节点、会话点或存取桥接器)是一个范围很广的名称,它不仅包含单纯性无线接入点,也同样是无线路由器(含无线网关、无线网桥)等设备的统称。

各种文章或厂家在面对无线 AP 时的称呼目前比较混乱,但随着无线路由器的普及,目前的情况下如没有特别的说明,我们一般还是将所称呼的无线 AP 理解为单纯性无线 AP,以方便与无线路由器作区分。

WiFi 无线局域网可分为两大类,分别是接入点模式(Infrastructure 基础设施网络)和无接入点模式(Ad-hoc,对等式网络)。

基础设施网络,也就是 AP(接入点)模式。整个网络都使用无线通信的方式,但系统中存在接入点(AP),通过接入点将一组节点逻辑上联系到一起,形成一个无线局域网。AP 的作用与网桥类似,负责在 IEEE 802.11 与 IEEE 802.3 的 MAC 层协议之间转换。一个 AP 覆盖的部分称之为基本业务域,而 AP 控制的所有节点组成一个基本业务集,由两个以上的基本业务域可以组合成一个分布式系统。

对等式网络,它是一种最简单的应用方案,直接通过无线网卡实现点对点的连接,即只要给每台电脑安装一片无线网卡,无须借助于 AP 或无线路由器,即可相互访问。如果需要与有线网络连接,可以为其中一台电脑安装一片有线网卡,无线网中其他电脑即可利用这台电脑作为网关,访问有线网络或共享打印机等设备。其工作原理相当于一个内置无线发射器的集线器或者路由器,无线网卡则是负责接收 AP 所发射信号的客户端。

对于无线网卡而言,上述两种模式都是支持的。大多数情况下,无线通信通常是作为有线通信的一种补充,多个 AP 通过线缆连接在有线网络上,以使无线用户能够访问网络的各个部分。

13.1.3 无线信号的数据调制

无线信号的数据调制方式有 DBPSK、DQPSK、CCK 和 OFDM 等多种。

(1) DBPSK 调制

DBPSK 为 Differential Binary Phase Shift Keying 的缩写,差分二进制相移键控。

(2) DQPSK 调制

DQPSK 为 Differential Quadrature Phase Shift Keying 的缩写,差分四进制相移键控。

(3) CCK 调制

CCK 为 Complementary Code Keying 的缩写,即补码键控,具有多信道工作特性,是一种 IEEE 802.11b 普遍采用的调制技术。

(4) OFDM 调制

OFDM 为 Orthogonal Frequency Division Multiplexing 的缩写,正交频分复用,是一种多载波数字调制技术。它将数据编码后调制为射频信号,主要应用于数字视频广播系统、MMDS(Multichannel Multipoint Distribution Service)多信道多点分布服务和 WLAN 服务以及下一代陆地移动通信系统。

直接序列扩频(DSSS,Direct Sequence Spread Spectrum)为 IEEE 802.11 系列标准的主要技术。IEEE 802.11b 是建立在直接序列扩频技术加强版本 CCK 基础上的,IEEE 802.11b 与旧版本的 DSSS 技术后向兼容,但与基于跳频扩频技术(FHSS)的 IEEE 802.11 网络不兼容。

IEEE 802.11g 的调制方式采用 CCK-OFDM 调制,即同时支持 CCK、OFDM 两种模式。

13.1.4 WiFi 的无线信道

无线信道就是人们常说的无线频段(Channel),它是以无线信号作为传输媒体的数据信号传送通道。

目前主流的无线协议都是由 IEEE(美国电气电工协会)所制定,在 IEEE 制定的 3 种无线标准 IEEE 802.11b、IEEE 802.11g、IEEE 802.11a 中,其信道数是有差别的。

(1) IEEE 802.11a

扩充了标准的物理层,规定该层使用 5 GHz 的频带。该标准采用 OFDM 调制技术,共有 12 个非重叠的传输信道,传输速率范围为 6 Mbps～54 Mbps。不过此标准与 IEEE 802.11b 标准并不兼容。支持该协议的无线 AP 及无线网卡,在市场上较少见。

(2) IEEE 802.11b

采用 2.4 GHz 频带,调制方法采用补码键控,共有 3 个不重叠的传输信道。传输速率能够从 11 Mbps 自动降到 5.5 Mbps,或者根据直接序列扩频技术调整到 2 Mbps 和 1 Mbps,以保证设备正常运行与稳定。

(3) IEEE 802.11g

该标准共有 3 个不重叠的传输信道。虽然同样运行于 2.4 GHz,但向下兼容 IEEE 802.11b,但由于使用了与 IEEE 802.11a 标准相同的正交频分复用调制方式,因而能使无线局域网达到 54 Mbps 的数据传输率。

13.1.5 WiFi 应用领域

WiFi 的频段在世界范围内是无需任何电信运营执照的免费频段,因此 WLAN 无线设备

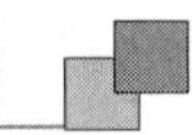

提供了一个世界范围内可以使用的，费用极其低廉且数据带宽极高的无线空中接口。其应用范围很广，典型的应用领域如下。

(1) 无线 POS 机应用

随着无线技术日益的发展，传统的有线消费终端设备已经越来越无法满足市场的某些方面需求。首先有线的成本比较高，布线比较困难；其次有线的收款方式，不能自由移动，顾客感觉不到人性化的理念。一旦商场装修，就会带来一些列的改动，消耗人力，财力。采用 WiFi 产品解决了这几点困难，超市即可一改以往的方式，自由方便的结账。

(2) 医疗监控上应用

在医疗监控和监护领域，大多医院都是比较落后的，对于病房病人的监控如果采用布线方式，就要在已有的建筑内大量布线，已经是相当大的工程了。采用 WiFi 无线网络，不但能迅速组建医疗监控网络，而且可以移动监护，对某些病人实时跟踪，省去了一部分人力。

(3) 工厂自动化过程检测控制

利用 WiFi 局域网络建立一个集监测控制于一体的自动化生产网络，不仅节省了大量人力，而且减少了整个生产过程中人为造成的错误几率，整体提高了产品的品质。采用 WiFi 产品，整个组网过程简单迅速，而且系统固件可以远程无线升级，多层数据加密保障了生产数据链的安全。

在传统布线方式昂贵，安装复杂不便的情况下，方便快捷、安全稳定的无线局域网络已经成为传统厂房改造、高新技术工厂建造的首选。

(4) 交通监控

WiFi 产品适合交通路况监控和危险路段的无人职守监控。对于视频图像速率比较高的应用，WiFi 产品都能达到要求。

(5) 港口码头等物流行业应用

由于港口物流链管理中各个环节都是处于运动或松散的状态，信息和方向常常随实际活动在空间和时间上转移，结果必然会影响信息的可得性、实时性及精确性。WiFi 技术的应用，很好地克服了上述问题。不但可以很好的解决码头物流中货物的管理，而且通过手持无线设备可以实时管理维护，并且通过和互联网的互动，可以对顾客提供人性化的服务。极大的提高了工作效率，在操作的智能化方面也取得了很好的效果。

(6) 无线传感器网络应用

利用 WiFi 技术可以组成无线传感器网络。将无线 WiFi 技术植入到嵌入式设备中可以快速组建基于 WiFi 技术的无线传感器硬件及软件设计方案，如温室环境监测系统。

13.2　WiFi 硬件接口介绍

嵌入式设备是 WiFi 应用中最重要的领域。WiFi 植入嵌入式系统设备中的方式与在 PC 机中是不相同的。一般来说 WiFi 硬件植入嵌入式系统设备有 3 种硬件接口：USB 接口，SPI 接口，SDIO 接口。USB 接口仅限于操作系统模式下运行，SPI 接口和 SDIO 接口可同时适用于操作系统及无操作系统环境。

注意：SDIO 卡接口也支持 SPI 接口。

13.2.1 处理器 SDIO 控制器

本节就本实例硬件平台中的核心处理器 S3C6410 的 SDIO 接口作简要介绍。处理器 S3C6410 的多媒体卡主机控制器是一个复合式主机接口，主要用于 SD 卡和多媒体卡，并兼容 SDIO 卡规格（版本 1.0）。它的性能非常强大，能获得 50 MHz 的时钟频率，同时访问 8 位数据引脚。S3C6410 处理器的 SDIO 主机控制器功能框图如图 13-1 所示。

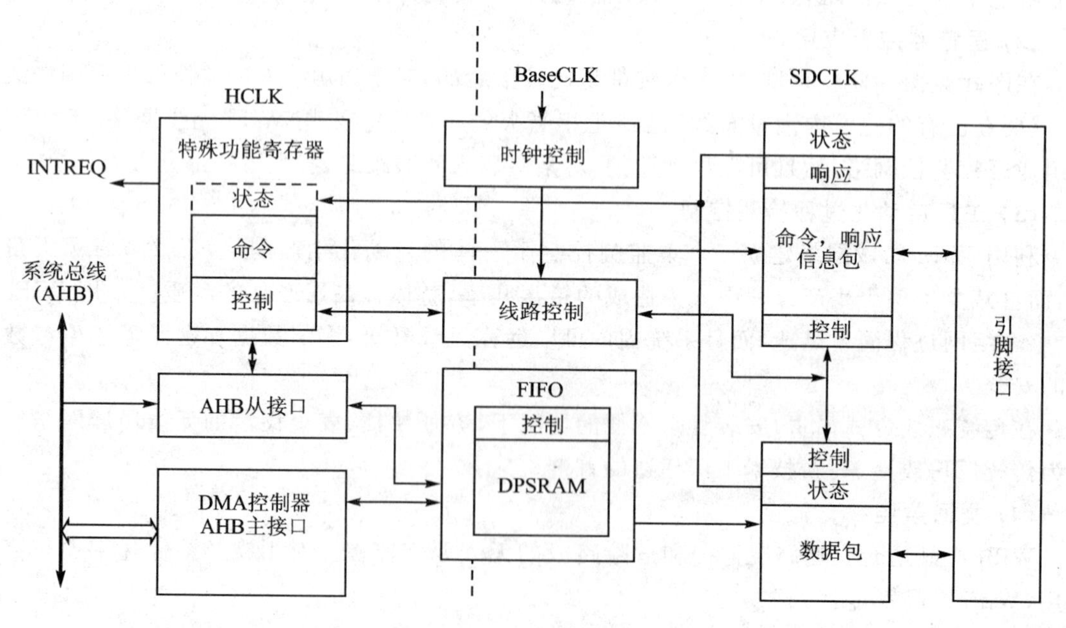

图 13-1 SDIO 主机控制器功能框图

13.2.2 SDIO 卡概述

SDIO 卡能够延伸一个装置的功能。目前有许多种 SDIO 卡被开发出来，例如：数字相机、蓝牙、GPS、WiFi、数字电视调谐器、语音记录仪、微型扫描仪等设备都有它们各自的 SDIO 卡。

SDIO 卡 1.0 标准定义了两种类型的 SDIO 卡：一种是全速的 SDIO 卡，传输率可以超过 100 Mbps；另外一种是低速的 SDIO 卡。

SDIO 卡采用 SPI 或 1 位数据宽度的 SD 传输模式，也可选择 4 位数据宽度模式。低速的 SDIO 卡可用最少的硬件支持低速的 I/O 装置。如果 SDIO 卡是一种组合式的卡片（记忆体＋SDIO），就必须使用全速的模式和 4 位的传输模式，这是 SDIO 1.0 标准规定的。图 13-2 所示的是 2 个 4 位模式 SDIO 卡的线路连接图。

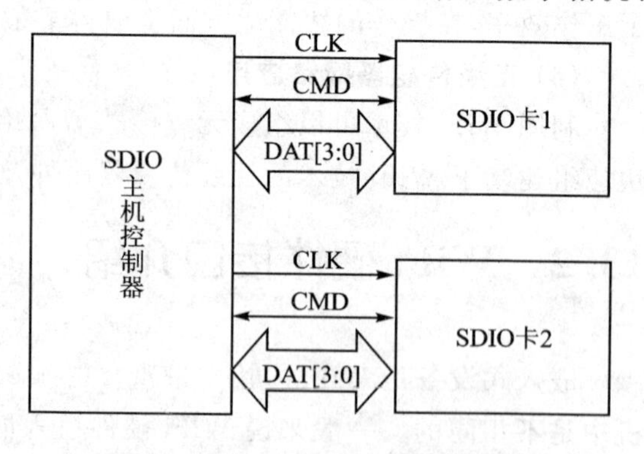

图 13-2 SDIO 卡线路连接图

SDIO 卡 3 种传输模式下引脚功能定义如表 13-2 所列。

表 13-2　SDIO 卡 3 种传输模式的引脚功能定义

引脚	SD 4 位数据宽度模式		SD 1 位数据宽度模式		SPI 模式	
1	CD/DAT3	卡探测/数据线 3	N/C	未使用	CS	卡选择
2	CMD	命令线	CMD	命令线	DI	数据输入
3	VSS1	地	VSS1	地	VSS1	地
4	VDD	电源引脚	VDD	电源引脚	VDD	电源引脚
5	CLK	时钟引脚	CLK	时钟引脚	SCLK	SPI 时钟引脚
6	VSS2	地	VSS2	地	VSS2	地
7	DAT0	数据线 0	DATA	数据线	DO	数据输出
8	DAT1	数据线 1 或中断引脚	IRQ	中断引脚	IRQ	中断引脚
9	DAT2	数据线 2 或读等待	RW	读等待	N/C	未使用

13.3　嵌入式 WiFi 硬件系统设计

本实例设计采用 S3C6410 处理器的 SDIO 接口与 WiFi 模块组成嵌入式 WiFi 硬件系统。其硬件开发平台示意图如图 13-3 所示。

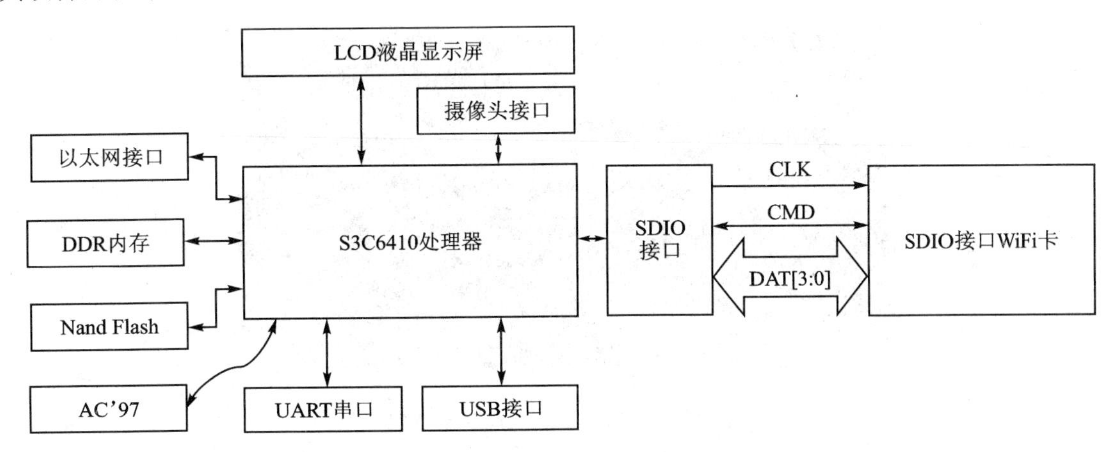

图 13-3　硬件开发平台示意图

WiFi 模块采用台湾环隆电气生产的 WM-G-MR-09 模块，该模块基于 Marvell 公司的 88W8686 芯片。

13.3.1　WiFi 模块功能简述

WiFi 模块采用主芯片型号为 WM-G-MR-09，是一款很经典且常用的 WiFi 无线网卡应用模块，可实现高速、稳定的无线网络应用。该模块由飞凌公司自行设计生产，接口为 2.0 mm 间距的双排插孔；硬件开发平台接口为 2.0 mm 间距的扁平座"SDIO 接口"。该模块产品示意图如图 13-4 所示。

该款无线 WiFi 模块具有高性能、低价格、低功耗、体积小等特点，其极高的兼容性，能够快速、方便的与 802.11b、802.11g 无线设备进行连接。其主要性能参数如表 13-3 所列。

表 13-3 WiFi 模块主要性能参数

名 称	描 述
接口	SDIO(1 位/4 位数据宽度)
网络标准	IEEE 802.11b/g
数据传输率	54 Mbps
功耗	休眠状态：0.6 mA
	接收数据：170 mA
	发送数据：265 mA
灵敏度	−70 dBm @ 54 Mbps
	−85 dBm @ 11 Mbps
	−90 dBm @ 1 Mpbs
支持系统	Windows CE 6.0
状态指示	红色 LED 状态指示灯
安全性能	WEP 64/128 bit, AES, TKIP, WPA, WPA2, CCX V1, V2

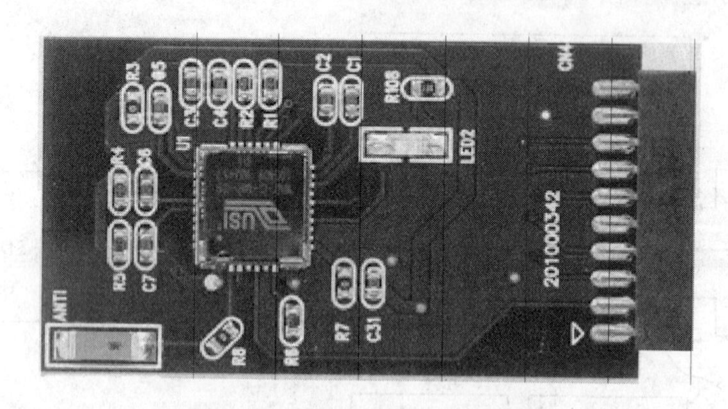

图 13-4 WiFi 模块的产品示意图

13.3.2 WiFi 模块原理图及说明

S3C6410 硬件开发平台 SDIO 接口与 WiFi 模块连接的示意图如图 13-5 所示。

WiFi 模块硬件部分原理图如图 13-6 所示。其中 IF_SEL_1 和 IF_SEL_2 两个引脚用于选择 SDIO 或 SPI 模式，如果是选择 SDIO 模式可以不接，如果是 SPI 模式必须下拉 100 kΩ 的电阻。

PDn 引脚用于控制掉电模式，当为低电平时进入全掉电模式；当为高电平时配置成常规模式；该引脚由 S3C6410 处理器的 GPP10 引脚控制。

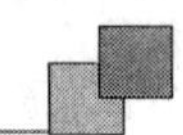

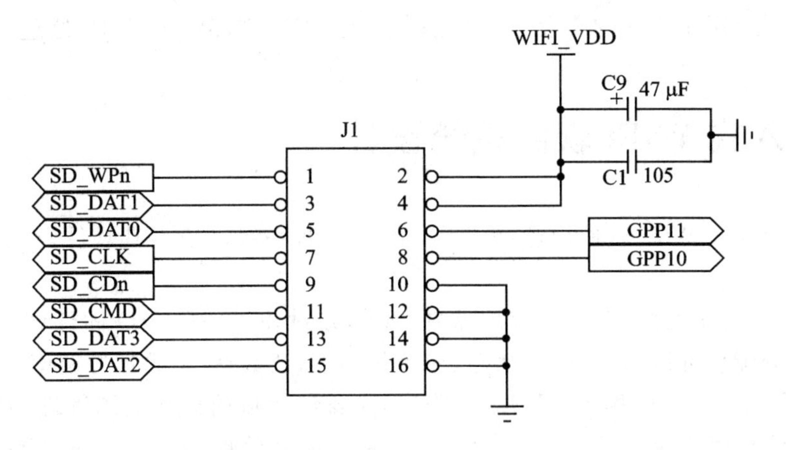

图 13－5　WiFi 模块接口部分原理图

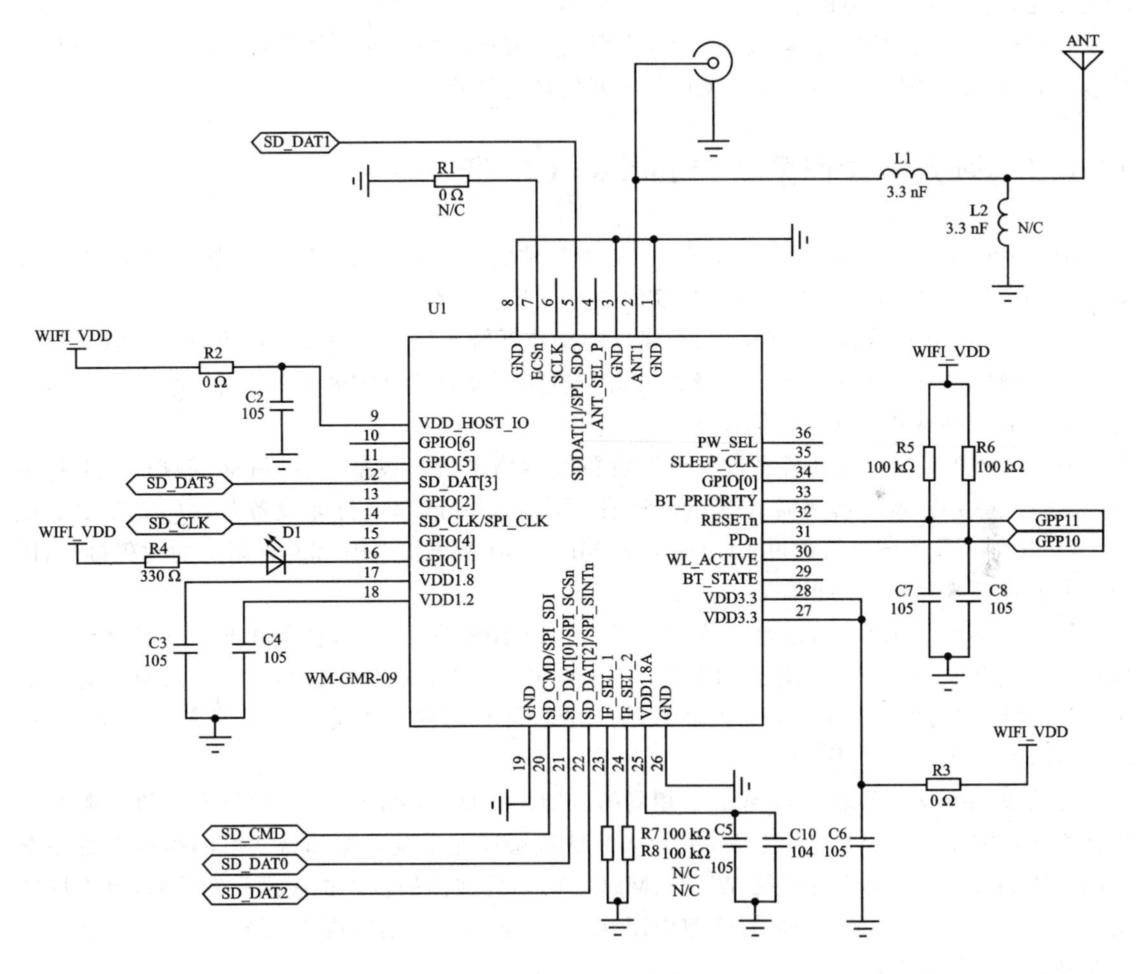

图 13－6　WiFi 模块硬件部分原理图

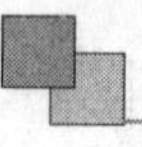

RESETn 引脚用于芯片内部复位，低电平有效。该引脚由 S3C6410 处理器的 GPP11 引脚控制。

13.4 嵌入式 WiFi 软件系统设计

本实例的嵌入式 WiFi 软件设计基于 Windows CE 系统环境。其软件设计主要分成两个部分：

① 接口 API 应用程序，即上层应用软件，该部分封装了一些 I/O 固件调用函数，并包括 SDIO 初始化、分配缓冲区、查询网卡状态、初始化网卡、读数据、写数据等调用程序；

② WiFi 底层驱动架构程序－WLAN 程序，主要包括热插拔和电源管理、发送处理、接收处理、漫游、创建和销毁线程、加解密、命令发送、主机命令处理、NDIS 关机、NDIS miniport 驱动初始化，复位及检测等程序。

在讲述本实例的程序代码设计之前，为帮助大家更快的建立系统环境，完成 WiFi 软件系统设计，先简要介绍一下 Windows CE 系统开发环境搭建。

13.4.1 嵌入式操作系统 Windows CE 简介

Windows CE 系统（简称 Win CE），它是为各种嵌入式系统和产品设计的一种压缩的、高效的、可升级的、体积小巧、组件化的硬实时嵌入式操作系统。

Windows CE 的多线性、多任务、全优先的操作系统环境是专门针对资源有限的状况而设计的。这种模块化设计使嵌入式系统开发者和应用开发者能够定做各种产品，例如家用电器、专门的工业控制器和嵌入式通信设备。

Windows CE 系统支持各种硬件外围设备及网络系统。包括键盘、鼠标、触摸屏、串行端口、以太网连接器、调制解调器、USB 设备、音频设备、并行端口、打印设备及存储设备等。此外，Windows CE 系统支持超过 1000 个公共 Microsoft Win32 API 和几种附加的编程接口，用户可利用他们来开发应用程序。

Windows CE 系统不仅继承了传统的 Windows 图形界面，而且在 Windows CE 平台上可以使用 Windows 98/2000/XP 上的编程工具（如 Visual Basic、Visual C＋＋等）、使用同样的函数、使用同样的界面风格，使绝大多数的应用软件只需简单的修改和移植就可以在 Windows CE 平台上继续使用。

尽管 Windows CE 具有与 Win32 相同的应用编程接口（API），而且微软台式机和服务器操作系统也配备了此类接口，但 Windows CE 的底层操作系统架构和台式机的操作系统完全不同。Windows CE 既支持包括 Win32、MFC、ATL 等在内的台式机应用开发结构，也支持使用.NET Compact Framework 的管理应用开发，还支持当前实时嵌入式系统设计，提供操作系统必要之需的实时内核。

Windows CE 版本主要有 1.0、2.0、3.0、4.0、4.2、5.0 和 6.0，目前绝大部分嵌入式设备都使用 6.0 版本。

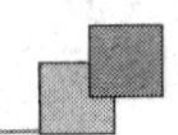

13.4.2　搭建 Windows Embedded CE 6.0 开发环境

微软公司推出最新的嵌入式平台 Windows Embedded CE 6.0(以下简称 CE 6.0)作为业内领先的软件工具,它为多种设备构建实时操作系统。同时微软还将 Visual Studio 2005 专业版(简称 VS2005)作为 CE 6.0 的一部分一并推出,而在之前 WinCE 5.0 的时代,开发工具是独立的 Platform Builder 5.0。

Visual Studio 2005 专业版包括一个被称为 Platform Builder 的功能强大的插件,它是一个专门为嵌入式平台提供的“集成开发环境”。这个集成开发环境使得整个开发链融为一体,并提供了一个从设备到应用都易于使用的工具,极大地加速了设备的开发和上市。

1. 安装 VS2005 和 CE 6.0

搭建开发环境时,所需要安装的软件列表如下:

① Visual Studio 2005;

② Visual Studio 2005 Service Pack 1;

③ MSDN(可选);

④ Windows Embedded CE 6.0;

⑤ Windows Embedded CE 6.0 Platform Builder Service Pack 1;

⑥ CE 6.0R2;

⑦ Microsoft Device Emulator 2.0(可选);

⑧ Virtual Machine Network Driver for Microsoft Device Emulator(可选);

⑨ CE 6.0 Updates;

⑩ CE 6.0R3;

⑪ CE 6.0R3 Update - Rollup。

注意:其中③、⑦、⑧项可以不安装,用户可根据实际需要进行选择。

2. 安装 6410 开发板 BSP

搭建好编译内核所需的开发环境后,我们需要安装 6410 开发板的 BSP 源码包。将 6410 开发板配套的“6410_CE6_BSP.msi”文件拷贝到电脑上双击安装即可。

注意:安装位置设置为“X:\WINCE600”;其中 X 为 CE6.0 所在盘符。

3. 创建并编译 CE 6.0 工程项目

在完成上述安装后,用户即可以使用 Visual Studio 2005 工具集创建 CE 6.0 工程项目。

13.4.3　部分代码详解

本小节主要针对 CE 6.0 系统下 WiFi 设备的接口应用程序部分源代码 SDIOUTIL.C 做介绍。

(1) 接口 API 应用程序 SDIOUTIL.C 详解

该部分代码为上层应用配置软件,主要包括 SDIO 初始化、分配缓冲区、查询网卡状态、初始化网卡、读数据、写数据等调用及相关配置,源代码详见下文。

```
/************************************************************************
  *   文件名:SDIOUtil.c
  *   功能描述:该程序用于执行 SDIO 相关的配置
  ************************************************************************/
/*用于 Firmware 下载信息包的结构体*/
struct _SDIO_FW_DWLD_PKT
{
    ULONG   Len;
    UCHAR   Buf[SDIO_FW_DOWNLOAD_BLOCK_SIZE];
};
/*********************************************
 *  函数名:sdio_IsFirmwareLoaded
 *  功能描述:检测 firmwarw 是否加载及初始化
 *  输入: 适配器上下文
 *  输出: 无
 *  返回: SDIO firmware 状态
 *********************************************/
IF_FW_STATUS sdio_IsFirmwareLoaded( IN PMRVDRV_ADAPTER pAdapter)
{
    USHORT              usLength;
    SD_API_STATUS    status;    // 中间状态
    // 读暂存寄存器用于 firmware 初始化.
    status = SDReadWriteRegistersDirect(pAdapter->hDevice,
                                         SD_IO_READ ,
                                         SCRATCHREGFUNCNUM,
                                         LENGTH_SCRATCH_REGISTER,
                                         FALSE,
                                         (UCHAR *)&usLength,
                                         sizeof(usLength));
    if (! SD_API_SUCCESS(status))
    {
        DBGPRINT(DBG_LOAD|DBG_OID|DBG_WARNING, (L"sdio_IsFirmwareLoaded: Unable to read FW
init code\n"));
        return FW_STATUS_READ_FAILED;
    }
    if ( usLength == SDIO_FW_INIT_CODE )
    {
        // 读取预期代码
        DBGPRINT(DBG_LOAD,
            (L"sdio_IsFirmwareLoaded Returning code SUCCESS (FW_STATUS_INITIALIZED)\n"));
        return FW_STATUS_INITIALIZED;
    }
    DBGPRINT(DBG_LOAD, (L"sdio_IsFirmwareLoaded Returning code FW_STATUS_UNINITIALIZED\n"));
    return FW_STATUS_UNINITIALIZED;
```

```
}
/***************************************************
* 函数名:sdio_IsFirmwareDownload
* 功能描述:检测 SDIO 的 firmware 是否下载成功
* 输入: 适配器上下文
* 输出: 无
* 返回:  SDIO Firmware 状态
***************************************************/
IF_FW_STATUS sdio_FirmwareDownload(      IN PMRVDRV_ADAPTER Adapter)
{
    UINT     blockCount = 0;
    UINT     sizeOfFirmware,sizeOfHelper;
    UINT     sizeSend = 0;
    USHORT   sizeBlock;
    ULONG    firmwareDelay = 0;
#define FWDELAY 200                                 // 10 s 延时周期
#define FWBLOCK_DELAY   5000                        // firmware 数据区延时周期
    struct _SDIO_FW_DWLD_PKT DownloadPkt;
    SD_API_STATUS              status;              // 中间状态
    SD_TRANSFER_CLASS          transferClass;       // 通用传输类别
    DWORD                      argument;
    ULONG                      numBlocks;           // 数据区数量
    SD_COMMAND_RESPONSE        response;            // IO 响应状态
    UCHAR                      ucCardStatus;
    UCHAR                     ucLen[2];
    ULONG                      loopCount;
    BOOLEAN                    startFirmware;       // 开始下行发送 firmware
    BOOLEAN                    exitLoop;
    UCHAR     regValue;
  // 设置网卡硬件(含 firmwware 下载)
        regValue = 3;
  // 使能客户机端 UpLdCardRdy 中断
        status = SDReadWriteRegistersDirect(Adapter->hDevice,
                                            SD_IO_WRITE,
                                            1,
                                            HCR_HOST_INT_MASK_REGISTER ,//卡状态寄存器地址
                                            FALSE,
                                            &regValue,
                                            1);

        if (! SD_API_SUCCESS(status))
        {
            DBGPRINT(DBG_ERROR,(L"SDIO Samp: Failed to enable UpLdCardRdy interrupt: 0x%08X
\n",status));
            return FW_STATUS_UNINITIALIZED;
        }
```

```
//下载帮助文件
sizeOfHelper = sizeof(helperimage);
DBGPRINT(DBG_LOAD|DBG_HELP,
                    (L"INIT - Helper, Helper size = %d bytes, block size= %d bytes\n",
                    sizeOfHelper, SDIO_FW_DOWNLOAD_BLOCK_SIZE));
RETAILCELOGMSG(WLANDRV_CELOG_TRACE, (L"SDIO8686: Download Helper image\n"));
startFirmware= FALSE;
exitLoop = FALSE;
while ( ! exitLoop )
{
    blockCount++;
    if ( TRUE ! = startFirmware )
    {
        // 规则的下载
        sizeBlock = SDIO_FW_DOWNLOAD_BLOCK_SIZE;
        if ( (sizeSend + sizeBlock) >= sizeOfHelper )
        {
            sizeBlock = sizeOfHelper - sizeSend;
            startFirmware = TRUE;
        }
        //将 firmware 缓冲区的数据移动至命令头
        NdisMoveMemory(DownloadPkt.Buf, &helperimage[sizeSend], sizeBlock);
    }
    else
    {
        // 下载空间 0 信息包用来启动 firmware
        sizeBlock = 0;
        // 当前循环完成时退出循环.
        exitLoop = TRUE;
    }
    DownloadPkt.Len = sizeBlock;
    // 循环计数
    loopCount = PKT_WAIT_TIME;
    RETAILCELOGMSG(WLANDRV_CELOG_TRACE, (L"SDIO8686: Wait for device to be ready (%d)
Block= %d\n", 1, blockCount));
    while ( loopCount ! = 0 )
    {
        // 读取卡状态寄存器(功能 1,地址 0x20) ->检测 firmware 下载是否就绪
        status = SDReadWriteRegistersDirect(Adapter->hDevice,
                                    SD_IO_READ ,
                                    1, // 功能 1
                                    HCR_HOST_CARD_STATUS_REGISTER, // 地
址 0x20
                                    FALSE,
                                    &ucCardStatus,//卡状态
```

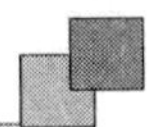

```
                                   sizeof(ucCardStatus));
        if (! SD_API_SUCCESS(status))
        {
            return FW_STATUS_READ_FAILED;
        }
        if ( ( NOT (ucCardStatus & SDIO_IO_READY) )  ||
             ( NOT (ucCardStatus & SDIO_DOWNLOAD_CARD_READY) ) )
        {
            // 信息包下载未就绪
            loopCount -- ;
            //延时
            NdisMSleep(10);
        }
        else
        {
            break;
        }
    }
    if ( loopCount  == 0 )
    {
        DBGPRINT(DBG_LOAD|DBG_ERROR,(L"Downloading FW died on block %d\n",blockCount));
        return FW_STATUS_UNINITIALIZED;
    }
    // 缓冲区的块计数
    numBlocks = (DownloadPkt.Len + sizeof(ULONG)) /
                        SDIO_EXTENDED_IO_BLOCK_SIZE;
    if ( ((DownloadPkt.Len + sizeof(ULONG)) %
                SDIO_EXTENDED_IO_BLOCK_SIZE) ! = 0 )
    {
        numBlocks ++ ;
    }
    // 写,数据块模式,起始地址 0,固定地址
    argument =  BUILD_IO_RW_EXTENDED_ARG(SD_IO_OP_WRITE,
                                         SD_IO_BLOCK_MODE,
                                         1, // 功能 1
                                         SDIO_IO_PORT ,
                                         SD_IO_FIXED_ADDRESS,
                                         numBlocks);
    transferClass = SD_WRITE;
    status = SDSynchronousBusRequest(Adapter->hDevice,
                                     SD_CMD_IO_RW_EXTENDED,
                                     argument,
                                     transferClass,
                                     ResponseR5,
                                     &response,
```

```
                                        numBlocks,
                                        SDIO_EXTENDED_IO_BLOCK_SIZE,
                                        (PUCHAR)&DownloadPkt,
                                        0);
        if (! SD_API_SUCCESS(status))
        {
            DBGPRINT(DBG_LOAD,(L"Downloading FW died on block %d\n",blockCount));
            return FW_STATUS_UNINITIALIZED;
        }
        DBGPRINT(DBG_LOAD,(L"FW Download block # %d\n",blockCount));
        sizeSend += sizeBlock;
    }
    while(1)
    {
        // 读取卡状态寄存器(功能 1,地址 0x20)
        status = SDReadWriteRegistersDirect(Adapter->hDevice,
                                            SD_IO_READ ,
                                            1, //功能 1
                                            0x10, //地址 0x20
                                            FALSE,
                                            ucLen,
                                            2);
        if (! SD_API_SUCCESS(status))
        {
            return FW_STATUS_READ_FAILED;
        }
        if( *((PUSHORT)(ucLen)) == 0x10)
        {
            DBGPRINT(DBG_LOAD,(L"Download helper size == %x !! \n", *((PUSHORT)(ucLen))));
            break;
        }
        DBGPRINT(DBG_LOAD,(L"Download helper size == %x !! \n", *((PUSHORT)(ucLen))));
    }
    DBGPRINT(DBG_LOAD,(L"Finished to download Helper !! \n"));
    //下载帮助文件
    sizeOfFirmware = sizeof(fmimage);
    blockCount = 0;
    sizeSend = 0;
    DBGPRINT(DBG_LOAD|DBG_WARNING,
        (L"INIT - Firmware download start, FW size = %d bytes, block size = %d bytes\n",
            sizeOfFirmware, SDIO_FW_DOWNLOAD_BLOCK_SIZE));
    RETAILCELOGMSG(WLANDRV_CELOG_TRACE, (L"SDIO8686: Download Firmware image\n"));
    startFirmware = FALSE;
    exitLoop = FALSE;
    while ( ! exitLoop )
```

```
        {
            blockCount ++ ;
            if ( TRUE ! = startFirmware )
            {   //检测卡寄存器状态
                status = SDReadWriteRegistersDirect(Adapter->hDevice,
                                                    SD_IO_READ ,
                                                    1, // 功能 1
                                                    0x10, // 地址 0x20
                                                    FALSE,
                                                    ucLen,
                                                    2);
    DBGPRINT(DBG_LOAD | DBG_HELP, (L" Download firmare module size == %x !! \n", *((PUSHORT)
(ucLen))));
                if (! SD_API_SUCCESS(status))
                {
                    return FW_STATUS_READ_FAILED;
                }
                if( *((PUSHORT)(ucLen)) == 0)
                {
                    DBGPRINT(DBG_LOAD|DBG_HELP,(L"End of download firmware!! \n"));
                    break;
                }
                if(( *((PUSHORT)(ucLen)) & 1) == 1)
                {
                    DBGPRINT(DBG_LOAD|DBG_ERROR,(L"download firmware with CRC error!! \n"));
                }
                else
                {
                    DBGPRINT(DBG_LOAD|DBG_HELP,(L"download firmware module success!! \n"));
                    // 规则的下载
                    sizeBlock = *((PUSHORT)(ucLen));
                }
                if ( (sizeSend + sizeBlock) >= sizeOfFirmware )
                {
                    sizeBlock = sizeOfFirmware - sizeSend;
                    startFirmware = TRUE;
                    exitLoop = TRUE;
                }

                //将 firmware 缓冲区的数据移动至命令头
                NdisMoveMemory(DownloadPkt.Buf, &fmimage[sizeSend], sizeBlock);
            }
            DownloadPkt.Len = sizeBlock;
            // 缓冲区的块计数
            numBlocks = (((DownloadPkt.Len + 127)/128) * 128) /
```

```
                        SDIO_EXTENDED_IO_BLOCK_SIZE;
    if ( ((((DownloadPkt.Len + 127)/128) * 128) %
              SDIO_EXTENDED_IO_BLOCK_SIZE) != 0 )
    {
        numBlocks++;
    }
    DBGPRINT(DBG_LOAD|DBG_HELP, (L"NUmberblock = %d\r\n",numBlocks));
    // 写,块模式，起始地址 0,固定地址
    argument =  BUILD_IO_RW_EXTENDED_ARG(SD_IO_OP_WRITE,
                                          SD_IO_BLOCK_MODE,
                                          1, //功能号 1
                                          SDIO_IO_PORT ,
                                          SD_IO_FIXED_ADDRESS,
                                          numBlocks);
    transferClass = SD_WRITE;
    status = SDSynchronousBusRequest(Adapter->hDevice,
                                     SD_CMD_IO_RW_EXTENDED,
                                     argument,
                                     transferClass,
                                     ResponseR5,
                                     &response,
                                     numBlocks,
                                     SDIO_EXTENDED_IO_BLOCK_SIZE,
                                     (PUCHAR)&DownloadPkt.Buf,
                                     0);
    if (! SD_API_SUCCESS(status))
    {
        DBGPRINT(DBG_LOAD|DBG_ERROR,(L"Downloading FW died on block %d\n",blockCount));
        return FW_STATUS_UNINITIALIZED;
    }
    DBGPRINT(DBG_LOAD|DBG_HELP,(L"FW Download block # %d\n",blockCount));
    sizeSend += sizeBlock;
      //循环计数
    loopCount = PKT_WAIT_TIME;
    RETAILCELOGMSG(WLANDRV_CELOG_TRACE, (L"SDIO8686: Wait for device to be ready (%d)
Block = %d\n", 2, blockCount));
    while ( loopCount != 0 )        {
        // 读卡状态寄存器(功能 1,地址 0x20)->用于检测 firmware 下载是否就绪
        status = SDReadWriteRegistersDirect(Adapter->hDevice,
                                            SD_IO_READ ,
                                            1, // 功能 1
                                            HCR_HOST_CARD_STATUS_REGISTER, // 地
址 0x20
                                            FALSE,
                                            &ucCardStatus,
```

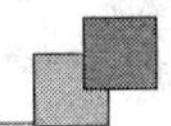

```
                                        sizeof(ucCardStatus));
            if (! SD_API_SUCCESS(status))
            {
                DBGPRINT(DBG_LOAD,(L"card status is fail!! \n"));
                return FW_STATUS_READ_FAILED;
            }
            if ( ( NOT (ucCardStatus & SDIO_IO_READY) )  ||
                 ( NOT (ucCardStatus & SDIO_DOWNLOAD_CARD_READY) ) )
            {
                //信息包下载未就绪,计数循环递减
                loopCount -- ;
                //延时
                NdisMSleep(10);
            }
            else
            {
                break;
            }
        }
        if ( loopCount == 0 )
        {
            DBGPRINT(DBG_LOAD,(L"Downloading FW died on block %d\n",blockCount));
            return FW_STATUS_UNINITIALIZED;
        }
        DBGPRINT(DBG_LOAD,(L"Downloading FW loop - back \n"));
    }
    //循环计数等于包等待时间
    loopCount = PKT_WAIT_TIME;
    RETAILCELOGMSG(WLANDRV_CELOG_TRACE, (L"SDIO8686: Wait for device to be ready ( %d)\n", 3));

    while ( loopCount ! = 0 )
    {
        if ( sdio_IsFirmwareLoaded(Adapter) ! = FW_STATUS_INITIALIZED )
        {
            // firmware 未就绪
            loopCount -- ;
            //延时
            NdisMSleep(10);
        }
        else
        {
            // firmware 就绪
            DBGPRINT(DBG_LOAD,(L"FW started SUCCESSFULLY\n"));
            //返回状态
            return FW_STATUS_INITIALIZED;
```

```
                break;
            }
        }
        DBGPRINT(DBG_LOAD|DBG_HELP,(L"FW DIDNOT start successfully\r\n"));
        return FW_STATUS_UNINITIALIZED;
}
/*******************************************
 * 函数名:SDIODownloadPkt
 * 功能描述:下载 SDIO 的一个包至 firmware
 * 输入:  适配器上下文,需下载的包
 * 输出: 无
 * 返回: API 状态代码
 *******************************************/
SD_API_STATUS SDIODownloadPkt( IN PMRVDRV_ADAPTER   Adapter,
    IN PSDIO_TX_PKT pDownloadPkt)
{
    …
限于篇幅,该部分代码省略,详细代码请参见光盘
}
/********************************************
 * 函数名: EnableInterrupt()
 * 功能描述:用于使能中断
 *******************************************/
VOID sdio_EnableInterrupt(PMRVDRV_ADAPTER Adapter)
{
    UCHAR   ucInterrupt;
    SD_API_STATUS status;
    ucInterrupt = 0x3;
    return;
    status = SDReadWriteRegistersDirect(Adapter->hDevice,
                                        SD_IO_WRITE,
                                        1,
                                        HCR_HOST_INT_MASK_REGISTER,
                                        FALSE,
                                        &ucInterrupt,//地址 0x3
                                        sizeof(ucInterrupt));
    if (! SD_API_SUCCESS(status))
    {
        DBGPRINT(DBG_ERROR,(L"Error: * * * Enable Interrupt * * *\n\n"));
    }
    return;
}
/********************************************
 * 函数名: DisableInterrupt() *
 * 功能描述:禁止中断
```

```
 *****************************************************/
VOID sdio_DisableInterrupt(
     IN PMRVDRV_ADAPTER Adapter
)
{
      UCHAR   ucInterrupt;
      SD_API_STATUS status;
      ucInterrupt = 0x0;
      return;
    status = SDReadWriteRegistersDirect(Adapter->hDevice,
                                         SD_IO_WRITE,
                                         1,
                                         HCR_HOST_INT_MASK_REGISTER,
                                         FALSE,
                                         &ucInterrupt,   //地址 0x0
                                         sizeof(ucInterrupt));
    if (! SD_API_SUCCESS(status))
    {
        DBGPRINT(DBG_ERROR,(L"Error: * * * Disable Interrupt * * *\n\n"));
    }
    return;
}
/*****************************************************
 *   函数名：SDIO_ReadCommandReponse()
 *   功能描述：从 firmware 读命令响应
 *****************************************************/
BOOL SDIO_ReadCommandReponse(
        IN  PMRVDRV_ADAPTER Adapter,
        OUT PVOID BufVirtualAddr)
{
    …
限于篇幅,该部分代码省略,详细代码请参见光盘
    }
    // 复制命令回缓冲区,以备用于重发送
    NdisMoveMemory(BufVirtualAddr, cmdDownload.Code, cmdDownload.Len);
    return TRUE;
}
/*****************************************************
 * 函数名:SDNdisGetSDDeviceHandle
 * 功能描述:获取 SD 设备处理程序
 * 输入:无
 * 输出:无
 * 返回:读取成功则返回成功状态
 * 注释: 总线驱动加载 NDIS 并保存 SD 设备处理的上下文至 NDIS 设备的激活键,
 *          该功能用于扫描 NDIS 配置.
```

```
*************************************************************/
NDIS_STATUS SDNdisGetSDDeviceHandle(PMRVDRV_ADAPTER pAdapter)
{
    NDIS_STATUS status;            //中间状态
    NDIS_HANDLE configHandle;      //配置句柄
    NDIS_STRING activePathKey = NDIS_STRING_CONST("ActivePath");
    PNDIS_CONFIGURATION_PARAMETER pConfigParm;
     // 打开一个句柄用于注册表配置
    NdisOpenConfiguration(&status,
                          &configHandle,
                          pAdapter->ConfigurationHandle);
    if (! NDIS_SUCCESS(status)) {
        DBGPRINT(DBG_LOAD | DBG_ERROR,
            (L"SDNdis: NdisOpenConfiguration failed (0x%08X)\n",
              status));
        return status;//返回状态
    }
    // 通过 NDIS 加载驱动读活动路径键设置.
    NdisReadConfiguration(&status,
                          &pConfigParm,
                          configHandle,
                          &activePathKey,
                          NdisParameterString);
    if (! NDIS_SUCCESS(status)) {
        DBGPRINT(DBG_LOAD | DBG_ERROR,
            (L"SDNdis: Failed to get active path key (0x%08X)\n",
                status));
        // 关闭注册表配置
        NdisCloseConfiguration(configHandle);
        return status;
    }
    if (NdisParameterString ! = pConfigParm->ParameterType) {
        DBGPRINT(DBG_LOAD | DBG_ERROR,
            (L"SDNdis: PARAMETER TYPE NOT STRING!!! \n"));
        // 关闭注册表配置 n
        NdisCloseConfiguration(configHandle);
        return status;
    }
    if (pConfigParm->ParameterData.StringData.Length > sizeof(pAdapter->ActivePath)) {
        DBGPRINT(DBG_LOAD | DBG_ERROR,
            (L"SDNdis: Active path too long! \n"));
        NdisCloseConfiguration(configHandle);
        return NDIS_STATUS_FAILURE;//返回失败状态
    }
        //复制计数字串
```

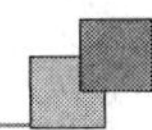

```
    memcpy(pAdapter->ActivePath,
            pConfigParm->ParameterData.StringData.Buffer,
            pConfigParm->ParameterData.StringData.Length);
  if ( pConfigParm->ParameterData.StringData.Length == 0 )
    {
        DBGPRINT(DBG_LOAD | DBG_WARNING,
            (L"SDNdis: Active path str length is 0, perhaps no card! \n"));
        NdisCloseConfiguration(configHandle);
        return NDIS_STATUS_FAILURE;
    }else{
        DBGPRINT(DBG_LOAD | DBG_WARNING,
            (L"SDNdis: Active path str == %s\n",pConfigParm->ParameterData.StringData.
Buffer));
    }
    //关闭配置
    NdisCloseConfiguration(configHandle);
    DBGPRINT(DBG_LOAD | DBG_LOAD,
            (L"SDNdis: Active Path Retrieved: %s \n",pAdapter->ActivePath));
    // 获取设备句柄
    pAdapter->hDevice = SDGetDeviceHandle((DWORD)pAdapter->ActivePath, NULL);
    return NDIS_STATUS_SUCCESS;//返回成功状态
}
/*****************************************************************
* 函数名:SDIOInitialization
* 功能描述:SDIO 初始化程序
* 输入: 刚分配的适配器地址指针
* 输出: 无
* 返回: NDIS 状态
*****************************************************************/
NDIS_STATUS SDIOInitialization(PMRVDRV_ADAPTER pAdapter)
{
    NDIS_STATUS                         NdisStatus;         //中间状态
    SDCARD_CLIENT_REGISTRATION_INFO clientInfo;             //客户机注册
    SD_API_STATUS                       sdStatus;           //SD 状态
    SD_IO_FUNCTION_ENABLE_INFO        functionEnable;       //使能 SD 卡功能
    SD_CARD_INTERFACE                 cardInterface;        //卡接口信息
    SDIO_CARD_INFO                    sdioInfo;             //SDIO 信息
    DWORD                             blockLength;          //块长度
    UCHAR                             regValue;             //寄存器值

    NdisStatus = NDIS_STATUS_FAILURE;
    if (pAdapter->hDevice != NULL)
    {
        memset(&clientInfo, 0, sizeof(clientInfo));
        // 设置客户机可选及注册作为客户机端设备.
```

```
_tcscpy(clientInfo.ClientName, TEXT("MRVL WiFi"));
// 设置事件回调
clientInfo.pSlotEventCallBack = SDNdisSlotEventCallBack;
sdStatus = SDRegisterClient(pAdapter->hDevice, pAdapter, &clientInfo);
if (! SD_API_SUCCESS(sdStatus))          {
    DBGPRINT(DBG_ERROR,
            (L"SDNDIS: Failed to register client : 0x%08X \n", sdStatus));
    return NdisStatus;
}
// 设置功能使能
functionEnable.Interval = 500;//使用适当的时间间隔 = 500
functionEnable.ReadyRetryCount = 3;//使用适当的重试次数 = 3
DBGPRINT(DBG_LOAD|DBG_HELP, (L"SDNDIS : Enabling Card ... \n"));
// 开启功能
sdStatus = SDSetCardFeature(pAdapter->hDevice,
                            SD_IO_FUNCTION_DISABLE,
                            &functionEnable,
                            sizeof(functionEnable));
//此处需要延时,否则出错
DBGPRINT(DBG_LOAD|DBG_ERROR, (L"%S() - Sleeping for %d ms\n", __FUNCTION__, 100));
NdisMSleep(100000);//延时
functionEnable.Interval = 500;//使用适当的时间间隔 = 500
functionEnable.ReadyRetryCount = 3;//使用适当的重试次数 = 3
// 开启功能
sdStatus = SDSetCardFeature(pAdapter->hDevice,
                            SD_IO_FUNCTION_ENABLE,
                            &functionEnable,
                            sizeof(functionEnable));
if (! SD_API_SUCCESS(sdStatus))
{
    DBGPRINT(DBG_ERROR, (L"SDNDIS: Failed to enable Function:0x%08X\r\n",sdStatus));
    return NdisStatus;
}
// 查询卡接口信息
sdStatus = SDCardInfoQuery(pAdapter->hDevice,
                          SD_INFO_CARD_INTERFACE,
                          &cardInterface,
                          sizeof(cardInterface));
if (! SD_API_SUCCESS(sdStatus))
{
    DBGPRINT(DBG_ERROR, (L"SDIO Samp: Failed to query interface ! 0x%08X  \r\n",sd-
Status));
    return sdStatus;
}
// 时钟频率查询
```

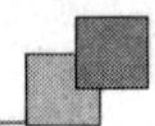

```
    if (cardInterface.ClockRate == 0)
    {
        DBGPRINT(DBG_ERROR, (L"SDIO Samp: Device interface rate is zero! \n"));
        return SD_API_STATUS_UNSUCCESSFUL;
    }
    DBGPRINT(DBG_LOAD, (L"1 SDIO Samp: Interface Clock : %d Hz \n",
        cardInterface.ClockRate));
     //SD 1 位数据宽度模式
    if (cardInterface.InterfaceMode == SD_INTERFACE_SD_MMC_1BIT)
    {
        DBGPRINT(DBG_LOAD, (L"SDIO Samp: 1 Bit interface mode \n"));
        DBGPRINT(DBG_ALLEN, (L"1SDIO Samp: 1 Bit interface mode \n"));
    }
     //SD 4 位数据宽度模式
    else if (cardInterface.InterfaceMode == SD_INTERFACE_SD_4BIT)
    {
        DBGPRINT(DBG_LOAD, (L"SDIO Samp: 4 bit interface mode \n"));
  DBGPRINT(DBG_ALLEN, (L"1SDIO Samp: 4 Bit interface mode \n"));
    } else
     //未知接口模式
    {
        DBGPRINT(DBG_ERROR, (L"SDIO Samp: Unknown interface mode! %d \n",
            cardInterface.InterfaceMode));
        return SD_API_STATUS_UNSUCCESSFUL;
    }
   if(pAdapter->SetSD4BIT==1)
   {
       cardInterface.InterfaceMode = SD_INTERFACE_SD_4BIT;
   }else
   {
      cardInterface.InterfaceMode = SD_INTERFACE_SD_MMC_1BIT;
      DBGPRINT(DBG_ALLEN, (L"2SDIO Samp: 1 Bit interface mode \n"));
   }
    //时钟频率设置
  cardInterface.ClockRate = 25000000;//25MHz
  sdStatus = SDSetCardFeature(pAdapter->hDevice,
                SD_SET_CARD_INTERFACE,
                &cardInterface,
                sizeof(cardInterface));
 if (! SD_API_SUCCESS(sdStatus))
 {
   if(cardInterface.InterfaceMode == SD_INTERFACE_SD_MMC_1BIT)
     {
                  DBGPRINT(DBG_ERROR, (L"SDIO Samp: Set Clock rate and set 1bit mode failed!
0x%08X  \n",sdStatus));
```

```
    }else if(cardInterface.InterfaceMode == SD_INTERFACE_SD_4BIT)
      {
                 DBGPRINT(DBG_ERROR, (L"SDIO Samp:Set Clock rate and set 4bit mode
failed! 0x%08X  \n",sdStatus));
      }
      return sdStatus;
    }
  sdStatus = SDCardInfoQuery(pAdapter->hDevice,
                             SD_INFO_CARD_INTERFACE,
                             &cardInterface,
                             sizeof(cardInterface));
    if (! SD_API_SUCCESS(sdStatus))
  {
      DBGPRINT(DBG_ERROR, (L"SDIO Samp: Failed to query interface ! 0x%08X  \n",sdStatus));
      return sdStatus;
    }
    if (cardInterface.ClockRate == 0)
  {
      DBGPRINT(DBG_ERROR, (L"SDIO Samp: Device interface rate is zero! \n"));
      return SD_API_STATUS_UNSUCCESSFUL;
    }
    DBGPRINT(DBG_LOAD|DBG_WARNING, (L"2 SDIO Samp: Interface Clock : %d Hz \n",
      cardInterface.ClockRate));
  DBGPRINT(DBG_ALLEN, (L"SDIO Samp: Interface Clock : %d Hz \n",
      cardInterface.ClockRate));
    if (cardInterface.InterfaceMode == SD_INTERFACE_SD_MMC_1BIT)
    {
      DBGPRINT(DBG_LOAD|DBG_WARNING, (L"SDIO Samp: 1 Bit interface mode \n"));
    }
    else if (cardInterface.InterfaceMode == SD_INTERFACE_SD_4BIT)
    {
      DBGPRINT(DBG_LOAD|DBG_WARNING, (L"SDIO Samp: 4 bit interface mode \n"));
    }
    else
    {
      DBGPRINT(DBG_ERROR, (L"SDIO Samp: Unknown interface mode! %d \n",
         cardInterface.InterfaceMode));
      return SD_API_STATUS_UNSUCCESSFUL;
    }
       // 查询 SDIO 信息
    sdStatus = SDCardInfoQuery(pAdapter->hDevice,
                               SD_INFO_SDIO,
                               &sdioInfo,
                               sizeof(sdioInfo));
       //查询失败
```

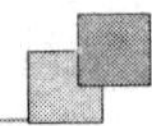

```
    if (! SD_API_SUCCESS(sdStatus))
{
        DBGPRINT(DBG_ERROR,
            (L"SDIO Samp: Failed to query SDIO info ! 0x%08X  \n",sdStatus));
        return sdStatus;
    }
      // 该卡仅有一个功能
    if (sdioInfo.FunctionNumber != 1)
{
        DBGPRINT(DBG_ERROR,
            (L"SDIO Samp: Function number %d is incorrect! \n",
            sdioInfo.FunctionNumber));
        return SD_API_STATUS_UNSUCCESSFUL;
    }
    DBGPRINT(DBG_LOAD|DBG_HELP,
        (L"SDIO Samp: Function: %d \n", sdioInfo.FunctionNumber));
    DBGPRINT(DBG_LOAD|DBG_HELP,
        (L"SDIO Samp: Device Code: %d \n", sdioInfo.DeviceCode));
    DBGPRINT(DBG_LOAD|DBG_HELP,
        (L"SDIO Samp: CISPointer: 0x%08X \n", sdioInfo.CISPointer));
    DBGPRINT(DBG_LOAD|DBG_HELP,
        (L"SDIO Samp: CSAPointer: 0x%08X \n", sdioInfo.CSAPointer));
    DBGPRINT(DBG_LOAD|DBG_HELP,
        (L"SDIO Samp: CardCaps: 0x%02X \n", sdioInfo.CardCapability));
        // SDIO 参数检测
    if ((sdioInfo.DeviceCode != 0 && sdioInfo.DeviceCode != 7) ||
        (sdioInfo.CISPointer == 0) ||
        (sdioInfo.CardCapability == 0))
      {
          DBGPRINT(DBG_ERROR, (L"SDIO Samp: SDIO information is incorrect \n"));
          return SD_API_STATUS_UNSUCCESSFUL;
      }
    blockLength = SDIO_EXTENDED_IO_BLOCK_SIZE;
    // 设置块长度
    sdStatus = SDSetCardFeature(pAdapter->hDevice,
                                SD_IO_FUNCTION_SET_BLOCK_SIZE,
                                &blockLength,
                                sizeof(blockLength));
    //设置失败
    if (! SD_API_SUCCESS(sdStatus))
{
        DBGPRINT(DBG_ERROR,
            (L"SDIO Samp: Failed to set Block Length ! 0x%08X  \n",sdStatus));
        return sdStatus;
    }
```

```
        DBGPRINT(DBG_LOAD|DBG_HELP,
            (L"SDIO Samp: Block Size set to %d bytes \n", blockLength));
    {
        SD_SET_FEATURE_TYPE    nSdFeature;
      DBGPRINT( DBG_LOAD|DBG_HELP,( L"[MRVL] - SdioFastPath = %d\n", pAdapter->SdioFast-
Path ));nSdFeature = ( pAdapter->SdioFastPath == 1 ? SD_FAST_PATH_ENABLE : SD_FAST_PATH_DISABLE
);sdStatus = SDSetCardFeature( pAdapter->hDevice,
                                        nSdFeature,
                                        NULL,
                                        0 );
        if (! SD_API_SUCCESS(sdStatus))
        {
            DBGPRINT( DBG_LOAD|DBG_HELP, ( L"MRVL - error when %s SDIO FAST PATH\n", (nSdFea-
ture == SD_FAST_PATH_ENABLE ? L"enabling" : L"disabling") ) );
            return sdStatus;
        }
        else
        {
            DBGPRINT( DBG_LOAD|DBG_HELP, ( L"MRVL - SDIO FAST PATH is %s\n", (nSdFeature ==
SD_FAST_PATH_ENABLE ? L"enabled" : L"disabled")) );
        }
    }
        sdStatus = If_ReadRegister(pAdapter,
                                    //SD_IO_READ ,
                                    0,
                                    HCR_SDIO_BUS_INTERFACE_CONTROL ,
                                    FALSE,
                                    &regValue,
                                    sizeof(regValue));
         if (! SD_API_SUCCESS(sdStatus))
        {
                DBGPRINT(DBG_ERROR, (L"SDIO Samp: Failed to read Bus Interface Control 0x07:
0x%08X   \n",sdStatus));
                return sdStatus;
            }
          else
            {
              DBGPRINT(DBG_ALLEN, (L"4 SDIO read Bus Interface Control 0x07 = 0x%X \n",regValue));
            }
        if(cardInterface.InterfaceMode == SD_INTERFACE_SD_4BIT)
          {
              regValue = regValue|0xA2;
        DBGPRINT(DBG_ALLEN, (L"5 SDIO 4bit A2 write Bus Interface Control 0x07 = 0x%X \n",
regValue));
            }
```

```
else
  {
 regValue = regValue|0xA0;
DBGPRINT(DBG_ALLEN, (L"5 SDIO 1bit A0 write Bus Interface Control 0x07 = 0x%X \n",
regValue));
  }
sdStatus = If_WriteRegister(pAdapter,
                                        //SD_IO_WRITE,
                                        0,
                        HCR_SDIO_BUS_INTERFACE_CONTROL ,   // 总线接口控制寄存器地址
                                        FALSE,
                                        &regValue,
                                        1);
  if (! SD_API_SUCCESS(sdStatus))
{
        DBGPRINT(DBG_ERROR,
         (L"SDIO Samp: Failed to enable Bus Interface Control 0x07: 0x%08X   \n",sd-
Status));
         return sdStatus;
   }
// 设置写清除
// 设置读清除模式用于中断
  regValue = 0;
  sdStatus = If_WriteRegister(pAdapter,
                                        //SD_IO_WRITE,
                                        1,
                                        HCR_HOST_INT_STATUS_RSR_REGISTER ,
                                        FALSE,
                                        &regValue,
                                        1);
  if (! SD_API_SUCCESS(sdStatus))
{
        DBGPRINT(DBG_ERROR, (L"SDIO Samp: Failed to enable Interrupt write To Clear:
0x%08X   \n",sdStatus));
        return sdStatus;
   }
  // 连接中断回调
  sdStatus = SDIOConnectInterrupt(pAdapter->hDevice, (PSD_INTERRUPT_CALLBACK)SDNdis-
InterruptCallback);
  if (! SD_API_SUCCESS(sdStatus))
  {
       DBGPRINT(DBG_ERROR, (L"SDNDIS: Failed to connect interrupt: 0x%08X   \n",sdStatus));
       return NdisStatus;
     }
  DBGPRINT(DBG_LOAD|DBG_HELP, (L"SDNDIS : Card ready \n"));
```

```
    }else
    {
        DEBUG_ASSERT(FALSE);
    }
    return NDIS_STATUS_SUCCESS;
}
//SDIO 初始化
NDIS_STATUS sdio_Initialization( PMRVDRV_ADAPTER Adapter,
                                 NDIS_HANDLE WrapperConfigurationContext )
{
    ...
限于篇幅,该部分代码省略,详细代码请参见光盘
}
//接口 API 获取 SDIO 数据块长度
IF_API_STATUS sdio_GetLengthOfDataBlock( PMRVDRV_ADAPTER Adapter, USHORT * pLength )
{
    ...
}
//接口 API 获取 SDIO 卡状态及 MAC 层事件
IF_API_STATUS sdio_GetCardStatusAndMacEvent(  PMRVDRV_ADAPTER Adapter, UCHAR * pCardStatus,
UCHAR * pMacEvent )
{
    ...
}
//API 获取 SDIO 数据块
IF_API_STATUS sdio_GetDataBlock( PMRVDRV_ADAPTER Adapter, USHORT usLength, UCHAR ucCardStatus,
UCHAR * p_pkt )
{
    ...
}
//接口 API 获取 SDIO 读寄存器状态
IF_API_STATUS sdio_ReadRegistersDirect( PMRVDRV_ADAPTER Adapter, UCHAR nFunc, DWORD dwAddr, UINT
bReadAfterWrite, UCHAR * pBuf, ULONG nBufLen )
{
    SD_API_STATUS status;
    status = SDReadWriteRegistersDirect(Adapter->hDevice,
                                        SD_IO_READ ,
                                        nFunc, //暂存器功能号
                                        dwAddr,
                                        bReadAfterWrite,
                                        pBuf,
                                        nBufLen);
    if ( ! SD_API_SUCCESS( status ) )
        return IF_FAIL;
    return IF_SUCCESS;
```

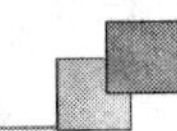

```
}
//接口 API 重新初始化卡
IF_API_STATUS sdio_ReInitCard( PMRVDRV_ADAPTER Adapter)
{
    …
}
//SDIO 设备上电设置
IF_API_STATUS sdio_PowerUpDevice(PMRVDRV_ADAPTER Adapter)
{
…
}

//清除 SDIO 设备上电位设置
IF_API_STATUS sdio_ClearPowerUpBit(PMRVDRV_ADAPTER Adapter)
{
…
}
//接口 API 获取包类型及长度
IF_API_STATUS SDIOGetPktTypeAndLength(PMRVDRV_ADAPTER pAdapter,
                                      PUCHAR type,
                                      PUCHAR mEvent,
                                      PUSHORT usLength,
                                      PPVOID p_pkt)
{
    …
限于篇幅,该部分代码省略,详细代码请参见光盘
}
```

(2) WLAN 底层驱动程序

该部分程序主要包括热插拔和电源管理、发送处理、接收处理、漫游、创建和销毁线程、加解密、命令发送、主机命令处理、NDIS 关机、NDIS miniport 驱动初始化、复位及检测等程序。

限于篇幅,底层驱动部分代码介绍省略,请读者参考光盘中的完整代码文件。

13.5　实例总结

WiFi 作为一种无线联网技术,已经得到了业界的广泛应用。WiFi 终端涉及手机、PC(笔记本电脑)、平板电视、数码相机、投影机等众多产品领域,并具备巨大的商业价值。

本章首先介绍了 WiFi 技术特点以及 SDIO 接口形式的 WiFi 硬件设计,然后应用 S3C6410 微处理器作为嵌入式开发平台基于 WinCE 系统,实现了 WiFi 无线网络应用。本实例为广大嵌入式移动设备最终 WIFI 产品的设计提供一种参考思路,读者可以进行举一反三。

第 14 章

ZigBee 无线传感器网络应用

无线传感器网络是目前国内外的最新研究热点，具有广阔的应用前景，将成为未来社会应用最广的网络之一。ZigBee 技术是基于 IEEE 802.15.4 的无线传感网络，是专注于低功耗，低成本，低开发难度的通讯手段，自 2002 年 ZigBee 联盟成立，多家国际公司参与到其标准的制定和应用推广，如今在智能家庭、工业控制、自动抄表、医疗监护、传感器网络应用和电信应用领域都有大量的应用。

14.1 无线传感器网络系统简介

无线传感器网络(Wireless Sensor Networks，WSN)系统综合了微电子技术、嵌入式计算技术、现代网络及无线通信技术、分布式信息处理技术等先进技术，能够协同地实时监测、感知和采集网络覆盖区域中各种环境或监测对象的信息，并对其进行处理，处理后的信息通过无线方式发送，并以自组多跳的网络方式传送给观察者。

14.1.1 无线传感器网络系统架构

无线传感器网络就是由大量的密集部署在监控区域的智能传感器节点构成的一种网络应用系统。由于传感器节点数量众多，部署时一般采用随机投放的方式，传感器节点的位置不能预先确定。在任意时刻，节点间通过无线信道连接，采用多跳(Multi - Hop)、对等(Peer to Peer)通信方式，自组织网络拓扑结构；传感器节点间具有很强的协同能力，通过局部的数据采集、预处理以及节点间的数据交换来完成全局任务。

无线传感器网络系统架构如图 14 - 1 所示。通常包括传感器节点(Sensor Node)、汇聚节点(Sink Node)和管理节点，即无线传感器网络的 3 个要素是传感器、感知对象和观察者。

无线传感器网络工作过程中，大量传感器节点随机部署在监测区域内部或附近，能够通过自组织方式构成网络。传感器节点监测的数据沿着其他传感器节点逐跳的进行传输。在传输过程中监测数据可能被多个节点处理，经过多跳后路由到汇聚节点，最后通过互联网或卫星到达管理节点。用户通过管理节点对传感器网络进行配置和管理，发布监测任务以及收集监测数据。

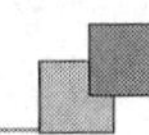

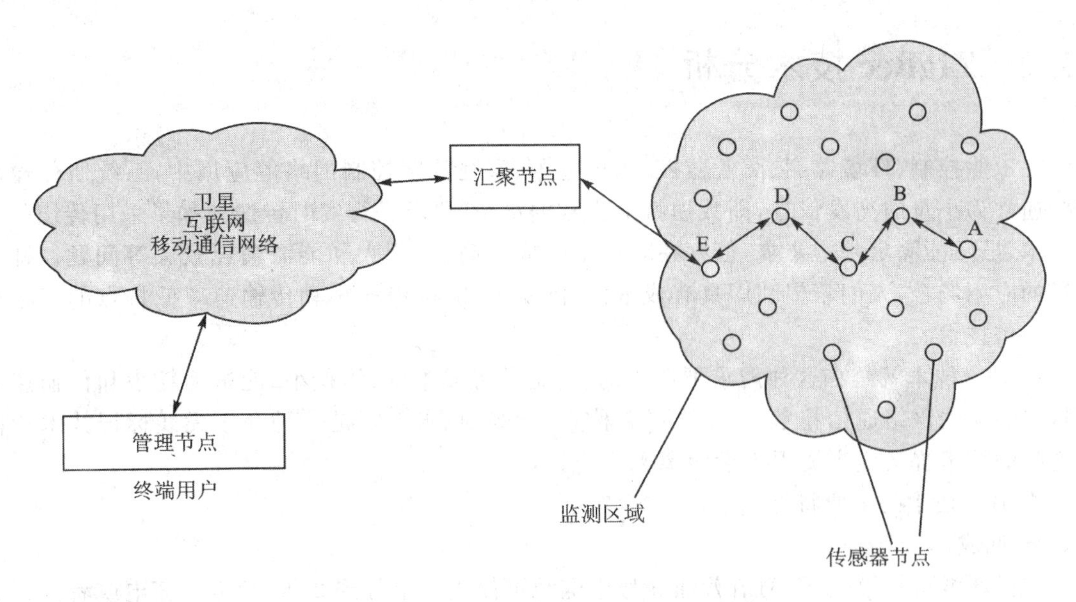

图 14－1　无线传感器网络系统架构示意图

14.1.2　无线传感器网络系统的体系结构

无线传感器网络系统的体系结构由分层的网络通信协议、网络管理平台以及应用支撑这 3 个部分组成，如图 14－2 所示。

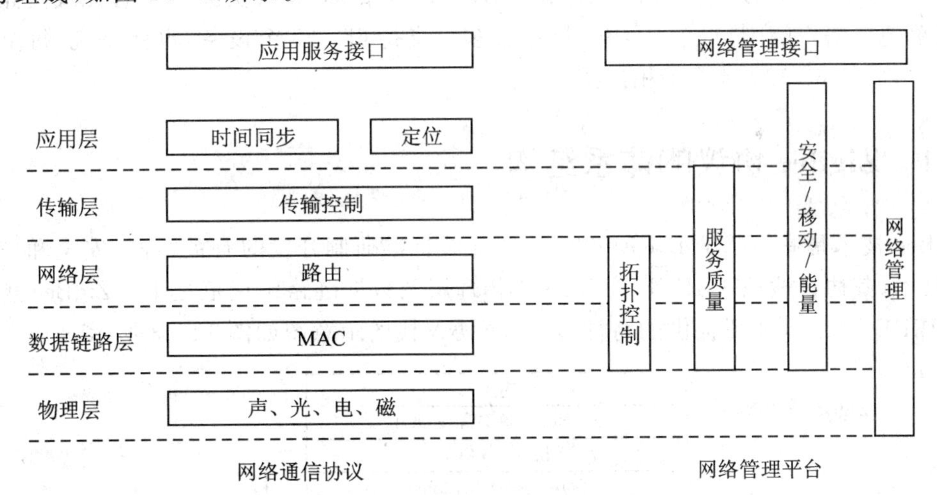

图 14－2　无线传感器网络的体系结构

无线传感器网络系统主要分为智能传感器部分和无线通信部分。无线通信部分实现的方法，主要利用已有的 IEEE 802.11b、IEEE 802.15.1（蓝牙）、IEEE 802.15.4（ZigBee）等无线通信技术。其中 IEEE 802.11b 标准相对于其他两个标准来说，主要用于海量数据、高带宽传输，不太适合传感器数据的传输。

14.2 ZigBee 技术分析

在工业控制、环境监测、商业监控、汽车电子、家庭数字控制网络等应用中，系统所传输的数据通常为小量的突发信号，即数据特征为数据量小，要求进行实时传送。如果采用传统的无线技术，虽然能满足基本要求，但存在着设备的成本高、体积大和能源消耗较大等问题。针对这样的应用场合，人们希望利用具有成本低、体积小、能量消耗小和传输速率低特点的短距离无线通信技术。

ZigBee 技术就是在这种需求下产生的，它是具有成本低、体积小、能量消耗小和传输速率低特点的无线网络通信技术，其中文译名称为“紫蜂”技术。它是一种介于无线标记技术和蓝牙之间的技术提案。主要用于近距离无线连接。

ZigBee 技术的主要特点如下。

● 低成本

在低耗电待机模式下，两节普通 5 号干电池可使用 6 个月到 2 年，免去了充电或者频繁更换电池的麻烦。这也是 ZigBee 的支持者所一直引以为豪的独特优势。由于 ZigBee 数据传输速率低，协议简单，所以大大降低了硬件成本。

● 经济传输速度

数据传输速度在 250 kbps，可以满足在家电安防等控制领域的设计应用。

● 网络拓扑

ZigBee 具有星形、簇状和网状网络结构的能力。ZigBee 设备实际上具有无线网路自愈能力，能简单地覆盖广阔围；每个 ZigBee 网络最多可支持 65 535 个设备，也就是说，每个 ZigBee 设备可以与另外 65 534 台设备相连接。

14.2.1 ZigBee 协议的体系结构

ZigBee 技术是一组基于 IEEE 802.15.4 无线标准研制开发的有关组网、安全和应用软件方面的技术，其协议栈位于 IEEE 802.15.4 物理层及数据链路层规范之上。ZigBee 规范致力于利用 IEEE 802.15.4 所提供的特性，ZigBee 协议栈的示意图如图 14-3 所示。

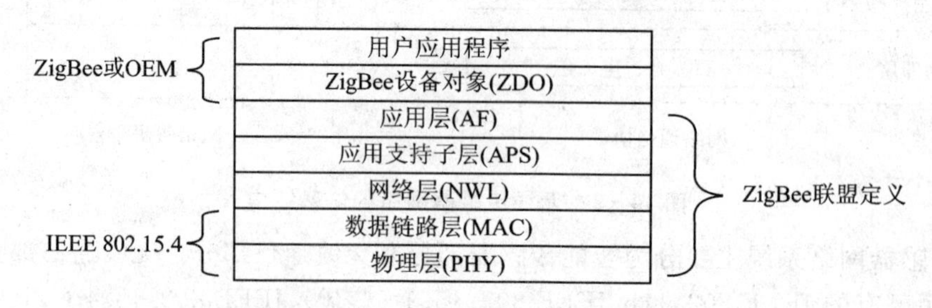

图 14-3 ZigBee 协议栈概述

1. IEEE 802.15.4 标准概述

IEEE 802.15.4 标准定义了物理层(PHY)及数据链路层(MAC)。

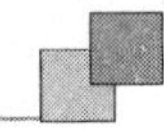

(1) 物理层(PHY)

IEEE 802.15.4 的物理层定义了 2.4 GHz、868 MHz 及 915 MHz 3 种工作频段,它们都采用了 DSSS(Direct Sequence Spread Spectrum,直接序列扩频)。物理层数据服务从无线物理信道上收发数据,物理层管理服务维护一个由物理层相关数据组成的数据库。

(2) 数据链路层(MAC)

IEEE 802.15.4 标准把数据链路层分成 LLC(Logical Link Control,逻辑链路控制)和 MAC(Media Access Control,媒介接入控制)两个子层。MAC 子层提供 MAC 层数据服务和 MAC 层管理服务。前者保证 MAC 协议数据单元在物理层数据服务中的正确收发,而后者从事 MAC 层的管理活动,并维护一个信息数据库。

2. ZigBee 协议概述

ZigBee 协议的最低两层(物理层和数据链路层)是由 IEEE 802.15.4 标准定义的,除此之外的相关层由 ZigBee 联盟定义,它定义了网络层(Network Layer)、应用层(Application Layer)以及各种应用产品的资料(Profile)。其中应用层提供应用支持子层(APS)和 Zigbee 设备对象(ZDO)等服务。

(1) 物理层(PHY)

物理层定义了物理无线信道与 MAC 层之间的接口,主要是在硬件驱动程序的基础上,实现数据传输和物理信道的管理,提供物理层数据服务和物理层管理服务。其主要职责包括:数据的发送与接收;物理信道的能量检测(Energy Detection,ED);射频收发器的激活与关闭;空闲信道评估(Clear Channel Assessment,CCA);链路质量指示(Link Quality Indication,LQI);物理层属性参数的获取与设置。

(2) 数据链路层(MAC)

MAC 层定义了 MAC 层与网络层之间的接口,提供 MAC 层数据服务和 MAC 层管理服务。其主要职责包括:采用 CSMA - CA 机制来访问物理信道;协调器对网络的建立与维护;支持 PAN 网络的关联(Association)与取消关联(Disassociation);协调器产生信标帧,普通设备根据信标帧与协调器同步;在两个 MAC 实体之间提供数据可靠传输;可选的保护时隙 GTS 支持;支持安全机制。

(3) 网络层(NWL)

网络层定义了网络层与应用层之间的接口,提供网络层数据服务和网络层管理服务。网络层负责拓扑结构的建立和维护网络连接,主要功能包括:设备连接和断开网络时所采用的机制;在帧信息传输过程中所采用的安全性机制;设备的路由发现、维护和转交;创建一个新网络时为新设备分配短地址。

(4) 应用层(AF)

应用层定义了应用层与网络层之间的接口,主要由应用支持子层、ZigBee 设备配置层和用户应用程序组成,提供应用层数据服务和应用层管理服务。

14.2.2　ZigBee 协议设备类型

ZigBee 标准网络定义了 3 种设备类型(ZigBee Device Type),先了解这 3 种设备类型行为,是了解整个协议栈运作的很好的切入点。

(1) 协调器(coordinator)

协调器负责启动整个网络。它也是网络的第一个设备,也是最为复杂的一个设备。用于发送网络信标、建立一个网络、管理网络节点、存储网络节点信息、寻找一对节点间的路由消息、不断地接收信息。协调器也可以用来协助建立网络中安全层和应用层的绑定。

(2) 路由器(router)

路由器的功能主要用于扩展网络的物理地址。允许更多节点加入网络,也可以提供监视和控制功能。

(3) 终端(end device)

终端设备没有特定的维持网络结构的责任,它可以睡眠或者唤醒,因此它可以是一个电池供电的用户设备。

14.2.3 ZigBee网络拓扑结构

ZigBee网络的组网方式有3种网络结构:星形、簇状和网状。ZigBee网络拓扑结构如图14-4所示,其中实心的节点(路由器节点和协调器节点)才具有转发功能,由它们构建网络框架。

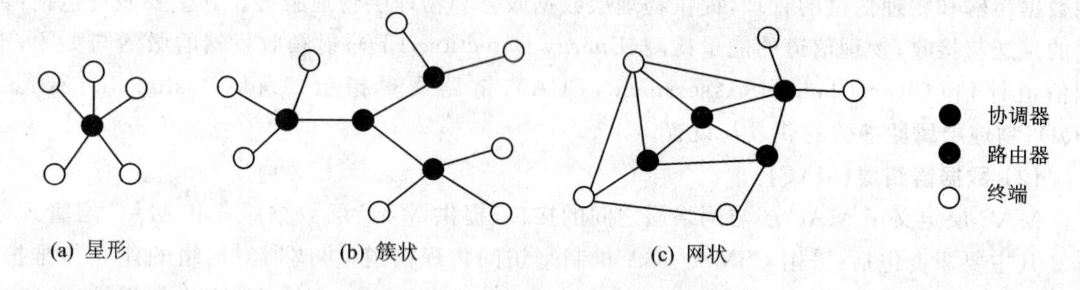

图14-4 ZigBee网络拓扑结构

此外,如果直接使用IEEE 802.15.4标准的底层,还有以下两种方式,即点对点模式(P2P)和点对多点(P2M)模式,如图14-5所示。在实际应用中P2P这种使用方式比较广泛,因为只需要点对点通信,程序开发简单。

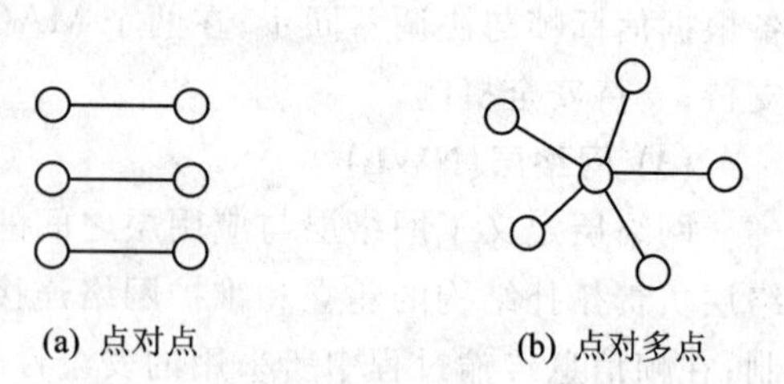

图14-5 点对点及点对多点示意图

14.2.4 ZigBee技术应用领域

ZigBee是一种高可靠的无线数传网络,类似于CDMA和GSM网络。ZigBee数传模块类似于移动网络基站。通信距离从标准的75米到几百米、几千米,并且支持无线扩展。其主要应用领域有工业控制、智能交通、汽车应用、精确农业、家庭及楼宇自动化、医学、军事应用等。

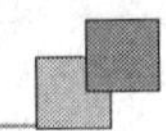

(1) 工业自动化过程监控

对工业自动化过程的综合监控有利于高效生产，减小成本，保证人员和设备安全。其应用的范围覆盖无线抄表系统，管线的流量检测，机器控制等，所采用的监控传感可以是温度传感器和专用的气体检测传感器。与有线传感器相比，除了便宜和灵活性之外，无线传感器还可以应用在有线传感器不方便使用的危险区域。

(2) 商业楼宇自动化

商业楼宇的智能控制可以节省大量的能源消耗，但是安装有线传感器和控制器在有些楼宇中是无法实现的，如果采无线传感器网络则问题迎刃而解，其应用范围主要包括：

- 测量温度和湿度；
- 控制加热器，通风器，空调单元，百叶窗和灯光；
- 检测烟，火探测器及其是否被遮住；
- 访问控制和提供安全性能。

(3) 家居自动化

将家庭设施通过无线网络连接起来，多年来一直是人们心中的一个梦想。无线网络可以控制每一个房间的温度和灯光，可以作为安全特性的检测烟雾传感器，甚至可以监视一些传统的家电的状态，比如洗衣机的状态。在新建的房子中人们希望获得更高的能源效率，但是传统的有线连接的加热器，灯光控制系统和通风控制系统都非常复杂而且成本高昂，他们仅仅在一些昂贵的房子中得到部署。

在新的住宅建筑中，这样的无线系统可以以很低的成本和极低的功耗，很容易的实现。升级一个基于新的工业标准的(IEEE 802.15.4 和 ZigBee)系统可以通过增加额外的传感器来轻易完成。一个简单的系统就可以支持烟火检测，安全和访问，灯光和环境控制。

(4) 农业设施

在传统农业中，人们获取农田信息的方式都很有限，主要是通过人工测量。获取过程需要消耗大量的人力，而通过使用无线传感器网络可以有效降低人力消耗和对农田环境的影响，获取精确的作物环境和作物信息。其主要应用范围包括温室环境信息采集和控制，节水灌溉等。

(5) 医学检测

在医学检测仪器领域，通过应用 ZigBee 网络，可以准确而实时地监测病人的血压、体温和心跳等信息，从而减轻医生的工作负担，有助于医生对患者的监护和治疗。

14.3 ZigBee硬件系统设计

本章的 ZigBee 无线传感器网络系统由数个 ZigBee 终端节点和一个 ZigBee 中心节点(协调器)搭建而成，是一个星形网络拓扑结构。终端节点上的温湿度等传感器将采集环境温湿度信息，光照度传感器采集光照强度信息，并由终端节点将这些信息通过 ZigBee 无线芯片发送到中心节点。中心节点将收到的信息及时反馈到计算机上。图 14-6 所示的是一个无线传感器整体系统的网络结构。

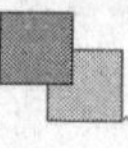

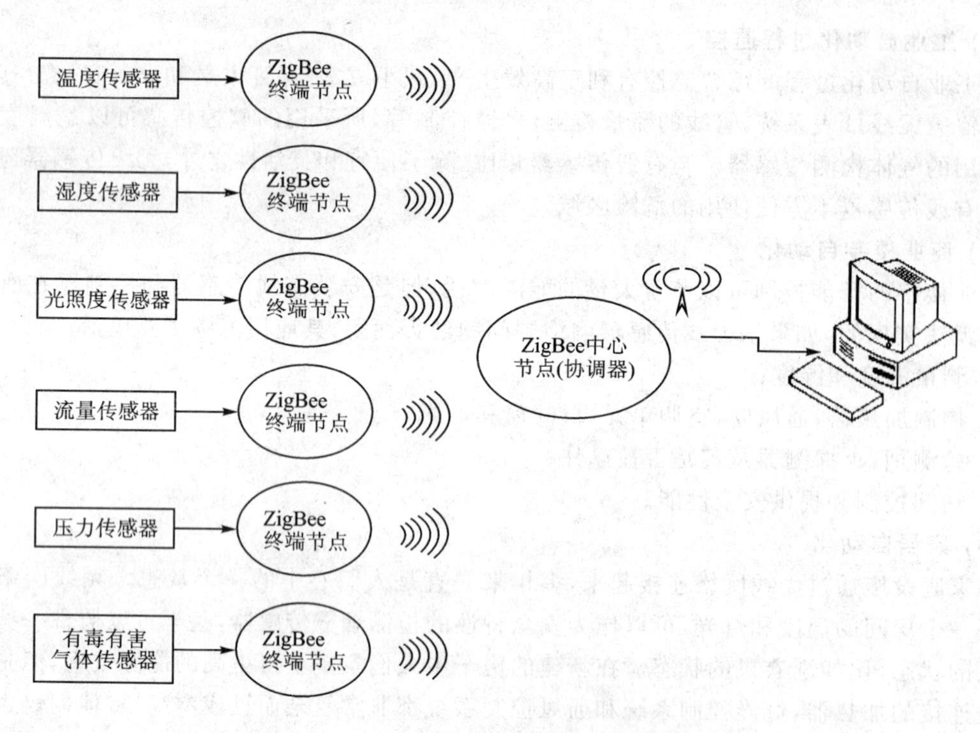

图 14-6　无线传感器系统的网络架构

14.3.1　硬件系统结构图

无线传感器节点的硬件组成如图 14-7 所示。微处理器采用 S3C2440A，可通过 I^2C 接口分别与温湿度传感器及光照度传感器通讯，并通过 ZigBee 收发模块将收到的信息发送出去。

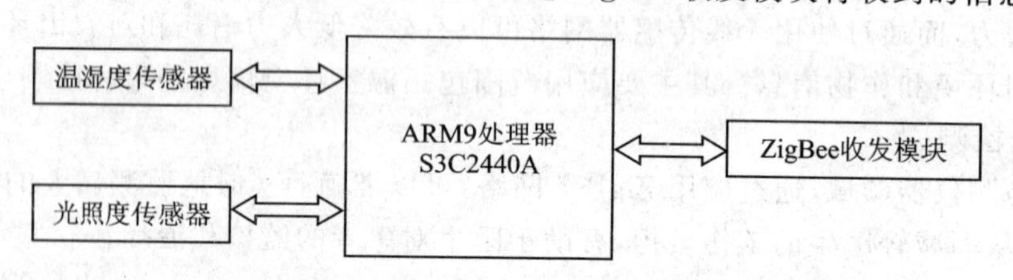

图 14-7　ZigBee 节点硬件结构图

14.3.2　ZigBee 无线收发模块设计

ZigBee 无线收发模块采用德州仪器的 CC2530 单芯片设计。CC2530 芯片特点及功能简述见下节介绍。

1. CC2530 芯片简述

CC2530 是一款真正的用于 IEEE 802.15.4，ZigBee 和 RF4CE 应用的片上系统解决方案。它能够以非常低的材料成本建立强大的网络节点。CC2530 集成了业界领先的 RF 收发器、增强工业标准的 8051 MCU，结合德州仪器的 ZigBee 协议栈（Z-StackTM），CC2530 能够

提供一个完整的 ZigBee 解决方案。CC2530 根据内部 FLASH 容量的不同，共有 4 个版本：CC2530F32、CC2530F64、CC2530F128 和 CC2530F256。

CC2530 的主要特点如下。

- 完全符合 ZigBee 协议栈；
- 小体积 SMD 表贴封装；
- IEEE 802.15.4 标准物理层和 MAC 层；
- 单指令周期高性能 8051 微控制器内核；
- 15(最大 17)个数字/模拟 IO，8 通道 12 位 ADC 转换器 ；
- UART，SPI 和调试接口；
- 板载 32.768 kHz 实时时钟(RTC)，4 个定时器；
- 高性能直接序列扩频(DSSS)射频收发器；
- 2.0 V～3.6 V 供电电压，超低功耗模式。

CC2530 芯片的功能模块大致分为 3 类：CPU 和相关存储器模块，外设、时钟和电源管理模块，无线模块。CC2530 芯片的功能结构图如图 14-8 所示。

2. CC2530 芯片引脚功能概述

CC2530 芯片的引脚分布如图 14-9 所示，引脚功能描述如表 14-1 所列。

表 14-1　CC2530 芯片引脚功能描述

引脚名称	引脚号	引脚类型	功能描述
AVDD1	28	电源(模拟)	2 V～3.6 V 模拟电源连接
AVDD2	27	电源(模拟)	2 V～3.6 V 模拟电源连接
AVDD3	24	电源(模拟)	2 V～3.6 V 模拟电源连接
AVDD4	29	电源(模拟)	2 V～3.6 V 模拟电源连接
AVDD5	21	电源(模拟)	2 V～3.6 V 模拟电源连接
AVDD6	31	电源(模拟)	2 V～3.6 V 模拟电源连接
DCOUPL	40	电源(数字)	1.8 V 数字电源退耦。不需要外接电路
DVDD1	39	电源(数字)	2 V～3.6 V 数字电源连接
DVDD2	10	电源(数字)	2 V～3.6 V 数字电源连接
GND	—	接地	外露的芯片衬垫须连接到 PCB 的接地层
GND	1,2,3,4	未使用的引脚	连接到 GND
P0_0	19	数字 I/O	端口 0.0
P0_1	18	数字 I/O	端口 0.1
P0_2	17	数字 I/O	端口 0.2
P0_3	16	数字 I/O	端口 0.3
P0_4	15	数字 I/O	端口 0.4
P0_5	14	数字 I/O	端口 0.5
P0_6	13	数字 I/O	端口 0.6
P0_7	12	数字 I/O	端口 0.7

续表 14-1

引脚名称	引脚号	引脚类型	功能描述
P1_0	11	数字 I/O	端口 1.0(20 mA 电流驱动能力)
P1_1	9	数字 I/O	端口 1.1(20 mA 电流驱动能力)
P1_2	8	数字 I/O	端口 1.2
P1_3	7	数字 I/O	端口 1.3
P1_4	6	数字 I/O	端口 1.4
P1_5	5	数字 I/O	端口 1.5
P1_6	38	数字 I/O	端口 1.6
P1_7	37	数字 I/O	端口 1.7
P2_0	36	数字 I/O	端口 2.0
P2_1	35	数字 I/O	端口 2.1
P2_2	34	数字 I/O	端口 2.2
P2_3/XOSC32K_Q2	33	数字 I/O,模拟 I/O	端口 2.3/32.768 kHz 外部晶振引脚
P2_4/XOSC32K_Q1	32	数字 I/O,模拟 I/O	端口 2.4/32.768 kHz 外部晶振引脚
RBIAS1	30	模拟 I/O	用于连接提供基准电流的外接精密偏置电阻器
RESET_N	20	数字输入	复位,低电平有效
RF_N	26	RF I/O	接收时,负 RF 输入信号到 LNA; 发送时,来自 PA 的负 RF 输出信号
RF_P	25	RF I/O	接收时,正 RF 输入信号到 LNA; 发送时,来自 PA 的正 RF 输出信号
XOSC_Q1	22	模拟 I/O	32 MHz 晶体振荡器引脚 1,或外接时钟输入
XOSC_Q2	23	模拟 I/O	32 MHz 晶体振荡器引脚 2

3. CC2530 芯片的 USART 接口及寄存器配置

CC2530 芯片的 USART0 和 USART1 是串行通信接口,它们能够分别运行于异步 UART 模式或者同步 SPI 模式。两个 USART 具有同样的功能,可以设置在单独的 I/O 引脚。

UART 操作由 USART 控制和状态寄存器 UxCSR 以及 UART 控制寄存器 UxUCR(x 是 USART 的编号,其数值为 0 或者 1)来控制。当 UxCSR 位 MODE 设置为 1 时,就选择了 UART 模式。

对于每个 USART 接口,有 5 个寄存器:

- UxCSR:USARTx 控制和状态;
- UxUCR:USARTx USAR 控制;
- UxGCR:USARTx 通用控制;
- UxDBUF:USARTx 收/发数据缓冲器;
- UxBAUD:USARTx 波特率控制。

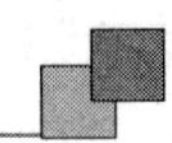

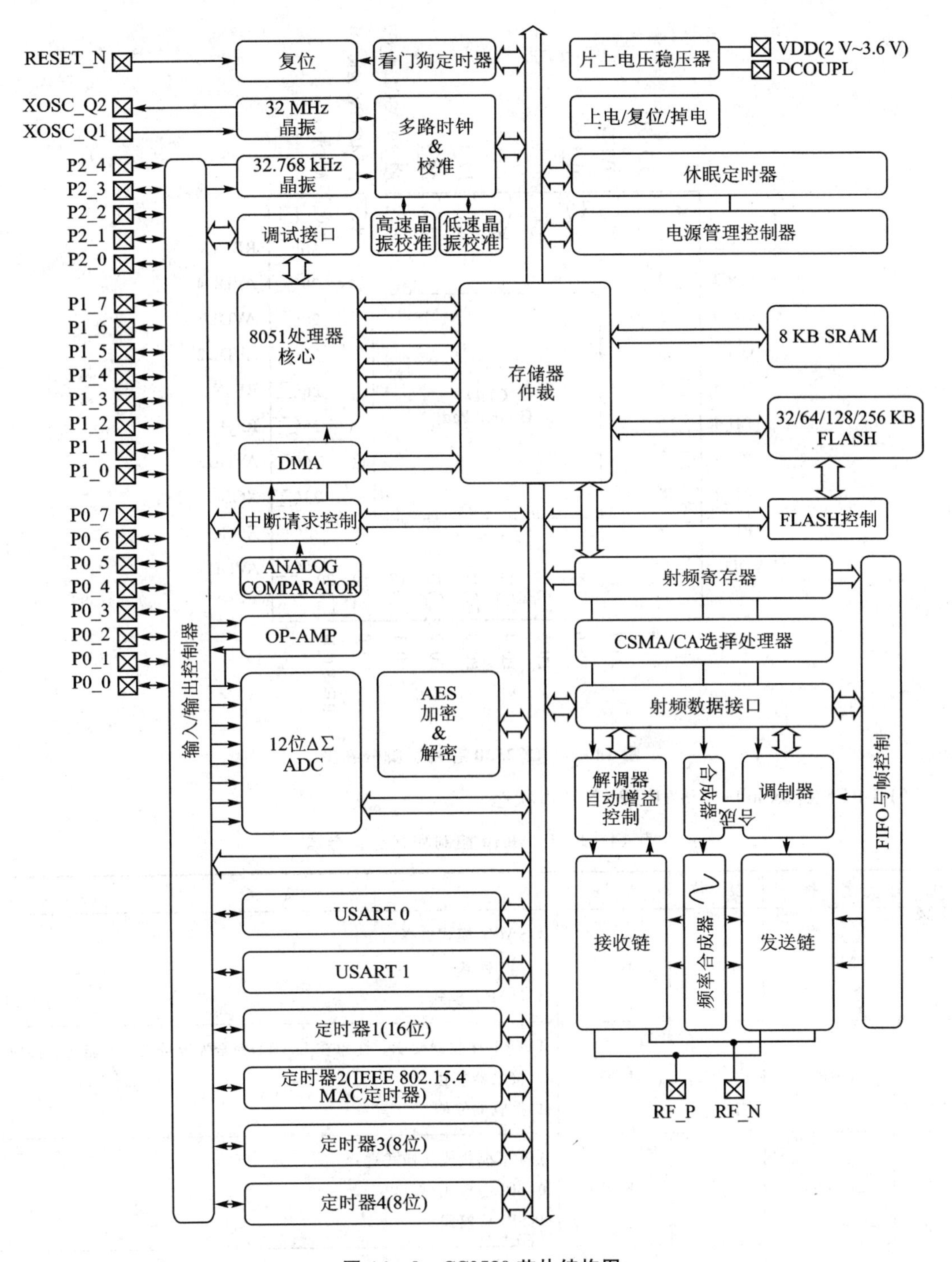

图 14-8　CC2530 芯片结构图

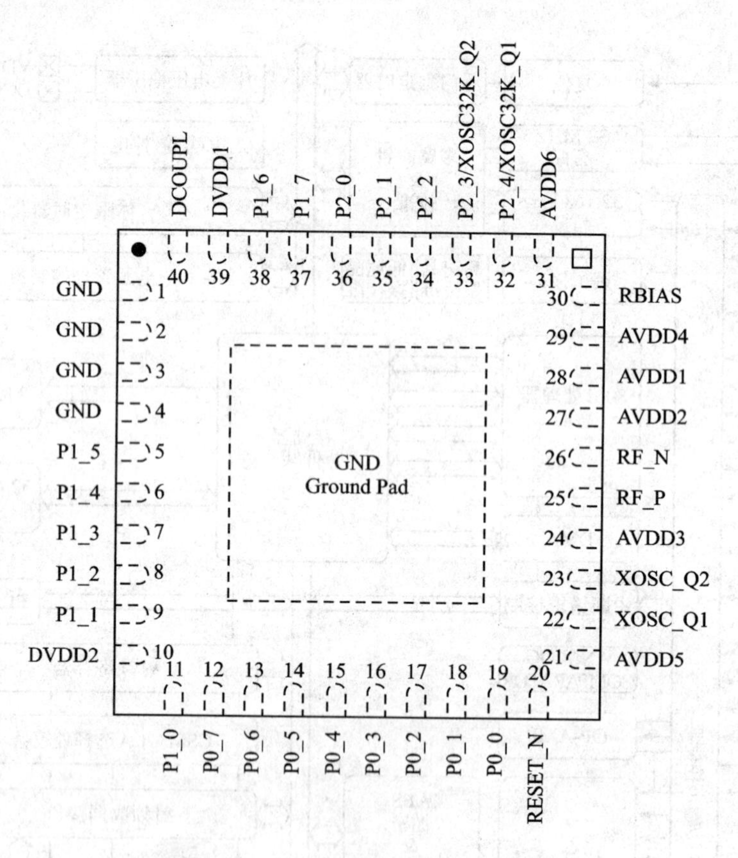

图 14-9　CC2530 芯片引脚分布图

(1) U0CSR(0x86)—USART0 控制和状态

表 14-2　USART0 控制和状态寄存器

位	名　称	复　位	读/写	描　述
7	MODE	0	R/W	USART 模式选择 0:SPI 模式 1:UART 模式
6	RE	0	R/W	UART 接收器使能。注意在 UART 完全配置号之前不能使能接收 0:接收器禁止 1:接收器使能
5	SLAVE	0	R/W	SPI 主模式或从模式选择 0:SPI 主模式 1:SPI 从模式
4	FE	0	R/W0	UART 帧错误状态 0:没有检测出帧错误 1:收到的字节停止位电平出错

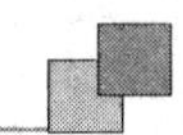

续表 14－2

位	名　称	复　位	读/写	描　述
3	ERR	0	R/W0	UART 奇偶效验错误状态 0：没有检测出奇偶效验错误 1：收到字节奇偶效验出错
2	RX_BYTE	0	R/W0	接收字节状态。UART 模式和 SPI 从模式。读取 U0DBUF 时自动清除该位，通过写 0 清除，有效地丢弃 U0DBUF 中的数据 0：没有收到字节 1：收到字节就绪
1	TX_BYTE	0	R/W0	发送字节状态。UART 模式和 SPI 主模式 0：没有发送字节 1：写到数据缓冲器寄存器的最后字节已发送
0	ACTIVE	0	R/W	USART 收/发激活状态。在 SPI 从模式，该位等于从选择 0：USART 空闲 1：在发送或者接收模式中，USART 忙

(2) U0UCR (0xC4)—USART0 串口控制

表 14－3　USART0 串口控制寄存器

位	名　称	复　位	读/写	描　述
7	FLUSH	0	R0/W1	清除单元。当设置为 1 时，该事件立即停止当前操作，返回空闲状态单元
6	FLOW	0	R/W	UART 硬件流使能。选择使用硬件流来控制引脚 RTS 和 CTS 0：流控制禁止 1：流控制使能
5	D9	0	R/W	UART 奇偶效验位。如果使能了奇偶效验，写入 D9 的值决定发送的第 9 位的值，如果接收到的第 9 位于接收字节的奇偶效验不匹配，接收时报告 ERR 如果奇偶效验使能，那就用该位是指奇偶效验电平 0：奇效验 1：偶效验
4	BIT9	0	R/W	UART 9 位数据使能。当 BIT9 为 1 时，使能奇偶效验位传送（即第 9 位）。如果 PARITY 位使能了奇偶效验，第 9 位的内容由 D9 给出 0：8 位传送 1：9 位传送
3	PARITY	0	R/W	UART 奇偶效验使能。除了计算奇偶效验要设置该位，还必须使能 9 位模式 0：奇偶效验禁止 1：奇偶效验使能

续表 14－3

位	名 称	复 位	读/写	描 述
2	SPB	0	R/W	UART 停止位数量。选择要传送的停止位数量 0:1 个停止位 1:2 个停止位
1	STOP	1	R/W	UART 停止位电平必须与起始位电平不同 0:停止位电平低 1:停止位电平高
0	START	0	R/W	UART 起始位电平。空闲线的极性假定与选择的起始位电平相反 0:起始位电平低 1:起始位电平高

(3) U0UCR (0xC5)—USART0 通用控制

表 14－4 USART0 通用控制寄存器

位	名 称	复 位	读/写	描 述
7	CPOL	0	R/W	SPI 时钟极性 0:负时钟极性 1:正时钟极性
6	CPHA	0	R/W	SPI 时钟极性 0:当来自 CPOL 的 SCK 反相之后又返回 CPOL 时,数据输出到 MOSI:当来自 CPOL 的 SCK 返回 CPOL 反相时,输入数据采样到 MISO 1:当来自 CPOL 的 SCK 返回 CPOL 反相时,数据输入到 MOSI:当来自 CPOL 的 SCK 反相之后又返回 CPOL 时,输入数据采样到 MISO
5	ORDER	0	R/W	用语传送的位顺序 0:LSB 先传送 1:MSB 先传送
4—0	BAUD_E[4:0]	0000	R/W	波特率指数值。BAUD_E 连同 BAUD_M 一起决定了 UART 波特率 SPI 主 SCK 时钟频率

(4) U1CSR (0xC1)—USART0 收/发数据缓冲器

表 14－5 USART0 收/发数据缓冲器

位	名 称	复 位	读/写	描 述
7:0	DATA [7:0]	0x00	R/W	UART 接受和发送数据。数据写入该寄存器就是将数据写入内被数据传送寄存器;读取该寄存器,就是将来自内部数据读取寄存器中的数据读出

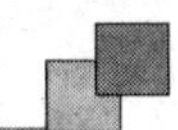

(5) U0BAUD (0xF8)—USART0 波特率控制

表 14－6　USART0 波特率控制寄存器

位	名　称	复　位	读/写	描　述
7:0	BAUD_M[7:0]	0x00	R/W	波特率尾数值。BAUD_E 连同 BAUD_M 一起决定了 UART 波特率和 SPI 主 SCK 时钟频率

(6) U0CSR(0xF8)—USART1 控制和状态

表 14－7　USART1 控制和状态寄存器

位	名　称	复　位	读/写	描　述
7	MODE	0	R/W	USART 模式选择 0:SPI 模式 1:UART 模式
6	RE	0	R/W	UART 接收器使能。注意在 UART 完全配置号之前不使能接收 0:接收器禁止 1:接收器使能
5	SLAVE	0	R/W	SPI 主模式或从模式选择 0:SPI 主模式 1:SPI 从模式
4	FE	0	R/W0	UART 帧错误状态 0:没有检测出帧错误 1:收到的字节停止位电平出错
3	ERR	0	R/W0	UART 奇偶效验错误状态 0:没有检测出奇偶效验错误 1:收到字节奇偶效验出错
2	RX_BYTE	0	R/W0	接收字节状态。UART 模式和 SPI 从模式。读取 U0DBUF 时自动清除该位,通过写 0 清除,有效地丢弃 U0DBUF 中的数据 0:没有收到字节 1:收到字节就绪
1	TX_BYTE	0	R/W0	发送字节状态。UART 模式和 SPI 主模式 0:没有发送字节 1:写到数据缓冲器寄存器的最后字节已发送
0	ACTIVE	0	R/W	USART 收/发激活状态。在 SPI 从模式,该位等于从选择 0:USART 空闲 1:在发送或者接收模式中,USART 忙

(7) U1UCR (0xCB)—USART1 串口控制

表 14-8 USART1 串口控制寄存器

位	名 称	复 位	读/写	描 述
7	FLUSH	0	R0/W1	清除单元。当设置为1时,该事件立即停止当前操作,返回空闲状态单元
6	FLOW	0	R/W	UART 硬件流使能。选择使用硬件流来控制引脚 RTS 和 CTS 0:流控制禁止 1:流控制使能
5	D9	0	R/W	UART 奇偶效验位。如果使能了奇偶效验,写入 D9 的值决定发送的第 9 位的值,如果接收到的第 9 位于接收字节的奇偶效验不匹配,接收时报告 ERR 如果奇偶效验使能,那就用该位是指奇偶效验电平 0:奇效验 1:偶效验
4	BIT9	0	R/W	UART 9 位数据使能。当 BIT9 为 1 时,使能奇偶效验位传送(即第 9 位)。如果 PARITY 位使能了奇偶效验,第 9 位的内容由 D9 给出 0:8 位传送 1:9 位传送
3	PARITY	0	R/W	UART 奇偶效验使能。除了计算奇偶效验要设置该位,还必须使能 9 位模式 0:奇偶效验禁止 1:奇偶效验使能
2	SPB	0	R/W	UART 停止位数量。选择要传送的停止位数量 0:1 个停止位 1:2 个停止位
1	STOP	1	R/W	UART 停止位电平必须与起始位电平不同 0:停止位电平低 1:停止位电平高
0	START	0	R/W	UART 起始位电平。空闲线的极性假定与选择的起始位电平相反 0:起始位电平低 1:起始位电平高

(8) U1UCR (0xFC)—USART1 通用控制

表 14-9 USART1 通用控制寄存器

位	名 称	复 位	读/写	描 述
7	CPOL	0	R/W	SPI 时钟极性 0:负时钟极性 1:正时钟极性

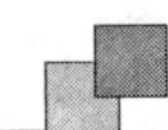

续表 14-9

位	名 称	复 位	读/写	描 述
6	CPHA	0	R/W	SPI 时钟极性 0:当来自 CPOL 的 SCK 反相之后又返回 CPOL 时,数据输出到 MOSI;当来自 CPOL 的 SCK 返回 CPOL 反相时,输入数据采样到 MISO 1:当来自 CPOL 的 SCK 返回 CPOL 反相时,数据输入到 MOSI;当来自 CPOL 的 SCK 反相之后又返回 CPOL 时,输入数据采样到 MISO
5	ORDER	0	R/W	用语传送的位顺序 0:LSB 先传送 1:MSB 先传送
4—0	BAUD_E[4:0]	0000	R/W	波特率指数值。BAUD_E 连同 BAUD_M 一起决定了 UART 波特率 SPI 主 SCK 时钟频率

(9) U1DBUF (0xF9)—USART1 收/发数据缓冲器

表 14-10 USART1 收/发数据缓冲器

位	名 称	复 位	读/写	描 述
7:0	DATA [7:0]	0x00	R/W	UART 接受和发送数据。数据写入该寄存器就是将数据写入内被数据传送寄存器;读取该寄存器,就是将来自内部数据读取寄存器中的数据读出

(10) U1BAUD (0xFA)—USART1 波特率控制

表 14-11 USART1 波特率控制寄存器

位	名 称	复 位	读/写	描 述
7:0	BAUD_M [7:0]	0x00	R/W	波特率尾数值。BAUD_E 连同 BAUD_M 一起决定了 UART 波特率和 SPI 主 SCK 时钟频率

4. ZigBee 模块电路原理图及说明

本实例的 ZigBee 收发器模块采用已经量产的成品模块 CC2530EM,模块的芯片型号为 CC2530F256。该模块引出 CC2530 芯片的部分 I/O 引脚,调试接口,USART0 及 USART1 接口,以方便用户使用片上资源。同时也可直接将该模块嵌入到传感器设备和仪表中,使现有设备网络化、无线化。配上无线路由器和无线服务器即可形成完整的数据传输和控制的无线传感器网络。

CC2530EM 模块原理图如图 14-10 所示。

14.3.3 温湿度传感器模块设计

温湿度传感器模块采用 SHT75 单芯片温度和温度复合传感器设计。

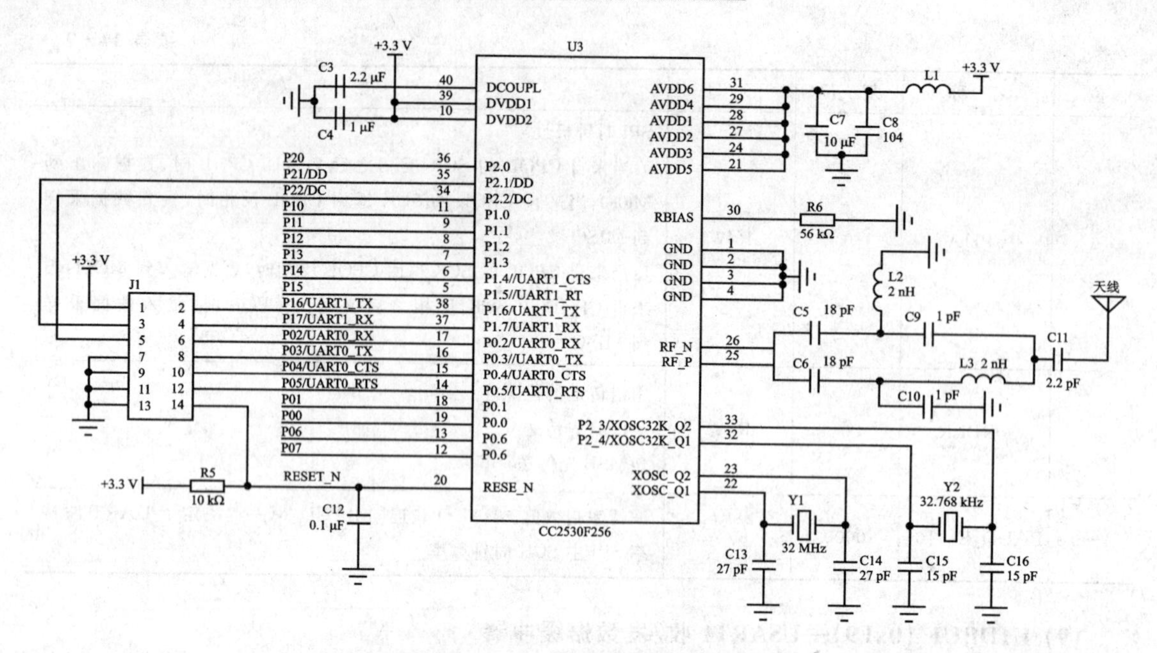

图 14-10　CC2530EM 模块原理图

1. SHT75 芯片简述

SHT75 单芯片传感器是由瑞士 Sensirion 公司制造的一款含有已校准数字信号输出的温湿度复合传感器。传感器包括一个电容式聚合体测湿元件和一个能隙式测温元件，并与一个 14 位的 A/D 转换器以及串行接口电路在同一芯片上实现无缝连接。SHT75 的结构框图如图 14-11 所示。

SHT75 采用串行接口，它的分辨率可以根据对现场的采集速率而进行调整。一般情况下默认的测量分辨率分别为 14 位(温度)、12 位(湿度)，如果在高速采集中就可分别降至 12 位和 8 位，对温度的量程范围：－40℃～123.8℃，湿度的量程范围：0% RH～100% RH。

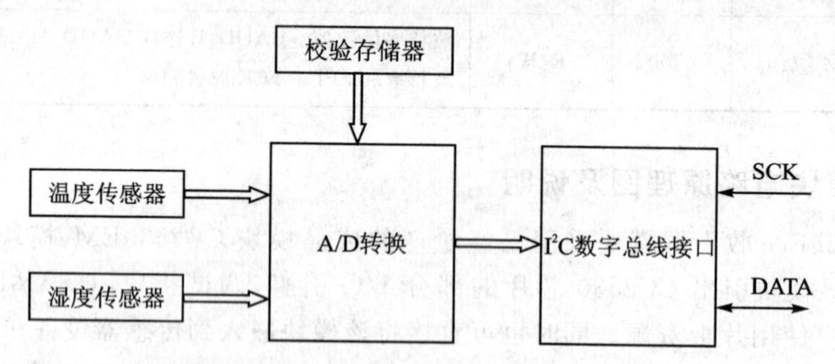

图 14-11　温湿度传感器 SHT75 结构框图

2. SHT75 芯片引脚功能描述

SHT75 芯片引脚分布及外形示意如表 14-12 所列。

表 14－12　SHT75 芯片引脚分布及外形示意

引　脚	名　称	功能描述
1	SCK	串行时钟输入引脚
2	VDD	供电电源
3	GND	地
4	DATA	串行数据输入输出引脚

（1）串行时钟输入（SCK）

SCK 用于微处理器与 SHT75 之间的通讯同步。由于接口包含了完全静态逻辑，因而不存在最小 SCK 频率。

（2）串行数据（DATA）

DATA 引脚为三态结构，用于读取传感器数据。当向传感器发送命令时，DATA 在 SCK 上升沿有效且在 SCK 高电平时必须保持稳定；DATA 在 SCK 下降沿之后改变。

为确保通讯安全，DATA 的有效时间在 SCK 上升沿之前和下降沿之后需要延时。为避免信号冲突，微处理器应在低电平驱动 DATA。需要一个外部的上拉电阻（例如：10 kΩ）将信号提拉至高电平。

3. 与 SHT75 通讯

SHT75 芯片的操作比较简单，只需用一组"启动传输"时序，就能实现传感器数据传输的初始化。同时，在测量和通讯结束后，SHT75 会自动转入休眠模式，这大大的减少了功耗。与 SHT75 通讯具体步骤如下。

（1）启动传感器

首先，选择供电电压后将传感器通电，上电速率不能低于 1 V/ms。通电后传感器需要 11 ms 进入休眠状态，在此之前不允许对传感器发送任何命令。

（2）发送命令

用一组"启动传输时序"，来完成数据传输的初始化。它包括：当 SCK 时钟高电平时 DATA 翻转为低电平，紧接着 SCK 变为低电平，随后是在 SCK 时钟高电平时 DATA 翻转为高电平。详见图 14－12。

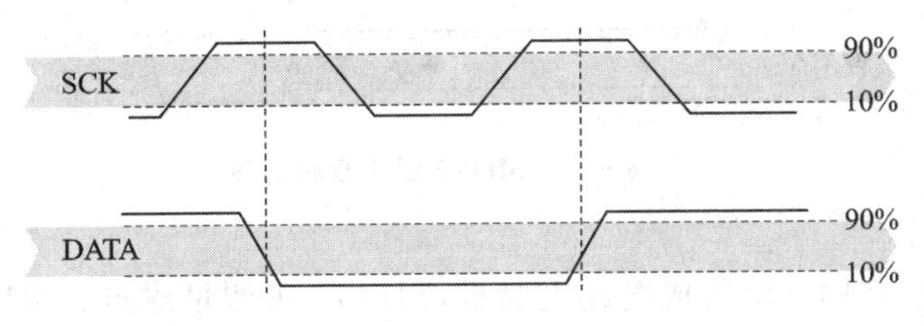

图 14－12　SHT75 启动传输时序图

后续命令包含 3 个地址位，和 5 个命令位。SHT75 命令集如表 14－13 所列。

表 14－13　SHT75 命令集

命　令	代　码
预留	0000x
测量温度	00011
测量湿度	00101
读状态寄存器	00111
写状态寄存器	00110
预留	0101x ～1110x
软复位：接口复位，状态寄存器复位即恢复为默认状态。在要发送下一个命令前，至少等待 11 ms	11110

(3) 温湿度测量

发送一组测量命令（"00000101"表示相对湿度 RH，"00000011"表示温度 T）后，控制器要等待测量结束。这个过程需要大约 20/80/320 ms，分别对应 8/12/14 bit 测量。确切的时间随内部晶振速度，最多可能有－30％的变化。

SHT75 通过下拉 DATA 至低电平并进入空闲模式，表示测量的结束。微控制器在再次触发 SCK 时钟前，必须等待这个"数据备妥"信号来读出数据。检测数据可以先被存储，这样微控制器可以继续执行其他任务在需要时再读出数据。接着传输 2 个字节的测量数据和 1 个字节的 CRC 奇偶校验（可选择读取）。

微处理器需要通过下拉 DATA 为低电平，以确认每个字节。所有的数据从 MSB 开始，右值有效。例如：对于 12 位数据，从第 5 个 SCK 时钟起算作最高有效位（MSB）；而对于 8 位数据，首字节则无意义。在收到 CRC 的确认位之后，表明通讯结束。如果不使用 CRC－8 校验，微控制器可以在测量值最低有效位（LSB）后，通过保在测量和通讯结束后，SHT75 自动转入休眠模式。

(4) 通讯复位时序

如果与 SHT75 传感器通讯中断，可通过下列信号时序复位：当 DATA 保持高电平时，触发 SCK 时钟 9 次或更多（详见图 14－13）。接着发送一个"传输启动"时序。这些时序只复位串口，状态寄存器内容仍然保留。

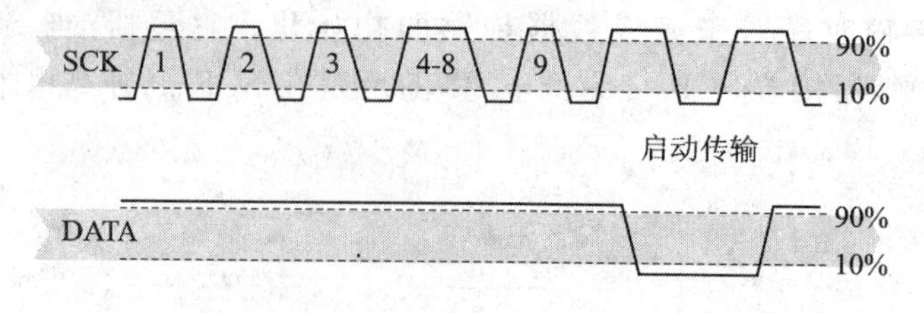

图 14－13　SHT75 通讯复位时序

(5) 露点计算

由于温度和湿度在同一块集成电路上测量，SHT75 可测量露点。SHT75 并不直接进行露点测量，但露点可以通过温度和湿度读数计算得到。露点的计算方法很多，绝大多数都很复杂。对于－40～50℃温度范围的测量，通过下面的的公式可得到较好的精度，参数见表 14－14

所列。

$$T_d(\text{RH, T})=T_n\cdot\frac{\text{in}\left(\frac{\text{RH}}{100\%}\right)+\frac{m\cdot T}{T_n+T}}{m-\text{in}\left(\frac{\text{RH}}{100\%}\right)-\frac{m\cdot T}{T_n+T}}$$

图 14－14　SHT75 露点计算公式

表 14－14　露点(T_d)计算公式参数说明

温度范围	T_n/℃	m
暴露水面:0～50 ℃	243.12	17.62
暴露空气:－40～0 ℃	272.62	22.46

注意:公式中的"ln(…)"表示自然对数,RH 和 T 应引用经过线性处理和补偿的数值。

4. 温湿度传感器电路原理图及说明

SHT75 传感器的串行接口,在传感器信号的读取及电源损耗方面,都做了优化处理。SHT75 传感器不能按照 I^2C 协议编址,但是,如果 I^2C 总线上没有挂接别的元件,SHT75 传感器可以连接到 I^2C 总线上,但单片机必须按照传感器的协议工作。SHT75 电路连接图如图 14－15 所示。

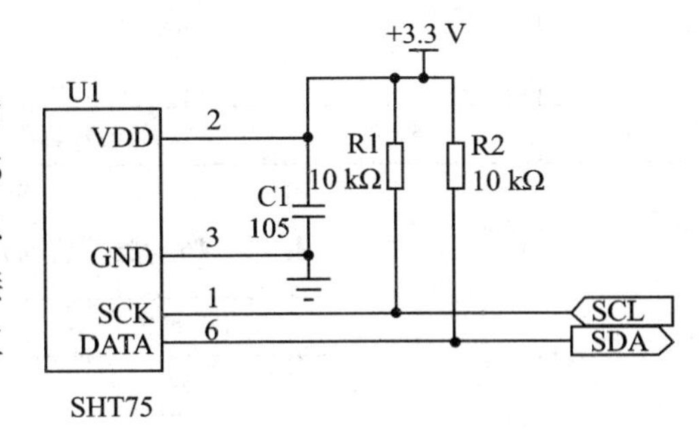

图 14－15　SHT75 电路连接图

14.3.4　光照度传感器模块设计

本文的光照度传感器模块选用高速、可编程芯片 TSL2561 作为光强传感器,对光照强度进行测量。

1. TS2561 芯片特点

TSL2561 是 TAOS 公司推出的一种高速、低功耗、宽量程、可编程灵活配置的光强传感器芯片。该芯片的主要特点如下:

- 可编程配置许可的光强度上下阈值,当实际光照度超过该阈值时给出中断信号;
- 数字输出符合标准的 I^2C 总线协议;
- 模拟增益和数字输出时间可编程控制;
- 低功耗模式下,功耗仅为 0.75 mW;
- 自动抑制 50 Hz/60 Hz 的光照波动。

2. TS2561 芯片引脚功能

TSL2561 共有 4 种封装形式,TSL2561 的封装形式不同,相应的光照度计算公式也不同。最常用的 2 种封装形式是 6LEAD CHIPSCALE 和 6LEAD TMB。图 14－16 为这两种封装形式的引脚分布图,各引脚功能如表 14－15 所列。

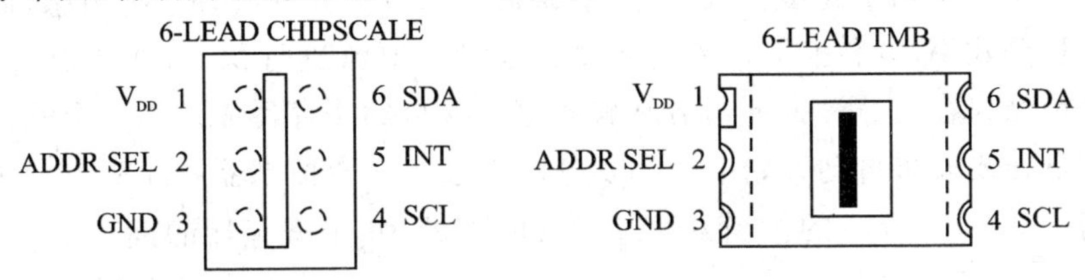

图 14－16　TSL2561 引脚分布图

表 14-15　TS2561 芯片引脚功能

引　脚	引脚名称	功能描述
1	V_{DD}	电源供电引脚，工作电压范围是 2.7～3.5 V
2	ADDR SEL	器件访问地址选择引脚，该器件有 3 个不同的访问地址。访问地址和电平的对应关系详见表 14-16 所列
3	GND	电源地
4	SCL	I^2C 总线的时钟信号线
5	INT	中断信号输出引脚。当光强度超过用户编程配置的上或下阈值时，器件会输出一个中断信号
6	SDA	I^2C 总线的数据线

表 14-16　器件访问地址和引脚 2 电平的对应关系

ADDR SEL 电平	I^2C 从器件访问地址
GND	0101001
Float	0111001
V_{DD}	1001001

3. TS2561 内部结构及工作原理

TSL2561 是第二代周围环境光强度传感器，其内部结构如图 14-17 所示。

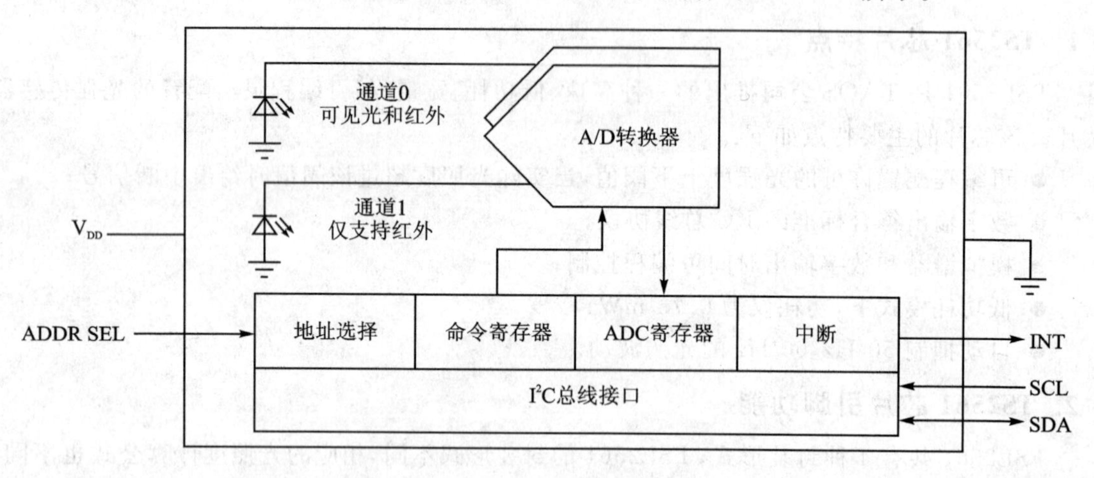

图 14-17　TSL2561 功能框图

通道 0 和通道 1 是两个光敏二极管，其中通道 0 对可见光和红外线都敏感，而通道 1 仅对红外线敏感。积分式 A/D 转换器对流过光敏二极管的电流进行积分，并转换为数字量，在转换结束后将转换结果存入芯片内部通道 0 和通道 1 各自的寄存器中。当一个积分周期完成之后，积分式 A/D 转换器将自动开始下一个积分转换过程。微控制器和 TSL2561 则可通过 I^2C 总线协议访问。对 TSL256x 的控制是通过对其内部的 16 个寄存器的读写来实现的，其寄存器列表如表 14-17 所列。

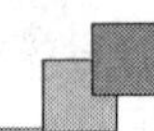

表 14-17 TS2561 芯片内部寄存器地址及功能

地 址	寄存器名称	寄存器功能描述
——	COMMAND	命令字寄存器，指定用于访问的内部寄存器地址
0h	CONTROL	控制寄存器，控制芯片是否工作
1h	TIMING	积分时间/增益控制寄存器，用于积分时间和增益控制
2h	THRESHLOWLOW	低门限寄存器的低位，中断阀值低字节设定
3h	THRESHLOWHIGH	低门限寄存器的高位，中断阀值高字节设定
4h	THRESHHIGHLOW	高门限寄存器的低位，中断阀值低字节设定
5h	THRESHHIGHHIGH	高门限寄存器的高位，中断阀值高字节设定
6h	INTERRUPT	中断控制寄存器，用于中断控制
7h	—	保留
8h	CRC	测试用
9h	—	保留
Ah	ID	芯片型号和版本
Bh	—	保留
Ch	DATA0LOW	数据寄存器低位，ADC 通道 0 低字节
Dh	DATA0HIGH	数据寄存器高位，ADC 通道 0 高字节
Eh	DATA1LOW	数据寄存器低位，ADC 通道 1 低字节
Fh	DATA1HIGH	数据寄存器高位，ADC 通道 1 高字节

4. 光照度传感器电路原理图及说明

TSL2561 能够通过 I^2C 总线访问，所以硬件接口电路很简单。由于本例选用的微控制器 S3C2440A 带有 I^2C 总线控制器，将该总线的时钟线和数据线直接和 TSL2561 的 I^2C 总线的 SCL 和 SDA 分别相连；再用 2 个上拉电阻接到总线上。INT 引脚接微控制器的外部中断，JP1 和 JP2 跳线用于设置设备地址。硬件连接如图 14-18 所示。

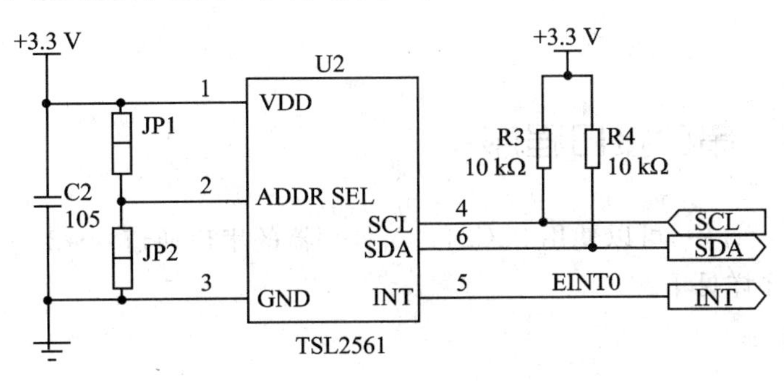

图 14-18 光照度传感器电路原理图

14.4 ZigBee 软件设计

本实例的软件设计主要可分为如下部分：

- S3C2440A 处理器 I²C 总线接口程序，I²C 总线接口设置后可分别用于读取温湿度传感器 SHT75 及光照度传感器 TSL2561 的数据值；
- 启动 I²C 总线接口，读取温湿度传感器 SHT75 的数据值；
- 启动 I²C 总线接口，读取光照度传感器 TSL2561 数据值；
- S3C2440A 处理器串口收发程序，将获取的温湿度数据值和光照度数据通过串口向 ZigBee 收发模块传送；
- ZigBee 收发模块 CC2530EM 板内程序，该模块的程序基于 TI 公司的 Z－Stack 协议栈，通过该模块将 S3C2440A 串口传输过来的传感器数据值发送至 ZigBee 网络的协调器。

14.4.1 I²C 总线接口初始化程序

I²C 总线接口初始化的主要功能函数如下，限于篇幅部分代码省略介绍。

```
void iic_Init(void)
{
  //设置 GPE15－>I²C 接口 SDA 和 GPE14－>I²C 接口 SCL
    rGPEUP   |= 0xc000;                      //上拉禁止
    rGPECON &= ～0xf0000000;
    rGPECON |= 0xa0000000;                   //GPE15－>SDA , GPE14－>SCL
 //使能 ACK, 预分频时钟 CLK = PCLK/16, 使能中断.
    rIICCON      = (1<<7) | (0<<6) | (1<<5) | (0xf);
    rIICADD    = 0x10;          //2440 从地址 = [7:1]
    rIICSTAT = 0x10;            //输出使能
}
```

14.4.2 UART 串口接口程序

本实例的软件设计中，可以使用 S3C2440A 处理器的串口通道 0～2 与 ZigBee 模块通讯，UART0 串接口程序详见下文。

```
//串口映射配置
void Uart_Port_Set(void)
{
    //串口相关 GPIO 端口配置
    save_rGPHCON = rGPHCON;
    save_rGPHDAT = rGPHDAT;
    save_rGPHUP = rGPHUP;
```

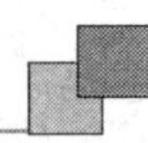

```
    //配置串口
    rGPHCON& = 0x3c0000;
    rGPHCON| = 0x2aaaa;     // 使能所有串口通道 0,1,2
    rGPHUP| = 0x1ff;     //串口上拉禁止
    rGPGCON| = (0xf<<18); // nRTS1, nCTS1
    rGPGUP| = (0x3<<9);
    //串口控制寄存器
    save_ULCON0 = rULCON0;
    save_UCON0 = rUCON0;
    save_UFCON0 = rUFCON0;
    save_UMCON0 = rUMCON0;
    save_ULCON1 = rULCON1;
    save_UCON1  = rUCON1;
    save_UFCON1 = rUFCON1;
    save_UMCON1 = rUMCON1;
    save_ULCON2 = rULCON2;
    save_UCON2  = rUCON2;
    save_UFCON2 = rUFCON2;
    save_UMCON2 = rUMCON2;
    save_UBRDIV0 = rUBRDIV0;
    save_UBRDIV1 = rUBRDIV1;
    save_UBRDIV2 = rUBRDIV2;
}
//串口端口配置
void Uart_Port_Return(void)
{
    //串口相关 GPIO 端口配置
    rGPHCON = save_rGPHCON;
    rGPHDAT = save_rGPHDAT;
    rGPHUP = save_rGPHUP;
    //串口控制寄存器
    rULCON0 = save_ULCON0;
    rUCON0  = save_UCON0;
    rUFCON0 = save_UFCON0;
    rUMCON0 = save_UMCON0;
    rULCON1 = save_ULCON1;
    rUCON1  = save_UCON1;
    rUFCON1 = save_UFCON1;
    rUMCON1 = save_UMCON1;
    rULCON2 = save_ULCON2;
    rUCON2  = save_UCON2;
    rUFCON2 = save_UFCON2;
    rUMCON2 = save_UMCON2;
    rUBRDIV0 = save_UBRDIV0;
    rUBRDIV1 = save_UBRDIV1;
```

```
    rUBRDIV2 = save_UBRDIV2;
    Uart_Fclkn_Dis();
}
// 时钟 UEXTCLK 配置
void Uart_Uextclk_En(int ch,int baud, int clock)
{
    if(ch == 0) {
        rUCON0    = rUCON0 & ~(1<<11) |(1<<10);//串口 0UEXTCLK 时钟选择
        rUBRDIV0 = ( (int)(clock/16./baud) - 1 );     //串口 0 波特率分频寄存器
    }
    else if(ch == 1){
        rUCON1    = rUCON1 & ~(1<<11) |(1<<10);//串口 1UEXTCLK 时钟选择
        rUBRDIV1 = ( (int)(clock/16./baud) - 1 );     //串口 1 波特率分频寄存器
    }
    else {
        rUCON2    = rUCON2 & ~(1<<11) |(1<<10);//串口 2UEXTCLK 时钟选择
        rUBRDIV2 = ( (int)(clock/16./baud) - 1 );     //串口 2 波特率分频寄存器
    }
}

// 时钟 PCLK 配置
void Uart_Pclk_En(int ch, int baud)
{
    if(ch == 0) {
        rUCON0 &= ~(3<<10);     //串口 0PTCLK 时钟选择
        rUBRDIV0 = ( (int)(Pclk/16./baud + 0.5) - 1 );//串口 0 波特率分频寄存器
    }
    else if(ch == 1){
        rUCON1 &= ~(3<<10);     //串口 1PTCLK 时钟选择
        rUBRDIV1 = ( (int)(Pclk/16./baud + 0.5) - 1 );//串口 1 波特率分频寄存器
    }
    else {
        rUCON2 &= ~(3<<10);     //串口 2PTCLK 时钟选择
        rUBRDIV2 = ( (int)(Pclk/16./baud + 0.5) - 1 );//串口 2 波特率分频寄存器
    }
}
// 时钟 FCLK 配置
void Uart_Fclkn_En(int ch, int baud)
{
    int clock = PCLK;//Pclk 时钟;
    Uart_Printf("Current FCLK is %d\n", Fclk);
#if 1
    // 输入时钟分频值设定.
    if ( (Fclk>290000000) && (Fclk<300000000) ) //296 MHz
    {
```

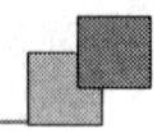

```
        // FCLK 分频值 14(n=20),对应于最大 921.6 kbps 的速率
        rUCON0 = (rUCON0 & ~(0xf<<12)) | (0xe<<12);
        rUCON1 &= ~(0xf<<12); // 串口 1 设定
        rUCON2 &= ~(0xf<<12); // 串口 2 设定
        clock = Fclk / 20;
        Uart_Printf("1 : %d\n", clock);
    }
    else if ( (Fclk>395000000) && (Fclk<405000000) ) //399 MHz
    {
        // FCLK 分频值 6(n=27),对应于最大 921.6 kbps 的速率
rUCON1 = (rUCON1 & ~(0xf<<12)) | (0x6<<12);
        rUCON0 &= ~(0xf<<12); // 0 setting
        rUCON2 &= ~(0xf<<12); // 0 setting
        clock = Fclk / 27;
        Uart_Printf("2 : %d\n", clock);
    }
    else if ( (Fclk>525000000) && (Fclk<535000000) ) //530 MHz
    {
        // FCLK 分频值 15(n=36),对应于最大 921.6 kbps 的速率
                rUCON1 |= (0xf<<12);
        rUCON0 &= ~(0xf<<12); // 串口 1 设定
        rUCON2 &= ~(0xf<<12); // 串口 2 设定
        clock = Fclk / 36;
        Uart_Printf("3 : %d\n", clock);
    }
    rUCON2 |= (1<<15); // enable FCLK/n
#else
    // In 921.6 kbps case of following code, Fclk must be 296 352 000
    rUCON0 = rUCON0 & ~(0xf<<12) | (0xe<<12);   // FCLK divider 14(n=20), for max 921.6 kbps
    rUCON1 &= ~(0xf<<12); // 0 setting
    rUCON2 &= ~(0xf<<12); // 0 setting
    clock = Fclk / 20;
    rUCON2 |= (1<<15); // enable FCLK/n
#endif
    //选择波特率.
    if(ch == 0) {
        rUCON0 |= (3<<10);     //通道 0 选择 FCLK/n 值
        rUBRDIV0 = ( (int)(clock/16./baud + 0.5) - 1 );     //通道 0 波特率分频寄存器
    }
    else if(ch==1){
        rUCON1 |= (3<<10);     //通道 1 选择 FCLK/n 值
        rUBRDIV1 = ( (int)(clock/16./baud + 0.5) - 1 );     //通道 1 波特率分频寄存器
    }
    else {
        rUCON2 |= (3<<10);     //通道 2 选择 FCLK/n 值
```

```
            rUBRDIV2 = ( (int)(clock/16./baud + 0.5) - 1 );//通道 2 波特率分频寄存器
    }
    rGPHCON = rGPHCON & ~(3<<16); //GPH8(UEXTCLK)输入
    Delay(1);
    rGPHCON = rGPHCON & ~(3<<16) | (1<<17);
}

void Uart_Fclkn_Dis(void) //FCLK 禁止
{
    // 软件流控 FCLK/n 值
    rGPHCON = rGPHCON & ~(3<<16); //GPH8(UEXTCLK)输入
    Delay(1);
    rGPHCON = rGPHCON & ~(3<<16) | (1<<17);
}
//串口通道 0 初始化
void Test_Uart0_Int(void)
{
    U8 ch;
    int iBaud;
    Uart_Port_Set(); //端口初始化
    Uart_Select(0);//串口通道选择
    Uart_Getch();
Uart_Port_Return();
…
限于篇幅,部分代码省略介绍。
…
}
```

14.4.3 ZigBee 收发模块程序

CC2530EM 模块的程序是基于 Z－Stack 协议栈开发的。CC2530EM 模块可以形象的理解为“无线的 RS－232 连接”,其使用简单,因为模块已经板内编程,所以使用过程中不用考虑 ZigBee 协议,串口数据透明传输。该模块上电即自动组网,协调器自动给所有的节点分配地址,不需要用户手动分配地址、网络加入、应答等专业 ZigBee 组网流程。

1. ZigBee 协调器和终端程序流程图介绍

本小节就协调器和终端节点的程序流程做大致的介绍。

协调器的程序大致流程如图 14－19 所示。协调器加电后,首先进行硬件和协议栈等初始化。然后进入 NO_PRIMITIVE 原语状态,这个状态是整个程序的核心状态,程序一开始由这个状态出发,根据不同条件切换至其他原语状态,经过的判断和切换,最终又会回至 NO_PRIMITIVE 原语状态。紧接着判断是否已经组成好了网络,如果已组好网络,就可以发送查询命令并显示接收的结果;如果没有组成网络,则进行组网并当网络组成后允许终端节点加入当前网络。

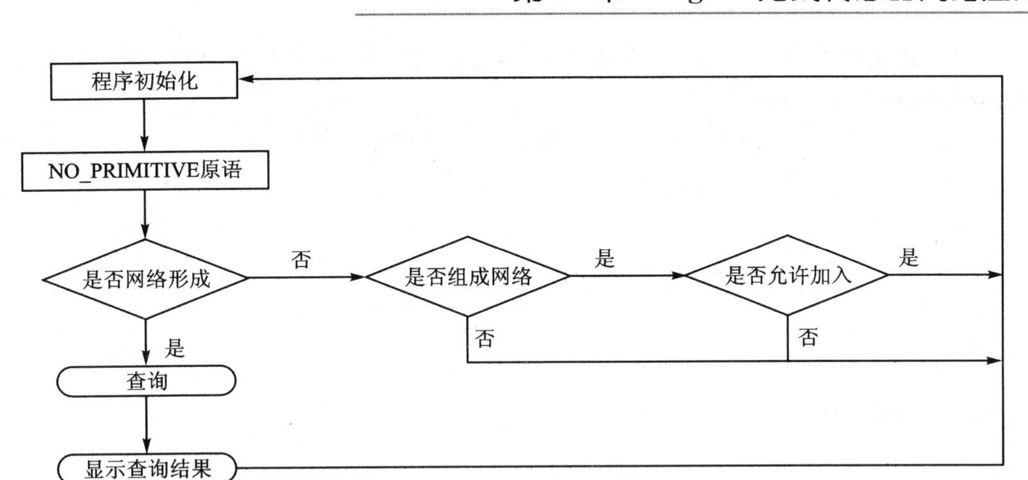

图 14-19　协调器程序流程图

终端的程序大致流程图如图 14-20 所示。首先判断节点是否已加入了一个网络，如果是，则可以发送所要采集的信息；如果没有加入网络，则判断是否作为老节点加入网络。如果作为老节点加入网络，则终端节点通过保留以前加入网络的地址来加入网络；如果是作为新节点加入网络，则需要扫描网络，然后加入其中最优的一个网络。

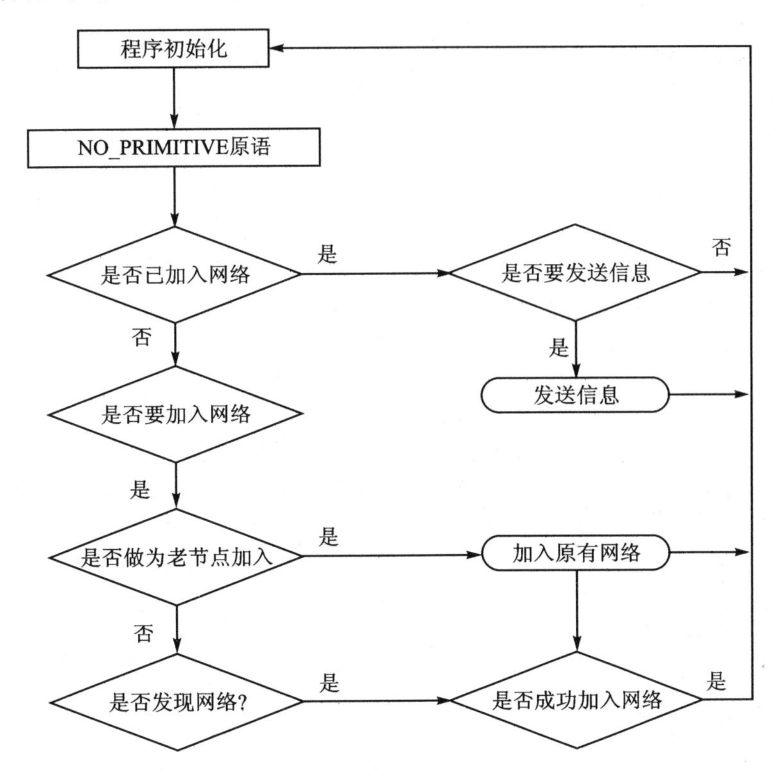

图 14-20　终端程序流程图

2. 程序相关文件

CC2530 程序是基于 TI 公司公布的 ZigBee 协议栈，此协议栈是免费下载使用的，可根据实际需要，在创建协调器和终端节点项目时合理使用 Z－Stack 的源文件(协议栈文件下载地址为 www. ti. com/z－stack)。

限于篇幅，本例仅介绍 CC2530 串口接收和发送数据相关的程序。

```
/*********************************************
 * 文件名:UART.C
 * 功能描述:CC2530 串口接收和发送数据
 *********************************************/
#include "ioCC2530.h"
//初始化 CC2530 串口
void initUART(void)
{
  PERCFG& = ~0x01;
  P0SEL | = 0x0C;
  U0CSR | = 0xC0;  //USART0 控制和状态寄存器配置->串口接收使能
  U0UCR | = 0x00;  //USART0 串口参数配置->无奇偶校验,1 位停止位
  U0BAUD = 0x3b;  //USART0 波特率寄存器值设置->9600 bps
  U0GCR | = 0x08;  //USART0 通用控制寄存器配置
}
//时钟配置
void setSysClk(void)
{
  CLKCONCMD& = 0xbf;
  asm("NOP");
  asm("NOP");
  asm("NOP");
  CLKCONCMD& = 0xc0;
  asm("NOP");
  asm("NOP");
  asm("NOP");
}
//延时
void delay(void)
{
  unsigned int i;
  unsigned char j;
  for(i = 0;i<500;i++)
  {
    for(j = 0;j<250;j++)
    {
      asm("NOP");
      asm("NOP");
      asm("NOP");
    }
  }
```

```
}
//数据接收
char receive (void)
{
    char data;
    while (! URX0IF );
    data = U0DBUF;//获取 USART0 收/发缓冲器数据
    URX0IF = 0;
    return data;
}
//数据发送
void send(int c)
{
    U0DBUF = c;
    while (! UTX0IF);
    UTX0IF = 0;
}
//串口数据收发程序
void main()
{
   setSysClk();
   initUART();

   while(1)
   {
     unsigned char uartdata;
     uartdat = receive();
     uartdat = ~uartdata;
     send(uartdata);
   }
}
```

14.4.4　SHT75 温湿度传感器程序设计

S3C2440A 处理器通过 I^2C 接口采集温湿度传感器 SHT75 传送的数据，并将数据通过串口，由 ZigBee收发模块完成数据发送。

1. 温湿度传感器主程序流程图

在本系统的温湿度数据传递过程中，主要程序流程包括启动传输、字节的读与写、状态寄存器的读与写、最终数据的读取和通信的复位等部分。温湿度传感器主程序流程图如图 14－21 所示。

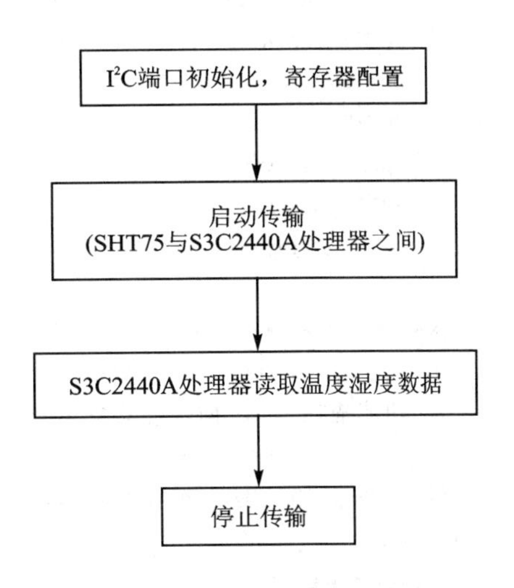

图 14－21　温湿度传感器主程序流程图

2. 程序代码及注释

SHT75 温湿度传感器底层程序如下文所示。

```
/***********************************
  * 函数名：sht11_Delay
  * 功能描述    ：延时
***********************************/
void sht11_Delay(void)
{
    int k;
    for(k = 0;k<0x03F;k ++ )
    {
     delay3();
    }
}
/***********************************
  * 函数名：Trans_Start
  * 功能描述    ：启动传输时序
 ***********************************/
void Trans_Start(void)
{
    SHT75_DAT_OUT;      // 输出
    SHT75_DAT_H;
    SHT75_CLK_L;
    sht11_Delay();
    SHT75_CLK_H;          // 时钟 ->高
    sht11_Delay();
    SHT75_DAT_L;          // 数据 ->低
    sht11_Delay();
    SHT75_CLK_L;          // 时钟 ->低
    sht11_Delay();
    SHT75_CLK_H;          // 时钟 ->高
    sht11_Delay();
    SHT75_DAT_H;
    sht11_Delay();
    SHT75_CLK_L;          // 时钟 ->低
    sht11_Delay();
}
/****************************************
  * 函数名：Write_SHT11_Byte
  * 功能描述    ：向传感器写一个字节
 ****************************************/
int Write_SHT11_Byte(unsigned char b)
{
    int k,m;
```

```
    for(k = 0;k<8;k ++ )
    {
        if(b & 0x80)
        {
            SHT75_DAT_H;            // 数据高
        }
        else
        {
            SHT75_DAT_L;            // 数据低
        }
        SHT75_CLK_H;                // 时钟 - >高
        sht11_Delay();
        b <<= 1;
        SHT75_CLK_L;                // 时钟 - >低
    }
    SHT75_DAT_IN;
    sht11_Delay();
    SHT75_CLK_H;
    for(m = 0;m<1000;m ++ )
    {
        sht11_Delay();
        if(SHT75_DATA == 0x00) break;
    }
    if(m<900)
    {
        SHT75_CLK_L;
        return 1;
    }else
    {
        SHT75_CLK_L;
        return 0;
    }
}
/*****************************************
 * 函数名:Read_SHT11_Byte
 * 功能描述    :从传感器读数据.
 *****************************************/
unsigned char Read_SHT11_Byte(void)
{
    int k;
    unsigned char rByte = 0;
    SHT75_DAT_IN;               // 改变方向
    for(k = 0;k<8;k ++ )
    {
        rByte<< = 1;
```

```
        SHT75_CLK_H;
        sht11_Delay();
        if(SHT75_DATA == 0x01)
        {
            rByte |= 1;
        }
        SHT75_CLK_L;
        sht11_Delay();
    }
    return rByte;     //返回数据
}
/*****************************************************
 * 函数名：Write_SHT11_Reg
 * 功能描述     ：传感器寄存器写操作.
 *****************************************************/
int Write_SHT11_Reg(unsigned char r)
{
    Trans_Start();
    return Write_SHT11_Byte(r);
}
/*****************************************************
 * 函数名：Reset_SHT11
 * 功能描述     ：传感器复位.
 *****************************************************/
void Reset_SHT11(void)
{
    int i;
    SHT75_DAT_OUT;
    SHT75_DAT_H;
    sht11_Delay();
    SHT75_CLK_L;                    //初始化状态
    for(i = 0;i<9;i++)              //等 9 个 SCK 时钟周期
    {
      SHT75_CLK_H;
        sht11_Delay();
        SHT75_CLK_L;
        sht11_Delay();
    }
    Trans_Start();    //启动传输
}
/*****************************************************
 * 函数名：Get_SHT11_HUM
 * 功能描述     ：获取湿度值.
 *****************************************************/
int Get_SHT11_HUM(u16 * h)
```

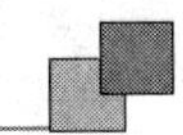

```
{
    //分别用来记录从 SHT75 读取的 CRC 和自己计算出来的 CRC
    u8 SHT_CRC,CACU_CRC;
    u16 hum_val = 0; //用来记录湿度值,12 位有效
    u16 tmp_byte; //用来记录每次读取的 8 个字节
    u8 crc_rev; //用来记录 SHT 读得的 CRC 的反转值
    u8 or_1; //用来进行"或"1 操作
    int m;
    CACU_CRC = 0;
    or_1 = 0x80;
    crc_rev = 0;
    //进行第一次 CRC,0x05 为湿度读取命令字节
    CACU_CRC = Table[(CACU_CRC^0x05)];
  Trans_Start();
  Write_SHT11_Byte(RD_SHT11_HUM);

    for(m = 0;m<0x1FFFFF;m++)
    {
     delay1();
    }
    tmp_byte = Read_SHT11_Byte();
    CACU_CRC = Table[(CACU_CRC^tmp_byte)]; //进行第二次 CRC
    hum_val |= tmp_byte<<8;
    sht11_Delay();
  Ack_SHT11_L();
    tmp_byte = Read_SHT11_Byte();
    CACU_CRC = Table[(CACU_CRC^tmp_byte)]; //进行第三次 CRC
    hum_val |= tmp_byte;
    sht11_Delay();
  Ack_SHT11_L();
    tmp_byte = Read_SHT11_Byte();  //读取校验
    for(m = 0;m<8;m++)
    {
      if((tmp_byte &0x01) == 0x01)
        crc_rev |= or_1;
      tmp_byte>>= 1;
      or_1>>= 1;
    }
    SHT_CRC = crc_rev; //SHT_CRC 反转
    sht11_Delay();
  Ack_SHT11_L();
     *h = hum_val;
    if(CACU_CRC == SHT_CRC)
   return  1;
    else
```

```
        return 0;
}

/**************************************************************
 * 函数名：Get_SHT11_TEM
 * 功能描述    ：获取温度值.
 *************************************************************/
int Get_SHT11_TEM(u16 * t)
{
        //分别用来记录从 SHT75 读取的 CRC 和自己计算出来的 CRC
         u8 SHT_CRC,CACU_CRC;
         u16 temp_val = 0; //用来记录湿度值,12 位有效
         u16 tmp_byte; //用来记录每次读取的 8 个字节
         u8 crc_rev; //用来记录 SHT 读得的 CRC 的反转值
         u8 or_1; //用来进行"或"1 操作
   int m;
         CACU_CRC = 0;
         or_1 = 0x80;
         crc_rev = 0;
      //进行第一次 CRC,0x05 为湿度读取命令字节
         CACU_CRC = Table[(CACU_CRC^0x03)];
   Trans_Start();
   Write_SHT11_Byte(RD_SHT11_TEMP);
         for(m = 0;m<0x1FFFF;m++)
         {
           delay1();
         }
   tmp_byte = Read_SHT11_Byte();  //读取高 8 位
         CACU_CRC = Table[(CACU_CRC^tmp_byte)]; //进行第二次 CRC
         temp_val |= tmp_byte<<8;
   sht11_Delay();
   Ack_SHT11_L();
   tmp_byte = Read_SHT11_Byte();   //读取低 8 位
         CACU_CRC = Table[(CACU_CRC^tmp_byte)]; //进行第三次 CRC
         temp_val |= tmp_byte;
         Ack_SHT11_L();
   sht11_Delay();
   tmp_byte = Read_SHT11_Byte();   //读取校验
         for(m = 0;m<8;m++)
         {
           if((tmp_byte &0x01) == 0x01)
             crc_rev |= or_1;
           tmp_byte>>= 1;
           or_1>>= 1;
         }
```

```
        SHT_CRC = crc_rev; //SHT_CRC 反转
    s_Ack_SHT11_H();
    sht11_Delay();
        *t= temp_val;
    if(CACU_CRC == SHT_CRC)
      return   1;
        else
          return 0;

}
/*****************************************************
 * 函数名:Ack_SHT11_L
 * 功能描述    :低电平应答.
 *****************************************************/
void Ack_SHT11_L(void)
{
    SHT75_DAT_OUT;
    SHT75_DAT_L;          // 应答
    sht11_Delay();
    SHT75_CLK_H;          // 时钟->高
    sht11_Delay();
    SHT75_CLK_L;          // 时钟->低
}

/*****************************************************
 * 函数名:Ack_SHT11_H
 * 功能描述    :高电平应答.
 *****************************************************/
void Ack_SHT11_H(void)
{
    SHT75_DAT_OUT;
    SHT75_DAT_H;          // 应答
    sht11_Delay();
    SHT75_CLK_H;          // 时钟->高
    sht11_Delay();
    SHT75_CLK_L;          // 时钟->低
}

/*****************************************************
 * 函数名:GetHumiTempValue
 * 功能描述    :获取温度湿度值.
 *****************************************************/
int GetHumiTempValue(u8 type)
{
    u8 SHT_CRC,CACU_CRC,or_1;
```

```
u8 buf[3] = {0,0,0};
u16 tmp;
int m;
int result = 0;
or_1 = 0x80;
  CACU_CRC = 0; SHT_CRC = 0;
Reset_SHT11();
 Trans_Start();
Write_SHT11_Byte(RD_SHT11_REG); //读状态寄存器命令
   reg_stat = Read_SHT11_Byte();
   reg_stat |= 0x01; //最后一位置 1,湿度 8 位,温度 12 位,降低采样时间
   Write_SHT11_Byte(WT_SHT11_REG); //写状态寄存器命令
   Write_SHT11_Byte(reg_stat); //将数据写入状态寄存器
  switch(type)
   {
   case MEASURE_TEMP:
       Write_SHT11_Byte(RD_SHT11_TEMP);
                   CACU_CRC = Table[(CACU_CRC^RD_SHT11_TEMP)];
       break;
   case MEASURE_HUMI:
       Write_SHT11_Byte(RD_SHT11_HUM);
                   CACU_CRC = Table[(CACU_CRC^RD_SHT11_HUM)];
       break;
   default:
       break;
}
   while()
   {
}
buf[0] = Read_SHT11_Byte();                // 读数据高位
Ack_SHT11_L();
  buf[1] = Read_SHT11_Byte();              // 读数据低位
Ack_SHT11_L();
 buf[2] = Read_SHT11_Byte();               // 读 CRC 数据
s_Ack_SHT11_H();
result = buf[0] << 8 | buf[1];
   CACU_CRC = Table[(CACU_CRC^buf[0])];
   CACU_CRC = Table[(CACU_CRC^buf[1])];
   tmp = buf[2];
   for(m = 0;m<8;m++)
   {
     if((tmp &0x01) == 0x01)
       SHT_CRC |= or_1;
     tmp>>=1;
     or_1>>=1;
```

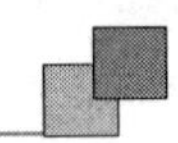

```
        }
        if(CACU_CRC! = SHT_CRC)
          result = 0xFFFFFFF;
    return result;
}
```

14.4.5　光照度传感器程序设计

S3C2440A 处理器通过 I^2C 总线接口读取光照度传感器 TSL2561 传送的数据，并将数据通过串口，由 ZigBee 收发模块完成数据发送。

1. 光照度传感器程序流程图

S3C2440A 处理器与光照度传感器 TLS2561 之间数据传输的流程如图 14-22 所示。首先，S3C2440A 处理器 I^2C 总线接口建立启动信号，启动 I^2C 总线；然后，两者之间开始发送传输数据，并在第 9 个时钟脉冲期间反馈确认信号，直到数据传输结束，释放 SDA 线，停止 I^2C 总线。

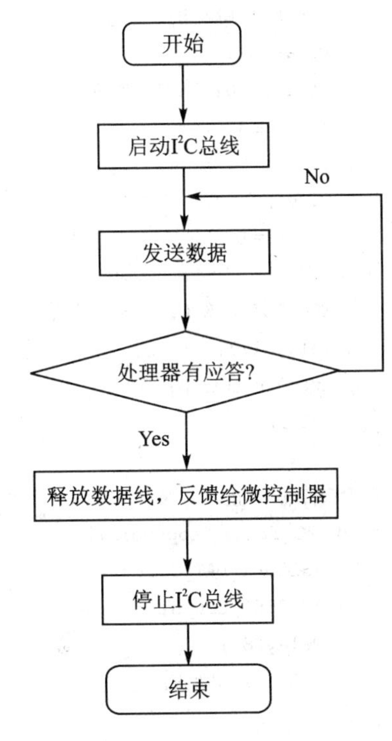

图 14-22　光照度传感器主程序流程图

2. 光照度传感器程序代码及注释

文件 TSL2561.C 是光照度传感器程序代码，详见下文。

```
FlagStatus TSL2561_int_irq_flag = RESET;
unsigned char DataBufferTx[9];
unsigned char DataBufferRx[9];
extern uint16_t Xaddr;
extern uint8_t Yaddr;
//I²C 接口启动传输
void I2C_Trans_Start(void){
    TSL2561_DAT_OUT;
    TSL2561_DAT_H;
    TSL2561Delay1();
    TSL2561_CLK_H;
    Delay(8);
    TSL2561_DAT_L;
    Delay(5);
    TSL2561_CLK_L;
    Delay(8);
}
//写字节
int I2C_Write_Byte(unsigned char b){
    int i = 0;
    unsigned char c = 0;
    TSL2561_DAT_OUT;
```

```
        for(i = 0;i<8;i++){
            if(b&0x80){
                TSL2561_DAT_H;
            }
            else {
                TSL2561_DAT_L;
            }
            b = b<<1;
            TSL2561_CLK_H;
            Delay(8);
            TSL2561_CLK_L;
            Delay(11);
        }
        TSL2561_DAT_IN;
        TSL2561_CLK_H;
        Delay(8);
        if(TSL2561_DATA == 1){
            c = 1;
        }
        else {
            c = 0;
        }
        TSL2561_CLK_L;
        Delay(11);
        if(c) return 0;
        return 1;
}
//I²C 传输停止
void I2C_Trans_Stop(void){
        TSL2561_DAT_OUT;
        TSL2561_CLK_H;
        Delay(8);
        TSL2561_DAT_H;
}
//读字节操作
unsigned char I2C_Read_Byte(void){
    int i = 0;
    unsigned char temp = 0;
    TSL2561_DAT_IN;
    for(i = 0;i<8;i++){
        temp = temp<<1;
        TSL2561_CLK_H;
        Delay(8);//5...
        if(TSL2561_DATA == 0x01){
            temp| = 1;
```

```
            }
            TSL2561_CLK_L;
            Delay(11);
        }
        return temp;
    }
    //低电平应答
    void I2C_Ack_L(void){
        TSL2561_DAT_OUT;
        TSL2561_DAT_L;
        TSL2561_CLK_H;
        Delay(8);
        TSL2561_CLK_L;
        Delay(11);
    }
    //高电平应答
    void I2C_Ack_H(void){
        TSL2561_DAT_OUT;
        TSL2561_DAT_H;
        TSL2561_CLK_H;
        Delay(8);
        TSL2561_CLK_L;
        Delay(11);
    }
    //数据发送
    int I2C_SendData_TSL2561(unsigned char Address, unsigned char CommandCode, int DataNumToBeSend,
unsigned char DataBufferTx[]){
        int i = 0;
        I2C_Trans_Start();
        if(! I2C_Write_Byte(Address<<1))
            return 0;//无应答返回 0
        if(! I2C_Write_Byte(CommandCode))
            return 0;
        while(i<DataNumToBeSend){
            if(! I2C_Write_Byte(DataBufferTx[i++]))
                return 0;
        }
        I2C_Trans_Stop();//停止传输
        return 1;
    }
    //数据接收
    int I2C_ReceivData(unsigned char Address, unsigned char CommandCode, int DataNumReceived, un-
signed char DataBufferRx[]){
        int i = 0;
        I2C_Trans_Start();
```

```
    if(! I2C_Write_Byte(Address<<1))
        return 0;//无应答返回 0
    if(! I2C_Write_Byte(CommandCode))
        return 0;
    I2C_Trans_Start();
    if(! I2C_Write_Byte((Address<<1)|0x01))
        return 0;//无应答返回 0
    while(i<DataNumReceived){
        DataBufferRx[i++] = I2C_Read_Byte();
        I2C_Ack_L();
    }
    I2C_Trans_Stop();//停止传输
    return 1;
}
//TSL2561 上电
int TSL2561PowerUp(void){
    DataBufferTx[0] = PowerUp;
    return I2C_SendData_TSL2561(SlaveAddressVDD, PowerUpCode, 1, DataBufferTx);
}
//TSL2561 上电检测
int TSL2561PowerUpWithDetection(u8 *Response){
    DataBufferTx[0] = PowerUp;
    if(! TSL2561TEST(SlaveAddressVDD, PowerUpCode, 1, DataBufferTx, DataBufferRx))
        return 0;//无应答返回 0
    *Response = DataBufferRx[0];
    return 1;
}
//TSL2561 掉电
int TSL2561PowerDown(void){
    DataBufferTx[0] = PowerDown;
    return I2C_SendData_TSL2561(SlaveAddressVDD, PowerDownCode, 1, DataBufferTx);
}
//TSL2561 阈值低字节设置
int TSL2561SetThresholdLow(int Threshold){
    DataBufferTx[0] = Threshold&0x00FF;
    DataBufferTx[1] = (Threshold&0xFF00)>>8;
    return I2C_SendData_TSL2561(SlaveAddressVDD, ThreshLowLowRegCode, 2, DataBufferTx);
}
//TSL2561 阈值高字节设置
int TSL2561SetThresholdHigh(int Threshold){
    DataBufferTx[0] = Threshold&0x00FF;
    DataBufferTx[1] = (Threshold&0xFF00)>>8;
    return I2C_SendData_TSL2561(SlaveAddressVDD, ThreshHighLowRegCode, 2, DataBufferTx);
}
//TSL2561 中断控制
int TSL2561SetInterruptCtrlReg(unsigned char InterruptLogic, unsigned char InterruptRate){
```

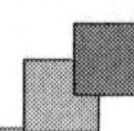

```
        unsigned char temp = 0;
        temp& = IntrMask;
        temp& = PersistMask;
        temp| = InterruptLogic|InterruptRate;
        DataBufferTx[0] = temp;
        return I2C_SendData_TSL2561(SlaveAddressVDD, InterruptRegCode, 1, DataBufferTx);
}
//TSL2561 通道值
int TSL2561ReadADC(int ChannelNum, u16 * LightIntensity){
        if(ChannelNum == 0){
            if(I2C_ReceivData(SlaveAddressVDD, Data0LowRegCode, 2, DataBufferRx)){
                * LightIntensity = (DataBufferRx[1]<<8)|DataBufferRx[0];
                return 1;
            }
            return 0;//无应答
        }
        if(ChannelNum == 1){
            if(I2C_ReceivData(SlaveAddressVDD, Data1LowRegCode, 2, DataBufferRx)){
                * LightIntensity = (DataBufferRx[1]<<8)|DataBufferRx[0];
                return 1;                    }
            return 0;//无应答
        }
        return 2;
}
//积分时间/增益控制寄存器设置,用于积分时间和增益控制
int TSL2561SetTimmingReg(u8 GAIN, u8 Manual, u8 INTEG){
        u8 temp = 0;
        temp& = GainClrMask&ManualMask&IntegMask;
        temp| = GAIN|Manual|INTEG;
        DataBufferTx[0] = temp;
        return I2C_SendData_TSL2561(SlaveAddressVDD, TimingRegCode, 1, DataBufferTx);
}
//中断标志位设置
void TSL2561_INT_Set_IRQ_Flag(FlagStatus flag)
{
    TSL2561_int_irq_flag = flag;
}
//读中断
void TSL2561ReadINT(int ChannelNum, u16 * LightIntensity){
    u8 Response = 0xFF;
    if(TSL2561_int_irq_flag){
        TSL2561_INT_Set_IRQ_Flag(RESET);
        TSL2561ReadADC(ChannelNum, LightIntensity);
        Response = ( * LightIntensity)>>8;
        printf(" % c",Response);
        Response = ( * LightIntensity)&0xFF;
```

```
            printf(" %c",Response);
        }
    }
    //读中断 2
    void TSL2561ReadINT2(void){
        u16 LightIntensity0 = 0xFFFF;
        u16 LightIntensity1 = 0xFFFF;
        unsigned long Lux = 0xFFFFFFFF;
        TSL2561ReadADC(0, &LightIntensity0);
        TSL2561ReadADC(1, &LightIntensity1);
        Lux = CalculateLux(GainSetHigh>>4, IntegScal1000, LightIntensity0, LightIntensity1, T);
        Xaddr = 319;
        Yaddr = Line5;
        printf("The Light Intensity is: %d lux\n", Lux);
        xDelay(0x01ffff);
    }
    //读查询
    void TSL2561ReadQuery(u16 *Lux){
        u16 LightIntensity0 = 0xFFFF;
        u16 LightIntensity1 = 0xFFFF;
        TSL2561ReadADC(0, &LightIntensity0);
        TSL2561ReadADC(1, &LightIntensity1);
        *Lux = CalculateLux(GainSetHigh>>4, IntegScal1000, LightIntensity0, LightIntensity1, T);
    }
    //TSL2561 初始化
    void TSL2561Init(){
        TSL2561PowerUp();
           TSL2561SetTimmingReg(GainSetHigh, ManualClr,IntegScal1000);
          TSL2561SetInterruptCtrlReg(IntrLevelInt, EveryADCCycle);
    }
```

14.5 实例总结

本章主要介绍了 ZigBee 技术构建的无线传感器网络系统特点和组成，通过 I^2C 总线接口与温湿度传感器 SHT75 和光照度传感器 TSL2561 连接，可用于温湿度和光照度等环境指标的探测。由此通过 Zigbee 自组网，形成一个远程环境监控系统。

读者学习设计过程中，需要注意的事项如下：

① 在实例设计中因为 SHT75 不支持 I^2C 从设备编址模式，所以请勿将多片 SHT75 和其他 I^2C 总线设备并联使用；

② 湿度信号的温度补偿，原因是实际温度与测试参考温度 25℃（77 ℉）有显著的不同。温度补偿系数请参阅官方数据；

③ 程序调试过程中，请使用未占用的串口跟踪调试，以方便追踪程序运行状态。

第五篇　医疗与汽车电子

第 15 章

远程医疗监护系统应用

目前国内信息与通讯功能的电子设备已相当普及发达。互联网尤其是无线网络的迅速普及促使嵌入式技术应用的条件日趋成熟，因此将信息、通讯科技导入远程医疗监护服务产业，将医疗监护系统从病床边、医院内扩展到家中，实现实时远程监护将是未来医疗发展的趋势。

本章将基于 S3C2440A 处理器设计一套实用的便携式远程医疗监护系统。通过该系统可以随时随地将患者的体温信号、位置信号及身体姿态等状态通过 GPRS 网络发送到设在医院的 PC 机上或监护系统网络平台上。

15.1 远程医疗监护系统概述

近年来，随着无线通信技术、电子信息技术及计算机科学的快速发展，在医院或医生诊所之外对患者进行监护，利用设备在家监护生命体征状况，然后将患者数据远程传送到医疗保健机构，实现随时随地的医疗监护已成为医疗设备市场的一种发展趋势。这种利用无线通信网络组成的医疗监护应用系统称之为远程医疗监护系统。

远程监护系统可以收集，分析和监测病人的生命体征数据，并使用通信技术将这些信息传送给远程的医疗提供者作进一步分析，如跟踪慢性疾病或观察术后治疗。

15.1.1 远程医疗监护系统发展背景

远程医疗监护系统通过智能系统从各种功能模块设备获取数据，这些功能模块设备一般采用嵌入式技术集成在同一个监护设备中，主要包括血糖，血压、体温、心率监测、脉搏血氧浓度监测等模块。

远程医疗监护系统的主要优势如下。

① 能够迅速传送患者的生命体征数据至远程医疗中心。为此，可以使用不同类型的网络。比如通过一个安全的虚拟专用网络(VPN)以有线或无线的方式接入以太网，而对于那些生活在农村地区无法访问宽带网络的患者，则可以使用通用分组无线业务(GPRS)网络。

② 让医生或保健提供者随时获得病人的监测数据有助于帮助医生改善病人的治疗。例如，如果有非正常的症状发生，监测系统可以将数据传送给合适做出诊断决定的人员以避免出

现并发症。

③ 另外，由于有些病症可能是潜在的并发症，因而有系统性监测的生命体征数据可以预防进一步并发症的发生。

15.1.2 GPRS 远程医疗监护系统组成

一般来说 GPRS 远程医疗监控系统由主控制器、GPRS 通信模块、生理指征数据采集设备、GPRS 网络、Internet 公共网络、数据服务器、医院局域网等组成，其系统组成框图如图 15-1 所示。

在该系统中，通过 GPRS 技术构成了一个远程监护网络；通过主控制器对所需要测量的生理指标进行控制和数据采集(人体的生命体征，如体温、脉搏、呼吸、血压及血氧饱和度等分别由相应电子模块采集并传入主控制器)；通过 GPRS 无线通信方式将数据发送至医院监护系统平台；通过 Internet 网络可以将数据传输到远程医疗监护中心，由专业医疗人员对数据进行统计分析，提供必要的咨询服务和医疗指导，实现远程医疗。

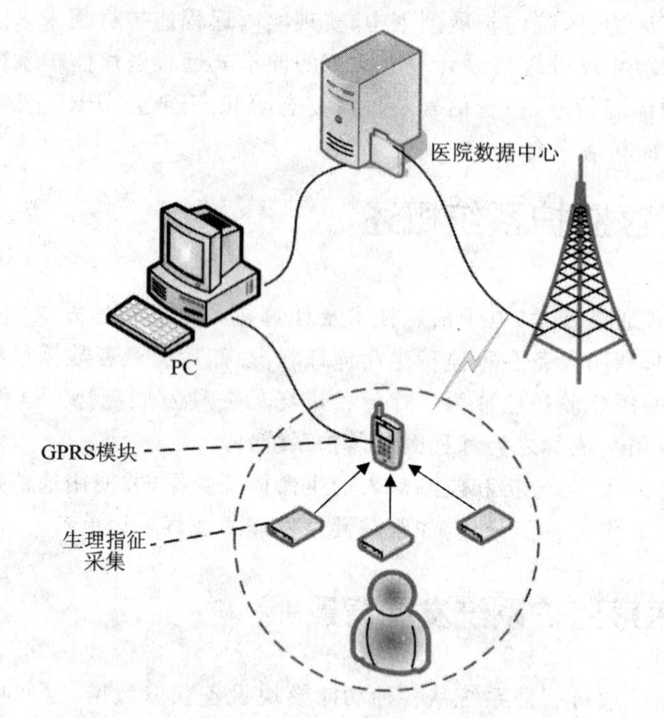

图 15-1 远程医疗监护系统组成框图

15.2 系统硬件接口描述

本实例的硬件通讯接口全部采用 UART 串行接口。S3C2440A 处理器通用异步接收器和发送器(UART)提供了 3 个独立的异步串行 I/O 端口，每个端口可以在中断模式或 DMA 模式下操作。换言之，UART 可以生成一个中断或 DMA 请求进行 CPU 和 UART 之间数据的传输。如果一个外部设备提供 UEXTLCK 给 UART，UART 可以在更高的速度下工作。

每个 UART 通道对于接受器和发送器包括 2 个 64 字节的 FIFO 和移位器。数据拷贝到 FIFO 然后在传送之前拷贝到发送移位器。数据通过发送引脚(TxDn)被发出。同时,接受数据通过接受数据引脚(RxDn)移入,然后从移位寄存器拷贝到 FIFO。

S3C2440A 处理器的串口内部结构框图如图 15-2 所示。

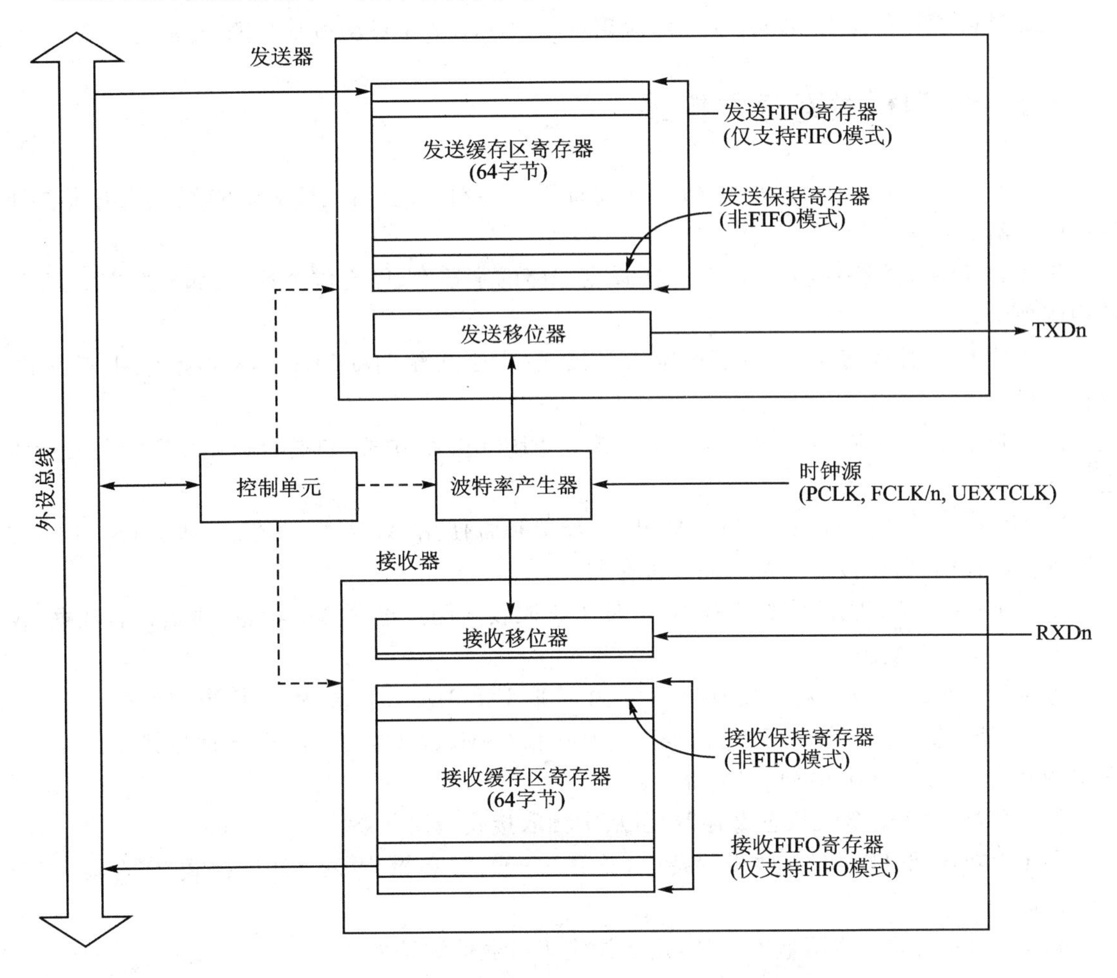

图 15-2　S3C2440A 处理器串口内部功能框图

15.2.1　串口操作介绍

串口操作主要包括数据发送、数据接收、中断产生、波特率产生、环路模式、红外模式以及自动流控等。本小节仅对数据发送和接收及自动流控作简要介绍。

(1) 数据发送

串口发送的数据帧是可编程的,1 帧包括 1 位起始位、5～8 位数据、1 或 2 个停止位及可选的校验位,由寄存器 ULCONn 编程设置。发送器还可以产生中断条件,强制 1 数据帧串行输出 0 状态。

(2) 数据接收

串口接收的数据帧也是可编程的,每帧的数据也是包括 1 位起始位、5～8 位数据、1 或 2

个停止位及可选的校验位，并由寄存器 ULCONn 编程设置。接收器可以检测溢出错误、奇偶错误、帧错误、中断条件，且每个错误都能够设置错误标志位。

(3) 自动流控

S3C2440A 处理器串口 0 和串口 1 支持 RTS 和 CTS 自动流控，并能够连接到外部的串口设备。通过设置寄存器 UMCONn 中的流控位可使能或禁止自动流控功能。

15.2.2 串口相关寄存器描述

S3C2440A 处理器的每个串口相关的配置寄存器有 10 多个，其主要的配置寄存器如下(n=0,1,2,表示串口号)。

① ULCONn：线路控制寄存器，用于设定线路的字长度、停止位个数、奇偶校验方式、是否使用红外模式。

② UCONn：控制寄存器，用于设定操作模式(中断或轮询/DMA)、环回模式、中断方式、时钟选择。

③ UFCONn：FIFO 控制寄存器，用于控制 FIFO 操作方式，如是否使用 FIFO 以及触发级别。

④ UMCONn：Modem 控制寄存器，用于设置是否使用 AFC(自动流控)和 RTS。串口 2 是不支持流控的，所以没有 UMCON2 寄存器。

⑤ UTRSTATn：收发状态寄存器，可从中读取收发保持寄存器的状态，即是否有数据，仅在非 FIFO 模式下使用。

⑥ UFSTATn：FIFO 状态寄存器，可从中读取 FIFO 状态信息，用于 FIFO 模式。

⑦ UMSTATn：Modem 状态寄存器，可从中读取 Modem 状态，即 CTS 信号状态。串口 2 不支持流控，所以没有 UMSTAT2 寄存器。

⑧ UERSTATn：错误状态寄存器，可从中读取接收错误状态。

⑨ UTXHn 和 URXHn：收发保持(对非 FIFO 模式)和缓冲(对 FIFO 模式)寄存器，用于收发数据。

⑩ UBRDIV：波特率除数寄存器，用于设定串口通信波特率。

15.3 硬件系统设计

本实例的硬件架构是以嵌入式系统 S3C2440A 处理器平台为实体的架构平台。该平台使用 2 个 UART 接口，分别连接 GPS 接收器和 GPRS 通信模块。GPS 接收器用于接收卫星定位讯号，并将位置坐标数据由串口 1 传至主控制器，主控制器通过 GPRS 通信模块传输至远程监护。家属或医疗机构可以通过网络监护平台，掌握实时状况。同时也将采集到的生理体征指标通过 GPRS 通信模块传送给远程监护平台端。

本实例的硬件系统主要由 4 个部分：

① S3C2440A 处理器平台作为核心，采用处理器的 GPIO 及 I^2C、SPI、ADC 等接口连接外围生理体征采集模块设备。

② 心跳传感器

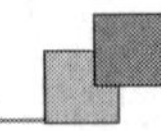

将手腕型的传感器充饱气佩戴在手腕上或者使用贴片式脉搏感应器，当脉搏跳一下硬件感测就会送出一个信号，再由主控制器去计算。

③ 运动三轴加速度传感器

运动三轴加速度传感器可用于防跌落检测。如 ADI 公司的 ADXL345 数字加速度计，它支持 SPI 和 I^2C 接口，能方便地与主控制器通讯，详见 15.3.1 节介绍。

④ 温度传感器

温度传感器用于检测体温，一般采用集成式芯片，如 DS18B20 数字温度传感器(详细应用见第 10 章)。

⑤ GPIO 功能键

GPIO 功能按键用于病人在紧急情况下启动警报。

远程医疗监护设备的硬件系统结构图如图 15－3 所示。

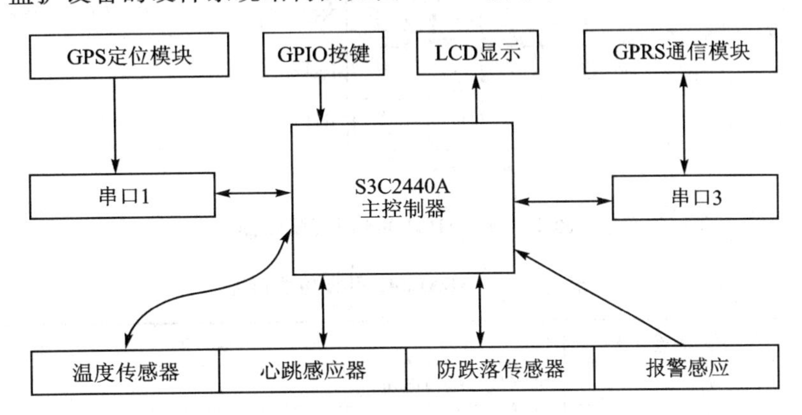

图 15－3　硬件系统结构图

15.3.1　数字加速度计 ADXL345

ADXL345 是一款小而薄的超低功耗三轴加速度计，分辨率高(13 位)，测量范围达±16g。数字输出数据为 16 位二进制补码格式，可通过 SPI(3 线或 4 线)或 I^2C 数字接口访问。

ADXL345 非常适合移动设备应用。它可以在倾斜检测应用中测量静态重力加速度，还可以测量运动或冲击导致的动态加速度。其高分辨率(3.9 mg/LSB)，能够测量不到 1.0°的倾斜角度变化。

该器件提供多种特殊检测功能，如下：

① 活动和非活动检测功能通过比较任意轴上的加速度与用户设置的阈值来检测有无运动发生；

② 敲击检测功能可以检测任意方向的单振和双振动作；

③ 自由落体检测功能可以检测物体是否正在掉落。

这些功能可以独立映射到两个中断输出引脚中的一个。内部集成的存储器管理系统采用一个 32 级先进先出(FIFO)缓冲器，可用于存储数据，从而将主机处理器负荷降至最低，并降低系统整体功耗。低功耗模式支持基于运动的智能电源管理，从而以极低的功耗进行阈值感测和运动加速度测量。

ADXL345 的内部结构功能框图详见第 4 章的图 4－1“典型的三轴加速度传感器基本架构”。

1. 引脚配置和功能描述

ADXL345 数字加速度计的引脚配置如图 15－4 所示，对应引脚的功能描述如表 15－1 所列。

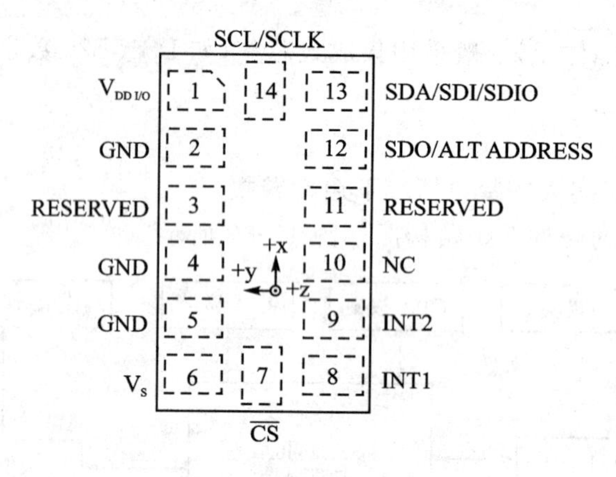

图 15－4　ADXL345 引脚配置图

表 15－1　ADXL345 引脚功能描述

引脚编号	引脚名称	描　述
1	$V_{DDI/O}$	数字接口电源电压
2	GND	该引脚必须接地
3	RESERVED	保留。该引脚必须连接到 VS 或保持断开
4	GND	该引脚必须接地
5	GND	该引脚必须接地
6	V_S	电源电压
7	$\overline{CS}$	片选
8	INT1	中断 1 输出
9	INT2	中断 2 输出
10	NC	内部不连接
11	RESERVED	保留。该引脚必须接地或保持断开
12	SDO/ALT ADDRESS	串行数据输出(SP1 4 线)/备用 I^2C 地址选择(I^2C)
13	SDA/SDI/SDIO	串行数据(I^2C)串行数据输入(SPI 4 线)/串行数据输入和输出(SPI 3 线)
14	SCL/SCLK	串行通信时钟。SCL 为 I^2C 时钟，SCLK 为 SPI 时钟

2. 工作原理

ADXL345 是一款完整的三轴加速度测量系统，可选择的测量范围有±2 g，±4 g，±8 g 或±16 g。既能测量运动或冲击导致的动态加速度，也能测量静止加速度，例如重力加速度，使得器件可作为倾斜传感器使用。该传感器为多晶硅表面微加工结构，置于晶圆顶部。由于

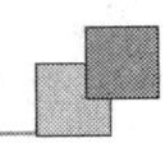

应用加速度,多晶硅弹簧悬挂于晶圆表面的结构之上,提供力量阻力。差分电容由独立固定板和活动质量连接板组成,能对结构偏转进行测量。加速度使惯性质量偏转、差分电容失衡,从而传感器输出的幅度与加速度成正比。相敏解调用于确定加速度的幅度和极性。

3. 串行通信接口

ADXL345 数字加速度计可采用 SPI 或 I²C 通信接口。SPI 接口可分为 3 线制接线和 4 线制接线,如图 15-5 所示。I²C 接口接线示意图如图 15-6 所示。

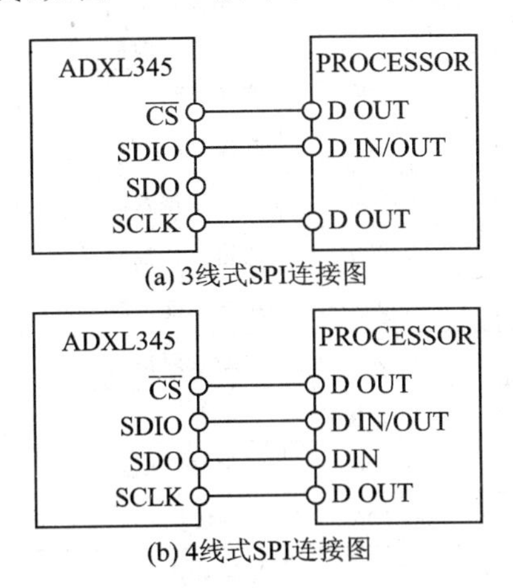

(a) 3线式SPI连接图

(b) 4线式SPI连接图

图 15-5　ADXL345 加速度计 SPI 接线图

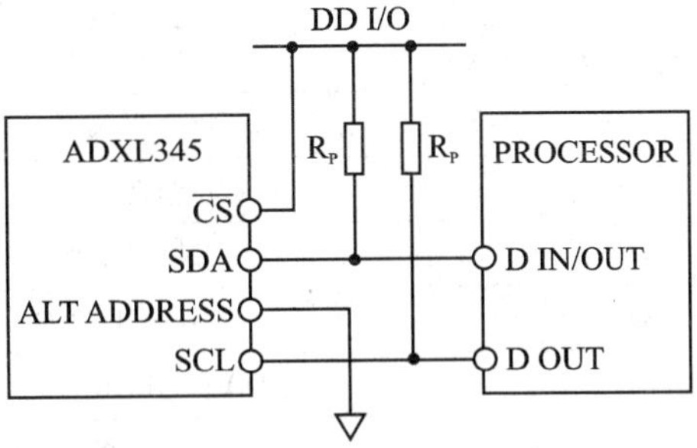

I²C连接图(地址0x53)

图 15-6　ADXL345 加速度计 I²C 接线图

4. ADXL345 加速度计的寄存器映射

ADXL345 数字加速度计是通过相关的寄存器配置来控制的,其寄存器映射如表 15-2 所列。限于篇幅,省略了对这部分寄存器的功能介绍,请读者参考 ADI 公司发布的 ADXL345 规格书。

表 15-2　ADXL345 加速度计的寄存器映射

地址		名称	类型	复位值	描述
十六进制	十进制				
0x00	0	DEVID	R	11100101	器件 ID
0x01 to 0x1C	1 to 28	保留			
0x1D	29	THRESH_TAP	R/$\overline{W}$	000000	保留,不要操作
0x1E	30	OFSX	R/$\overline{W}$	000000	敲击阈值
0x1F	31	OFSY	R/$\overline{W}$	000000	X 轴偏移
0x20	32	OFSZ	R/$\overline{W}$	000000	Y 轴偏移
0x21	33	DUR	R/$\overline{W}$	000000	Z 轴偏移
0x22	34	Latent	R/$\overline{W}$	000000	敲击持续时间
0x23	35	Window	R/$\overline{W}$	000000	敲击延迟
0x24	36	THRESH_ACT	R/$\overline{W}$	000000	敲击窗口
0x25	37	THRESH_INACT	R/$\overline{W}$	000000	活动阈值

续表 15-2

地 址		名 称	类 型	复位值	描 述
十六进制	十进制				
0x26	38	TIME_INACT	R/$\overline{W}$	000000	静止阈值
0x27	39	ACT_INACT_CTL	R/$\overline{W}$	000000	静止时间
0x28	40	THRESH_FF	R/$\overline{W}$	000000	轴使能控制活动和静止检测
0x29	41	TIME_FF	R/$\overline{W}$	000000	自由落体阈值 自由落体时间
0x2A	42	TAP_AXES	R/$\overline{W}$	000000	单击/双击轴控制
0x2B	43	ACT_TAP_STATUS	R/$\overline{W}$	000000	单击/双击源
0x2C	44	BW_RATE	R/$\overline{W}$	001010	数据速率及功率模式控制
0x2D	45	POWER_CTL	R/$\overline{W}$	000000	省电特性控制
0x2E	46	INT_ENABLE	R/$\overline{W}$	000000	中断使能控制
0x2F	47	INT_MAP	R/$\overline{W}$	000000	中断映射控制
0x30	48	INT_SOURCE	R	000000	中断源
0x31	49	DATA_FORMAT	R/$\overline{W}$	000000	数据格式控制
0x32	50	DATAX0	R	000000	X 轴数据 0
0x33	51	DATAX1	R	000000	X 轴数据 1
0x34	52	DATAY0	R	000000	Y 轴数据 0
0x35	53	DATAY1	R	000000	Y 轴数据 1
0x36	54	DATAZ0	R	000000	Z 轴数据 0
0x37	55	DATAZ1	R	000000	Z 轴数据 1
0x38	56	FIFO_CTL	R/$\overline{W}$	000000	FIFO 控制
0x39	57	FIFO_STATUS	R	000000	FIFO 状态

15.3.2 GPRS 模块介绍

GPRS(General Packet Radio Service,通用分组无线业务)是在现有 GSM 系统上发展起来的一种新的承载业务。基于这种业务的各种应用也蓬勃发展起来,主要用于无线数据传输、无线 POS 机、安防、彩票机、智能抄表、无线传真、小交换机、无线广告、无线媒体、医疗监护监控、铁路终端、智能家电、车载监控等领域。GPRS 通信比较适合于突发性的,频繁的,数据量小的数据传输,也适用于偶尔数据量大的数据传输。

目前,GPRS 模块的提供商有西门子、摩托罗拉、飞利浦、大唐、中兴、华为等。其中西门子和摩托罗拉公司的 GPRS 模块产品较为常见。

本实验使用的 GPRS 模块是西门子公司生产的 MC35i。该款 GPRS 模块具有很高的性能,可以广泛应用于以下场合:POS 终端、自动售货机、安全系统、远程遥测、交通控制、导航系统、手持设备、GPRS 调制解调器等。

1. AT 命令 V.25TER 概述

GPRS 模块主要适用于 GSM 网络下实现各种无线业务，用户通过输入 AT 命令来实现上述业务。本模块的 AT 命令集符合 ITU－T(国际电联)V.25TER 文件标准。限于篇幅，详细的 AT 命令集请参考相关的文献。本小节简单介绍几个和收发短消息相关的常用 AT 命令，如表 15－3 所列。

表 15－3　AT 命令集介绍

AT 命令	功能描述
AT	建立连接
AT+CMGF=?	返回当前的工作模式
AT+CMGS	设置当前工作模式，n=0：PDU 模式，n=1：text 模式
AT+CMGR=<index>	发送短信息
AT+CMGL	读短信息，其中 index 是消息在当前存储区中的序列号
AT+CMGD=<index>	删除短消息，删除当前存储区中序列号为 index 的短消息，设置收到的短消息报告模式，mode=0：缓冲短消息结果码；mode=2：无论何种状态下，都向终端设备(TE)发送结果码

2. 应用简介

本小节对 GPRS 模块应用作简单介绍，以帮助大家对 AT 命令应用理解。

(1) 简单测试

选择串口(COM1 或 COM2，根据你准备工作中 Modem 连接的串口选择)。

对端口进行设置：

波特率：9600；数据位：8；奇偶校验：无；停止位：1；数据流控制：硬件。

输入：AT<CR>，返回 OK，说明 Modem 处于正常工作状态，与模块已经建立起了通信连接。

(2) 短信业务

范例：向 13888888888 发送短信"Fei ling"

① TEXT 方式

AT+CMGF=1<CR>　……………设置短信发送方式为 TEXT 模式

AT+CMGS=13888888888<CR>　……………向被叫号码发短信

>Fei ling<CTRL+Z>

② PDU 方式

AT+CMGF=0<CR>　……………设置短信发送方式为 PDU 模式

AT+CMGS=021<CR>　……………向被叫号码发短信

> 0891683108100005F011000D91683125911534F5000800064F60597D0021 < CTRL + Z>

注：PDU 方式中 AT+CMGS 命令解释如下：

输入：

AT+CMGS=XXX<CR>　　　…XXX 表示 PDU 中 TPDU 的长度(不包含 SMSC 地址)

>PDU　　　　　　　　　...输入 PDU 信息

[PDU 由 SMSC 地址和 TPDU 构成,上面范例中输入的 PDU 解释如下

08　　:SMSC 地址字节长度(包含 91)　　} SMSC 地址

91　　:SMSC 地址格式(91 表示国际格式)

683108100005F0　:SMSC 地址(北京移动+8613800100500)

11　　:基本参数　　} TPDU

00　　:消息基准值 TP-MR

0D　　:目标地址数字个数(十进制,不包含 91)

91　　:目标地址格式

683125911534F5　:目标地址(+8613521951435)

00　　:协议标示 TP-PID

08　　:用户信息编码格式 TP-DCS(08 表示 UCS2 编码)

00　　:有效期 TP-VP

06　　:用户信息长度 TP-UDL

4F60597D0021　:用户信息("你好!")

(3) 电话业务

范例:给 13521951435 拨打电话

AT+SPEAKER=1;<CR>设为话筒选择

AT&W <CR>保存设置

ATD13031047179;<CR>　　……………拨号(注意最后分号)

ATH<CR>　　…………挂机

(4) GPRS 上网业务

GPRS 上网配置步骤如下:

① AT+CGCLASS="B" 设置为"B"模式;

② AT+CGDCONT=1,"IP","CMNET"设置 APNA;

③ AT+CSQ 检查信号,若返回 10~31,0,则继续执行第 4 步,如果返回信号是 99,99,则应不停的键入 A/命令,模块不断搜寻网络;

④ AT+CGACT=1,1 激活模块,返回 OK 则继续;

⑤ AT+CGREG? 若返回为 0,1 则继续执行第 6 步,若返回 0,0 则返回第 1 步重新设置,或者不停键入 A/,多次执行 AT+CGREG? 命令;

⑥ AT+IPR=115200;&W　更改模块速率并保存。

注意:使用该模块通过 GPRS 上网首先要求你的 SIM 卡开通 GPRS 服务。

3. GPRS 模块电路连接图

S3C2440A 处理器硬件平台通过 UART3 与 GPRS 通信模块连接,通过指令控制其工作在合适的模式,并完成短消息的发送或者接收工作。GPRS 通信模块与硬件平台连接原理图如图 15-7 所示。

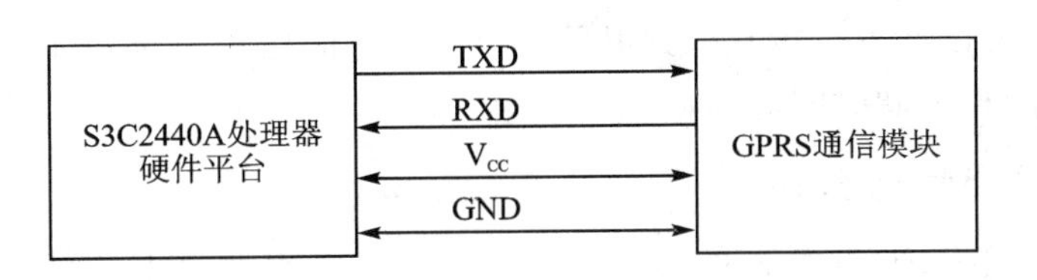

图 15-7 GPRS 通信模块与硬件平台连接原理图

15.3.3 GPS 模块介绍

GPS 卫星定位系统可以向全球各地全天候地提供三维位置、三维速度等信息。它由 3 部分构成，一是空间部分，由 24 颗卫星组成，分布在 6 个轨道平面。二是地面控制部分，由主控站、地面天线、滥测站及通讯辅助系统组成。三是用户设备部分，由 GPS 接收机和卫星天线等组成。

(1) 太空部分

GPS 的空间部分是由 24 颗工作卫星组成，它位于距地表 20 km～200 km 的上空，均匀分布在 6 个轨道面上(每个轨道面 4 颗)，轨道倾角为 55°。此外，还有 4 颗有源备份卫星在轨运行。这些卫星的分布状态使得在全球任何地方、任何时间都可观测到 4 颗以上的卫星。这些卫星不间断地给全球用户发送位置和时间广播数据。GPS 卫星产生两组电码，一组称为 C/A 码(Coarse/ Acquisition Code，11 023 MHz) ；一组称为 P 码(Procise Code，10 123 MHz)，P 码因频率较高，不易受干扰，定位精度高。C/A 码人为采取措施而刻意降低精度后，主要开放给民间使用。目前我们对 GPS 系统的应用都是在 C/A 码部分。

(2) 地面控制部分

地面控制部分主要由主控站，监测站和地面控制站组成。监测站均配装有精密的铯钟和能够连续测量到所有可见卫星的信号接收机。监测站将取得的卫星观测数据，包括电离层和气象数据，经过初步处理后，传送到主控站。主控站从各监测站收集跟踪数据，计算出卫星的轨道和时钟参数，然后将结果送到 3 个地面控制站。地面控制站在每颗卫星运行至上空时，把这些导航数据及主控站指令注入到卫星。这种注入对每颗 GPS 卫星每天一次，并在卫星离开注入站作用范围之前进行最后的注入。如果某地面站发生故障，那么在卫星中预存的导航信息还可用一段时间，但导航精度会逐渐降低。

(3) 用户设备部分

用户设备部分由 GPS 信号接收机、数据处理软件及相应的用户设备组成。其主要功能是能够捕获到卫星所发出的信号，并利用这些信号进行导航定位等工作。当接收机捕获到跟踪的卫星信号后，即可测量出接收天线至卫星的伪距离和距离的变化率，解调出卫星轨道参数等数据。根据这些数据，接收机中的微处理计算机就可按定位解算方法进行定位计算，计算出用户所在地理位置的经纬度、高度、速度、时间等信息。

1. GPS 系统工作原理

GPS 系统的基本原理是测量出已知位置的卫星到用户接收机之间的距离，然后综合多颗卫星的数据就可知道接收机的具体位置。要达到这一目的，每颗 GPS 卫星时刻发布其位置和时间数据信号的导航电文，用户接收机可以测算出每颗卫星的信号到接收机的时间延迟，根据信号传输的速度就可以计算出接收机到卫星的距离。同时收集到至少 4 颗卫星数据时,就可以计算出三维坐标、速度和时间等参数。

2. GPS 模块输出信号分析

本配件平台采用了 SiRF 公司的 Star-III 模块,该模块的输出信号是根据 NMEA(National Marine Electronics Association)0183 格式标准输出的。输出信息主要包括位置测定系统定位资料 GPGGA,偏差信息和卫星状态 GPGSA,导航系统卫星相关资料 GPGSV,最起码的 GNSS 信息 GPRMC 等部分。下面将主要对这些例句信息进行分析。

(1) GPGGA 位置测定系统定位资料

定位后的卫星定位信息(Global Positioning System Fix Data):卫星时间、位置和相关信息。

信息示例:

$GPGGA,063740.998,2234.2551,N,11408.0339,E,1,08,00.9,00053.1,M,-2.1,M,,*7B

$GPGGA,161229.487,3723.2475,N,12158.3416,W,1,07,1.0,9.0,M,,,,0000*18

GPGGA 信息说明如表 15-4 所列。

表 15-4 GPGGA 信息说明

名 称	数 值	单 位	说 明
信息代码	$GPGGA		GGA 信息标准码
格林威治时间	063740.998		时时分分秒秒.秒秒秒
纬度	2234.2551		度度分分.秒秒秒秒
南/北极	N		N:北极 S:南极
经度	11408.0339		度度度分分.秒秒秒秒
东/西经	E		E:东半球 W:西半球
定位代码	1		1 表示定位代码是有效的
使用中的卫星数	08		
水平稀释精度	00.9		0.5~99.9 米
海拔高度	00053.1	米	
单位	M	米	
偏差修正使用区间	-2.1	米	
单位	M	米	
校验码	*7B		

(2) GSA 方向及速度(Course Over Ground and Ground Speed)

信息示例:

$GPGSA,A,3,06,16,14,22,25,01,30,20,,,,,01.6,00.9,01.3*0D

$GPGSA,A,3,07,02,26,27,09,04,15,,,,,,1.8,1.0,1.5*33

GPGSA 信息说明如表 15-5 所列。

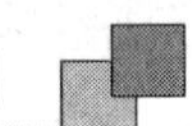

表 15-5　GPGSA 信息说明

名　称	数　值	单　位	说　明
信息代码	$GPGSA		GSA 信息标准码
自动/手动选择 2 维/3 维形式	A		MM＝手动选择；A＝自动控制
可用的模式	3		2＝2 维模式；3＝3 维模式
接收到信号的卫星编号	06,16,14,22,25,01,30,20		收到信号的卫星的编号
位置精度稀释	01.6		
水平精度稀释	00.9		
垂直精度稀释	01.3		
校验码	*0D		

(3) GSV 导航系统卫星相关资料

GNSS 天空范围内的卫星(GNSS Satellites in View)即可见卫星数、伪码乱码数值、卫星仰角等)。

信息示例：

$GPGSV,2,1,08,06,26,075,44,16,50,227,47,14,57,097,44,22,17,169,41*70

$GPGSV,2,1,07,07,79,048,42,02,51,062,43,26,36,256,42,27,27,138,42*71

GPGSV 信息说明如表 15-6 所列。

表 15-6　GPGSV 信息说明

名　称	数　值	单　位	说　明
信息代码	$GPGSV		GSV 信息标准码
GPGSV 信息被分割的数目	2		信息被分割成 2 部分
信息被分割后的序号	1		1
接收到的卫星数目	08		1
卫星的编号	06、16、14、22		卫星编号分别是 6、16、14、22，下面的信息也是以列的形式对应
卫星的仰角	26、50、57、17	°(度)	正上方 90°，范围 0°～90°
卫星的方位角	075、227、097、169	°(度)	正北方是 0°，范围 0°～360°
信号强度	44、47、44、41	dB	范围 0～99，如果输出 null 表示未用
校验码	*70		

(4) RMC 最起码的 GNSS 信息(Recommended Minimum Specific GNSS Data)

主要是卫星的时间、位置方位、速度等。

信息示例：

$GPRMC,063740.998,A,2234.2551,N,11408.0339,E,000.0,276.0,150805,002.1,W*7C

$GPRMC,161229.487,A,3723.2475,N,12158.3416,W,0.13,309.62,120598,,*10

GPRMC 信息说明如表 15-7 所列。

表 15-7　GPRMC 信息说明

名　称	数　值	单　位	说　明
信息代码	$GPRMC		RMC 信息起始码
格林威治时间/标准定位时间 UTC	063741.998		时时分分秒.秒秒(Hhmmss.sss)
状态	A		A=信息有效;V=信息无效
纬度	2234.2551		度度秒秒.秒秒秒秒
南/北维	N		N=北纬;S=南纬
经度	11408.0338		度度秒秒.秒秒秒秒
东/西经	E		E=东经;W=西经
对地速度	000.0		
对地方向	276.0		
日期	150805		日日月月年年
磁极变量	002.1		
度数			
检验码	W*7C		

(5) 经、纬度的地理位置(GLL)

主要包括的经纬度的地理位置信息。

信息示例:

$GPGLL,3723.2475,N,12158.3416,W,161229.487,A*2C

GPGLL 信息说明如表 15-8 所列。

表 15-8　GPGLL 信息说明

名　称	数　值	单　位	说　明
信息代码	$GPGLL		GLL 信息起始码
纬度	3723.2475		度度分分.分分分分
北半球或南半球指示器	N		北半球(N)或南半球(S)
经度	12158.3416		度度度分分.分分分分
东半球或西半球	W		东半球(E)或西半球(W)
标准定准时间	161229.487		时时分分秒秒
状态	A		A=状态可用;V=状态不可用

3. GPS 模块电路原理图

SiRF Star-III 模块用于卫星定位数据的采集。其模块内部硬件原理图如图 15-8 所示，模块与 S3C2440A 处理器硬件平台的电路连接原理图如图 15-9 所示。

本实例其他传感器硬件介绍省略,请读者参考前述对应的章节。

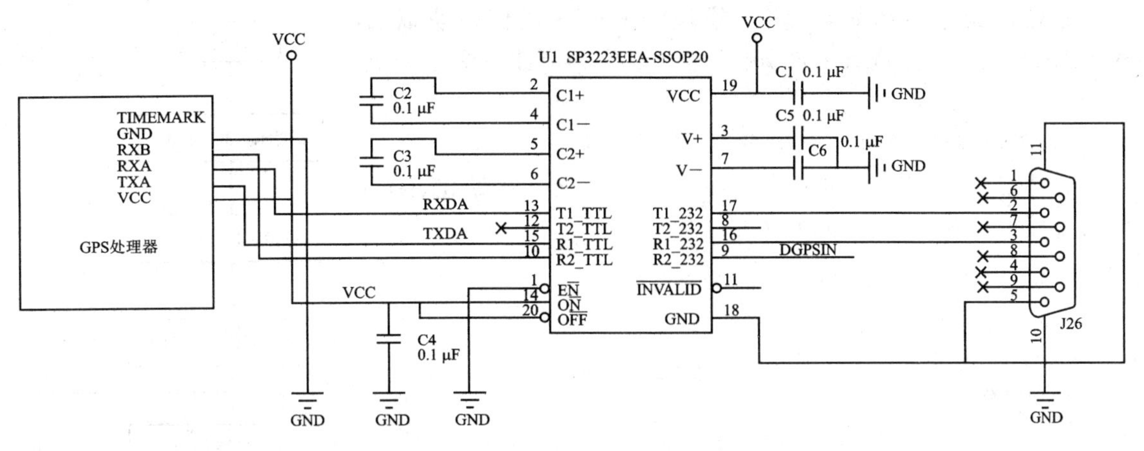

图 15-8　GPS 模块内部硬件原理图

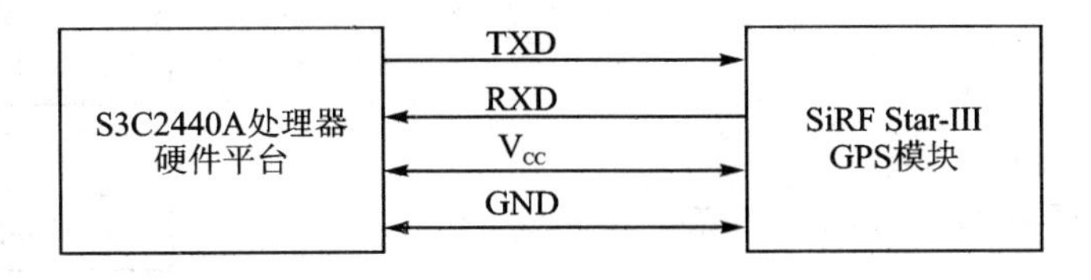

图 15-9　GPS 模块与硬件平台连接原理图

15.4　软件系统设计

本实例的系统作业平台基于 Linux kernel 2.6.12 版本，以 S3C2440A 处理器硬件平台为基础，基软件系统架构图如图 15-10 所列。

Linux应用程序					
TCP/IP		传感器驱动			
GPRS通信模块驱动	GPS模块驱动	心跳感应器	温度传感器	运动传感器	警报感应器
ARX Linux kernel					

图 15-10　软件系统架构图

15.4.1　程序流程图

本实例的软件程序主要包括：串口初始化、GPS 处理、GPRS 处理、温度传感器和数字加速度计采集处理程序，等等。其主要程序流程图如图 15-11 所示。

15.4.2　程序代码及注释

由于篇幅的限制及部分应用代码已经在前述章节中做过一定程度的介绍，本部分源代码只包括各自的串口初始化、GPS 模块和 GPRS 通信模块以及 ADXL345 数字加速度计的部分代码，详细代码请读者参考光盘代码。

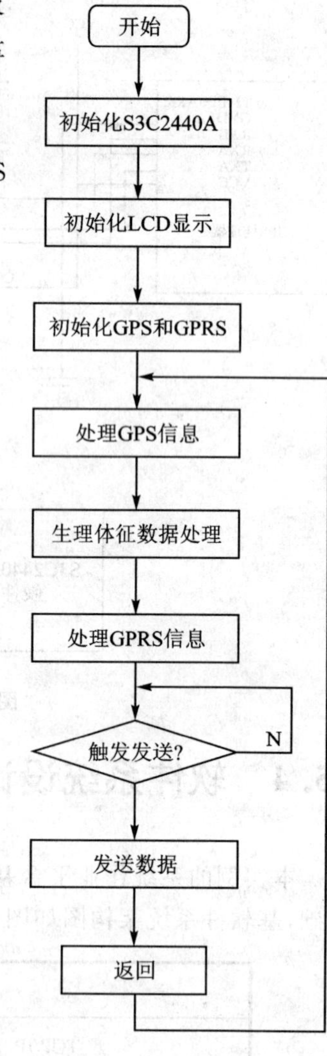

图 15-11 主要程序流程图

(1) GPS 应用程序

文件 GPS_APP.C 包括串口在 Linux 系统下初始化、GPS 配置及数据接收等功能，如下文介绍。

```
//从 GPS 读取数据,成功返回 1,失败返回 0
int read_GPS_datas(int fd, char * rcv_buf)
{
int retval;
int ret, pos;
struct timeval tv;
fd_set rfds;
tv.tv_sec = 1;
tv.tv_usec = 0;
pos = 0; //指向接收缓存
tcflush(fd, TCIFLUSH); // 清空缓冲数据
while (1) {
FD_ZERO(&rfds);
FD_SET(fd, &rfds);
retval = select(fd + 1, &rfds, NULL, NULL, &tv);
if (retval == EOF) {
perror("select");
return 0;
}
if (retval) { // 判断是否还有数据
ret = read(fd, rcv_buf + pos, RCV_BUF_SIZ);
pos + = ret;
if (pos > = RCV_BUF_SIZ) {
return 1;
}
// 接收到数行之后没有数据了,接收成功
if (rcv_buf[pos - 2] == '\r' && rcv_buf[pos - 1] == '\n') {
FD_ZERO(&rfds);
FD_SET(fd, &rfds);
tv.tv_sec = 0;
tv.tv_usec = 20000;
retval = select(fd + 1, &rfds, NULL, NULL, &tv);
if (! retval)
break; // 如无数据,中断
}
} else if (pos == 0){
    printf("\r\nNo data");
return 0;
```

```
}
}
return 1;
}
//GPS 数据
void GPS_original_signal(int fd)
{
char rcv_buf[RCV_BUF_SIZ];
int i = 1;
while (i--) {
bzero(rcv_buf, sizeof(rcv_buf));
if (read_GPS_datas(fd, rcv_buf)) {
printf("%s", rcv_buf);
  }
}
return;
}
// 解析 GPRMC 命令的数据域
int gprmc_get_fields(char * strbuf, char * fields[]) {
char * p = strbuf;
int i = 0;
fields[i++] = p;
while (*p != '\r' && *p != '\n' && *p != '\0') {
if (*p == ',') {
*p++ = '\0';
fields[i++] = p;
continue;
}
p++;
}
*p++ = '\0';
#if 0
{
int k;
printf("\r\nfields count %d", i);
for(k = 0; k < i; k++) {
printf("\r\n %s", fields[k]);
}
}
#endif
return i;
}
//GPS 信号 OK!
void GPS_signal_is_ok(int fd)
{
```

```
char nStrBuf[RCV_BUF_SIZ];
char * fields[15];
int j;
bzero(nStrBuf, sizeof(nStrBuf));
if (! read_GPS_datas(fd, nStrBuf)) {
printf("\r\nGPS error or inconnected");
return;
}
for (j = 0; nStrBuf[j] && j < RCV_BUF_SIZ; j++) {
if (nStrBuf[j] != '$') {
continue;
}
if (0 != strncmp(&nStrBuf[j], "$GPRMC", 6)) {
continue;
}
printf("\r\nGPS connected");
printf("\r\nSignal ");
gprmc_get_fields(&nStrBuf[j], fields);
if ( * fields[2] == 'A') {
printf("OK");
} else {
// GPS 信号弱,接收不到有效数据
printf("invalid, too low");
}
break;
}
return;
}
//GPRMC 命令的数据域
void GPS_resolve_gprmc(int fd)
{
char nStrBuf[RCV_BUF_SIZ];
char * fields[15];
char int_buf[20];
int coord_n, coord_e;
int j;
bzero(nStrBuf, sizeof(nStrBuf));
if (! read_GPS_datas(fd, nStrBuf)) {
printf("\r\nGPS error or inconnected");
return;
}
for (j = 0; nStrBuf[j] && j < RCV_BUF_SIZ; j++) {
if (nStrBuf[j] != '$') {
continue;
}
```

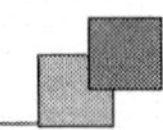

```
if (0 ! = strncmp(&nStrBuf[j], " $ GPRMC", 6)) {
continue;
}

" $ GPRMC,013046.00,A,2702.1855,N,11849.0769,E,0.05,218.30,111105,4.5,W,A * 20..");
gprmc_get_fields(&nStrBuf[j], fields);
if ( * fields[2] ! = 'A') {
printf("\r\n 接收器没有收到定位信息");
break;
}
memset(int_buf, '\0', 20);
strncpy(&int_buf[0], fields[1] + 0, 2);
strcat(int_buf, "时");
strncpy(&int_buf[4], fields[1] + 2, 2);
strcat(int_buf, "分");
strcpy(&int_buf[8], fields[1] + 4);
strcat(int_buf, "秒");
printf("\r\n1  时间: % s", int_buf);
printf("\r\n2  定位状态: ");
printf(( * fields[2] == 'A')? " 可用": " 不可用");
if (strlen(fields[3]) ! = 0) {
coord_n = atoi(fields[3]);
} else {
coord_n = 0;
}
sprintf(int_buf, " % d 度 % d 分", coord_n / 100, coord_n - (coord_n / 100) * 100);
printf("\r\n3  北纬(N): % s", int_buf);
if (strlen(fields[5]) ! = 0) {
coord_e = atoi(fields[5]);
} else {
coord_e = 0;
}
sprintf(int_buf, " % d 度 % d 分", coord_e / 100, coord_e - (coord_e / 100) * 100);
printf("\r\n4  东经(E): % s", int_buf);
}
return;
}
//GPS 接收串口初始化.
void init_ttyS(int fd)
{
struct termios newtio;
bzero(&newtio, sizeof(newtio));
newtio.c_lflag &= ~(ECHO | ICANON);
newtio.c_cflag = B9600 | CS8 | CLOCAL | CREAD;
newtio.c_iflag = IGNPAR;
```

```
newtio.c_oflag = 0;
newtio.c_oflag &= ~(OPOST);
newtio.c_cc[VTIME] = 5;
newtio.c_cc[VMIN] = 0;
tcflush(fd, TCIFLUSH);
tcsetattr(fd, TCSANOW, &newtio);
return;
}
//接收 GPS 信号
void func_GPS(int fd)
{
int f_select = 0;
int f_exit = 0;
while (! f_exit) {
print_prompt(); //打印功能提示信息
scanf("%d", &f_select); // 输入功能选项
fflush(stdin);
switch (f_select) {
case 1:
GPS_original_signal(fd);
break;
case 2:
GPS_signal_is_ok(fd);
break;
case 3:
GPS_resolve_gprmc(fd);
break;
case 4:
printf("\r\nExit GPS function. bye!");
f_exit = 1;
break;
default:
printf("\r\nInvalid selection");
break;
}
}
return;
}
//GPS 调用主程序
int GPS_main(void)
{
int fd;
char dev_name[40];
printf("\r\nThis is a test about GPS");
// 打开串口
```

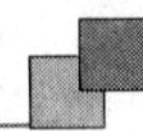

```
fd = open(DEVICE_TTYS, O_RDONLY);
if (fd == EOF) {
printf("\r\nopen device %s error", dev_name);
return 1;
}
init_ttyS(fd); // 初始化设备
func_GPS(fd); // GPS 功能
close(fd);
printf("\r\n");
return 0;
}
```

(2) GPRS 应用程序

文件 GPRS_APP.C 包括 GPRS 通信模块在 Linux 系统下设置及应用程序等功能，如下文介绍。

```
//从 GPRS 通信模块读取数据,成功返回 1,失败返回 0
int read_GSM_GPRS_datas(int fd, char *rcv_buf,int rcv_wait)
{
int retval;
fd_set rfds;
struct timeval tv;
int ret,pos;
tv.tv_sec = rcv_wait; //等待
tv.tv_usec = 0;
pos = 0; // 指向接收缓存
while (1)
{
FD_ZERO(&rfds);
FD_SET(fd, &rfds);
retval = select(fd+1 , &rfds, NULL, NULL, &tv);
if (retval == -1)
{
perror("select()");
break;
}
else if (retval)
{
ret = read(fd, rcv_buf+pos, 2048);
pos += ret;
if (rcv_buf[pos-2] == '\r' && rcv_buf[pos-1] == '\n')
{
FD_ZERO(&rfds);
FD_SET(fd, &rfds);
retval = select(fd+1 , &rfds, NULL, NULL, &tv);
if (! retval) break; // 无数据,中断
```

```
}
}
else
{
printf("No data\n");
break;
}
}
return 1;
}
//发送 AT 命令,成功返回 1,失败返回 0
int send_GSM_GPRS_cmd(int fd, char * send_buf)
{
ssize_t ret;
ret = write(fd,send_buf,strlen(send_buf));
if (ret == -1)
{
printf ("write device %s error\n", DEVICE_TTYS);
return -1;
}
return 1;
}
//发送 AT 命令及读回结果
void GSM_GPRS_send_cmd_read_result(int fd, char * send_buf, int rcv_wait)
{
char rcv_buf[2048];
if((send_buf == NULL) || (send_GSM_GPRS_cmd(fd,send_buf)))
    {
bzero(rcv_buf,sizeof(rcv_buf));
if (read_GSM_GPRS_datas(fd,rcv_buf,rcv_wait))
{
printf ("%s\n",rcv_buf);
printf("Read Messages\n");
}
else
{
printf ("read error\n");
}
}
else
{
printf("write error\n");
}
}
//发送命令AT能与建立连接
```

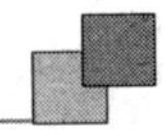

```
void GSM_simple_test(int fd)
{
char * send_buf = "at\r";
GSM_GPRS_send_cmd_read_result(fd,send_buf,RECEIVE_BUF_WAIT_1S);
}
//发送命令"atd<tel_num>;"
//完成后,发送命令"ath"
void GSM_call(int fd)
{
char send_buf[17];
char * send_cmd_ath = "ath\r";
int i;
char c;
// 输入电话号码
bzero(send_buf,sizeof(send_buf));
send_buf[0] ='a';
send_buf[1] ='t';
send_buf[2] ='d';
send_buf[16] = '\0';
printf("please input tele No.:");
i = 3;
while (1)
{
send_buf[i] = getchar();
if (send_buf[i] =='\n') break;
i++;
}
send_buf[i] =';';
send_buf[i+1] ='\r';
for (i = 3; i < 14; i++)
{
if (send_buf[i] < '0' || send_buf[i] > '9')
{
printf("The phone number is wrong! \n\n");
return;
}
}

// 发送命令
GSM_GPRS_send_cmd_read_result(fd,send_buf,RECEIVE_BUF_WAIT_5S);
printf("press enter to quit:");
while(1)
{
c = getchar();
if(c == '\n')
```

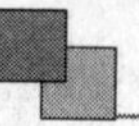


```
break;
}
// 发送命令
GSM_GPRS_send_cmd_read_result(fd,send_cmd_ath,RECEIVE_BUF_WAIT_1S);
}
//等待 GPRS 通信模块调用
void GSM_wait_call(int fd)
{
char rcv_buf[1024];
int wait_RING;
int i;
char c;
char send_buf[10];
send_buf[0] ='a';
send_buf[1] ='t';
send_buf[2] ='h';
send_buf[3] = '\r';
send_buf[4] = '\0';
wait_RING = 50;
while (wait_RING! = 0)
{
bzero(rcv_buf,sizeof(rcv_buf));
if (read_GSM_GPRS_datas(fd,rcv_buf,RECEIVE_BUF_WAIT_1S))
{
printf ("\r %s",rcv_buf);
if(strlen(rcv_buf) >= 4)
for(i = 0; i <= strlen(rcv_buf) - 4; i++)
if(rcv_buf[i] == 'R' && rcv_buf[i+1] == 'I' && rcv_buf[i+2] == 'N' &&
rcv_buf[i+3] == 'G')
{
printf("someone call in...\n");
printf("press 'A' and then press enter to answer, or press enter to Cancel:");
c = getchar();
if(c == '\n')
{
GSM_GPRS_send_cmd_read_result(fd,send_buf,RECEIVE_BUF_WAIT_1S);
return;
}
else if(c == 'a' || c == 'A')
{
send_buf[0] ='a';
send_buf[1] ='t';
send_buf[2] ='a';
send_buf[3] = '\r';
send_buf[4] = '\0';
```

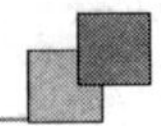

```
GSM_GPRS_send_cmd_read_result(fd,send_buf,RECEIVE_BUF_WAIT_1S);
  }
 }
}
else
{
printf ("read error\n");
}
wait_RING--;
}
printf("quit wait_call\n");
}
//GPRS 通信模块发送简讯
void GSM_Send_Message(int fd)
{
    char cmd_buf[23];
char short_message_buf[MAX_LEN_OF_SHORT_MESSAGE];
int i;
bzero(cmd_buf,sizeof(cmd_buf));
bzero(short_message_buf,sizeof(short_message_buf));
printf ("send short message:\n");
cmd_buf[0] = 'a';
cmd_buf[1] = 't';
cmd_buf[2] = '+';
cmd_buf[3] = 'c';
cmd_buf[4] = 'm';
cmd_buf[5] = 'g';
cmd_buf[6] = 's';
cmd_buf[7] = '=';
cmd_buf[8] = '"';
printf ("please input tele  No.:");
i = 9;
while (1)
{
cmd_buf[i] = getchar();
if (cmd_buf[i] == '\n') break;
i++;
}
cmd_buf[i] = '"';
cmd_buf[i+1] = '\r';
cmd_buf[i+2] = '\0';
for (i = 9; i < 20; i++)
{
if (cmd_buf[i] < '0' || cmd_buf[i] > '9')
{
```

```
printf("The phone number is wrong! \n\n");
return;
}
}
// 发送 AT 指令：at + cmgs = "(telephone number)"
GSM_GPRS_send_cmd_read_result(fd,cmd_buf,RECEIVE_BUF_WAIT_1S);
// 输入简讯
printf("please input short message:");
i = 0;
while(i < MAX_LEN_OF_SHORT_MESSAGE - 2)
{
short_message_buf[i] = getchar();
if (short_message_buf[i] == '\n') break;
i++;
}
short_message_buf[i] = 0x1A;
short_message_buf[i + 1] = '\r';
short_message_buf[i + 2] = '\0';
// 发送简讯
GSM_GPRS_send_cmd_read_result(fd, short_message_buf,RECEIVE_BUF_WAIT_4S);
printf("\nend send short message\n");
}
//GPRS 读取简讯
void GSM_Read_Message(int fd)
{
char * send_buf = "at + cmgl = \"ALL\"\r";
GSM_GPRS_send_cmd_read_result(fd,send_buf,RECEIVE_BUF_WAIT_3S);
printf("end read all short message\n");
}
//GPRS 模块配置简讯项目
-------------------------------------
void GSM_Conf_Message(int fd)
{
char * send_buf = "at + cmgf = 1\r";
char send_center_buf[40]; // = "at + csca = \" + 8613800755500\"\r";
char buf[20];
printf("Input short message center number\n example: + 8613800755500\n>");
scanf("%s", buf);
sprintf(send_center_buf, "at + csca = \"%s\"\r", buf);
GSM_GPRS_send_cmd_read_result(fd,send_buf,RECEIVE_BUF_WAIT_1S);
// 设置简讯服务中心
GSM_GPRS_send_cmd_read_result(fd,send_center_buf,RECEIVE_BUF_WAIT_1S);
printf("end config short message env\n");
}
//GSM 简讯
```

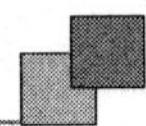

```
----------------------------------------------------
void GSM_short_mesg(int fd)
{
int flag_sm_run, flag_sm_select;
flag_sm_run = FUNC_RUN;
while (flag_sm_run == FUNC_RUN)
{
printf ("\n Select:\n");
printf ("1 : Send short message \n");
printf ("2 : Read all short message \n");
printf ("3 : Config short message env\n");
printf ("4 : quit\n");
printf (">");
scanf(" % d",&flag_sm_select);
getchar();
switch (flag_sm_select)
{
    case SEND_SHORT_MESSAGE : { GSM_Send_Message(fd);
break; }
case READ_SHORT_MESSAGE : { GSM_Read_Message(fd);
break; }
case CONFIG_SHORT_MESSAGE_ENV : { GSM_Conf_Message(fd);
break; }
case QUIT_SHORT_MESSAGE : { flag_sm_run = FUNC_NOT_RUN;
break; }
default :
{
printf("please input your select use 1 to 3\n");
     }
   }
}
printf ("\n");
}
//打印提示信息
void print_prompt(void)
{
printf ("Select what you want to do:\n");
printf ("1 : Simple Test\n");
printf ("2 : Make A Call\n");
printf ("3 : Wait A Call\n");
printf ("4 : Short message\n");
printf ("5 : Quit\n");
printf (">");
}
//GPRS 通信模块控制
```

```
void func_GSM(int fd)
{
int flag_func_run;
int flag_select_func;
flag_func_run = FUNC_RUN;
while (flag_func_run == FUNC_RUN)
{
print_prompt(); // 打印功能选择提示信息
scanf("%d",&flag_select_func); // 输入选择
getchar();
switch(flag_select_func)
{
case SIMPLE_TEST : {GSM_simple_test(fd); break;}
case MAKE_A_CALL : {GSM_call(fd); break;}
case WAIT_A_CALL : {GSM_wait_call(fd); break;}
case SHORT_MESSAGE : {GSM_short_mesg(fd); break;}
case FUNC_QUIT :
{
flag_func_run = FUNC_NOT_RUN;
printf("Exit GSM/GPRS function. byebye\n");
break;
}
default :
{
printf("please input your select use 1 to 7\n");
    }
   }
 }
}
//初始化串口
void init_ttyS(int fd)
{
struct termios newtio;
bzero(&newtio, sizeof(newtio));
tcgetattr(fd, &newtio); // 得到当前串口的参数
cfsetispeed(&newtio, B4800); // 将输入波特率设为 4800
cfsetospeed(&newtio, B4800); // 将输出波特率设为 4800
newtio.c_cflag |= (CLOCAL | CREAD); // 使能接收并使能本地状态
newtio.c_cflag &= ~PARENB; // 无校验 8 位数据位 1 位停止位
newtio.c_cflag &= ~CSTOPB;
newtio.c_cflag &= ~CSIZE;
newtio.c_cflag |= CS8;
newtio.c_lflag &= ~(ICANON | ECHO | ECHOE | ISIG); // 原始数据输入
newtio.c_oflag &= ~(OPOST);
newtio.c_cc[VTIME] = 0; // 设置等待时间和最小接收字符数
```

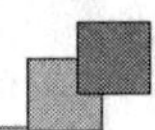

```
newtio.c_cc[VMIN] = 0;
tcflush(fd, TCIFLUSH); // 处理未接收的字符
tcsetattr(fd,TCSANOW,&newtio); // 激活新配置
}
//串口程序
int GPRS_main(void)
{
int fd;
showversion();
printf("\nGSM/GPRS TESTS\n\n");
// 打开串口
fd = open(DEVICE_TTYS, O_RDWR);
if (fd == -1)
{
printf("open device %s error\n",DEVICE_TTYS);
}
else
{
init_ttyS(fd); //初始化串口
func_GSM(fd); // GPRS 功能
// 关闭
if (close(fd)! = 0) printf("close device %s error",DEVICE_TTYS);
}
return 0;
}
```

(3) ADXL345 数字加速度计驱动程序

ADXL345 数字加速度计在 Linux 系统下的驱动程序，本程序参照 Linux 系统下的一般驱动程序规则，程序源代码如下文。

```
struct axis_triple {
    int x;
    int y;
    int z;
};
struct adxl34x {
    struct device *dev;
    struct input_dev *input;
    struct mutex mutex;     /* reentrant protection for struct */
    struct adxl34x_platform_data pdata;
    struct axis_triple swcal;
    struct axis_triple hwcal;
    struct axis_triple saved;
    char phys[32];
    unsigned orient2d_saved;
    unsigned orient3d_saved;
```

```
    bool disabled;    /* P: mutex */
    bool opened;    /* P: mutex */
    bool suspended;    /* P: mutex */
    bool fifo_delay;
    int irq;
    unsigned model;
    unsigned int_mask;
    const struct adxl34x_bus_ops *bops;
};
static const struct adxl34x_platform_data adxl34x_default_init = {
    .tap_threshold = 35,
    .tap_duration = 3,
    .tap_latency = 20,
    .tap_window = 20,
    .tap_axis_control = ADXL_TAP_X_EN | ADXL_TAP_Y_EN | ADXL_TAP_Z_EN,
    .act_axis_control = 0xFF,
    .activity_threshold = 6,
    .inactivity_threshold = 4,
    .inactivity_time = 3,
    .free_fall_threshold = 8,
    .free_fall_time = 0x20,
    .data_rate = 8,
    .data_range = ADXL_FULL_RES,
    .ev_type = EV_ABS,
    .ev_code_x = ABS_X,    /* EV_REL */
    .ev_code_y = ABS_Y,    /* EV_REL */
    .ev_code_z = ABS_Z,    /* EV_REL */
    .ev_code_tap = {BTN_TOUCH, BTN_TOUCH, BTN_TOUCH}, /* EV_KEY {x,y,z} */
    .power_mode = ADXL_AUTO_SLEEP | ADXL_LINK,
    .fifo_mode = FIFO_STREAM,
    .watermark = 0,
};
static void adxl34x_get_triple(struct adxl34x *ac, struct axis_triple *axis)
{
    short buf[3];
    ac->bops->read_block(ac->dev, DATAX0, DATAZ1 - DATAX0 + 1, buf);
    mutex_lock(&ac->mutex);
    ac->saved.x = (s16) le16_to_cpu(buf[0]);
    axis->x = ac->saved.x;
    ac->saved.y = (s16) le16_to_cpu(buf[1]);
    axis->y = ac->saved.y;
    ac->saved.z = (s16) le16_to_cpu(buf[2]);
    axis->z = ac->saved.z;
    mutex_unlock(&ac->mutex);
}
static void adxl34x_service_ev_fifo(struct adxl34x *ac)
```

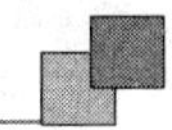

```
{
    struct adxl34x_platform_data * pdata = &ac->pdata;
    struct axis_triple axis;
    adxl34x_get_triple(ac, &axis);
    input_event(ac->input, pdata->ev_type, pdata->ev_code_x,
            axis.x - ac->swcal.x);
    input_event(ac->input, pdata->ev_type, pdata->ev_code_y,
            axis.y - ac->swcal.y);
    input_event(ac->input, pdata->ev_type, pdata->ev_code_z,
            axis.z - ac->swcal.z);
}
    ...
static irqreturn_t adxl34x_irq(int irq, void * handle)
{
    ...
限于篇幅,该部分代码省略,详细代码请参见光盘
}
static void __adxl34x_disable(struct adxl34x * ac)
{
    AC_WRITE(ac, POWER_CTL, 0);
}
static void __adxl34x_enable(struct adxl34x * ac)
{
    AC_WRITE(ac, POWER_CTL, ac->pdata.power_mode | PCTL_MEASURE);
}
void adxl34x_suspend(struct adxl34x * ac)
{
    mutex_lock(&ac->mutex);
    if (! ac->suspended && ! ac->disabled && ac->opened)
        __adxl34x_disable(ac);
    ac->suspended = true;
    mutex_unlock(&ac->mutex);
}
EXPORT_SYMBOL_GPL(adxl34x_suspend);
void adxl34x_resume(struct adxl34x * ac)
{
    mutex_lock(&ac->mutex);
    if (ac->suspended && ! ac->disabled && ac->opened)
        __adxl34x_enable(ac);
    ac->suspended = false;
    mutex_unlock(&ac->mutex);
}
EXPORT_SYMBOL_GPL(adxl34x_resume);
    ...
static DEVICE_ATTR(disable, 0664, adxl34x_disable_show, adxl34x_disable_store);
```

```
    …
static DEVICE_ATTR(calibrate, 0664,
          adxl34x_calibrate_show, adxl34x_calibrate_store);
    …
static DEVICE_ATTR(rate, 0664, adxl34x_rate_show, adxl34x_rate_store);
    …
static DEVICE_ATTR(autosleep, 0664,
          adxl34x_autosleep_show, adxl34x_autosleep_store);
    …
static DEVICE_ATTR(position, S_IRUGO, adxl34x_position_show, NULL);
#ifdef ADXL_DEBUG
static ssize_t adxl34x_write_store(struct device *dev,
                  struct device_attribute *attr,
                  const char *buf, size_t count)
{
    struct adxl34x *ac = dev_get_drvdata(dev);
    unsigned long val;
    int error;
    error = strict_strtoul(buf, 16, &val);
    if (error)
        return error;
    mutex_lock(&ac->mutex);
    AC_WRITE(ac, val >> 8, val & 0xFF);
    mutex_unlock(&ac->mutex);
    return count;
}
static DEVICE_ATTR(write, 0664, NULL, adxl34x_write_store);
#endif
    …
static const struct attribute_group adxl34x_attr_group = {
    .attrs = adxl34x_attributes,
};
    …
struct adxl34x *adxl34x_probe(struct device *dev, int irq,
                  bool fifo_delay_default,
                  const struct adxl34x_bus_ops *bops)
{
    struct adxl34x *ac;
    struct input_dev *input_dev;
    const struct adxl34x_platform_data *pdata;
    int err, range, i;
    unsigned char revid;
    if (!irq) {
        dev_err(dev, "no IRQ?\n");
        err = -ENODEV;
        goto err_out;
```

```
}
ac = kzalloc(sizeof( * ac), GFP_KERNEL);
input_dev = input_allocate_device();
if (! ac || ! input_dev) {
    err = -ENOMEM;
    goto err_free_mem;
}
ac->fifo_delay = fifo_delay_default;
pdata = dev->platform_data;
if (! pdata) {
    dev_dbg(dev,
        "No platfrom data: Using default initialization\n");
    pdata = &adxl34x_default_init;
}
ac->pdata = * pdata;
pdata = &ac->pdata;
ac->input = input_dev;
ac->dev = dev;
ac->irq = irq;
ac->bops = bops;
mutex_init(&ac->mutex);
input_dev->name = "ADXL34x accelerometer";
revid = ac->bops->read(dev, DEVID);
switch (revid) {
case ID_ADXL345:
    ac->model = 345;
    break;
case ID_ADXL346:
    ac->model = 346;
    break;
default:
    dev_err(dev, "Failed to probe % s\n", input_dev->name);
    err = -ENODEV;
    goto err_free_mem;
}
snprintf(ac->phys, sizeof(ac->phys), "% s/input0", dev_name(dev));
input_dev->phys = ac->phys;
input_dev->dev.parent = dev;
input_dev->id.product = ac->model;
input_dev->id.bustype = bops->bustype;
input_dev->open = adxl34x_input_open;
input_dev->close = adxl34x_input_close;
input_set_drvdata(input_dev, ac);
__set_bit(ac->pdata.ev_type, input_dev->evbit);
if (ac->pdata.ev_type == EV_REL) {
    __set_bit(REL_X, input_dev->relbit);
```

```
        __set_bit(REL_Y, input_dev->relbit);
        __set_bit(REL_Z, input_dev->relbit);
    } else {
        /* EV_ABS */
        __set_bit(ABS_X, input_dev->absbit);
        __set_bit(ABS_Y, input_dev->absbit);
        __set_bit(ABS_Z, input_dev->absbit);
        if (pdata->data_range & FULL_RES)
            range = ADXL_FULLRES_MAX_VAL;    /* 13-位 */
        else
            range = ADXL_FIXEDRES_MAX_VAL;    /* 10-位 */
        input_set_abs_params(input_dev, ABS_X, -range, range, 3, 3);
        input_set_abs_params(input_dev, ABS_Y, -range, range, 3, 3);
        input_set_abs_params(input_dev, ABS_Z, -range, range, 3, 3);
    }
    __set_bit(EV_KEY, input_dev->evbit);
    __set_bit(pdata->ev_code_tap[ADXL_X_AXIS], input_dev->keybit);
    __set_bit(pdata->ev_code_tap[ADXL_Y_AXIS], input_dev->keybit);
    __set_bit(pdata->ev_code_tap[ADXL_Z_AXIS], input_dev->keybit);
    if (pdata->ev_code_ff) {
        ac->int_mask = FREE_FALL;
        __set_bit(pdata->ev_code_ff, input_dev->keybit);
    }
    if (pdata->ev_code_act_inactivity)
        __set_bit(pdata->ev_code_act_inactivity, input_dev->keybit);
    ac->int_mask |= ACTIVITY | INACTIVITY;
    if (pdata->watermark) {
        ac->int_mask |= WATERMARK;
        if (! FIFO_MODE(pdata->fifo_mode))
            ac->pdata.fifo_mode |= FIFO_STREAM;
    } else {
        ac->int_mask |= DATA_READY;
    }
    if (pdata->tap_axis_control & (TAP_X_EN | TAP_Y_EN | TAP_Z_EN))
        ac->int_mask |= SINGLE_TAP | DOUBLE_TAP;
    if (FIFO_MODE(pdata->fifo_mode) == FIFO_BYPASS)
        ac->fifo_delay = false;
    ac->bops->write(dev, POWER_CTL, 0);
    err = request_threaded_irq(ac->irq, NULL, adxl34x_irq,
                IRQF_TRIGGER_HIGH | IRQF_ONESHOT,
                dev_name(dev), ac);
    if (err) {
        dev_err(dev, "irq %d busy? \n", ac->irq);
        goto err_free_mem;
    }
    err = sysfs_create_group(&dev->kobj, &adxl34x_attr_group);
```

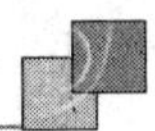

```
if (err)
    goto err_free_irq;
err = input_register_device(input_dev);
if (err)
    goto err_remove_attr;
AC_WRITE(ac, THRESH_TAP, pdata->tap_threshold);
AC_WRITE(ac, OFSX, pdata->x_axis_offset);
ac->hwcal.x = pdata->x_axis_offset;
AC_WRITE(ac, OFSY, pdata->y_axis_offset);
ac->hwcal.y = pdata->y_axis_offset;
AC_WRITE(ac, OFSZ, pdata->z_axis_offset);
ac->hwcal.z = pdata->z_axis_offset;
AC_WRITE(ac, THRESH_TAP, pdata->tap_threshold);
AC_WRITE(ac, DUR, pdata->tap_duration);
AC_WRITE(ac, LATENT, pdata->tap_latency);
AC_WRITE(ac, WINDOW, pdata->tap_window);
AC_WRITE(ac, THRESH_ACT, pdata->activity_threshold);
AC_WRITE(ac, THRESH_INACT, pdata->inactivity_threshold);
AC_WRITE(ac, TIME_INACT, pdata->inactivity_time);
AC_WRITE(ac, THRESH_FF, pdata->free_fall_threshold);
AC_WRITE(ac, TIME_FF, pdata->free_fall_time);
AC_WRITE(ac, TAP_AXES, pdata->tap_axis_control);
AC_WRITE(ac, ACT_INACT_CTL, pdata->act_axis_control);
AC_WRITE(ac, BW_RATE, RATE(ac->pdata.data_rate) |
      (pdata->low_power_mode ? LOW_POWER : 0));
AC_WRITE(ac, DATA_FORMAT, pdata->data_range);
AC_WRITE(ac, FIFO_CTL, FIFO_MODE(pdata->fifo_mode) |
        SAMPLES(pdata->watermark));
if (pdata->use_int2) {
    /* 映射 INTs~INT2 */
    AC_WRITE(ac, INT_MAP, ac->int_mask | OVERRUN);
} else {
    /* 映射 INTs ~INT1 */
    AC_WRITE(ac, INT_MAP, 0);
}
if (ac->model == 346 && ac->pdata.orientation_enable) {
    AC_WRITE(ac, ORIENT_CONF,
        ORIENT_DEADZONE(ac->pdata.deadzone_angle) |
        ORIENT_DIVISOR(ac->pdata.divisor_length));
    ac->orient2d_saved = 1234;
    ac->orient3d_saved = 1234;
    if (pdata->orientation_enable & ADXL_EN_ORIENTATION_3D)
        for (i = 0; i < ARRAY_SIZE(pdata->ev_codes_orient_3d); i++)
            __set_bit(pdata->ev_codes_orient_3d[i],
                    input_dev->keybit);
    if (pdata->orientation_enable & ADXL_EN_ORIENTATION_2D)
```

```
            for (i = 0; i < ARRAY_SIZE(pdata->ev_codes_orient_2d); i++)
                __set_bit(pdata->ev_codes_orient_2d[i],
                        input_dev->keybit);
    } else {
        ac->pdata.orientation_enable = 0;
    }
    AC_WRITE(ac, INT_ENABLE, ac->int_mask | OVERRUN);
    ac->pdata.power_mode &= (PCTL_AUTO_SLEEP | PCTL_LINK);
    return ac;
 err_remove_attr:
    sysfs_remove_group(&dev->kobj, &adxl34x_attr_group);
 err_free_irq:
    free_irq(ac->irq, ac);
 err_free_mem:
    input_free_device(input_dev);
    kfree(ac);
 err_out:
    return ERR_PTR(err);
}
EXPORT_SYMBOL_GPL(adxl34x_probe);
int adxl34x_remove(struct adxl34x *ac)
{
    sysfs_remove_group(&ac->dev->kobj, &adxl34x_attr_group);
    free_irq(ac->irq, ac);
    input_unregister_device(ac->input);
    dev_dbg(ac->dev, "unregistered accelerometer\n");
    kfree(ac);
    return 0;
}
EXPORT_SYMBOL_GPL(adxl34x_remove);
...
```

限于篇幅，ADXL345 数字加速计的应用程序省略介绍，请参考光盘中代码文件。

15.5 实例总结

本章首先阐述了远程医疗监护网络系统的硬件架构及软件系统设计，然后应用 S3C2440A 处理器实时采集生理体征数据，并通过 GPRS 网络发送出去。从而实现基于家庭的远程医疗监护系统。对于有效提高中老年人群慢性疾病的监护水平、提高中老年人群突发疾病患者的整体救治率具有积极的意义，同时为医疗机构提供大量有价值的原始诊断数据。

在实际应用中，医疗采集传感器可以根据不同需要进行设置，因此该系统具有极大的灵活性和扩展性。

第16章 脉搏血氧仪应用

近年来，随着国内便携医疗电子产品市场的迅速发展，各种便携式医疗电子设备，如脉搏血氧仪、电子血压计、血糖仪、病人多参数监护等解决方案被广泛应用于临床。

本实例主要介绍基于无创血氧饱和度检测技术——脉搏血氧仪的测量原理，硬件设计和软件设计。

16.1 脉搏血氧仪概述

血氧饱和度是血液中被氧结合的氧合血红蛋白(HbO_2)的容量占全部可结合的血红蛋白(HbO_2+Hb)的百分比，即血液中血氧的浓度。它是反映人体呼吸功能及氧含量是否正常的重要生理参数，它还是显示我们人体各组织是否健康的一个重要生理参数。

脉搏血氧仪是一种无创伤性、能连续监测人体动脉血氧饱和度的新型医学仪器。脉搏血氧仪采用无创式技术测量血氧中的氧气含量。测量对象更准确的叫法是血氧饱和度，即SpO_2，用以区别其他血氧仪器测得的血氧浓度。目前国内外生产和临床使用的脉搏血氧仪大部分都是双光束透射式血氧仪。

16.1.1 脉搏血氧仪的测量原理

脉搏血氧仪是根据还原血红蛋白、氧合血红蛋白在红光和红外光区域的吸收光谱特性，运用郎伯——比尔(Lambert－Beer)定律建立数据处理经验公式，通过光电转换获取测量结果。

当一束光打在某物质的溶液上时，透射光强 I_i与发射光强 I_o之间有以下关系：

$$I_i = I_o e^{kCd}$$

I_i和 I_o的比值的对数称为光密度 D，因此上式也可表示成：

$$D = \text{In}(I_i/I_o) = \mathrm{k}Cd$$

其中，C 表示血液的浓度，d 表示光透视血液经过的路径，k 是血液的光吸收系数。若保持路径 d 不变，血液的浓度便与光密度 D 成正比。

血液中的 HbO_2 和 Hb 对不同波长的光吸收系数是不一样的，在波长为 600～700 nm 的红光(RED)区，Hb 的吸收系数远比 HbO_2 大；但在波长为 800～1000 nm 的红外光(IR)区，

Hb 的吸收系数要比 HbO_2 的小；在 805 nm 附近是等吸收点。

脉搏血氧仪采用透视夹指式探头，使用时是套在手指上的。脉搏血氧仪夹指示意图如图 16－1 所示。探头上壁固定了两个并列放置的发光二极管（RED LED 和 IR LED），工作时发出波长为 660 nm 的红光和 940 nm 的红外光；探头下壁固定有一个光电二极管检测器，将透射过手指动脉血管的红光和红外光通过光电转换成电信号。它所检测到的光电信号越弱，表示光信号透视时，被那里的组织、骨头和血液等吸收掉的越多。皮肤、肌肉、脂肪、静脉血、骨头等对这两种光的吸收系数是恒定的，因此它们只对光电信号中的直流分量大小产生影响。但是血液中的 HbO_2 和 Hb 浓度随着血液的脉动作周期性的改变，因此它们对光的吸收也跟着脉动变化，由此引起光电二极管检测器输出的信号强度随血液中的 HbO_2 和 Hb 浓度比脉动地改变。如果用光吸收来表示，红光和红外光作用时，信号的变化规律大致一样，但脉动分量的幅度可能不同。设法让上述两种波长的红光和红外光轮流通过检测部位，并将这两个信号中的脉动成分分离出来，经过放大和滤波后，分别由模数转换器（ADC）转换成数字量，便可以据下式计算出血氧饱和度：

$$SaO_2 = K1R' + K2R' + K3$$

此式中的 K1、K2、K3 是经验常数值，而 R'是在某个很小的时间间隔上，两种光电信号的幅度变化量之比，即 R' ＝ΔRED/ΔIR

光电信号的脉动规律是和心脏的搏动一致的，因此在检测出信号频率的同时，也能确定出脉率。

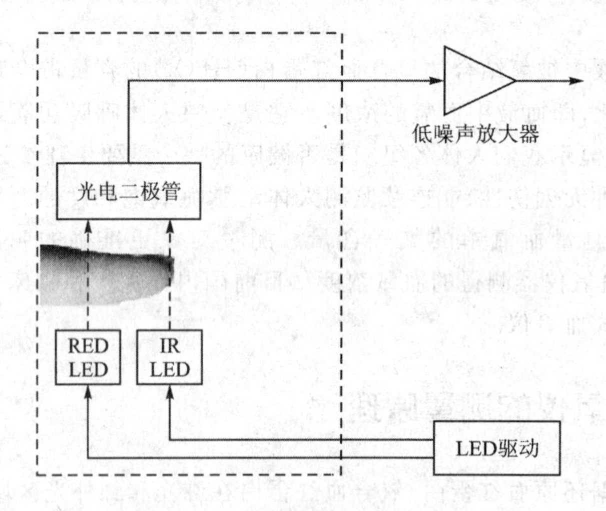

图 16－1　脉搏血氧仪夹指示意图

16.1.2　脉搏血氧仪的结构

脉搏血氧仪一般由血氧饱和度检测模块、主控制器、血氧检测探头 3 个主要部分组成。典型的脉搏血氧仪结构如图 16－2 所示。

其中血氧饱和检测功能模块包括 LED 驱动电路、光电信号输入放大器、模块转换器等。血氧检测探头一般采用指套式，内部包括两个并列放置的红光发光二极管和红外光发光二极管，以及一个光电二极管检测器。

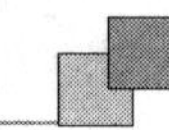

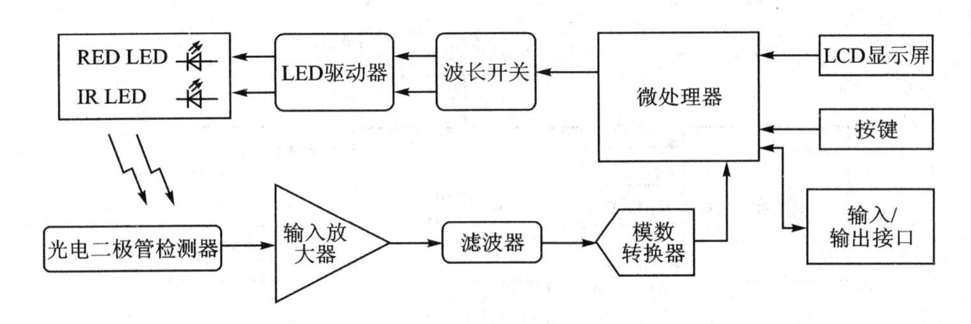

图 16-2　典型的脉搏血氧仪结构图

血氧检测探头的光电二极管检测器，能产生正比于透射到它上面的红光和红外光强度的电流，但是它不能区分这两种光。可用一个定时电路来交替控制两个 LED 的发光时序，图 16-3 显示了两个 LED 交替发光时序图。

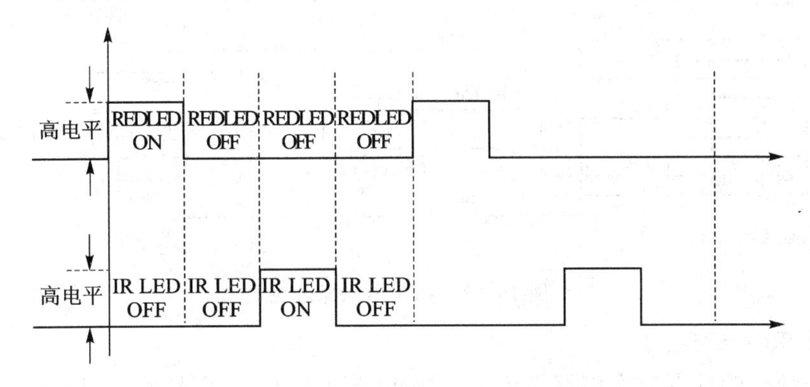

图 16-3　血氧仪探头红光和红外线交替发光时序图

16.2　硬件电路设计

本实例的脉搏血氧仪硬件电路以 S3C2440A 处理器作为主控制器。整个硬件系统由血氧检测探头、LED 桥式驱动电路、滤波放大电路、系统外围接口电路等组成。

由 S3C2440A 处理器 GPIO 引脚输出两个驱动信号交替控制 LED 桥式驱动器的三极管开启和关断，并由定时器输出两路 PWM 脉宽调制信号，驱动 LED 桥式电路，用于驱动探头内的红光和红外光 LED 发光，产生周期性的光信号。

探头中的光电二极管检测器采集含有血氧信息的光信号，经光电转换产生电信号。滤波放大电路将得到的电信号进行低通滤波和信号放大。

S3C2440A 处理器对放大后的信号进行 A/D 转换。其中一路 A/D 采样值用于检测 LED 桥式驱动信号的幅度，另外一路 A/D 采样用于系统计算血氧值信号。同时通过接口电路扩展键盘、LCD 液晶显示等外围。其硬件结构框图如图 16-4 所示。

(1) 探头电路

脉搏血氧仪的探头一般采用指套式结构，内部固定了一对红光和红外光 LED 对管，并封装了一个贴片的光电二极管检测器芯片。其探头电路原理图如图 16-5 所示。

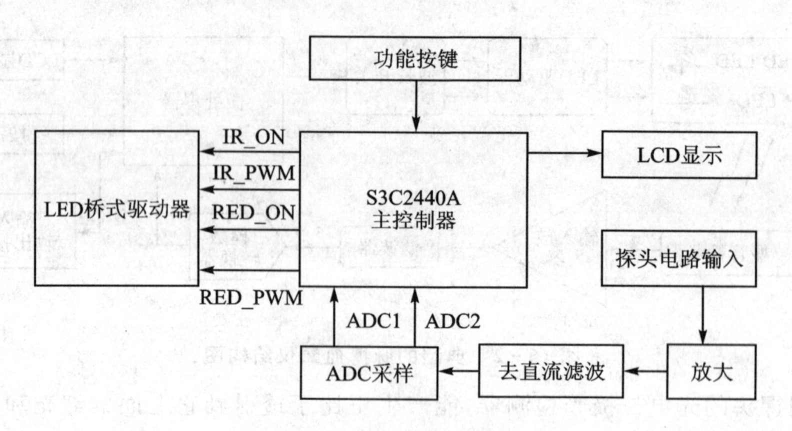

图 16-4　硬件结构图

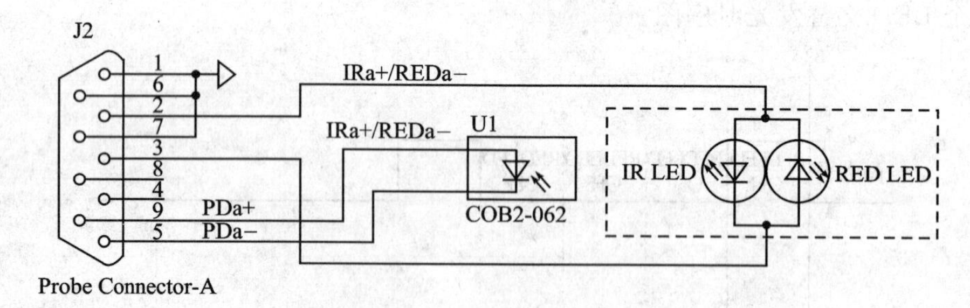

图 16-5　探头电路原理图

(2) LED 驱动电路

血氧探头部分的前置放大电路需要系统提供+12 V 和−12 V 电源，同时 LED 需要周期为 4 s、占空比为 1/3 的脉冲方波，以实现 660 nm 和 940 nm 两个光源轮流发光。

脉冲方波可以由 S3C2440A 处理器的 PWM 实现，红光和红外光两个 LED 交替开关控制通过处理器的 2 个 GPIO 引脚来控制，LED 驱动电路如图 16-6 所示。

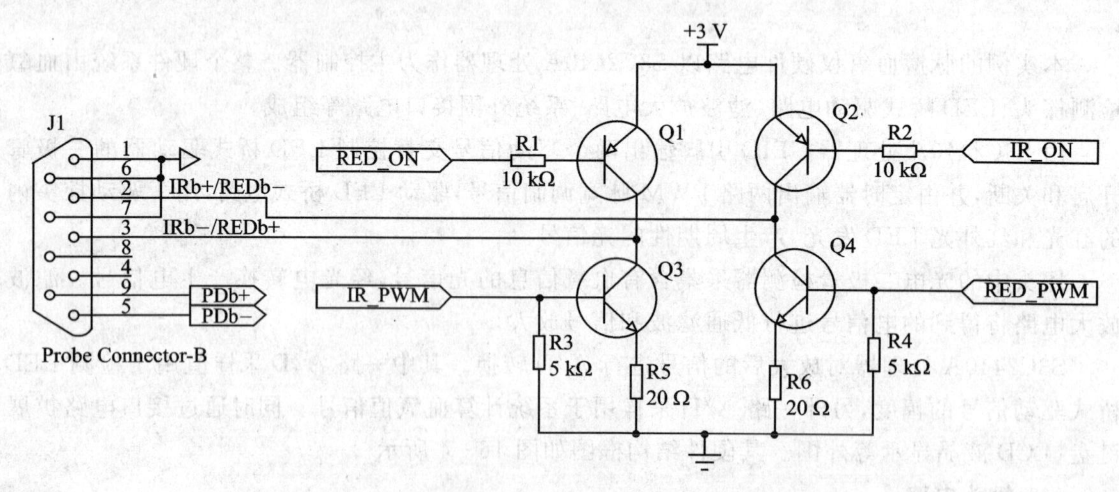

图 16-6　LED 桥式驱动电路

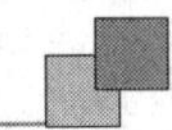

(3) 放大与采样电路

经过光电转换后的信号主要包括直流分量和交流分量。直流分量较强,交流分量较弱,其中交流分量反映了脉搏情况,需要进行放大处理。本实例中放大电路采用了差动放大电路、滤波电路、二阶低通滤波电路、自动增益控制电路等。

A/D 采样电路共有 2 路,一路用于检测输出的信号幅度,根据这个信号幅度改变 PWM 占空比来控制 LED 桥式驱动电路;另外一路则输入 S3C2440A 处理器采集脉搏。整个前置电路原理图如图 16－7 所示。

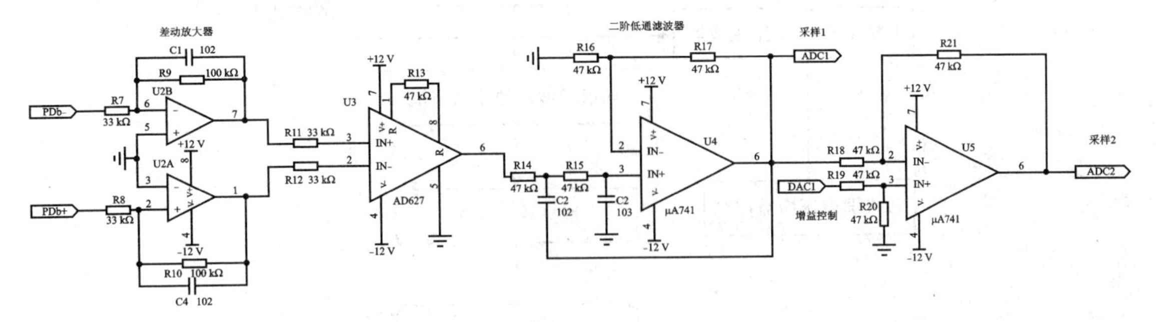

图 16－7　放大与采样电路原理图

16.3　软件设计

本实例的软件设计主要包括如下部分:

① 使用定时器及 GPIO 引脚分别产生 PWM 信号和交替控制信号,驱动 LED 桥式驱动器;

② 2 路 A/D 采样程序,用于跟踪和调整 LED 驱动信号幅度及脉搏血氧饱和度值计算;

③ 根据 A/D 采样值,使用 PWM 输出电压,用于增益控制;

④ 计算脉搏血氧饱和度相关程序,包括均值滤波和相应的计算。

16.3.1　软件流程图设计

本实例的程序设计的主要流程图如图 16－8 所示。

16.3.2　程序代码及说明

本节就实例的程序代码进行简单介绍。由于前述的相关章节已经有大量的 PWM 及 ADC 应用相关程序介绍,本节省略对该部分代码介绍。

(1) LED 桥式驱动相关程序

LED 桥式驱动程序需要应用 200 Hz 定时器中断,两路 LED 交替通断,即 1 秒内两路光各有 100 次采样。本节省略对 PWM 相关定时器的设置介绍。

(2) A/D 采样程序

2 路 A/D 采样程序,用于调整 LED 驱动信号幅度和脉搏血氧饱和度值计算,鉴于前面章

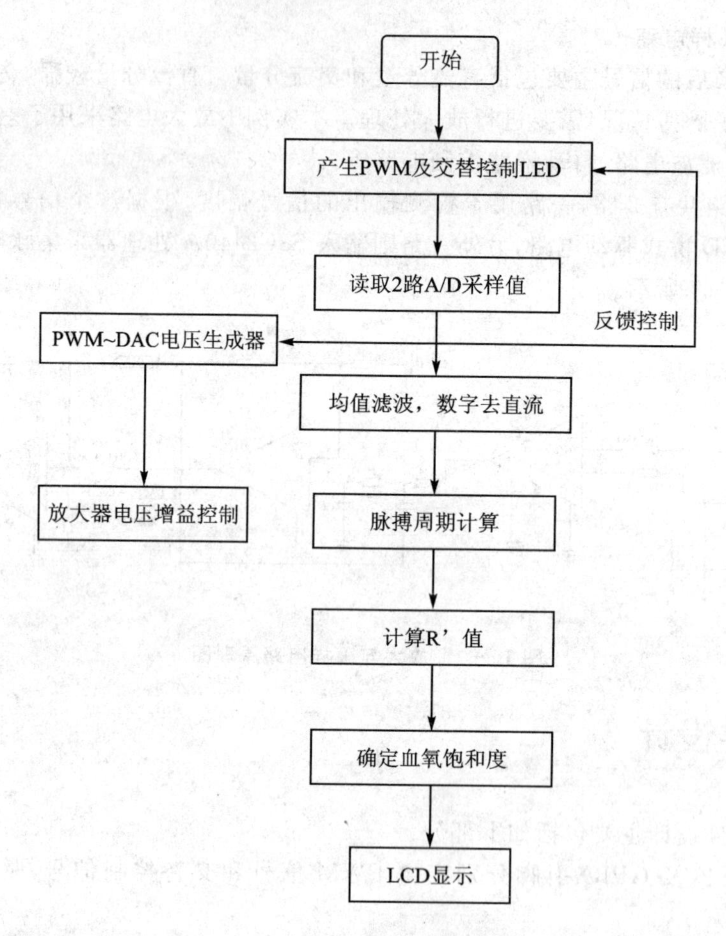

图 16-8 主要程序流程图

节对 A/D 作过相关应用,省略对该部分程序设计和介绍。

根据 A/D 采样值,使用 PWM 输出电压,用于放大器的增益控制是本实例软件的一个重要功能。其主要程序代码如下。

```
/*************************************************************
** 文件名:PWM_DAC.C
** 功能描述:使用 PWM 输出实现 DAC 功能,输出电压分别为
**          0.0 V、0.5 V、1.0 V、1.5 V、2.0 V、2.5 V 和 3.0 V。
**          使用该电压用于放大器可编程增益控制。
*************************************************************/
//长软件延时,延时参数值越大,延时越久
void  DelayNS(uint32   dly)
{
    uint32   i;
       for(; dly>0; dly--)
       for(i=0; i<50000; i++);
}
//等待一个有效按键。本函数有去抖功能。
void  WaitKey(void)
```

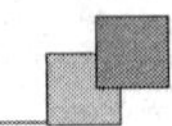

```
{
    uint32   i;
    while(1)
    {
        while((rGPFDAT&KEY_CON) == KEY_CON) ;          // 等待 KEY 键按下
        for(i = 0; i<1000; i++);                       // 延时去抖
        if( (rGPFDAT&KEY_CON) ! = KEY_CON) break;
    }
    while((rGPFDAT&KEY_CON) ! = KEY_CON);              // 等待按键放开
}
/*********************************************************************
**  函数名：PWM_Init
**  功能描述：初始化 PWM 定时器
**  输入：周期      PWM 周期控制值(uint16 类型)
**        占空比    PWM 占空比(uint16 类型)
**  输出：无
*********************************************************************/
void  PWM_Init(uint16 cycle, uint16 duty)
{
    // 参数过滤
    if(duty>cycle) duty = cycle;
    // 设置定时器 0,即 PWM 周期和占空比
    // Fclk = 200 MHz,时钟分频配置为 1:2:4,即 Pclk = 50 MHz。
    rTCFG0 = 97;          // 预分频器 0 设置为 98,取得 510 204 Hz
    rTCFG1 = 0;               // TIMER0 再取 1/2 分频,取得 255102Hz
    rTCMPB0 = duty;           // 设置 PWM 占空比
    rTCNTB0 = cycle;           // 定时值(PWM 周期)
    if(rTCON&0x04) rTCON = (1<<1);           // 更新定时器数据 (取反输出 inverter 位)
      else  rTCON = (1<<2)|(1<<1);
    rTCON = (1<<0)|(1<<3);                   // 启动定时器
}
/*********************************************************************
**  函数名：PWM_SETUP
**  功能描述：使用 PWM 输出实现 DAC 功能,输出电压分别为
**            0.0 V、0.5 V、1.0 V、1.5 V、2.0 V、2.5 V 和 3.0 V。
**  输入：无
**  输出：系统返回值 0
*********************************************************************/
int  PWM_SETUP(void)
{
    uint16   pwm_dac;
    // 独立按键 KEY1 控制口设置
    rGPFCON = (rGPFCON & (~(0x03<<8)));  // rGPFCON[9:8] = 00b,设置 GPF4 为 GPIO 输入模式
    // TOUT0 口设置
    rGPBCON = (rGPBCON & (~(0x03<<0))) | (0x02<<0); // rGPBCON[1:0] = 10b,设置 TOUT0 功能
```

```
    rGPBUP = rGPBUP | 0x0001;                        // 禁止 TOUT0 口的上拉电阻
    // 初始化 PWM 输出。设 PWM 周期控制值为 255（即 DAC 分辨率为 8 位）
    pwm_dac = 0;            // 初始化占空比为 0,即输出 0 V 电压
    PWM_Init(255, pwm_dac);
    // 等待按键 KEY1,改变占空比
    while(1)
    {
        WaitKey();
        // 由于 PWM 周期控制值为 255,所以 0.5 V 对应的 PWM 占空比的值为:0.5/3.3×256 = 39
        pwm_dac = pwm_dac + 39;      // 改变 D/A 输出的电压值
        if(pwm_dac>255)
        {
            pwm_dac = 0;
        }
        rTCMPB0 = pwm_dac;
    }
    return(0);
}
```

(3) 均值滤波程序 DSP.C

文件 DSP.C 是红光信号平均滤波,红外光信号平均滤波及开方算法等相关程序,相关函数的程序代码见下文。

```
//用移位实现开方算法
unsigned long isqrt32(register unsigned long h)
{
    register unsigned long x;
    register unsigned long y;
    register int i;
    x = 0;
    y = 0;
    for (i = 0; i < 32; i++)
    {
        x = (x << 1) | 1;
        if (y < x)
            x -= 2;
        else
            y -= x;
        x++;
        y <<= 1;
        if ((h & 0x80000000))
            y |= 1;
        h <<= 1;
        y <<= 1;
        if ((h & 0x80000000))
            y |= 1;
```

```
        h <<= 1;
    }
    return  x;
}
//红光 20 阶滤波器,取最近 8 个值进行平均运算
int16 red_filter_test(int16 sample)
{
    static int16 buf[32];
    static int offset;
    int32_t z = 0;
    buf[offset] = sample;
    for(int i=0;i<8;i++)
    {
      z += buf[(offset - i) & 0x1f];
    }
    offset = (offset + 1) & 0x1f;
    z = z >> 3;
    return z;
}
//红外光 20 阶滤波器,取最近 8 个值进行平均运算
int16 ir_filter_test(int16 sample)
{
    static int16 buf[32];
    static int offset;
    int32_t z = 0;
    buf[offset] = sample;
    for(int i=0;i<8;i++)
    {
      z += buf[(offset - i) & 0x1f];
    }
    offset = (offset + 1) & 0x1f;
    z = z >> 3;
    return z;
}
```

(4) 主要运算程序

本实例的运算处理程序可分为红光运算处理及红外光运算处理程序,其主要程序代码如下所示。

```
//红光运算和处理程序
if(led_tab==0)// led_tab==0,打开红光 LED
  {
    //实时运算和处理程序
    red_heart_signal = red_filter_test(i);//ADC2 输出,平均滤波处理
    red_dc_offset_second += ((red_heart_signal - red_dc_offset_second)>>7);//数字直流
    red_heart_signal_ac = red_heart_signal - red_dc_offset_second;//去直流
```

```
group_wave[offset_wave] = ir_heart_signal_ac + 4000; //加 4000 保证脉搏波信号为正
offset_wave = (offset_wave + 1) & 0x1ff; //循环队列更新,用于显示
group_caculate[offset_caculate] = ir_heart_signal_ac;//循环队列更新,用于脉搏判断
offset_caculate = (offset_caculate + 1) & 0x3f;
if(num_beat>=1)// 值是否为 1
{
  sample_count++;//计数
  //两路信号平方和累加
  sum_red_heart_signal_ac += ((red_heart_signal_ac * red_heart_signal_ac)>>10);
  sum_ir_heart_signal_ac += ((ir_heart_signal_ac * ir_heart_signal_ac)>>10);
}
if(num_beat>=2) // 值是否为 2,2 表示找到一个新的波谷
{
  int32 x = isqrt32(sum_red_heart_signal_ac);//平方和开方
  int32 y = isqrt32(sum_ir_heart_signal_ac);//平方和开方
  int32 w = 100 * x / y;//平均功率之比 R×100
  sum_Sp02 -= group_Sp02[offset_Sp02];//8 秒内血氧饱和度之和减去 8 秒前的值
    //计算当先新的脉搏血氧饱和度,拟合公式 110 - 25×R,R 为平均功率之比
  group_Sp02[offset_Sp02] = 11000 - 25 * w;
    //调整新的脉搏血氧饱和度,变化不能超过 3 个百分点,范围在 85 到 100 之间
  if(group_Sp02[offset_Sp02]>(group_Sp02[(offset_Sp02 - 1)&0x07] + 300))
  {
    group_Sp02[offset_Sp02] = group_Sp02[(offset_Sp02 - 1)&0x07] + 300;
  }
  else if(group_Sp02[offset_Sp02]<(group_Sp02[(offset_Sp02 - 1)&0x07] - 300))
  {
    group_Sp02[offset_Sp02] = group_Sp02[(offset_Sp02 - 1)&0x07] - 300;
  }
  else
  {
  }
  if(group_Sp02[offset_Sp02]>10000)
  {
    group_Sp02[offset_Sp02] = 10000;
  }
  else if(group_Sp02[offset_Sp02]<8500)
  {
    group_Sp02[offset_Sp02] = 8500;
  }
  else
  {
  }
  sum_Sp02 += group_Sp02[offset_Sp02]; //8 秒内血氧饱和度之和加上当前的值
  offset_Sp02 = (offset_Sp02 + 1) & 0x07;
  Sp02 = sum_Sp02/8;//计算平均值,得到最终结果
```

```
        //清空计数和变量重置
        sum_red_heart_signal_ac = 0;//平方和累加值置零
        sum_ir_heart_signal_ac = 0; //平方和累加值置零
        //脉率的计算
        sample_heart_rate = 600000 / sample_count;//由脉搏周期换算成脉率
        num_beat = 1;//脉搏计数重置成 1
        sample_count = 0;//采样计数置 0
        if(sample_heart_rate<1000||sample_heart_rate>18000)//明显错误的结果
        {
        }
        else
        {
//8 秒内脉率之和减去 8 秒前的值
          sum_heart_rate - = group_heart_rate[offset_heart_rate];
          //循环队列更新,得到当前脉率
group_heart_rate[offset_heart_rate] = sample_heart_rate;
//8 秒内脉率之和加上当前值
          sum_heart_rate + = group_heart_rate[offset_heart_rate];
          offset_heart_rate = (offset_heart_rate + 1) & 0x07;
          //求平均值,为脉率最终结果
          heart_rate = sum_heart_rate/8;
        }
        fresh = 1;
      }
    }
//红外光运算和处理程序
else
    {
      T_body_signal = j;
      T_enviroment_signal = k;
      ir_heart_signal = ir_filter_test(i);//初始信号滤波处理
      ir_dc_offset_second + = ((ir_heart_signal - ir_dc_offset_second)>>7);
      ir_heart_signal_ac = ir_heart_signal - ir_dc_offset_second;
      //是否为程序启动状态?
      if(flag_initial == 1)
      {
        if(offset_wave> = 500)
        {
          flag_initial = 0;
        }
      }
      else
  {
  //脉搏周期的判断
          if(flag_jump = = 0)//为 0 时,表示处在寻找波谷状态
```

```
    {
        sample_jump = 0;// 离开波谷时的采样计数置 0
        //查寻 group_caculate[64]循环队列中的最小值及其位置
min = group_caculate[0];
        location_min = 0;
        for(int i = 1;i<64;i++)
        {
          if(min<group_caculate[i])
          {
            min = group_caculate[i];
            location_min = i;
          }
        }
        //计算最小值位置距离队列头距离
        if(location_min<=offset_caculate)
        {
          location_min_adjust = offset_caculate - location_min;
        }
        else
        {
          location_min_adjust = offset_caculate + 64 - location_min;
        }
        //最小值是否在队列正中
        if(location_min_adjust==31||location_min_adjust==32)
        {
          flag_jump=1;//如果是,找到波谷,进入离开波谷状态
//脉搏计数增加,如果是程序第一次找到,则由 0 到 1,以后则总是由 1 到 2
          num_beat++;
        }
    }
    else//值为 1,表示处在离开波谷状态
    {
        sample_jump ++;//离开波谷时的采样计数
        if(sample_jump>=20) //离开波谷时的采样计数到达 20
        {
          flag_jump = 0;//认为已离开波谷,则重新寻找下一个波谷
        }
    }
}
```

16.4　实例总结

本实例通过应用 S3C2440A 处理器的 PWM 脉宽调制信号和 ADC 接口，实现了一个简单的脉搏血氧仪应用。

随着脉搏血氧仪的广泛应用与电子技术的飞速发展，脉搏血氧仪的性能已经得到很大程度的改进，其测量的精度与准确度有极大提高，但它在生产和应用中还存在一些需要完善和解决的问题。

读者在实际设计当中，需要着重关注红光和红外光的切换时序及其运算处理算法的优化。

第 17 章

汽车遥控无钥匙门禁系统应用

汽车目前是人们最主要的交通工具。随着汽车制造业技术的发展和进步，电子控制单元及感测单元等部件的电子化和智能化程度日益提高；同时越来越多的汽车安全产品也被相继应用于汽车领域。本实例将介绍防盗性很强的汽车安全门锁产品——汽车遥控无钥匙门禁(Remote Keyless Entry，RKE)系统的设计与应用。

17.1 汽车遥控无钥匙门禁系统概述

汽车遥控无钥匙门禁(RKE)系统，也称之为遥控车门开关系统，是用于开启汽车制动装置的技术，同时还具有防盗锁的功能，能够报警以防止汽车被偷窃，以及锁住(开锁)车门和汽车尾部行李箱。当今超过 70%的已生产车辆，将遥控车门开关系统作为标准或者可选的配件。大多数汽车的遥控车门禁系统采用 RKE 单向 RF 通信系统，其中一些系统还包括遥控启动汽车和汽车寻找的功能。

RKE 系统包括一个钥匙扣(或钥匙)发射机和一个在车辆内部的接收机。钥匙扣的无线发射器，它向安装在车内的接收器发出一串短脉冲数字信号。车内的无线接收器经过确认接收，信号经过解码，通过接收器控制传动机构，打开(或关闭)车门或行李箱。

17.1.1 RKE 系统组成

典型的 RKE 系统(详见图 17－1)是在钥匙扣或钥匙上安装一个微控制器。对于汽车而言，按下控制装置一个按钮，将唤醒微控制器。微控制器向钥匙的射频发射器送出一串 64 位或 128 位的数据流，经过载波调制，用简单的环状印制板天线辐射出去，实施开锁操作。

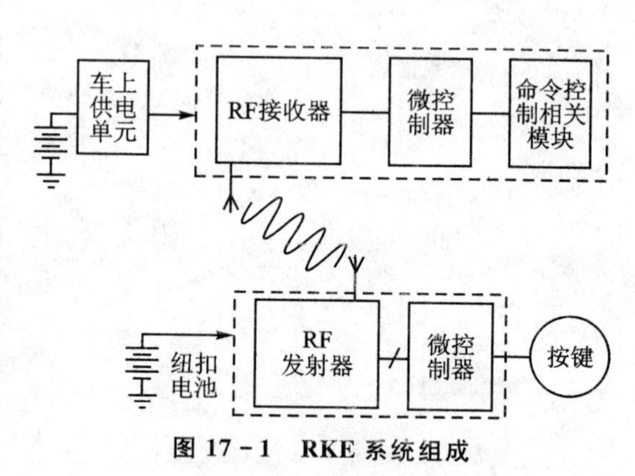

图 17－1 RKE 系统组成

在车辆中，射频接收器捕捉到发射数据，并直接将它传到另一个微控制器，完成解码后

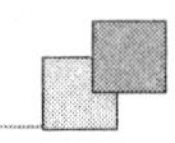

发出正确的控制信息，以打开车门(或启动引擎)。具有多个按钮的钥匙控制器还可以选择打开驾驶门、全部车门或行李箱等。

17.1.2　RKE 载波频率

在美国和日本使用的 RKE 系统的无线载波频率为 315 MHz，欧洲则使用 433.92 MHz (ISM 频段)，同时也为 RKE 系统开放了 868 MHz 频段以满足 RKE 系统日益增长的需求。

日本的 RKE 系统采用频移键控 FSK 调制，其他绝大部分国家则采用幅移键控 ASK 调制，它的载波幅度调制在两个电平。为了减小功耗，通常取低电平接近于 0，于是产生了开关键控(OOK)调制。

RKE 系统数据流一般以 2.4 kbps 至 20 kbps 速率发射，通常由以下字段组成：前导码、操作码、校验位和“滚动码”。滚动码在每次使用后会修改自身数值，以保证车辆的安全性。如果没有滚动码，发送的信号可能会意外地开启另一车辆，或由于发射码被小偷盗取，然后用它开启车辆。

17.1.3　RKE 系统设计要求

RKE 系统的设计主要需要考虑几个主要目标。

● 低成本

同所有大批量生产的汽车零部件一样，它们都必须具备低成本。

● 高可靠性

作为汽车安全产品，其性能必须具备高可靠性不能够出现误开启等操作情况，确保一定的接收灵敏度、载波容限以及其他技术参数，实现最大的发射范围。

● 最小功率

发射机和接收机都应该消耗最小的功率，因为更换钥匙控制器的电池非常麻烦，在停车状态下如过量消耗汽车电池，为汽车电池充电更为复杂。

除以上之外，RKE 系统的设计过程中还必须考虑一些限制，这些限制主要包括：当地对近距离通信设备的管理规定，例如美国的 FCC 规定。近距离通信设备不需要申请许可证，但产品本身受各国的不同法律和规则制约。

17.2　S3C2440A 处理器 SPI 接口

本实例 RKE 系统中的发射器与接收器都需要通过串行外设接口由微控制器进行控制，本实例即利用 S3C2440A 处理器的 SPI 接口。ARM9 处理器 S3C2440A 的串行外设接口(Serial Peripheral Interface，SPI)能进行串行数据传输。S3C2440A 处理器具有 2 个 SPI 接口，每个接口包括 2 个 8 位的移位寄存器分别用于传送和接收。在每个 SPI 传输期间，数据被同步传送(串行移出)和接收(串行移入)。

S3C2440A 处理器 SPI 接口主要特性如下：

● 全双工；

- 兼容 SPI 协议 2.11 版本；
- 8 位移位寄存器用于发送；
- 8 位移位寄存器用于接收；
- 8 位预分频逻辑；
- 轮询，中断及 DMA 传输模式。

S3C2440A 处理器的 SPI 接口功能框图如图 17－2 所示。

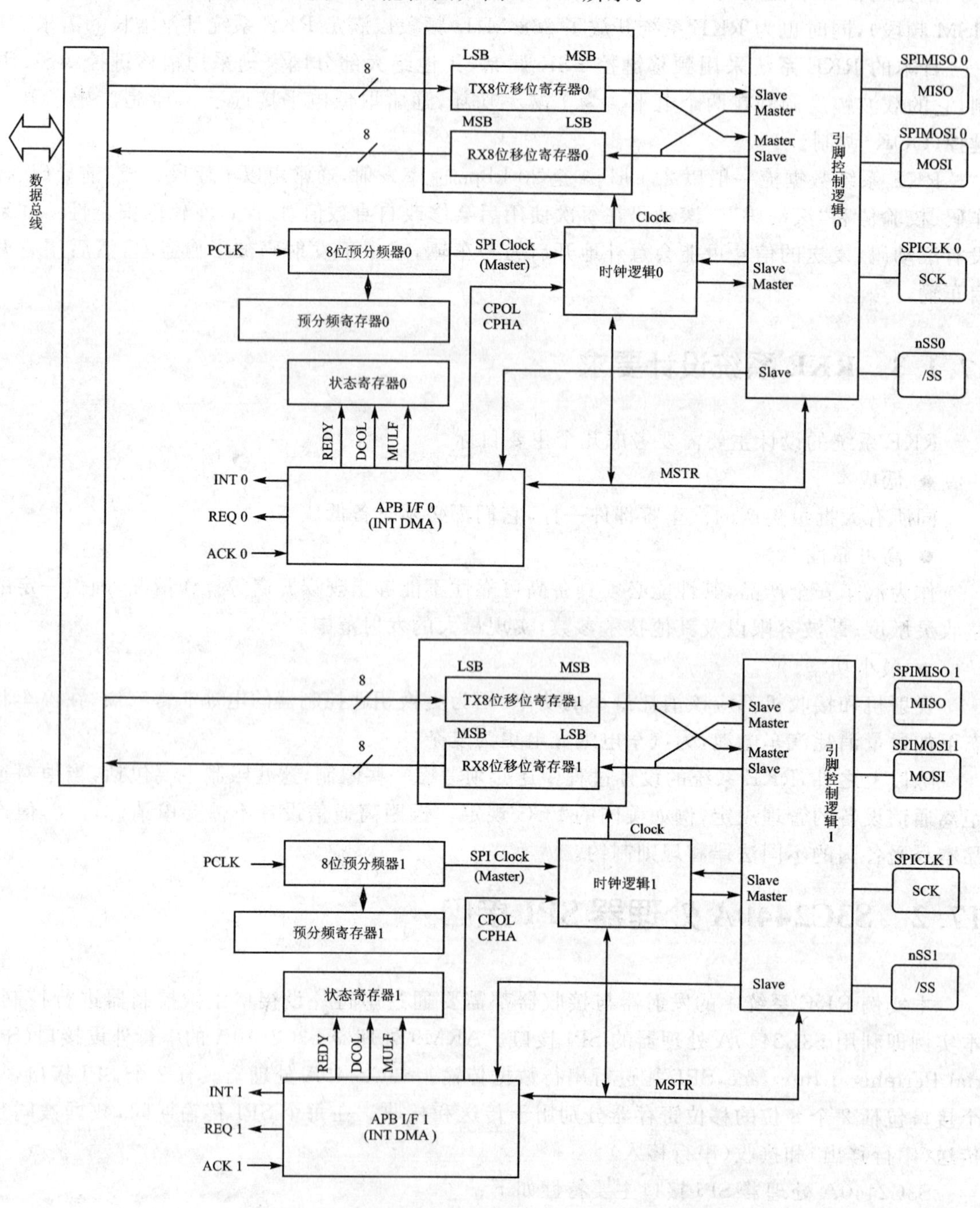

图 17－2　S3C2440A 处理器的 SPI 接口功能框图

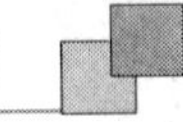

17.2.1　串行外设接口信号说明

S3C2440A 处理器的 2 个串行外设接口通过 4 个引脚与外部器件相连。

① MISO:主设备输入/从设备输出引脚。该引脚在从模式下发送数据,在主模式下接收数据。

② MOSI:主设备输出/从设备输入引脚。该引脚在主模式下发送数据,在从模式下接收数据。

③ SCK:串口时钟,作为主设备的输出,从设备的输入。

④ nSS:从设备选择。这是一个可选的引脚低电平有效,用来选择主/从设备。它的功能是用来作为“片选引脚”,让主设备可以单独地与特定从设备通信,避免数据线上的冲突。从设备的 nSS 引脚可以由主设备的一个标准 I/O 引脚来驱动。

17.2.2　串行外设接口传输格式

S3C2440A 处理器的 2 个串行外设接口支持 4 种不同格式的传输数据。串行外设接口的传输数据格式及 SPICLK 时钟时序图如图 17-3 所示。

17.2.3　DMA 模式下的发送和接收过程简述

本小节对串行外设接口在 DMA 模式下的收发过程进行简单介绍。

1. 发送步骤

串行外设接口 DMA 模式下的数据发送步骤主要如下:

① 串行外设接口配置成 DMA 模式;

② DMA 配置完成;

③ 串行外设接口请求 DMA 服务;

④ DMA 传送 1 字节数据到串行外设接口;

⑤ DMA 传送数据至目标设备;

⑥ 返回到步骤③,直到 DMA 计数变为 0;

⑦ 设置 SMOD 位将串行外设接口配置成中断或轮询模式。

2. 接收步骤

串行外设接口 DMA 模式下的数据接收步骤主要如下:

① 使用 SMOD 和 TAGD 位将串行外设接口配置成 DMA 模式;

② DMA 模式配置成功;

③ 串行外设接口从目标设备接收一个字节数据;

④ 串行外设接口请求 DMA 服务;

⑤ DMA 从串行外设接口接收数据;

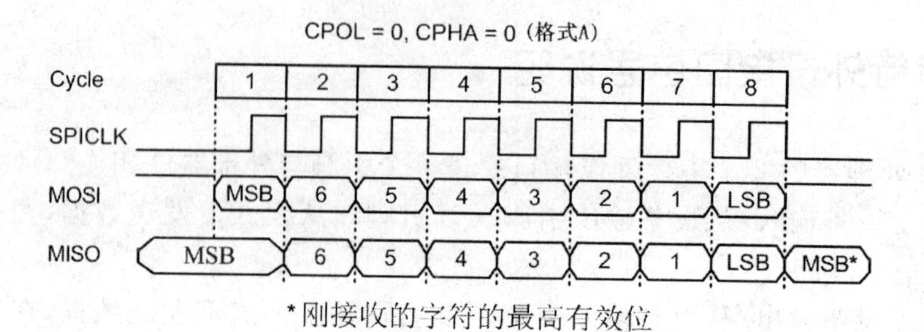

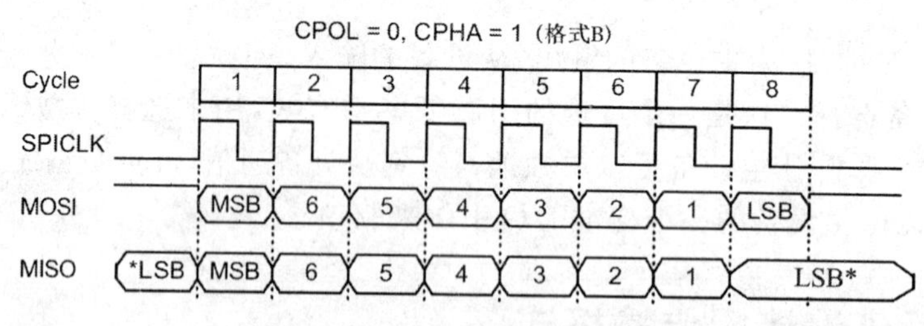

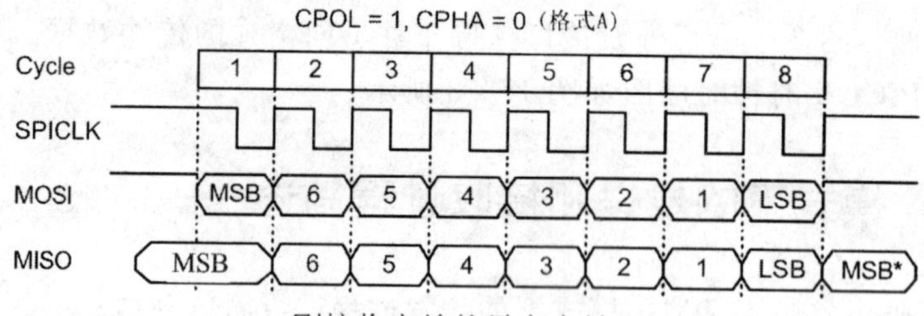

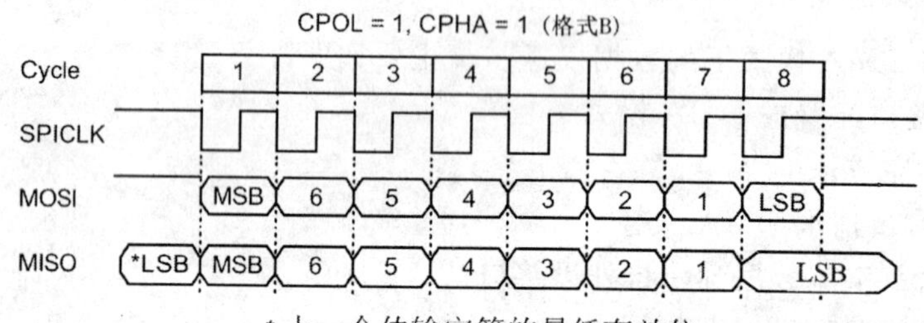

图 17-3　串行外设接口的传输数据格式

⑥ 写数据 0xFF 自动至 SPTDATn；

⑦ 返回到步骤④，直到 DMA 计数变为 0；

⑧ 设置 SMOD 位将串行外设接口配置成中断或轮询模式，清 TAGD 位；

⑨ 如果 SPSTAn 的就绪标志位被设置，读取最后一个字节的数据。

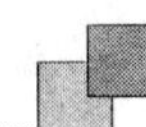

17.2.4　S3C2440A 处理器 SPI 接口寄存器功能概述

S3C2440A 处理器 SPI 的发送和接收相关功能由其对应的寄存器配置，相关的寄存器功能简述见下文。

1. SPI 控制寄存器

2 个串行外设接口通道分别由 SPI 控制寄存器 0 和 SPI 控制寄存器 1 控制，这 2 个寄存器位功能定义如表 17－1 所列。

寄存器 SPCON0 地址：0x59000000，复位值：0x00，可读/写；

寄存器 SPCON1 地址：0x59000020，复位值：0x00，可读/写。

表 17－1　SPI 控制寄存器位功能定义

SPCONn(n＝1,2)	位	功能描述	初始状态
SPI Mode Select(SMOD)	[6:5]	决定 SPTDAT 读/写操作的方式。 00＝轮询模式；　01＝中断模式 10＝DMA 模式；11＝保留	00
SCK Enable(ENSCK)	[4]	决定串行时钟 SCK 是否有效(仅主设备模式有效)。 0＝禁止；　　1＝使能	0
Master/Slave Select (MSTR)	[3]	决定主从模式。 0＝从设备模式；1＝主设备模式	0
Clock Polarity Select (CPOL)	[2]	决定时钟高有效或低有效。 0＝高有效；　1＝低有效	0
Clock Phase Select (CPHA)	[1]	选择两个不同的传输格式。 0＝格式 A；　1＝格式 B	0
Tx Auto Garbage Data mode enable (TAGD)	[0]	决定是否必需接收数据。 0＝常规模式；　1＝自动发送垃圾数据模式 注：在常规模式，如仅需接收数据，空传 0xFF 数据即可	0

2. SPI 状态寄存器

2 个串行外设接口通道状态分别由 SPI 状态寄存器 0 和 SPI 状态寄存器 1 配置，这 2 个寄存器位功能定义如表 17－2 所列。

寄存器 SPSTA0 地址：0x59000004，复位值：0x00，只读；

寄存器 SPSTA1 地址：0x59000024，复位值：0x00，只读。

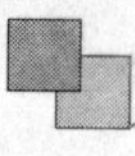

表 17-2 SPI 状态寄存器位功能定义

SPSTAn(n=1,2)	位	功能描述	初始状态
保留	[7:3]	保留	00
Data Collision Error Flag(DCOL)	[2]	SPTDATn 读或 SPRDATn 写操作中，当一个传输正在进行，该标志位将被设置，并可通过读 SPSTAn 清除。 0=不检测；　1=冲突错误检测	0
Multi Master Error Flag (MULF)	[1]	当 nSS 信号置低有效后 SPI 配置成主模式时，该标志被设置，SPPINn 寄存器的 ENMUL 位是多主错误检测模式（即多个主设备错误），MULF 通过读 SPPINn 清除。 0=不检测；　1=多主错误检测	0
Transfer Ready Flag (REDY)	[0]	该位指示 SPTDATn 或 SPRDATn 发送和接收就绪。该标志通过写数据至 SPTDATn 自动清除。 0=未就绪；　1=TX/RX 数据就绪	0

3. SPI 引脚控制寄存器

当串行外设接口使能后，除 nSS 之外的引脚方向都由 SPCONn 寄存器位 MSTR 控制。nSS 引脚一直作为输入引脚。

当串行外设接口是主模式时，nSS 引脚用于检测多主错误，且 SPPINn 寄存器位 ENMUL 有效，另外的 GPIO 引脚用于选择从模式。

当串行外设接口是从模式时，nSS 引脚通过主设备，用于选择将串行外设接口置从模式。

2 个串行外设接口引脚功能分别由 SPI 引脚控制寄存器 0 和 SPI 引脚控制寄存器 1 配置，这 2 个寄存器位功能定义如表 17-3 所列。

寄存器 SPPIN0 地址：0x59000008，复位值：0x00，只读；

寄存器 SPPIN1 地址：0x59000028，复位值：0x00，只读。

表 17-3 SPI 引脚控制寄存器位功能定义

SPPINn(n=1,2)	位	功能描述	初始状态
保留	[7:3]	保留	00
Multi master error detect enable (ENMUL)	[2]	当 SPI 是主模式时，nSS 引脚作为输入引脚用于检测多主错误。 0=禁止（作为通用 I/O 引脚） 1=多主错误检测使能	0
保留	[1]	保留	0
Master out keep(KEEP)	[0]	当 1 字节数据传输完成时，决定 MOSI 驱动或释放（仅主模式时）。 0=释放； 1=驱动上一个。	0

4. SPI 波特率预分频寄存器

2 个串行外设接口通道的波特率分别由 SPI 波特率预分频寄存器 0 和 SPI 波特率预分频

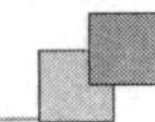

寄存器 1 配置,这 2 个寄存器位功能定义如表 17－4 所列。

寄存器 SPPRE0 地址:0x5900000C,复位值:0x00,可读/写;

寄存器 SPPRE1 地址:0x5900002C,复位值:0x00,可读/写。

表 17－4　SPI 波特率预分频寄存器位功能定义

SPPREn(n=1,2)	位	功能描述	初始状态
Prescaler Value	[7:0]	决定 SPI 的时钟率 波特率＝PCLK/2/(预分频值＋1) 注:波特率须低于 25 MHz	0x00

5. SPI 发送数据寄存器

2 个串行外设接口的发送数据通道分别由 SPI 发送数据寄存器 0 和 SPI 发送数据寄存器 1 配置,这 2 个寄存器位功能定义如表 17－5 所列。

寄存器 SPTDAT0 地址:0x59000010,复位值:0x00,可读/写;

寄存器 SPTDAT1 地址:0x59000030,复位值:0x00,可读/写。

表 17－5　SPI 发送数据寄存器位功能定义

SPTDATn(n=1,2)	位	功能描述	初始状态
Tx Data Register	[7:0]	该域包括通过 SPI 接口发送的数据	0x00

6. SPI 接收数据寄存器

2 个串行外设接口的接收数据通道分别由 SPI 接收数据寄存器 0 和 SPI 接收数据寄存器 1 配置,这 2 个寄存器位功能定义如表 17－6 所列。

寄存器 SPRDAT0 地址:0x59000014,复位值:0xFF,只读;

寄存器 SPRDAT1 地址:0x59000034,复位值:0xFF,只读。

表 17－6　SPI 接收数据寄存器位功能定义

SPRDATn(n=1,2)	位	功能描述	初始状态
Rx Data Register	[7:0]	该域包括通过 SPI 接口接收的数据	0xFF

17.3　硬件电路设计

本实例的硬件电路由 RKE 发射器和接收器电路两部分组成,即由 S3C2440A 处理器的 SPI 接口与 Semtech 公司的高集成度射频收发器芯片 SX1231,分别组合成发射器和接收器两个独立的硬件电路。

17.3.1　SX1231 收发器芯片概述

SX1231 芯片是一个高集成度射频收发器芯片,能够在 433 MHz,868 MHz,915 MHz 等免许可证的 ISM 频段范围内工作。可同时适用于自动抄表、无线传感器网络、家庭和楼宇自动化、无线报警和安全系统、工业监测和控制等领域。

SX1231 收发器芯片的主要特性如下。

- 高灵敏度:1.2 kbps 的速率时低至－120 dBm;
- 高选择性:16 抽头 FIR 滤波器通道;
- 低电流:接收状态下典型工作电流 16 mA,待机状态 100 nA;
- 可编程功率输出:－18 dBm～＋17 dBm,每步 1 dB;
- 过压时射频芯片的性能恒定;
- FSK 比特率高达 300 kbps;
- 内部集成一个分辨率为 61 Hz 的频率合成器;
- FSK,GFSK,MSK,GMSK,OOK 调制;
- 内置位同步执行时钟恢复;
- 传入同步字识别;
- 具有超快速自动频率控制的射频自动检测;
- 具有 CRC,AES－128 加密,66 个 FIFO 字节的封包引擎;
- 内置温度传感器和低电量指示;
- 工作电压范围 1.8 V～3.6 V。

SX1231 收发器主要由发射器、接收器、频率合成器、低电池检测器、电源以及控制逻辑等功能模块组成,其功能框图如图 17－4 所示。

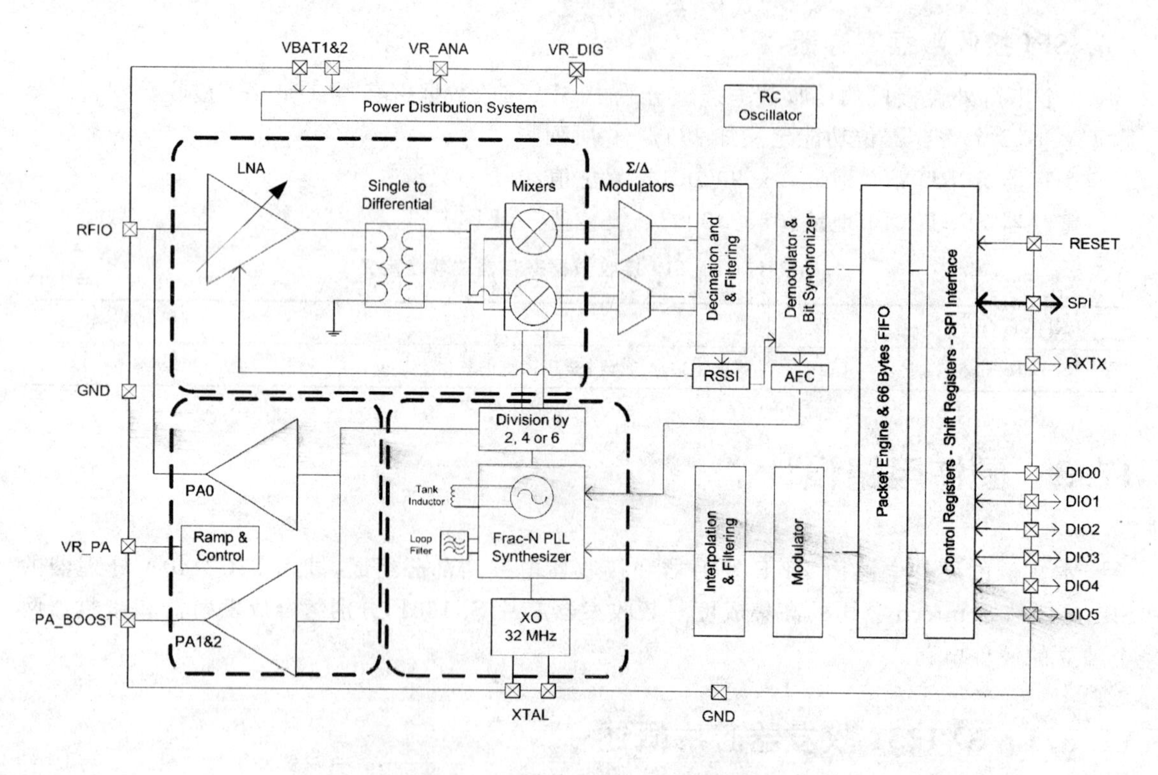

图 17－4　SX1231 收发器功能框图

17.3.2　SX1231 收发器芯片引脚功能概述

SX1231 收发器芯片采用 QFN 24 封装，其引脚功能如表 17-7 所列。

表 17-7　SX1231 收发器芯片引脚功能定义

引脚序号	引脚名称	类　型	功能描述
1	GROUND	—	焊盘接地引脚
2	VBAT1	—	供电电源
3	VR_ANA	—	模拟电路稳压供电电源
4	VR_DIG	—	数字电路稳压供电电源
5	XTA	I/O	晶振引脚
6	XTB	I/O	晶振引脚
7	RESET	I/O	复位引脚
8	DIO0	I/O	数字 I/O，软件配置
9	DIO1/DCLK	I/O	数字 I/O，软件配置
10	DIO2/DATA	I/O	数字 I/O，软件配置
11	DIO3	I/O	数字 I/O，软件配置
12	DIO4	I/O	数字 I/O，软件配置
13	DIO5	I/O	数字 I/O，软件配置
14	VBAT2	—	供电电源
15	GND	—	电源地
16	SCK	I	SPI 时钟输入引脚
17	MISO	O	SPI 数据输出引脚
18	MOSI	I	SPI 数据输入引脚
19	NSS	I	SPI 片选输入引脚
20	RXTX	O	发送/接收切换控制，TX=高
21	GND	—	电源地
22	RFIO	I/O	射频输入/输出
23	GND	—	电源地
24	PA_BOOST	O	可选的高功率 PA(Power Amplifier)输出
25	VR_PA	—	PA 稳压电源

17.3.3　SX1231 收发器的操作模式

SX1231 收发器共有 6 种工作模式(详见表 17-8 所列)。默认情况下，当从一种模式切换到另外一种模式时，子模块根据预先定义和优化序列唤醒。此外，这些工作模式可以通过禁止自动序列(RegOpMode 寄存器位 SequencerOff = 1，详见常规配置寄存器介绍)直接选择。

表 17-8 SX1231 芯片操作模式

ListenOn in RegOpMode	Mode in RegOpMode	选择模式	子模块使能
0	000	睡眠模式	无
0	001	待机模式	稳压电源及晶振
0	010	频率合成器模式	频率合成器模块
0	011	发射模式	频率合成器与发射器模块
0	100	接收模式	频率合成器与接收器模块
1	x	监听模式	监听模式

17.3.4 配置和状态寄存器功能描述

SX1231 收发器相关寄存器可以分为 7 大类：

- 常规配置寄存器；
- 发射器寄存器；
- 接收器寄存器；
- 中断请求与引脚映射寄存器；
- 封包引擎寄存器；
- 温度传感器寄存器；
- 测试寄存器。

(1) 常规配置寄存器

常规配置寄存器功能描述如表 17-9 所列。

表 17-9 常规配置寄存器功能说明

寄存器名称(地址)	位	位定义	读/写	默认值	功能描述
RegFifo(0x00)	7:0	Fifo	RW	0x00	FIFO 数据输入输出
RegOpMode (0x01)	7	SequencerOff	RW	0	控制自动排序。 0:操作模式根据 Mode 位自动选择序列； 1:用户强制模式
	6	ListenOn	RW	0	使能监听模式。 0:关 1:开
	5	ListenAbort	W	0	当 ListenOn=1 及 SPI 访问选择 1 个新模式时，中止监听模式

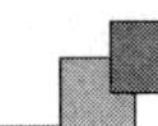

续表 17－9

寄存器名称(地址)	位	位定义	读/写	默认值	功能描述
RegOpMode (0x01)	4:2	Mode	RW	001	收发器操作模式。 000:睡眠模式 001:待机模式 010:频率合成器模式 011:发射模式 100:接收模式 其他值:保留 读取值则对应当前芯片模式
	1:0	—	R	00	未使用
RegDataModul (0x02)	7	—	R	0	未使用
	6:5	DataMode	RW	00	数据处理模式。 00:封包模式 01:保留 10:位同步的连续模式 11:无位同步的连续模式
	4:3	ModulationType	RW	00	调制方式。 00:频移键控(FSK) 01:开关键控(OOK) 10:保留 11:保留
	2	—	R	0	未使用。
	1:0	ModulationShaping	RW	00	数据整形。 FSK 时 00:无整形 01:高斯滤波,BT=1.0 10:高斯滤波,BT=0.5 11:高斯滤波,BT=0.3 OOK 时 00:无整形 01:滤波截止频率=比特率 10:滤波截止频率=2×比特率 11:保留
RegBitrateMsb (0x03)	7:0	BitRate(15:8)	RW	0x1a	比特率的最高有效位(当曼彻斯特编码使能)
RegBitrateLsb (0x04)	7:0	BitRate(7:0)	RW	0x0b	比特率的最低有效位(当曼彻斯特编码使能)。 比特率=FXOSC/BiteRate(15,0) 默认值 4.8 kbps
RegFdevMsb (0x05)	7:6	—	R	00	未使用
	5:0	Fdev(13:8)	RW	000000	频率误差的最高有效位

续表 17－9

寄存器名称(地址)	位	位定义	读/写	默认值	功能描述
RegFdevLsb (0x06)	7:0	Fdev(7:0)	RW	0x52	频率误差的最低有效位。 频率误差值 ＝ Fstep × Fdev(15,0) 默认值 5 kHz
RegFrfMsb (0x07)	7:0	Frf(23:16)	RW	0xe4	射频载波频率的最高有效位
RegFrfMid (0x08)	7:0	Frf(15:8)	RW	0xc0	射频载波频率有效位的中间字节
RegFrfLsb (0x09)	7:0	Frf(7:0)	RW	0x00	射频载波频率的最低有效位。 Frf ＝ Fstep × Frf(23,0) 默认值 915 MHz
RegOsc1 (0x0A)	7	RcCalStart	W	0	RC 振荡器校准,待机模式必须设置
	6	RcCalDone	R	1	0:校准正在进行 1:校准完成
	5:0	—	R	000001	未使用
RegAfcCtrl (0x0B)	7:6	—	R	00	未使用
	5	AfcLowBetaOn	RW	0	改进自动频率控制程序。 0:标准自动频率控制程序 1:改进自动频率控制程序
	4:0	—	R	00000	未使用
RegLowBat (0x0C)	7:5	—	R	000	未使用
	4	LowBatMonitor	RW	—	低电池检测实时输出
	3	LowBatOn	RW	0	低电池检测器使能。 0:关 1:开
	2:0	LowBatTrim	RW	010	低电池阀值设置。 000:1.695 V 001:1.764 V 010:1.835 V 011:1.905 V 100:1.976 V 101:2.045 V 110:2.116 V 111:2.185 V

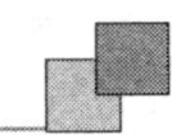

续表 17－9

寄存器名称(地址)	位	位定义	读/写	默认值	功能描述
RegListen1 (0x0D)	7:6	ListenResolIdle	RW	10	监听模式空闲时间分辨率。 00:保留 01:64 μs 10:4.1 ms 11:262 ms
	5:4	ListenResolRx	RW	01	监听模式发送时间分辨率。 00:保留 01:64 μs 10:4.1 ms 11:262 ms
	3	ListenCriteria	RW	0	监听模式信息包接收标准。 0:信号强度大于接收信号强度指示器阀值 1:信号强度大于接收信号强度指示器阀值和同步地址(Syncaddress)匹配
	2:1	ListenEnd	RW	01	监听模式信息包接收后的采取的动作。 00:芯片停留在发射模式,监听模式停止且必须禁止。 01:芯片停留在发射模式直至有效载荷就绪或超时中断产生,监听模式停止且必须禁止。 10:芯片停留在发射模式直至有效载荷就绪或超时中断产生,监听模式恢复至空闲状态。 11:保留
	0	—	R	0	未使用
RegListen2(0x0E)	7:0	ListenCoefIdle	RW	0xf5	监听模式空闲阶段持续时间
RegListen3(0x0F)	7:0	ListenCoefRx	RW	0x20	监听模式发射阶段持续时间

(2) 发射器寄存器

发射器相关寄存器功能描述如表 17－10 所列。

表 17－10　发射器寄存器功能说明

寄存器名称(地址)	位	位定义	读/写	默认值	功能描述
RegPaLevel (0x11)	7	Pa0On	RW	1	使能 PA0,连接至射频输入输出和低噪声放大器
	6	Pa1On	RW	0	使能 PA1 至 PA_BOOST 引脚
	5	Pa2On	RW	0	使能 PA2 至 PA_BOOST 引脚
	4:0	OutputPower	RW	11111	输出功率设置,每步 1 dB。 PA0 或 PA1 时 Pout ＝ －18 ＋ OutputPower [dBm] PA1 或 PA2 时 Pout ＝ －14 ＋ OutputPower [dBm]

续表 17-10

寄存器名称(地址)	位	位定义	读/写	默认值	功能描述
RegPaRamp (0x12)	7:4	—	R	0000	未使用
	3:0	PaRamp	RW	1001	FSK 上升/下降时间调整 0000:3.4 ms 0001:2 ms 0010:1 ms 0011:500 μs 0100:250 μs 0101:125 μs 0110:100 μs 0111:62 μs 1000:50 μs 1001:40 μs 1010:31 μs 1011:25 μs 1100:20 μs 1101:15 μs 1110:12 μs 1111:10 μs
RegOcp (0x13)	7:5	—	R	000	未使用
	4	OcpOn	RW	1	PA 过载电流保护使能。 0:禁止 1:使能
	3:0	OcpTrim	RW	1010	过载电流调整。 $I_{max} = 45 + 5 \times OcpTrim(mA)$ 默认值 95 mA

(3) 接收器寄存器

接收器相关寄存器功能描述如表 17-11 所列。

表 17-11　接收器寄存器功能说明

寄存器名称(地址)	位	位定义	读/写	默认值	功能描述
RegLna (0x18)	7	LnaZin	RW	1	低噪声放大器输入阻抗。 0:50 Ω 1:200 Ω
	6	—	R	0	未使用
	5:3	LnaCurrentGain	R	001	当前低噪声放大器增益,可以手动设置也可自动增益设置

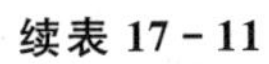

续表 17-11

寄存器名称(地址)	位	位定义	读/写	默认值	功能描述
RegLna (0x18)	2:0	LnaGainSelect	RW	000	低噪声放大器增益设置。 000:由内部自动增益控制 001:G1 =最高增益 010:G2 =最高增益− 6 dB 011:G3 =最高增益− 12 dB 100:G4 =最高增益− 24 dB 101:G5 =最高增益− 36 dB 110:G6 =最高增益− 48 dB 111:保留
RegRxBw (0x19)	7:5	DccFreq	RW	010	直流偏移消除的截止频率 默认值为发射带宽的 4%
	4:3	RxBwMant	RW	10	通道滤波器带宽控制。 00:16;　01:20 10:24;　11:保留
	2:0	RxBwExp	RW	101	FSK 与 OOK 模式通道滤波器带宽控制
RegAfcBw (0x1A)	7:5	DccFreqAfc	RW	100	在自动频率控制时使用直流偏移消除的截止频率参数
	4:3	RxBwMantAfc	RW	01	在自动频率控制时使用发射带宽控制参数
	2:0	RxBwExpAfc	RW	011	在自动频率控制时使用 FSK 与 OOK 模式的发射带宽控制参数
RegOokPeak (0x1B)	7:6	OokThreshType	RW	01	开关键控限幅器阀值类型选择。 00:固定;　01:平均; 10:尖峰;　11:保留
	5:3	OokPeakTheshStep	RW	000	开关键控接收信号强度指示器的阀值每步递减量。 000:0.5 dB ;001:1.0 dB; 010:1.5 dB ;011:2.0 dB; 100:3.0 dB ;101:4.0 dB; 110:5.0 dB ;111:6.0 dB
	2:0	OokPeakThreshDec	RW	000	开关键控解调接收信号强度指示器阀值的递减量周期。 000:1 ;001:1/2; 010:1/4 ;011:1/8; 100:2 ;101:4; 110:8 ;111:16

续表 17-11

寄存器名称(地址)	位	位定义	读/写	默认值	功能描述
RegOokAvg (0x1C)	7:6	OokAverage ThreshFilt	RW	10	开关键控解调的平均模式滤波器系数。 00:fc≈ chip rate / 32π 01:fc≈ chip rate / 8π 10:fc≈ chip rate / 4π 11:fc≈ chip rate / 2π
	5:0	—	R	000000	未使用
RegOokFix (0x1D)	7:0	OokFixedThresh	RW	0110 (6 dB)	开关键控的固定阀值。 OokThresType = 00 时使用
RegAfcFei (0x1E)	7	—	R	0	未使用
	6	FeiDone	R	0	0:FEI 仍在进行;1:FEI 完成
	5	FeiStart	W	0	设置后,触发 FEI 测量
	4	AfcDone	R	1	0:AFC 仍在进行; 1:AFC 完成
	3	AfcAutoclearOn	RW	0	仅在 AfcAutoOn 设置后有效。 0:在新的 AFC 阶段之前,AFC 寄存器未清除; 1:在新的 AFC 阶段之前,AFC 寄存器已清除
	2	AfcAutoOn	RW	0	0:每当 AfcStart 设置后,AFC 执行; 1:每当发射模式进入后,AFC 执行
	1	AfcClear	W	0	当设置了发射模式,清除 AfcValue
	0	AfcStart	W	0	当设置后,触发 AFC
RegAfcMsb(0x1F)	7:0	AfcValue(15:8)	R	0x00	AfcValue 值的最高有效位,2 的补码
RegAfcLsb(0x20)	7:0	AfcValue(7:0)	R	0x00	AfcValue 值的最低有效位,2 的补码
RegFeiMsb(0x21)	7:0	FeiValue(15:8)	R	—	测量频率偏移值的最高有效位,2 的补码
RegFeiLsb(0x22)	7:0	FeiValue(7:0)	R	—	测量频率偏移值的最低有效位,2 的补码
RegRssiConfig (0x23)	7:2	—	R	000000	未使用
	1	RssiDone	R	1	0:接收信号强度指示器仍在进行; 1:接收信号强度指示器采样完成,结果可用
	0	RssiStart	W	0	当设置后,触发一个接收信号强度指示测量
RegRssiValue(0x24)	7:0	RssiValue	r	0xFF	接收信号强度指示的绝对值(dBm),0.5 dBm 每步。 RSSI = −RssiValue/2 [dBm]

(4) 中断请求与引脚映射寄存器

中断请求与引脚映射相关寄存器功能描述如表 17-12 所列。

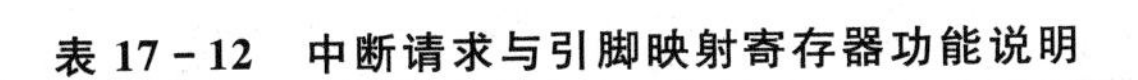

表 17－12　中断请求与引脚映射寄存器功能说明

寄存器名称(地址)	位	位定义	读/写	默认值	功能描述
RegDioMapping1 (0x25)	7:6	Dio0Mapping	RW	00	DIO0～DIO5 引脚映射 注:连续模式和信息包模式下映射稍微有所不同
	5:4	Dio1Mapping	RW	00	
	3:2	Dio2Mapping	RW	00	
	1:0	Dio3Mapping	RW	00	
RegDioMapping2 (0x26)	7:6	Dio4Mapping	RW	00	
	5:4	Dio5Mapping	RW	00	
	3	—	R	0	未使用
	2:0	ClkOut	RW	111	选择 Clkout 频率。 000:FXOSC; 001:FXOSC / 2; 010:FXOSC / 4; 011:FXOSC / 8; 100:FXOSC / 16; 101:FXOSC / 32; 110:RC (自动使能); 111:关闭
RegIrqFlags1 (0x27)	7	ModeReady	R	1	当的操作模式请求,该位被设置。 — Sleep:进入睡眠模式 — Standby:晶振仍在运行 — FS:片上锁相环被锁 — Rx:接收信号强度采样开始 — Tx:功率放大器完成 当操作模式改变后,此位清除
	6	RxReady	R	0	设置进入接收模式,离开接收模式该位清除
	5	TxReady	R	0	设置进入发射模式,离开发射模式该位清除
	4	PllLock	R	0	当片上锁相环被锁,该位被设置
	3	Rssi	RWC	0	当接收信号强度值超过其阀值被设置,离开接收模式,该位清除
	2	Timeout	R	0	当超时产生,该位被设置,当离开接收模式或 FIFO 为空,该位清除
	1	AutoMode	R	0	当进入中间模式,该位被设置,离开中间模式,该位被清除
	0	SyncAddressMatch	R/RWC	0	当同步和地址被检测到时,设置该位,当离开接收模式或 FIFO 为空,该位清除

续表 17-12

寄存器名称(地址)	位	位定义	读/写	默认值	功能描述
RegIrqFlags2 (0x28)	7	FifoFull	R	0	当 FIFO 满时,该位设置,否则清除
	6	FifoNotEmpty	R	0	当 FIFO 至少包含一字节时,该位设置,否则清除
	5	FifoLevel	R	0	当字节数达到了 FIFO 阀值,该位设置,否则清除
	4	FifoOverrun	RWC	0	当 FIFO 过载产生,该位设置
	3	PacketSent	R	0	发射模式下已完成信息包传送,该位设置,离开发射模式时,该位清除
	2	PayloadReady	R	0	接收模式有效载荷就绪时,该位设置,当 FIFO 为空,该位清除
	1	CrcOk	R	0	接收模式有效载荷的 CRC 正确,该位设置,当 FIFO 为空,该位清除
	0	LowBat rwc	RWC	—	当电池电压低于阀值时,该位设置
RegRssiThresh (0x29)	7:0	RssiThreshold	RW	0xE4	RSSI 中断的触发阀值。 RssiThreshold / 2 [dBm]
RegRxTimeout1 (0x2A)	7:0	TimeoutRxStart	RW	0x00	00:TimeoutRxStart 禁止
RegRxTimeout2 (0x2B)	7:0	TimeoutRssiThresh	RW	0x00	00:TimeoutRssiThresh 禁止

(5) 信息封包引擎寄存器

信息封包引擎相关寄存器功能描述如表 17-13 所列。

表 17-13　信息封包引擎寄存器功能说明

寄存器名称(地址)	位	位定义	读/写	默认值	功能描述
RegPreambleMsb(0x2c)	7:0	PreambleSize(15:8)	RW	0x00	发送帧头的尺寸,最高有效位
RegPreambleLsb(0x2d)	7:0	PreambleSize(7:0)	RW	0x03	发送帧头的尺寸,最低有效位
RegSyncConfig (0x2e)	7	SyncOn	RW	1	使能同步字产生和检测。 0:开 1:关
	6	FifoFillCondition	RW	0	FIFO 数据缓冲填充条件。 0:如 SyncAddress 中断产生 1:只要 FifoFillCondition 设置
	5:3	SyncSize	RW	011	同步字的尺寸。 (SyncSize + 1) 字节
	2:0	SyncTol	RW	000	同步字的容错位数目
RegSyncValue1~8 (0x2f~0x36)	7:0	SyncValue(63:56) ~ SyncValue(7:0)	RW	0x01	同步字的第 1~8 字节数,仅用于 SyncOn 设置后

续表 17-13

寄存器名称(地址)	位	位定义	读/写	默认值	功能描述
RegPacketConfig1 (0x37)	7	PacketFormat	RW	0	定义信息包的使用格式。 0:固定长度; 1:可变长度
	6:5	DcFree	RW	00	定义执行 DC-Free 编码/解码。 00:关闭 01:曼彻斯特编码 10:白化 11:保留
	4	CrcOn	RW	1	使能 CRC 校准和检测。 0:关; 1:开
	3	CrcAutoClearOff	RW	0	当 CRC 检测失败,定义信息包处理方式。 0:清 FIFO 数据缓存,重新启动新信息包接收,无 PlayLoadReady 中断发出; 1:不清除 FIFO 数据缓存,PlayLoadReady 中断发出
	2:1	AddressFiltering	RW	00	定义接收模式的地址过滤。 00:关闭; 01:地址域必须匹配节点地址; 10:地址域必须匹配节点地址或广播地址; 11:保留
	0	—	RW	0	未使用
RegPayloadLength (0x38)	7:0	PayloadLength	RW	0x40	如果 PacketFormat = 0(固定),为有效载荷长度; 如果 PacketFormat = 1(可变),为接收模式的最大长度,不用于发射模式
RegNodeAdrs(0x39)	7:0	NodeAddress	RW	0x00	节点地址,用于地址过滤
RegBroadcastAdrs(0x3A)	7:0	BroadcastAddress	RW	0x00	广播地址,用于地址过滤
RegAutoModes (0x3B)	7:5	EnterCondition	RW	000	进入中间模式的中断条件。 000:自动模式关闭; 001:FifoNotEmpty 的上升沿; 010:FifoLevel 的上升沿; 011:CrcOk 的上升沿; 100:PayloadReady 的上升沿; 101:SyncAddress 的上升沿; 110:PacketSent 的上升沿; 111:FifoNotEmpty 的下降沿

续表 17-13

寄存器名称(地址)	位	位定义	读/写	默认值	功能描述
RegAutoModes (0x3B)	4:2	ExitCondition	RW	000	退出中间模式的中断条件。 000:自动模式关闭; 001:FifoNotEmpty 的上升沿; 010:FifoLevel 的上升沿或超时溢出; 011:CrcOk 的上升沿或超时溢出; 100:PayloadReady 的上升沿或超时溢出; 101:SyncAddress 的上升沿或超时溢出; 110:PacketSent 的上升沿; 111:超时溢出的上升沿
	1:0	IntermediateMode	RW	00	中间模式。 00:睡眠模式; 01:待机模式; 10:接收模式; 11:发射(送)模式
RegAesKey1~16 (0x3E)~(0x4D)		AesKey(127:120)~AesKey(7:0)	W	0x00	加密密钥第 1~16 个数据字节

(6) 温度传感器寄存器

地址 0x4E~0x4F 分别是温度测量寄存器及温度值存储寄存器。

17.3.5 发射器与接收器电路原理图

RKE 系统的发射器与接收器基本电路是相同的,实例设计中发射器与接收器类似于一个无线传感器网络节点,基于 S3C2440A 处理器的 RKE 硬件开发平台示意图如图 17-5 所示。

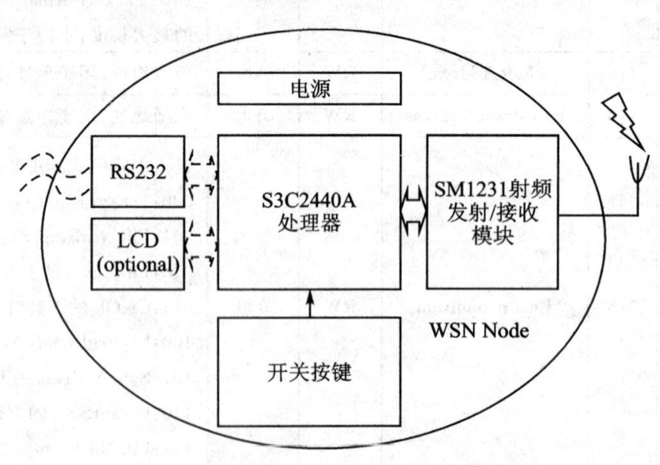

图 17-5 RKE 硬件开发平台示意图

本实例射频模块的发射器与接收器硬件电路图如图 17-6 所示。图中的射频模块能够工作于 315 MHz,433 MHz,868 MHz,915 MHz 等 4 种频段。为了保证射频模块能够在各频段可靠地工作，高频电路中的元件误差精度要求高，电感元件需要使用贴片绕线电感，相关电容和电感的推荐值如表 17－14 所列。

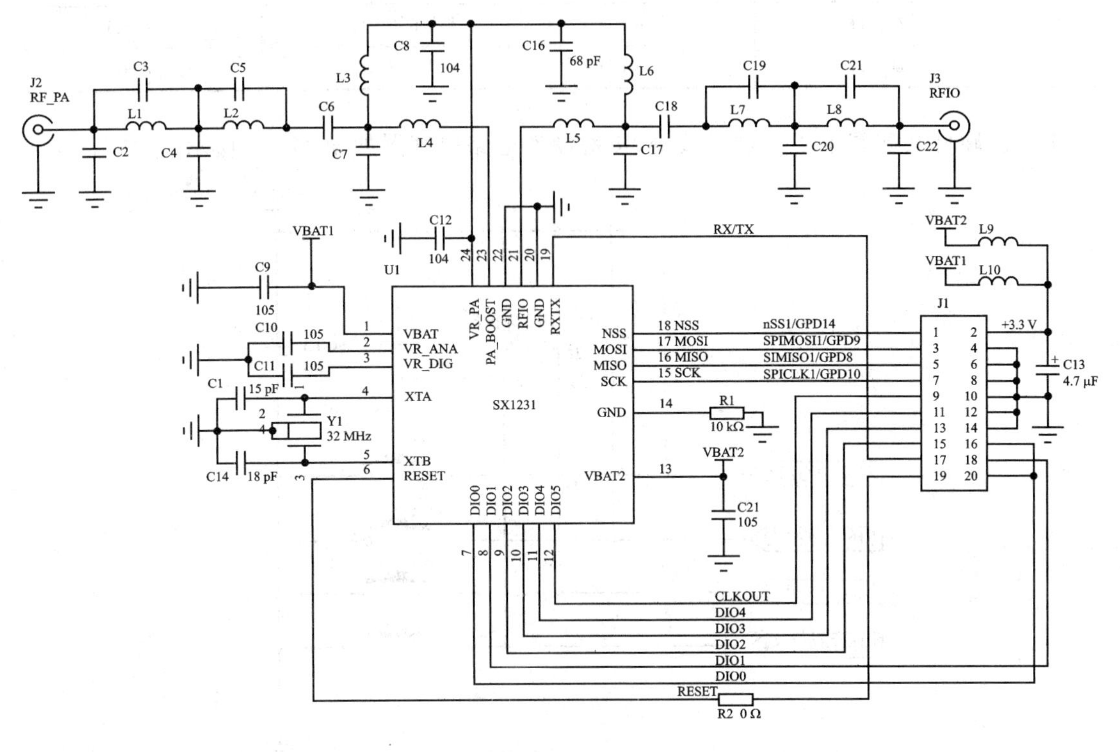

图 17－6　发射器与接收器硬件电路图

表 17－14　高频电路的电容与电感推荐值

元　件	315 MHz 频段推荐值	433 MHz 频段推荐值	868 MHz 频段推荐值	915 MHz 频段推荐值
C2	12 pF	8.2 pF	3.3 pF	3.3 pF
C4	22 pF	15 pF	6.8 pF	6.8 pF
C5	—	2.7 pF	—	—
C6	68 pF	33 pF	22 pF	22 pF
C7	22 pF	18 pF	8.2 pF	8.2 pF
C17	15 pF	5.6 pF	5.6 pF	4.7 pF
C18	33 pF	47 pF	47 pF	8.2 pF
C20	15 pF	8.2 pF	8.2 pF	6.8 pF
C22	12 pF	6.8 pF	6.8 pF	5.6 pF
L1	33 nH	5.6 nH	5.6 nH	5.6 nH
L2	22 nH	5.6 nH	5.6 nH	5.6 nH
L3	33 nH	22 nH	22 nH	22 nH
L4	1.5 nH	2.2 nH	2.2nH	2.7nH
L5	1.5 nH	4.7 nH	4.7 nH	3.9 nH
L6	33 nH	33 nH	33 nH	33 nH

续表 17-14

元　件	315 MHz 频段推荐值	433 MHz 频段推荐值	868 MHz 频段推荐值	915 MHz 频段推荐值
L7	22 nH	6.8 nH	6.8 nH	6.8 nH
L8	18 nH	6.8 nH	6.8 nH	6.8 nH

本实例硬件共配置了 4 个功能按键,按键硬件电路原理图如图 17-7 所示。

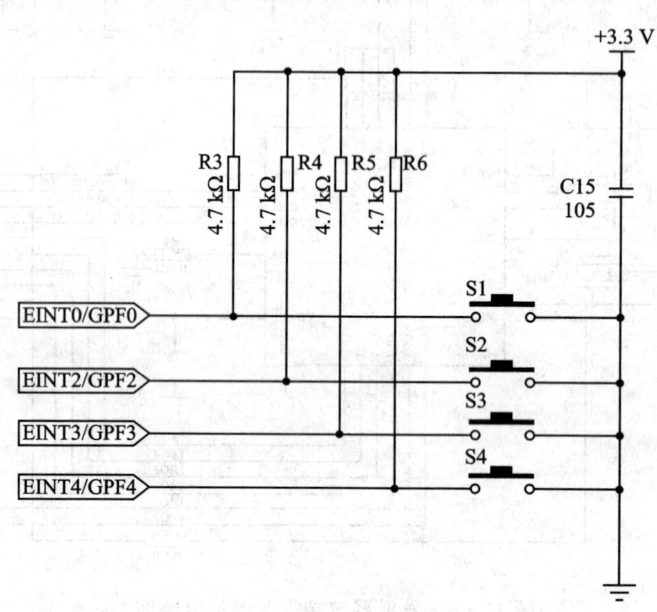

图 17-7　按键电路原理图

17.4　软件设计

本实例的软件设计主要包括如下 4 大部分:

① S3C2440A 处理器 SPI 接口初始化及配置程序,用于驱动 SX1231 芯片以及按键扫描程序,用于按键设置等功能;

② 无线射频的跳频扩频技术相关应用程序设计;

③ RKE 发射器与接收器建立通信等功能程序;

④ SX1231 芯片的底层驱动程序,包括相关寄存器及模式配置等功能。

基于本实例的软件设计不但可以方便地应用于汽车遥控无钥匙门禁系统,而且可以将 1 个配置成主设备模式的 RKE 收发器和 4 个配置成从模式的 RKE 收发器组成一个最简单的 WSN(无线传感器网络)应用,详见图 17-8 所示。

17.4.1　软件流程说明

本实例软件设计的程序流程图主要包括主设备和从设备会话与同步交互程序流程图,及主设备从同步与跳频设置程序流程图(限于篇幅,省略主设备从同步与跳频设置程序流程图的

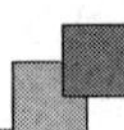

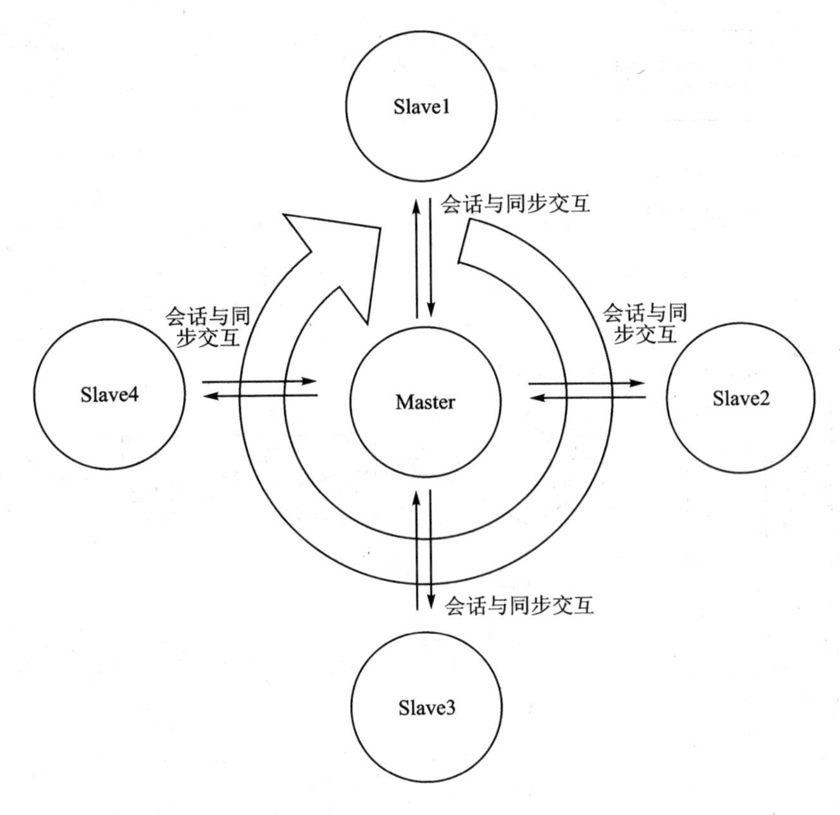

图17-8　RKE硬件组成WSN系统的会话与同步交互示意图

介绍，详见FHSSapi.C相关程序)。主设备的会话与同步交互流程图如图17-9所示。

从设备会话与同步交互流程图如图17-10所示。

17.4.2　软件代码及注释

本实例的软件代码主要分为4个部分介绍，相关程序代码及程序说明见下文。

1. 微处理器相关程序

S3C2440A处理器相关程序主要包括SPI接口程序、按键扫描程序、定时器程序等等。限于篇幅部分程序省略介绍，详见光盘代码文件。

① SPI.C

```
/********************************************************************
 * 文件名:spi.c
 * 功能描述:2440A处理器SPI接口配置
********************************************************************/
...
限于篇幅,部分代码省略介绍。
...
```

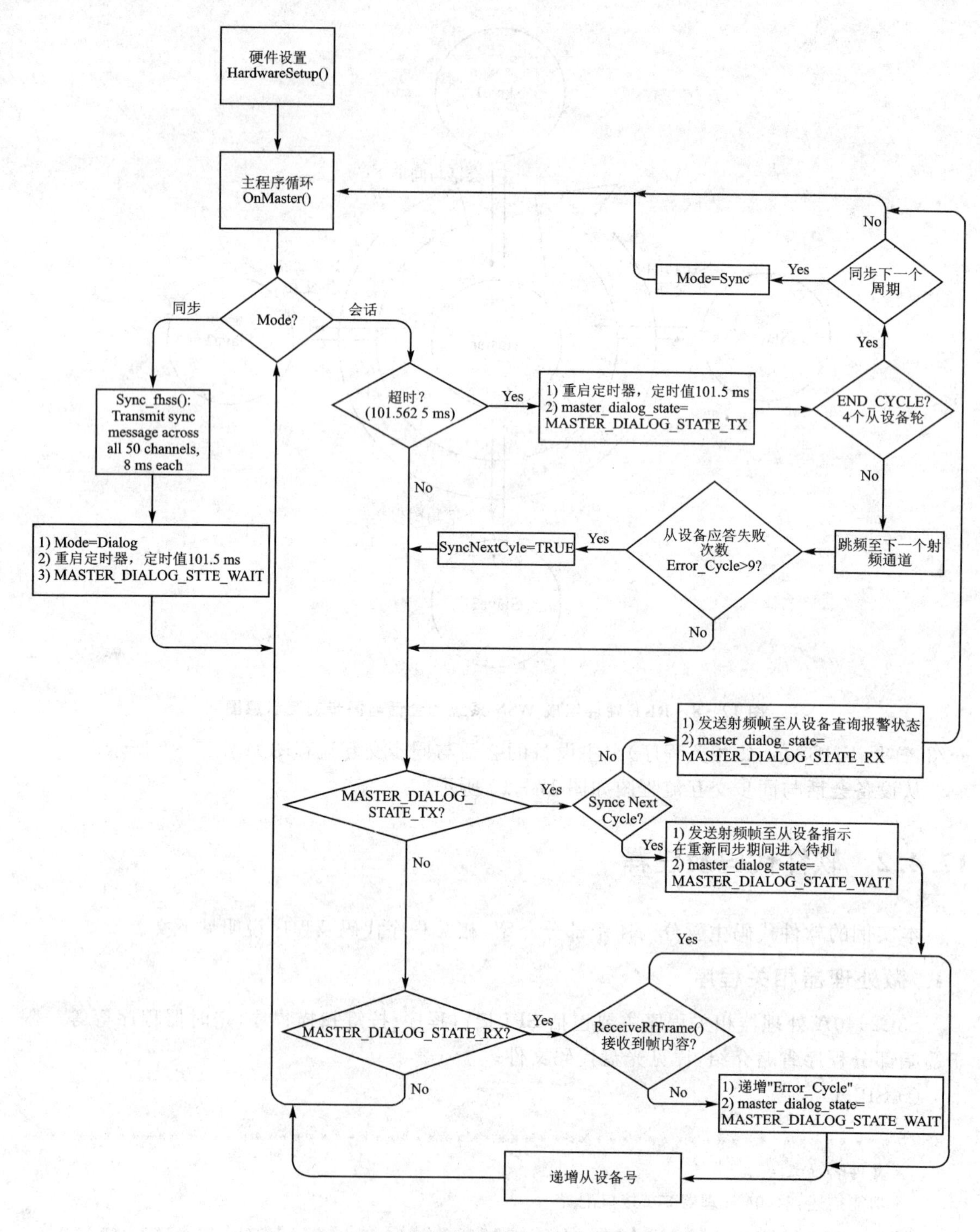

图 17-9　主设备会话与同步交互流程图

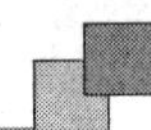

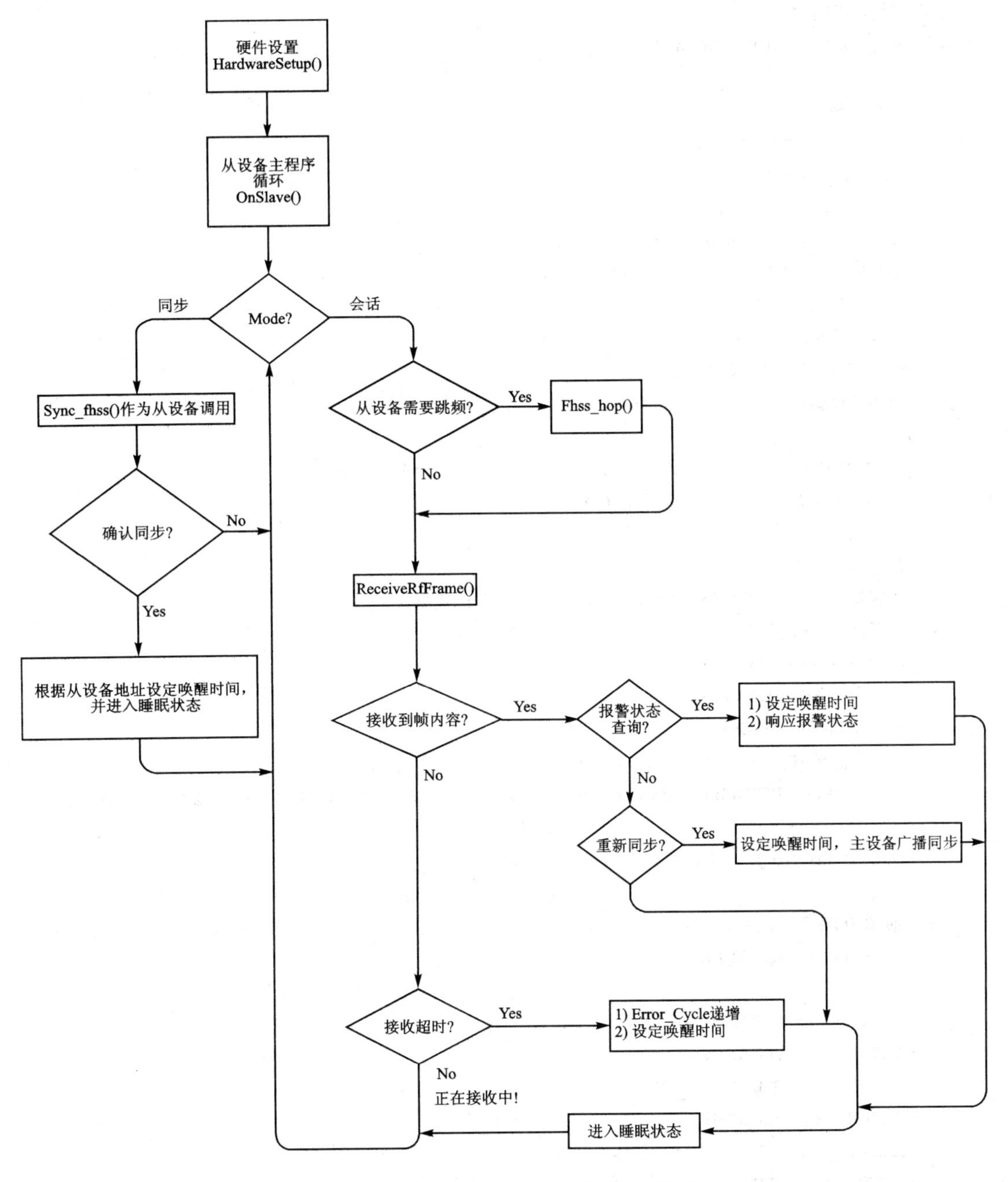

图 17－10　从设备会话与同步交互流程图

```
//SPI 接口初始化
void SPI_Port_Init(int MASorSLV)
{
    // SPI 通道 0 设定
    spi_rGPECON = rGPECON;
    spi_rGPEDAT = rGPEDAT;
    spi_rGPEUP = rGPEUP;
    rGPECON = ((rGPECON&0xf03fffff)|0xa800000);
    rGPEUP  = (rGPEUP & ~(7<<11)) | (1<<13);
    spi_rGPGCON = rGPGCON;
    spi_rGPGDAT = rGPGDAT;
    spi_rGPGUP = rGPGUP;
    if(MASorSLV = = 1)
    {
        rGPGCON = ((rGPGCON&0xffffffcf)|0x10); // 主设备模式
        rGPGDAT| = 0x4; //nSS 信号有效
    }
    else
    rGPGCON = ((rGPGCON&0xffffffcf)|0x30); //从模式(nSS)
    rGPGUP| = 0x4;
    spi_rGPDCON = rGPDCON;
    spi_rGPDDAT = rGPDDAT;
    spi_rGPDUP = rGPDUP;
    //主设备模式 MISO1,MOSI1,CLK1.
    rGPDCON = (rGPDCON&0xcfc0ffff)|(3<<16)|(3<<18)|(3<<20)|(1<<28);     rGPDDAT| = 1
<<14;
    rGPDUP = (rGPDUP&~(7<<8))|(1<<10);
}
//SPI 通道 0 映射
void SPI_Port_Return(void)
{
    rGPECON = spi_rGPECON;
    rGPEDAT = spi_rGPEDAT;
    rGPEUP = spi_rGPEUP;
    rGPGCON = spi_rGPGCON;
    rGPGDAT = spi_rGPGDAT;
    rGPGUP = spi_rGPGUP;
    rGPDCON = spi_rGPDCON;
    rGPDDAT = spi_rGPDDAT;
    rGPDUP = spi_rGPDUP;
}
…
```

限于篇幅,部分代码省略介绍。

…

② KEYSCAN. C

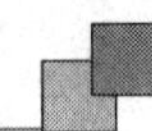

```
/****************************************************************
* 文件名:keyscan.c
* 功能描述:按键扫描程序
****************************************************************/
#include "def.h"
#include "option.h"
#include "2440addr.h"
#include "2440lib.h"
#include "2440slib.h"
…
限于篇幅,部分代码省略介绍。
…
//按键扫描中断服务程序
U8 Key_Scan_isr( void )
{
    if      ( (rGPFDAT&(1<< 0)) = = 0 )      return 1 ;
    else if( (rGPFDAT&(1<< 2)) = = 0 )       return 2 ;
    else return 0xff;
}
//按键扫描处理
U8 Key_Scan( void )
{
    if      ( (rGPFDAT&(1<< 4)) = = 0 )      return 4 ;
    else if( (rGPFDAT&(1<< 3)) = = 0 )       return 3 ;
    else return 0xff;
}
…
限于篇幅,部分代码省略介绍。
…
```

2. 射频跳频扩频应用程序

主从设备在会话与同步交互过程中都需要调用的跳频扩频(FHSS)应用程序,无线射频的跳频扩频技术相关应用程序 FHSSapi. c 介绍详见下文。

```
/****************************************************************
  * 文件名:FHSSapi.c
  * 功能描述:执行跳频扩频技术和同步功能
****************************************************************/
#include <string.h>
#include "transceiver.h"
#include "WSN.h"
#include "FHSSapi.h"
/****************************************************************/
uint8_t radio_channel_dialog;     //用于跳频计数
uint8_t current_radio_channel;//用于指示当前射频通道
```

```
uint8_t RFbuffer[RF_BUFFER_SIZE];// 射频缓存定义
volatile uint8_t RFbufferSize;    // 射频缓存尺寸定义
uint8_t Node_adrs;//节点地址
uint8_t SyncState;//同步状态
#ifdef SLAVE_ANSWER_ALL
volatile char hop_on_next_wakeup;     // 标志位
#endif
const rom uint16_t Master_Sync_Rate_HiRes = HIRES_TIMEOUT(8000);
const rom uint16_t Sync_Time_Slave = HIRES_TIMEOUT(65535);
const rom uint16_t Sync_Time_Master = HIRES_TIMEOUT(65535);
uint8_t Sync_fhss(void)
{
    int idx;
    static uint8_t radio_channel_sync;
    static char master_sync_count;
    if (hw_address == HW_ADDRESS__MASTER) {
        // 主模式程序段//
        if (SyncState == NOT_SYNC) {
            SYNC_MODE_LED = 1;
            radio_channel_sync = 0;
            master_sync_count = 0;
            Fhss_Hop(&radio_channel_sync);
#ifdef PLL_TEST
            do {
                radio_channel_sync--;
                Fhss_Hop(&radio_channel_sync);
                SetRFMode(RF_MODE_RECEIVER);
                for (idx = 0; idx < 0x7fff; idx++) {
                    if (IN_PLL_LOCK)
                        break;
                }
            } while (IN_PLL_LOCK == 0);
#endif
            EnableClock_HiRes(READ_ROM_WORD(Master_Sync_Rate_HiRes));
            SyncState = SYNC_TX_RUN;
            return SyncState;      //立即返回
        } else if (SyncState == SYNC_TX_RUN) {
            if (! HIRES_COMPARE_B_FLAG)
                return SyncState;
            EnableClock_HiRes(READ_ROM_WORD(Master_Sync_Rate_HiRes));
            master_sync_count++;
            if (master_sync_count == NUM_CHANNELS) {
          // 8ms * 50 = 400mS
                radio_channel_sync = SYNC_END;
            }
```

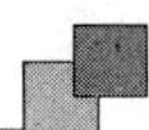

```
            SendRfFrame(&radio_channel_sync, 1, BroadCast_ID, FALSE);
            if (radio_channel_sync ! = SYNC_END) {
                Fhss_Hop(&radio_channel_sync);
                return SyncState;
            } else {
                // SYNC_END:准备发送会话的通道号
                EnableClock_HiRes(READ_ROM_WORD(Master_Sync_Rate_HiRes));
                SyncState = SYNC_TX_DIALOG_CH;
                return SyncState;
            }
        } else if (SyncState = = SYNC_TX_DIALOG_CH) {
            // 在从接收器可用之前,确保传输完成
            if (! HIRES_COMPARE_B_FLAG)
                return SyncState;
            // 发送就要被发送的信息的通道号
            SYNCING_DIALOG_CH = LED_ON;
            SendRfFrame(&radio_channel_dialog, 1, BroadCast_ID, FALSE);
            SYNCING_DIALOG_CH = LED_OFF;
            Fhss_Hop(&radio_channel_dialog);
            SyncState = NOT_SYNC;//会话完成,复位状态
            SYNC_MODE_LED = 0;
            return SYNC_END;// 立即返回,指示任务完成
        }
        // 主模式程序段//
    } else {
        // 从模式程序段//
        static uint8_t Slave_Sync_Step;
        uint8_t ReturnCode;     //接收状态机
        if (SyncState = = NOT_SYNC) {
            SYNC_MODE_LED = 1;
            radio_channel_sync = 0;
            Fhss_Hop(&radio_channel_sync);
            SyncState = SYNC_RX_RUN;
            SetRFMode(RF_MODE_RECEIVER);      // 接收模式
            Slave_Sync_Step = 0;
            RadioSetNodeAddress(BroadCast_ID);
            return SyncState;     // 立即返回
        }
        if (SyncState ! = SYNC_RX_RUN)
            return SyncState;     // 立即返回
        switch (Slave_Sync_Step) {
            case 0:
                // 约 65 ms 超时溢出
  ReturnCode = ReceiveRfFrame(RFbuffer, (uint8_t *)&RFbufferSize, READ_ROM_WORD(Sync_Time_
Slave));
```

```
            if (ReturnCode == RADIO_OK) {
                if (RFbufferSize > 0) {
                    SYNC_RX_LED ^= 1;
                    if (RFbuffer[0] >= NUM_CHANNELS) {
                        USART_send_str_from_rom(ROM_STR(" 0:bad hop# "));
                    } else {
                        radio_channel_sync = RFbuffer[0];
                        USART_send_str_from_rom(ROM_STR(" 0->1"));
                        Slave_Sync_Step++;
                        Fhss_Hop(&radio_channel_sync);
                    }
                }
            } else if (ReturnCode == RADIO_RX_TIMEOUT) {
                USART_send_str_from_rom(ROM_STR(" 0t"));
                Fhss_Hop(&radio_channel_sync);
            }
            break;
        case 1:
            if (radio_channel_sync >= NUM_CHANNELS) {
                USART_send_str_from_rom(ROM_STR(" 1:bad hop# "));
                Slave_Sync_Step = 0;
                break;
            }
            //约 65 ms 超时溢出
    ReturnCode = ReceiveRfFrame(RFbuffer, (uint8_t *)&RFbufferSize, READ_ROM_WORD(Sync_Time_Mas-
ter));
            // 测试是否时间溢出或已经接收到一帧
            if (ReturnCode == RADIO_OK) {
                if (RFbufferSize > 0) {
                    //测试接收缓存区的值
                    if (RFbuffer[0] == SYNC_END) {
                        SYNC_RX_LED ^= 1;
                        USART_send_str_from_rom(ROM_STR(" 1->2"));
                        Slave_Sync_Step++;
                    } else {
                        USART_send_str_from_rom(ROM_STR(" 1h"));
                        Fhss_Hop(&radio_channel_sync);
                    }
                }
            } else if (ReturnCode == RADIO_RX_TIMEOUT) {
                USART_send_str_from_rom(ROM_STR(" 1t"));
                Slave_Sync_Step = 0;
            }
            break;
        case 2:
```

```
                    //约 65 ms 超时溢出
                    SYNCING_DIALOG_CH = LED_ON;
    ReturnCode = ReceiveRfFrame(RFbuffer, (uint8_t *)&RFbufferSize, READ_ROM_WORD(Sync_Time_Mas-
ter));
                    // 测试是否时间溢出或已经接收到一帧
                    if (ReturnCode == RADIO_OK) {
                        SYNC_RX_LED ^= 1;
                        SYNCING_DIALOG_CH = LED_OFF;
                        radio_channel_dialog = RFbuffer[0];
                        idx = 0;
                        strcpy_from_rom(text, ROM_STR("[31m2ok"));
                        idx = strlen(text);
                        text[idx++] = '-';
                        ltoa(radio_channel_dialog, text + idx);
                        idx = strlen(text);
                        strcpy_from_rom(text + idx, ROM_STR("]←[0m"));
                        idx = strlen(text);
                        text[idx++] = 0;
                        USART_send_str(text);
                        SyncState = NOT_SYNC;      //完成后,复位
                        SYNC_MODE_LED = 0;
                        Slave_Sync_Step = 255;
    #ifdef SLAVE_ANSWER_ALL
                        // 假定 4 个从设备,接收全部
    WriteRegister(REG_PKTPARAM3, (READ_ROM_BYTE(RegistersCfg[REG_PKTPARAM3]) & 0xf9) | RF_PKT3_
ADRSFILT_NONE);
    #else
                        RadioSetNodeAddress(Node_adrs);
    #endif
                        return SYNC_END; // 完成,并指示正在同步
                    } else if (ReturnCode == RADIO_RX_TIMEOUT) {
                        SYNCING_DIALOG_CH = LED_OFF;
                        USART_send_str_from_rom(ROM_STR(" 2t"));
                        Slave_Sync_Step = 0;
                    } else if (ReturnCode != RADIO_RX_RUNNING) {
                        SYNCING_DIALOG_CH = LED_OFF;
                        USART_send_str_from_rom(ROM_STR(" 2?"));
                        Slave_Sync_Step = 0;              }
                    break;
                default:
                    USART_send_str_from_rom(ROM_STR(" sync step?"));
                    break;
            }
            //从模式程序段 //
        }       return SyncState;
```

```
}
```

3. 发射器与接收器交互程序

RKE 发射器与接收器建立会话与同步交互等功能的通信程序。

```
/**********************************************
 * 文件名：wsn.c
 * 功能描述:执行启动程序,主从设备同步与会话的交互功能
 ********************************************* */
#include <string.h>
#include "transceiver.h"
#include "WSN.h"
//全局变量声明
typedef struct {
    unsigned char SyncNextCycle     : 1;
    unsigned char END_CYCLE         : 1;
} BITread;
// 状态机制
#define         BroadCast_Synchronization         0x00
#define         Confirm_Sync_open_dialog         0x01
static uint8_t Mode = BroadCast_Synchronization;
uint8_t Error = 0;                //用于指示主设备收发错误的数目
static uint8_t Error_cycle = 0;     //无答复/请求的周期数目
volatile char Slave_Needs_Hop;     //标志位
hw_address_e hw_address;
…
限于篇幅,部分代码省略介绍。
…
//主设备会话状态
typedef enum {
    MASTER_DIALOG_STATE__RX = 0,
    MASTER_DIALOG_STATE__TX,
    MASTER_DIALOG_STATE__WAIT
} master_dialog_state_e;
//递增从设备号
static char master_increment_slave_ID(uint8_t * Slave_ID)
{
    if (++(*Slave_ID) > Slave3_ID) {
        *Slave_ID = Slave0_ID;
        return TRUE;
    } else
        return FALSE;
}
//主设备模式会话与同步交互及调用跳频应用程序
static void OnMaster(void)
```

```
{
    int idx;
    uint8_t ReturnCode;
    static master_dialog_state_e master_dialog_state;
    static uint8_t Slave_ID;
    static BITread master_flags;
    //同步模式
    if (Mode = = BroadCast_Synchronization) {
        ReturnCode = Sync_fhss();          // 同步功能,约需 400 ms
        if (ReturnCode = = SYNC_END) {          // 同步捕捉结束
            Mode = Confirm_Sync_open_dialog;//进入另外一个状态 Enable next state
            Wait(READ_ROM_WORD(SLAVE_WAIT));// 等待从设备
            SET_LOWRES_COUNTER(MainClock);
            CLEAR_LOWRES_TIMER_FLAG;
            Slave_ID = Slave0_ID;               //设置第一个传输设备号
            Error = 0;                                //复位传输错误号
            Error_cycle = 0;                      //复位周期错误号
            master_flags.SyncNextCycle = FALSE;     // 复位下一个周期同步状态
            master_flags.END_CYCLE = FALSE;
            master_dialog_state = MASTER_DIALOG_STATE__WAIT;
            RX_OK_LED = 1;
        }
    }
    //会话功能
    else if (Mode = = Confirm_Sync_open_dialog) {
        //轮询定时器中断标志
        if (LOWRES_TIMER_FLAG) {
            SET_LOWRES_COUNTER(READ_ROM_BYTE(Each));
            CLEAR_LOWRES_TIMER_FLAG;
            ALARM_LED = 0;      // 清所有状态指示灯
            RX_OK_LED = 0;
            master_dialog_state = MASTER_DIALOG_STATE__TX;//Next state, TX
            if (master_flags.END_CYCLE) {           //周期结束
                master_flags.END_CYCLE = FALSE;
                if (master_flags.SyncNextCycle) {          // 从设备丢失同步
                    Mode = BroadCast_Synchronization;
                    USART_send_str_from_rom(ROM_STR(" resync"));
                    return;
                }
                Fhss_Hop(&radio_channel_dialog);
                if (Error_cycle > 9) {
                    // 设置标志位通知其他从设备下一个周期是同步周期,用于建立同步.
                    Error_cycle = 0;
                    master_flags.SyncNextCycle = TRUE;
                }
```

```
            }
        }
    ...
限于篇幅,部分代码省略介绍。
...
}
//从设备同步与应答交互功能及调用跳频应用程序
static void OnSlave(void)
{
    uint8_t idx;
    uint8_t ReturnCode;
    static char rx_timeout;     // 标志位
    //同步模式
    if (Mode = = BroadCast_Synchronization) {
        ReturnCode = Sync_fhss();    // 同频功能约需 400ms.
        if (ReturnCode = = SYNC_END) {     //同步结束
            Mode = Confirm_Sync_open_dialog;
            rx_timeout = FALSE;
            CLEAR_LOWRES_TIMER_FLAG;
            Slave_Needs_Hop = FALSE;
# ifdef SLAVE_ANSWER_ALL
            hop_on_next_wakeup = TRUE;
# endif
    //确认同步及会话功能
    else if (Mode = = Confirm_Sync_open_dialog) {
        if (Slave_Needs_Hop) {
            Fhss_Hop(&radio_channel_dialog);
            Slave_Needs_Hop = FALSE;
    ...
限于篇幅,部分代码省略介绍。
...
        // 接收超时约 65 ms
          ReturnCode = ReceiveRfFrame(RFbuffer, (uint8_t * )&RFbufferSize, READ_ROM_WORD(RX_
TIMEOUT_SLAVE));
        // 确认时间溢出或已经接收到帧
    if (ReturnCode = = RADIO_OK) {
            if (RFbufferSize > 0) {
                if (rx_timeout) {
                    rx_timeout = FALSE;
                }
                // 将接收缓存区最后一个字节设置为 0.
                RFbuffer[RFbufferSize] = '\0';
                // 测试接收缓存区值
                if (strcmp_from_rom((char * )RFbuffer, ROM_STR("?")) = = 0) {
                    if (IN_ALARM) {      // Test the status
```

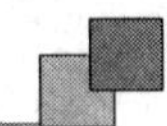

```
                        ALARM_LED = 1;
                        strcpy_from_rom((char *)RFbuffer, ROM_STR("A"));
                    } else {
                        RX_OK_LED = 1;
                        strcpy_from_rom((char *)RFbuffer, ROM_STR("K"));
                    }
                    ReturnCode = SendRfFrame(RFbuffer, strlen((char *)RFbuffer), Master_ID,
FALSE);
                }
    ...
```

限于篇幅，部分代码省略介绍。

```
    ...
                if (++Error_cycle > 4) {
                    Error_cycle = 0;
                    /* 从设备未在5个周期内 */
                    Mode = BroadCast_Synchronization;
                }
        else {
                    SET_LOWRES_COUNTER(READ_ROM_BYTE(Slave_CycleRX_Timeout));
                go_sleep();
                }
            }
        }}
    //硬件设置
    static void HardwareSetup(void)
    {
        SPIInit();
        InitRFChip();//初始化芯片
        cpu_init();
        DIR_ALARM_LED = OUTPUT;
        DIR_RX_OK_LED = OUTPUT;
        ALARM_LED = 0;
        RX_OK_LED = 0;
        INIT_DEBUG_PINS;
        uart_init();
        ENABLE_GLOBAL_INTERRUPTS;
        USART_send_str_from_rom(ROM_STR("←[0m\r\nreset\r\n"));
        timers_init();
        //设置硬件地址
        hw_address = HW_ADDRESS__MAX;
    }
    //新硬件地址，用于设备地址切换
    void new_hw_address(void)
    {
        rom_ptr char *mode_str;
```

```
    switch (hw_address) {
        case HW_ADDRESS__MASTER:
            MainClock = READ_ROM_BYTE(Each);     // 100ms
            Node_adrs = Master_ID;
            mode_str = "master";
            break;
        case HW_ADDRESS__SLAVE0:
            MainClock = READ_ROM_BYTE(First);    // 100ms
            Node_adrs = Slave0_ID;
            mode_str = "slave0";
            break;
        case HW_ADDRESS__SLAVE1:
            MainClock = READ_ROM_BYTE(Second);
            Node_adrs = Slave1_ID;
            mode_str = "slave1";
            break;
        case HW_ADDRESS__SLAVE2:
            MainClock = READ_ROM_BYTE(Third);
            Node_adrs = Slave2_ID;
            mode_str = "slave2";
            break;
        case HW_ADDRESS__SLAVE3:
            MainClock = READ_ROM_BYTE(Fourth);
            Node_adrs = Slave3_ID;
            mode_str = "slave3";
            break;
        default:
            mode_str = "";
            break;
    }
    RadioSetNodeAddress(Node_adrs);
    SyncState = NOT_SYNC;
    Mode = BroadCast_Synchronization;
}
//主从设备调用程序
void xmain(void)
{
    stop_wdt();
    HardwareSetup();
    while (1) {
        poll_hardware_address();
        if (hw_address == HW_ADDRESS__MASTER) {
            OnMaster();
        } else {
            OnSlave();
```

```
        }
    }
    return MAIN_RETURN_VALUE;
}
```

4. SX1231 芯片的底层驱动程序

SX1231.C 文件是 SX1231 芯片的底层驱动程序，包括相关寄存器及模式配置等功能，详见下文。

```
//射频状态
typedef enum
{
    RF_STATE_STOP = 0,//停止
    RF_STATE_RX_BUSY, //接收忙
    RF_STATE_TX_BUSY, //发射忙
    RF_STATE_RX_DONE, //已接收
    RF_STATE_ERROR,   //出错
    RF_STATE_TIMEOUT   //超时溢出
} rf_state_e;
//跳频结构变量定义
typedef struct {
    uint8_t    msb;//最高有效位
    uint8_t    mid;//中间有效位
    uint8_t    lsb;//最低有效位
} freq_t;
#if defined AMATEUR_70CM
/* 433 频段 0 - 49 通道跳频值定义{msb,mid,lsb } */
    …
代码省略
#endif
#if defined ISM_900
/* 900 频段 0 - 49 通道跳频值定义{msb,mid,lsb } */
    …
限于篇幅，代码省略。
#endif    /* ISM_900 */
/* 生成随机数序列 */
static const rom freq_t * freqs_P[NUM_CHANNELS] = {
    …
限于篇幅，代码省略。
};
const uint8_t RegistersCfg[] =
{ //SX1231 相关寄存器定义
    …
限于篇幅，代码省略。
};
```

```
static uint8_t PreMode = 0xff;  // 芯片的前一次运行模式
static rf_state_e RFState = RF_STATE_STOP;
//通过 SPI 接口将赋值写入对应定义的寄存器地址
void RadioWriteRegister(uint8_t address, uint8_t value)
{
    address |= 0x80;
    NSS = 0;
    SpiInOut(address);
    SpiInOut(value);
    NSS = 1;
}
//通过 SPI 接口读取对应定义地址的寄存器值
uint8_t RadioReadRegister(uint8_t address)
{
    uint8_t value;
    address &= 0x7F;
    NSS = 0;
    SpiInOut(address);
    value = SpiInOut(0);
    NSS = 1;
    return value;
}
//设置 SX1231 操作模式
void
SetRFMode(uint8_t mode)
{
    if (mode == PreMode)
        return;
    switch (mode) {
        case RF_MODE_TRANSMITTER:
            RadioWriteRegister(REG_OPMODE, (RegistersCfg[REG_OPMODE] & 0xE3) | RF_OPMODE_
TRANSMITTER);
            break;
        case RF_MODE_RECEIVER:
            RadioWriteRegister(REG_OPMODE, (RegistersCfg[REG_OPMODE] & 0xE3) | RF_OPMODE_RE-
CEIVER);
            break;
        case RF_MODE_SYNTHESIZER:
            RadioWriteRegister(REG_OPMODE, (RegistersCfg[REG_OPMODE] & 0xE3) | RF_OPMODE_SYN-
THESIZER);
            break;
        case RF_MODE_STANDBY:
            RadioWriteRegister(REG_OPMODE, (RegistersCfg[REG_OPMODE] & 0xE3) | RF_OPMODE_
STANDBY);
            break;
```

```
            case RF_MODE_SLEEP:
                RadioWriteRegister(REG_OPMODE, (RegistersCfg[REG_OPMODE] & 0xE3) | RF_OPMODE_
SLEEP);
                break;
            default:
                return;
        };
    //射频帧发送
    uint8_t SendRfFrame(const uint8_t *buffer, uint8_t size, uint8_t Node_adrs, char immediate_rx)
    {
        uint8_t ByteCounter;
       SetRFMode(RF_MODE_STANDBY);
        while ((RadioReadRegister(REG_IRQFLAGS1) & RF_IRQFLAGS1_MODEREADY) == 0x00); //等待模式
就绪
        RadioWriteRegister(REG_DIOMAPPING1, (RegistersCfg[REG_DIOMAPPING1] & 0x3F) | RF_DIOMAP-
PING1_DIO0_00);
        RadioWriteRegister(REG_FIFOTHRESH, (RegistersCfg[REG_FIFOTHRESH] & 0x7F) | RF_FIFOTHRESH_
TXSTART_FIFONOTEMPTY);
          RFState = RF_STATE_TX_BUSY;
        /* SX1231 的 FIFO 写操作 */
        NSS = 0;
        SpiInOut(REG_FIFO | 0x80);
        SpiInOut(size + 1);
        SpiInOut(Node_adrs);
        for (ByteCounter = 0; ByteCounter < size; ByteCounter++)
        {
             SpiInOut(buffer[ByteCounter]);
        }
        NSS = 1;
        SetRFMode(RF_MODE_TRANSMITTER);
        while (IN_RF_DIO0 == 0);
        if (immediate_rx)
        {
            start_rf_rx(0);
        }
        else
        {
            RFState = RF_STATE_STOP;
            SetRFMode(RF_MODE_STANDBY);
        }
        return RADIO_OK;
    }
    //接收射频帧
    uint8_t ReceiveRfFrame(uint8_t *buffer, uint8_t *size, uint16_t rx_timeout)
    {
```

```
    uint8_t RFFrameSize, ByteCounter;
    uint8_t Node_Adrs;
#ifdef LNA_TEST
    unsigned int i;
#endif /* LNA_TEST */
    switch (RFState)
    {
        case RF_STATE_STOP:
            start_rf_rx(rx_timeout);
            return RADIO_RX_RUNNING;
        case RF_STATE_RX_BUSY:
            if (IN_RF_DIO0)
            {
                RFState = RF_STATE_RX_DONE;
            }
            else if (HIRES_COMPARE_B_FLAG)
            {
                RFState = RF_STATE_TIMEOUT;
#ifdef LNA_TEST
            } else if (flags.read_lna && IN_RF_DIO4) {
                flags.read_lna = FALSE;
                for (i = 0; i < 2300; i++) {
                    asm("nop"); asm("nop");
                    asm("nop"); asm("nop");
                }
                i = RadioReadRegister(REG_LNA);
                ltoa((i & 0x38) >> 3, ucStr1, 0);
                UART_send_str(ucStr1, TRUE);
#endif
            }
            return RADIO_RX_RUNNING;
        case RF_STATE_RX_DONE:
            SetRFMode(RF_MODE_STANDBY);
            /* SX1231 的 FIFO 读操作 */
            NSS = 0;
            SpiInOut(REG_FIFO & 0x7f);
            RFFrameSize = SpiInOut(0);
            Node_Adrs = SpiInOut(0);
            ByteCounter = Node_Adrs;
            RFFrameSize--;
            for (ByteCounter = 0; ByteCounter < RFFrameSize; ByteCounter++)
            {
                buffer[ByteCounter] = SpiInOut(0);
            }
            NSS = 1;
```

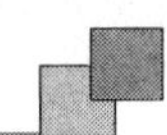

```
            * size = RFFrameSize;
            RFState = RF_STATE_STOP;
            return RADIO_OK;
        case RF_STATE_ERROR:
            SetRFMode(RF_MODE_STANDBY);
            RFState = RF_STATE_STOP;
            return RADIO_ERROR;
        case RF_STATE_TIMEOUT:
            SetRFMode(RF_MODE_STANDBY);
            RFState = RF_STATE_STOP;
            return RADIO_RX_TIMEOUT;
        default:
            SetRFMode(RF_MODE_STANDBY);
            RFState = RF_STATE_STOP;
            return RADIO_ERROR;
    }
}
```

17.5　实例总结

RKE 系统是一种大量生产的售后市场配件。当今超过 70％的已生产车辆将遥控车门开关(RKE)系统作为标准或者可选的配件。RKE 系统包括一个钥匙扣发射机和一个在车辆内部的接收机。大多数的 RKE 系统能够报警以防止汽车被偷窃，以及锁住和开锁车门和汽车尾部行李箱，其中一些更新的 RKE 系统还包括遥控启动汽车和汽车寻找的功能。

本实例采用 ARM9 处理器 S3C2440A 的 SPI 接口与高集成度射频收发器芯片 SX1231 组合设计成 RKE 汽车遥控无钥匙门禁的硬件系统。为了简化设计，利用 SX1231 收发器双工特性，将发射器与接收器电路采用了相同的设计。

本实例的软件设计的重点，主要有如下几点：

① SX1231 发射器与接收器之间的会话与同步交互程序设计(即主从设备通信)，在实际应用中，请严格参考本实例提供的程序设计流程图；

② SX1231 跳频扩频程序设计；

③ SX1231 芯片寄存器及相关模式配置。